中国科学院大学研究生教材系列

微纳加工及在纳米材料与器件研究中的应用
（第二版）

顾长志 等　编著

科学出版社
北　京

内 容 简 介

本书简述微纳加工的主要方法及在纳米材料与器件研究中的应用，注重理论与实践的结合，包括光学曝光、电子束曝光、聚焦离子束加工、激光加工、纳米压印、刻蚀技术、薄膜技术、自组装加工，以及微纳加工在纳米材料与器件的电学、光学、磁学等研究领域的应用，重点介绍各种微纳加工方法的产生根源与最新发展的趋势，在科学研究中的创新性应用与要注意的问题，以及在多学科领域中对探索科学发现的重要作用。

本书可作为高等学校物理、化学、电子、材料、生物等专业研究生和高年级本科生的教材，也可供从事纳米科学与技术等相关领域研究的科技工作者参考。

图书在版编目(CIP)数据

微纳加工及在纳米材料与器件研究中的应用/顾长志等编著. —2 版. —北京：科学出版社，2021. 6

中国科学院大学研究生教材系列

ISBN 978-7-03-069254-2

Ⅰ. ①微… Ⅱ. ①顾… Ⅲ. ①纳米材料 - 新技术应用 Ⅳ. ①TB383

中国版本图书馆 CIP 数据核字(2021)第 118238 号

责任编辑：钱 俊 周 涵／责任校对：杨聪敏

责任印制：吴兆东／封面设计：陈 敬

科学出版社 出版

北京东黄城根北街 16 号

邮政编码：100717

http://www.sciencep.com

北京虎彩文化传播有限公司 印刷

科学出版社发行 各地新华书店经销

*

2013 年 6 月第 一 版 开本：720×1000 B5

2021 年 6 月第 二 版 印张：26 1/4

2023 年 5 月第十次印刷 字数：527 000

定价：128.00 元

（如有印装质量问题，我社负责调换）

第二版前言

《微纳加工及在纳米材料与器件研究中的应用》第一版于 2013 年 6 月由科学出版社出版。第一版是作者在总结其研究团队十多年来在微纳加工领域的工作积累和国内外最新进展，以及“微纳米加工技术”课程教学的基础上撰写而成，系统介绍微纳加工技术及在纳米材料与器件研制中的应用实例。内容注重理论联系实验、深入浅出，又不失其先进性、实用性和普适性。第一版出版后在全国多家高校和科研机构的研究生和高年级本科生教学中使用，得到了广泛认可与好评。

近年来，纳米科技迅速发展，各国在这一领域投入了大量的经费和人力，基础与应用研究都取得了重要进展。中国在纳米科技领域的投入和成果更是举世瞩目。微纳加工技术作为纳米科技的基础和重要研究方向，更是越来越引起人们的高度重视。为了适应这一领域的快速发展，使相关专业的高年级本科生、研究生和科技人员对微纳加工技术与应用有更深入系统的了解，促进在这一领域的创新思维和广泛应用，对本书的修订再版非常必要。

对本书修订再版，作者除对第一版部分内容进行修改和补充外，还增加了一些国内外最新进展的前沿内容。这些修订对物理、化学、电子、材料、生物等专业的研究生和高年级本科生的创新思维和创新能力的提升具有积极意义和促进作用。

本书第二版仍分 12 章，第 1～8 章分类介绍了几种主要的微纳加工技术。其中，光学曝光部分补充了掩模板的设计与制作、新型光刻胶的特点与应用、极紫外曝光技术的进展，增加了位移 Talbot 曝光技术内容；电子束曝光技术部分补充了常用电子束抗蚀剂的介绍和工艺过程，增加了新型电子束抗蚀剂内容；聚焦离子束加工技术部分补充了三维纳米结构加工的方法，增加了氦离子束加工内容；激光加工技术部分补充了激光加工在集成电路中应用的方法，增加了激光干涉曝光内容；纳米压印技术部分增加了喷射闪光压印和外场驱动压印内容；刻蚀技术部分增加了湿法刻蚀、离子束刻蚀和原子层刻蚀纳米结构内容；薄膜技术部分增加了薄膜应变、原子层和过渡层沉积加工三维纳米结构的内容；自组装加工部分增加了嵌段共聚物自组装加工工艺与设备。第 9～12 章介绍了微纳加工技术在电学、光学、磁学、生物等其他领域的应用，其中电学领域的应用部分补充了在纳米电子、量子器件、超导量子计算、能源器件和纳米电路方面的最新进展，增加了极具应用前景的三维垂直环栅晶体管部分；光学领域的应用部分补充了表面等离激元调控、高品质因子超材料、三维超材料和主动与手性材料的最新进展；在磁学领域的应用部分补充了磁畴微结构与磁涡旋方面的最新进展；此外，还补充了在生物、仿生和扫描探针领域的应用进展。

本书第二版第 1 章由全保刚编写;第 2 章由杨海方编写;第 3 章由田士兵、潘如豪编写;第 4 章由杨海方编写;第 5 章由金爱子编写;第 6 章由潘如豪编写;第 7 章由李俊杰编写;第 8 章由全保刚编写;第 9～12 章由顾长志编写。最后由顾长志对全书进行了统稿。在本书即将再版之际,对参加本书第二版编写和编辑的所有人员表示由衷的感谢! 本书出版得到中国科学院大学教材出版中心资助,特此致谢!

当前,微纳加工技术及其应用仍以迅猛的速度向前发展,受作者水平所限,书中难免存在疏漏和不足之处,恳请广大读者批评指正。

顾长志

2021 年 5 月 11 日于中国科学院物理研究所

第一版前言

人们从理论和实验研究中发现，随着材料尺度的减小，由于表面效应、体积效应和量子尺寸效应的影响，材料的物理性能和采用该材料制作的器件特性等都可能表现出与宏观体相材料和相关器件特性显著不同的特点。这些特异的性质具有广阔的实际应用和理论研究前景。材料和器件在纳米尺度的特殊性质主要由几个与量子效应、尺寸效应、激子效应、表面和界面效应等直接相关的特征物理尺度决定，如简并电子系统的费米波长(金属约在 1 nm 以下、半导体在几十纳米左右)、高温超导体的相干尺度(1 nm 或更小)、磁交换作用耦合长度、电子的平均自由程、电子自旋退相干长度、激子扩散长度(100 nm)等。只要结构尺寸接近这些物理量的特征长度，材料的电子结构、输运、磁学、光学和热力学性质均会发生明显的变化。这些行为是纳米材料与器件研究中科学发现的基础。但这些性能对微观结构的敏感性，使得无论在纳米材料科学问题研究还是在纳米器件发展应用中，对材料生长控制和微加工的精确程度都提出了极为苛刻的要求。所以，需要纳米，甚至原子、分子层次的微纳加工技术，以探索材料与器件的新特性。可见，基础科学的研究发展往往需要技术科学提供强有力的支持，要想探索在纳米尺度下物质的变化规律、新的性质和器件功能及可能的应用领域，同样离不开相应的技术手段。微纳加工技术作为当今高技术发展的重要领域之一，是实现功能结构与器件微纳米化的基础。借助微纳加工，人们可以按照需求来设计、制备具有优异性能的纳米材料或纳米结构及器件与装置，发展探测和分析纳米尺度下的物理、化学和生物等现象的方法和仪器，准确地表征纳米材料或纳米结构的物性，探索纳米尺度下物质运动的新规律和新现象，去发现现有知识水平未能理解和预测的现象和过程，发展新的纳米材料、功能器件直至技术。

本书是根据编著者在多年从事微纳加工研究工作经验积累以及人才培养和多次举办“微纳米加工技术讲习班”的基础上，结合国内外微纳加工及其应用的最新进展，撰写而成的。本书着重实用性和对基本概念的介绍，力图做到理论联系实际，突出微纳加工在科学研究中的创造性应用。全书共分 12 章，第 1～8 章分类介绍了几种主要的微纳加工技术，包括光学曝光、电子束曝光技术、聚焦离子束加工技术、激光加工技术、纳米压印技术、离子束技术、薄膜技术和自组装加工，既简要概述了各种加工方法的科学基础，又从实用出发，介绍了各种技术的主要工艺过程，特别涉及各种技术根据需要最新发展的一些创新方法；第 9～12 章按几个不同的领域，介绍了微纳加工技术在纳米材料与器件研究中的一些应用实例，包括电学、光学、磁学、生物等领域。这些成果深刻影响了当前纳米科学与技术的发展,希望能对从事相关领域研究的读者有所启发和借鉴。

本书第 1 章由李无瑕编写;第 2 章由杨海方编写;第 3 章由罗强、李无瑕编写;第 4 章由李无瑕编写;第 5 章由金爱子编写;第 6 章由夏晓翔编写;第 7 章由李俊杰编写;第 8 章由全保刚编写;第 9 章由顾长志编写;第 10 章由顾长志、夏晓翔编写;第 11 章由顾长志、杨海方编写;第 12 章由顾长志编写。最后由顾长志对全书进行了统稿。刘哲为本书的相关部分进行了配图和文献整理。在本书即将出版之际,对参加本书编写和编辑的所有人员表示由衷的感谢!

当前,微纳加工技术正在快速发展,应用领域不断深化和拓展,受作者水平所限,书中难免存在错误和遗憾之处,恳请广大读者批评指正。

顾长志

2013 年 3 月 5 日于中国科学院物理研究所

目录

第1章 光学曝光

光学曝光也称为光刻(photolithography),是指利用特定波长的光进行辐照,将掩模板(photomask)上的图形转移到光刻胶上的过程。光学曝光是一个复杂的物理化学过程,具有大面积、重复性好、易操作以及低成本的特点,是半导体器件与大规模集成电路制造的核心步骤[1,2]。

在纳米科学研究中,光学曝光技术一直发挥着极为重要的作用,是纳米材料、器件和电路实验研究过程中的关键技术。光学曝光可用于制备测量电极,研究材料的特性;也可用于加工自然界并不存在的特异结构,如左手材料等;还可用于新型纳米器件与电路的加工[3-13]。

受光衍射极限的限制,采用常规的光学曝光工艺无法直接实现纳米尺度图形的加工。为适应器件尺寸由微米级逐渐向纳米级的发展,光学曝光所采用的光波波长也从近紫外(NUV)区间的 436 nm、365 nm 逐步进入到深紫外(DUV)区间的 248 nm、193 nm,真空紫外(VUV)区间的 157 nm 和极紫外(EUV)区间的 13.5 nm。光学曝光的最小图形分辨率已从 20 世纪 70 年代的 4~6 μm 提高到了 21 世纪 20 年代初的几纳米。相继发展了 248 nm 深紫外 KrF 准分子激光与 193 nm ArF 准分子激光技术、193 nm 浸没式曝光技术、157 nm 的 F_2 光源以及 13.5 nm 波长的极紫外曝光技术。目前,先进的光学曝光设备使用非常复杂的技术去提高分辨率,包括曝光波长向短波方向发展,采用大数值孔径以及浸没式曝光,进行光学邻近效应校正,以及采用相移掩模等,然而这些都需要非常昂贵的代价。因此,为满足纳米科技的发展,怎样通过工艺与技术手段,充分利用光的波动性特点,如光学曝光中存在的衍射与驻波效应等,提高光学曝光的加工精度,用于微纳米结构与器件的制备,已成为科研与产业界共同关注的问题,并取得了长足进步。

1.1 光学曝光系统的基本组成

光学曝光设备的基本组成包括光源系统、掩模板固定系统、样品台和控制系统。光源是曝光设备的最重要组成部分,通常采用不同波长的单色光,主要有高压汞灯与准分子激光两种。高压汞灯是目前实验室最常用的曝光光源,包含有三条特征谱线,分别为 G 线 (436 nm)、H 线 (405 nm)、I 线 (365 nm),能达到的分辨率为 400 nm 左右。目前先进的光学曝光系统中,一般采用激光器来获得不同波长的光源。高性能激光器具有输出光波波长短、强度高、曝光时间短(几个脉冲就可完成曝光)、谱线宽度窄、色差小、输出模式多、光路设计简单等特征。通常采用波长为 248 nm、193 nm 和 157 nm 的准分子激光器作为光源,曝光精度可达100 nm以下。为延续摩尔定律给出的特征尺寸以 2～3 年缩小 30%的预期,以波长 13.5 nm 的极紫外进行曝光的极紫外曝光系统在 2018 年底已经实现了 5 nm 节点芯片的大规模量产,极紫外曝光技术在 21 世纪 20 年代仍然会在半导体工业发挥重要作用。表 1.1 给出了各种光源的特征参数。光学曝光对光源的要求非常高,其中最为关键的问题是如何在高重复频率下保持窄带宽和稳定性,并尽可能地压缩带宽。此外,曝光光源需具有很好的光束均匀性。

表 1.1　光学曝光光源种类与特征参数

种类	波长/nm		应用特征尺寸/μm
高压汞灯	G 线	436	0.50
	H 线	405	
	I 线	365	0.35～0.25
准分子激光	XeF	351	
	XeCl	308	
	KrF(DUV)	248	0.25～0.18
	ArF	193	0.18～0.13
F_2 激光	F_2	157	0.13～0.1
X 射线	传统靶极 X 射线(碰撞电子) 光诱发等离子体(X 射线) 同步辐射(X 射线)		<0.1
极紫外	13		<0.022

对于实验室常用的结构较为简单的掩模对准式曝光系统,其光路结构如图 1.1 所示,包括:①汞灯;②椭球镜;③冷光镜;④蛾眼目镜;⑤会聚透镜;⑥滤波器;⑦消衍射镜片;⑧表面镜;⑨前镜。

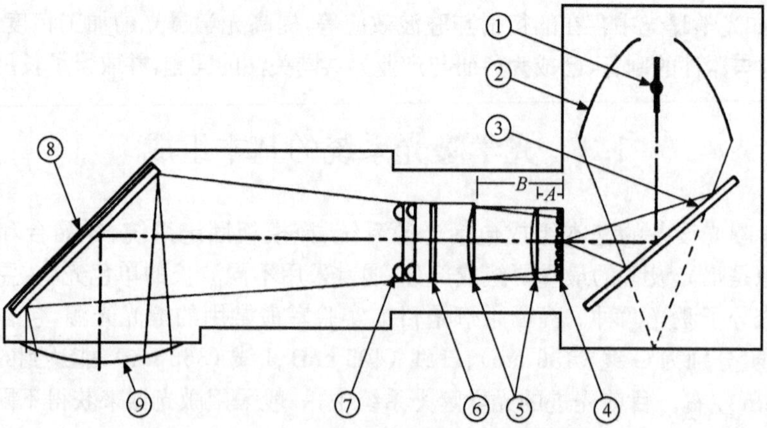

图 1.1　掩模对准式曝光系统的光路结构示意图

对于掩模对准式曝光设备，掩模板固定系统主要包括掩模板架及其固定框架。通常，掩模板通过真空吸附固定在掩模板架上，然后倒置固定在位于样品台上方的掩模板架固定框架上。样品台位于掩模板架下方，是一个位置可调的机械传动装置，通常可进行 X、Y 方向以及旋转调整，从而实现样品与掩模板图形的对准。对大多数设备，样品台在 Z 轴方向的调整可通过参数的设定或机器指令自动完成。

控制系统是指曝光设备的参数设定与指令控制部分。曝光过程中每一步骤，如掩模板的更换，样品的上载与下载，曝光模式、曝光时间、对准间距、曝光间距、观测用显微镜的设置与调整，均是通过控制系统来完成的。

1.2　光学曝光的基本原理与特征

1.2.1　光学曝光的基本模式与原理

光学曝光模式大体可分为掩模对准式曝光和投影式曝光两种。掩模对准式曝光又可分为接触式(硬接触、软接触、真空接触、低真空接触)和接近式曝光；投影式曝光包括1∶1投影和缩小投影(步进投影曝光和扫描投影曝光)[14]。图1.2为几种常用的基本光学曝光模式示意图。

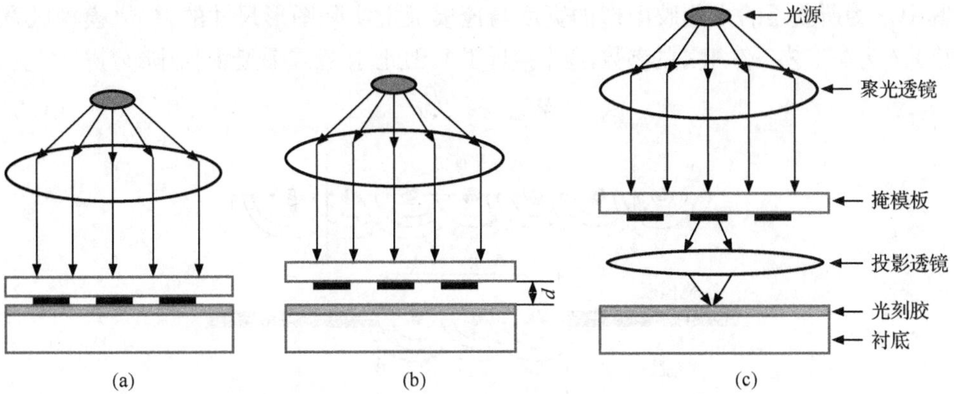

图1.2　基本光学曝光模式示意图
(a)接触式；(b)接近式，d 为光刻胶上表面与掩模板之间的间隙；(c)投影式

1. 接触式曝光

接触式和接近式曝光是在掩模对准式曝光机上完成的，设备结构简单，易于操作。接触式曝光制备的图形具有较高的保真性与分辨率，通过先进的对准系统，可实现约1 μm的层与层之间的精确套刻。但其不足在于衬底(substrate)和掩模板需要

直接接触,会加速掩模板失效,缩短其寿命。硬接触是指通过施加一定的压力,使掩模板的下表面与光刻胶层的上表面完全接触;软接触与硬接触相似,但施加的压力比硬接触要小,因此,对掩模板的损伤也较小;真空接触是通过抽真空的方式使掩模板与胶表面紧密接触,达到提高分辨率的目的;低真空接触是通过调整真空度到比真空接触更低的条件下实现曝光的一种方式。目前紫外曝光系统在硬接触模式与真空接触模式下,能分别获得 1 μm 与 0.5 μm 的图形分辨率。接触式曝光一般只适于分立元件和中、小规模集成电路的生产,但在科学研究中发挥着重要作用。

2. 接近式曝光

掩模对准式曝光的另一方式是接近式曝光。与接触式曝光模式不同,接近式曝光时在衬底和掩模板之间有几微米到百微米的间隙,如图 1.2(b)所示。接近式曝光模式中,当光刻胶上表面与掩模板之间的间隙 d 满足下式:

$$\lambda < d < \frac{W^2}{\lambda} \tag{1.1}$$

其中,W 为掩模板的实际图形尺寸,λ 为所用光源波长(如图 1.3 所示),则掩模间隙与曝光图形保真度间的关系可由(1.2)式表示:

$$\delta = k(\lambda d)^{1/2} \tag{1.2}$$

其中,δ 为所获得的光刻胶图形的宽度与掩模板上实际图形尺寸的差异(模糊区宽度),k 为与工艺条件相关的参数,通常接近于1,因此,接近式曝光最小图形分辨尺寸为

$$W_{\min} \approx \sqrt{\lambda d} \tag{1.3}$$

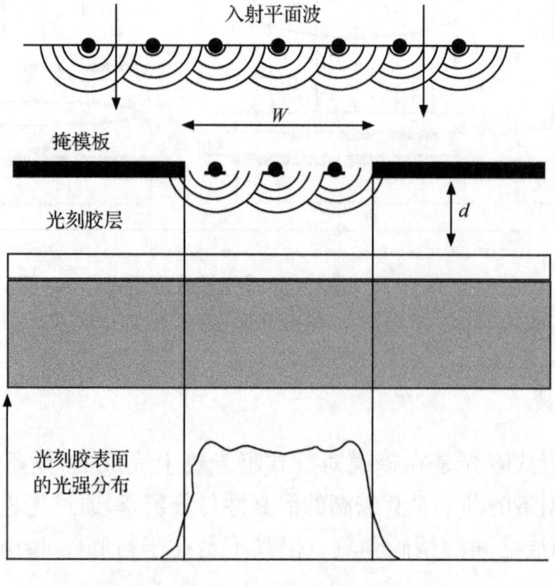

图 1.3　平面波经过掩模板及在光刻胶表面的光强分布示意图

接近式曝光可以克服硬接触曝光对掩模板的损伤，但曝光分辨率有所降低。另外，光强分布的不均匀性会随着间距的增加而增强，从而影响到实际获得图形的形貌，在衬底平整度起伏较大时，光强的不均匀分布更为显著。而接触式曝光中接触应力可一定程度上消除衬底表面的不平整度，降低光强的不均匀分布对衬底上不同区域分辨率不一致的影响[15]。

在接近式曝光中，由于光衍射效应比较严重，从而影响了曝光图形的分辨率，但实际应用中，我们可以充分利用接近式曝光过程中的光衍射效应，如进行泊松亮斑曝光[16,17]，制备纳米尺度图形，此方面的工作我们将在本章1.4.1进行介绍。

3. 投影式曝光

在投影式曝光系统中，掩模图形经光学系统成像在光刻胶上，掩模板与衬底上的光刻胶不接触，从而不会引起掩模板的损伤和沾污，成品率和对准精度都比较高。但投影曝光设备复杂，技术难度高，因而还不适于实验室研究与低产量产品的加工。目前应用较广泛的是1∶1倍的全反射扫描曝光系统（利用透镜或反射镜将掩模板上的图形投影到衬底上）和x∶1倍的分步重复曝光系统。采用分步投影式曝光，可以将衬底图形缩小为掩模图形尺寸的$1/x$，大大减小了对掩模板制备精度的要求，曝光时通过重复多个这样的图形场，从而在整个衬底上实现图形的制备。

投影式曝光系统的基本参数包括分辨率（曝光系统所能分辨和加工的最小线条尺寸）、焦深（在投影光学系统可清晰成像的尺度范围）、视场、调制传递函数、关键尺寸、套刻与对准精度以及产率。前五个参数由曝光设备的光学系统决定，后两个参数则依赖于设备的机械设计。系统的光学分辨率(R)可表示为

$$R = k_1 \frac{\lambda}{NA} \tag{1.4}$$

其中，k_1是与工艺条件相关的参数，NA为数值孔径，代表系统收集衍射光的能力。因此，优化工艺参数，减小照明光波长，增加透镜数值孔径，可以提高曝光系统的分辨率。

影响投影式曝光图形质量的另一重要参数是焦深(DOF)，即轴上光线到极限聚焦位置的光程差。曝光系统有限的焦深会导致不同区域严重的散焦现象，影响器件与电路特性的一致性。根据瑞利判据，焦深可表示为

$$\mathrm{DOF} = k_2 \frac{\lambda}{(NA)^2} \tag{1.5}$$

其中，k_2是与具体的曝光系统及光刻胶性质相关的参数。可见焦深与数值孔径的平方成反比，因此，实际应用中，提高分辨率与系统焦深需要综合考虑[15]。

1.2.2 光学曝光的过程

1. 光学曝光的基本步骤

常规光学曝光技术采用波长为200～450 nm的紫外光作为光源，以光刻胶为中间媒介实现图形的变换、转移和处理，最终把图像信息传递到衬底上。一般曝光工艺流程如图1.4所示，包括表面处理与预烘烤、旋转涂胶、前烘、对准与曝光、后烘、显影、坚膜和图形检测八个基本步骤。

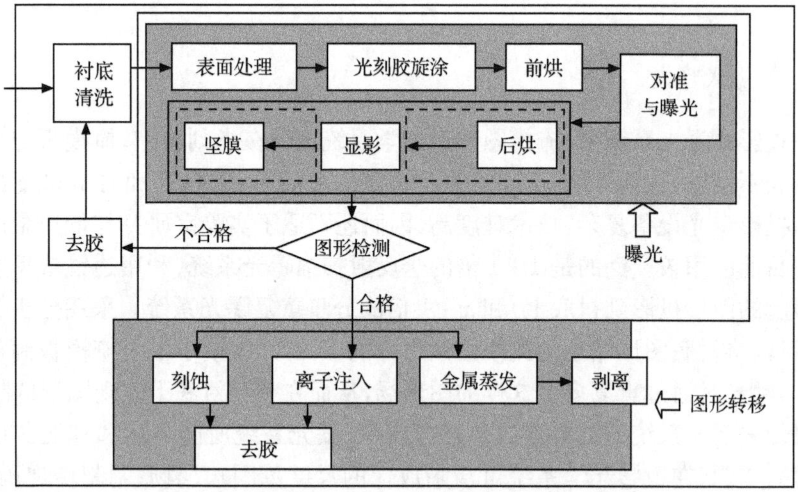

图1.4　光学曝光基本工艺流程(虚框为可选步骤)

1) 表面处理与预烘烤

在衬底上涂敷光刻胶之前，首先需要对衬底表面进行处理，除去表面的污染物(颗粒、有机物、工艺残余、可动离子)以及水蒸气。根据实际要求，一般使用化学或物理的方法对衬底进行去污处理。增强光刻胶与衬底表面黏附性的表面除湿通常在100～200℃的热板上或烘箱里进行，预烘烤可以大大降低后续工艺中光刻胶图形从衬底上脱落的现象。对于表面易吸潮的衬底材料，如SiO_2与Si_3N_4等，预烘烤尤为必要。对于表面亲水性的衬底，为了增强衬底表面与光刻胶的黏附性，涂胶之前可先涂敷增黏剂(亦称底胶)，常用的增黏剂有六甲基二硅氮烷。

2) 涂胶

在实验室里，一般采用手动旋转涂胶和喷雾涂胶方法。旋转涂胶一般经过滴胶、低速旋转、高速旋转(甩胶、溶剂挥发)几个步骤。每种光刻胶都有不同的灵敏度和黏度，需要采用不同的旋转速率、斜坡速率与旋转时间，与之相对应，烘干的温度和时间、曝光的强度和时间、显影液和显影条件也不尽相同。光刻胶旋涂过程中的动态速率随时间变化关系如图 1.5(a)所示。首先,衬底以低速度 V_{I}缓慢旋转时间 t_{I},使光刻胶在衬底表面向外扩展,避免过快的加速度使光刻胶无法均匀地覆盖在衬底表面。然后加速达到速度 V_{II},旋转时间为 t_{II}。从 V_{I}加速到 V_{II}的加速度称为斜坡速度,是影响光刻胶层均匀性的主要参数,加速度越快则胶层越均匀。决定光刻胶层厚度的关键参数有光刻胶的黏度与旋转速度。光刻胶层的厚度与光刻胶性质及转速间的关系如下:

$$T=(KC^{\beta}\eta^{\gamma})/W^{1/2} \tag{1.6}$$

其中,T 为所获得的胶层厚度,K 为系统校正参数,C 为光刻胶浓度(g/100mL),η 为本征黏度系数,W 为转速(rpm①)。光刻胶的黏度越低,旋转速度越快,得到光刻胶层的厚度就越薄,如图 1.5(b)所示。对于固定的光刻胶,也可通过多次涂敷获得较厚的膜层,但涂敷新的光刻胶层之前需要对已涂好的胶层进行烘烤。多次涂敷虽然可以获得较厚的膜层,但与单次涂敷成膜相比,厚度均匀性会变差,因此不适合制备具有较小特征尺寸的图形与器件。另外,对于光刻胶层厚度的选择,还须考虑曝光所用光源的波长,如为 I 线、KrF 以及 ArF 光源,光刻胶层厚度的选择范围大致分别为 0.7~3 μm、0.4~0.9 μm 以及 0.2~0.5 μm。

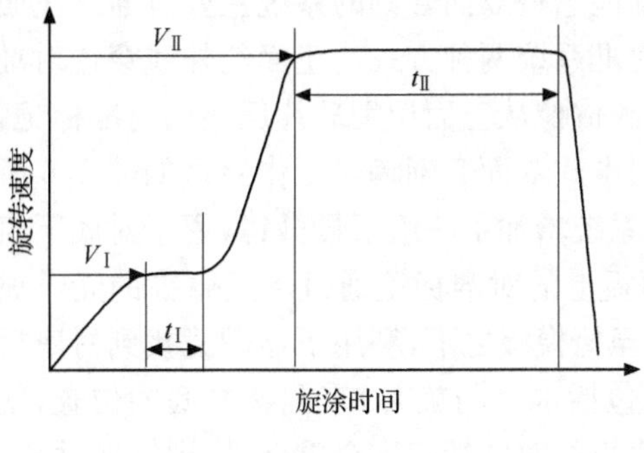

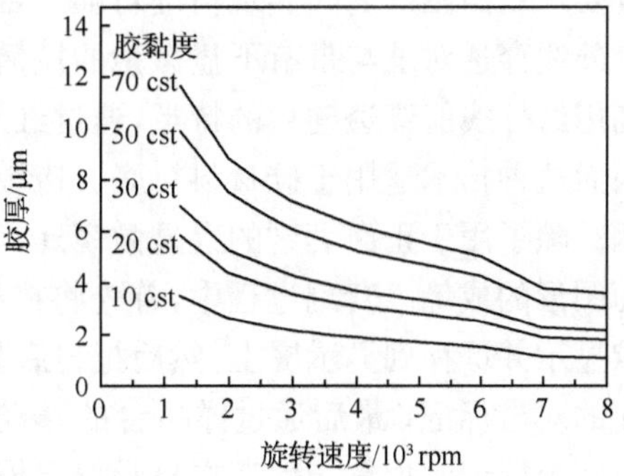

图 1.5 (a)涂胶时旋转速度随时间变化的示意图;(b)光刻胶厚度与旋转速度和黏度的关系

3) 前烘

前烘的目的包括除去光刻胶中的溶剂、增强黏附性、增加光刻机的机械强度、释放光刻胶膜内的应力及防止光刻胶沾污设备等。刚涂好的光刻胶层中含有较多的有机溶剂,通过烘烤可使衬底表面的胶层固化,这一过程可在热板上或烘箱里进行。较之于烘箱,热板上烘烤的时间相对可以短一些,但易受外界环境的影响,温度较易起伏。不同的光刻胶具有不同的前烘温度与时间,通常负胶与厚胶所需的前烘时间较长。如果前烘不足,光刻胶中的溶剂挥发不充分,这将阻碍光对胶的作

① rpm 表示 r/min。

用,并且影响其在显影液中的溶解度,形成非曝光区域的侵蚀(dark erosion)降低光刻胶截面的陡直性;而烘烤过度会减小光刻胶中感光成分的活性,同样影响图形质量。在 350～450 nm 波长下工作的正胶的实际操作经验是:在重氮萘醌(diazonaphthoquinone,DNQ)不分解的前提下,100 ℃的烘烤温度,烘烤时间根据胶厚以 1 min/μm 来取,并且在 80～110 ℃,烘烤温度每提升 10 ℃,延长一倍前烘时间,反之亦然。

4) 对准与曝光

经过前烘处理,自然冷却完全后的衬底可以进行曝光。一般而言,对准大致可分为预对准、单面层间对准(套刻,overlay)以及正反面双面对准三种。对于研究用的衬底,尺寸通常为平方厘米级或更小,因此在衬底上进行第一次图形制备时,需通过样品台的移动,使需要加工的图形尽可能地分布在衬底中间或衬底上有效的面积内(称为预对准)。若需要套刻,则第一次曝光时需将掩模板上的对准标记完整地转移到衬底上。然后,在进行第二次曝光时,将衬底放置在掩模板上所需加工图形的下方,通过样品台的移动,使衬底上的对准标记与掩模板上的对准标记对准。

双面套刻是随着三维结构与器件研究的需要而发展起来的。在具有高深宽比的微结构与微系统加工过程中,有时需要在衬底的表面与背面都进行图形的加工,且要求双面图形之间实现精确对准。目前能进行双面套刻的系统主要有通过正面红外线穿透对准与带有下显微镜的掩模对准系统两种方式。正面红外线穿透对准利用红外线能穿透硅片的特点,通过红外线成像从正面识别硅片反面的对准标记,因而这种技术适用于硅材料衬底。掩模对准式双面套刻曝光工作原理如图 1.6 所示。除了用于正面套刻的上显微镜外,该系统增加了一组下显微镜,用于衬底下表面图形的成像。套刻过程中,首先将掩模板上的对准标记通过下显微镜的光学成像显示并保存到显示屏上;然后把衬底移至掩模板之下,利用下显微镜找到衬底反面的对准标记;最后通过样品台的移动(包括水平与旋转)来调整衬底的位置,使衬底上标记的位置与保存在显示屏上掩模板的对准标记完全重合,达到精确对准。

对准完毕即可进行曝光参数的设定并执行曝光操作。通常采用恒定光强模式,通过曝光时间对曝光剂量进行调整。

5) 后烘

后烘是在曝光完成后显影之前进行的。对于一般光刻胶,其作用在于消除驻波效应。然而,后烘会导致光刻胶中的光活性物质横向扩散,一定程度上影响图形质量。因此,后烘的进行需要根据具体情况确定,并非必要步骤。在化学放大胶曝光工艺中,后烘是曝光工艺中必不可少的一步。通过后烘,可诱发级联反应,产生更多的光酸,使光刻胶的曝光部分变成可溶或不可溶物质。

6) 显影

显影指光刻胶在曝光后,被浸入特定溶液中进行选择性腐蚀的过程。显影液通常为有机胺(如 TMAH)或无机盐(如氢氧化钾)配制而成的水溶液。显影过程

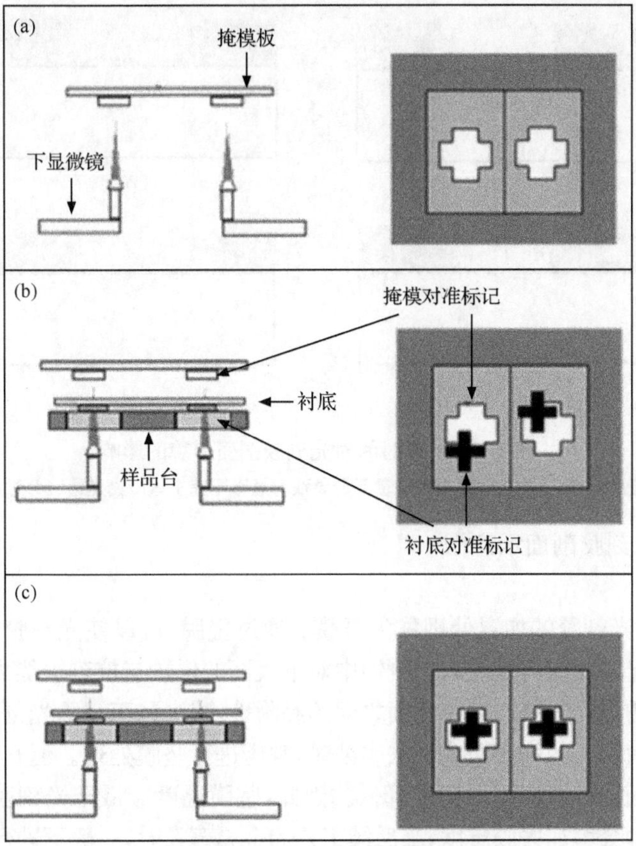

图 1.6　掩模对准式双面套刻曝光工作原理图

(a)从掩模板上读取对准标记；(b)从衬底上读取对准标记；(c)调整衬底位置，使两组对准标记完全对准

中，正性光刻胶的曝光区域被溶解；负性光刻胶正好相反，在显影剂中未曝光的区域被溶解。显影的方法大致有浸没法、喷淋法和搅拌法三种。浸没法显影方法简单，不需要特殊设备，只需将衬底浸入装有显影液的容器里一定时间后取出，用蒸馏水或去离子水清洗后，再用干燥气体吹干(多用氮气)即可。喷淋法是将显影液喷淋到高速旋转的衬底表面，对曝光后的光刻胶进行选择性溶解，清洗与烘干也可在衬底旋转过程中完成。搅拌法则结合了前两者的特点，显影过程中，先将衬底表面覆盖一层显影液，浸泡一定时间后，高速旋转衬底并同时喷淋显影液一定时间，然后喷淋蒸馏水或去离子水进行清洗，并在旋转过程中对样品进行烘干。

当曝光剂量与显影时间选择合适时，获得的光刻胶的图形侧壁比较陡直。而当曝光剂量不足时，会导致显影不完全，使图形底部留有残余光刻胶。当曝光剂量充分，而过短或过长的显影时间可以形成不同的侧壁图形。图 1.7 给出了与显影

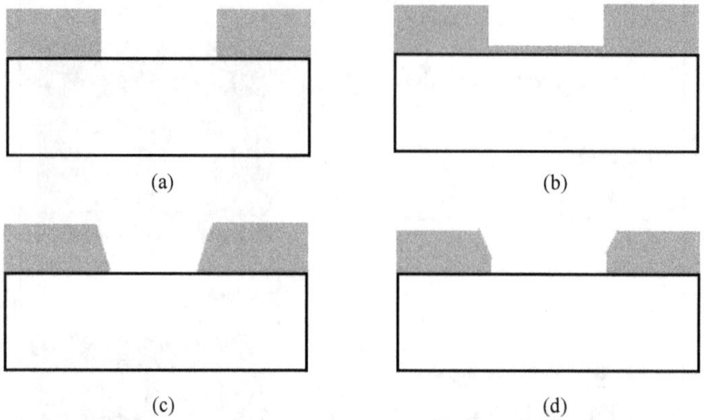

图 1.7　显影时间对光刻胶剖面形貌的影响

(a)正常曝光及显影;(b)曝光剂量不足导致的显影不完全;(c)欠显影;(d)过显影

时间相关的光刻胶剖面示意图。

7) 坚膜

显影后对光刻胶的加温处理称为坚膜。通过坚膜,可以使光刻胶里的溶剂进一步挥发,提高光刻胶在离子注入或刻蚀中对下表面的保护与抗刻蚀能力,并进一步减少驻波效应,增强光刻胶与硅片表面之间的黏附性,减少甚至消除光刻胶中存在的针孔。为此,当后续工艺为湿法或干法腐蚀时,常需进行坚膜处理。但其弊端在于坚膜可能导致光刻胶流动,使图形精度降低。因此,坚膜温度应低于光刻胶玻璃化温度。另外,坚膜处理会增加去胶难度,当后续工艺为金属蒸发时,一般不进行坚膜处理。

8) 图形检测

图形检测的目的是检测所加工图形中的缺陷、沾污、关键尺寸、对准精度以及侧面形貌等,不合格则需要去胶返工。所采用的检测工具包括光学显微镜、原子力显微镜、台阶仪以及扫描电子显微镜等。采用扫描电子显微镜检测时,需要在表面上喷镀薄层金属,增加导电性。

9) 去胶

图形转移完成后,需要去除光刻胶或对残胶进行处理。去胶手段包括湿法与干法两种。湿法是用各种酸碱类溶液或有机溶剂将胶层腐蚀掉,常用溶剂有硫酸与过氧化氢的混合液($H_2SO_4 : H_2O_2 = 3 : 7$),而最普通的腐蚀溶剂是丙酮,它可以溶解绝大多数光刻胶。通常还可以通过超声震动增强效果,或通过加热腐蚀液的方法,增强去胶速度。干法去胶多采用氧化去胶或等离子体刻蚀去胶,其基本化学过程如下:

氧化去胶:　$O_2 + \text{胶} \longrightarrow CO_2\uparrow + H_2O\uparrow$

等离子去胶:　高频电场下 $O_2 \longrightarrow$ 电离 $O^- + O^+$

O^+ 活性基与胶反应生成 $CO_2\uparrow$,$CO\uparrow$,$H_2O\uparrow$

但对于 Ag、Cu 等易氧化衬底,则不适用干法去胶。

2. 掩模板的设计与制作

光刻掩模板是在透明基板上制作了各种光屏蔽图形,以用于光刻工艺中对衬底表面光刻胶涂层进行选择性曝光。通常将透明基板上带有图形的掩模工具,作为光刻过程中阻挡曝光、辐照用的掩蔽模板称为掩模板。光刻工艺中把掩模板上的图形转移到涂覆在衬底表面光刻胶上所形成的抗蚀剂图形,用于阻挡物质穿透、阻挡离子注入和阻挡氧化等功能的掩蔽层称为掩膜。而将还没有制作掩模图形的带感光材料的镀铬基片称为匀胶铬板。

普通光刻掩模板是由透光的衬底材料(石英玻璃)和不透光的金属吸收层(主要是 Cr)组成。掩模板加工前需要根据结构、器件与电路的特征,通过计算机图形辅助设计、模拟、验证后由图形发生器产生数字图形,然后利用光学曝光或电子束曝光及刻蚀技术,将数字图形转移到金属层上,形成透光与不透光区域。

设计掩模板时,主要考虑三个方面:①明确定义掩模层的作用,为整个工艺流程提供信息参考;②设计有效的掩模对准标记,器件与电路制备时,层与层之间的套刻精度很大程度上依赖于对准标记的大小,一般精度越高,则对准记号的尺寸设计得越小;③严格遵守设计规则,受光学曝光分辨率与刻蚀技术的限制,不同工艺决定了可实现最小图形尺寸的不同,因此,掩模板设计时需要考虑所采用的工艺特征[14]。

普通掩模板的制作需要采用多步工艺完成,涉及掩模图形曝光、显影、金属刻蚀、去胶、清洗和干燥处理、掩模检测、缺陷修复等步骤。其加工流程如图 1.8 所示,掩模板的曝光多采用电子束或扫描激光束完成,显影后,暴露的金属层一般采用湿法腐蚀去除。

3. 光刻胶及其性质

光刻胶(photoresist),又称光致抗蚀剂或抗蚀剂,是指光照后能改变抗刻蚀能力的高分子材料。在绝大多数情况下,光刻胶仅作为某些微纳加工步骤的临时性掩模,所以光刻胶是临时涂覆在基片上的聚合物。在微纳加工领域,抗蚀剂可以细分为紫外抗蚀剂、极紫外抗蚀剂、X 射线抗蚀剂、电子束抗蚀剂和离子束抗蚀剂等。紫外抗蚀剂又分为近紫外抗蚀剂(350～450 nm)、中紫外抗蚀剂(300～350 nm)、深紫外抗蚀剂(190～250 nm)和真空紫外抗蚀剂(157 nm)。因为极紫外光刻过程中,抗蚀剂是被软 X 射线的光子产生的二次电子曝光,不再属于传统意义上的光学抗蚀剂。

在近紫外抗蚀剂中先后出现了环氧橡胶抗蚀剂(1960—1970)和重氮萘醌-酚

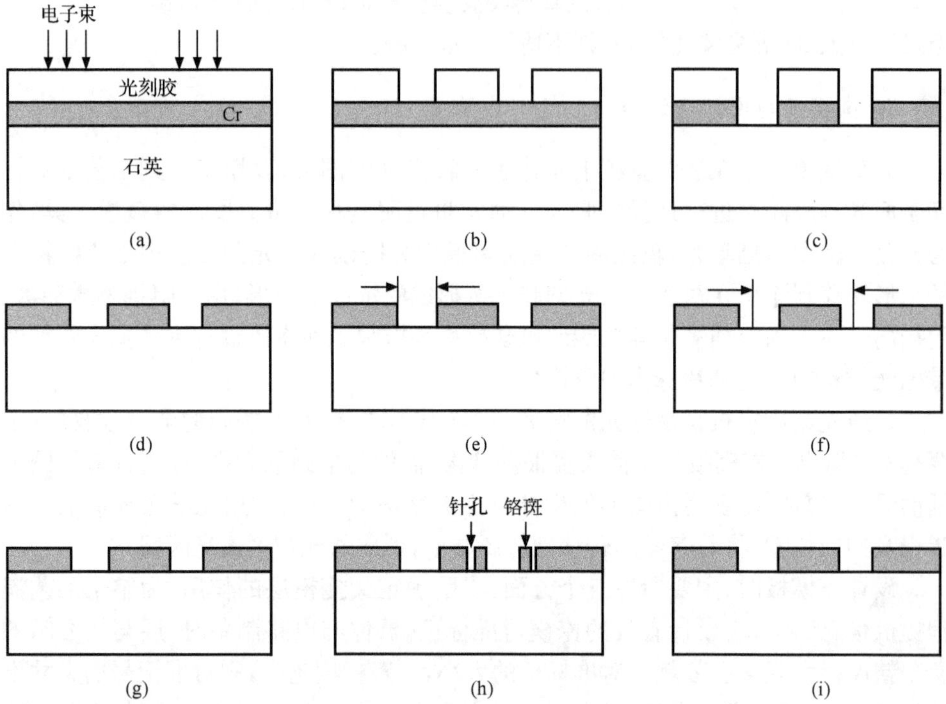

图 1.8　掩模板制备流程图

(a) 光刻胶图形曝光;(b)显影;(c)金属刻蚀;(d)去胶;(e)特征尺寸检查;(f)图形偏移检查;(g)预清洗;(h)缺陷检查;(i)缺陷修复

醛树脂抗蚀剂(1970—1996)。1997 年,研究人员开发出了基于聚羟基苯乙烯(polyhydroxystyrene,PHOST)的化学放大胶,替代了在 248 nm 不透明的酚醛树脂,成为 248 nm 的标准光刻胶。2003 年,在 193 nm 透明的脂肪族和脂环族聚合物(丙烯酸酯或降冰片烯)替代了 PHOST,而真空紫外抗蚀剂,主要是氟碳化合物和硅醇聚合物。

光刻胶的主要成分是树脂、感光化合物,以及能控制光刻胶机械性能并使其保持液体状态的溶剂。光刻胶的配方普遍包含四种成分:树脂、溶剂、感光剂(敏化剂、光引发剂和光致酸产生剂)和添加剂(表面活性剂、抗氧化剂、流平剂和其他添加剂等)。各种成分在光刻胶中所占的质量百分比为:50%～90%的溶剂、10%～40%的树脂,1%～8%的感光剂,不足 1%的添加剂。曝光改变了曝光区域光刻胶的溶解度,由此光刻胶可分为正胶与负胶两大类。正胶的曝光区域的光刻胶在显影液中的溶解度变大,负胶的曝光区域的光刻胶变得更加难溶。正胶与负胶显影成型原理如图 1.9 所示。

正胶分为重氮萘醌-酚醛树脂类光刻胶和化学放大胶两大类。

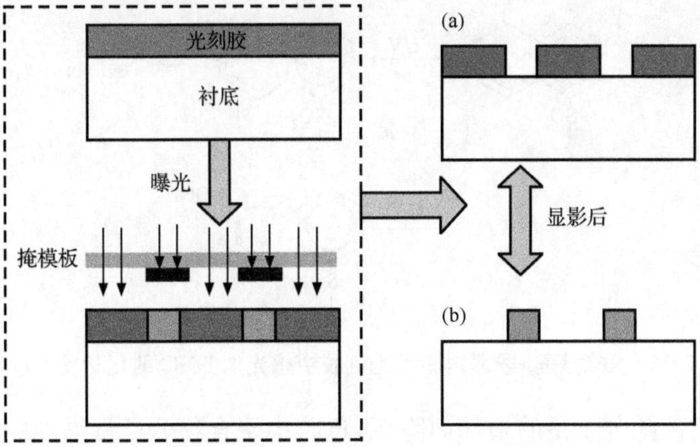

图 1.9 正胶与负胶显影成型原理图
(a)负胶；(b)正胶

重氮萘醌-酚醛树脂类光刻胶三种主要成分是酚醛树脂、重氮萘醌和溶剂。在这类光刻胶中酚醛树脂是主要成膜成分，赋予光刻胶结构特性并且作为光刻胶的抗刻蚀，纯的酚醛树脂在碱性显影液中具有一定的溶解性。光刻胶中的感光剂 DNQ 具有强烈的疏水性，与酚醛树脂相混合后极大地降低了光刻胶在碱性显影液中溶解性(比酚醛树脂的溶解度降低 1～2 个数量级)。光刻胶的常用溶剂是丙二醇甲醚醋酸酯(propylene glycol methyl ether acetate，PGMEA)，偶尔也有用乙二醇乙醚或者乙二醇乙醚乙酸酯等，这三种溶剂的沸点在 150 ℃左右，有利于溶剂在光刻胶的前烘工艺中快速挥发。在微纳加工实验中，为了获得高分辨曝光结构，最方便的方法是使用更薄的光刻胶，我们通常用 PGMEA 等溶剂对光刻胶进行稀释。

DNQ 这种具有光敏特性的分子在波长为 350～450 nm 的光照射下，会发生光化学反应，如图 1.10 所示，DNQ 分子发生重构释放一个氮气分子并结合一个水分子，最终产物为一种有机酸，使得光刻胶容易溶解于碱性的显影液(比没有曝光区域光刻胶的溶解度高 3～4 个数量级)。所以，由于 DNQ 的存在，没有经受光辐照的区域的光刻胶难以溶解于显影液，而在光辐照的区域的光刻胶容易溶解于显影液中，使得曝光区域的光刻胶去掉。DNQ 也是图形反转胶(image reversal resist)的感光剂，图形反转胶的第一次曝光就像正胶一样，如果直接经历显影和定影就和正胶一样，当第一次曝光后经过图形反转烘烤和泛曝光(flood exposure)，最后经过显影和定影可以得到带有底切(undercut)结构的反图形。

DNQ 分子只在波长为 350～450 nm 的光辐照下发生光化学反应，化学放大胶类的正胶在中紫外、深紫外和真空紫外中广泛应用。

负胶在辐照区域发生化学反应后分子量变大，溶解度降低，没有被辐照的树脂还保持原来的溶解度。按照反应原理，负胶分为非化学放大胶和化学放大胶两类。

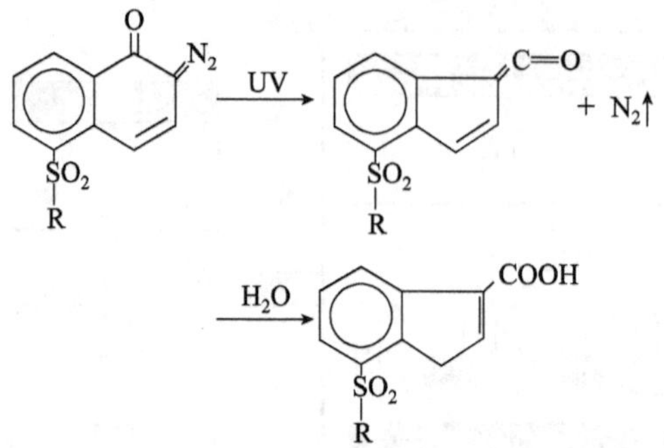

图 1.10 重氮萘醌-酚醛树脂类光刻胶中感光剂 DNQ 的化学反应过程

聚合物的溶解度随分子量的增加而降低,负胶中聚合物分子量增加的机制有如下三种:光酸催化线型聚合物发生交联获得更高分子量的聚合物,线型聚合物官能团因辐射诱导产生极性反转而聚合,光诱发的单体聚合。

表征光刻胶性能的指标主要包括灵敏度、分辨率、对比度、曝光宽容度、工艺宽容度、寿命周期、黏度、玻璃化转换温度以及抗刻蚀性等。

1) 灵敏度

灵敏度是指单位面积上使光刻胶全部发生反应所需要的最小曝光剂量。灵敏度越高,所需的曝光剂量越小。灵敏度太低会影响曝光效率,所以通常希望光刻胶有较高的灵敏度,但灵敏度太高会影响分辨率。通常负胶的灵敏度高于正胶。

2) 分辨率

分辨率是指图像中两个点或线能够被区分的能力,决定分辨率的主要因素包括光刻胶的相对分子质量、分子平均分布、对比度与胶厚、显影条件和前后烘温度与时间以及曝光系统的分辨率。通常光刻胶层越薄,曝光分辨率越高,但胶厚的选定需要与后续工艺要求的抗刻蚀能力综合考虑。同时,正胶的过显影与负胶的显影不足以及过高的烘烤温度均会降低曝光图形的分辨率。另外,分辨率与灵敏度相关,一般灵敏度越高,分辨率就越差。

3) 对比度

对比度是光刻胶的一个很重要的参数,它表示光刻胶对剂量变化的敏感性。下面我们从理想光刻胶对比度曲线来看一下对比度的含义。所谓对比度曲线,就是光刻胶的厚度随着曝光剂量的变化曲线,它非常重要。当我们拿到一种新型光刻胶时,首先应该是作一条对比度曲线,来了解该光刻胶的灵敏度、对比度等信息。图 1.11 为理想的光刻胶对比度曲线。对于正胶,灵敏度就是所有光刻胶被去除的临界剂量,理想情况下,在该临界剂量时光刻胶的厚度应突降至零。但实际情况,光刻胶的厚度随剂量的变化为一条斜线,如果 D_0 为没有光刻胶溶解的最大剂量,D_{100} 为所有光刻胶溶解时的最小剂量,则对比度(γ)定义为

$$\gamma=\frac{1}{\lg(D_{100}/D_0)} \tag{1.7}$$

γ 就是图 1.11 中直线的斜率。光刻胶的对比度越大，曝光得到图形的侧壁越陡峭，分辨率也越高，高分辨率的光刻胶具有高的对比度。一般紫外光刻胶的对比度在 0.9～2.0，对于制作亚微米图形，要求对比度大于 1。负胶的对比度一般比正胶的低，因为负胶在紫外光辐照下，在发生交联反应的同时，也发生降解反应，每产生一个断链，就需要增加一个交联来补偿。

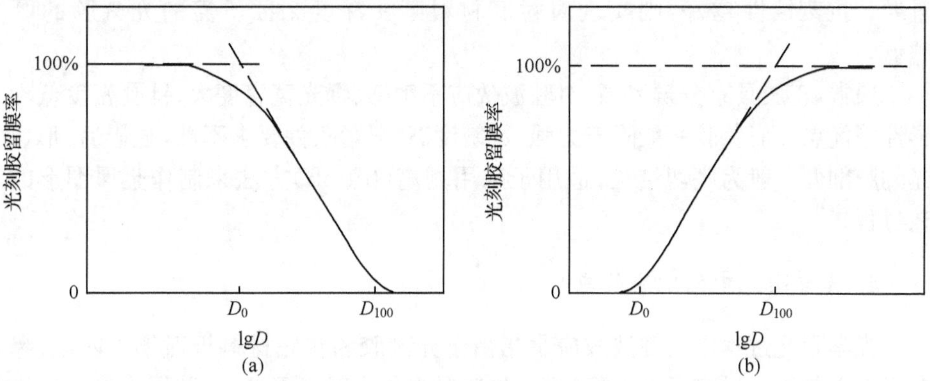

图 1.11　理想的光刻胶对比度曲线

(a)正胶；(b)负胶

4）曝光宽容度

曝光宽容度描述光刻胶图形尺寸对曝光剂量的敏感程度。如果在曝光剂量偏离最佳剂量较大的情况下，曝光图形尺寸的变化仍然较小，则表明这种胶具有较大的曝光宽容度。

5）工艺宽容度

工艺宽容度是指曝光的整个工艺过程中，烘烤时间与温度、显影液的浓度与显影时间等工艺参数对光刻胶性能的影响。较大的工艺宽容度意味着当工艺条件偏离最佳参数时，光刻胶性能的变化仍很小。

6）寿命周期

寿命周期是指光刻胶的保质期限。随着搁置时间的增长，光刻胶中的溶剂会挥发，感光物质会逐渐失去光活性。因此，光刻胶要存储在密闭的、不见光的环境下，低温保存，常用部分应在黄光区棕色玻璃瓶中保存。

7）黏度

黏度描述的是光刻胶的可流动性。同一种光刻胶，可以有不同的黏度，从而可以获得不同的胶层厚度。黏度可以通过改变光刻胶中聚合物固体的含量来调整。所以放置过久的光刻胶会随着溶剂的挥发不断地变黏稠，从而导致不同时间段，相同的涂敷条件获得的胶层厚度却不同。

8) 玻璃化转换温度

玻璃化转换温度是指光刻胶呈现熔融状态的温度值。过高的温度使光刻胶发生热流动,可造成光刻胶图形的形貌与尺寸的变化。

9) 抗刻蚀性

抗刻蚀性是指光刻胶在某一刻蚀条件下的刻蚀速率。微纳加工过程中,光刻胶图形常常被用来作为刻蚀掩模,因此光刻胶与衬底材料之间的刻蚀比显得尤为重要。抗刻蚀性越好,则实现对衬底材料某一深度刻蚀所需的光刻胶的厚度越低。

通常,正胶具有分辨率高、对驻波效应不敏感、曝光宽容度大、针孔密度低和无毒性等优点。而负胶一般附着力强、灵敏度高、显影条件要求不严,显影后,形成的光刻胶剖面一般为底切结构,适用于采用剥离(lift-off)方法来制作金属图形的工艺过程。

4. 光学曝光中的驻波效应

光学曝光过程中的驻波效应是指由于光刻胶和衬底材料折射率不匹配,曝光时光在光刻胶与衬底界面上发生反射,反射光与入射光干涉,在胶层中形成的光分布特征,其原理如图 1.12(a)所示。驻波效应导致光能量在胶中高低起伏摆动,从而使显影后,光刻胶的边缘轮廓呈波纹状,如图 1.12(b)所示。在光刻胶表面或衬底表面涂敷抗反射膜可以一定程度上抑制驻波效应。另外,我们前面提到的后烘工艺可以部分消除驻波效应。驻波效应改变图形预期的尺寸和结构,降低曝光图形的质量。但也可以加以利用,如用来制备相位掩模板(phase mask)与光耦合掩模板(light coupling mask)等[18]。

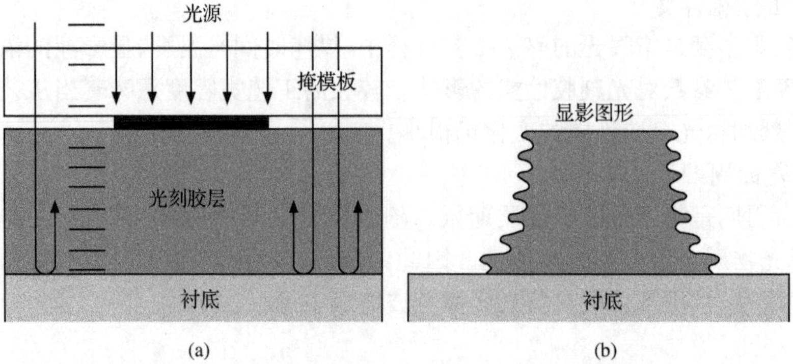

图 1.12 (a)驻波效应形成的原理图;(b)显影图形示意图

5. 光学曝光中的菲涅耳衍射效应

光学成像系统的成像质量受到光衍射的影响与制约。菲涅耳衍射是指光波在穿过狭缝、小孔或圆盘之类的障碍物后，会发生不同程度的弯散传播现象[16,19]。如当掩模板图像为不透光的圆盘时，会存在由于衍射引起的泊松亮斑。泊松亮斑，又称为阿喇戈亮斑，其产生条件要满足菲涅耳不等式

$$F = \frac{d^2}{l\lambda} \geqslant 1 \tag{1.8}$$

其中，d 为不透光的小圆盘的直径，l 为圆盘与接收屏间的距离，λ 为入射光源的波长[16,17]。菲涅耳原理描述了衍射现象中光的传播问题，其核心是波前上每个面元都可视为子波的波源，在空间某点的振动是所有这些子波在该点产生相干振动的叠加。光在源点 P_0 处发出一次球面光波，波前的各个点被重新看成新的二次球面波的源点，到达 P_1 点的光看作是波前各个点发出二次波的总和，如图 1.13 所示。其振幅等于对所有波前发出二次球面波到达 P_1 点的积分：

$$U(P_1) = \frac{A\mathrm{e}^{ikr_0}}{r_0}\iint_S \frac{\mathrm{e}^{ikr_1}}{r_1}K(\theta)\mathrm{d}S \tag{1.9}$$

其中，S 表示没有遮挡物区域，A 为 P_0 点的振幅，k 为波数。(1.9)式积分号外的项表示 P_0 点发出的一次球面波，积分号里面的第一项表示波前各点发出的二次球面波，第二项 $K(\theta)$ 是角度因子，其意义是防止倒退波出现，可表示为

$$K(\theta) = \frac{\mathrm{i}}{2\lambda}(1+\cos\theta) \tag{1.10}$$

这就是菲涅耳衍射理论。理论上通过(1.9)式则可以求出遮挡物后阴影区的光强分布。为了和实验上参数对应，假设圆形障碍物的半径为 a，$P_0C=g$，$CP_1=b$，由于圆形对称，在极坐标中(1.9)式可表示成[20]

$$U(P_1) = -\frac{\mathrm{i}}{\lambda}\frac{A\mathrm{e}^{ik(g+b)}}{gb}2\pi\int_a^\infty \mathrm{e}^{ik\frac{1}{2}\left(\frac{1}{g}+\frac{1}{b}\right)r^2} r\mathrm{d}r \tag{1.11}$$

进一步计算积分部分得到下式：

$$U(P_1) = \frac{A\mathrm{e}^{ikg}}{g}\frac{b}{\sqrt{b^2+a^2}}\mathrm{e}^{ik\sqrt{b^2+a^2}} \tag{1.12}$$

考虑到光场强度为振幅的平方则有

$$I = |U(P_1)|^2 = \frac{b^2}{b^2+a^2}I_0 \tag{1.13}$$

其中，$I_0 = \left|\frac{A\mathrm{e}^{ikg}}{g}\right|^2$，这样在轴线上的泊松亮斑的强度即可求出。

另外，对于平行光源在圆形障碍物后的中心强度分布可用下式表示[21]：

$$U(P_1, r) \propto J_0^2\left(\frac{\pi rd}{\lambda b}\right) \tag{1.14}$$

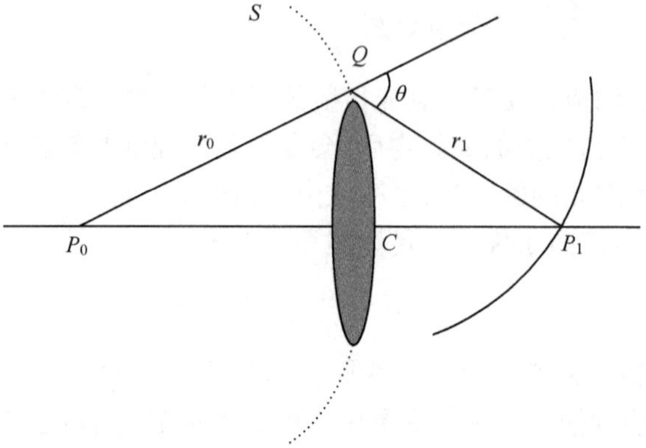

图 1.13 从 P_0 出发的一级波到达 Q 点后发生二级次波，然后到达 P_1 点的传播过程

其中，J_0 是零阶贝塞尔函数，r 是接收屏上 P_1 点距离光轴的距离，d 是障碍物的直径，b 是障碍物与接收屏的距离，称为曝光距离。采用数值模拟，我们可以计算光绕过圆盘传播的菲涅耳衍射光强分布，图 1.14 给出了直径为 10 μm 和 2 μm 的圆盘，障碍物与接收屏的距离均为 10 μm，曝光剂量为 150 mJ/cm^{2}时，绕过圆盘传播的菲涅耳衍射光强分布的理论模拟结果。可以看出随障碍物直径变大，中心亮斑半径变窄，并且高阶衍射条纹的相对强度越来越弱，能量主要分布在零级衍射斑点上。由于衍射斑点或条纹在尺寸和强度上可调，所以可用作实现高分辨的纳米级衍射图形曝光的光源。

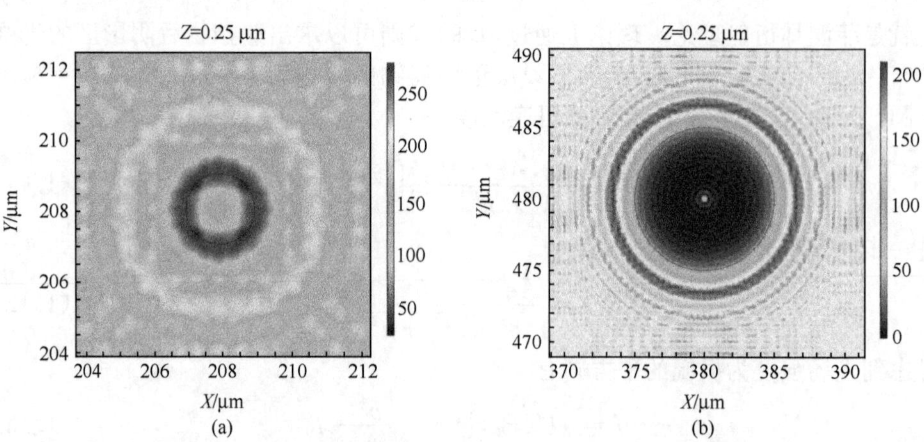

图 1.14 光绕过不同直径的圆盘传播时菲涅耳衍射光强分布的理论模拟
(a)直径为 10 μm；(b)直径为 2 μm

常规光学曝光中，要尽量避免光衍射引起的图形失真与畸变。但通过特殊的设计，我们可以利用上述非涅耳衍射效应来加工亚微米甚至纳米尺度的图形结构，

包括三维的微纳米结构。这些内容我们将在后面做较详细的介绍。

1.2.3 分辨率增强技术

除缩短曝光波长和增大数值孔径的方法外，提高光学曝光分辨率的方法还包括采用离轴照明、分步扫描、空间滤波，浸没式曝光、偏正控制、相移掩模、光学邻近效应校正等技术，以及采用具有化学增强放大功能的快速感光光刻胶、光刻胶修剪、抗反射和表面感光多层光刻胶等工艺手段。这里只简单介绍常用的离轴照明、浸没式曝光、相移掩模及光学邻近效应校正技术。

1. 离轴照明技术

所谓离轴照明，指的是采用倾斜照明方式刻意地使入射光束以一定的倾斜角偏离主光轴方向，由透过掩模图形的0级光和其中一束1级衍射光（+1级或Z−1级）经透镜系统在光刻胶表面干涉成像，如图1.15所示。

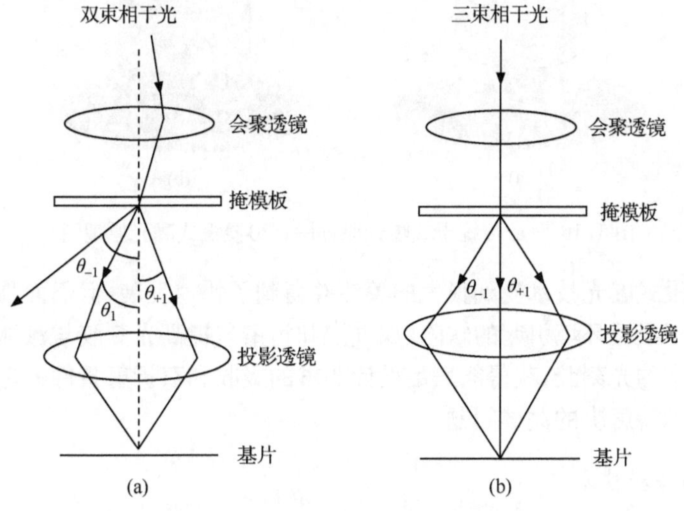

图1.15 (a)离轴照明方式；(b)传统照明方式

与传统照明的三光束成像相比，离轴照明能够提高系统分辨率，增加焦深并提高成像对比度。常用的离轴照明方式有环形、四极、偶极照明等。不同的离轴照明方式对分辨率的改善、焦深与对比度的提高程度不同，因此，在实际使用中，照明方式及其参数必须根据具体的掩模图形进行设置。环形照明通常对固定栅距、任意方向的密集线条非常有利。对于单一方向的密集线条，双极照明是最理想的。如果掩模图形都是两个相互垂直方向上的线条，适合采用四极照明方式。

2. 浸没式曝光技术

传统的曝光技术中,光源物镜镜头与光刻胶之间的介质是空气。浸没式曝光是指在曝光物镜镜头和光刻胶之间充满液体,代替空气,如图 1.16 所示。介质折射率的增大可以提高投影物镜的数值孔径,从而提高曝光系统的分辨率。实际上,浸没式曝光技术利用光通过液体介质后光源波长缩短来提高分辨率,其缩短的倍率即为液体介质的折射率。例如,在 193 nm 曝光机中,在光源与衬底(光刻胶)之间加入水(折射率约为 1.4)作为介质,则波长可缩短为 132 nm。如果放的液体不是水,而是其他液体,但折射率比 1.4 大时,实际分辨率可以再次提高,这也是浸没式曝光技术能很快普及的原因。同时,浸液能够增大系统焦深,有利于改善曝光系统的工艺窗口。

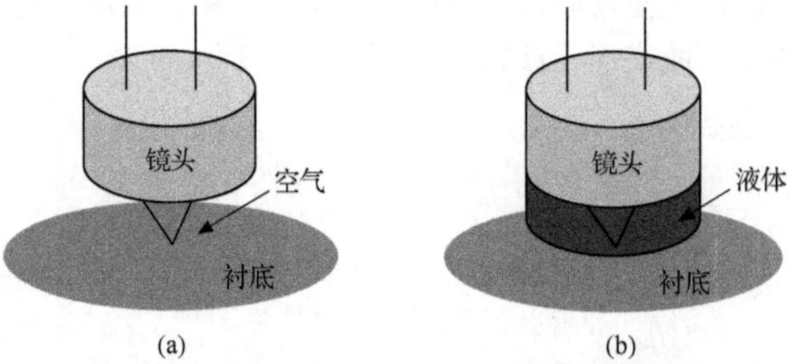

图 1.16 (a)传统干式曝光原理图;(b)浸没式曝光原理图

虽然浸没式曝光技术受到很大的关注并得到了快速发展,但仍面临巨大挑战。怎样控制由于浸没环境引起的缺陷(如气泡和污染),提高光刻胶与流体的相容性,研发高折射率的光刻胶,获得能满足设计要求的吸收和双折射条件的透镜材料等,都是该技术亟待解决的关键问题。

3. 相移掩模技术

图 1.17 为采用常规曝光掩模板与相移掩模板(phase shift mask,PSM)制备图形的原理图。相移掩模的基本思想是在掩模上一些透光区选择性地引入相移层,使透过的光在掩模上不同透光区域之间产生 180°(或其奇数倍)的相位差;同时还可通过透过率的调整,改变掩模图形空间频率分布和空间像分布,使衬底表面相邻透光孔像之间因相消干涉而使暗区强度减弱。根据能量守恒定律,特征图形亮区像强度必然增加,因而提高了像对比度、强度分布斜率和像质,使得因对比度较差而无法分辨的图形变得可以分辨,从而提高系统的分辨率。同时,由于亮区光场分布变陡,也改善了曝光过程的工艺宽容度,降低了曝光工艺的难度,有助于曝光质量和曝光效率的提升。相移掩模种类很多,其改善曝光分辨率的机理和能力也有

差异,需根据实际情况选择相移掩模种类[22]。

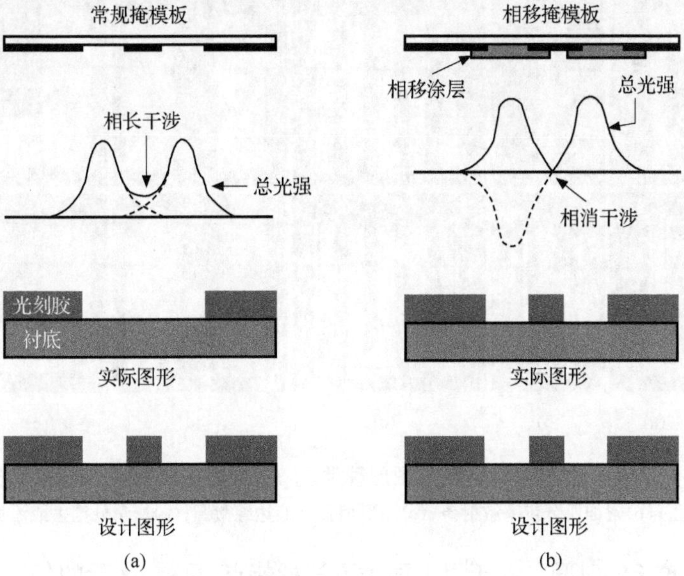

图 1.17 (a)常规掩模板曝光;(b)相移掩模板曝光

4. 光学邻近效应校正技术

光学邻近效应指曝光中,当掩模板上微细图形尺寸接近或小于所用光源波长时,由于衍射光场间的叠加而产生的干涉效应。严重的光学邻近效应可引起曝光图形畸变,产生线宽偏差、线条长度缩短和边角圆化等诸多问题。对这种因光干涉效应导致的图形畸变进行校正的技术称为光学邻近效应校正技术。通常采用波前工程——预畸变掩模图形来改善光学成像和最终曝光图形的质量。所谓预畸变掩模,就是在原设计掩模上通过偏置疏密线条的宽度或增加一些微细的亮暗辅助线条来补偿光学曝光成像过程因高频信息损失而导致的空间像畸变。图 1.18 给出了与图形种类相关的掩模板图形补偿示意图。

光学邻近效应校正技术包括基于校正规则和基于物理模型的两种校正策略。基于校正规则的方法是根据曝光系统的参数和掩模图形参数的规律,建立一套校正规则和校正图形数据库,然后据此规则对掩模图形进行优化校正。这种方法的优点是计算速度快,依据一定的规则可确定相同曝光显影条件下任何形状掩模的预畸变。但是为了获得好的校正则必须进行大量的列表、建库工作,计算较为烦琐。基于物理模型的方法是依据计算得到空间像强度分布或光刻胶的一维轮廓,利用迭代算法或类似的数学模型,反推出可补偿邻近效应偏差的掩模结构,并用修正后的掩模图形来成像,评判校正效果。其优点是校正效果好,但运算量大,每次

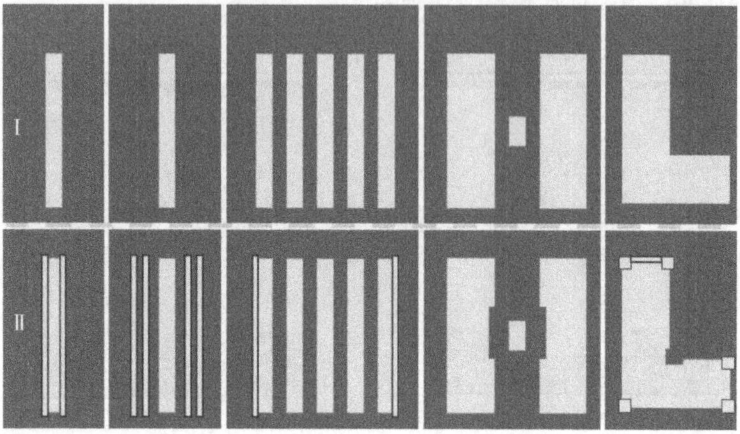

图 1.18 光学邻近效应校正中,与图形种类(Ⅰ)相关的掩模板图形补偿示意图(Ⅱ)
(a)线宽修正;(b)附加亚分辨率散射条;(c)图形偏置;(d)边缘微调;(e)弯角处挖去或添加附加方块

计算需花费较长的时间。鉴于以上两类方法的特点,目前,大量的邻近效应校正技术通过将两类方法结合,并根据掩模的具体情况进行,以减少模拟计算量,提高校正的效率和质量[23]。

1.3 短波长光学曝光技术

光学曝光技术种类繁多,各具特点,在实验室与科学研究领域发挥着极为重要的作用。为了将光学曝光的加工能力进一步拓展,继续缩小线宽,提高加工能力,以适应微电子向纳电子发展的需要,多种先进的短波长光学曝光技术,如深紫外、极紫外与 X 射线曝光技术,正在蓬勃发展。下面简单介绍这几种技术的特点。

1.3.1 深紫外与真空紫外曝光技术

紫外曝光所采用的光源波长通常为 436 nm 或 365 nm。为了提高分辨率,光源的波长不断缩小,从紫外逐步进入到 248 nm、193 nm 的深紫外。然而,在深紫外光波段,当波长小于 170 nm 时,用于制作掩模板透光部分的玻璃或石英材料存在明显的光吸收现象。即使结合相移掩模技术,利用深紫外光源曝光所能获得的最小线宽也只有 100 nm 左右[24]。继深紫外曝光技术之后,真空紫外曝光也得到快速发展,其光源采用氟准分子激光,能够激发出波长 157 nm 的光。这一波长的光强烈地吸收空气中的氧分子,但可以在真空中传播,因此又称为真空紫外光。其应用目标是 65 nm 技术节点的芯片加工。但当波长短到 157 nm 时,大多数的光学镜片材质都处于高吸收状态，热效应使光学镜片产生热膨胀，造成球面像差[25]。

1.3.2 极紫外曝光技术

极紫外曝光(EUVL)又称为软X射线曝光。极紫外曝光系统由极紫外光源及聚光系统、掩模板、掩模工作台、投影物镜、样品台、对准和对焦系统七大部分组成。极紫外曝光系统的原理如图1.19所示，利用激光激发等离子体，产生13.5 nm的极紫外射线，然后由收集镜组成的光学系统聚焦形成光束，光束经过多个反射镜组成的聚光系统、掩模板反射后经过多个反射镜组成的投影系统，将掩模板上的图形缩小并对衬底上的光刻胶进行曝光。

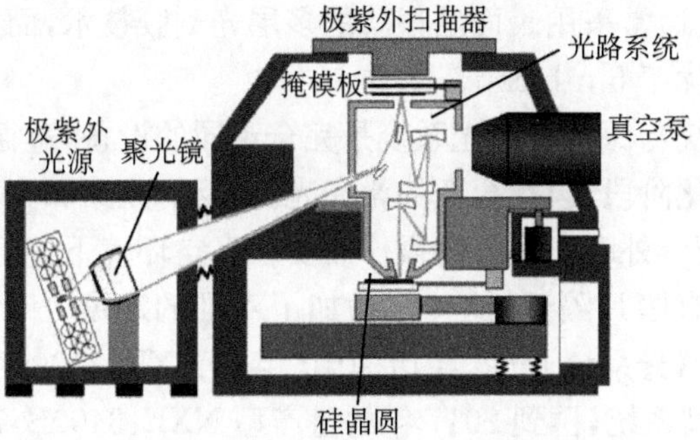

图1.19 极紫外曝光系统原理图

目前商用极紫外曝光系统采用的光源是13.5 nm的激光等离子体光源，这种光源通过高功率二氧化碳激光器激发锡金属液滴，产生激光脉冲等离子体，其中只有高能级跃迁产生13.5 nm波长的辐射。激光等离子体光源产生极紫外的效率很低，这是因为锡等离子体中的大量离子会被等离子体中的电子中和成无效的低价态离子，同时大量的极紫外光会被等离子体中的锡离子吸收。其后果是激光等离子体光源的冷却需要消耗很多能源，造成其光电转化效率(wall plug efficiency)只有0.02%，也就是需要输入1 MW能量才能转化为200 W曝光用的极紫外激光。另外，由于所有反射镜都吸收30%左右的极紫外光，以一套具有11块反射镜(包括掩模板)的极紫外曝光系统为例，最终只有2%的极紫外光作用在衬底的光刻胶上。相比于193 nm的深紫外激光器可以提供至少一年的稳定输出，极紫外光源的稳定性还有待提升，由于残存的锡的积累不能得到彻底清除，极紫外收集镜的反射率2周下降10%，极紫外光源的稳定性也成为一个较大的问题(使用初期每天±10%波动)。

极紫外反射镜的多层膜技术是极紫外曝光技术的关键之一。除了光路上的聚光系统和投影系统由多块反射镜组成外，极紫外曝光系统的掩模板也是一块反射镜，每个反射镜由至少40个厚度只有几个纳米的钼/硅多层膜组成。高质量极紫外多层膜必须具有高反射率、均匀性好、无缺陷、能长期经受极紫外辐射及热效应影响[26]。通常采用钼和硅薄膜交替叠片的方式获得层间相干,从而得到高达70%的反射率。

极紫外曝光系统的部件必须采用极低热膨胀系数的材料加工,其反射镜的形状与表面光洁度均应达到0.1 nm的水平,其平整度要求极高,在30 cm的范围内只允许不超过2 nm的起伏。同时,由于极紫外曝光技术中存在像差,在能获得有效反射率的条件下应尽量采用较短的波长。为达到最佳成像质量和最大像场,应采用尽可能多的反射镜,但受到光传输效率的限制,所以必须在大像场的成像质量和曝光效率之间作折中考虑。由于光刻胶对极紫外的吸收深度很浅,只能在光刻胶的表面成像,因此通常采用表面层很薄的多层光刻胶技术,而且极紫外曝光光刻胶需要的灵敏度应优于5 mJ/cm^2。

极紫外曝光系统与深紫外曝光系统是完全不同的设备,遵循不同的标准,很多工艺还处于探索优化阶段,包括全新的激光光源、反射光路和光刻胶。由于所有物质都吸收极紫外,极紫外曝光系统的操作需要在真空环境下进行,母板、光源、光学系统与衬底之间都有膜片隔开,这些都增加了对准的难度[27]。从2006年的首台用于研究的极紫外曝光系统开始,经历2010年的NXE:3100和2013年的NXE:3300B的两款研发型系统,再到2017年的量产型NXE:3400B系统,极紫外曝光系统逐渐成熟。最新款极紫外曝光机NXE:3600D的规格,新系统在2021年中期将达到160片/小时的产能。

1.3.3 X射线曝光技术

X射线的波长很短,是高分辨率光学曝光中理想的光源。X射线曝光所用的波长范围在0.2～4 nm,所对应的光子能量为1～10 keV。限制X射线分辨率的主要因素是掩模板的分辨率以及半影畸变和几何畸变等。

由于X射线在所有材料中的折射率均接近于1,不具有可聚焦性,因而只能用作1∶1的曝光。X射线只被高原子序数材料吸收,能够穿透大部分物质,因而曝光掩模板与传统曝光掩模板有所不同。薄膜型X射线掩模板由低原子序数膜片(硅、碳化硅等)及其上沉积的高原子系数重金属(金、钨、钽或重金属合金等)材料图案组成。由于采用低吸收膜作为掩模板的主体部分,X射线掩模的机械强度差,只能采用接近式曝光[28]。

X射线曝光的优点包括:①具有较高的效率、纳米级的分辨率和极强的穿透能力,在制作具有陡直剖面的纳米级图形方面具有独特的优势;②X射线曝光中衍射效应和驻波效应可以忽略,图形保真度高;③X射线可以穿透尘埃,对环境的净化程度要求不高等。

X射线曝光的缺点在于:①X射线源的发射效率低,散热问题严重;②X射线不能偏转与聚焦，本身无成图能力，只能采用接近式曝光方式；③存在半影畸变与几何畸变；④薄膜型掩模板的制造工艺复杂，使用不方便；⑤对硅片有损伤等。同时，X射线曝光掩模板由于透光与不透光的材料之间存在较大的应力，使掩模板的精度受到影响，虽然具有较高杨氏模量的金刚石基板的开发已经开始，但价格昂贵，加工困难。另外，由于不能采用缩小曝光，掩模板制造困难，而且掩模板的清洗和维修问题也没有很好地解决。

1.3.4 LIGA加工技术

LIGA是德文lithographie，galanoformung和abformung的缩写，是一种基于曝光、电铸制模和注模复制的高深宽比微结构的加工技术，可加工材质范围广泛(包括金属、陶瓷、聚合物、玻璃等)，图形结构灵活，精度高，具有可复制以及成本较低等特点。利用LIGA技术，不仅可制造微尺度结构，而且还能加工尺度为毫米级的结构，可用于跨尺度多维度结构的加工。

最早的LIGA技术是采用X射线对光刻胶进行曝光，通过显影获得微图形结构，然后利用电铸工艺，将所获得的图形进行填充，之后通过光刻胶的溶脱，最终得到金属微结构。由于X射线平行度高、辐射极强，因此基于X射线曝光的LIGA技术能够制造出深宽比高达500、厚度大于1500 μm、结构侧壁光滑且平行度偏差在亚微米范围内的三维立体结构，这是其他微制造技术所无法实现的。但基于X射线的LIGA技术需要昂贵的X射线光源和复杂的掩模板，工艺成本非常高，限制了其使用范围。近来，出现了一些采用低成本光源和掩模板的准LIGA技术，加工能力与LIGA技术相当。例如，采用紫外光源的UV-LIGA技术，准分子激光光源的Laser-LIGA技术和用微细电火花加工技术制作掩模的MicroEDM-LIGA技术等。其中，以SU-8光刻胶为光敏材料，紫外光为光源的UV-LIGA技术因有诸多优点而被广泛采用。

目前，LIGA技术主要应用于加工微传感器、微机电系统、微执行器、微机械零件和微光学元件、微型医疗器械和装置、微流体元件等。

1.4　光学曝光加工纳米结构

上面介绍的分辨率增强技术和短波长光学曝光技术可获得百纳米甚至几十纳米的分辨率。然而，随着曝光波长的缩短，曝光设备的成本明显攀升，严重限制了短波长曝光技术在科学研究中的应用。点对点(point-to-point)扫描加工的纳米加工技术，如后面将要介绍的电子束曝光、离子束直写、激光加工等，在实际应用中，也存在加工速度慢、大面积图形制备成本高等问题。如何发展现有的紫外曝光技术，将加工能力进一步向纳米尺度与纳米精度方向推进成为人们关注的一个方向。

由此产生了一些基于常规紫外曝光设备的新型纳米加工技术,如利用光学衍射效应的泊松亮斑纳米曝光技术,以及基于表面等离子体光学的纳米曝光技术等[29,30]。

1.4.1　泊松亮斑纳米曝光技术

前面已经提到,在经典物理学中,波在穿过狭缝、小孔或圆盘之类的障碍物后会发生不同程度的弯散传播,形成明暗相间衍射图样。对这些效应加以利用,可突破光学衍射极限,制备出纳米结构。在光学曝光过程中,掩模板上的金属实心图形可看做障碍物,光刻胶则可看做接收屏,光通过掩模板上实心图形后的菲涅耳衍射花样可在光刻胶上记录下来,用以制备复杂图形结构,拓展光学曝光技术的应用[19-21]。图 1.20 为泊松亮斑曝光工艺的示意图,采用普通的紫外曝光设备和接近式曝光模式,利用菲涅耳衍射产生的泊松亮斑可以实现纳米尺度光刻胶图形的制作。菲涅耳衍射亮斑曝光技术的主要影响因素有曝光距离、掩模图形尺寸、曝光剂量及曝光图形的密度等,下面我们将做简单的介绍。

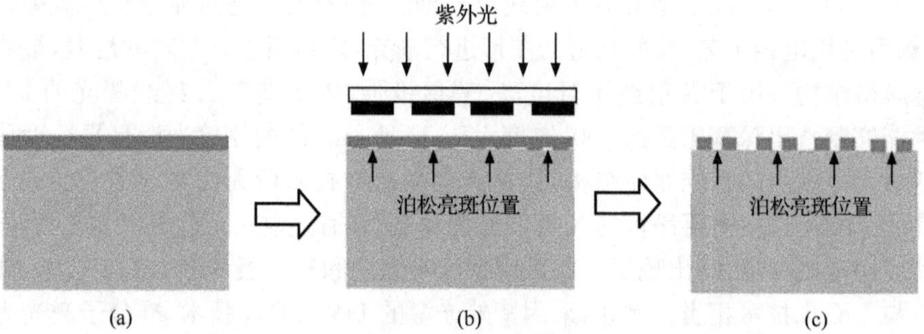

图 1.20　泊松亮斑曝光工艺的主要过程示意图

(a)涂胶;(b)曝光;(c)显影

1. 曝光距离与掩模尺寸的影响

所有的光刻胶都具有一定的灵敏度,要想在光刻胶上得到泊松亮斑产生的图案,需要泊松亮斑的强度达到一定的阈值。菲涅耳衍射曝光中,光穿过掩模板后在光刻胶中的分布强度与曝光距离 b 及掩模尺寸 a(掩模圆盘半径)密切相关,由(1.13)式,我们可以得到菲涅耳衍射产生的亮斑光强与光源光强的变化曲线,如图 1.21 所示。在一定的波长与掩模圆盘半径下,随着曝光距离变大,轴向上泊松亮斑中心亮度也逐渐增强,当曝光距离趋于 0 时,亮斑的光强也趋于 0,无法实现对光刻胶的曝光;而当 $b:a=3$ 时,泊松亮斑中心光强即可达到光源光强的 90%,基本能够满足曝光的要求。因此,可以通过调控曝光间距及掩模尺寸来调控泊松亮斑的大小和强度,从而控制得到的曝光图形的形貌。

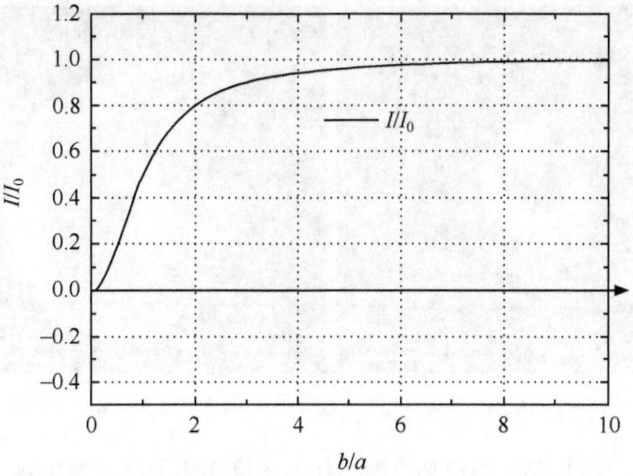

图 1.21　泊松亮斑的光强与曝光接触距离和金属掩模圆盘尺寸的关系

图 1.22 给出了光刻胶厚度为 800 nm，掩模金属圆盘直径为 5 μm，相同曝光剂量下，不同曝光距离得到的曝光结果。图 1.23 为在其他曝光参数固定的情况下，改变掩模板上金属圆盘图形直径所获得的光刻胶图形。由结果可以看出，若想要减小泊松亮斑的直径，则需要尽可能地增大金属掩模圆盘直径，而当其直径和入射波长一定时，在保证泊松亮斑曝光强度的前提下，要尽可能地减小曝光间距。另外，在(1.14)式中，当参量为 2.4 时，零阶贝塞尔函数 $J_0\left(\frac{\pi rd}{\lambda b}\right)=0$，即 $J_0(2.4)=0$，这样当其他参量固定，$r=\frac{2.4\lambda b}{\pi d}$ 为出现第一个暗条纹时中心亮斑的半径。既然当入射波长 λ 一定时，泊松亮斑的直径与曝光间距成正比，与金属掩模圆盘直径成反比，要想得到管壁很薄的纳米圆环，即 $r\approx d$，则需使曝光间距与金属掩模圆盘直径满足下述关系：

$$d^2\approx\frac{2.4\lambda b}{\pi} \tag{1.15}$$

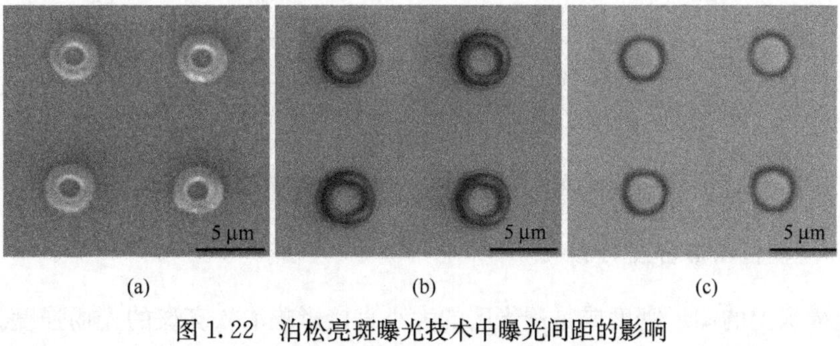

(a)　(b)　(c)

图 1.22　泊松亮斑曝光技术中曝光间距的影响

(a)1 μm 间距；(b)2 μm 间距；(c)3 μm 间距

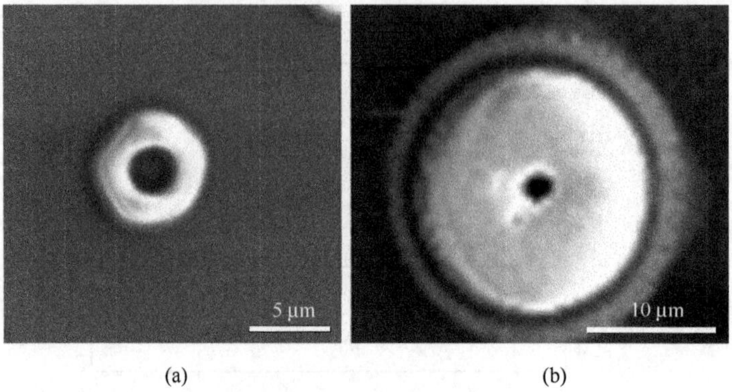

图 1.23 泊松亮斑曝光技术中掩模图形尺寸的影响

(a)掩模板为直径 5 μm 的实心圆;(b)掩模板为直径 10 μm 的实心圆

2. 曝光剂量的影响

在明场掩模下,菲涅耳衍射效应可以在正胶上得到环形的图案,如果曝光条件控制得当,可以得到壁厚为 100 nm 以下的环形结构[31,32],远小于曝光所用紫外光源的波长。图 1.24 为在其他条件固定的情况下,所形成的光刻胶图形的尺寸随曝光剂量的变化关系。随着曝光剂量的增加,所形成的光刻胶环形结构的外径越来越小,而内径则逐渐变大。

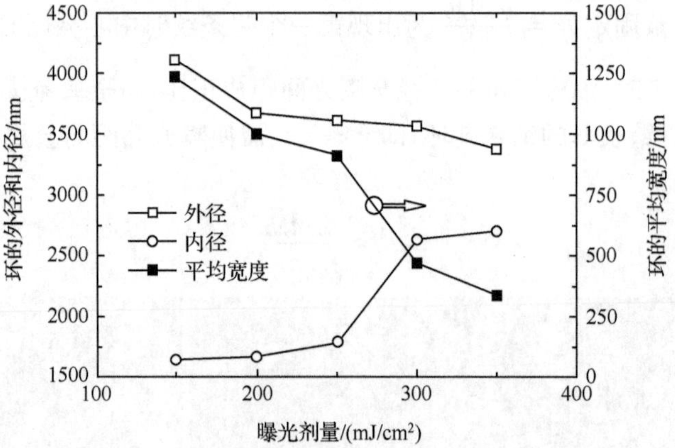

图 1.24 光刻胶图形结构尺寸随曝光剂量的变化关系

3. 掩模板图形密度的影响

掩模板上的图形密度或是透光区的大小直接影响泊松亮斑的光场强度。当图形密度较小时,图形的影响因素主要是自身的菲涅耳衍射效应;而当图形密度较大时,图形相互之间的衍射导致的邻近效应将会变得比较明显。在大多数情况下,要尽量避免这种邻近效应对曝光图形的影响,但如果运用好这种邻近效应,将会得到丰富多样的图形结构。图 1.25 为使用密度不同的边长为 5 μm 的实心正方形模板,在其他工艺参数相同的情况下利用泊松亮斑曝光得到的光刻胶图形。对于图形密度低的掩模板,单元图形中心区域的光刻胶被完全曝光;而对于图形密度高的掩模板,图形中心区域的光刻胶没有被完全曝光,从而可以得到一种菱形的光刻胶单元结构。

(a) (b)

图 1.25 图形密度对曝光结果的影响

(a)图形密度为 1/100 μm^2;(b)图形密度为 6/100 μm^2

1.4.2 表面等离激元纳米曝光技术

(1.4)式给出了光学系统的分辨率,这种分辨率实际上也是测不准原理的一种体现,即我们无法同时精确确定位置与动量等共轭的物理量。但如果对其中的一个共轭量的精度不做要求,则另一共轭量的测量精度则有可能突破通常的限制,此即为表面等离激元或近场曝光技术可以突破分辨率极限实现高分辨曝光的理论根据。

入射光与物体表面发生相互作用后在其表面附近形成了携带样品表面信息的光场分布,可以用 $z=0$ 平面上场的复振幅 $E(x,y,0)$ 的分布特性来描述样品表面,通过傅里叶变换得

$$E(x,y,0)=\iint\limits_{\infty}E(k_x,k_y,0)\cdot\exp[2\pi\mathrm{i}(k_xx+k_yy)]\mathrm{d}k_x\mathrm{d}k_y \tag{1.16}$$

k_x,k_y 分别表示 x,y 方向上的空间频率分量,反比于表面结构的尺寸,则越高的 k_x,k_y 代表着越精细的表面结构。在距离 0 平面 z 的探测或曝光平面上,场的复振幅为

$$E(x,y,z)=\iint_{\infty} E(k_x,k_y,z)\cdot\exp[2\pi i(k_x x+k_y y)]dk_x dk_y \quad (1.17)$$

根据标量亥姆霍兹方程,空间总频率为

$$k=\sqrt{k_x^2+k_y^2+k_z^2}=2\pi/\lambda \quad (1.18)$$

则

$$E(x,y,z)=\iint_{\infty}\{E(k_x,k_y,0)\cdot\exp[ik\sqrt{1-\lambda^2(k_x^2+k_y^2)}\cdot z] \cdot\exp[2\pi i(k_x x+k_y y)]\}dk_x dk_y \quad (1.19)$$

即探测或曝光面上的光场分布是物体表面光场分布 $E(x,y,0)$ 乘以传播因子 $\exp[ik\sqrt{1-\lambda^2(k_x^2+k_y^2)}\cdot z]$后的线性叠加,波的性质与传播方向取决于$k_x$,$k_y$的大小,特别是当$\lambda^2(k_x^2+k_y^2)>1$时,$k_x$,$k_y$对应着光场分布的高空间频率,即表面精细的小尺寸结构,则

$$E(k_x,k_y,z)=E(k_x,k_y,0)\cdot\exp[-k\sqrt{\lambda^2(k_x^2+k_y^2)-1}\cdot z] \quad (1.20)$$

其指数部分宗量为实数,则 $E(k_x,k_y,z)$ 随 z 的增加而呈指数衰减,即这种电磁波只能在表面附近传播,形成一种表面的局域隐失场,即倏逝波(evanescent wave),其特点为:①其波矢在界面上的分量为实数,垂直界面的波矢分量为虚数,因此,其表面的波矢分量数值有可能大于波矢总量,理论上可以隐含无穷的界面精细结构信息;②其波动性仅体现在界面上为行波,而沿纵深方向没有波动性,其等幅面与等相面并不一致且刚好正交。

因此,如果利用倏逝波来进行曝光或者探测,可以获得极高的分辨率。但在通常情况下,倏逝波的强度随距表面距离的增大而迅速衰减,即负载着越精细的表面信息的倏逝波,就越强烈地束缚在表面附近,难以直接用于曝光,直到表面等离激元及超材料等研究实现突破,才使得倏逝波曝光成为可能,即利用特殊的介质或透镜,在其中传播的电磁波波矢 k 为负,则在这种介质或透镜中,倏逝波的强度不仅不会衰减,反而随距传播距离的增大而增大,甚至可以传播到远场。

这就是在 21 世纪初基于人工超材料而提出的超级透镜概念:通过激发表面等离激元来增强倏逝波的传播,即当光照射超级透镜时,表面等离激元被激发,利用等离激元的增益补偿倏逝波的传播损耗,使倏逝波在透镜的另一侧的像平面上复原出突破衍射极限的高分辨率图像。例如,利用银制作的超级透镜实现的倏逝波紫外曝光,可以分辨出线宽为 40 nm 的掩模图案,在光刻胶上获得 60 nm 分辨率的超衍射极限图像(如图 1.26 所示)[10]。其分辨率达到了原本曝光光源波长的1/6,远远地突破了半波分辨极限的限制。

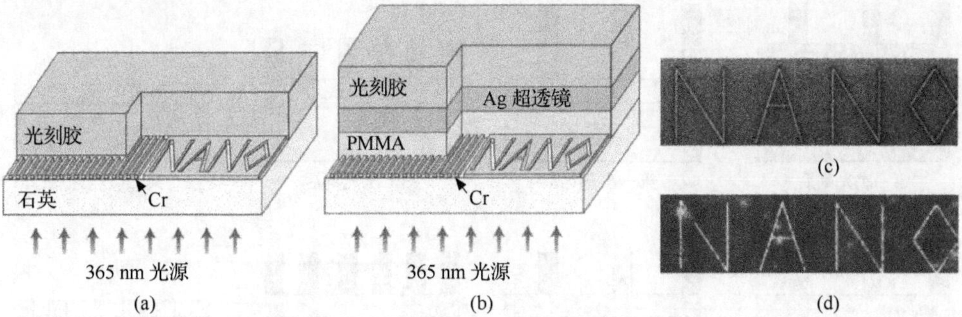

图 1.26 (a)传统曝光技术原理图;(b)超级透镜近场曝光技术原理图;(c)聚焦离子束制备的线宽为 40 nm 的掩模板图案;(d)超级透镜近场曝光的图案 AFM 照片[10]

1.4.3 基于双层图形技术的纳米加工

常用的双重图形技术包括两次曝光两次刻蚀、两次曝光一次刻蚀以及自对准双重图形技术。双重图形技术的关键点与其流程如图 1.27 所示。两次曝光两次刻蚀技术中,首先在衬底上沉积两种金属,然后旋涂光刻胶,并进行第一次曝光显影,获得光刻胶图形,通过第一次刻蚀,将光刻胶图形转移到第一层金属上;接下来再进行第二次对准、曝光与显影,并以第一层金属图形与第二次曝光形成的光刻胶图形做掩模,进行第二次刻蚀,将图形转移到第二层金属上。两次曝光一次刻蚀工艺中,首先将金属薄膜沉积在衬底表面,进行第一次曝光、显影,将形成的光刻胶图形进行处理,使之在第二次曝光过程中不受影响;然后进行第二次曝光,与第一次形成的光刻胶图形交替分布;最后利用第一次与第二次曝光形成的光刻胶图形作为掩模,通过一次刻蚀,制备出纳米尺度的金属图形。自对准一次曝光两次刻蚀工艺中,用来加工的金属层材料需在曝光之前沉积好,然后进行第一次曝光,得到光刻胶图形;之后沉积掩模牺牲材料,并对其进行刻蚀,得到掩模材料在光刻胶侧壁的保留层图形;去除光刻胶获得分立的掩模材料图形,最后以分立的掩模材料图形为掩模进行金属层的刻蚀,从而在衬底表面得到纳米尺度的金属图形[33,34]。

双重曝光技术的优点在于把原来一次曝光用的掩模图形交替地分成两块掩模,每块掩模上图形的分辨率可以减少一半,减少了曝光设备分辨率的限制;同时还可以利用第二块掩模板对第一次曝光的图形进行修整。双重图形技术是现有曝光技术的有效延伸,不必等待更高的分辨率和更高数值孔径系统的出现就可以进行尺寸更小的结构与器件加工。但双重图形技术也有它的问题,如存在对套刻精度要求苛刻和效率降低等问题。

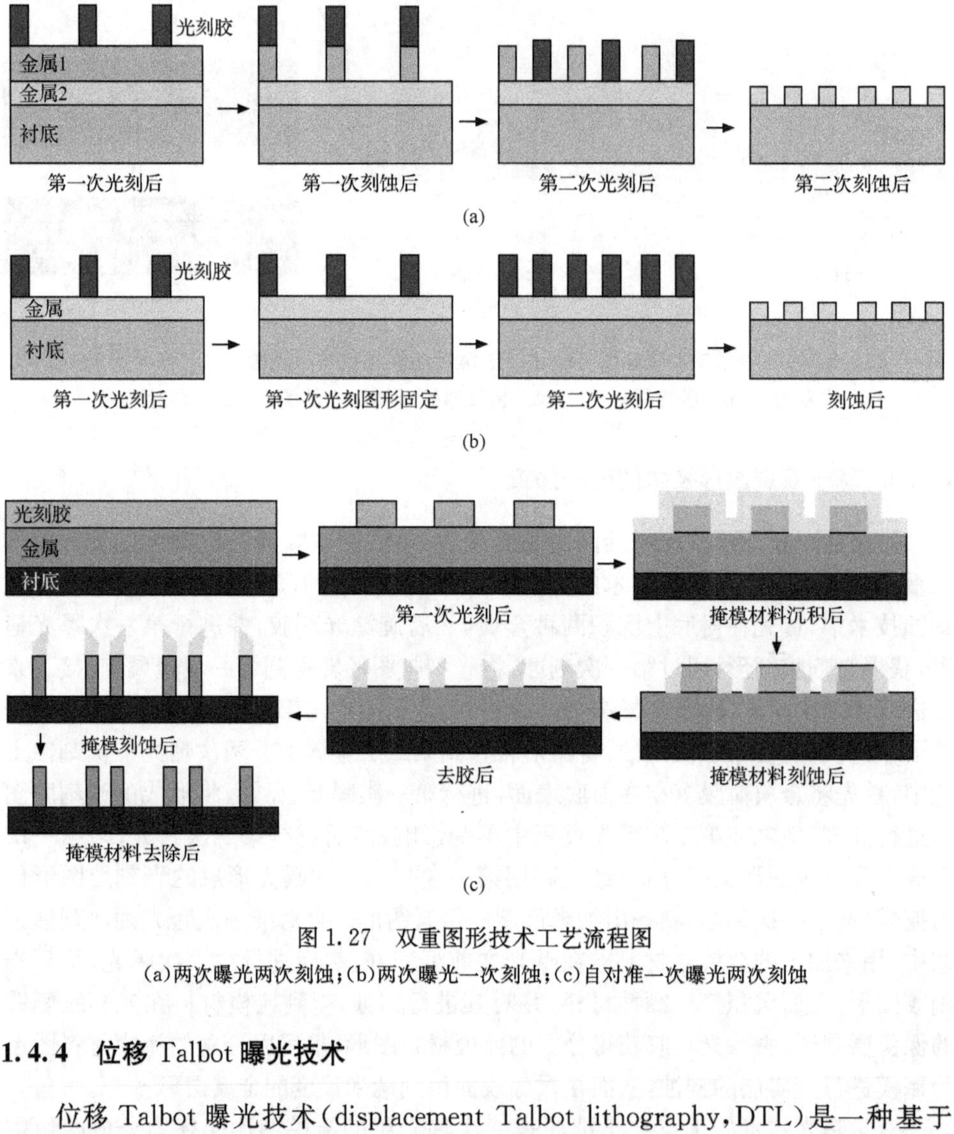

图 1.27　双重图形技术工艺流程图

(a)两次曝光两次刻蚀;(b)两次曝光一次刻蚀;(c)自对准一次曝光两次刻蚀

1.4.4　位移 Talbot 曝光技术

位移 Talbot 曝光技术(displacement Talbot lithography,DTL)是一种基于 Talbot 自成像的新型光刻技术,其特点是涂有光刻胶涂层的衬底在曝光的过程中沿 Z 轴方向移动产生一定的位移,光刻胶在此过程中记录空间分布的光场的像,达到曝光的目的。

H. F. Talbot 在 1836 年报道了三个与光学相关的实验现象,其中第二个就是后来被人们称作 Talbot 效应的重要发现。实验中,光源是引入的一束太阳光,将一个刻划了等距光栅的金箔放置在白光光路上,用一个放大镜在光栅后面,即能看到多行周期排布的红色和绿色光线,而且这些光线与光栅的方向平行。在光路上,向远离光栅的方向上移动放大镜，还能看到蓝色和黄色光线，这一现象能够在光栅后面的空间上周期出现[35]。同时，他们还尝试了以带有规则排布圆孔阵列的铜板替代等距光栅，也观察到了由彩色线分开的多行圆孔图样。研究人员注意到这种彩色的图样在空间上可以周期性地重复，图样的强度没有减弱的趋势，能够在光栅后面传播很远。这一实验现象被后人称作 Talbot 自成像(Talbot self-imaging)或者 Talbot 效应。人们还从数学的角度对 Talbot 效应进行了解释[36]。除了线和点这种简单结构的周期排布可以自成像外，周期性排布的复杂结构也能形成自成像[37]，图 1.28 给出了带有一种复杂结构的掩模板的 Talbot 自成像在空间上的分布。

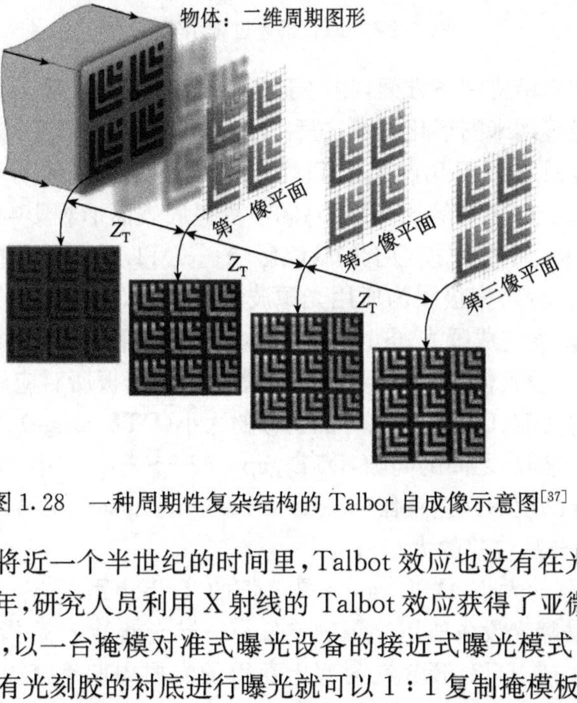

图 1.28 一种周期性复杂结构的 Talbot 自成像示意图[37]

在被发现后将近一个半世纪的时间里，Talbot 效应也没有在光学曝光中得到应用，直到 1979 年，研究人员利用 X 射线的 Talbot 效应获得了亚微米线宽的周期结构[38]。理论上，以一台掩模对准式曝光设备的接近式曝光模式，利用单色光的 Talbot 效应对涂有光刻胶的衬底进行曝光就可以 1∶1 复制掩模板上的周期结构，而且具有亚波长的空间分辨率，这在克服光刻分辨率极限上具有非常大的吸引力，因此 Talbot 效应在光学曝光领域引起广泛的兴趣，通常称为 Talbot 曝光(Talbot lithography，TL)。但是，由于 Talbot 效应自成像利用的是多级衍射之间相干而形成的空间像(aerial image)的原理，自成像形成的空间像的焦深 DOF 非常有限，极大地限制了 Talbot 曝光的实际应用。以 400 nm 周期的光栅为例，在 193 nm 波长的深紫外光作为光源的情况下，空间像的焦深只有 50 nm，需要非常精确地控制涂有光刻胶的衬底的位置才能实现曝光。2011 年人们提出一种方案，如图 1.29 所示，该方案的最大特点是使样品在 Z 轴上移动整数倍空间像在 Z 方向上的 Talbot 距离 S_T($S_T=2P^2/\lambda$)，在此过程中光刻胶对空间像进行记录，克服了传统 Talbot 曝光固有的焦深过小带来的限制[39],这种改良的 Talbot 曝光技术被称为位移 Talbot 曝光技术。

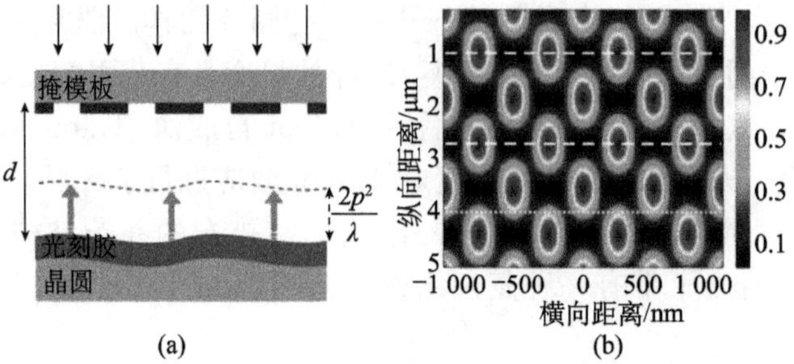

图 1.29 DTL 曝光过程示意图[39]

在周期性纳米结构制备方面,相比于电子束曝光、干涉曝光、纳米压印以及投影式深紫外曝光等纳米图形化技术,位移 Talbot 曝光技术(DTL)具有很大的优势和特点。主要体现在以下几点:①DTL 曝光获得的结构呈周期性;②显影后获得的周期是掩模板上的周期等比例缩小;③不受衬底表面形貌影响;④由于 DTL 是一种全息曝光,因此不受掩模板上的缺陷影响;⑤DTL 是一种非接触式曝光技术,不污染掩模板;⑥分辨率极限为所用光源波长的 1/4;⑦高效率,DTL 是一种接近式曝光,可以一次性完成曝光;⑧以较低成本获得大面积纳米结构。

在 DTL 曝光设备使用中,需要熟练计算特定掩模板所对应曝光参数,如掩模板与样品之间的间隙(DTL gap)、样品位移的大小(DTL range)和曝光时间。

(1)掩模板与样品之间的间隙:DTL gap$=M+S+R$,其中 $M=40$ μm,S 是样品加载时用于样品楔形误差补偿(wedge error compensation,WEC)的垫片(spacer)的厚度,R 是样品位移的大小。

(2)样品位移的大小:DTL range 是 2 倍的 Talbot 距离 S_T,其中 P 是掩模板上结构周期,λ 是曝光设备所用光源的波长。一维光栅的 P 是指掩模板上光栅的周期,需要指出的是 DTL 曝光在衬底上获得的光栅周期是掩模板上光栅周期 P 的 1/2 倍。四方排布孔阵列的周期 P 是由掩模板上孔中心构成的正方形的边长,而 DTL 曝光获得的四方排布孔阵列的周期是掩模板上周期 P 的 $1/\sqrt{2}$,同时获得的正方形阵列相对于掩模板上的正方形阵列以 Z 轴为中心发生 45°的角度旋转。六角形排布的孔阵列的周期 P 是掩模板上两个孔中心距 a 的 $\sqrt{3}/2$,DTL 曝光获得的六角形排布的孔阵列的周期与掩模板上的周期一致。

(3)曝光时间计算:光刻胶的曝光剂量是设定的激光光强与曝光时间的乘积,假定一种光刻胶的剂量是已知的,在光强不超过最大光强的前提下,适当调节曝光时间的值,使样品能够移动至少两个循环。

以 DTL 曝光获得光栅为例,如果目标是在样品上获得周期 500 nm 的光栅,则需要在掩模板上制作周期 P 为 1 μm 的光栅。在曝光过程中，样品台在 Z 轴上、下移动的距离 DTL range 为 10.2 μm(激光波长 375 nm)，样品在 DTL 曝光过程中要在压电控制马达的驱动下沿 Z 轴上、下移动至少两个循环(通常一个循环耗时 15 s)。样品上表面距离掩模板下表面的距离为 75 μm。目前，DTL 曝光较为常用的光刻胶有两种：ULTRAi123 和 PFI-88 高对比度的光刻胶。图 1.30 给出了两种常用周期结构的 SEM 照片，可以看出即使线条的宽度只有 100 nm 左右，其边缘依然非常光滑陡直。DTL 曝光的数值模拟常用的有 MATLAB[40] 和有限差分时域(finite-difference time-domain，FDTD)法。随着 DTL 曝光技术应用越来越广泛，已经有两款以上设备投入市场，分别使用 375 nm 光源和 193 nm 光源，而且使用 193 nm 光源的设备实现了全自动化生产。在曝光技术上，也不断取得新进展，2019 年以后新发展出 D^2TL[41] 和掠角 Talbot 曝光技术[42]。

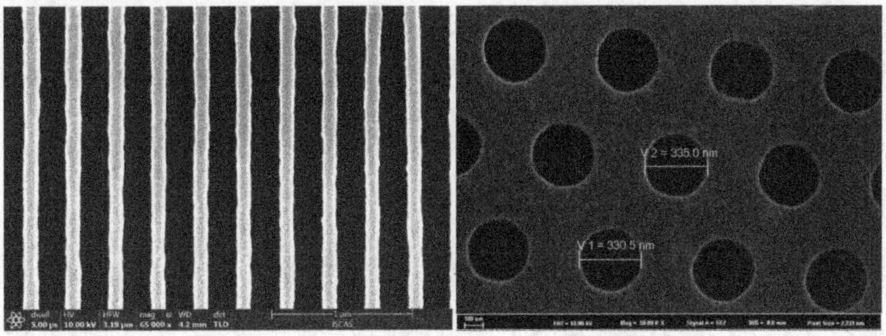

(a) (b)

图 1.30 DTL 曝光制备的周期结构的 SEM

(a)300 nm 周期的光栅；(b)六角形排布的周期为 600 nm 的孔阵列

1.5 光学曝光加工三维微纳结构

三维器件与电路不仅仅是直观地表现为小体积与高集成度，更重要的是三维结构的引入使器件与电路具有新的功能。如采用三维结构的光子晶体克服了二维光子晶体调制波长狭窄的缺陷，实现了电磁波传播中红外与近红外全波段的光子带隙调制[43]；三维立体天线的性能比普通的单极天线高一个数量级，而尺寸不足波长的 1/12[44]；集成有三维超导探测线圈的超导量子干涉器件可对三维空间磁场信号进行单自旋分辨率的测量等[45]。而至于纳米尺度的三维器件，除了具有三维微电子器件与电路的优势外，还可充分利用基于纳米材料与结构的量子效应、尺寸效应与表面效应等物性来构筑新型器件。例如，通过三维纳米结构与材料的电声子输运与耦合、自旋极化、激子行为，以及光传播等特性受三维结构的协同调制的特点，实现电子弹道输运与库伦阻塞、负折射与突破衍射极限、光散射增强与等离激元激发、磁有序以及超导相的转变等许多新奇物理现象[46-49]。

常规的微纳加工技术只能加工有限形貌的表面结构,为了克服这一不足,尤其是满足不断发展的微光学元件与微机电系统的工艺要求,人们发展了基于普通曝光设备的多层掩模套刻与灰度曝光技术、熔融光刻胶技术、旋转曝光、激光立体曝光以及电子束与离子束直写等三维加工技术。在紫外曝光加工三维结构的技术中,灰度曝光是指通过灰度掩模,形成曲面光刻胶剖面。其物理本质是通过制备灰度掩模板,以精确控制曝光剂量,实现投影到光刻胶上的光强密度的可设计分布,从而产生所需要的三维浮雕结构。灰度曝光有很多优点,如工艺简单(微型光学器件可一次成型)、加工精度较高、工艺兼容性高(无须对光刻胶进行热处理)、可实现系统芯片结构的制作。灰度曝光所形成的图形可以作为最后的结构使用,也可作为掩模或模具,通过电镀、刻蚀或铸造技术将图形转移到其他衬底上[50-53]。

同时,还可以充分利用曝光过程中光的传播特性以及光与不同光刻胶的相互作用特征,如菲涅耳衍射效应、邻近效应、欠曝光技术等,进行三维微纳米结构的加工,这些方法不仅具备大面积、高效率、易操作、低成本的特点,还具有很好的复杂图形的可设计性和工艺的可控性与可调制性。

1.5.1 灰度曝光技术

常规掩模板上只有透光与不透光区域,具有二进制特征。与之不同,灰度曝光的掩模是通过平面的不同区域提供不同等级的透光率(灰度等级)来实现的。灰度是指亮度的明暗程度,从黑(暗)到白(亮)可以设定为 16,32,64,128 和 256 等级层次;等级越高,透过灰度掩模的光分布越光滑,可获得的图形质量越好。实现灰度的方法有很多种,但其实质均是通过改变掩模板上的透光点密度。灰度掩模根据物理原理的不同分为两类:一类是数字灰度掩模,亦称为半灰度掩模;另一类是连续灰度掩模,亦称为全灰度掩模。

1. *数字灰度掩模*

数字灰度掩模是通过改变二进制掩模窗口的数目或面积,对入射光进行空间滤波形成的。光透射率的调制方法有两种,即通过相位与振幅进行调制。

相位调制灰度掩模可通过改变石英板上的刻槽深度来控制透射率的分布。通过灰度掩模板后的零阶透射光的光强 I 的大小和衍射单元周期填充因子 c、相位板刻蚀深度 h 的关系如下:

$$I = I_0[1 + 4c(c-1)\sin^2(\delta/2)] \tag{1.21}$$

其中,$\delta = 2\pi h(n-1)\lambda$ 是刻槽引起的相移,n 是掩模板的折射率,λ 为曝光系统波长,I_0 是入射光的光强。可见,通过改变灰度单元中的填充因子,或者刻蚀深度,或同时改变刻蚀深度和填充因子,可设计调制掩模板上不同区域光的透射率(I/I_0)。

另一种改变透射率的方式是振幅调制,即采用针孔滤波原理,通过设计针孔的大小、位置和数量共同调节光透过掩模板的透射率分布。如图 1.31(a)所示，固定像素窗口内透明孔的数量，通过改变像素窗口内透明孔的大小来控制像素所在区域内的透射率；还可固定像素窗口内透明孔的大小，而通过改变像素单元面积内的小孔数量来控制像素所在区域内的透射率，如图 1.31(b)所示。振幅调制用的灰度掩模板制备方法与常规掩模板一样，采用镀铬石英板作为基板，通过在铬掩模板上刻蚀透明小孔，把三维光分布函数转化成二维石英镀铬板上的透明小孔阵列分布。

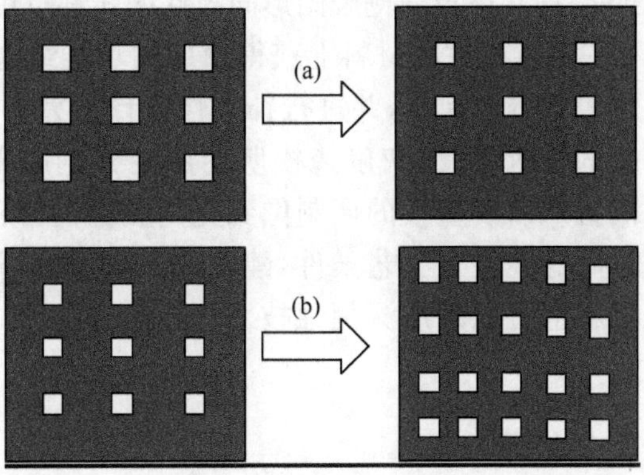

图 1.31 灰度掩模中的振幅调制法示意图
(a)透明窗口尺寸变化；(b)透明窗口密度变化

另外，随着计算机软件的发展，灰度掩模的设计可采用专门的软件进行（如 GRADED）[54]，把灰度区划分为许多单元，而每个单元内的透光点排布及密度可以根据所需的灰度等级自动调整，以获得对灰度等级更精确的控制。

灰度曝光所加工结构的水平分辨率由像素单元的大小决定，像素点越小，越接近实际形状。垂直方向上的分辨率由像素单元内的灰阶数决定。为了避免光刻胶抛面产生波纹或其他不必要的缺陷，灰度掩模板一定要提供足够高的灰阶数才能保证光能密度分布的连续性。但太多的灰阶数意味着掩模设计的数据量和掩模制作难度的增加，因此这两方面要折中考虑。

2. 全灰度掩模

光刻胶的曝光深度与入射光剂量及其在这种光刻胶中的渗透深度密切相关。调制入射光在光刻胶中的入射深度，就可以调整显影后光刻胶图形的厚度。全灰度掩模板的灰度值是通过原子聚集团对光的散射使光强分布发生局部变形而获得的，具有原子量级的透射率调制，能提供更高灰阶数和分辨率。全灰度掩模曝光技术一般采用接触式曝光，而不是投影曝光模式，从而避免散焦误差。

全灰度掩模板的加工过程包括：首先将含有碱性物质的低膨胀系数玻璃板放

在高温 Ag^+ 酸性溶液中进行离子交换,Ag^+ 以一种特殊的晶体类型$(AgX)_m(MX)_n$形式存在于 SiO_4 晶体内,离子交换后的玻璃呈中性,且对高能粒子束(特别是对电子束)非常敏感;然后利用不同能量的粒子束对玻璃基板进行扫描曝光,晶体内的 Ag^+ 经曝光后产生了局部聚集,通过聚集的 Ag^+ 团对入射光进行散射调制,获得掩模上的不同灰度值[52,53]。

光学灰度曝光的关键技术包括掩模的设计与制作,光刻胶显影以及光刻胶三维图形向衬底的转移。单纯按剖面高度分布函数来确定掩模的灰度分布一般不能获得预想的光刻胶剖面;而在进行光刻胶图形向衬底的转移过程中,以理想的光刻胶图形作为掩模并不一定能在衬底材料上获得预期的功能结构。所以,完整的设计过程需要考虑到这些非线性因素,并进行补偿性设计。另外,与大规模集成电路光学曝光对光刻胶的要求相反,灰度掩模所使用的光刻胶需要具有较大的黏度、较低的对比度,而且从灰度掩模的调制像到光刻胶像的翻转过程需要通过改变曝光剂量和显影时间寻找最佳工艺条件,建立光刻胶曝光-显影模型。将光刻胶图形转移到衬底材料上可以采用深刻蚀技术,如 ICP,DRIE 等,形成高深宽比的结构。

1.5.2 基于欠曝光的三维曝光技术

欠曝光是指低于光刻胶正常曝光剂量的一种曝光方式,曝光剂量一般低于正常曝光剂量的 2/3,通过控制光刻胶中的曝光剂量分布,直接在光刻胶上形成三维结构。例如,当平行单色光垂直入射到不透明的无限大的开有小孔的衍射屏上,光经过小孔后,在传播过程中发生干涉和衍射,由平行光衍化成光强呈高斯分布的光束形式,且以圆孔为中心轴在空间上对称分布[55,56]。正常曝光时,光刻胶完全曝光,显影比较充分。欠曝光时光强的高斯分布导致得到边壁倾斜的三维光刻胶结构。此外,还可以对欠曝光得到的光刻胶进行热流处理,即加热到略高于光刻胶的玻璃化转变温度,由于光刻胶在自身表面张力作用下流动,进而可以得到表面光滑的类球形的光刻胶结构。图 1.32 给出了利用欠曝光及热流工艺制备凹球结构的示意图,主要包括欠曝光形成倾斜的光刻胶结构;然后热流形成凹球形的光刻胶结构。后经刻蚀可将三维凹球结构转移到衬底上,图 1.33 便是利用该工艺在光刻胶上制备三维凹球结构。

利用菲涅耳衍射效应,在欠曝光下也可以得到边壁倾斜的结构。图 1.34 为利用直径 5 μm、周期 15 μm 的金属圆盘,在欠曝光情况下得到的光刻胶的扫描电镜照片。圆盘的菲涅耳衍射产生的泊松亮斑呈高斯分布,其曝光图案为凹球结构,而圆盘的曝光图形从外边缘往内呈现凸起的类球形结构,总体的图形为凸球/凹球相结合的复合结构。

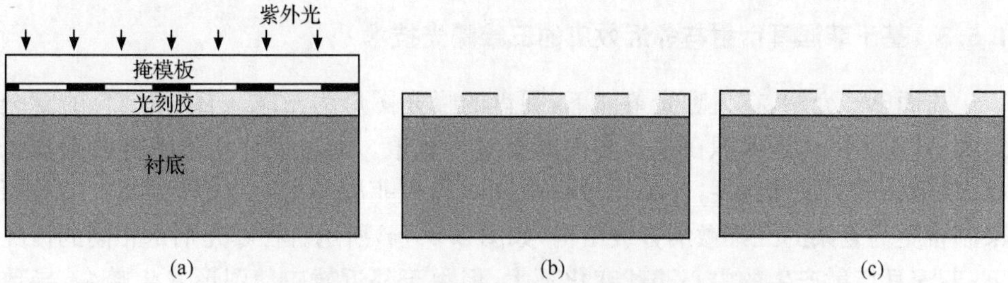

图 1.32　基于欠曝光及热流制备的凹球结构的工艺流程

(a)欠曝光;(b)显影形成倾斜的光刻胶结构;(c)热流形成光刻胶凹球结构

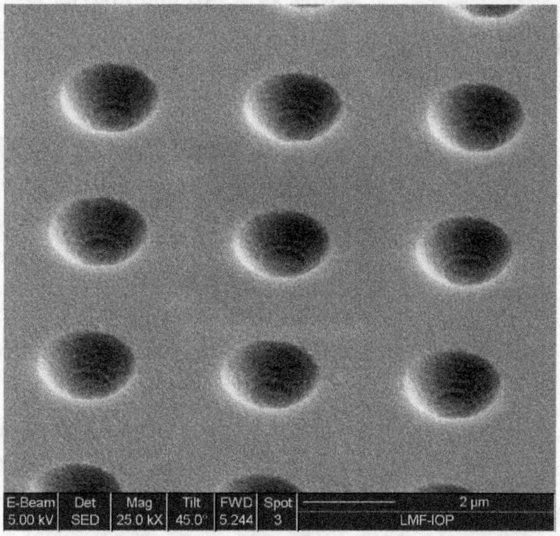

图 1.33　利用欠曝光、热流工艺制备的凹球形状的光刻胶结构

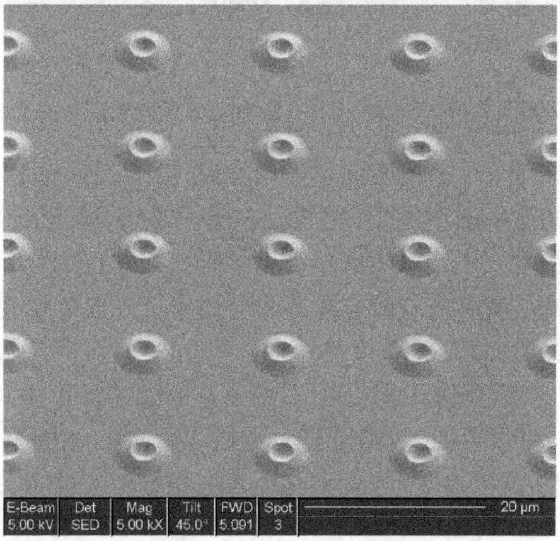

图 1.34　利用泊松亮斑在欠曝光下得到的凹凸结合图形结构

1.5.3 基于菲涅耳衍射与邻近效应的三维曝光技术

前面已经介绍,在欠曝光条件下,圆盘的曝光图形为凸球/凹球相结合的复合结构,其较大的比表面积在很多方面具有应用价值。通过设计六角密排的圆盘掩模,采用合适的曝光条件,使曝光过程中同时出现菲涅耳衍射与邻近效应,则可用来制备更为复杂的三维微纳分级结构,如图 1.35(a)所示。在曝光剂量相同的情况下,菲涅耳衍射产生的中心凹球变化不大,但由于邻近效应使图形发生畸变,导致圆盘与最近邻的圆盘之间形成新的凹球结构。此外,通过减小圆盘直径来增大菲涅耳衍射产生的泊松亮斑直径,并减小圆盘之间的间距来调节邻近效应,可以使菲涅耳衍射产生的凹球直径与邻近效应产生的凹球直径相近,即可以得到占空比较大的凹球阵列,如图 1.35(b)所示。

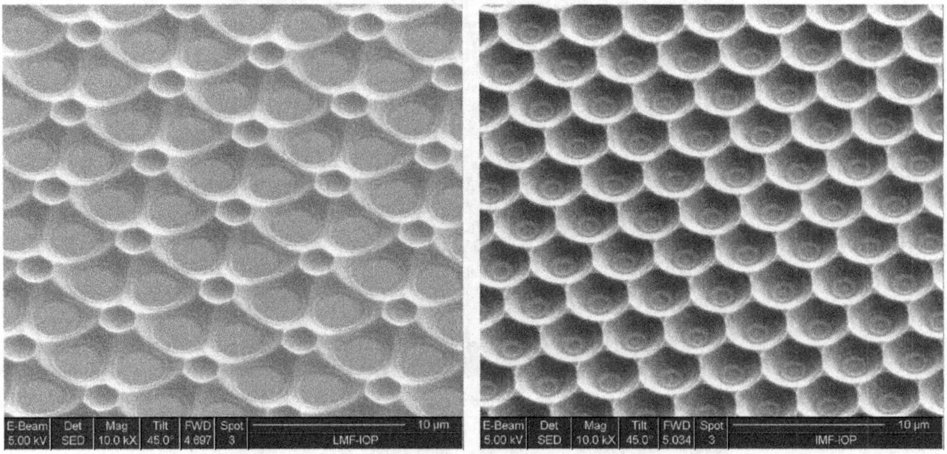

(a) (b)

图 1.35 欠曝光条件下,利用菲涅耳衍射与邻近效应制备的三维微纳结构

众所周知,各类器件不断向小型化方向发展,要求光刻技术不断地提高加工分辨率,缩小可加工的最小图形尺寸,提高工艺的可靠性,降低成本并同时具有三维加工的功能。目前,下一代光刻技术尽管有了一些突破,然而由于费用昂贵及技术上的原因,这些设备在实验室中的应用还为时尚早。在科学研究领域,紫外波段的光学光刻技术仍然发挥着无可替代的作用,因此,进一步利用光学曝光中的各种效应,如光学邻近效应、欠曝光/过曝光效应、驻波效应、菲涅耳衍射及一些特殊的工艺与光学分辨率增强技术,来进行复杂的、超精细、三维图案的加工,有可能成为未来光学曝光在纳米材料与纳米器件研究领域的一个重要的有前景的发展方向。

参考文献

[1] Dennard R H, Gaensslen F H, Rideout V L, et al. J. Solid-State Circuits, 1974, SC-9: 256.
[2] Pease R F, Chou S Y. P. IEEE, 2008, 96: 248.
[3] Liu N, Giesen F, Belov M, et al. Nat. Nanotechnol., 2008, 3: 715.
[4] Cheng W L, Park N, Walter M T, et al. Nat. Nanotechnol., 2008, 3: 682.
[5] Min B, Ostby E, Sorger V, et al. Nature, 2009, 457: 455.
[6] Pyayt A L, Wiley B, Xia Y, et al. Nat. Nanotechnol., 2008, 3: 660.
[7] Nikoobakht B. Chem. Mater., 2007, 19: 5279.
[8] Ueno K, Nakamura S, Shimotani H, et al. Nat. Mater., 2008, 7: 855.
[9] Ray V, Subramanian R, Bhadrachalam P, et al. Nat. Nanotechnol., 2008, 3: 603.
[10] Steele G A, Hüttel A K, Witkamp B, et al. Science, 2009, 325: 1103.
[11] Brintlinger T, Lim S, Baloch K H, et al. Nano Lett., 2010, 10: 1219.
[12] Giazotto F, Peltonen J T, Meschke M, et al. Nat. Phys., 2010, 4: 254.
[13] Lee T, Bhunia S, Mehregany M. Science, 2010, 329: 1316.
[14] 崔铮. 微纳米加工技术及其应用. 北京:高等教育出版社, 2005.
[15] Ri-Choudbury P. Handbook of Microlithography Micromachining and Microfabrication, Vol. 1 Microlithography. Washington, USA: SPIE Optical Engineering Press, 1997.
[16] Herbert P A F, Kelly W M. Microelectron. Eng., 1990, 11: 207.
[17] Tian S B, Xia X X, Sun W N, et al. Nanotechnology, 2011, 22: 395301.
[18] Mack C A. Appl. Opt., 1986, 25: 1958.
[19] Peeters W H, Renema J J, van Exter M P. Phys. Rev. A, 2009, 79: 043817.
[20] Born M, Wolf E. Principles of Optics. Cambridge U. Press, 1999: 595-606.
[21] Harvey J E, Forgham J L. Am. J. Phys., 1984, 52: 243.
[22] Pati Y C, Kailath T. J. Opt. Soc. Am. A, 1994, 11: 2438.
[23] Du J L, Huang Q Z, Su J Q, et al. Microelectron. Eng., 1999, 46: 73.
[24] Dumon P, Bogaerts W, Wiaux V, et al. IEEE Photonics Tech. Lett., 2004, 16: 1328.
[25] Niisaka S, Saito T, Saito J, et al. Appl. Opt., 2002, 41: 3242.
[26] Wu B Q, Kumar A. Extreme Ultraviolet Lighography. New York, USA: McGraw-Hill Professional, 2009: 482.
[27] Wagner C, Harned N. Nat. Photonics, 2010, 4: 24.
[28] Lim M H, Development of X-ray Lithography and Nanofabrication Techniques for Ⅲ-Ⅴ Optical Devices, PhD thesis, Massachusetts Institute of Technology, February 2002.
[29] Zhang X, Liu Z W. Nat. Mater., 2008, 7: 435.
[30] Zhang Y, Dong X, Du J, et al. Opt. Lett., 2010, 35: 2143.
[31] Ai Y J, Huang R, Hao Z H, et al. Nanotechnology, 2011, 22: 305301.
[32] Jung Y, Vacic A, Sun Y, et al. Nanotechnology, 2012, 23: 045301.
[33] Maruo S, Ikuta K. Appl. Phys. Lett., 2000, 76: 2656.
[34] Arnold W H. Proc. SPIE, 2008, 6924: 692404.
[35] Talbot H F. Philos. Mag., 1836, 9: 401.
[36] Rayleigh L. Philos. Mag., 1881, 11: 196.

[37] Isoyan A, Jiang F, Cheng Y C, et al. J. Vac. Sci. Technol. B, 2009, 27: 2931.
[38] Flanders D C, Hawryluk A M, Smith H I. J. Vac. Sci. Techol., 1979, 16: 1949.
[39] Solak H H, Dias C, Clube F. Opt. Express, 2011, 19: 10686.
[40] Chausse P J P, Le Boulbar E D, Lis S D, et al. Opt. Express, 2019, 27: 5918.
[41] Chausse P, Le Boulbar E, Coulon P M, et al. Opt. Express, 2019, 27: 32037.
[42] Ezaki R, Mizutani Y, Ura N, et al. Opt. Express, 2020, 28: 36924.
[43] Noda S, Tomoda K, Yamamoto N, et al. Science, 2000, 289: 604.
[44] Adams J J, Duoss E B, Malkowski T F, et al. Adv. Mater., 2011, 23: 1335.
[45] Romans E J, Osley E J, Young L, et al. Appl. Phys. Lett., 2010, 97: 222506.
[46] Yu J -K, Mitrovic S, Tham D, et al. Nat. Nanotechnol., 2010, 5: 718.
[47] Wahsheh R A, Lu Z L, Abushagur A G. Opt. Express, 2009, 17: 19033.
[48] Babinec T M, Hausmann B J M, Khan M, et al. Nat. Nanotechnol., 2010, 5: 195.
[49] Gouma P, Kalyanasundaram K, Yun X, et al. IEEE Sens. J., 2010, 10: 49.
[50] Warburton P A, Kuzhakhmetov A R, Bell C, et al. IEEE T. Appl. Supercon., 2003, 13: 821.
[51] Roy S. J. Phys. D: Appl. Phys., 2007, 40: R413.
[52] Cui Z, Du J, Guo Y. Proc. SPIE, 2003, 4984: 111.
[53] Mosher L, Waits C M, Morgan B, et al. J. Microelectromech. S., 2009, 18: 308.
[54] Reimer K, Quenzer H J, Jurss M, Wagner B. Micro-optic fabrication using one-level grey-tone lithography, SPIE, V 3008, 1997: 279.
[55] 段萍,季长清,袁学德. 大连大学学报,2009,3: 68.
[56] Peckerar M C, Maldonado J R. P. IEEE, 1993, 81: 1249.

习　题

1. 分别描述正胶和负胶在光学曝光过程中发生的化学变化。

2. 有一种聚酰亚胺光刻胶,在厚度为 1 μm 时,其剂量为 100 mJ/cm^2,此时光刻机的光强为 1000 W/m^2,为了使胶厚为 20 μm 的光刻胶正常曝光,需要多长时间?

3. 在不改变光刻机光源的前提下,试举几种分辨率增强技术。

4. 如果目标是利用位移 Talbot 曝光技术在 4 英寸硅晶圆上制备周期为 500 nm 的条形光栅结构,需要定制的掩模板周期是多少?假设只有一块周期 4 μm 的光栅结构掩模板,如何完成该任务?

5. 浸没式曝光对焦深(DOF)有何影响?并用公式推导来支持该结论。

第 2 章　电子束曝光技术

电子束曝光技术就是利用电子束的扫描将聚合物加工成精细掩模图形的工艺技术。电子束曝光与普通光学曝光相同，都是在聚合物(抗蚀剂或光刻胶)薄膜上制作掩模图形。只是电子束曝光技术中所采用的电子束抗蚀剂对电子束比较敏感，受电子束辐照后，其物理和化学性能发生变化，在一定的显影剂中表现出良溶(正性电子束抗蚀剂)或非良溶(负性电子束抗蚀剂)特性，从而形成所需图形。与光学曝光不同，电子束曝光技术不需要掩模板，而是直接利用聚焦电子束在抗蚀剂上进行图形的曝光，因此，也被称为电子束直写技术。

电子本身是一种带电的粒子，根据波粒二象性，电子的波长可表示为

$$\lambda_e = \frac{1.226}{\sqrt{V}}(\text{nm}) \tag{2.1}$$

其中，V 是电子的能量，单位为 eV。由该式可知，对于加速电压为 10～50 keV 的电子束，其波长范围为 0.1～0.05 Å，它比光波的波长短几个数量级。如此短的波长，曝光过程中的衍射效应可以忽略不计。电子束曝光的分辨率主要取决于电子像差、电子束的束斑尺寸和电子束在抗蚀剂及衬底的散射效应。因此，相对于光学曝光，电子束曝光具有非常高的分辨率，通常为 3～8 nm。另外，电子束曝光技术灵活，可以在不同种材料上实现各种尺寸及数量的曝光。当然，同光学曝光相比，电子束曝光速度较慢，相对于普通的光学曝光设备，电子束曝光设备也比较昂贵，使用和维护的费用较高。但由于电子束曝光的超高分辨率，在下列三个主要应用方面表现出明显的优势：①光学掩模板制备；②深亚微米器件和集成电路的制造；③纳米器件、量子效应及其他纳米尺度物理与化学现象的研究。

电子束曝光技术是在电子显微镜的基础上发展起来的，其研究开始于 20 世纪 60 年代初。1960 年，由德国杜平根大学的 G. Mollenstedt 和 R. Speidel 首先提出利用电子显微镜在薄膜上制作高分辨率的图形。1964 年，英国剑桥大学的 A. N. Broers 发表了利用电子束制作 1 μm 线条的技术。1965 年，T. H. P. Chang 在剑桥大学研制成功世界上第一台飞点扫描电子束曝光机，并由剑桥仪器公司作为商品投入市场。1970 年，法国汤姆逊公司(Thomson CSF)首先成功地将激光干涉定位装置应用于电子束曝光系统，组成了一台完善的电子束曝光机。后来人们相继研究开发了一系列新技术，如成形电子束、可变形电子束、光栅扫描技术等，同时一系列优良电子束抗蚀剂的出现，也为电子束曝光技术的发展提供了有利条件。在此基础上，一批高性能的电子束曝光设备被相继推向市场，逐步确立了电子束曝光

技术在当前掩模板制作及超细加工领域的重要地位。

2.1 电子束曝光系统组成

图 2.1 为一典型的电子束曝光系统的结构示意图,主要包括:①电子光学部分。用于形成和控制电子束,是电子束曝光系统的核心,由电子枪、透镜系统、束闸及偏转系统等组成,我们将在后文中对该部分作详细介绍。②工件台系统。用于样品进出样品室,以及样品在样品室内的精确移动,一般采用激光干涉样品台使样品的移动精度达到纳米量级,从而保证大面积图形曝光的一致性。工件台系统的主要指标是定位精度、移动速度及行程大小。一台高性能的工件台,首先必须具有高的定位精度及移动精度,从而保证高精度图形的曝光;其次要具有一定的移动速度来保证曝光效率;最后,工件台的行程应该适应微电子产业的发展,实现大行程,如能够实现 12 英寸样品的曝光。③真空系统。用于实现和保持样品室及电子枪的真空。真空系统是电子束曝光设备不可缺少的子系统,对于发射电子的电子枪,不管采用何种形式都需要高真空的保证,该系统的性能直接影响阴极寿命及发射电流的稳定性。④图形发生器及控制电路。图形发生器是电子束曝光的关键部件,一般的扫描电镜,安装上图形发生器及束闸控制系统便可以实现电子束曝光的功能。该部件位于计算机和高精度数模转换器及扫描用高精度偏转放大器之间,其主要作用是将计算机送来的图形数据进行处理,由图形发生器中的硬件单元依次产生要曝光各点的 x 和 y 坐标值,再将这些值经过高速度、高精度的数模转换器

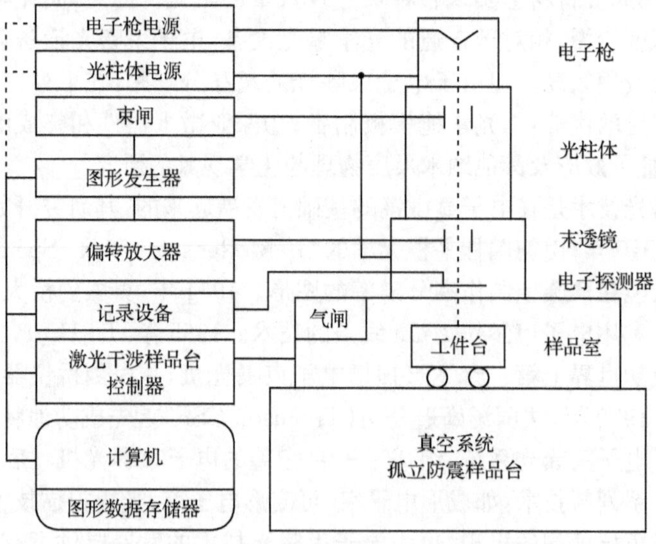

图 2.1　典型电子束曝光系统结构示意图

变换成对应的模拟量，驱动高精度偏转放大器来控制电子束沿 x 和 y 方向偏转，从而对工件台上的样品进行曝光。⑤计算机控制系统。电子束曝光系统的计算机控制系统主要用于数据的处理、数据的传送、运行控制、状态监测和故障诊断等。⑥电力供应系统。下面我们主要对其核心部分的电子光学系统做简单的介绍。

2.1.1 电子枪

电子枪不但是发射电子的电子源，而且产生所需要的电子束。电子枪通常由两部分组成：发射电子的电子源和对发射电子聚束的阴极透镜。电子源发射的电子经过阴极透镜聚焦后在阴极的前方形成一个交叉截面，它成为后面电子光学的等效源。电子枪的电子源通过加热到一定的温度(热电子源)或应用足够高的电场(场发射电子源)，使电子克服势垒从导电材料的表面发射出来。电子源的三个关键参数是：有效源尺寸、亮度和发射电子的能量分布。有效源尺寸是一个非常重要的参数，它决定了所需要透镜的数量；亮度是表征电子源和电子束的另一个重要参数，在像差可以忽略以及在电子束路程中的光闸不引起束流损失时，亮度一般保持不变，亮度越大，则电子束流越大；电子的能量分布，是指电子离开阴极时，各电子的初始能量分布，能量分布越大，聚焦而成的束斑越大，致使产生严重的像差。

电子源主要分为热电子源和场发射电子源(也叫冷电子源)，表 2.1 给出了一些常用电子源及特性。由于钨(W)具有在高温下难熔且不易挥发的特性，使其成为早期应用的热电子源材料。钨电子源属于直热式电子源，即在钨灯丝上直接通电流加热，使其表面的电子克服逸出功而发射出来。这种电子源的主要缺点是亮度不够，且由于高温(2700 K)的原因使电子能量分布较大。后来，六硼化镧(LaB_6)成为新一代热电子源材料，相对于钨电子源，LaB_6 电子的逸出功较低，在1800 K时便可以获得较高的亮度。LaB_6 电子源属于旁热式电子源，其结构如图 2.2(a)所示，它包括一个发射极(阴极)、一个阳极和一个调制极(栅极)。阴极产生电子，处于负电位；阳极也就是加速极，一般为地电位。从阴极发射出来的电子受高压电场的作用而加速，使之具有所需要的能量。调制极电位接近发射极，它控制发射极尖端处的电场强度，使电子汇集成束。整个阴极浸没在调制极和阳极构成的静电场中，

表 2.1 常用电子源及特性

电子源类型	亮度/[A/(cm² · sr)]	电子源尺寸	能量分布/eV	真空要求/Torr
钨热电子源	~10^5	25 μm	2~3	10^{-6}
LaB_6	~10^6	10 μm	2~3	10^{-8}
热场致发射(Schottky)	~10^8	20 nm	0.9	10^{-9}
冷场致发射	~10^9	5 nm	0.22	10^{-10}

从阴极逸出的电子受到静电场的加速和聚焦,形成电子束。热电子源的束流大小主要依赖于阴极的温度,阴极的温度越高,束流则越大,但同时也使得阴极材料的寿命呈指数关系衰减。

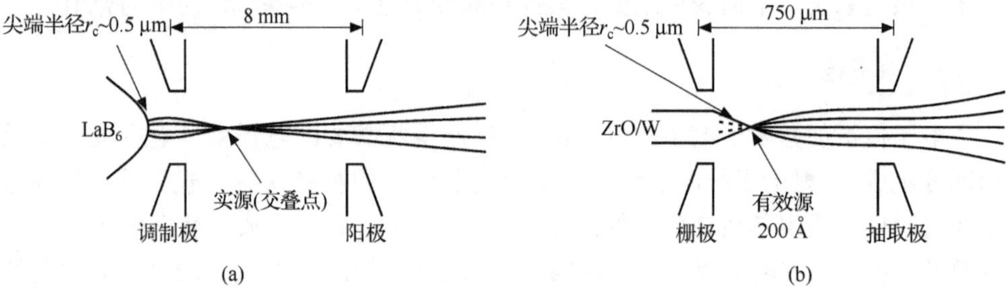

图 2.2 电子源结构示意图

(a)LaB_6电子源;(b)热场致发射电子源

场发射电子源的阴极是由经过特殊处理的钨单晶针尖做成的,钨丝针尖曲率半径一般小于 100 nm,然后加一个特殊设计的双阳极系统。在靠近针尖的第一个阳极(抑制栅极)上加一个超高电场,使针尖表面电子因隧穿效应逸出而发射;在第二个阳极(抽取极)上加适当的电压(电镜的工作电压),形成加速运动的电子束。该枪的阴极和第一阳极构成的发射系统并不形成交叠点,而第一阳极与第二阳极组成的浸没透镜既能使电子束加速又能使电子束聚焦,在第二阳极孔后形成很小的交叠面。场发射电子源分冷场致发射和热场致发射两种。冷场致发射电子源一般在扫描电镜中应用较广,但由于其稳定性差,且真空的要求高,很少用于电子束曝光系统。广泛应用于电子束曝光系统的是热场致发射电子源,如图 2.2(b)所示。热场致发射源是由钨针尖及加热源组成,钨针尖一般包覆一层 ZrO 以降低电子的逸出功。针尖在大约 1800 K 温度下工作,对环境中气体的敏感度降低,因此有较好的稳定性,同时热场致发射的真空度要求比冷场致发射的要低。

2.1.2 透镜系统

透镜系统是电子光学元件的重要组成部分,对电子束的聚焦成形和投射成像起着决定性的作用。在透镜系统中通常使用的有静电透镜和磁透镜两种。

由于大像差的存在,静电透镜的成像质量很差,限制了静电透镜中可用场的尺寸及会聚角(数值孔径)。像差主要有两种,由球面共轴系统产生的球差和不同能量电子聚焦在不同的成像平面而引起的色差。这两种像差都可以通过减少系统的会聚角而得到改善,但此时电子被限定在透镜的中心位置,从而使束流大大地降低。

图 2.3 为一典型磁透镜的剖面图,该磁透镜是一个通有电流的铜线圈,线圈外

有一层起磁屏蔽作用的铁壳。电子在磁场中不仅受到轴向和径向的作用力，而且还受到角向力的作用。轴向力使电子沿光轴运动，径向力使电子向轴或离轴运动，角向力使电子旋转。所以电子在磁场中，一面旋转一面向轴或离轴运动。磁透镜比静电透镜拥有更小的像差。静电透镜由于能与电子枪的抽取阴极较好地匹配，且容易达到高真空、适于烘烤，所以经常作为对像差要求不严格的电子枪区域的聚光透镜。末透镜一般由磁透镜组成，系统的性能主要由末透镜的像差决定。

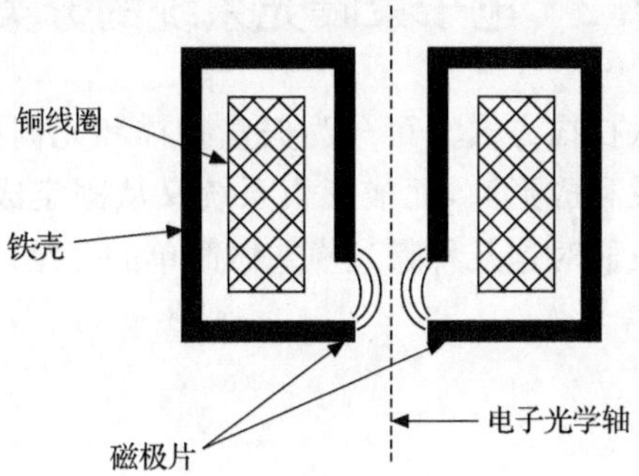

图 2.3　典型磁透镜剖面图

2.1.3　电子束偏转系统

由电子枪和透镜系统所形成的高质量束斑，是在光轴上固定不动的。为了利用这种束斑在样品上曝光所需的图形，电子束必须偏转，偏转的范围称为扫描场，也叫作写场，同一写场内的曝光是通过电子束的偏转实现的，不同写场之间通过工件台的移动实现拼接。如何使光轴上的束斑偏转，以及如何控制偏转范围，是电子束曝光图形时的关键问题。它关系到图形的分辨率、扫描场的尺寸以及曝光效率。电子束的偏转一般有两种方法：电场和磁场。电场偏转最简单的方法就是在电子束的两边对称地装置两块平板电极，形成适当的电位差，电子束就按所加电位差偏转。这种静电偏转，有较高的偏转速度，但偏转像差较大，长时间使用时，电极表面容易受杂质的污染，产生静电积累，从而稳定性不好。目前的电子束曝光设备，大部分采用磁偏转系统，常用的磁偏转系统是由两组相互垂直的线圈组成，产生相互垂直的均匀横向磁场，分别控制水平偏转和垂直偏转。电子束的离轴偏转引起电子束直径的变形，从而增大了系统的像差，离轴越远所产生的偏差也就越大，这一附加的像差限制了扫描场的尺寸。在一些系统中增加了偏转、聚焦和像差的动态校正以增加扫描场的尺寸，但这样也增加了设备制造的工序和成本。

另外，用于控制电子束开关的束闸系统和消像散器，都可以通过静电和磁的方式实现。束闸系统对电子束起开关作用，使电子束只有在需要曝光时才到达曝光样品的表面，它本身也是一个偏转器，工作时使电子束偏离光轴，从而无法通过中心光阑。像散是由于 x,y 方向的聚焦不一致,造成电子束斑的椭圆化,这种聚焦不一致性大多是由透镜机械加工误差造成的,而消像散器一般由多级透镜组成,对电子束进行不同方向的校正。此外还有光阑、探测器等主要组件,以及保证电子光学系统正常工作的真空系统和电源系统,在这里就不一一介绍,有兴趣的读者可以参看文献[1]。

2.2 电子束曝光系统的分类

电子束曝光系统从扫描方式上可分为矢量扫描和光栅扫描两种模式,按束的形成可划分为高斯圆束和成形束,而成形束系统又从固定成形束发展成可变成形束和字符束等。下面我们对这几种曝光模式做简单的介绍。

2.2.1 扫描模式

1. 矢量扫描

矢量扫描就是电子束在预定的扫描场内,对某一图形进行扫描曝光,当该图形扫描曝光完毕后,电子束就沿某一矢量跳到另一图形进行扫描。矢量扫描的原理如图 2.4(a)所示,每曝光完一个扫描场,工件台就将样品移动到下一扫描场,继续扫描曝光,每次步进一个扫描场。矢量扫描一般有三种方法:光栅式、边框-光栅式和螺旋式。光栅式是指被曝光的形状被分成许多平行于 X(或 Y)轴的光栅式线条,电子束沿光栅线条顺序逐点曝光。边框-光栅式是先扫图形的边框,再用光栅式填充其内部。螺旋式是从最外层开始按螺旋方式逐圈扫描,直至中心。矢量扫描的特点是:电子束只在需要曝光的区域进行扫描,在无图形的空白处,由束闸将其切断,并迅速按矢量所指示的方向位置跳到另一形状,再进行扫描曝光,从而节省时间,提高效率。

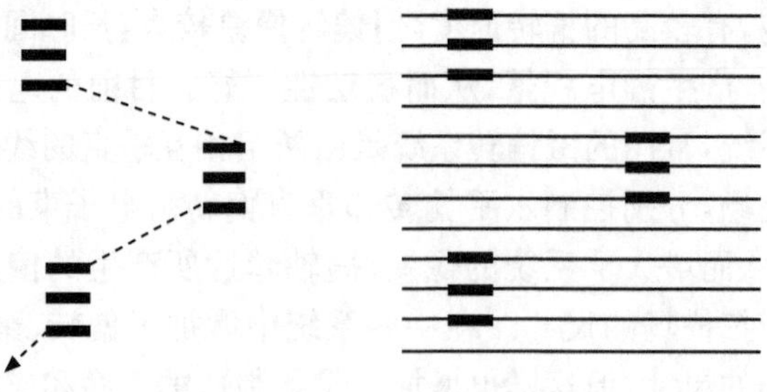

图 2.4 (a)矢量扫描示意图;(b)光栅扫描示意图

2. 光栅扫描

光栅扫描的原理如图 2.4(b)所示，图形的曝光是在电子束以一定频率(速度)扫描的光栅上通断电子束来实现的。光栅扫描有两种方式：二维电扫描(x,y 方向)和一维电扫描(行扫描 x 方向，y 方向由工件台的机械移动完成)。因涡流和磁滞引起的畸变容易补偿，光栅扫描对偏转系统要求不苛刻，有效带宽可以窄些。由于有些图形要沿“光栅”进行，效率受限于光栅频率和光栅上的等待时间，同时对电子束邻近效应的补偿校正也不如矢量扫描容易。光栅扫描具有快的作图速度，但由于它不论是否需要曝光，整个曝光场都一样被扫描，因此对于图形简单、曝光区小的情况，一般不适合用光栅扫描。另外，光栅扫描寻址方式的数据量大、数据流速快，因此在数据处理方面也比较复杂。

2.2.2　束形成

1. 高斯圆束

图 2.5(a)给出了高斯圆束曝光系统的电子光柱体示意图。电子束经曝光光学系统聚焦，形成电子束圆斑。该圆斑通过二级磁透镜聚焦，再经最后一级物镜形成具有高斯分布的微细电子束，其束径一般为 2 nm 到数微米。形成的高斯束在束闸

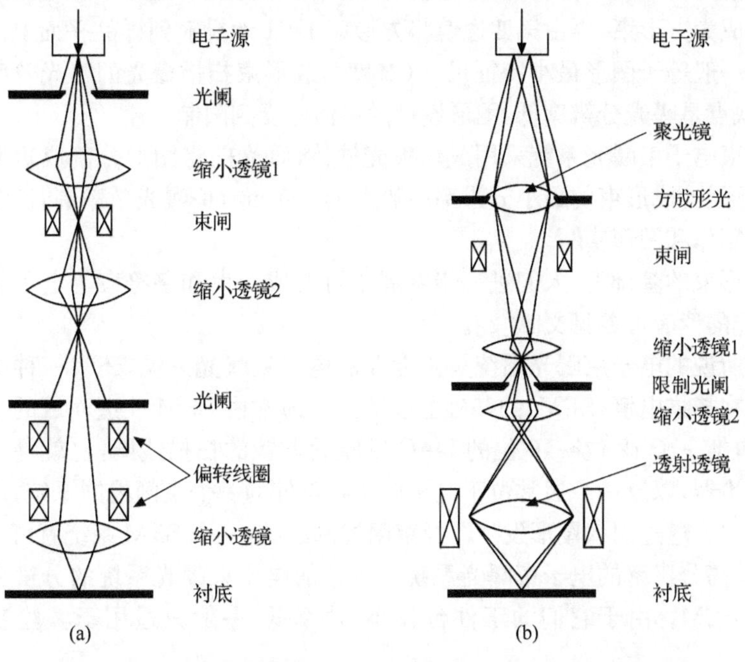

图 2.5　(a)高斯圆束和(b)方形成形束电子光柱体示意图

的作用下,实现电子束的“通”和“断”,并在偏转系统的作用下,对衬底进行逐点扫描,伴以工作台的移动,完成对整个衬底的曝光。因此,高斯束扫描曝光的分辨率高、作图灵活性大,但其缺点是曝光效率比较低。

高斯圆束的电子束曝光系统根据扫描模式的不同分为高斯矢量扫描系统和高斯光栅扫描系统。高斯矢量扫描系统采取矢量扫描模式,只对图形曝光的部分进行扫描,没有图形的部分快速移动。曝光时,首先将图形分割成场,各场之间靠样品台移动,每一个场再分为子场。商用系统中束的偏转分成两部分:先由 16 位数模转换器(DAC)将电子束偏转到某子场边缘,再由快速的 12 位 DAC 在子场内偏转电子束扫描曝光。该系统分辨率较高,但曝光速度较慢。高斯光栅扫描系统是采用高速扫描方式对整个图形场进行扫描,利用快速的束闸,实现选择性曝光。由于其分辨率较低,曝光速度较矢量扫描快,该系统主要用于掩模板的制作。

2. 成形束

为了提高曝光效率,人们设想用多点曝光来代替高斯束的单点曝光,成形束曝光便是由此提出。图 2.5(b)为方形成形束的光柱体,与高斯束曝光系统不同,成像系统不是把光源的聚焦圆斑成像于曝光衬底的表面,而是以一定的方孔被聚焦成像,投影于衬底表面实现曝光。方形孔位于透镜中,该透镜同时将电子束光源 1∶1地投射到第二聚光透镜(缩小透镜 1)的入射光孔上。经第一和第二缩小透镜两次缩小成为方形束,再由第四透镜将方形束 1∶1 地投射到样品平面上。方形束斑的尺寸一般等于图形最小特征尺寸(宽度),成形束扫描曝光的曝光效率明显提高,但其缺点是曝光分辨率低,图形设计的灵活性受到限制。

成形束电子束曝光系统采用成形束光柱体,曝光前将图形分割成矩形和三角形等特殊形状,成形束的最小分辨率一般大于 100 nm,但曝光效率高,广泛应用于掩模板的制作和图形直写。

在成形束的基础上,人们进一步发展了可变成形束和字符束等电子束曝光系统,有兴趣的读者可参见文献[2]。

上面所说的电子束曝光系统是指专业的电子束曝光系统,还有一种电子束曝光系统是在扫描电镜(SEM)的基础上改造的。通常由 SEM 改造而成的电子束曝光系统,包括一个 12 位～16 位的 DAC 以驱动电镜的扫描线圈,也就是我们常说的图形发生器,以及一个通常位于电子束交叠点处的一个束闸控制系统,以实现电子束的开关。通过引入图形发生器及束闸控制系统,一个 SEM 系统就可以改造成一个简单、高分辨率的电子束曝光系统。改造的电子束曝光系统的分辨率取决于所选用的 SEM。由于它们的工件台较小、效率低,一般只适用于实验室的研究工作。

以上给出的均为直写式电子束曝光系统,虽然具有较高的分辨率,但效率较光学曝光低，难以在生产线上使用。为了适应微电子产业的飞速发展，经过科学家的长期努力，一些新型的电子束曝光技术取得了突破性进展，如投影电子束曝光、微光柱阵列电子束曝光、反射电子束曝光等，在这里我们就不详细介绍，有兴趣的读者可以参看相关文献 [3-7]。

2.3　电子束抗蚀剂

电子束抗蚀剂也叫作电子束用光刻胶，在电子束曝光中作为记录和传递信息的介质。电子束抗蚀剂与光学曝光的光刻胶相似，一般为能溶解于特定液体溶剂里的有机聚合物，当然现在也有无机抗蚀剂，如目前分辨率最高的负性抗蚀剂 HSQ。当高能电子束对抗蚀剂进行辐照时，这些聚合物的物理和化学性质就发生了变化，对于电子束抗蚀剂而言一般发生两种反应：交联和降解。电子束曝光就是以这两种反应为基础，将电子束曝光的图形信息记录下来，形成高分辨的图形。

与光学曝光用的光刻胶相同，电子束抗蚀剂也分为两种：正性抗蚀剂和负性抗蚀剂。正性抗蚀剂是指在电子束辐照下聚合物发生降解反应为主的抗蚀剂，由于降解作用，分子链断裂而变短，其平均分子量下降；负性抗蚀剂是指在电子束辐照时交联反应占主导地位的抗蚀剂，由于交联作用，分子变大，其平均分子量增加。当经曝光辐照后的抗蚀剂在有机溶剂中显影时，分子量低的溶解速度快，成为良溶性；分子量高的溶解速率低，可看为非溶性，这样就形成了所需要的曝光图形。

2.3.1　电子束抗蚀剂的性能指标

电子束抗蚀剂的性能指标一般包括下面几项：灵敏度、对比度、分辨率、剂量窗口、与其他工艺的相容性、涂覆后抗蚀剂膜的质量、与衬底的附着力、剂量宽容度、对光的敏感性、储藏寿命等。其中最重要的是前三项，下面我们着重讲述前三项指标。

1. *灵敏度*

灵敏度是指电子束抗蚀剂发生交联或降解反应时所需吸收的电子束能量，抗蚀剂的灵敏度越高，则曝光过程越快。电子束抗蚀剂的灵敏度受很多因素的影响，如电子能量、抗蚀剂层厚度、衬底材料、邻近效应、胶的分子量及其分布、辐照敏感特性、显影液的强度、显影的温度和时间等。通常电子能量越高，抗蚀剂的灵敏度越低；抗蚀剂层厚度越厚，抗蚀剂的灵敏度越低；衬底材料原子质量越小，抗蚀剂的灵敏度越低；正性抗蚀剂的分子量越大，抗蚀剂的灵敏度越低。负性电子束抗蚀剂的灵敏度一般比正性电子束抗蚀剂的灵敏度高，因为负性抗蚀剂容易添加乙炔基、环硫化物、环氧基团等，这些材料能加强对电子辐照的敏感性，促进辐照效应。在加有这些材料的抗蚀剂中，如果出现一个原始交联，就会感生出许多交联。一般电子束抗蚀剂的灵敏度以面曝光的电荷剂量来度量，单位是库仑/厘米^2(C/cm^2)，例如：10 keV 曝光，在 22℃下，MIBK∶IPA(1∶3)显影 40 s，IPA 定影 30 s 时，分子量为 495 000(495 k)的 PMMA 抗蚀剂的灵敏度约为 60 $\mu C/cm^2$。

2. 对比度

关于对比度曲线及对比度的具体计算可以参照光学曝光部分，在这里就不再重述。抗蚀剂的对比度越大，曝光得到图形的侧壁越陡直，分辨率也越高，高分辨率的抗蚀剂一般具有高的对比度。对比度是分子量分布的函数，我们以负性抗蚀剂，非良溶性凝胶，平均每个链只需要一个交联的抗蚀剂为例来说明：对于单分散聚合物，它就只含一种长度的链，同样体积下，聚合物分子量大的所含的链就长而少，所以，要达到同样的交联密度，所需的剂量就少，对比度就大。但抗蚀剂往往是高分散的聚合物，即各分子并不具有相同的分子量，抗蚀剂中含有各种长度的链，因此在形成不溶性凝胶时，分子量高的链需要的剂量比分子量低的链要少。因此，形成不溶性凝胶所需的剂量范围很宽，所以对比度就低。显影工艺也会影响抗蚀剂的对比度，不同的显影液类型及不同的显影条件都会影响抗蚀剂的对比度，我们会在后面结合常用抗蚀剂的工艺进行叙述。

3. 分辨率

分辨率是指电子束抗蚀剂能达到的最小特征尺寸，人们一般希望分辨率越高越好，对于小尺寸图形的加工有利。影响分辨率的主要因素有对比度、灵敏度和电子散射。

对比度是取得高分辨率的重要因素，但对比度是有限的，对于一种电子束抗蚀剂，其对比度可以通过显影条件的变化在一定的范围内进行调整。正性抗蚀剂的曝光区必须达到所有抗蚀剂膜溶解的最小剂量，非曝光区域又必须低于没有抗蚀剂膜溶解的最大剂量，才能得到高分辨率的图像，如果不满足这个条件，即使具有高的对比度也不能得到满意的分辨率。另外，灵敏度对分辨率的影响是很明显的，高灵敏度的抗蚀剂一般都较难得到高的分辨率。

电子散射也是影响分辨率的一个重要因素。电子在抗蚀剂中的前散射的存在增加了电子束的直径，背散射使不需要曝光的区域曝光，从而降低了抗蚀剂图形的分辨率，难以得到最小的线宽，关于电子散射的问题我们将在下一节做详细的介绍。当然，显影工艺也会影响抗蚀剂的分辨率，同样的曝光条件下，不同的显影液类型及不同的显影温度等会影响得到图形的尺度，这方面我们会在特殊显影工艺部分讲解，目前最高分辨率结果的获得一般都要依靠特殊的显影工艺来实现。

2.3.2　电子束抗蚀剂制作图形工艺

制作抗蚀剂图形的工艺过程对图形最终的质量影响很大，同时在制定工艺时，我们要考虑到各工艺之间的相容性问题。电子束抗蚀剂的一般工艺步骤与光学曝光相似，图 2.6 给出了简单的工艺流程，下面我们对各步进行简单的介绍。

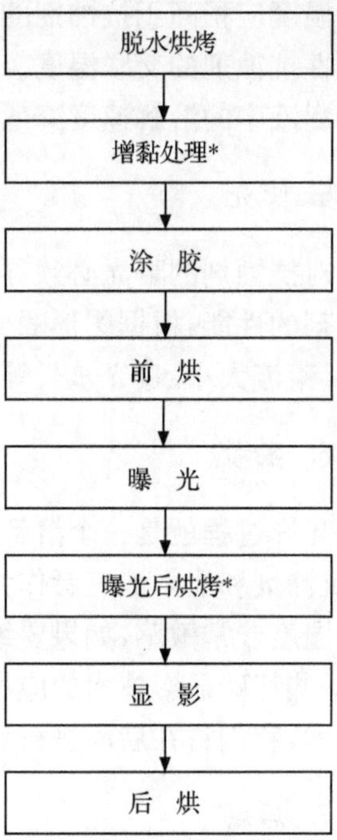

图 2.6　电子束抗蚀剂制作图形工艺典型流程

* 可选步骤

1. 脱水烘烤

衬底清洗后，表面会有一层吸附的水层，脱水烘烤一般在真空或干燥氮气的气氛中，以 150～200 ℃的温度进行烘烤，该步的目的是去除衬底表面吸附的水。

2. 增黏处理

衬底烘烤之后通常采用六甲基二硅氮烷（hexamethyldisilazane，HMDS）进行涂覆，HMDS 是一种增黏剂，增强衬底和抗蚀剂间的吸附力。一般对于本身与衬底吸附力较强的抗蚀剂，如 PMMA 则较少采用，但对于与衬底吸附力小的抗蚀剂，如 ZEP-520 则经常使用。HMDS 的涂覆可采用蒸气法涂覆，也可以采用旋涂的方法进行。近年来，也有其他的增黏剂出现，如 Allresist 公司出品的 AR 300-80，这一增黏剂相对于 HMDS 来说具有更小的毒性。

3. 涂胶

最常用的涂胶方法是旋转涂胶。抗蚀剂的厚度与厚度的均匀性是涂胶时的两个关键参数。抗蚀剂的厚度与所滴抗蚀剂的量并没有很大的关系，其厚度主要是由抗蚀剂的黏度和最高的旋转速度决定。抗蚀剂层的厚度应根据工艺参数的要求及其他工艺相容性决定。抗蚀剂层的均匀性是另一关键指标，如果不均匀，则曝光和显影也就会不均匀，从而造成图形的质量较差。

4. 前烘

衬底涂胶后，必须进行一次前烘，或称软烘。该步主要用于去除抗蚀剂中大部分溶剂并使抗蚀剂的曝光特性固定，另一方面增强了抗蚀剂与衬底的附着力。前烘去除溶剂是一个很重要的工序，它对曝光、显影及线宽控制都有很大的影响。前烘的温度应稍高于抗蚀剂的玻璃化转换温度而低于正性抗蚀剂的分解温度,或低于负性抗蚀剂的交联温度。一般情况下,前烘的温度越高、时间越长,会使抗蚀剂在显影液中的溶解速度降低,降低灵敏度,但对比度增加。

5. 曝光

对抗蚀剂的曝光必须寻找最佳的条件。抗蚀剂的厚度确定后,应考虑衬底和抗蚀剂的性能,根据图形的分布及其特征尺寸来确定曝光参数,如加速电压、束斑尺寸、束流大小、曝光步长等。

6. 显影

显影过程就是一个溶解过程,要根据具体抗蚀剂和曝光条件选定显影液。衬底、抗蚀剂和显影液三者作为整体来考虑,这样才能取得最佳的曝光结果。显影过程对温度非常敏感,如果要维持精确的线宽控制,控制显影液温度是很重要的。另外,一些特殊显影技术的应用也有利于制造极限尺寸的图形,如超声显影或低温显影技术,我们将在后面进行详细的介绍。

7. 后烘

显影后可进行烘烤,称之为后烘,这是针对后续高能工艺,如离子注入和等离子体刻蚀等,所采用的使电子束抗蚀剂硬化的过程。后烘的温度必须选择适当,不得使抗蚀剂产生流动,也不能使图形变形。

以上各步为抗蚀剂制作图形的基本工艺,它随抗蚀剂材料而变化,各种抗蚀剂都有自己的特定工艺参数。例如,负性电子束抗蚀剂 SAL-601 为化学放大抗蚀剂,在曝光后和显影前必须经过烘烤,以使曝光过程完成。为了得到合适的抗蚀剂图形,必须选用最佳的工艺参数,往往要用实验或对抗蚀剂的剖面轮廓进行计算机模拟来确定。

曝光前,还有一步便是曝光图形的准备,也就是我们常说的作图,就是将需要制备的结构通过软件实现作图,然后再转换成曝光设备能够识别的数据格式。不同的曝光设备一般都会自带不同的作图及图形转换软件。近些年,德国 GenISys 公司推出了一款针对电子束曝光设备的图形设计和处理软件(Layout BEAMER),该软件可以实现曝光图形的制作、针对不同曝光设备图形格式的转换、图形的布尔运算、邻近效应的校正以及三维曝光图形的设计等,是一款非常实用的软件,但对于一般用户该软件的成本较高。另一款较常用的图形设计软件为 L-Edit,该软件只能实现曝光图形的设计,而不具备上述软件的其他功能。通过 L-Edit 设计的图形对于大部分的曝光设备都可以利用。当然 AutoCAD 软件也可以用于电子束曝光图形的设计,关于曝光图形的设计及格式转换,在这里我们不详细地介绍,有兴趣的读者可参看文献[8]。

2.3.3　常用电子束抗蚀剂及其工艺过程

很多有机聚合物都可以做电子束抗蚀剂，表 2.2 列出了一些常用电子束抗蚀剂及其相关参数。下面对一些常用的电子束抗蚀剂做简单的介绍。

表 2.2　常用电子束抗蚀剂及其相关参数

	极性	分辨率/nm	20 keV 灵敏度/(μC/cm²)	显影液
PMMA	正	10	100	MIBK：IPA
ZEP	正	10	30	xylene：p-dioxane
EBR-9	正	200	10	MIBK：IPA
PBS	正	250	1	MIAK：2-pentanone 3：1
COP	负	1000	0.3	MEK：ethanol 7：3
SAL-601	负	100	8	MF312：water
HSQ	负	10	100	TMAH：DI 1：9

1. 正性抗蚀剂

1) PMMA

PMMA(polymethyl methacrylate)是第一种用于电子束曝光的抗蚀剂。它是一种标准的正性电子束抗蚀剂，具有优于 10 nm 的分辨率，灵敏度较低，约为 100 μC/cm²(20 keV)。与大部分电子束抗蚀剂相同，PMMA 的临界剂量随加速电压的增加而成正比增长。利用特殊的显影技术人们已经在 PMMA 上曝出 3～7 nm线条[9-11]。该抗蚀剂的溶脱性能较好，但抗干法刻蚀能力较差。目前出售的 PMMA 有多种分子量类型，如 200 000(200 k)，495 000(495 k)和 950 000(950 k)等，用于溶解 PMMA 的溶剂一般为苯甲醚(anisole)或氯苯(chlorobenzene)。另外，PMMA 与衬底的附着力强，一般不需要 HMDS 增黏处理。

分子量对 PMMA 曝光特性的影响：前面我们提到 PMMA 根据分子量的不同可以分为不同的型号，市面上也有各种分子量的 PMMA 抗蚀剂出售。通常来说，随着分子量的增加，在相同的显影条件下，该抗蚀剂的对比度提高，灵敏度降低，其分辨率有所提高[12]。

显影条件对 PMMA 曝光特性的影响：目前最常用的显影液为 MIBK：IPA(1：3)，定影液为 IPA，当然还有许多其他的显影液，如 IPA 与水的混合液、MIBK 与水的混合液等。在相同的曝光条件下，利用不同的显影液可以得到不同的对比度和灵敏度[13,14]。通常来说，我们希望能够得到具有高对比度和高灵敏度的显影条件，这样在提高曝光效率的同时可以得到高的分辨率。当然，这两个因素不是我们选择显影条件的唯一标准，我们还要同显影后抗蚀剂的粗糙度、抗蚀剂溶胀、剂量宽容度等因素综合考虑。

PMMA 作为负性抗蚀剂使用：我们上面说到 PMMA 是一种标准的正性抗蚀剂，但当辐照剂量高于临界剂量 10 倍以上时，PMMA 也可以作为负性抗蚀剂使用。PMMA 作为负性抗蚀剂使用的机理，很多人认为是 PMMA 发生交联反应。后来研究人员对其机理进行了系统的研究，发现 PMMA 成为负性抗蚀剂主要发生的是碳化过程[15]，同时，他们在 16 nm 厚 PMMA 上实现了周期为 12 nm 的高分辨率负性图形。

PMMA 抗刻蚀性能的提高：前面说过，PMMA 抗蚀剂的抗干法刻蚀能力较差，因此，如何提高该抗蚀剂的抗刻蚀性能也是人们的研究目标。研究人员在 PMMA 中加入光致交联剂(Irgacure 651/379)，经曝光、显影后，在紫外光下辐照，实现交联，从而增强抗刻蚀性[16]。该方法在保持 PMMA 抗蚀剂高分辨率的同时，提高了该抗蚀剂的抗刻蚀能力。

综上，虽然 PMMA 的灵敏度低且抗干法刻蚀能力差，但由于它独特的高分辨率及易于溶脱和去除等特点，所以目前仍是使用最广泛的电子束抗蚀剂之一。

2) ZEP

ZEP 是一种正性抗蚀剂，其灵敏度比 PMMA 高(20 keV 时的灵敏度约为 30 μC/cm^2)，且拥有与 PMMA 相近的分辨率和对比度。ZEP 的抗干法刻蚀能力明显优于 PMMA，储存寿命长。该抗蚀剂的缺点是与衬底的附着力较差，且由于高的电子束敏感性，不宜用 SEM 直接观察。在高倍 SEM 成像时，会引起细线条的漂移或膨胀，因此该抗蚀剂的分辨率要通过刻蚀图形来判断，不能由 SEM 直接观察得到。另外，由于较差的附着性，一般在衬底与 ZEP 抗蚀剂之间要涂覆一层增黏剂(如 HMDS)，增加抗蚀剂与衬底的吸附力。与 PMMA 抗蚀剂相同，该抗蚀剂也有不同的显影液可供选择，不同的显影液类型会影响到该抗蚀剂的对比度和灵敏度，从而影响最终的曝光结果。

前面说到，由于碳化的作用，高剂量辐照的 PMMA 可以作为负性抗蚀剂使用。人们研究发现在高剂量辐照下，ZEP 胶也可以作为负性抗蚀剂使用，该抗蚀剂作为负性抗蚀剂使用的原理与 PMMA 不同，主要是由于抗蚀剂中的 Cl 决定了该抗蚀剂在低剂量时产生断链反应，高剂量产生交联反应[17,18]。

3) EBR-9

EBR-9 是丙烯酸盐基类电子束抗蚀剂[19]。灵敏度比 PMMA 高 10 倍，在 20 keV时约为 10 μC/cm^2。但分辨率却不到 PMMA 的 1/10，约为 200 nm，由于其曝光速度快、寿命长、显影时不膨胀等优点，广泛用于掩模板的制造。

4) PBS

PBS 是广泛用于掩模板制作的高速正性抗蚀剂。对于制作大容量的掩模板来说，与其他正性抗蚀剂相比，PBS高的灵敏度（20 keV，1～2 $\mu C/cm^2$）具有很大的优势，提高了掩模板的制作速度。但与其他抗蚀剂相比，这也是它的唯一优势，该抗蚀剂的工艺过程较复杂，掩模板必须在严格控制温度和湿度的情况下进行喷洒显影[20]，对比度也较低（～2），对于小尺寸、小批量的掩模板制作较少采用。

2. 负性抗蚀剂

1）HSQ

HSQ (hydrogen silesesquioxane)是一种高分辨无机负性电子束抗蚀剂[21]，具有与PMMA相似的灵敏度和分辨率。人们利用HSQ抗蚀剂制造出了亚10 nm线宽的图形[22-24]。HSQ经显影后成为一种类似于SiO_x的非晶结构。HSQ抗蚀剂是近些年新兴的电子束抗蚀剂，也是近些年来人们研究最多的一种抗蚀剂。

显影液浓度对HSQ曝光特性的影响：HSQ抗蚀剂最常用的显影液为四甲基氢氧化铵（TMAH），人们研究了不同浓度的TMAH显影液对HSQ曝光特性的影响。研究发现，随着显影液浓度的提高，该抗蚀剂的对比度增加，从2.5%浓度时的3增加到7（浓度25%），同时，该抗蚀剂的饱和剂量也随之增大，即随着显影液浓度的提高，灵敏度降低，对比度增高[25]。

前烘温度及延迟曝光对HSQ曝光特性的影响：对于一般的电子束抗蚀剂，随着前烘温度的提高，该抗蚀剂的灵敏度降低，对比度提高，而对于HSQ抗蚀剂正好相反，随着前烘温度的升高，该抗蚀剂的灵敏度提高，对比度降低。同时，延迟曝光对于大部分的抗蚀剂来说，比如PMMA抗蚀剂基本没有什么影响。但对于HSQ抗蚀剂延迟曝光，可以使HSQ的灵敏度降低，对比度提高[25]。因此，要得到一致的曝光结果，HSQ抗蚀剂的整个工艺过程控制需要更稳定。

HSQ分辨率提高技术：HSQ是目前为止分辨率最高的抗蚀剂，所以现在很多电子束曝光设备的验收都采用HSQ抗蚀剂。但更高分辨率永远是人们所追求的，因此，对如何进一步提高HSQ抗蚀剂的分辨率，研究人员做了大量的工作。前面我们提到，HSQ抗蚀剂曝光显影后为非晶的SiO_x，因此，人们采用湿法刻蚀SiO_x的稀HF溶液对显影后的HSQ抗蚀剂图形进行处理，从而进一步提高可以获取的最小特征尺寸。该方法是一个各向同性的刻蚀过程，在缩小线宽的同时也会降低抗蚀剂的高度。利用该方法，研究人员在80 nm厚的HSQ抗蚀剂上实现了线宽为6 nm的高分辨率图形[26]。另外，HSQ抗蚀剂的显影液一般为碱性溶液，研究者在碱性溶液中加入适当的盐组成含盐显影液，该显影液具有超高的对比度，最高可以达到12，利用这种超高对比度的显影工艺，人们在15 nm厚的HSQ抗蚀剂上实现了单线宽为4.5 nm、周期为12 nm的高分辨率图形[27]。

2）COP

COP是一种广泛用于掩模板制造的负性高速抗蚀剂，在10 keV时的灵敏度为 0.3 μC/cm^2,分辨率约为 1 μm。但 COP 抗干法刻蚀性差、易膨胀,而且曝光后交联过程仍将继续进行,因此,图形尺寸还将依赖于曝光后直到显影的停留时间。

3) SAL-601

SAL-601 是一种高灵敏度的负性化学放大抗蚀剂,分辨率为 0.1 μm 左右,其灵敏度较高,10 keV 时灵敏度为 7～9 μC/cm^2,且随着加速电压的增加,临界剂量变化不大。SAL-601 抗干法刻蚀性好,不膨胀,热稳定性好。但其图形质量和重复性受多种参数影响,如衬底类型、抗蚀剂厚度、电子束能量、前后烘条件等。由于 SAL-601 是一化学放大抗蚀剂,对前后烘温度,特别是后烘温度很灵敏,若后烘温度控制不好,对图形质量影响很大。该抗蚀剂烘烤在温度范围为 110～115 ℃,热板后烘 60 s,孤立线条随后烘的变化为 0.02 μm/℃[28]。

2.3.4 新型电子束抗蚀剂

前面我们提及的都是一些典型的商用电子束抗蚀剂。除了这些成熟的商用电子束抗蚀剂,人们研究抗蚀剂的步伐从来没有停歇。下面我们介绍几种近些年来研究者开发出来的具有特殊用途的电子束抗蚀剂。

水基蚕丝电子束抗蚀剂:前面我们提到的所有电子束抗蚀剂,其溶剂和显影液一般均具有毒性,这不利于我们的环境保护及使用人的身体健康。因此,寻找一种环境友好的电子束抗蚀剂就被提上日程。最近,研究者对蚕丝作为一种天然的生物功能性抗蚀剂在电子束光刻中的应用进行了研究[29]。该电子束抗蚀剂的溶剂为水,显影液也是水,所以整个过程完全是水基的,从抗蚀剂本身到工艺过程,全程做到了绿色、无污染。同时,由于蚕丝蛋白多形的晶体结构,该抗蚀剂可以实现正性或负性图形的制备。利用该抗蚀剂,研究者已经实现了分辨率为 30 nm 图形的制备。此外,由于纯水基的工艺过程,通过掺杂,该抗蚀剂可以实现种类繁多的功能性生物基抗蚀剂。

海藻糖蛋白类抗蚀剂:在衬底上制备多种蛋白质的图形组合在很多领域具有广泛的应用。电子束曝光作为高分辨、可制备复杂结构的无掩模图形制备技术当应用在蛋白质图形制备时会遇到以下的问题:①高真空及高能束辐照会对蛋白质产生损伤;②显影液会对蛋白质的性质产生影响。为了利用电子束曝光来实现高分辨率的蛋白质图形,研究者对海藻糖蛋白(poly(SET))进行研究,该物质的特性为:①具有聚苯乙烯的骨架结构,电子束辐照产生交联反应(可以成为负性抗蚀剂);②具有海藻糖侧链,为水溶性,可以采用水显影;③经测试可以保护蛋白质免受真空及电子束辐照影响。因此,将海藻糖蛋白及需要制作的蛋白质溶解在水中得到相应的抗蚀剂,然后涂覆到衬底上,电子束曝光后采用水进行显影,从而得到蛋白质的图形。通过多次涂覆不同的蛋白质抗蚀剂,经对准曝光可实现不同蛋白质图形在同一基片上的精确制备。利用该抗蚀剂,研究者已在同一衬底上实现了不同蛋白质的组合图形[30]。

鸡蛋清抗蚀剂:这个工作的重点在于开发一种廉价、绿色的抗蚀剂。研究者直接从鸡蛋中提取蛋清,将蛋清作为抗蚀剂进行涂覆和曝光,通过精确控制蛋清中蛋白质在曝光时的破碎或聚集行为,最终利用水进行显影,可以实现亚微米尺度正性和负性图形的制备。该抗蚀剂表现出全天然材料、价格低廉、资源丰富、制造方便、光/电子束灵敏度高、无须化学合成等诸多优点[31]。

当然,关于新型抗蚀剂的研究还有很多,如不需要旋涂和显影的纯绿色水冰抗蚀剂,有兴趣的读者可以参看相关的文献[32,33]。虽然这些新型的抗蚀剂距离商用还有一段距离,但是,我们从中可看到电子束抗蚀剂的一些发展方向:绿色环保、低成本及功能需求导向等。

2.3.5　特殊的显影工艺

显影工艺过程虽然简单,却会直接影响到最终的曝光结果。一些特殊显影工艺的运用,有利于我们得到普通工艺中无法获得的结果。显影工艺中的主要影响因素有显影液的类型及浓度、显影时间、显影温度等。很多的电子束抗蚀剂都可以利用多种显影液进行显影,我们可以根据工艺的需要进行选择。以 PMMA 为例,现在最常用的显影液是 MIBK∶IPA(1∶3)。人们也对利用 IPA 与水(DI)的混合物对 PMMA 显影进行了研究[34],发现水 DI∶IPA(3∶7)的显影液与常用的 MIBK∶IPA(1∶3)显影液相比,具有更高的对比度和灵敏度,同时该显影液也明显地提高曝光剂量宽容度及减小粗糙度。

另外,人们也利用一些辅助的方法,如变温显影、超声辅助显影等来获得高分辨率及低粗糙度和高深宽比的结构,下面我们将对一些特殊的显影工艺进行简单的介绍。

1. 变温显影工艺

我们刚才提到,影响显影的主要因素有显影液的类型、浓度、显影的时间及温度等,通过改变显影液的类型及浓度对很多电子束抗蚀剂难于实现,但是改变显影的温度对大部分的抗蚀剂都有一定的调控作用,因此,变温显影也是较实用的一种方法[35-37]。显影温度的变化会影响抗蚀剂脱离束缚溶解到显影液的能力,从而影响到曝光的结果[35]。图 2.7 给出了几种常用电子束抗蚀剂的对比度及灵敏度随着显影温度的变化曲线,可以看出对于正性的抗蚀剂,如 PMMA 和 ZEP-520,对比度随着温度的升高而降低,灵敏度则随着温度的升高而增大。对于负性抗蚀剂 HSQ,其变化趋势与正性抗蚀剂相反。对于正性抗蚀剂和负性抗蚀剂的性能随着显影温度的变化趋势主要是受到抗蚀剂溶解速率的影响,随着温度的升高,抗蚀剂的溶解速度增加,因此,正胶的灵敏度提高,而负胶的灵敏度降低。但这一规律并不适用于化学放大抗蚀剂 SAL-601,该抗蚀剂为负性抗蚀剂,但该抗蚀剂对比度及灵敏度随温度的变化趋势与正性抗蚀剂 PMMA 相同。所以,对于不同的抗蚀剂,我们要进行具体的实验去确定其随温度的变化情况。当得到抗蚀剂的对比度及灵敏度随显影温度变化情况后,我们就可以根据具体的需要进行显影温度的选择。如果想实现高分辨的图形,那我们需选择高对比度的显影工艺,对于正胶应该采用低温显影,而负胶采用高温显影。人们利用低温显影在厚度为 60 nm 的 PMMA 上已实现了 4 nm 线宽的图形[35]。如果希望实现高速的曝光,则需要选择高灵敏度的显影工艺,当然,高的灵敏度,在一定程度上会降低能够实现最小图形的尺度。同时,人们研究发现低温显影有利于降低 ZEP520 抗蚀剂图形的线边缘粗糙度[38]。

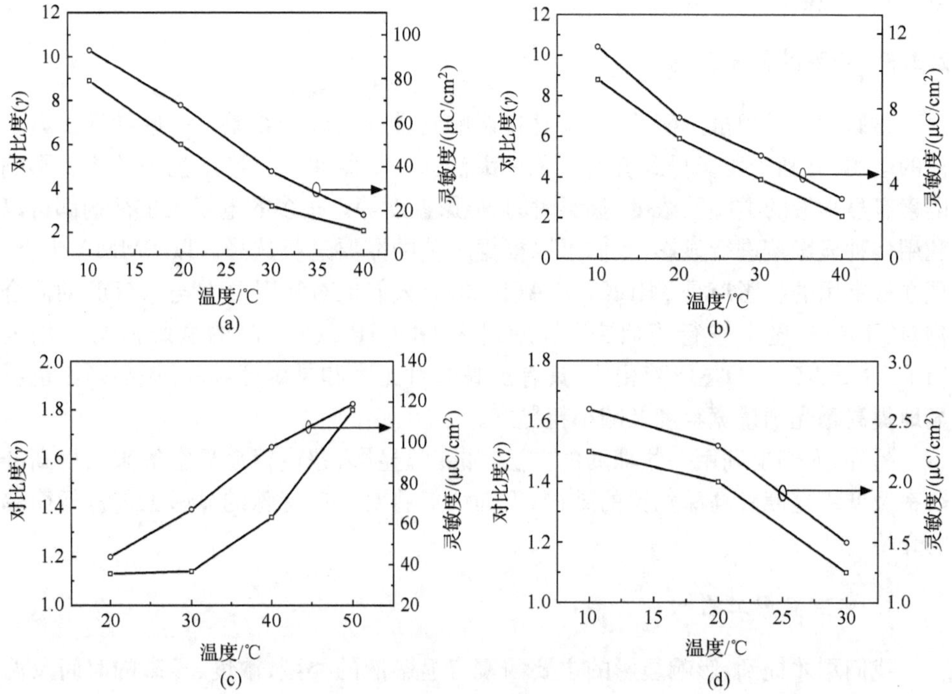

图 2.7 几种常用电子束抗蚀剂的对比度及灵敏度随着显影温度的变化曲线
(a)PMMA;(b)ZEP-520;(c)HSQ;(d)SAL-601

2. 超声显影技术

超声显影技术最早由 W. Chen 等[10]提出,他们认为当线宽小于 10 nm 时,抗蚀剂分子间的相互作用力快速地增加,该短程作用力的存在阻止曝光的抗蚀剂分子溶于显影液,而超声辅助显影增加了抗蚀剂分子的势能,从而使曝光的抗蚀剂分子溶于显影液。因此,制备相同尺度的图形,超声显影需要的曝光剂量要小于普通的显影过程。他们利用超声显影技术成功地超越了人们长期认为电子束曝光分辨率难于突破的 10 nm 极限,在 65 nm 厚的 PMMA 上实现了线宽为 5～7 nm 图形的制备。但关于超声显影的机理至今没有一个很好的解释。另一种说法是超声波振动可以加速显影液与抗蚀剂的混合,缩短显影时间,增加显影对比度,从而增加分辨率[39]。虽然低能二次电子的扩散半径是固定的,但抗蚀剂必须在一定的电子剂量下才能发生分子链的变化。如果曝光剂量降低,则少数扩散半径较大的电子不足以对对抗蚀剂发生作用,而多数更低能量的电子(较小扩散半径)的作用与超声波能量相结合则可以使抗蚀剂仅在很小的范围内发生分子链的变化,从而限制了曝光图形的扩展,进一步提高电子束曝光的分辨率。

3. 显影后的特殊干燥技术

通常,显影、定影后会采用干燥的氮气对样品进行吹干。对于高深宽比的抗蚀剂图形,特别是在纳米尺度,定影液干燥过程中的毛细力会引起曝光图形的坍塌。避免坍塌的方法便是尽量地减小引起毛细力的定影液的表面张力。利用超临界流体干燥技术对定影后的样品进行干燥,可以避免因毛细力引起的图形坍塌[40-42]。在高于临界点时,超临界流体处于非液非气的状态,也就是说,在该状态下,液体可以连续地转换为气体而不形成气体和液体的界面,原则上表面张力为零。因此,由于毛细力引起的图形坍塌便可以避免。最常用的超临界流体为 CO_2,因为 CO_2 具有较低的临界转变点(T_c=31.1℃,P_c=7.38 MPa)及较高的安全性。将定影后的样品直接放入液态的 CO_2 中,改变压力,使 CO_2 达到超流状态,然后将超临界态的 CO_2 慢慢释放,就可以达到干燥样品的目的。有人对该技术干燥的样品与通常氮气吹干的样品进行了对比实验[43],对于周期 100 nm 的光栅结构,在厚度为 190 nm 的 HSQ 抗蚀剂上,氮气吹干的方法制备的图形的最高深宽比为 8 左右,而采用超临界流体干燥技术可以实现的深宽比高达 14。利用该方法在提高抗蚀剂图形深宽比的同时,也有利于获得高分辨率的图形结构。研究者利用该技术在厚度 700 nm的 HSQ 上已实现了宽度为 18 nm 的单线条。

同时,研究者也提出了一种基于电磁波辐照实现高深宽比抗蚀剂图形的干燥方法[44]。该方法利用电磁波穿透抗蚀剂,直接加热抗蚀剂图案间储存的水分,利用吸收电磁波的能量来蒸发水分,从而避免了由于毛细力导致的高深宽比图形的坍塌。通过对加热机理的分析,证明了电磁波辐照的干燥方式能有效地降低水的表面张力,从而获得高深宽比抗蚀剂图形的制备。同时,该方法可用于清洗通孔、释放牺牲层、转移石墨烯和清洗碳纳米管内壁等。

2.3.6　多层抗蚀剂工艺

多数的电子束曝光在单层抗蚀剂上进行,但为了满足特殊的需求,有时需要采用多层抗蚀剂的工艺。例如,在微纳加工过程中,为了得到好的溶脱金属结构,通常需要具有底切剖面的抗蚀剂结构,最常用的方法便是利用多层抗蚀剂工艺来实现底切剖面的抗蚀剂结构。

最常用的双层抗蚀剂工艺是采用两种分子量不同的PMMA抗蚀剂,将灵敏度低、分子量高的PMMA作为顶层,灵敏度高、分子量低的PMMA作为底层,在同样的曝光剂量下,底层低分子量的PMMA显影速度要高于顶层高分子量的PMMA,从而通过一次曝光及显影工艺便可以实现底切剖面的抗蚀剂结构。当然也可利用PMMA和P(MMA-MMA)的组合来实现。P(MMA-MMA)是PMMA的共聚合物,其灵敏度远高于PMMA。另外,在双层抗蚀剂工艺中,其分辨率取决于顶层抗蚀剂。

另一种双层抗蚀剂工艺,是采用顶层为电子束敏感的抗蚀剂,底层采用的材料不必对电子束敏感。通过曝光显影实现顶层的图形,然后利用湿法或干法刻蚀实现底层材料的去除,通过控制刻蚀的条件来控制抗蚀剂的剖面。如近年开发的一种专门用于溶脱工艺的抗蚀剂LOR。LOR溶于弱的碱液,通过控制碱液的浓度、温度及时间等因素,可以控制形成抗蚀剂的剖面,图2.8为人们利用PMMA/LOR双层抗蚀剂实现的具有底切剖面抗蚀剂结构的扫描电镜照片[45]。另一种方式是采用干法刻蚀,实现底层抗蚀剂的去除而形成底切结构,如HSQ/PMMA双层抗蚀剂工艺。

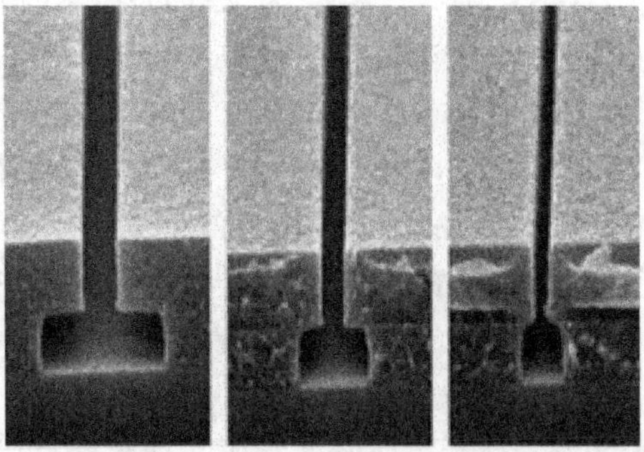

图2.8　具有不同底切长度的PMMA/LOR双层抗蚀剂剖面的扫描电镜照片[24]

我们知道采用电子束曝光、金属镀膜及剥离工艺在衬底上实现金属结构是加工纳米尺度金属结构的标准工艺,而以往的剥离工艺基本上都是基于正性电子束抗蚀剂来实现。但对于大面积由金属覆盖的金属结构,如果采用正性抗蚀剂,则需要耗费大量的电子束曝光时间,基本不可行。而单纯的负性抗蚀剂形成的抗蚀剂剖面一般为顶切(overcut)结构,不利于金属图形的剥离。利用HSQ/PMMA双层抗蚀剂[46],可以得到具有底切剖面的负性抗蚀剂结构,从而实现大面积由金属覆盖的纳米尺度结构的制作，其流程如图 2.9 所示。首先利用高分辨率的 HSQ 抗蚀剂实现高分辨率图形的曝光，然后采用氧等离子体刻蚀技术将 HSQ 的图形转移到具有很好剥离性能的底层 PMMA 上，通过控制刻蚀的参数，可以得到有利于剥离的底切抗蚀剂剖面，图 2.10 给出了其他刻蚀参数固定，HSQ/PMMA 双层抗蚀剂的剖面形貌随刻蚀时间变化的扫描电镜照片。利用这样的具有底切剖面的抗蚀剂结构，可以很容易实现大面积由金属覆盖的纳米尺度金属图形的负性剥离。

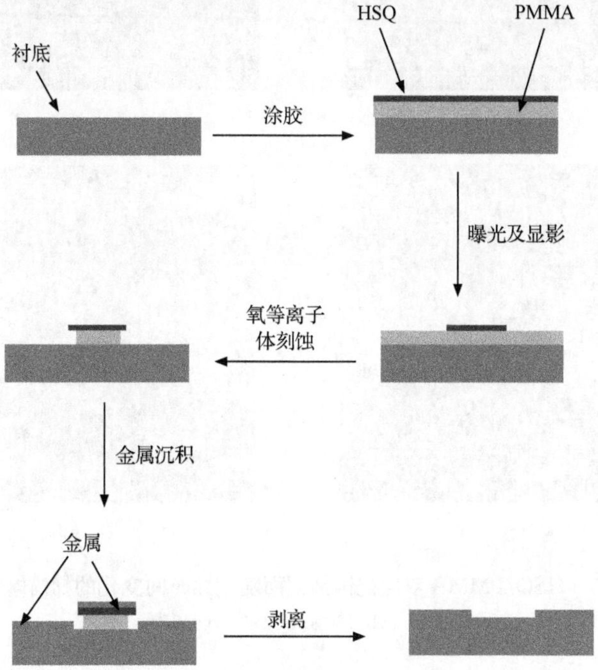

图 2.9　HSQ/PMMA 双层抗蚀剂工艺流程图

同时，控制多层抗蚀剂的剖面也是实现 T 形栅制备的有效途径[47-49]。多层抗蚀剂的另一个重要应用是高分辨率与高深宽比图形的加工。电子束曝光的分辨率与胶厚相关，为了获得高分辨率的图形，需要采用薄胶工艺。采用薄的顶层抗蚀剂，仅对这一薄层曝光和显影，然后以这一薄层抗蚀剂为掩模，通过刻蚀方法就可以将高分辨率的图形转移到底层厚的抗蚀剂层[50]。此外，多层抗蚀剂工艺在我们后面介绍的解决荷电效应及邻近效应校正等方面也有广泛的应用。应用多层抗蚀剂工艺需要注意避免两种抗蚀剂在涂胶过程中的相互混合。因此，在涂覆底层抗蚀剂后，先要进行烘烤，待底层抗蚀剂层完全固化后再旋涂顶层抗蚀剂层。

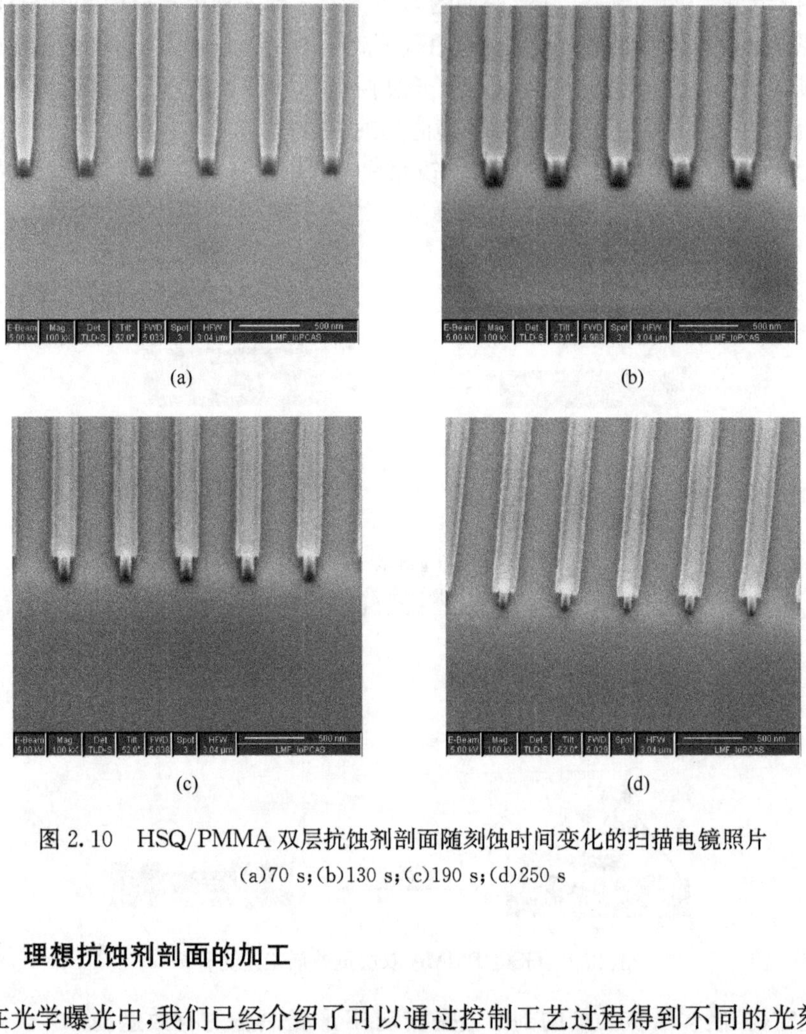

图 2.10　HSQ/PMMA 双层抗蚀剂剖面随刻蚀时间变化的扫描电镜照片
(a)70 s;(b)130 s;(c)190 s;(d)250 s

2.3.7　理想抗蚀剂剖面的加工

在光学曝光中,我们已经介绍了可以通过控制工艺过程得到不同的光刻胶剖面。抗蚀剂剖面一般分三种:底切、顶切及陡直。电子束曝光工艺只是得到抗蚀剂图形,要想得到需要的结构和器件就要将抗蚀剂图形进行转移。抗蚀剂图形的转移一般分为两种方式:剥离和刻蚀。对于剥离工艺,底切的剖面结构有利于提高剥离的成功率;对于刻蚀工艺,需要尽量陡直的抗蚀剂剖面,从而保证图形转移的一致性;除非制备三维结构的需要,顶切的剖面结构一般要尽量避免出现。在电子束曝光工艺中,可以通过改变曝光及显影条件来实现抗蚀剂剖面的有效控制。想要获得底切抗蚀剂剖面,主要的方法有:①双层抗蚀剂工艺,如我们上面所述,也是最常用的获得底切剖面结构的方法;②低电压曝光,主要利用电子束的前散射,曝光的电压越低,则电子的前散射越严重,前散射的存在,使进入抗蚀剂的电子束变宽,从而有利于形成底切结构;③过曝光或过显影也有利于形成底切的抗蚀剂剖面;

④低对比度的抗蚀剂工艺。要获得陡直的抗蚀剂结构，其工艺条件与获得底切结构的相反，要采用高的曝光电压、避免过曝光及过显影，同时高对比度抗蚀剂工艺的选择也是必要的。

2.4　电子束与固体的相互作用及邻近效应

2.4.1　电子束与固体的相互作用

虽然电子束曝光系统能够形成极细小的束斑，但由于入射电子同固体中的原子相互作用后发生散射，使曝光的问题复杂化。这种散射主要分为两种：前散射和背散射，如图 2.11 所示。前散射的电子与原入射方向所成的角度小于 90°，这种小角度散射使入射电子束变宽。背散射电子的散射角在 90°～180°的范围，这些电子从衬底返回到抗蚀剂层并参与曝光。在这一过程中，电子失去能量而连续减速，从而产生一连串低能电子，叫作二次电子。下面对电子束曝光过程中的电子前散射、背散射及产生的二次电子做简单的介绍。

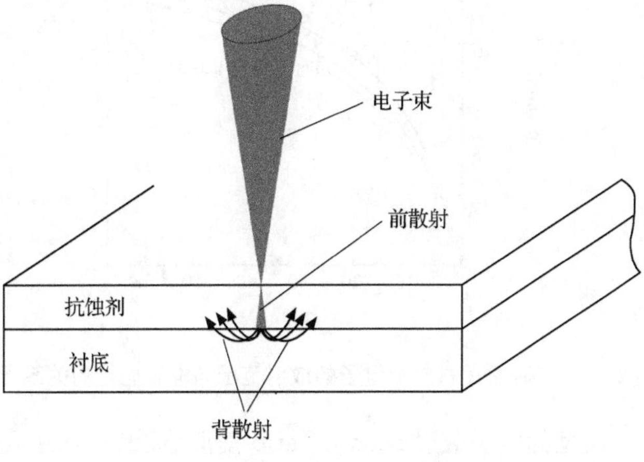

图 2.11　电子的散射效应

1. 前散射

当电子束穿过抗蚀剂层时，其中一部分电子发生小角散射，从而使抗蚀剂层下面的电子束的宽度比上面的大。由于前散射而引起的电子束直径的增加一般遵循下列经验公式：

$$d_{\mathrm{f}} = 0.9(R_{\mathrm{t}}/V_{\mathrm{b}})^{1.5}$$

这里 R_t是抗蚀剂层的厚度，V_b为以 keV 为单位的电子束高压。由此可知，前散射可以通过减小抗蚀剂层厚度和增加电子束的加速电压而减小。虽然通常情况下要尽量避免前散射,但有时也可以利用前散射来满足曝光的特殊要求,例如可以通过控制显影的时间来控制抗蚀剂层的侧壁倾斜角[51]。

2. 背散射

当电子束穿过抗蚀剂层到达衬底时,部分电子发生了大角度的散射,即背散射。这些背散射电子从衬底返回到抗蚀剂层,对抗蚀剂产生曝光作用,致使不需要曝光的区域也被曝光,从而使显影出来的图形比预期的要宽。背散射电子的散射范围主要是由电子的能量和衬底的类型决定,图 2.12 给出了三种常用材料中电子的背散射范围与电子能量的关系[52]。电子能量低,背散射电子扩展的范围小,但相对强度高;而电子能量高时,虽然扩展范围大,但相对强度低。高原子序数的衬底,背散射电子的扩展范围较小,相对强度高;低原子序数衬底,其扩展范围大,但相对强度低。低的强度对最终的曝光结果影响较小,因此,高的电子能量和低原子序数衬底,可以在一定程度上减小由于背散射而引起的邻近效应。

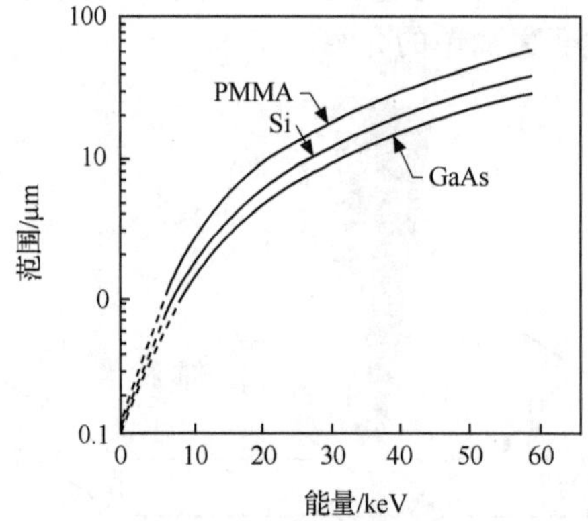

图 2.12 三种常用材料中电子的散射范围与电子能量的关系[52]

图 2.13 为一典型的电子散射 Monte Carlo 模拟结果[53],从中我们可以明显地看出,前散射和背散射范围与加速电压的关系:随着加速电压的增加,前散射范围明显地减小,而背散射范围则增加。

3. 二次电子

当电子慢慢地减速,它们大部分的能量是以二次电子的方式被释放出来,这些二次电子也参与了电子束抗蚀剂的曝光过程。利用电子和抗蚀剂相互作用模型,人们模拟计算了入射电子能量 100 keV,厚度为 100 nm 的 PMMA 中二次电子的产额及横向的扩展范围[54]。研究发现对于该体系,小于 200 eV 的二次电子占总产额的 81%,其扩展范围为小于 5 nm;小于 400 eV 的二次电子占总产额的 90%,

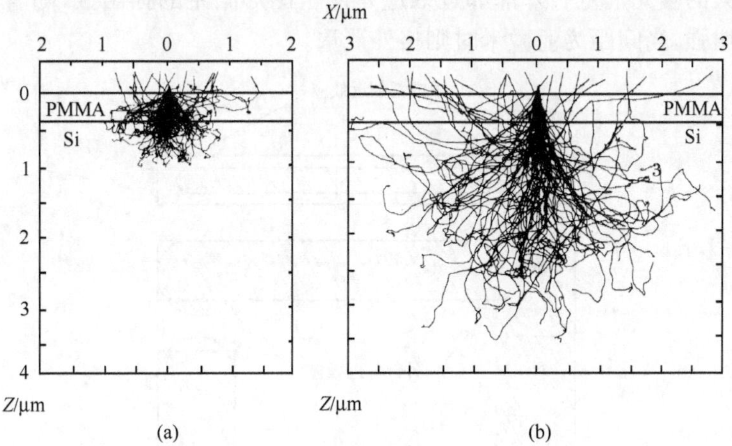

图 2.13　Monte Carlo 模拟的电子散射图谱[53]
(a)10 keV;(b)20 keV

其扩展范围小于 12 nm,这也就很好地解释了在厚度为 100 nm 的 PMMA 抗蚀剂中很难实现小于 10 nm 尺度图形制备的原因。

2.4.2　邻近效应及校正

1. 邻近效应及影响因素

电子束曝光系统是利用几千电子伏特或更高能量的束流进行曝光,其波长为零点几个埃,甚至小于 0.1 Å。电子束的分辨率虽然不受电子衍射的限制,但由于电子束的能量较大,在电子穿过抗蚀剂层进入衬底的过程中,发生了我们上述提及的散射现象。由于散射电子横向扩展的范围要比电子束束斑直径大得多(达几个微米),抗蚀剂中每个点吸收的辐射能量是直接辐射能量和周围散射能量的总和,当图形线宽和间隙小到与散射扩展范围尺寸相当时,则散射电子将对邻近图形的曝光产生严重的影响,这就是邻近效应[55]。

邻近效应可分为内部邻近效应和外部邻近效应,图 2.14 为邻近效应示意图。内部邻近效应发生在同一连续的图形中,各均匀地址点上入射相同的剂量,但该图形中各点实际接收到的剂量并不一样。例如矩形,其中心处接收到的附加剂量最强,矩形边上附加剂量为中心的一半,角上的附加剂量仅为中心附加剂量的 1/4。又如,粗线条实际接收到较强的曝光剂量,所以细线条要求更高的入射剂量才能和粗线条在相同的显影条件下显影出来。外部邻近效应发生在两个靠近的图形结构之间,邻近效应会引起两图形靠近部分膨胀,形成小桥结构,严重时两图形会连接到一起。显然,孤立的线条(外部邻近效应为零,内部邻近效应不为零)比密集的线条需要更大的曝光剂量。外部邻近效应是两个图形间距的强函数,随着图形间距的减小而增强,当间距为亚微米时则格外严重。

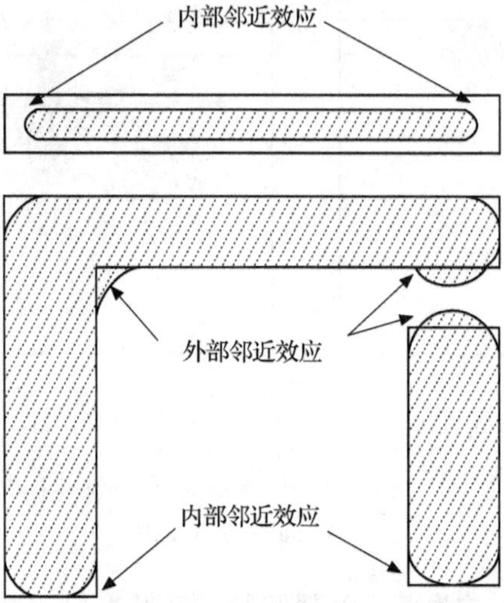

图 2.14 内部邻近效应和外部邻近效应示意图

邻近效应受以下因素的影响:

(1) 电子的能量。随能量的增加,邻近效应减弱。因此,在较厚的抗蚀剂层上生成具有平行侧壁的结构时,应使用高能量电子束。

(2) 衬底材料。对于原子序数小的材料,邻近效应减弱。因此,原子序数小的材料(如铍,原子序数为 4)尤其适合在微机电系统中作为制造掩模的衬底材料。

(3) 抗蚀剂材料及厚度。抗蚀剂材料的平均原子数目越小,抗蚀剂层越薄,邻近效应越小。

(4) 抗蚀剂的对比度。对比度越高,邻近效应越小。

邻近效应限制了图形的分辨率,同时邻近效应又是电子束曝光中必然存在的,不能制止它的产生,但可以减小和部分校正。下面就详细介绍一下邻近效应减小和校正的方法。

2. 邻近效应的减小方法

一般有三种方法用于减小邻近效应:改变入射电子束的能量;改变衬底结构;改变抗蚀剂的结构。

(1) 改变入射电子束的能量。理论上,增加入射电子束的能量,当电子束能量在 50～100 keV,甚至更高时,邻近效应会大大减小。当基底非常薄时,例如制作 X 射线掩模板,在高的电子束能量作用下,大部分电子都穿透基底而逸出,从而减少了背散射电子[56]。相反，在低能状态下，如果电子散射范围小于图形的最小尺寸时，邻近效应便可以被消除[57]，但同时抗蚀剂的厚度也要小于图形的最小尺寸，以保证抗蚀剂层能被低能电子束曝透。

(2) 改变衬底结构。衬底选用得当，也可以减小邻近效应。研究表明，在抗蚀剂与低原子序数衬底之间，用一薄层高原子序数材料作为夹层，可以降低邻近效应。有了高原子序数的材料作夹层，当电子进入衬底时受到阻滞，能量有所下降。同时，背散射电子返回到抗蚀剂层时又要经过夹层，故返回抗蚀剂层的电子数减少，所以，厚度适当的夹层就像是背散射电子的过滤器一样，减少了进入抗蚀剂层的背散射电子，从而降低了邻近效应。

(3) 改变抗蚀剂的结构。抗蚀剂的灵敏度、对比度和分辨率各不相同，运用高对比度的抗蚀剂可以减小邻近效应。同时，应用多层抗蚀剂也是减小邻近效应的一种方法。如以厚的抗蚀剂作底层，薄的电子束抗蚀剂作为顶层，将图形曝光在薄层抗蚀剂上，再利用刻蚀的方法将图形转移到下面的厚抗蚀剂层上，从而减小邻近效应的影响。

3. 邻近效应的校正技术

原则上说，邻近效应不能被完全校正，因为电子束不能直接控制未寻址区(未曝光)的散射电子曝光。但有多种方法可以对其进行部分校正。

1) 剂量校正技术

剂量校正技术是邻近效应校正中最常用的技术，既对曝光图案的不同部位分配不同的曝光剂量，从而使整体图案得到正确的曝光结果。该技术同时对前散射和背散射进行校正。

目前最常用的一种技术叫抗蚀剂曝光剂量自动协调的邻近效应校正技术(self-consist proximity effect correction technique for resist expose)，即 SPECTRE 技术[58]。这是一种对内部邻近效应和外部邻近效应都进行校正的技术，其目的是给图形的不同部位赋予不同的曝光剂量，使所有电子辐照区的各部位接收到的剂量一致，显影时各部位达到同样的显影程度。该方法一般由软件完成，软件修正主要通过 Monte Carlo 方法模拟结果和大量的试验，实测邻近图形的变形数据并进行拟合，摸索参数设置规律，实施剂量调节。但该技术需要大量的计算，同时当数据量太大及图形的尺寸太小时，该校正技术就变得比较困难。后来，人们对剂量校正技术进行了大量的研究[59-61]，包括神经网络技术也被应用于邻近效应的校正[62,63]，并且取得了很好的效果。

2) 图形尺寸的修正技术

与剂量校正相似的修正技术是图形尺寸修正技术[64,65]，即在一定的曝光、显影条件下，改变图形的尺寸，使显影后的图形达到所希望的尺寸。由于邻近效应的影响随距离的增加而呈指数衰减,因此对图形尺寸做很小的改变就可以对邻近效应起到有效的修正作用。而且各形状图形,以同样的速度曝光,在软件和硬件的实现上都比较简单。然而,该修正技术对于小尺寸图形,特别是尺寸接近系统像素量级的图形就无能为力了。

3) GHOST 技术

另一校正技术是 GHOST 技术[66],该技术的优点是不需要任何计算。如图 2.15 所示,该技术是以背向散射电子曝光强度的反剂量,采用非聚焦电子束线性扫描图形的非曝光区域,从而使整体图形拥有相同的背散射剂量。其缺点为该技术增加了额外数据的准备及曝光时间,与剂量校正技术相比,该技术只考虑到背散射的作用,而对前散射没有任何的校正。另外,该技术降低了抗蚀剂的对比度,也可能在抗蚀剂中产生缺陷。

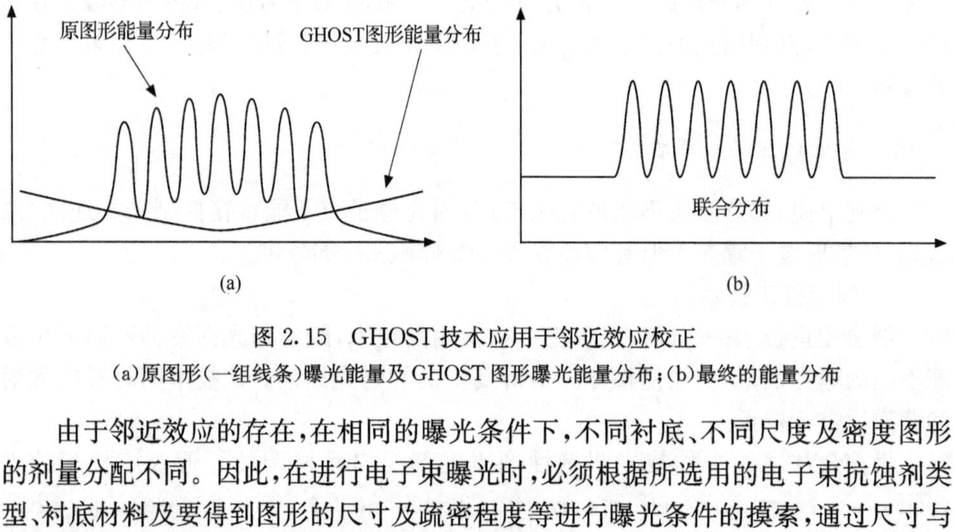

图 2.15　GHOST 技术应用于邻近效应校正

(a)原图形(一组线条)曝光能量及 GHOST 图形曝光能量分布;(b)最终的能量分布

由于邻近效应的存在,在相同的曝光条件下,不同衬底、不同尺度及密度图形的剂量分配不同。因此,在进行电子束曝光时,必须根据所选用的电子束抗蚀剂类型、衬底材料及要得到图形的尺寸及疏密程度等进行曝光条件的摸索,通过尺寸与曝光剂量之间的配合,得到自己想要的图形结构。

2.5　荷电效应及解决方法

在电子束曝光过程中,为了得到高分辨率的图形,一般需要薄抗蚀剂层(一般小于 300 nm)和高的曝光电压(30～100 keV)。因此,对抗蚀剂产生作用的电子只占整个电子束的一小部分,而其他的剩余电子都作用到了衬底上。这些剩余的电子必须被导走,否则,电子会在衬底表面积累,从而影响后续电子的路径,致使曝光图形变形,甚至根本无法实现图形的曝光。对于常用的导体或半导体衬底来说,一般不存在这个问题,多余的电子会穿过抗蚀剂层后被衬底导走。而对于绝缘衬底,这个问题就非常的严重,如果不采用特殊的方法,就无法实现在绝缘衬底上图形的曝光。在实际的应用中，有时需要在绝缘衬底上来实现纳米尺度的图形，包括传统半导体工艺中的材料 SiO_2 和 Si_3N_4，光电子材料如 GaN、蓝宝石、石英玻璃等。另外，我们刚才提到，对于导电衬底一般不存在荷电效应，但是对于厚的抗蚀剂（抗蚀剂一般不导电），或者低能电子束曝光（电子穿透深度有限）的情况下，同样会存在荷电问题。如何从设备到工艺上进行优化和创新，从而能够在绝缘衬底上实现我们需要的纳米尺度图形，是很多人关心的问题。

2.5.1　引入导电膜

为了解决绝缘衬底上曝光的荷电问题，最常用的方法便是在抗蚀剂的表面溅射或蒸发一薄层（一般 10 nm）导电的金属（如 Au、Au-Pd 合金、Ni-Cr 合金、Cr、Al、Cu 等）[67-69]。由于该导电层的存在，从而消除了荷电效应。这些金属层必须在抗蚀剂显影之前被去除，如金属 Al 可以在弱的碱液中溶解去除。在蒸发金属层时，不能采用电子束蒸发，因为电子束蒸发设备在蒸镀金属时产生的 X 射线及电子会将抗蚀剂曝光。这种方法可以解决曝光过程中的荷电效应，但引入了附加的导电金属膜。特别是金属膜去除过程，一般采用湿法腐蚀的方法，因此在选用腐蚀液的时候要考虑到抗蚀剂及衬底的性质，以免该腐蚀液对抗蚀剂和衬底产生影响。另一个方法是表面涂覆一层导电的聚合物[70-72]，该层聚合物可以采用和抗蚀剂相同的旋涂工艺实现，曝光后，采用去离子水等去除聚合物。目前商用的导电聚合物有日本 Showa Denka 公司生产的 ESPACER 系列导电聚合物，该聚合物可应用在很多常用的抗蚀剂上，如 PMMA、ZEP-520 以及多种化学放大抗蚀剂；另外，德国 Allresist 公司生产的 SX AR-PC 5000/90.1 是专门用于 PMMA 抗蚀剂上去除荷电效应的聚合物。

以上的工艺过程中，导电金属和聚合物只起到消除荷电效应的作用，而没有其他的用途。最近，人们利用 PMMA/Al 双层结构，Al 层位于绝缘衬底和抗蚀剂中间，该 Al 层的存在一方面解决了荷电问题，同时通过控制 Al 层的厚度及腐蚀条件，可以使该双层结构形成有利于剥离的底切结构[73]。图 2.16 给出了该双层结构工艺示意图及得到的底切抗蚀剂剖面。首先在绝缘衬底表面镀上一定厚度的铝膜，然后在上面涂覆 PMMA 抗蚀剂，经过曝光、显影后得到了抗蚀剂的图形。由于 Al 层起到了很好的导电层的作用，因此就从根本上解决了曝光过程中的电荷积聚问题，从而得到高质量的纳米尺度抗蚀剂图形。在得到抗蚀剂图形后，再将样品放入弱的碱性溶液（如 CD26）溶解暴露的 Al 膜，从而形成如图 2.16 所示的底切结构，这正是溶脱工艺中所需要的抗蚀剂剖面。然后再沉积金属、溶脱将抗蚀剂去除，最后用碱性溶液去除剩余的 Al 膜，从而得到所需要的金属结构。该工艺不会对衬底产生污染，而且适用性强，可以适用于多种绝缘或半导体衬底，解决了电子束曝光中荷电问题的同时，还可以形成底切结构从而有利于后续的溶脱工艺，有利于百纳米以下的金属结构的实现。这个工艺过程中的关键问题是 Al 腐蚀速率和底切长度的控制。通过对溶液浓度、温度、铝膜厚度、曝光结构宽度等条件对 Al 膜的腐蚀速度及底切长度影响的研究,优化工艺参数,在 PMMA/Al 双层结构上得到了很好的底切剖面结构,实现了纳米尺度金属结构在绝缘衬底上的制备,如图 2.17 所示,最小线宽可达 20 nm。

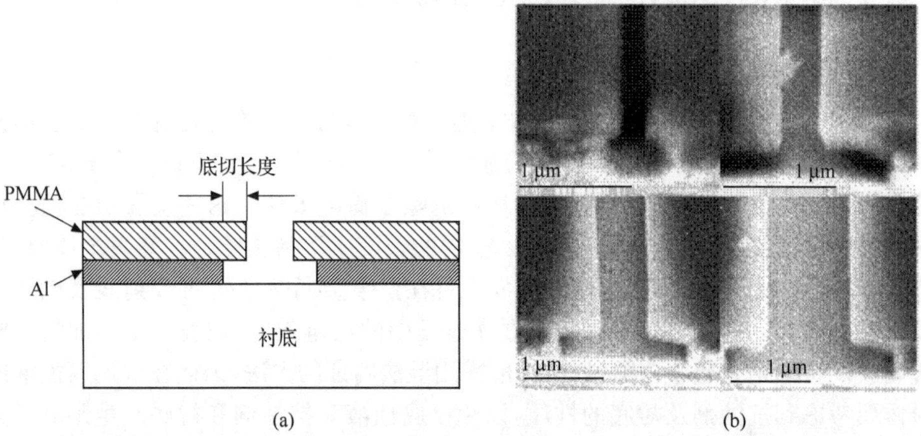

图 2.16　(a)PMMA/Al 双层结构示意图;(b)形成的底切剖面结构的扫描电镜照片

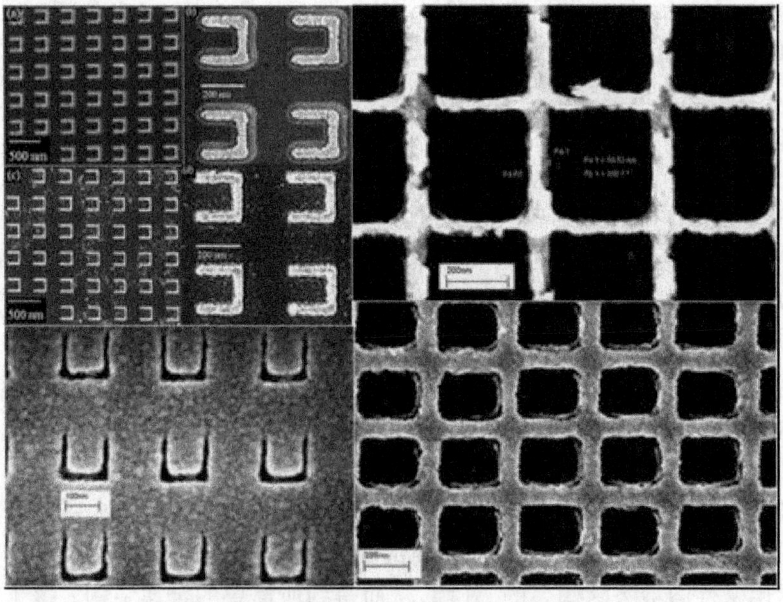

图 2.17　利用 PMMA/Al 工艺在绝缘衬底上实现的人工周期结构,最小线宽可以实现 20 nm

2.5.2　变压电子束曝光系统

变压电子束曝光系统利用变压扫描电镜的电荷平衡机制，从而抑制曝光过程中在绝缘衬底上荷电效应的发生。该曝光系统是在变压扫描电子显微镜上安装图形发生器实现的，通过在样品室内引入易被电子束辐照离化的低压气体(典型的气体有水蒸气、N、Ar、He)，使带正电的气体离子迁移到带负电的抗蚀剂表面，从而达到电荷的平衡，消除荷电效应。人们通过在环境扫描电镜上配备 NGPS 图形发生器，采用水蒸气作为低压气体，对变压电子束曝光进行了研究，发现所引入气体与电子束发生的散射对设备的曝光分辨率基本没有影响，可实现的曝光分辨率小于 20 nm[74]。这种方法可以用于不同的绝缘衬底及抗蚀剂系统上制作纳米尺度的图形，不受衬底及抗蚀剂的限制。但它需要特殊的压差抽气电子光柱体及精确的气体传送系统，因此在应用上受到很大的限制。

2.5.3　临界能量电子束曝光

那么有没有一种方法可以不需要导电层及特殊的设备，利用常用的电子束曝光系统就可以在绝缘衬底上实现曝光呢？我们知道，在电子束曝光系统中总的电子产额(σ)等于二次电子产额(δ)与背散射电子产额(η)之和，并随着加速电压而变化。对于高的加速电压，绝缘衬底上带负电荷($\sigma<1$)；但对于低能电子束，当大量的电子从表面被散射或逃逸出来而不是储存在绝缘体内时，那么样品的表面就可能带正电荷 ($\sigma>1$)。在临界能量下，电子产额会达到平衡，因此通过控制电子的能量可以减小荷电效应，从而在绝缘衬底上实现纳米尺度图形的制作，这就是临界能量电子束曝光概念提出的基础。

对于导电衬底，电流的平衡等式[75]：

$$I_B = \delta I_B + \eta I_B + I_{SC} \tag{2.2}$$

I_B为束流大小，I_{SC}为漏电流，即衬底导走电流的大小，对于绝缘衬底 $I_{SC}=0$，所以引起荷电效应多余的电荷为

$$\Delta Q = (1-\sigma) I_B \tag{2.3}$$

图 2.18 给出了一个典型的抗蚀剂上总电子产额与电子束能量的关系曲线。对于大块绝缘材料，当$\sigma<1$时，带负电荷；当$\sigma>1$时，带正电荷；当$\sigma=1$时，也就是临界能量 E_1 和 E_2 时，荷电效应最小，因此可以利用该能量在绝缘衬底上实现纳米图形的制作。该临界能量可以通过不同放大倍数扫描或方块扫描的方法获得。研究人员采用该方法，对玻璃衬底上 65 nm 厚的分子量为 950 000(950 k)的 PMMA 进行研究，发现其临界能量为 1.3 keV，曝光得到的最小线宽为 60 nm[76]。该工艺可以利用现有的曝光设备，不需要附加的工艺步骤便可以实现绝缘衬底上纳米尺度图形的制备。但缺点是：由于临界曝光能量较低，对于 950 k 的 PMMA 为

1.3 keV,电子的穿透深度有限,无法实现厚胶的曝光。同时,由于能量较低,电子的前散射严重,因此导致该工艺的曝光分辨率受限,很难实现低于 60 nm 图形的制作。

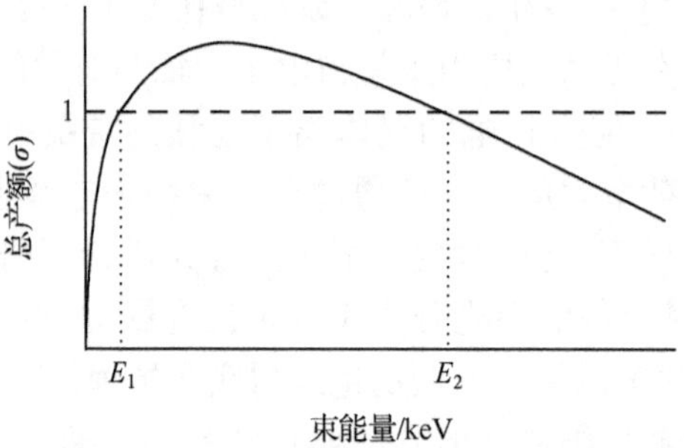

图 2.18　总电子产额与电子束能量的关系曲线[76]

2.6　三维结构的制备

通常,电子束曝光的图形主要是指一维或二维图形的制作。但在很多情况下,如一些光电器件(衍射光学元件、闪耀光栅、三维光子晶体)的应用,需要制作三维结构。目前,用于实现纳米尺度三维结构制备的方法有电子束或离子束诱导的沉积,但加工速度很慢,且受限于前驱体的类型。电子束曝光拥有高的分辨率(优于 10 nm)和较快的速率,发展利用电子束曝光实现三维纳米结构的制备有利于推动三维结构的加工效率及精度。利用电子束曝光实现三维结构主要包括两种情况:一种是在平整的衬底上实现三维结构的加工,这主要是通过工艺上的改进来实现;另一种是在具有三维结构的表面上或球体上实现图形的制备,这方面主要是通过设备上的改进来实现。下面我们将分别对这两种情况进行介绍。

2.6.1　平整衬底上三维结构的加工

利用工艺改进实现三维结构的制备主要有:①灰度曝光,也是电子束三维曝光中最常用的一种模式;②变电压曝光,该模式是利用不同曝光电压下电子穿透深度的不同而实现三维结构的曝光;③多层抗蚀剂工艺来实现三维结构。

1. 灰度曝光

灰度曝光就是利用低对比度抗蚀剂工艺,通过不同位置给定不同的曝光剂量(灰度曝光),从而实现三维抗蚀剂图形,进而通过刻蚀等方法转移到衬底上,如图 2.19 所示。图 2.20 给出了低对比度正性抗蚀剂的对比度曲线,灰度曝光正是利用抗蚀剂留膜率从 1 到 0 的这段曝光区间，通过控制不同区域给予不同的曝光剂量，从而实现不同区域留膜高度的不同，达到三维加工的目的。因此，利用灰度曝光实现三维结构的制备，要选择对比度低的抗蚀剂工艺。如果所选抗蚀剂的对比度较高，即三维加工的窗口太窄，则很难利用灰度曝光实现三维结构的制备。

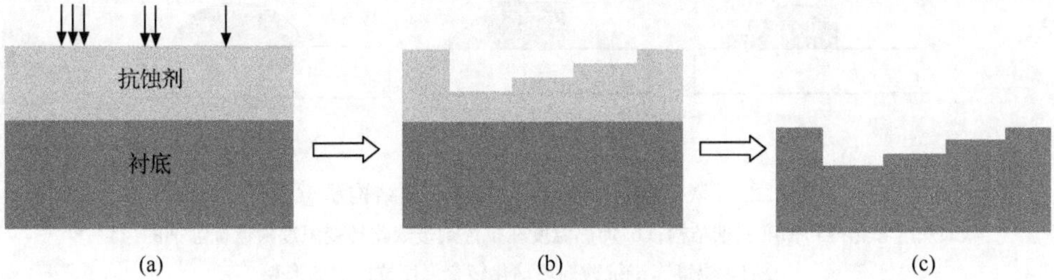

图 2.19 灰度曝光制作三维结构示意图
(a)不同剂量曝光；(b)显影；(c)刻蚀

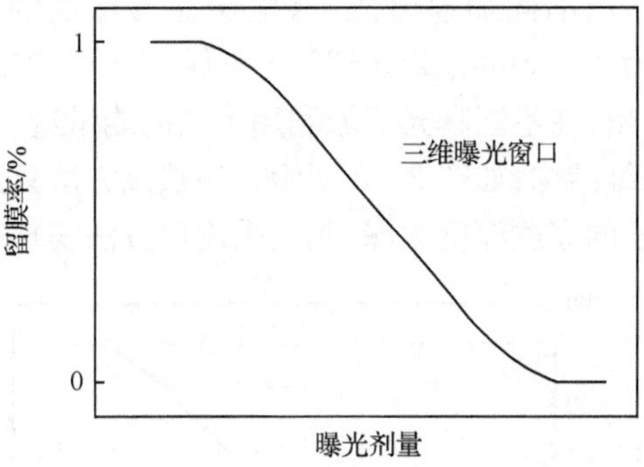

图 2.20 低对比度正性抗蚀剂的对比度曲线

利用灰度曝光实现三维结构，特别是高质量平滑的图形，并不是靠简单的剂量区分便可以实现的。由于电子散射引起的邻近效应，一般需要特殊的软件进行图形的设计。该软件需要把抗蚀剂的类型、对比度及电子的散射等因素考虑进去，通过计算将要曝光的图形分割成微小的结构单元，不同的单元辅以不同的曝光剂量。因此，该工作一般只能靠计算软件实现。现在部分电子束曝光设备厂商提供该方面的软件，如 Raith 公司。同时，也有专门的软件公司提供商用软件，如前面提到的 GenISys 公司的 Layout BEAMER 软件。通过软件设计的曝光图形，通常单元较多、数据量大，从而曝光效率也较低。

通过灰度曝光实现台阶状的结构相对比较容易，要直接实现连续变化的三维结构，如半球形，相对比较困难，需要利用软件将设计图形切割成无数的小单元，并赋予不同的曝光剂量，但计算过程耗时长，曝光速度慢。为解决这一难题，人们开发了一种新工艺[77,78],其原理如图 2.21 所示。首先采用灰度曝光的方法实现台阶状图形的制备,然后对曝光图形进行热退火。在玻璃化转变温度附近,抗蚀剂开始流动,在抗蚀剂自身表面张力的作用下,通过控制退火的温度及时间可以实现平滑的三维结构。

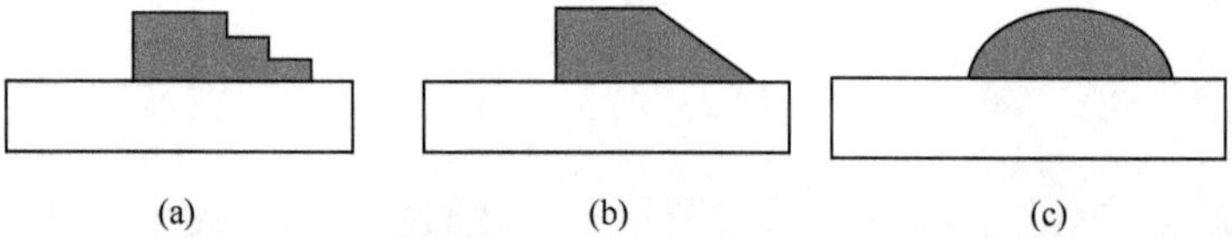

图 2.21 灰度曝光+热退火实现三维结构示意图[78]

(a)灰度曝光得到梯度三维结构;(b)加热温度在抗蚀剂玻璃化转变温度附近抗蚀剂的形貌;(c)加热温度高于抗蚀剂玻璃化转变温度抗蚀剂的形貌

2. 变电压曝光实现三维结构的制备

该方法主要是利用不同加速电压下,电子穿透深度的不同实现三维曝光。图 2.22 给出了厚度为 180 nm 的 ZEP520 抗蚀剂,电子穿透深度随电子能量变化的实验曲线。可以看出,在不同曝光区域利用不同的能量进行曝光,可以在不同区域实现深度不同的三维结构,如图 2.23 所示。当然该方法只适用于低能电子束曝光,高能的情况下电子的穿透深度太深,无法采用该方法实现三维结构的制备。

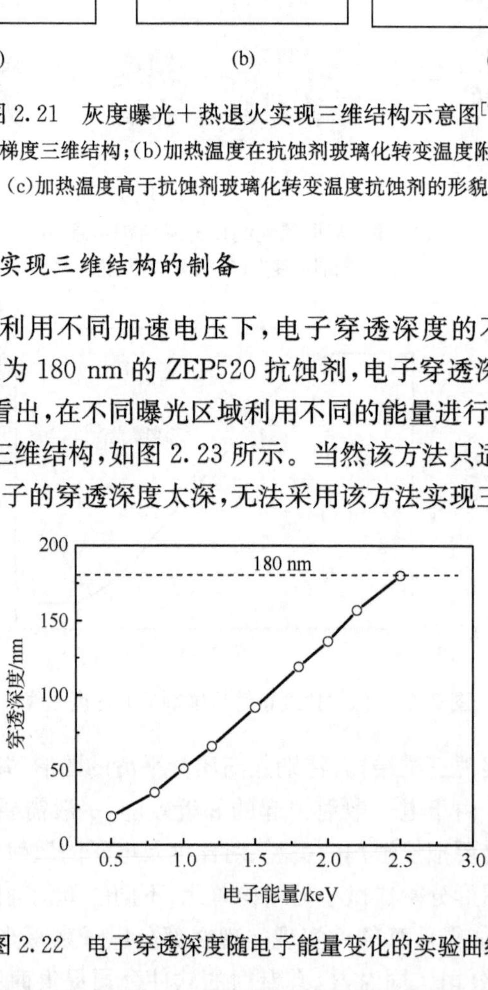

图 2.22 电子穿透深度随电子能量变化的实验曲线

经过巧妙的设计,利用变电压电子束曝光可以实现悬空的三维结构。人们利用变电压曝光技术,在负性抗蚀剂 HSQ 上实现了悬空的三维栅格结构[79]。首先,在衬底上涂覆一层 HSQ 抗蚀剂,利用低电压对其进行曝光,曝光的深度通过曝光能量来控制,曝光后再涂覆一层 HSQ 抗蚀剂,再次利用低电压对第二层抗蚀剂的顶层部分进行曝光,最后采用高的曝光能量(可以同时穿透两层抗蚀剂的能量)

进行支撑结构的曝光，经一次显影后便可以形成三维的悬空结构，如图 2.24 所示。

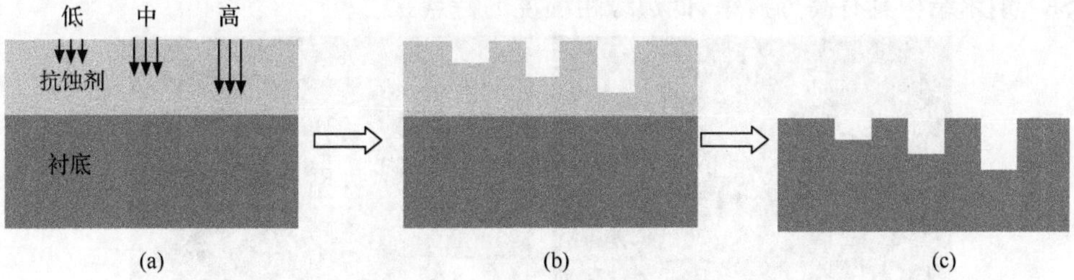

图 2.23　变电压曝光示意图

(a)不同能量曝光；(b)显影；(c)刻蚀

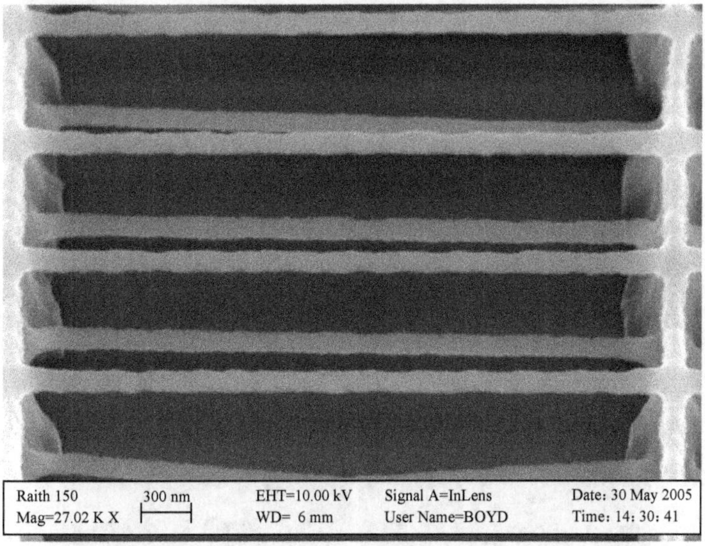

图 2.24　利用变电压曝光工艺实现的 HSQ 三维悬空结构的扫描电镜照片[79]

3. 多层抗蚀剂工艺实现三维结构的制备

利用多层抗蚀剂实现三维结构的制备主要是利用了不同抗蚀剂的性质不同(主要是灵敏度)。将灵敏度不同的电子束抗蚀剂经多次涂覆后，再对不同的曝光图形给予不同的曝光剂量，显影后在多层抗蚀剂上一次实现大面积的三维纳米结构。图 2.25 为研究者利用 PMMA 及其共聚物 P(MMA:MAA)组成的多层抗蚀剂实现的不同形貌三维树形纳米结构[80]。

同时，研究者还开发了利用图形化的 PMMA 牺牲层制备三维 SiO_x 纳米结构的新工艺[81]。首先在 PMMA 上利用曝光、显影制备纳米孔，然后涂覆 HSQ 抗蚀剂,再利用电子束曝光、显影制备顶层的 HSQ 结构,最后经过高温分解 PMMA 牺牲层,从而形成自支撑的 SiO_x 三维纳米结构(如图 2.26 所示),制备得到的三维 SiO_x 纳米结构具有高分辨率、低边缘粗糙度的特点。

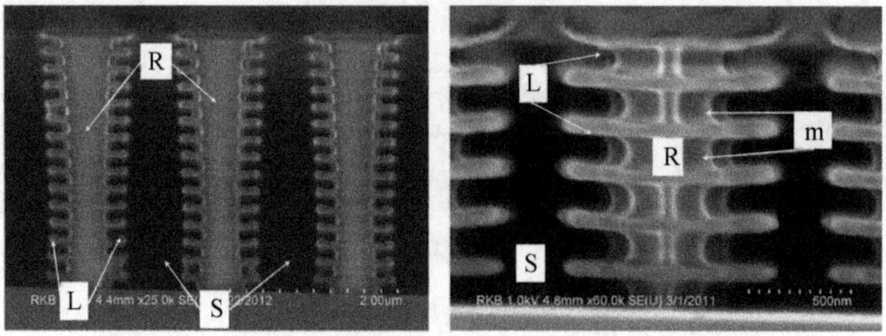

图 2.25　多层抗蚀剂制备得到的三维树形结构[80]

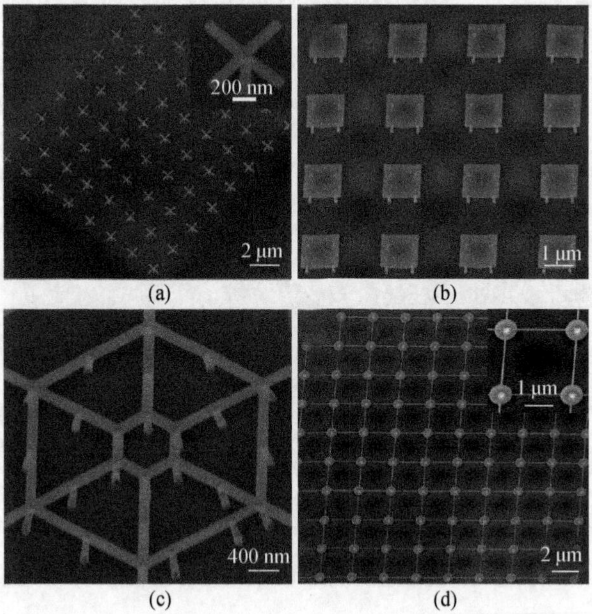

图 2.26　不同形状的自支撑的 SiO_x 三维纳米结构[81]

2.6.2　三维衬底上图形的制备

上面介绍的主要是在平整的衬底上实现三维结构的制作。另一种三维曝光是指在三维的衬底上制备图形的技术。这种技术的实现通常需要对曝光设备进行一定的改进。一种方式是在曝光系统中引入激光测高技术,利用激光高度传感调平系统,探测不同曝光区域的样品高度,通过调节聚焦高度或样品台的高度,实现在三维衬底上制作纳米结构。该方式主要针对具有三维结构的衬底上实现图形的制作，而对于在类似于球形的样品表面制备纳米结构则无能为力。为了在诸如球形的三维衬底上实现纳米结构的加工，研究人员在电子束曝光系统中引入双轴样品旋转装置[82,83]，该旋转系统可以实现样品在不同方向上的曝光，从而可以制备具有高自由度的三维纳米结构。另外，该系统还要引入高度测量系统，从而实现在倾斜的不平整表面上的聚焦。利用该系统，人们在直径为 60 μm 的 PMMA 球上制作出了纳米地球，达到 10 nm 的分辨率，如图 2.27 所示。

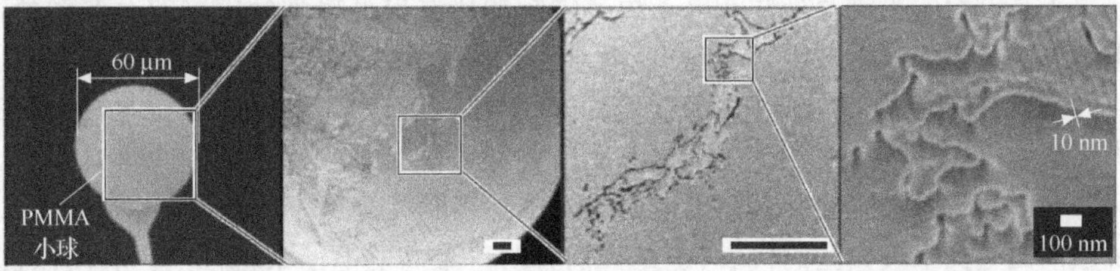

图 2.27　在直径为 60 μm 的 PMMA 球上制作出的纳米地球的扫描电镜照片[54]

另外，上面讲的主要是在抗蚀剂上实现三维结构。在实际应用中，还要控制好刻蚀条件，主要是控制抗蚀剂与衬底的刻蚀选择比，将抗蚀剂上的图形完好地转移到衬底上。关于刻蚀，我们这里不详细的介绍，感兴趣的读者可参看文献[84]。

2.7　电子束曝光分辨率

影响电子束加工设备分辨率的主要因素是电子束高斯斑直径的大小。电子束高斯斑的直径 $d_g = d_v/M^{-1}$，d_v 是电子源的有效直径，M^{-1} 为光柱体的光柱倍率。光柱体的光柱倍率可以通过光柱体内透镜组的改变而进行调节，但随着光柱倍率的增加，电子束的束流下降。

另外，由于透镜系统存在的像差，使电子束直径的确定复杂化，由球差和色差形成的弥散斑直径由下式描述：

$$d_s = C_s\alpha^3/2 \tag{2.4}$$

$$d_c = C_c\alpha D_v/V_b \tag{2.5}$$

这里 C_s 为透镜的球差因子，α 为电子束在样品上的会聚角的一半，C_c 是色差因子，D_v 为电子束能量分布，V_b 为电子束加速电压值。为了减小像差引起的电子束直径变化，可采用限制光阑，但该方法也是以牺牲束流为代价的。

前面已经提到电子的波长非常的小，10 keV 时约为 0.012 nm。虽然该波长比光波波长小得多，但对于高分辨系统，电子波长引起的衍射效应也对电子束的直径产生影响：

$$d_d = 0.6L/\alpha \tag{2.6}$$

因此,从理论上电子束的直径由各因素的均方根得到

$$d = (d_g^2 + d_s^2 + d_c^2 + d_d^2)^{1/2} \tag{2.7}$$

对于热电子源系统,影响电子束直径的主要因素是球差;而对于场发射系统,占主导地位的是色差。在大多数的系统中,采用限束光阑来提高分辨率。在可调光柱体光柱倍率的系统中,也可以增加光柱倍率来提高系统的分辨率。但这两种方法都是以牺牲束流为代价,从而降低了设备的效率。

工艺过程的改进及高性能电子束抗蚀剂的研发也是提高分辨率的有效途径。由于二次电子的散射效应,人们一直认为电子束曝光的分辨率极限在 10 nm 左右。然而,通过控制显影工艺,利用前面提到的超声显影技术及低温显影技术,人们在厚度为 60 nm 的传统抗蚀剂 PMMA 上已实现了亚 10 nm 线条图形的曝光[10,35]。另一方面,新型抗蚀剂的出现,也使人们更容易得到高分辨率的图形。其中,HSQ 抗蚀剂便是其中最典型的代表,也是目前分辨率最高的电子束抗蚀剂。利用该抗蚀剂,人们已经实现了线宽为 7 nm、周期为 14 nm 的高密度图形的曝光[85]。同时,利用 HF 对曝光、显影后的结构进行处理,亚 6 nm 的图形结构也得以实现[26]。另外,曝光过程中一些技巧的应用也有利于获得高分辨率的图形,如采用统计对准技术[86],利用电子束曝光设备在金属电极间制作出了缝隙宽度约1 nm的纳米缝隙。

在工艺开发过程中,要获得高分辨率的图形,主要应从以下几个方面考虑:①高的电子能量;②小的孔径光阑;③低束流;④小的扫描场(写场);⑤低灵敏度、高对比度的电子束抗蚀剂;⑥薄的电子束抗蚀剂层;⑦高对比度显影工艺;⑧低图形密度;⑨低密度、高导电性衬底材料;⑩稳定的工作环境(主要是震动、磁场、温度)。因此,要获得高分辨率的图形必须经过多因素的组合和工艺条件的优化。

最后,我们看一下到目前为止,直接利用电子束曝光实现的最高分辨率图形的工作[87]。该工作是利用 200 keV 球差校正 STEM 作为曝光设备,电子束的直径仅为 0.1 nm;厚度为 25～40 nm(正性图形),15～30 nm(负性图形)PMMA 抗蚀剂;5 nm 厚 SiN_x 薄膜衬底;高对比度的显影工艺(0 ℃显影)。最终在 PMMA 抗蚀剂上实现了目前最小的孤立结构 1.7±0.5 nm 以及周期为 10.7 nm 的密排结构。除了图形制备上存在难度,如何将制备的小尺度图形转移到衬底上是另一个具有挑战性的工作,他们利用该技术实现的抗蚀剂图形,采用溶脱及刻蚀两种方法分别实现了 1～3 nm AuPd 结构及 ZnO 结构的制备。

上面主要讲的是如何实现高分辨率图形的制作。当制作的图形尺寸和整体的曝光面积很大,而且曝光的精度要求不高时,可以采用大的曝光束流、低的曝光电压、高敏感度的抗蚀剂、大的写场以及小的图形文件,这有利于提高曝光速度。

参考文献

[1] 顾文琪. 电子束曝光微纳加工技术. 北京:北京工业大学出版社,2004.

[2] 吴克华．电子束扫描曝光技术．北京：宇航出版社，1985.
[3] Harriott L R, Berger S D, Biddick C, et al. Microelectron. Eng., 1997, 35: 477.
[4] Dhaliwal R S, Enichen W A, Golladay S D, et al. IBM J. R&D Advanced Semiconductor Lithography, 2001, 45: 615.
[5] Chang T H P, Mankos M, Lee K Y, et al. Microelectron. Eng., 2001, 57-58: 117.
[6] Petric P, Bevis C, Carroll A, et al. J. Vac. Sci. Technol. B, 2009, 27: 161.
[7] Freed R, Gubiotti T, Sun J, et al. Proc. of SPIE, 2012, 8323: 83230H.
[8] 崔铮．微纳米加工技术及应用．北京：高等教育出版社，2009.
[9] Yasin S, Hasko D G, Ahmed H. Appl. Phys. Lett., 2001, 78: 2760.
[10] Chen W, Ahmed H. Appl. Phys. Lett., 1993, 62: 1499.
[11] Cumming D R S, Thoms S, Beaumont S P, et al. Appl. Phys. Lett., 1996, 68: 322.
[12] Yan M, Choi S, Subramanian K R V, et al. J. Vac. Sci. Technol. B, 2008, 26: 2306.
[13] Rooks M J, Kratschmer E, Viswanathan R. J. Vac. Sci. Technol. B, 2002, 20: 2937.
[14] Thoms S, Macintyre D S, McCarthy M. Microelectron. Eng., 1998, 41-42: 207.
[15] Duan H G, Zhao J G, Zhang Y Z, et al. Nanotechnology, 2009, 20: 135306.
[16] Carbaugh D J, Pandya S G, Wright J T, et al. J. Vac. Sci. Technol. B, 2017, 35: 041602.
[17] Mohammad M A, Koshelev K, Fito T, et al. Jpn. J. Appl. Phys., 2012, 51: 06FC05
[18] Oyama T G, Oshima A, Yamamoto H, et al. Appl. Phys. Exp., 2011: 4 076501
[19] Tada T J. Electronchem. Soc., 1983, 130: 912.
[20] Nakamura K, Shy S L, Tuo C C, et al. Jpn. J. Appl. Phys., 1994, 33: 6989.
[21] Namatsu H, Yamaguchi T, Nagase M, et al. Microelectron. Eng., 1998, 41/42: 331.
[22] Namatsu H, Watanabe Y, Yanazaki K, et al. J. Vac. Sci. Technol. B, 2003, 21: 1.
[23] Driskill-Smith A A G, Katine J A, Druist D P, et al. Microelectron. Eng., 2004, 73-74: 547.
[24] Word M J, Adesida I, Berger P R. J. Vac. Sci. Technol. B, 2003, 21: L12.
[25] Henschel W, Georgiev Y M, Kurz H, et al. J. Vac. Sci. Technol. B, 2003, 21: 2018.
[26] Tiron R, Mollard L, Louveau O, et al. J. Vac. Sci. Technol. B, 2007, 25: 1147.
[27] Yang J K W, Cord B, Duan H G, et al. J. Vac. Sci. Technol. B, 2009, 27: 2622.
[28] 刘明，陈宝钦，梁俊厚，等．微电子学，2000，30：116.
[29] Kim S, Marelli B, Brenckle M A, et al. Nat. Nanotechnol., 2014, 9: 306.
[30] Bat E, Lee J, Lau U Y, et al. Nat. Commun., 2015, 6: 6654.
[31] Jiang B J, Yang J, Li C, et al. Adv. Mater. Interfaces, 2017, 1601223.
[32] Tiddi W, Elsukova A, Le H T, et al. Nano Lett., 2017, 17: 7886.
[33] Hong Y, Zhao D, Liu DL, et al. Nano Lett., 2018: 185036.
[34] Yasin S, Hasko D G, Ahmed H. Microelectron. Eng., 2002, 61-62: 745.
[35] Hu W, Sarveswaran K, Lieberman M, et al. J. Vac. Sci. Technol. B, 2004, 22: 1711.
[36] Chen Y F, Yang H F, Cui Z. Microelectron. Eng., 2006, 83: 1119.
[37] Yang H F, Jin A Z, Luo Q, et al. Microelectron. Eng., 2007, 84: 1109.
[38] Ocola L E, Stein A. J. Vac. Sci. Technol. B, 2006 24: 3061.
[39] Hasko D G, Yasin S, Mumtaz A. J. Vac. Sci. Technol. B, 2000, 18: 3441.
[40] Namatsu H, Yamazaki K, Kurihara K. Microelectron. Eng., 1999, 46: 129.
[41] Namatsu H, Yamazaki K, Kurihara K. J. Vac. Sci. Technol. B, 2000, 18: 780.

[42] Namatsu H. J. Vac. Sci. Technol. B,2000,18:3308.
[43] Wahlbrink T,Küpper D,Georgiev Y M,et al. Microelectron. Eng. ,2006,83:1124.
[44] Yu M Y,Zhao S R,Gao C Q,et al. Microsyst. Technol. ,2014,20:2185.
[45] Chen Y F,Peng K W,Cui Z. Microelectron. Eng. ,2004,73-74:278.
[46] Yang H F,Jin A Z,Luo Q,et al. Microelectron. Eng. ,2008,85:814.
[47] Grundbacher R,Youtsey C,Adesida I. Microelectron. Eng. ,1996,30:317.
[48] Chen Y,Macintyre D,Thoms S. J. Vac. Sci. Technol. B,1999,17:2507.
[49] Chen Y,Macintyre D S,Cao X. J. Vac. Sci. Technol. B,2003,21:3012.
[50] Delft F C M J M,Weterings J P,Langen-Suurling A K,et al. J. Vac. Sci. Technol. B,2000 18:3419.
[51] Hatzakis M. J. Vac. Sci. Technol. ,1975,12:1276.
[52] Brewer G. Electron-Beam Technology in Microelectronic Fabrication. Philadelphia:Academic Press,1980.
[53] Kyser D F,Viswanathan N S. J. Vac. Sci. Technol. ,1975,12:1305.
[54] Wu B,Neureuther A R. J. Vac. Sci. Technol. B,2001,19:2508.
[55] Chang F H P. J. Vac. Sci. Technol. ,1975,12:1271.
[56] Christenson K K,Viswanathan R G,John F J. J. Vac. Sci. Technol. B,1990,8:1618.
[57] Yau Y,Pease R F W,Iranmanesh A,et al. J. Vac. Sci. Technol. ,1981,19:1048.
[58] Parikh M. J. Vac. Sci. Technol. ,1978,15:931.
[59] Eisenmanm H,Waas T,Hartmann H. J. Vac. Sci. Technol. B,1993,11:2741.
[60] Harafuji H,Misaka A,Kawakita K,et al. J. Vac. Sci. Technol. B,1992,10:133.
[61] Lee S Y,He D. Microelectron. Eng. ,2003,69:47.
[62] Cummings K,Frye R,Rietman E. Appl. Phys. Lett. ,1990,57:1431.
[63] Lee S Y,Laddha J. Microelectron. Eng. ,2000,53:317.
[64] Jacob J,Lee S,McMillan J,et al. J. Vac. Sci. Technol. B,1992,10:3077.
[65] Cook B D,Lee S Y. J. Vac. Sci. Technol. B,1993,11:2762.
[66] Owen G,Rissman P. J. Appl. Phys. ,1983,54:3573.
[67] Cumming D R S,Khandaker I I,Thoms S,et al. J. Vac. Sci. Technol. B,1997,15:2859.
[68] Steingrubera R,Ferstla M,Pilzb W. Microelectron. Eng. ,2001,57-58:285.
[69] Dobisz E A,Bass R,Brandow S L,et al. Appl. Phys. Lett. ,2003,82:478.
[70] Angelopouios M,Shaw J M,Kapan R D,et al. J. Vac. Sci. Technol. B,1989,7:1519.
[71] Angelopoulos M,Patel N,Shaw J M,et al. J. Vac. Sci. Technol. B,1993,11:2794.
[72] Zhang W,Potts A,Bagnall D M,et al. Thin Solid Films,2007,515:3714.
[73] Xia X X,Yang H F,Wang Z L,et al. Microelectron. Eng. ,2007,84:1144.
[74] Myers B D,Dravid V P. Nano Lett. ,2006,6:963.
[75] Joy D C,Joy C S. Micro. ,2006,27:247.
[76] Joo J,Chow B Y,Jacobson J M. Nano Lett. ,2006,6:2021.
[77] Schleunitz A,Schift H. Microelectron. Eng. ,2011,88:2736.
[78] Schleunitz A,Schift H. J. Micromech. Microeng. ,2010,20:095002.
[79] Boyd E J,Blaikie R J. Microelectron. Eng. ,2006,83:767.
[80] Bonam R K,Hartley J G. J. Vac. Sci. Technol. B,2016,34:06k606.
[81] Li Z Q,Xiang Q,Zheng M J,et al. J. Micromech. Microeng. ,2018,28:024005.
[82] Yamazaki K,Yamaguchi T,Namatsu H. Jpn. J. Appl. Phys. ,2004,43:L1111.

[83] Yamazaki K, Namatsu H. Microelectron. Eng., 2004, 73-74: 85.
[84] Kim J, Joy D C, Lee S Y. Microelectron. Eng., 2007, 84: 2859.
[85] Yang J K W, Berggren K K. J. Vac. Sci. Technol. B, 2007, 25: 2025.
[86] Steinmann P, Weaver J M R. Appl. Phy. Lett., 2005, 86: 063104.
[87] Manfrinato V R, Stein A, Zhang L, et al. Nano Lett., 2017, 17: 4562.

习　题

1. 简述电子束曝光过程中邻近效应产生的原因及减小和校正的方法。
2. 简述如何在绝缘衬底上利用电子束曝光实现纳米尺度的图形。
3. 简述如何利用工艺的改进实现三维图形的制备。

第 3 章 聚焦离子束加工技术

聚焦离子束(focused-ion-beam, FIB)技术的基本原理与扫描电子显微镜(SEM)类似,是在电场和磁场的作用下,将离子束聚焦到亚微米甚至纳米量级,通过偏转系统和加速系统控制离子束扫描运动,实现微纳米图形的监测分析和微纳米结构的无掩模加工。FIB 采用离子源发射的离子束作为入射束,由于离子与固体相互作用可以激发二次电子与二次离子,因此 FIB 与 SEM 一样可以用于获取样品表面的形貌图像;由于离子的质量远大于电子,因此与 SEM 不同,FIB 进行聚焦通常都是采用静电透镜而不是磁透镜。高能量的离子与固体表面原子相互碰撞的过程中可以将固体原子溅射剥离,因此 FIB 最主要的功能是被用作一种直接加工微纳米结构的工具。FIB 技术主要应用于掩模板修复、电路修正、失效分析、透射电子显微镜(TEM)样品的制备、三维结构的直写、显微成像等方面。另外,在微纳电子器件、光电子器件、能源器件及生物器件的制备中也发挥了很大的作用。FIB 技术的主要优点是以纳米精度实现复杂图形的定点可设计直写加工,但较低的加工速度与较小的加工面积是 FIB 技术的不足之处,另外在加工过程中还会不可避免地引入离子注入、污染与非晶化。

3.1 聚焦离子束系统的基本组成

图 3.1 是典型的 FIB 系统的结构示意图,主要包括离子源、电子透镜、扫描电极、二次粒子探测器、多轴向移动的样品台以及真空系统等。

离子源是 FIB 系统的核心。20 世纪 70 年代初期,Levi-Setti 提出了发展质子扫描显微镜[1],Levi-Setti 等根据场离子显微镜(field ion microscope)的原理发展了气体场发射离子源(gas field ionization source, GFIS)[2-6]。GFIS 源尺寸很小,角电流密度通常只有约 1 $\mu A \cdot sr^{-1}$[7, 8],由于束流太低以及需要在超高真空和低温冷却环境下工作,很长一段时间内 GFIS 都没有得到商业化应用。

FIB 技术的真正飞速发展始于液态金属离子源(liquid metal ion source)的出现。1975 年,Krohn 等利用电流体力学原理制作出了高亮度的液态金属离子源[9],其结构与工作原理如图 3.2 所示。针型液态金属源的针尖是一个尖端直径约几微米的钨针。针尖正对着的是一提取孔径,在针尖与提取孔径间可加一外电场。同时将液态金属源储存器加热到一定的温度后,金属源液化,湿润针尖。在外加强电场下,液态金属在电场力作用下形成一个极小的泰勒锥,液态尖端的电场强

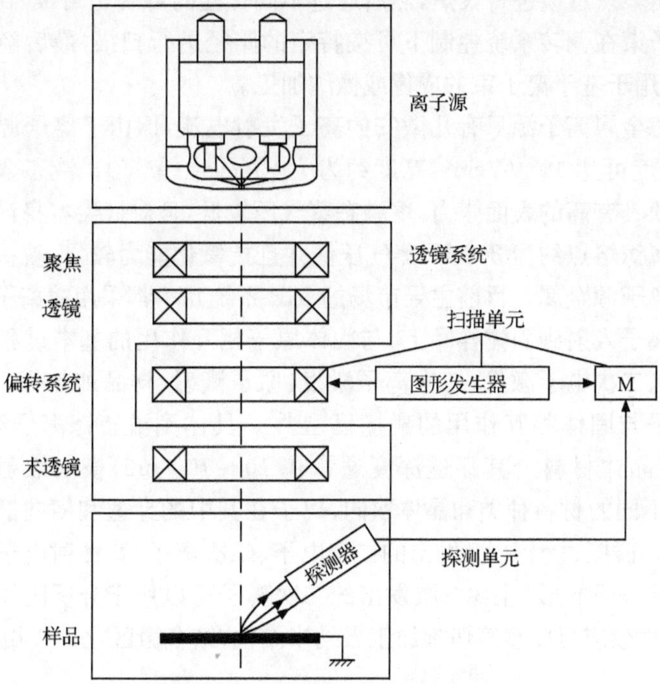

图 3.1　FIB 系统的结构示意图

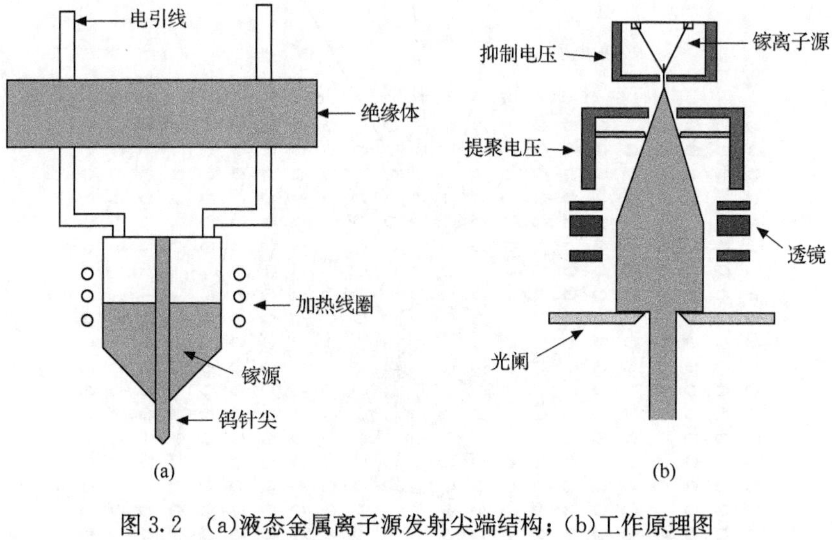

图 3.2　(a)液态金属离子源发射尖端结构；(b)工作原理图

度可高达 10^{10} V/m。在如此高的电场下，泰勒锥尖端表面的液态金属离子以场蒸发的形式逸出表面，在提取电压的作用下，形成离子流。发射出的离子经过束接收光阑限束后由聚焦透镜进行聚焦，然后通过不同孔径的可变光阑，得到束流可控的离子束。离子束在偏转系统控制下可按特定的路径进行扫描，最后经过物镜入射到样品表面，用于基于离子束的成像或微纳加工。

尽管液态金属离子源只有几微安的离子发射电流，但由于离子源的发射面积极小，电流密度可达 10^6 A/cm^2，亮度约为 10^6 A/(sr · cm^2)。液态金属离子源所用的金属必须具有高的表面张力，熔融态蒸气压较低，且对针尖本身没有腐蚀作用等特点。金属镓熔点约为 300 K、蒸气压低并且抗氧化能力较强，被认为是最合适的液态金属离子源金属。目前主导市场的 FIB 系统几乎都采用镓离子源。

高能量离子入射到固体样品上，与固体原子相互作用的基本过程包括离子散射、离子注入、二次电子激发、二次离子激发、原子溅射、样品加热等。图 3.3 为普遍接受的离子与固体相互作用的碰撞模型[10]。具体到液态镓离子源，当能量为 30 keV时，在晶体材料上其穿透深度通常在 10～100 nm，横向散射范围在 5～50 nm。对于不同的材料种类和晶体取向，离子在其中的穿透和横向散射的范围会有所差异[10]。碰撞过程中，激发出的二次电子、二次离子、背散射电子等信号可以用于获取样品表面的形貌图像；激发出的二次离子可以用于分析固体样品的元素组成；利用溅射效应可以直接切割加工微纳米结构；结合微区化学气相反应，还可以

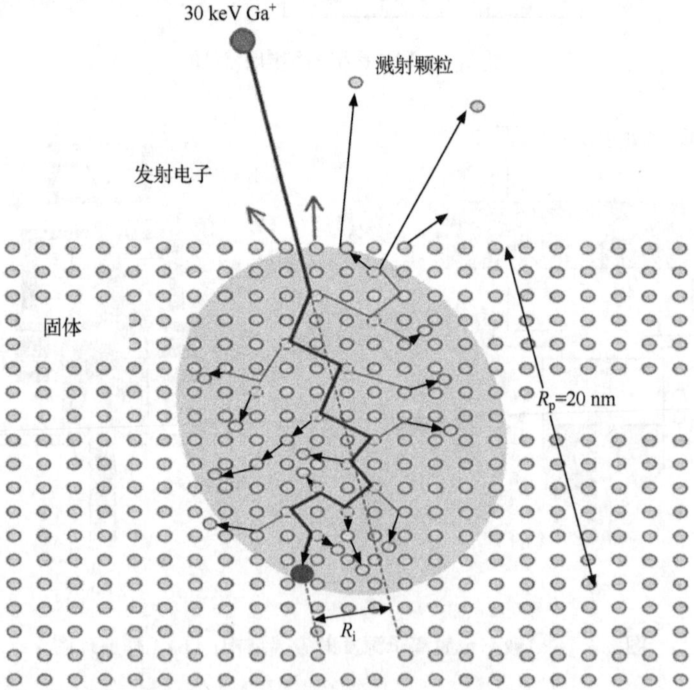

图 3.3　离子与固体的相互作用过程[10]

高精度地实现材料的定点生长沉积。总之,FIB技术以其直接灵活的特性,在微纳米结构的加工、材料分析等领域展示出了独特的优势,并得到了广泛的应用。

3.2　聚焦离子束的基本功能与原理

聚焦离子束粒子入射到固体材料表面,与材料中的原子核和电子相互作用会产生一系列的物理过程,并形成具有各种不同特征的信号。一方面,利用FIB可以直接观测样品的微观信息;另一方面,FIB可以通过溅射对材料表面进行定点刻蚀、切割与修复;而且不同的离子源注入材料中可对衬底形成掺杂,用于材料的改性、性能调制与特种器件的制作等;另外,在FIB系统中引入金属有机物气态分子源,可形成聚焦离子束诱导的纳米材料与三维结构的生长。这些功能与FIB的高分辨率、基于系统控制软件的离子束的精确扫描功能以及离子与物质相互作用产生的可探测的丰富信号相结合,已使FIB成为微纳加工不可缺少的工具,在材料、物理、化学、生物、能源等领域有着广阔的应用前景[11]。

3.2.1　离子束成像

与SEM一样,聚焦离子束也是通过偏转系统控制离子束在样品表面进行光栅式扫描,同时由信号探测器接受被激发出来的二次电子或二次离子等信号,从而得到样品表面的形貌图像。如图3.4所示[10],FIB激发的二次电子的信号强度除了与表面形貌有关外,还因样品的晶体取向及原子质量有着明显的不同。通过图3.4(a)与(b),(b)与(c),(b)与(d)的比较,可以分别看出晶体取向、原子质量和表面形貌对离子束激发的二次电子信号强度的影响。因此,FIB获得的图像比SEM获得的表面形貌图像包含更为丰富的信息。图3.5给出的样品截面图像就是一个典型的实例[10]。

离子束轰击固体样品时,不同晶体取向的材料产生信号强度各异的现象来源于通道效应(channeling effect)。对于非晶体材料,原子呈现无序排列,离子束从各个方向入射时,与原子发生碰撞散射的过程不会有明显差异。但是对于晶体材料来说,原子是按照晶格结构规则排列的,当离子束沿着低指数晶向入射时,由于这个方向原子排列相对稀疏,发生碰撞散射的概率变小,因此激发的二次电子或二次离子信号就弱,这一现象就叫作通道效应。实际上,通道效应不仅仅导致不同晶体取向的材料呈现明显的图像衬度差异,在离子束刻蚀切割材料的过程中,通道效应也会导致不同晶体取向的区域溅射效率明显不同,即刻蚀速率不同。

离子束在样品表面扫描采集图像的过程中,同时也会导致样品表面损伤、离子注入等不利的结果,因此应当尽量减少使用FIB扫描样品,必要时尽量采用低束流离子束进行图像采集。

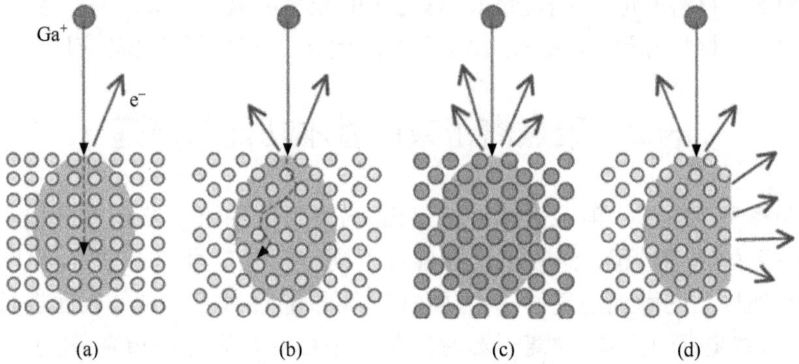

图 3.4 影响离子束激发的二次电子信号强度的各因素对比示意图[10]
(a)与(b)晶体取向;(b)与(c)原子质量;(b)与(d)表面形貌

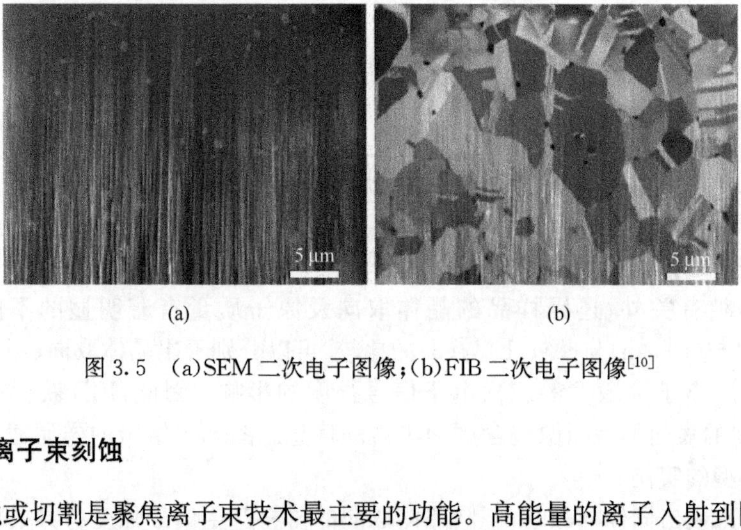

图 3.5 (a)SEM 二次电子图像;(b)FIB 二次电子图像[10]

3.2.2 离子束刻蚀

刻蚀或切割是聚焦离子束技术最主要的功能。高能量的离子入射到固体样品上,在与固体原子碰撞散射的过程中将能量传递给固体原子,这些原子获得足够的能量而逸出固体表面,这一现象就是离子束溅射过程。FIB 通过偏转系统控制离子束的扫描路径与扫描区域,从而按照设定的图案刻蚀出设计的结构。目前的设备大都具备强大的图形化功能,可以根据需要编辑刻蚀各种复杂的图案。基本的图形单元有点、直线、长方形、圆形、圆环等,也可以通过特殊的软件将任意的图形文件转换成 FIB 系统能够识别的文件格式,图 3.6 所示为利用 FIB 在金刚石薄膜上刻蚀的中国科学院物理研究所的所标。

图 3.7 给出了 FIB 刻蚀单个点的剖面形貌示意图。FIB 在样品上刻蚀单个点时,碰撞散射的作用区域和颗粒逸出的方向等因素决定了最终形成的图形结构的侧壁不可能达到完全陡直的 90°。在刻蚀深宽比较大的结构,这一点会表现得更加

明显。当宽度一定，刻蚀到某个深度后，溅射的原子不再能够逸出样品表面，因此 FIB 刻蚀存在深宽比极限。对于不同的材料，由于溅射出的颗粒逸出样品表面的难易程度不同，从而导致对于不同的材料，利用 FIB 所能加工的图形的深宽比极限也不尽相同。但通过离子束扫描路径、扫描参数以及图形刻蚀扫描顺序的优化，可以提高所获得的图形结构质量。例如，在刻蚀加工多个图形时，通常采用并行扫描模式会比采用串行模式得到的图形一致性要好。另外，具体到单个图形的形貌，采用回旋矢量扫描(meander scanning)比采用光栅扫描(raster scanning)方式所获得的对称性要好。

图 3.6　利用 FIB 在金刚石薄膜上刻蚀的中国科学院物理研究所的所标

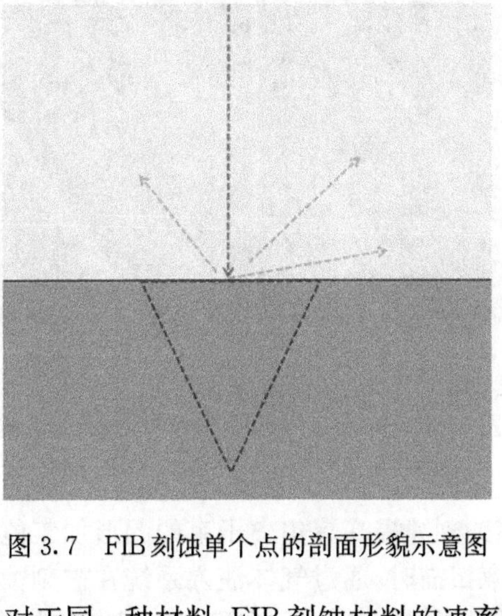

图 3.7　FIB 刻蚀单个点的剖面形貌示意图

在相同的能量下，对于同一种材料，FIB 刻蚀材料的速率取决于单位时间内参与作用的离子的数量，即离子束流的大小，离子束流越大，刻蚀速度越快。离子束在聚焦时,由于离子之间的相互排斥,聚焦后的束斑大小与束流大小相关,离子束流越大,束斑也越大,束斑的大小决定了刻蚀的精度。因此,在刻蚀结构时,我们需要综合考虑结构的精度要求和工作效率,选择合适的束流。

不同的材料具有不同的刻蚀速率,同一组分的晶体材料,由于晶体取向不同,也可能因通道效应导致刻蚀速率不同。对于化合物材料,在刻蚀的过程中,如果离子束的能量导致化合物发生分解,由于分解后的物质逸出样品表面的能力各不相同,也可能导致刻蚀的不均匀性。典型的例子是刻蚀 InP 材料时,会在刻蚀后的表面留下大量的富含 P 的小岛。

在刻蚀的过程中,溅射逸出的颗粒大部分被真空泵抽走,但有部分会掉落在被刻蚀区域附近,这一过程被称为再沉积(re-deposition)。再沉积会对邻近的结构形成填埋,因此在刻蚀多个相邻结构时,通常采用并行的模式,以减小再沉积的影响。如果由于某些原因不能采用并行模式刻蚀,则应遵循最后刻蚀最小图形的原则(small-last),以满足精细结构的要求为主。图 3.8 显示了刻蚀中间沟道的先后顺序不同导致的不同结果[12]。其中,图 3.8(a)为先加工中间的沟道,然后刻蚀左右两个方框结构所得到的图形,可以看出后续加工过程使先加工的中间图形的边缘与底部变得比较模糊;图 3.8(b)给出的则为先加工两边图形,后加工中间的沟道的结果,沟道的边缘轮廓与底部均清晰可见。表明再沉积确实是一个不容忽视的问题。

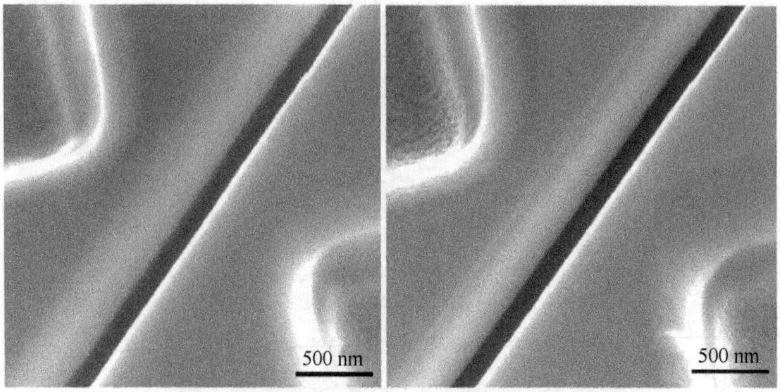

(a) (b)

图 3.8 FIB 图形加工顺序对刻蚀结果的影响

(a)先加工中间的沟道;(b)后加工中间的沟道[12]

此外,可以通过辅助刻蚀提高聚焦离子束的图形加工能力。聚焦离子束辅助刻蚀工艺是指在离子束扫描时,通过气体注入系统在被刻蚀样品表面通入少量活性气体,这些气体分子吸附在样品表面,在聚焦离子束轰击样品时与固体样品材料发生化学反应,生成易挥发性的产物,更容易逸出样品表面,从而达到增强刻蚀的目的。气体辅助刻蚀只是在离子束轰击的局部区域与溅射产物发生化学反应，注入的气体对其他区域的影响非常小。

聚焦离子束系统上使用的辅助气体注入系统(GIS)的结构如图3.9所示。一般情况下，前驱体辅助气体源分别装在几个管状容器内，使用时通过毛细管诱导至样品表面。通常毛细管的尖端距离样品表面的高度为100～200 μm，距离子束扫描区域的横向距离约100 μm。

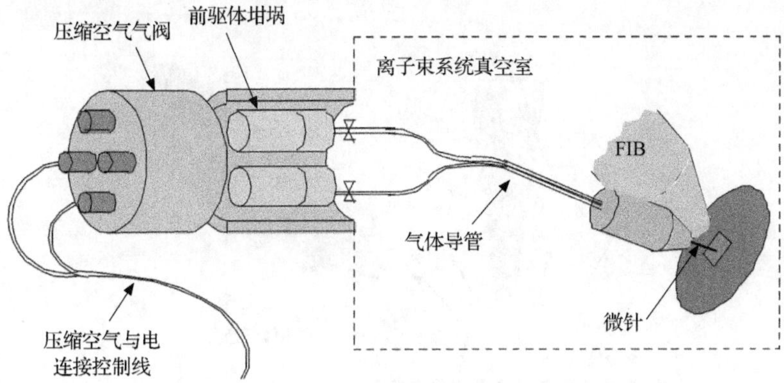

图3.9　气体注入系统

气体辅助刻蚀可以大大提高刻蚀速率，减少再沉积，提高FIB刻蚀材料的深宽比极限。另外，气体辅助刻蚀是有选择性的，某些气体只对某些特定的材料有效，例如，通常用I_2来辅助刻蚀硅、铝，用XeF_2来辅助刻蚀氧化硅，用H_2O来辅助刻蚀碳基材料等。气体辅助刻蚀的选择性在某些应用中体现出了明显的优势，例如，集成电路芯片修复和失效分析中，可以选择性地去除某种材料，完好地保留其他材料。图3.10是使用XeF_2对集成电路芯片进行增强刻蚀的效果图，可以清楚地看到SiO_2被刻蚀去除干净，而Al互连线结构则基本完好地保留下来。

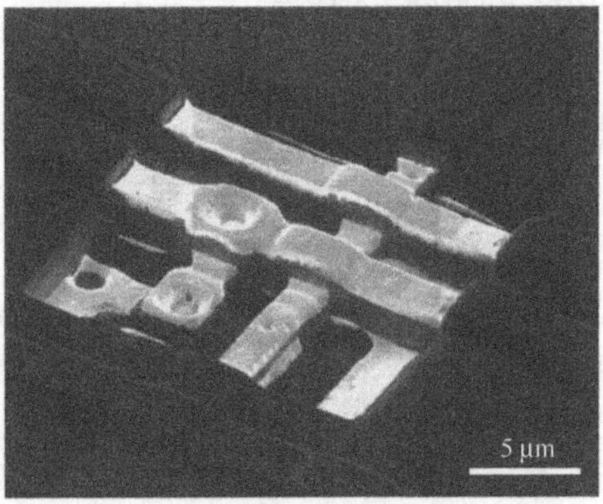

图3.10　气体辅助刻蚀集成电路芯片

3.2.3 离子束辅助沉积

聚焦离子束辅助沉积实际上是利用高能量的离子束辐照诱导特定区域发生化学气相沉积反应，有时也被称为离子束诱导沉积。其原理如图 3.11 所示，通过 GIS 将气相反应前驱物喷射吸附到固体样品表面，同时聚焦离子束对设定的图形区域进行扫描，气相前驱物受到离子束辐照而发生分解，从而在样品表面沉积所需的材料。

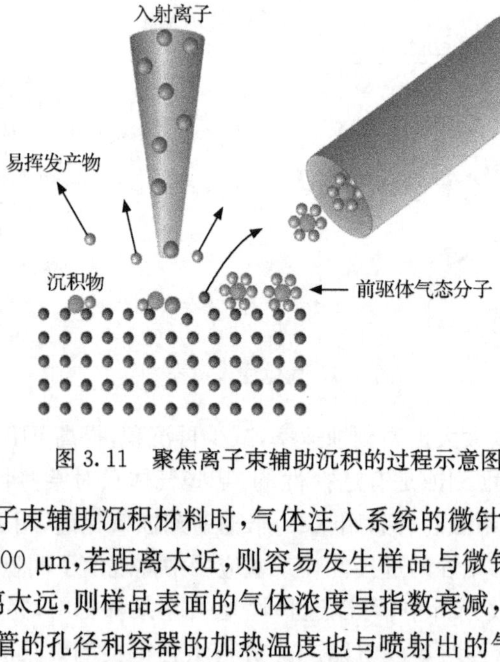

图 3.11 聚焦离子束辅助沉积的过程示意图

利用聚焦离子束辅助沉积材料时，气体注入系统的微针管距离样品表面的距离通常在 100～200 μm，若距离太近，则容易发生样品与微针管碰撞，损坏样品和仪器设备；若距离太远，则样品表面的气体浓度呈指数衰减，不利于气体的吸附和材料生长。微针管的孔径和容器的加热温度也与喷射出的气体浓度有关，这些影响因素可以在设备调试时保持相对稳定。离子束诱导的化学气相沉积过程中材料的生长速率可用如下的生长动力学方程表示：

$$R = V_{\text{molecule}} N\sigma J = V_{\text{molecule}} N_0 \frac{\frac{gF}{N_0}\sigma J}{\frac{gF}{N_0} + \sigma J + \frac{1}{\tau}} \tag{3.1}$$

其中，$V_{\text{molecule}}(\text{cm}^3)$ 是所沉积的材料的体积，$N(\text{cm}^{-2})$是前驱体分子在衬底上的覆盖率，$\sigma(E)(\text{cm}^2)$是前驱体气体分子的分解横截面积，J 是有效的离子流密度$(\text{s}^{-1}\text{cm}^{-2})$，$g$ 是前驱体气体分子的吸附因子，$F(\text{cm}^{-2}\text{s}^{-1})$ 是到达衬底表面的前驱体气体分子流量，N_0是衬底表面上的单层有效吸附点密度，由衬底材料所决定，$\tau(\text{s})$是前驱体气体分子在衬底上的驻留时间。由此 N 可表示为

$$N = N_0 \left(\frac{\frac{gF}{N_0}}{\frac{gF}{N_0} + \sigma J + \frac{1}{\tau}} \right) \tag{3.2}$$

从(3.2)式可知，沉积速率主要由两个因素决定，并可以分为两个区间：①离子流受限区间，即满足 $\frac{gF}{N_0} \gg \sigma J$，$R = V_{\text{molecule}} N_0 \sigma J \propto J$ 时，材料沉积速率与前驱体气体分子可提供的速率无关；②前驱体气体分子受限区间，即满足 $\frac{gF}{N_0} \ll \sigma J$，$R = V_{\text{molecule}} gF \propto c$ 时，沉积速率与离子流密度无关。可见，聚焦离子束诱导化学气相沉积的反应过程受离子束流大小、扫描区域尺寸、扫描速率、前驱体气体分子的供应速率以及衬底等因素的影响。由于辅助沉积的过程中，离子束不断地轰击样品表面，刻蚀与沉积的过程并存，需要选择合适的参数才能实现材料的有效沉积。图 3.12 给出了沉积 Pt 时束流密度与沉积速率的关系曲线。束流密度过高，则刻蚀的作用处于竞争优势，不能实现有效的材料生长，基体材料甚至被刻蚀去除；束流密度过低，则吸附的气体分子分解不完全，沉积材料中的 C 等杂质含量较高。当然，对于不同的系统以及同一个系统不同的调试状态，束流密度的具体数值会有一定差异，但是变化趋势是相同的。因此，聚焦离子束沉积时，需要根据所加工的图形尺寸选取合适的离子束流，并调整好气体注入系统微针与离子束扫描区域间的距离。尤其是在沉积百纳米以下的图形时，需要选取较小的离子束流并重点优化气体注入系统的微针位置。

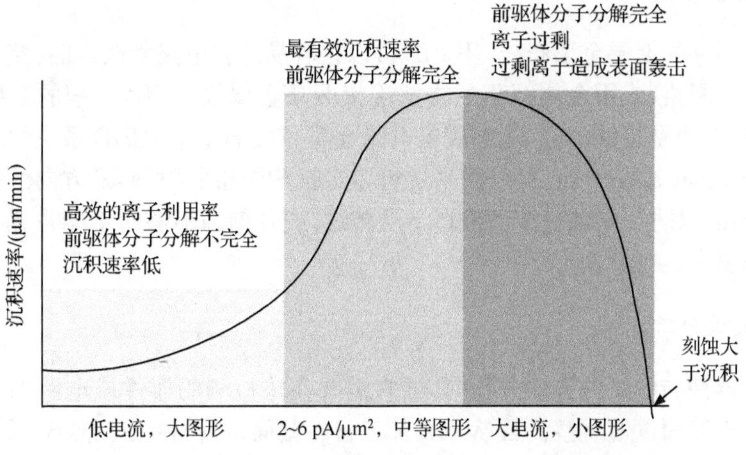

图 3.12　聚焦离子束辅助沉积 Pt 的束流密度与沉积速率的关系

在实际应用中，沉积的材料通常是金属和绝缘体，其中金属材料主要有铂(Pt)、钨(W)、金(Au)、钴(Co)等，绝缘体是氧化硅(SiO_x)，还有非晶碳(C)等。

另外,由于 Ga 离子轰击时会有部分在沉积材料中驻留,因此沉积得到的材料中会有一定含量的 Ga 存在。

3.2.4 FIB 的传统应用

利用上面介绍的 FIB 刻蚀与沉积功能,聚焦离子束可以直接构筑微纳米尺度的结构,用于金属连线与切割、绝缘隔离层沉积、刻蚀保护层等,在微纳米电子原型器件制作、集成电路芯片修复调试等领域得到广泛应用,以其直接灵活的优势显示出了强大的功能。FIB 传统的应用主要体现在以下几个方面。

1. 掩模板修复

掩模板是要求能被多次重复使用的光刻图形阵列,所以对掩模上缺陷的及时修复是很有必要的。修复缺陷是用离子束直接溅射去除多余的材料,或者在某处沉积上缺少的材料。光刻掩模板通常是在石英或玻璃上有一层约 0.15 μm 厚的铬,当要去除多余的部分时,为了尽量减小掩模修复时造成的对透光率的影响,常常使用增强刻蚀,如 XeF_2 等。修复的边缘与设计的边缘相差要小于 0.1 μm。相比于激光修复,FIB 的主要优点在于精度高,可以达到约 10 nm 的分辨率。成功的修复要求:对掩模板的尺寸、形状和位置都要很好地匹配;不影响掩模板的透射率;尽量减小对周围无缺陷处的影响;而且修复必须是长效耐用的。还需要注意的是,缺陷修复后的材料厚度与原材料的厚度相差不能超过±5%。

2. 电路修复

对于器件的上层金属布线,用 FIB 可以很容易地将电路修改,如直接切割某条金属线使之断路,或用金属沉积的方法连接两条金属线。FIB 沉积的金属作为电路连接,其电阻是足够小的,能够满足电路金属布线的要求。FIB 系统的终点探测功能(end point detection)可以用来进行鉴定被刻蚀层的材料,Z 方向的探测精度可达 20 nm,以防止刻蚀过深而破坏下层布线,或者刻蚀不够而不能将感兴趣的布线层暴露出来。

3. 失效分析

进行器件与电路的失效分析时,通常需要在待检测的器件或电路的某个特定位置加工出截面以便观察。虽然 FIB 加工材料截面时,材料去除效率很低,每分钟 10~100 μm^3,但还是要比研磨抛光技术的效率高很多,而且重复性好,可精确定位,对加工区域以外的大部分电路区域破坏性小。使用 FIB 制作一个10 μm×10 μm 大小、深 10 μm 的截面只需十几分钟,效率明显高于机械研磨方法。此外,均匀性和器件内不同材料层的质量是 IC 分析指标的重要参照标准。FIB 可以用对不同材料有不同刻蚀速率的选择性化学刻蚀技术来增强不同材料间的对比度，从而可以提供更多的信息。失效分析中还常常会修改下层金属，由于需要考虑到不能与上层金属短路，所以操作上相对比较困难。常用的方法是：选定一个样品位置，在电路板上刻蚀一个面积约为 2 μm×2 μm、深几微米的孔达到下层金属布线层，然后用 FIB 沉积绝缘材料以保护暴露出来的金属线，最后在沉积的绝缘层上二次打开一个 1 μm×1 μm 的孔，用 FIB 沉积金属使下层金属布线层与上层金属布线层或表层电极相连接。这个过程需要非常精确的刻蚀和沉积控制。

4. TEM 样品制备

传统制备 TEM 样品的技术包括机械切割、抛光、减薄和离子束轰击等步骤，加工周期很长，通常需要几小时。而且有些样品内成分复杂，在机械加工过程中由于应力等原因很难一次成功。相比 FIB 制备 TEM 样品，传统的方法不仅效率低，更重要的是不能精确地在感兴趣的局域位置上制备出 TEM 样品。利用 FIB 加工 TEM 样品，通常包括以下几个步骤：①用电子束观察样品，选择欲加工区域；②在样品两边各 10 μm 处加工标记，用作加工过程中的定位记号，在样品表面沉积约 1 μm厚的 Pt，避免样品在离子束加工过程中受到破坏；③在标记沿线的两侧用大束流(5000 pA)做楔行刻蚀，并逐渐切换至小束流(100 pA)，一步步向中间夹挤，刻蚀至样品厚度小于 800 nm；④倾转样品台，使之与离子束间的夹角为 45°，即与电子束夹角为 7°处，切削 TEM 样品下边缘及两侧，使之与周围样片的连接断开，以便最后取出，但需留下约 1 μm 的宽度与样品衔接，以备继续加工；⑤转回样品至与离子束垂直方向，或微调整样品继续减薄至约 150 nm 厚；⑥最后切断两侧与块材材料相连接的部位，如图 3.13 所示。将加工的薄片取出并放于 TEM 网栅上，就可获得完整的 TEM 样品。

图 3.13　聚焦离子束加工的 TEM 样品

此外,为实现 FIB 加工过程中的原位检测与原位操纵,还可以在真空室内安装多根金属探针,利用压电陶瓷控制探针的精确位移,可实现纳米尺度的局域测量与操纵,如图 3.14 所示。

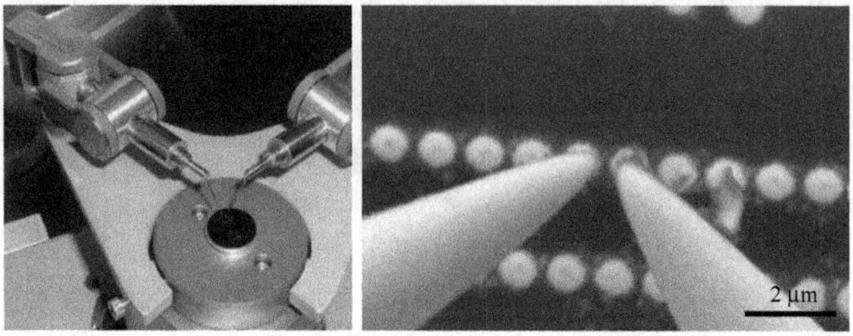

(a) (b)

图 3.14 (a)原位测量与操纵系统;(b)双探针测量电特性

3.3 聚焦离子束的三维纳米加工

3.3.1 FIB 刻蚀加工三维结构

实现具有广泛应用前景的三维纳米结构,如三维光子晶体、菲涅耳透镜以及浸没透镜等,已成为人们关心的热点[13-15]。研究表明,聚焦离子束刻蚀技术在加工三维光学微纳米结构方面具有独特优势[16,17],尤其是在最近发展起来的金刚石浸没透镜单光子源结构的加工方面。

金刚石中某些色心的自旋态可用作量子比特存储信息并进行光读取,具有室温可用的稳定的光发射特性,是最具有应用前景的量子信息载体。然而金刚石的高折射率性质使得其中色心辐射的大多数光子被反射回材料体内,因而无法被充分利用。由于金刚石的高硬度、高折射率及弱导电性,因此采用常规的微加工方法制备基于金刚石材料的光学耦合器件时,遇到了种种困难。一种基于聚焦离子束技术的金刚石半球透镜单光子源结构的加工方法,其加工流程如图 3.15 所示。通过衬底上标记的制备、NV 色心位置的精确定位、金刚石衬底表面导电金属层的沉积、聚焦离子束在特定位置上半球透镜的刻蚀以及半球透镜表面非晶层的去除,可获得高性能的金刚石浸没透镜单光子源结构。

金刚石衬底上标记的制备一般可采用聚焦离子束直写刻蚀或沉积,或采用光学曝光制备光刻胶掩模图形,然后采用金属沉积与溶脱工艺获得定位标记。NV 色心位置的精确定位主要是采用激光扫描共聚焦荧光显微镜进行,从金刚石表面往下逐层扫描找到单个独立 NV 色心的位置。金刚石表面金属层的制备主要是为

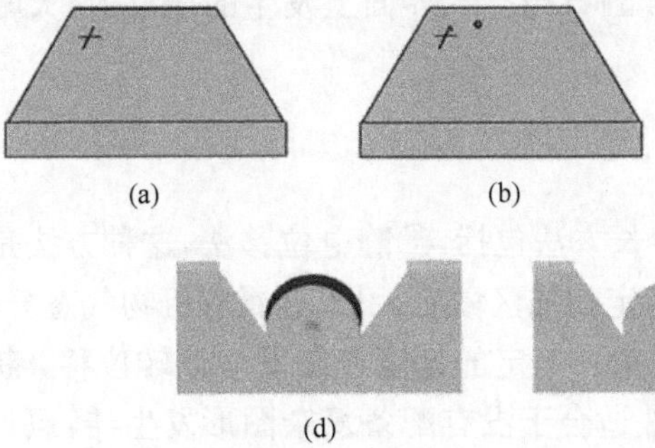

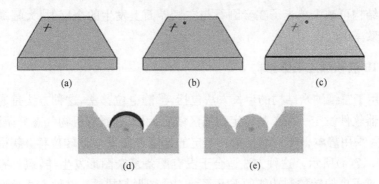

图 3.15　基于聚焦离子束刻蚀的金刚石衬底上半球微透镜结构的加工流程

(a)对准标记的制备；(b)NV 色心位置的精确定位；(c)导电金属层的沉积；

(d)FIB 刻蚀半球透镜；(e)非晶层的去除

了克服由于金刚石较差的导电性引起的电荷积聚效应(charging effect)。

半球透镜的刻蚀中，需要以确定好的 NV 色心的位置为球心，以其距离金刚石表面的深度为半径，采用圆环刻蚀的方式，进行聚焦离子束扫描刻蚀。一种是采用半径依次缩小的叠加同心环法，即加工过程中固定圆环中心位置，每次刻蚀单个圆环并逐渐缩小圆环内外半径，如图 3.16(a)所示。另一种是半径依次缩小对称错开叠加法，即加工过程中，设计按中心对称叠加的多个圆环，每次刻蚀将环心错开并逐渐同步缩小所有圆环内径，如图 3.16(b)所示。图 3.16 (c)是采用大束流离子流逐渐进行“粗”刻蚀并采用小束流进行“精修”得到的半球透镜。

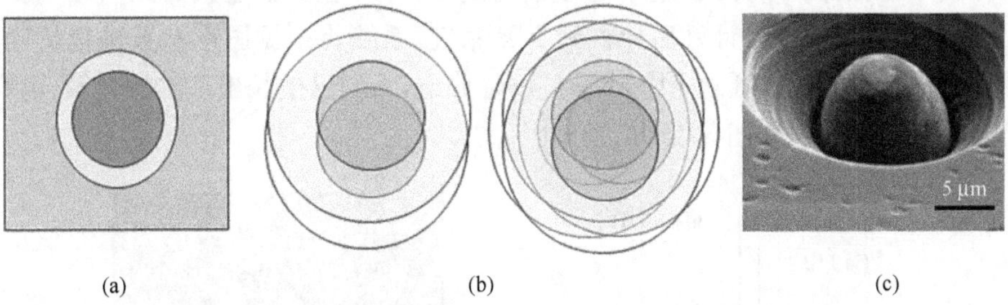

图 3.16　FIB 刻蚀半球的图形设计方法及所加工的金刚石半球结构

(a) 半径依次缩小的叠加同心环法；(b) 半径依次缩小对称错开叠加法；

(c) 半径为 5 μm 的金刚石半球透镜的 SEM 图

由于聚焦离子束刻蚀过程中不可避免地引入损伤层，因此，加工成型的半球透镜结构需要做表面去非晶化损伤处理。处理方式包括干法刻蚀与湿法腐蚀，如在 O_2 与 CHF_3 气氛中进行等离子体刻蚀表面处理，或将刻有半球透镜的金刚石置于高氯酸∶浓硫酸∶浓硝酸(体积比)为 1∶1∶1 的混合溶液中进行湿法腐蚀。这种以金刚石中 NV 色心为球心，用聚焦离子束刻蚀半球透镜的方法，其优点在于所加工的图形结构可减少单光子在金刚石与空气界面上发生的全反射,大幅提高单光子的接收效率。

3.3.2　FIB 沉积加工三维结构

FIB 用于三维纳米结构的生长方法包括:①静电位移法,这种方法是通过设备图形发生器软件设定一简单的特定扫描区域后,引入金属有机物气态分子源,开始 FIB 扫描并采用静电偏压对离子束以一定的速度连续发生偏转位移,获得三维结构,如图 3.17(a)所示。这种方法适合于没有配备复杂图形发生器,但具有精确的直流偏压离子束偏转控制功能的 FIB 系统。②图形扫描法,这种方法是通过设备的图形发生器软件生成复杂的离子束扫描图形组,并单独设定每一图形的具体位置与扫描时间,然后引入金属有机物气态分子源,开始 FIB 扫描生长三维结构。③精确控制样品台位移法,这一方法中,首先利用设备的图形发生器软件生成单个离子束扫描图形区域,而三维结构的生成是通过样品台的移动来实现的。

离子束诱导材料沉积中,当离子束垂直入射到样品表面且在某一特定区域($x\times y$)重复扫描时,获得的是垂直于样品表面的纳米结构。如果此后采用静电位移法,将离子束沿 X 轴平移 Δr 并维持扫描时间为 Δt,在 Δt 内,材料将在前一时间内在 X 与 Z 轴方向上的沉积层上堆积。重复这种位移,会获得倾斜角度为 θ 的三维纳米结构。在特定的生长条件下,对于较小的 $\Delta r/\Delta t$,$(90°-\theta)$与 $1/\Delta t$ 呈简单的线性关系[18]。图形扫描法用于三维纳米结构的生长更具有实际应用价值,通过精确的离子束扫描图形、方式、速率等参数的设计,可以生长出复杂的几何结构。扫描图形可以通过软件设计好后导入到 FIB 系统,系统将根据图形参数进行精确的扫描。利用这一方法,通过 FIB 分解 $C_{14}H_{10}$ 分子,人们已生长出三维的弹簧、电容、电感和电阻等元件,如图 3.17(b)所示[19]。

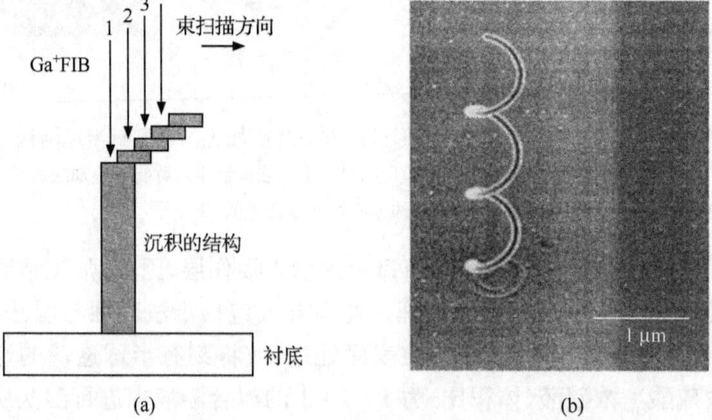

图 3.17　(a)三维纳米结构的静电位移法加工示意图;(b)FIB 沉积加工的纳米弹簧[19]

3.3.3 FIB 辐照加工三维结构

在带电粒子流的辐照下，材料的表面能、晶格结构会有所改变。纳米材料与体材料相比，具有大的比表面积，因此带电粒子流的辐照对其影响将比体材料更显著。另一方面，聚焦离子束具有加工跨尺度结构与器件的能力，且扫描区域、辐照剂量、辐照能量等辐照参数灵活可调。因此，聚焦离子束辐照在纳米材料操纵应用上很有潜力，尤其是在三维纳米结构与器件的加工方面[20]。

聚焦离子束与物质相互作用下会产生溅射、注入等效应，导致材料中产生空位缺陷、局域非晶化等现象，这些现象引起了材料晶格结构、杨氏模量、表面能的改变。在材料表面引入一定的应力，当离子束辐照在薄膜中引入的空位缺陷占主导地位时，材料表面出现张应力；而当离子束辐照引起的非晶化占主导地位时，材料表面表现出压应力，如图 3.18 所示[21]。应力的类型与材料的类型、特征尺寸以及离子束辐照参数相关，而应力的大小则主要依靠离子束能量、剂量进行调控。一般而言，离子束能量、剂量越大，产生的溅射效应就越明显，应力也就越大。对于一维纳米线或者二维纳米薄膜来说，材料表面的应力会使其产生形变，例如纳米线在离子束辐照下产生在二维平面内的形变，而平面纳米薄膜会产生向三维方向的弯曲或折叠。当离子束辐照在材料表面引入的应力为张应力时，材料向离子束入射方向产生形变；而当离子束辐照引入压应力时，则产生背向离子束入射方向的形变。由于离子束辐照在金属、介质以及半导体中均会引入应力，因此这种加工方法可以形成多种材料的折叠/弯曲三维纳米结构。

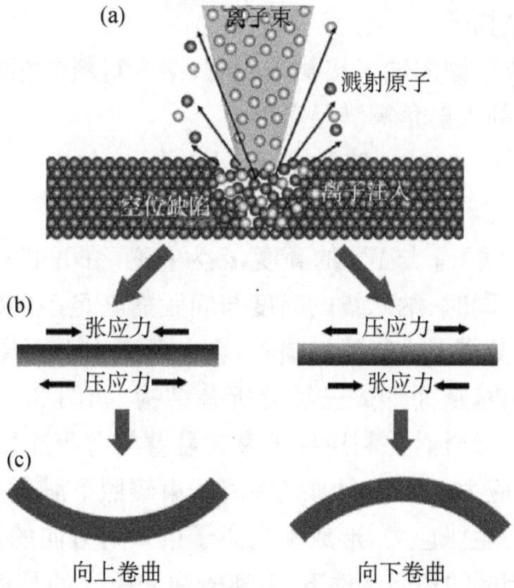

图 3.18　(a)离子束-物质相互作用示意图[21]；(b)离子束辐照在薄膜中引入应力的分布示意图；(c)薄膜在离子束辐照下产生向张应力方向的弯曲

对于准直纳米线来说，在离子束辐照下会由于应变产生弯曲，通过选取不同的入射离子源，控制入射离子的能量、束流、辐照时间、扫描方式及不同支撑衬底材料，可以精确控制纳米材料结构的形变。例如，在导电衬底上，当入射离子束与纳米线长度方向的夹角一定时，随着扫描次数的增加(等效于入射离子剂量)，纳米线首先向着离子束入射方向弯曲并最终与其平行，如图 3.19 所示。

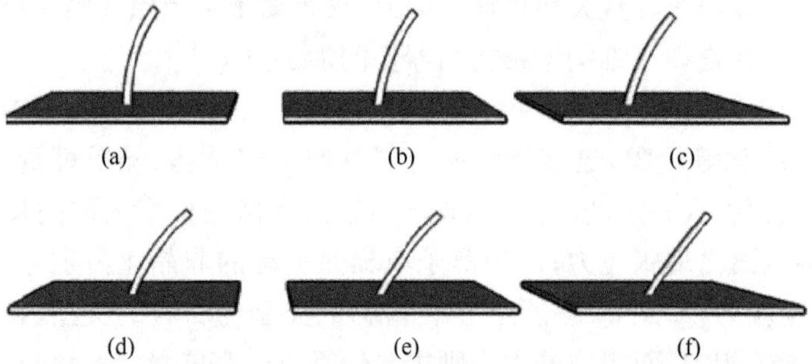

图 3.19 纳米线弯曲程度随离子束辐照扫描次数变化((a)～(f)依次增加)关系示意图

辐照形变过程中，样品台的倾斜角度由设备本身的参数决定。通过样品台的调整，可使离子束入射方向与准直的一维纳米材料长度方向成一定夹角 α($0<\alpha\leqslant 90°$)。离子束辐照诱导三维纳米结构的形变过程中需要综合考虑多个参数。例如，形成纳米接触与纳米间隙结构时，需要考虑一维材料所处的电极对或电极连线之间的宽度，纳米材料的相对位置与相对高度以及辐照过程中各工艺参数。如图 3.20 所示，通过设计可精确地使长的一维材料向短的一维材料一侧倾斜并与之接触，形成三维纳米结构[22]。

在三维空间，形成牢固的纳米接触结构时，纳米材料的相对位置与相对高度以及辐照过程中离子束的入射角需满足条件：

$$\theta = \arctan(h_1/d) \tag{3.3}$$

$$h_2^2 \geqslant h_1^2 + d^2 \tag{3.4}$$

其中，h_1 与 h_2 为纳米线 W_1 与 W_2 的高度，d 为它们之间的间距，(3.3)式为离子束入射角需满足的条件，同时，纳米线的高度与间距需满足条件(3.4)式。

当离子束在平面薄膜上进行线扫描时，会在薄膜中引入局域应力，而薄膜会产生基于局域应力的折叠，从而形成三维的折叠结构，如图 3.21 所示。首先将悬空薄膜刻蚀成二维悬臂梁结构，并利用离子束在悬臂与薄膜连接的位置进行线扫描，从而在辐照位置引入应力。由于金薄膜在离子束辐照下溅射产生的空位缺陷占主导作用，导致上表面产生张应力，形成朝向离子束入射方向的折叠[23]。而对于相同厚度的 SiN_x 薄膜，在相同的辐照条件下，由离子注入引入的晶格变化占主导地位，导致在薄膜中产生压应力，形成了背向离子束入射方向的折叠，如图 3.21(c)所示。

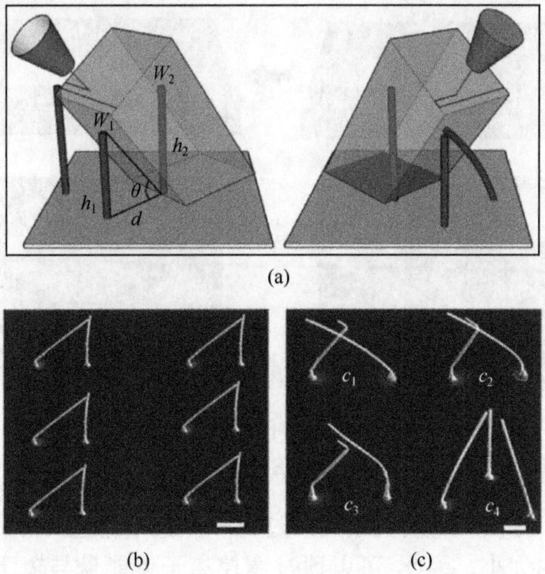

图 3.20　(a)FIB 辐照形成自支撑三维纳米结构时离子束入射角、纳米线高度及其间距间的关系示意图；(b)辐照形成的纳米接触；(c)辐照形成的纳米间隙[22]

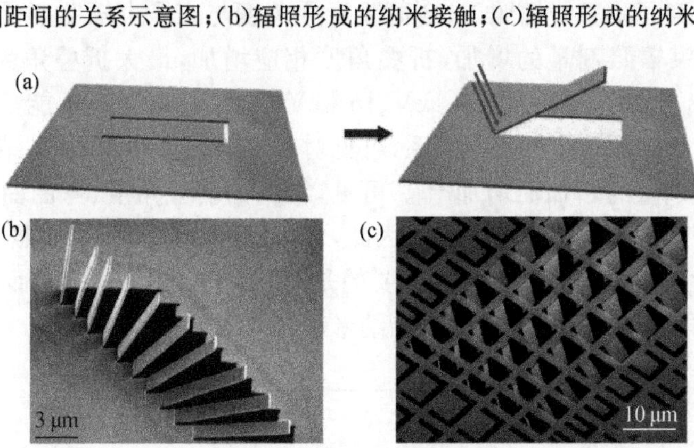

图 3.21　(a)离子束线扫描平面薄膜形成三维折叠结构的示意图[23]；(b)金薄膜在线扫描下产生朝向离子束入射方向的折叠[23]；(c)SiN_x 薄膜在线扫描下产生背向离子束入射方向的折叠

而当离子束在平面薄膜上进行面扫描时，薄膜中产生的应力是均匀分布的，此时薄膜发生弯曲，进而形成三维弯曲结构，如图 3.22 所示。类似于折叠结构的加工方法，当离子束在薄膜中引入张应力时，产生朝向离子束入射方向的弯曲；反之，则产生背向离子束入射方向的弯曲。同样，金薄膜会发生朝向离子束入射方向的弯曲，而 SiN_x 薄膜发生背向离子束入射方向的弯曲[21]。

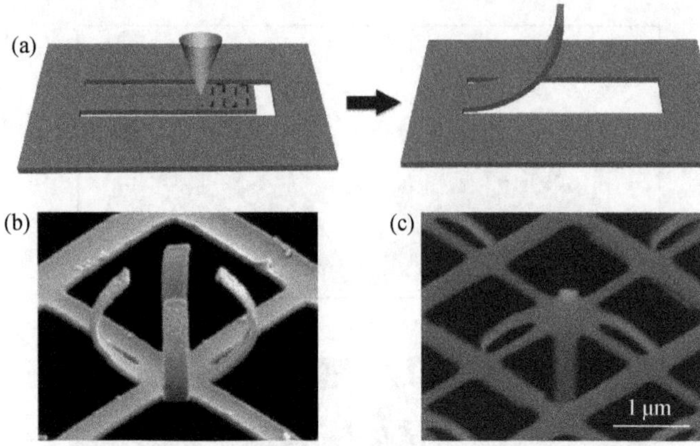

图 3.22　(a)离子束大面积辐照薄膜形成三维弯曲结构的示意图；(b)金薄膜在大面积扫描下产生朝向离子束入射方向的弯曲[21]；(c)SiN_x薄膜在大面积扫描下产生背向离子束入射方向的弯曲

在离子束辐照加工弯曲或者折叠结构的过程中，离子束能量、辐照剂量等参数直接影响薄膜中应力的大小。因此，可以通过调控离子束能量与辐照剂量对三维结构的折叠角度或者弯曲曲率进行连续的调控。以 80 nm 厚的金为例，图 3.23 给出了 30 keV 的 Ga 离子垂直线辐照下，金薄膜折叠角度与离子束辐照剂量的关系。可见，随着离子束辐照剂量的增加，折叠角度相应增加，最大折叠角为 90°[23]。图 3.24 分别给出了大面积辐照下，8 keV、16 keV 以及 30 keV 离子能量下的材料弯曲曲率随离子束辐照剂量的变化关系，可见对于不同能量的离子束，结构曲率均随着离子束辐照剂量的增加而增加[21]。可见，结构的折叠角度、弯曲曲率与离子束能量和辐照剂量大致具有线性关系。因此，可以通过改变离子束辐照参数，实现弯曲或折叠角度的连续精确调控。更重要的是，将离子束的线辐照与面辐照结合起来，可以实现同时包括折叠和弯曲复杂纳米结构或器件的加工。

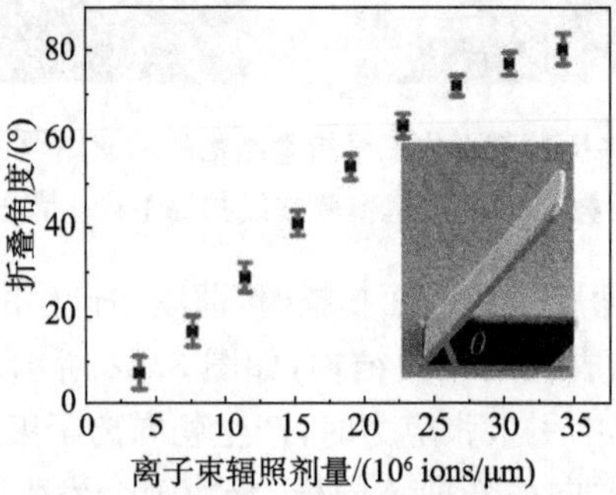

图 3.23　折叠角度随离子束辐照剂量的变化曲线[23]

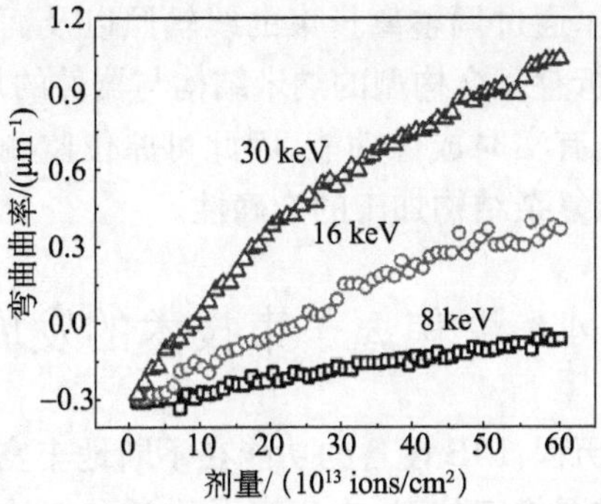

图 3.24　弯曲曲率与离子束能量、辐照剂量的变化曲线[21]

利用离子束辐照诱导形变的方法可以方便地加工基于弯曲/折叠复杂结构的微笼。首先，通过光刻及刻蚀技术将悬空平面薄膜制备成两个相对的悬臂梁结构，接下来利用离子束大面积辐照，使两个悬臂梁弯曲形成三维的弯曲结构，如图 3.25(a)所示。继续利用离子束刻蚀将弯曲结构单元的三个边刻蚀断裂，并逐个刻蚀形成四个开口相对的弯曲结构单元。最终，利用离子束沿着弯曲结构与平面薄膜的连接处进行线扫描，并控制弯曲结构折叠到 90°，从而实现了微笼结构的加工，如图 3.25(b)所示。该笼子可以很好地限定细胞的生长位置，而弯曲结构则可用来固定细胞，有助于原位研究单细胞的生物特性[21]。

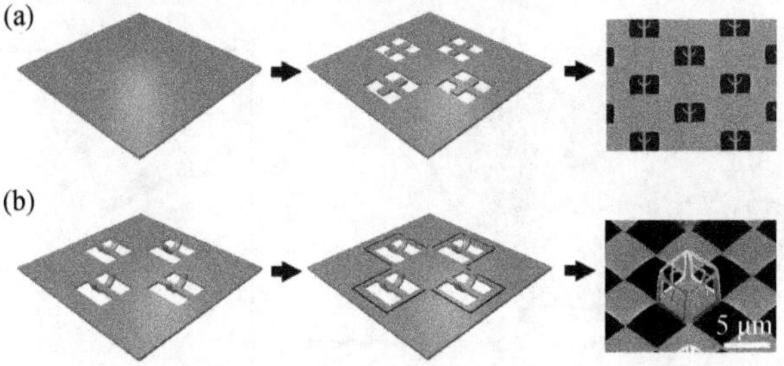

图 3.25　(a)加工微纳弯曲结构的示意图及 SEM 图；
(b)加工微笼结构的示意图及 SEM 图[21]

上述弯曲/折叠结构的制备均利用 Ga 离子束进行加工，而除了 Ga 离子外，Xe、He 离子与物质相互作用也会产生溅射以及注入等效应，进而实现金属、介质以及半导体三维结构的加工。在离子束辐照中，Xe 离子由于原子量更大，因此其溅射能力更强，具有加工速度快的优势；而 He 离子由于原子量更小，可以加工特征尺寸更小的微纳结构。此外，电子束也可以在材料中引入应力，实现三维结构与器件的加工[24]。

可见，离子束辐照诱导的三维纳米结构加工方法具有灵活、高精度、可控的特点。可加工的材料体系很广，适用于具有一定长径比的金属、半导体、介质纳米线或纳米薄膜的形变控制。通过调整离子束的线辐照以及面辐照模式,可以实现具有弯曲、折叠或者弯曲/折叠复合构型的纳米结构与器件的加工。与其他相关技术相比,由于聚焦离子束具有实时成像功能,因此可原位监测整个工艺过程,实现形变过程的实时控制,确保复杂结构加工的准确性。

3.4　聚焦离子束技术的发展

经过几十年的发展历程,FIB 设备的功能在不断地丰富,应用范围也在不断地扩展。但是,在需要扫描图像定位时,由于离子质量和能量较大,离子束扫描过程难以避免地会对样品表面造成损伤。镓离子注入污染和表面损伤一直是 FIB 技术难以回避的主要问题。为了缓解这一问题,从最初的单束 FIB 系统发展出了 FIB/SEM 双束显微镜系统,如图 3.26 所示。双束系统是将 SEM 和 FIB 集成在一起,离子束和电子束呈一定夹角,将样品高度调节至双束的交叉点,即可利用 SEM 进行图像扫描观察,利用 FIB 进行结构加工。另外,为了尽量减小和避免在 TEM 样品加工过程中对样品造成的损伤,对 TEM 样品的制备也提出了更高的要求。为适应这一需要,2006 年日本的精工纳米和德国 Zeiss 公司联手在全球推出了 XVision300 系列 FIB-SEM-Ar 三束系统,通过全自动的 TEM 样品加工控制软件与原位去污染功能的结合,可实现高质量 TEM 样品的快速制备。

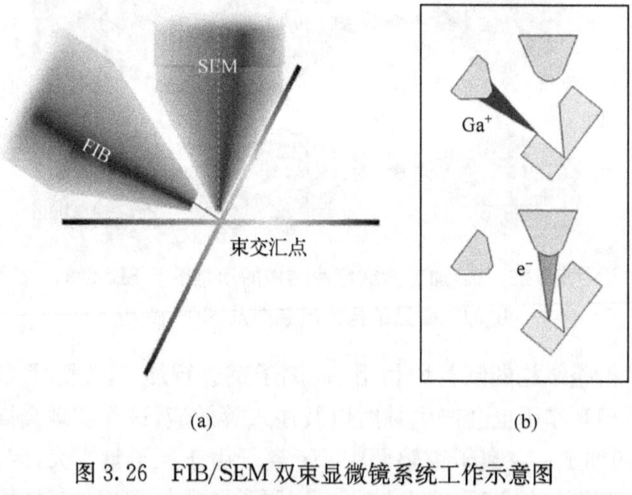

图 3.26　FIB/SEM 双束显微镜系统工作示意图

近些年来,聚焦离子束技术在高精度和跨尺度高效率加工两个方面有了长足的发展。一方面,在追求高精度方面,人们又回过头来重新审视了早于液态金属离子源的气体场发射离子源的优点,发展基于气体场发射原理的氦聚焦离子束技术[25];另一方面,在追求跨尺度高效率加工方面,发展了基于离子源的聚焦离子束技术[26]。

在基于气体场发射原理的 He 聚焦离子束技术中，因为质量更小的 He 离子经过聚焦可以得到更小的束斑，分辨率更高。2006 年，Zeiss 公司发展的气体场发射离子源的尖端可以稳定地控制保持三个原子，获得更细小稳定的 He 离子源，如图 3.27 所示。可能是由于多年来人们默认 FIB 系统就是指液态金属 Ga 离子源的聚焦离子束系统，这一新的聚焦离子束系统被称为 He 离子显微镜(helium ion microscope，HIM)，其分辨率可达 0.35 nm[27]。利用该系统，尤其是 He 离子的优点，人们实现多方面的应用，如显微成像、亚 10 nm 结构刻蚀、三维纳米结构沉积以及离子束曝光等。如图 3.28 所示，分别为利用电子枪中和补偿 He 离子荷电技术，对蚊子眼的纳米结构的显微成像；利用 He 离子束高分辨率的优点在金颗粒上实现的亚 10 nm 图形刻蚀；利用 He 离子束对前驱体气体突出的分解能力实现的三维螺旋钨纳米线沉积；利用 He 离子较弱的背散射特点实现对光刻胶精细结构曝光。

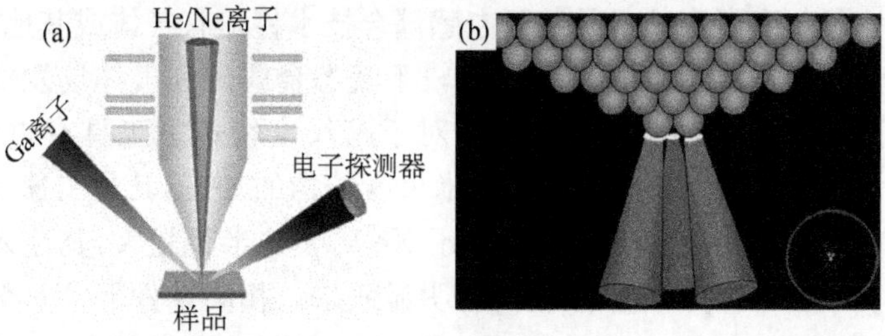

图 3.27　(a)多离子显微镜系统工作示意图；(b)He 离子气体场发射示意图

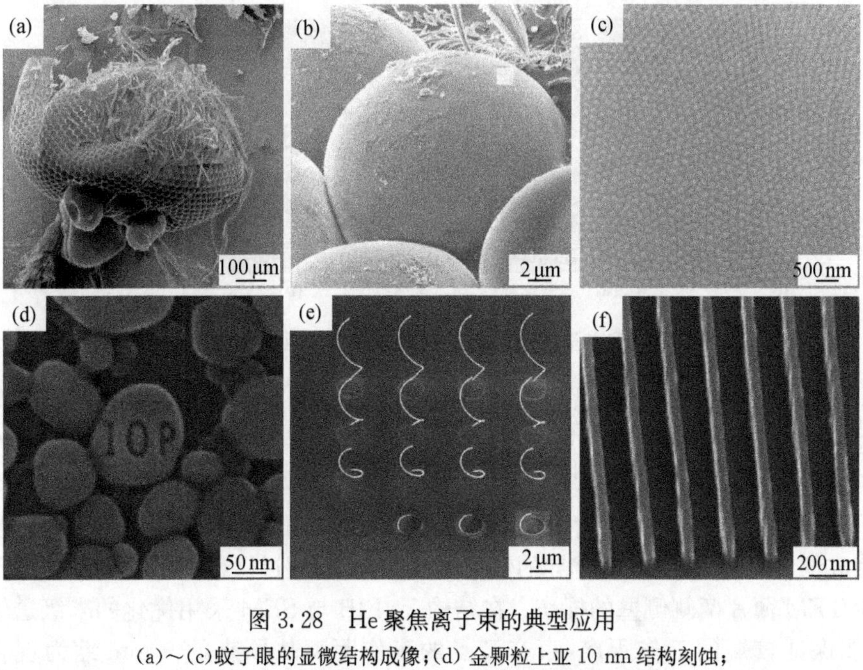

图 3.28　He 聚焦离子束的典型应用

(a)～(c)蚊子眼的显微结构成像；(d) 金颗粒上亚 10 nm 结构刻蚀；

(e) 三维螺旋钨纳米线沉积；(f)He 离子纳米图形曝光

由于氦离子的质量比镓离子小很多,以氦离子作为离子源的聚焦离子显微镜的刻蚀速率大大降低,仅适合于获取离子束图像和非常少量的切割加工。为了克服这些不足,Zeiss 公司以 HIM 为基础又发展了 He/Ne 离子枪,即利用同一个离子镜筒,仅切换通入的气体种类,获得 He 离子或 Ne 离子源。而且离子束对应的是相同的位置,通常用 Ne 离子束进行快速的切割,用 He 离子束进行图像观察和更高精度的切割。

但是 Ne 离子束与 Ga 离子束相比,其刻蚀速率仍然慢了数十倍。Zeiss 公司近期发布了如图 3.27 所示的多离子束系统,可以采用 Ga 离子进行较大结构的快速切割,用 Ne 离子束进行更细小结构的加工,用 He 离子束进行图像观察和高精度的切割修饰。聚焦离子束系统在结合 He/Ne 离子显微镜的基础上,甚至可以将激光束集成在一起,用于更高速度的刻蚀微米量级的粗大结构。

等离子体聚焦离子束技术是基于电感耦合技术将稀有气体或其他活性气体形成等离子体作为聚焦离子束的源[28]。相较于液态金属源和气体场发射源,该种技术可使聚焦离子束流提高到 2.5 μA,这对于跨尺度快速加工具有重要意义。图 3.29 为 Xe 等离子体聚焦离子束对百微米尺度结构的加工,其加工速度为普通 Ga 离子源的 50 倍。此外,在加工过程中由于 Xe 离子的半径较大,其注入效应较弱,这对克服因离子注入导致的非晶损伤有明显效果。相同条件下,Xe 离子较 Ga 离子对材料损伤有很大程度的改善[29],图 3.30 为不同离子加工的样品截面 TEM 图。

(a)　　　　(b)

图 3.29　利用 Xe 等离子体聚焦离子束快速加工的百微米结构的 SEM 图[28]

在开发新离子源的同时,近年来,基于 Ga 离子的聚焦离子束系统的性能与功能也得到了不断的提升与发展。例如,FEI 的 Helios 600i 双束系统,采用高性能的 Tomahawk 离子镜筒,可实现高分辨率离子束成像,在 30 keV 时分辨率可达 4.5 nm,单边测量方法分辨率可达 2.5 nm。在低电压下,可对石墨进行高分辨离子束成像。另外,系统具有优异的低电压性能,从而通过降低离子束的加工电压能减少 TEM 薄片两侧侧壁的损伤。在结构上,FIB 与 SEM 采用优化的末级透镜设计,能保证较短的工作距离,束交叉点的工作距离从原来的 5 mm 缩为现在的

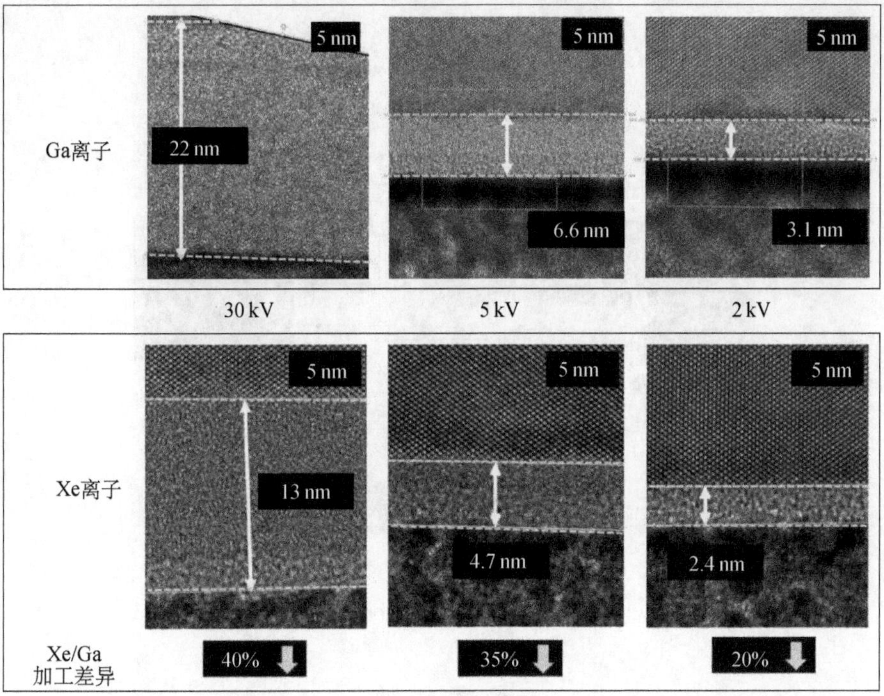

图 3.30　Xe 离子与 Ga 离子对材料损伤比较的 TEM 图[29]

4 mm，即使对大样品也能保证从 0°～52°的倾斜；采用高精度压电陶瓷样品台，保证了 FIB 系统的加工精度与工艺的可重复性[30]。另外，通过软件更新，可在系统上引入三维纳米结构的加工控制软件和三维切片与重构软件，如 AutoSlice and View™，可进行连续交替的自动切片与成像；EBS3™可进行自动的连续刻蚀与获取 EBSD 图谱，用于材料的微结构三维重构；EDS3™可进行自动的连续刻蚀与 EDS 数据收集，用于三维化学组分分析与重构。图 3.31 为通过 FIB 分层刻蚀，AutoSlice and View™、EBS3™以及 EDS3™的三维分析而获得的材料高分辨率形貌、晶体结构以及元素组分等三维信息[30]。

聚焦离子束原本是用于半导体工业中做失效分析的，至今它也是失效分析的最主要的手段，但现在它的工作领域已经不再局限于失效分析，而是成为了更广泛的微纳加工技术领域的一个非常重要的设备。为适应纳米科学与技术的发展需求，FIB 技术不断地向高分辨率、高刻蚀与沉积精度、原位操纵与测量、减少污染等方向发展，已具备制作各种复杂纳米结构，甚至三维纳米结构的能力。尽管在加工效率方面还不尽人意，但随着 FIB 技术的不断进步，这一工具和技术大大方便了新型纳米材料的研制，已经确立了其在纳米科技领域研究中的重要地位。

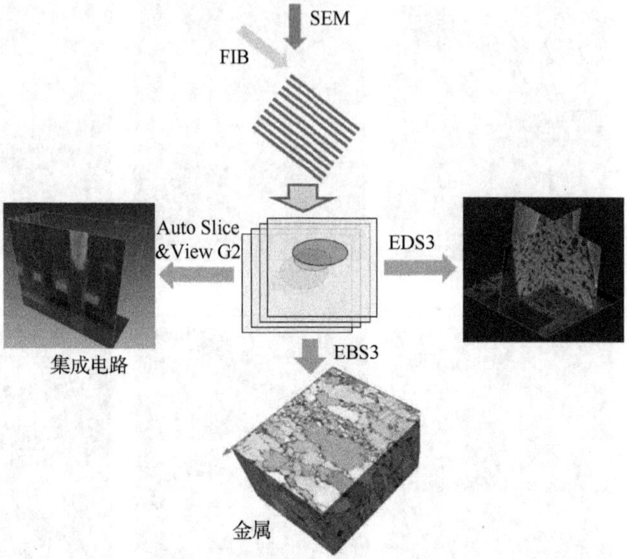

图 3.31 FEI Helios NanoLab™ 600i 的三维分析功能[30]

参 考 文 献

[1] Levi-Setti R. Scanning Electron Micros.,1974：125.
[2] Escovitz W,Fox T,Levi-Setti R. Proc. 23rd Ann. Mtg. Elect. Mic. Soc. America,1975：304.
[3] Escovitz W,Fox T,Levi-Setti R. Proc. Nat. Acad. Sci. USA,1975,72：1826.
[4] Orloff J,Swanson L W. J. Vac. Sci. Technol.,1975,12：1209.
[5] Orloff J,Swanson L W. Scanning Electron Micros.,1977,1：57.
[6] Orloff J,Swanson L W. J. Vac. Sci. Technol.,1978,15：845.
[7] Orloff J,Swanson L W. J. Appl. Phy.,1979,50：6026.
[8] Li W X,Fenton J C,Cui A J,et al. Nanotechnology,2012,23：105301.
[9] Krohn V E,Ringo G R. Appl. Phys. Lett.,1975,27：479.
[10] Volkert C A,Minor A M. MRS Bulletin,2007,32：389.
[11] Li W X,Cui A J,Gu C Z,et al. Microelectron. Eng.,2012,98：304.
[12] Wilhelmi O. Nanofabrication and rapid prototyping with DualBeamTM instruments. Application note from FEI company.
[13] Gu M,Jia B,Li J,et al. Laser & Photon. Rev.,2010,4：414.
[14] Jung Y J,Park D,Koo S,et al. Opt. Express,2009,17：18852.
[15] Castelletto S,Harrison J P,Marseglia L,et al. New J. Phys.,2011,13：025020.
[16] Kim H B. Microelectron. Eng.,2011,88：3365.
[17] Fu Y Q,Yok N,Bryan A. Microelectron. Eng.,2000,54：211.
[18] Li W X,Warburton P A. Nanotechnology,2007,18：485305.
[19] MoberlyChan J,Adams D P,Aziz M J,et al. MRS Bulletin,2007,32：424.

[20] Romans E J, Osley E J, Young L, et al. Appl. Phys. Lett., 2010, 330: 222506.
[21] Pan R H, Li Z C, Liu Z, et al. Laser & Photo. Rev., 2020, 14: 1900179.
[22] Cui A J, Li W X, Luo Q, et al. Appl. Phys. Lett., 2012, 100: 143106.
[23] Cui A J, Liu Z, Li J F, et al. Light Sci. & Appl., 2015, 4: e308.
[24] Dai C H, Li L B, Wratkowski D, et al. Nano Lett., 2020, 20: 4975-4984.
[25] Hlawacek G, Gölzhäuser A. Helium Ion Microscopy. Switzerland: Springer, 2016.
[26] Bassim N, Scott K, Giannuzzi L A. MRS Bulletin, 2014, 39: 317.
[27] Economou N P, Notte J A, Thompson W B. Scanning, 2012, 34: 83.
[28] Burnett T L, Kelley R, Winiarski B, et al. Ultramicroscopy, 2016, 161: 119.
[29] Kelley R, Song K, Van Leer B, et al. Microscopy and Microanalysis, 2013, 19 (S2): 862.
[30] http://www.fei.com/products/dualbeams/helios-nanolab.aspx.

习　题

1. 聚焦离子束系统有哪几个基本组成部分？并简述每一部分的作用。

2. 简述聚焦离子束技术的功能及应用。

3. 简述聚焦离子束设备中可采用的离子源的种类及特点。

4. 聚焦离子束辅助材料沉积速率的工艺参数如何影响加工的纳米电极电学性质？

第 4 章　激光加工技术

激光加工是指利用激光束与物质相互作用的特性对材料（包括金属与非金属）进行切割、焊接、表面处理以及化学改性。激光加工可分为激光热加工和激光光化学加工两种：激光热加工是指当激光束照射到材料表面时，通过材料对光子的线性吸收，将材料逐步熔化而蒸发去除的过程；而激光光化学加工是指当激光束照在物体表面时，高密度能量光子使材料的化学键发生变化而引发光化学反应的过程。

早在 20 世纪 60～70 年代，人们就开始使用激光热加工对材料进行“粗”加工。因为早期的激光属于长脉冲激光，当其照射材料时，材料分子与光子发生相互作用引起热效应，而激光脉冲宽度又大于热扩散时间，所以在相互作用过程中存在包括光能的吸收沉积、电子-晶格耦合、晶格-晶格耦合等多种热传递和热扩散。受热效应的影响，部分吸收的光能会扩散到附近区域，造成加工区域不同程度的损伤。因此，这种方式不利于微纳米结构的加工。80 年代，出现了紫外波段输出的准分子激光器。一方面，因为激光波长短，脉宽相对窄，容易聚集；另一方面，激光脉冲宽度小于材料中电子-声子耦合时间，当激光照射材料时，发生光化学反应，而非热熔化过程，这样就降低了热扩散的影响，因此加工精度得到提高。

激光光化学加工主要包括激光干涉曝光、激光直写及飞秒激光三维加工。

激光干涉曝光的基本原理是通过两束或者多束相干光形成亚微米或者微米级别的干涉图形，并通过光刻胶对这些图形进行感光，进而加工出表面微纳结构。通常，两束干涉光波可以实现光栅结构的制备，利用三束干涉光波，能够实现具有六边形对称的阵列结构，而利用四束光波，具有矩形对称结构的阵列能够被制成。因此，通过叠加不同光束组合，不同的结构便得以制备。激光干涉曝光具有设备结构简单、价格低廉、高效率、高分辨率和大视场曝光等特点。

传统的激光直写的基本工作原理是由计算机控制高精度激光束扫描，在光刻胶上直接曝光出所设计的任意图形，最后经过显影及定影在光刻胶上实现所需的图形结构。激光直写可以实现任意设计的亚微米及微米尺度二维及三维灰度图形的制备，是微米及亚微米尺度光刻掩模板制备的主要工具。近年来，科研人员成功研制了新型激光直写系统，该系统利用激光与物质的非线性相互作用提高加工分辨率，达到了超越衍射极限的加工能力（100 nm 以下）。基于该新型激光直写系统，研究人员创新性地提出了激光应变诱导实现纳米结构加工的新方法，并取得了一系列的研究成果[1,2]。同时，他们成功地将复杂三维制造转换成简单的二维平面制造，大大简化了制造步骤，降低了制造成本。他们加工了一种复杂的三维微透镜阵列，每个透镜由中间的凸透镜和边缘的凹透镜以及六个二级微小凸透镜组成，它可以在不同的位置成实像和虚像。以此复杂浮雕结构作为投影光刻模板，可以在不同像面上产生数百个犹如万花筒般的不同图像，如图4.1所示。只使用一个模板就可以制造多种不同的光刻图案，为解决日益飞升的掩模板成本问题提供了一条全新的思路[3]。同样利用该新型激光直写系统，研究人员采用双束交叠技术和无机光阻膜相结合，实现了亚5 nm超高精度纳米电极狭缝阵列的制造[4]。

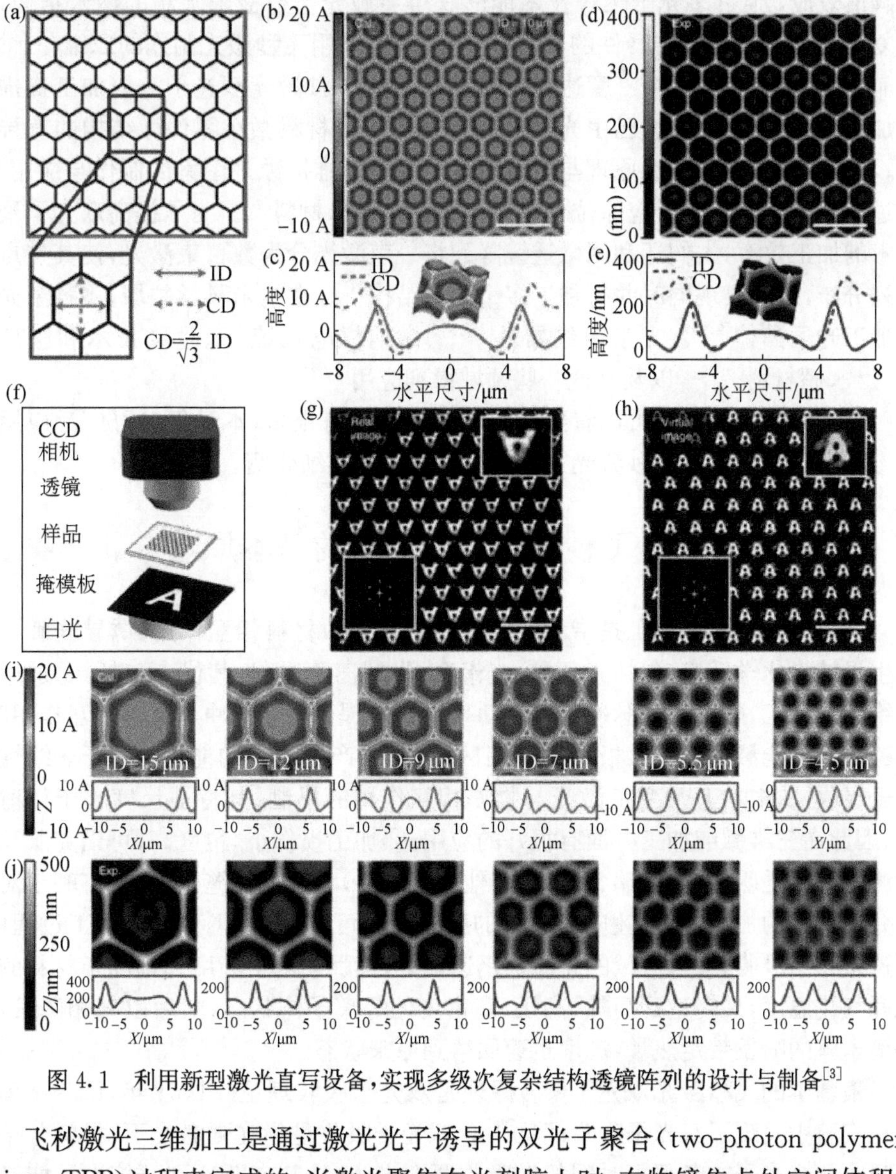

图4.1 利用新型激光直写设备，实现多级次复杂结构透镜阵列的设计与制备[3]

飞秒激光三维加工是通过激光光子诱导的双光子聚合(two-photon polymerization, TPP)过程来完成的，当激光聚焦在光刻胶上时，在物镜焦点处空间体积很小的地方发生双光子聚合作用,而通过样品台的精确位移控制,使物镜焦点处空间体积沿设定的路径分布,可以在三维空间实现聚合反应,形成三维结构。近年来,飞秒激光三维加工得到了快速的发展。2001 年,Kawata 等利用波长为 780 nm 的飞秒激光,通过双光子聚合技术制造出了长 10 μm、高 7 μm 的纳米牛,加工分辨率达到了 120 nm[5]。一般的光学曝光技术由于受到衍射极限的影响,其分辨率大于光源波长的 1/2。但飞秒激光在非金属材料中的非线性多光子吸收过程具有明显的阈值效应,通过多光子聚合技术能够获得突破光衍射极限限制的纳米结构,实现复杂三维纳米结构与器件的制备。已有报道,采用飞秒激光制作的二维/三维光子晶体和信息存储器件,密度达 500 G/cm^3;采用飞秒激光双光子分层加工扫描方法加工的三维微纳结构,已由光敏树脂扩充到复合材料微小零件微结构的直接加工;利用光激发与光抑制原理与技术实现了复杂三维抗蚀剂图案的制作与应用[6];通过激光诱导光化学反应原位合成了三维复合纳米材料[7]。为了提高双光子聚合技术的加工效率,人们还利用微透镜阵列将一束激光分为数百束激光,使其焦点呈阵列分布,从而实现同时并行加工多个微纳结构[8]。在纳米科学领域,飞秒激光已在加工光子晶体[9,10]、光学微纳器件[11-16]、微纳机电系统[17]、生物技术和医疗工程[18,19]、超材料[20-23],以及其他一些领域得到应用[24,25]。

从上面的论述我们可以看到激光加工的方式有很多,本章仅对可广泛应用于三维纳米结构加工的飞秒激光三维加工技术加以详细介绍。

4.1 飞秒激光三维加工的基本原理

飞秒激光双光子加工是指利用飞秒激光与光敏材料相互作用,诱导光敏材料发生局域光化学反应,包括光还原、光聚合、光解离等过程,其优点包括:①适用于三维微细加工,随着激光脉冲的峰值功率不断地提高,短脉冲与材料相互作用时,能够快速将能量全部注入极小的空间区域,瞬时产生很高的能量,属于非线性双光子吸收,从根本上改变了激光与物质相互作用的机制,其特征尺度小于衍射极限,因此在三维微细加工方面有很好的应用;②加工损伤小,精度高,可以克服长脉冲激光加工透明材料(玻璃、石英或其他透明材料)时出现裂缝的现象,有利于对透明介质材料的加工;③热效应对材料的影响几乎可以忽略,飞秒激光加工过程中,通过多光子吸收,聚焦区域的物质被迅速加热,其瞬间电子温度远远高于材料的熔化和气化温度,最终达到高热、高压、高密度的等离子体状态,然后以气相蒸发,经等离子体的喷发带走热量,温度迅速回落到原来状态。

最基本的飞秒激光双光子聚合原理是双光子吸收理论。1961 年,Kaiser 等首先在实验中发现了双光子吸收现象[26]。双光子吸收是指在强激光下,材料分子同时吸收两个光子或者很短时间相继吸收两个光子,从基态跃迁到两倍光子能量的激发态过程，是一种强激光下光与物质相互作用的现象，属于三阶非线性效应的一种，如图 4.2 所示。

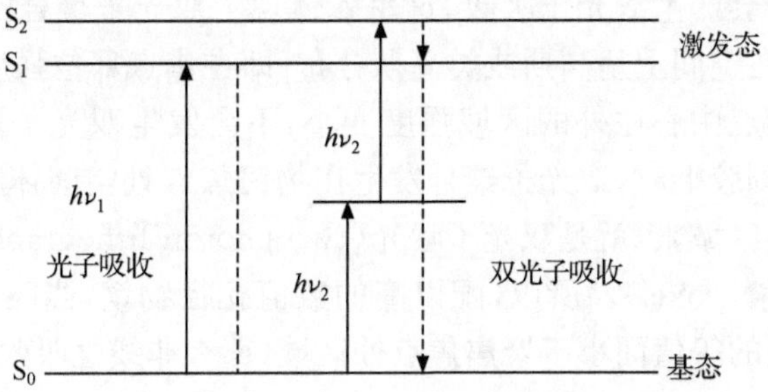

图 4.2 单光子吸收和双光子吸收示意图

从图 4.2 可以看出，双光子吸收与单光子吸收不同，单光子吸收是指材料分子吸收一个短波长 $h\nu_1$ 的光子使分子从基态 S_0 跃迁到激发态 S_1，然后通过荧光转换或无辐射跃迁回到基态；而双光子吸收是指物质同时吸收两个相同频率或相继不同频率的光子，从基态激发到激发态 S_2，后经过无辐射跃迁到 S_1 态，然后通过荧光转换或无辐射跃迁回到基态。

根据非线性光学的理论，R. W. Boyd 提出了双光子吸收概率与光强的关系[27]：

$$P = \sigma(2) \cdot I^2 / h\nu \tag{4.1}$$

其中，$\sigma(2)$是材料的双光子吸收系数，I 是光功率密度或光强，h 是普朗克常量，ν 是入射光频率。从(4.1)式可以看出，当入射激光波长一定时，双光子吸收概率 P 是由材料的双光子吸收系数和光功率密度来决定的，且双光子吸收概率与激发光强的平方成正比，这就要求光源有高的瞬时功率，而飞秒激光正有此特点。所以双光子吸收都是选取飞秒激光作光源。而三光子吸收是基于一个五阶的非线性光学过程，相同材料中，高阶非线性吸收效应以数十个数量级的幅度下降，因而研究和应用最多的仍是双光子吸收效应[28]。

双光子吸收具有阈值效应，也就是说，只有当光子密度高达一定的值以后，双光子吸收过程才会发生。因此充分利用光与物质作用时的阈值效应，以及非线性光学效应的双光子过程，可以突破经典光学衍射极限，制备出尺寸远小于衍射极限的结构。

双光子吸收突破衍射极限可从光学衍射极限以及双光子吸收的特征两方面加以理解。所谓光学衍射极限，是指一个理想物点经光学系统成像，由于衍射的限制，不可能得到理想像点，而是得到一个夫琅禾费(Fraunhofer)衍射点。衍射点的大小与波长成正比，与所用物镜的数值孔径成反比。因此，为了得到更小的衍射点就需要更短的波长和更大的数值孔径。而飞秒激光经过双光子吸收后得到相当于入射波长 1/2 的短波长激光，再配以数值孔径高的油浸式物镜，从理论上可以实现尺寸远小于衍射极限。从双光子吸收的特征上看,首先,双光子吸收有很强的光强依赖性;其次,当激光照射在聚合物表面时,只有在激光能量即光强稍高于双光子聚合的阈值时,才会产生双光子吸收,这里就体现了双光子聚合的阈值性;并且在聚焦后激光光强在空间上呈高斯或类高斯分布,即在焦点部位强度最大,能够发生双光子聚合,而焦点中心往外的区域强度变小,不会发生双光子聚合; 最后,当飞秒激光聚焦在光刻胶上时,双光子聚合发生在物镜焦点处空间体积约为 λ^3(λ 为入射光波长)的极小区域,也就是双光子曝光(two-photon lithography, TPL)中最高分辨极限——体素(voxel)。所以,配以高的数值孔径物镜,当飞秒激光聚焦在一点,若其能量阈值的等值面小于聚焦焦点处区域,那么非线性吸收就可以突破衍射极限。

4.2 飞秒激光三维加工系统的组成与工艺

4.2.1 系统的组成

飞秒激光加工系统由激光光源系统、精密的三轴定位台和扫描物镜组成,其构造具体包括以下几个部分(如图 4.3 和图 4.4 所示):①光学平台:光学平台是激光系统的支撑体,内充压缩空气以达到减震的目的;②光源系统:光源系统包括激光器和光学元件,一起安装在光学平台上并配有光学保护罩;激光器可采用波长 780 nm的掺铒飞秒脉冲光纤激光源,其激光功率范围为 50~150 mW,脉冲宽度为 100~200 fs;③显微镜及其控制器:如图 4.4 所示,包括实时成像系统、聚焦转盘、自动聚焦系统、目镜转盘、透射照明系统、反射照明系统及其控制器等。该部件一方面将激光束聚焦在光敏材料上;另一方面,对曝光进程进行实时成像;具有透射

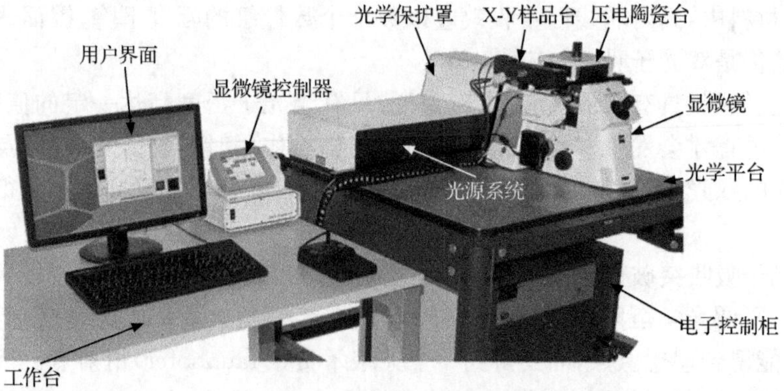

图 4.3 飞秒激光三维加工系统外部构造图

与反射两种光学工作模式。可以根据基底的材料来选择合适的工作模式;④压电陶瓷台和 X-Y 样品台:压电陶瓷台的移动范围在 X、Y、Z 方向上只有 300 μm,这一尺寸以下,可以选用通过压电陶瓷台的移动进行高精度的激光扫描曝光;若加工大于 300 μm 的结构,应该结合 X-Y 样品台位移来进行图形的拼接曝光;另外,对图形质量要求不高时,也可仅通过 X-Y 样品台的移动进行扫描曝光;⑤电子控制柜。电子控制柜通常放在光学平台下面,包含计算机系统、激光控制系统、软件控制系统和系统元件的电源控制系统等。

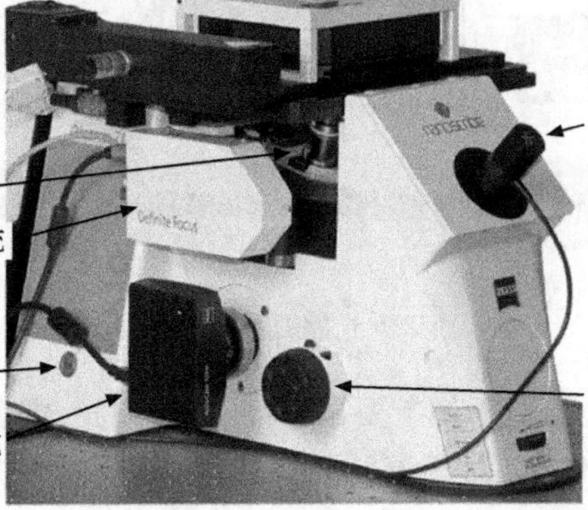

图 4.4　飞秒激光三维加工系统的显微镜

激光加工系统的光路如图 4.5 所示[29]。双光子三维纳米加工系统是利用飞秒激光作为激光光源,在光路中安置衰减器与快门来调节光的强度与曝光时间。光束经透镜组扩束后通过大数值孔径物镜聚焦到光敏材料中。三维扫描是通过软件控制压电陶瓷台与 X-Y 样品台按照设计的图形路线进行的。在激光聚焦点扫描过的微小区域,由于光子的吸收,光刻胶会发生相应的双光子聚合反应,在光刻胶层中形成可选择性溶解的图形区域。

4.2.2　工艺过程

激光三维加工的工艺过程分为如下几个步骤。

(1) 三维图形结构的设计。激光三维加工中,可通过多种设计软件来完成图形的设计,包括 AutoCAD, Google Sketchup, Matlab 等。复杂图形加工时需要采用先进的作图软件(如 AutoCAD, Google Sketchup)设计出所需的图形结构,然后将图形进行切片处理,形成很多相应的图层并产生庞量的曝光点。图层间距的大小直接影响加工的时间;层间距越小,结构被切分的层数越多,加工的时间就越长。需要注意的是,如果结构很精细,则需要减小切分间距,这样有利于看到每个结构

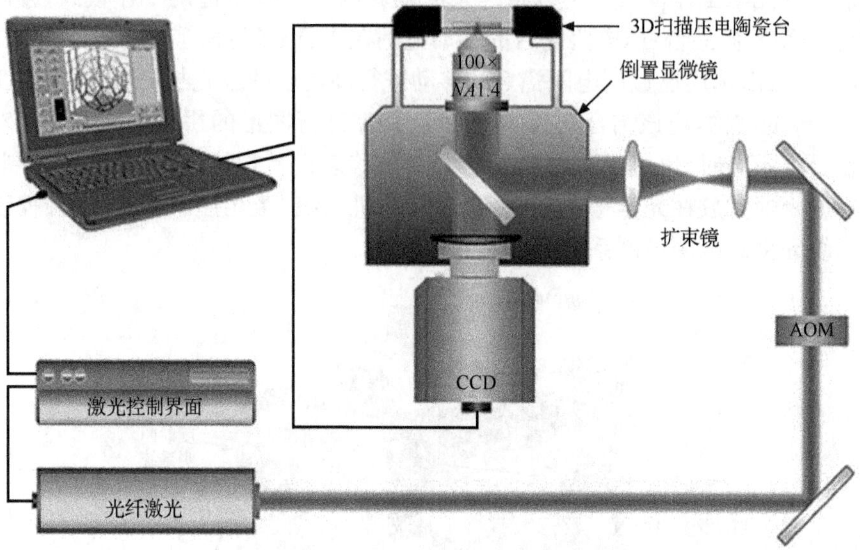

图 4.5　激光加工系统的光路图[29]

的细节。如果结构很大,对于细节要求不高,则可以适当增大切分间距,这样可以缩短曝光时间,提高效率。对于不同的结构,沿不同的方向切片最终形貌也有差异,可根据需要选择更合适的切分方向。经过切片处理后的图形无论是表面粗糙度还是精度都可能存在问题。因此,在较为简单的图形加工中,一般采用编程软件(如 Matlab)设计出不需切片就能进行直接连续曝光的图形结构;这样不仅可以提高所加工的图形的质量,还可节省很多加工时间。但过于复杂的图形却没法通过 Matlab 编程来实现。另外,激光三维加工的图形设计中还需统一图片格式并将图形格式转换成系统可识别的数据文件。

(2) 系统初始化。图形设计好后,则开启系统进行初始化。进行联动装置初始化、压电陶瓷台初始化、显微镜初始化以及样品台初始化等,使设备进入可工作状态。

(3) 样品装载。根据所选用的不同物镜在衬底上进行光刻胶和油的选择性滴加。然后将样品固定在样品托架上。若选择油浸式物镜,则在衬底两边分别滴加光刻胶和油。若选择空气浸物镜,则不需滴加油,只需滴加光刻胶。如果选择固体光刻胶,在放样前要对光刻胶进行前烘。

(4) 曝光。载入结构文件,编写命令,包括曝光参数和路径,将切片后的图形格式(点坐标)载入命令中,最后将编好的命令文件载入系统,准备开始按路径进行曝光。路径可以选择从上到下的曝光路径,也可以选择从下到上的曝光路径。随着压电陶瓷台,或 X-Y 样品台,或两者的结合移动,聚集点在光刻胶中逐个点曝光，这样一个聚合物的三维结构就形成了。

(5) 显影定影。将曝光后的样品经显影定影处理后，得到最终的三维图形结构。

从激光加工的流程上看，其操作过程不难，但是要想得到好的结构仍需一些经验，例如，在曝光前要做剂量测试，然后根据测试结果选择合适的曝光剂量。另外，不同的光刻胶对光具有不同的聚合反应，根据需求去选择。例如，想得到分辨率高的结构，可以使用 IP-L 780(液体负性光刻胶)或 IP-G 780(固体负性光刻胶)。这两种胶相对其他光刻胶具有分辨率方面的优势。对于加工与生物检测相关的结构，应该选择具有生物兼容性的光刻胶，如 Ormocomp 或 Ormocore 胶等。

曝光过程中可通过不同数值孔径的物镜来获得需要的曝光效果。对于加工精细结构，一般使用数值孔径 NA 较高的物镜，如 $NA=1.4$ 的油浸物镜，而对精度要求不高的大结构，可以用数值孔径 NA 较低的物镜，如 $NA=0.75$ 或 $NA=0.25$ 的空气浸物镜，通过改变物镜可以改变曝光时间。数值孔径越高，分辨率就越高，因此三维激光直写较大的结构，假设使用数值孔径大的物镜，三维结构切片时需要切 1000 层；而改用数值孔径小的物镜，则无须切 1000 层，500 层就可以。因为对于数值孔径小的物镜，它的分辨率也低，切 500 层和切 1000 层效果基本是一样的。

此外，加工过程中，有时会出现显影后曝光的结构消失的现象，这是因为图形结构与衬底的黏附不牢造成的，主要原因是衬底与胶的界面处的光刻胶曝光不充分。可以通过设定曝光时激光在界面下开始曝光得到解决，从而保证衬底与胶的界面处充分曝光。

激光三维加工的不足在于：①效率方面的问题。激光加工采用的是逐点曝光，因此加工效率有待提高。②Z 方向的分辨率没有 X 和 Y 方向的分辨率高，一方面激光束聚焦点的 Z 方向光斑较 X，Y 平面的光斑长，另一方面使用分层叠加成型的方式限制了结构的 Z 方向分辨率，最终导致 Z 方向分辨率不高。③只能对光敏材料进行固化，且对光刻胶的分辨率有一定的要求。要想得到高分辨率的结构，必须用分辨率高的光刻胶。④光刻胶的机械强度直接影响最终样品的机械强度，激光加工后的聚合物结构并不具有高的机械强度，实际应用需要进行功能化处理，如电镀等。

4.3　三维微纳米结构的制备

由于飞秒激光加工系统可加工具有任意形状的三维结构，并且可突破衍射极限获得百纳米以内的图形尺寸，所以，近年来，应用双光子聚合作用进行三维微纳米结构的微纳加工技术得到了国际范围的重视，成为了一项新的研究热点。

4.3.1 镂空衬底上三维微纳米结构的加工

三维微纳米功能结构在很多领域有着重要的应用，尤其是在新型三维光电结构与器件领域，如金字塔型金属表面结构可以用来有效地产生或调制表面等离激元，实现超衍射极限的局域聚焦。表面等离激元是光与金属表面自由电子相互作用形成的电磁模，在功能化金字塔结构中，可以依据金字塔的几何结构调制表面等离激元，使表面等离激元沿着表面向顶端汇集，在尖端处聚焦成高密度态。理论与实验已经证实，三维微纳米金属功能结构在表面拉曼增强、高次谐波变频方面有着广泛的应用。

目前金字塔结构制备的方法主要包括基于模板-金属沉积-FIB 刻蚀技术相结合的加工技术。例如，采用原子力扫描探针针尖结构，在针尖上制备出倒置的锥形结构，用以作为模板，然后通过电镀的方法在内表面沉积上几微米厚的金属，最后利用聚焦离子束，将内表面进行刻蚀修饰处理，获得高度为 9 μm，锥尖处出口直径为几百纳米的倒置锥状结构。这一结构能实现变频功能，将入射的红外光转换为极紫外，在光学领域具有重大的理论与应用价值[30]。但这一加工工艺较为复杂，耗时较长，所制备结构的形状与表面形貌的可设计性以及材料种类受限；而且利用 FIB 刻蚀，不可避免会引入杂质以及载能离子束辐照引起的对加工对象的损伤。此外，这一方法最主要的不足还在于无法快速制备尺寸与高宽比可调的中空结构，同时对衬底的导电性有一定的要求。另一方面，激光三维加工技术一般在平面衬底上制备器件，衬底的存在对于三维光电功能化器件的实际工作效果，如待测的高灵敏光信号的强度和相位，产生不可忽略的消极影响。因此，怎样解决入射光以及通过光学器件后，在探测过程中支撑衬底对光强度与相位的影响，实现所制备的聚合物三维微纳结构的功能化，使之满足光电器件发展的需要，还是亟待解决的问题。最近报道的一种利用飞秒激光三维加工技术在镂空衬底上制备中空三维微纳结构的方法可以克服上述不足，这种技术的工艺流程如图 4.6 所示，主要步骤包括镂空衬底的选取/制备，镂空衬底在支撑衬底上的放置，光刻胶的滴定，样品的放置以及激光加工成型，对光刻胶聚合物构成的三维中空微纳米结构进行表面功能化以及三维功能结构的表面修饰处理。

这种加工方法中，镂空衬底可以采用网栅结构，如 TEM 网栅等，也可以自己加工制备，例如，在半导体衬底上或金属上首先采用薄膜沉积方法制备介质薄膜或碳薄膜，然后通过光学曝光或电子束曝光光刻胶图形，制备镂空衬底所需的掩模，再通过干法或湿法腐蚀，获得所需的镂空衬底。镂空衬底在支撑衬底上放置时，需要根据激光的入射方式选取合适的支撑衬底材料。若激光加工系统的光束是自下而上入射的，则当光刻胶朝上放置时，要求支撑衬底对所用的激光波长具有较好的透光性。这种镂空衬底上中空结构的制备中需要控制激光束从光刻胶与镂空衬底

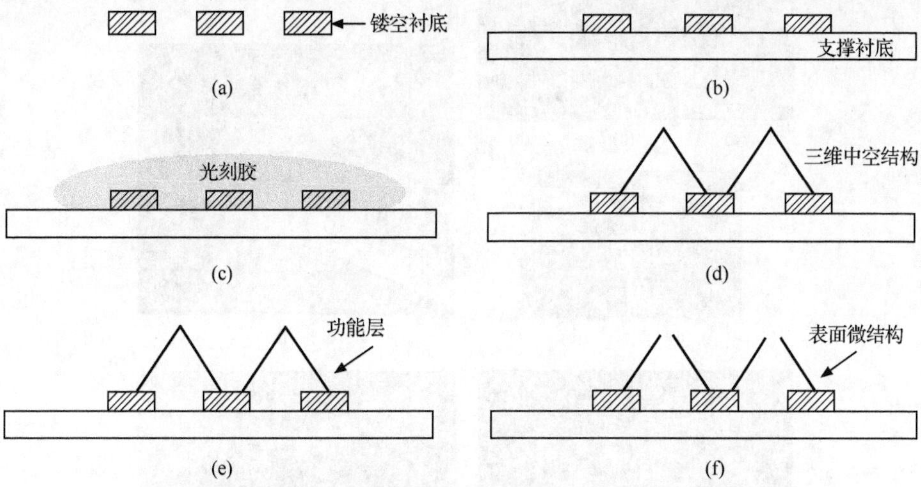

图 4.6　飞秒激光加工在镂空衬底上制备三维中空微纳米功能结构的流程图
(a)镂空衬底的选取/制备；(b) 镂空衬底在支撑衬底上的放置；(c)光刻胶的滴定；
(d)激光三维加工成型；(e)表面功能化；(f)表面修饰

网栅结构的界面处往光刻胶的表面处扫描，以保证所加工的图形与衬底的接触牢固。然后将曝光后的结构进行显影、定影，并用氮气吹干，就可得到镂空衬底上，由光刻胶聚合物构成的三维中空结构。图 4.7 为采用激光三维加工技术，在 TEM 铜网上制备的不同高度和边长的金字塔结构，通过电子束沉积方法，在光刻胶聚合物三维中空微纳米结构的表面蒸发 40 nm 的金后，结构表现出较好的表面拉曼增强特性[31]。

4.3.2　光子晶体及纳米复合结构的加工

由于具有完全带隙的三维光子晶体可以在空间所有方向上对光子的传播进行调制，所以三维光子晶体的研究具有重要的意义。然而常规的微纳加工手段很难实现三维光子晶体的制备。而飞秒激光三维加工技术在加工三维光子晶体方面具有突出的优势。如利用激光加工的双光子聚合作用在负性光刻胶 IP-L 上，使用波长为 532 nm 的激光光源，制备出了线间距为 450 nm、层数达 24 层之多的体心立方与木堆(woodpile)结构的三维光子晶体，如图 4.8 所示[10]。另外，有人用激光加工技术制备出 4×4 的三维超晶胞结构，然后通过双转换过程成功地将三维聚合物超晶胞转换为三维硅的超晶胞结构，制备出了镶嵌在光子带隙材料中的连续波导管[32]。还有人将激光三维加工与淬火扩散相结合，制备了木堆结构(如图 4.9 所示)[9]，不仅提高了激光三维加工的分辨率，结构测试还显示出这种结构优异的光学性质。

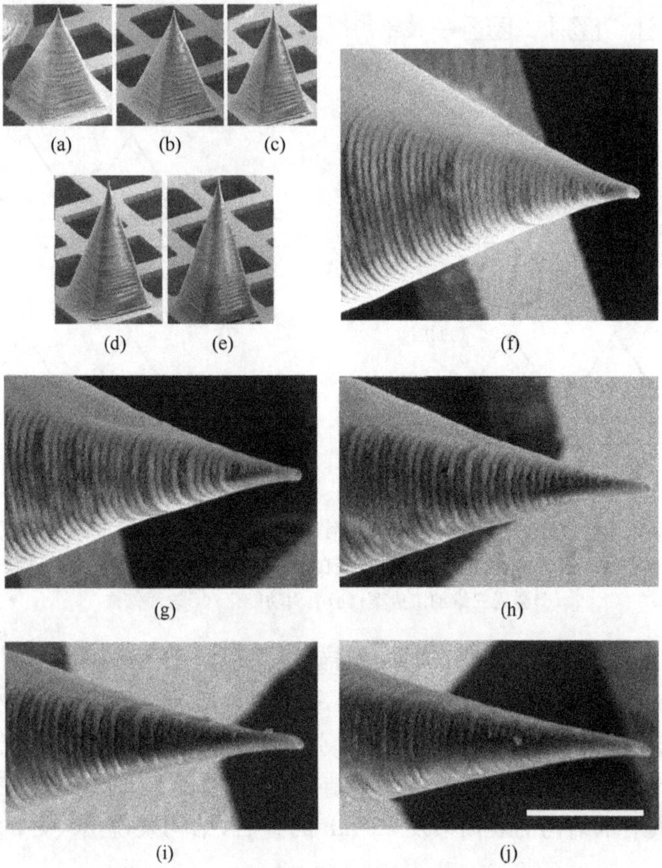

图 4.7 激光加工制备的不同高度的金字塔结构的全貌((a)～(e))与对应的顶部放大图((f)～(j))[31]

(a)50 μm;(b)60 μm;(c)70 μm;(d)80 μm;(e)90 μm

图 4.8 利用双光子聚合作用得到的三维光子晶体的 SEM 照片[10]

(a)　(b)

图 4.9　(a)具有 1700 nm 的夹层的周期性三维木堆结构;(b)局部放大图[9]

4.3.3　新型光学微纳结构的加工

使用双光子聚合激光三维加工技术可制备微光子抛物线光学探测器[11],通过 FIB 刻蚀,可在抛物线底部打孔,得到直立抛物线光学探测器(如图 4.10 所示)。光束发散度为 5.6°时,所制备的高为 22 μm、直径为 10 μm 的直立抛物线探测器具有很强的光束指向性,其测量结果与射线追踪和全区域的电磁模拟相一致。此外,有人利用双光子聚合激光三维加工设备在硅衬底上制备了高 Q 聚合软盘,无源谐振腔的品质因数在波长 1300 nm 处大于 10^6[12]。利用该技术可以制备不同厚度的光学微腔,并且通过掺杂光刻胶和激光染料,可使光泵浦微盘在可见光区支持激光的回音壁模式。另外,在三维超材料加工方面,飞秒激光加工具有突出的优势。例如,首先利用激光加工制备出三维聚合物模板,然后利用原子层沉积技术在模板上生长一薄层 SiO_2,再经金属生长,可实现从聚合物到金属的转换(如图 4.11 所示)[33]。

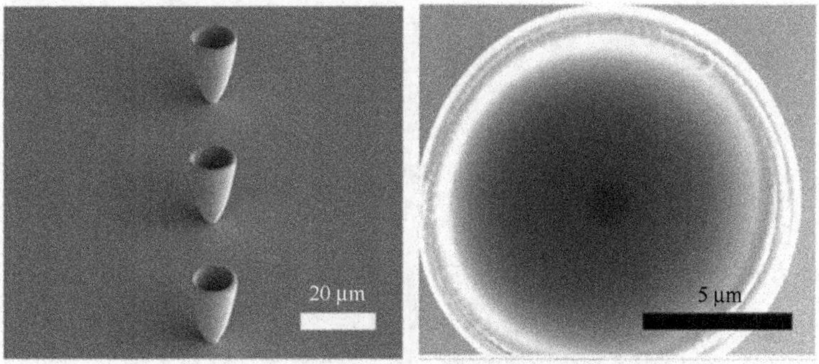

(a)　(b)

图 4.10　(a)激光三维加工制备的涂有银膜的抛物线光学探测器反射结构的 SEM 照片;(b)FIB 刻蚀(a)中结构的底部形成的直立抛物线光学探测器[11]

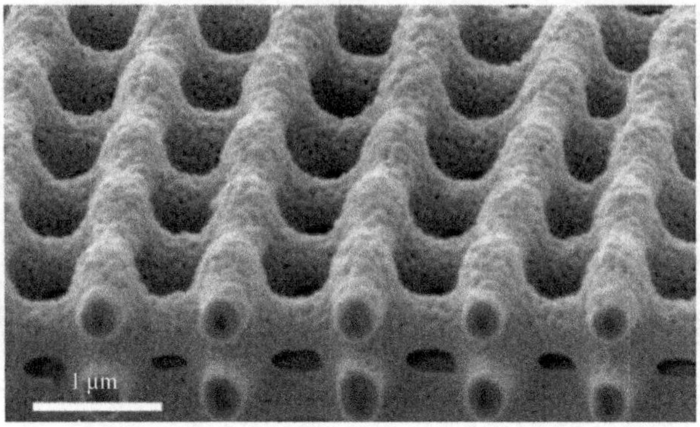

图 4.11　SU-8 光刻胶和银膜之间长有 SiO_2 层的三维结构[33]

此外,人们还应用激光三维加工设备在涂有厚胶 AZ9260 的 ITO 表面上制备了弹簧结构,经显影后,再电镀制得了金弹簧阵列的超材料[20]。

4.3.4　生物结构的加工

近些年,有很多对癌细胞转移特性的研究。2010 年,Zhang 等提出由于癌细胞的转移是由原发肿瘤无限制地向其他部位侵入、繁殖、扩散,所以导致癌症死亡率很高。癌细胞的转移是一个三维的侵入过程,当转移细胞突破血管,它们通过血管被转移到其他地方。实际上,癌细胞会同时繁殖并向远处血管处侵入。当侵入成功,新的侵入点就蜕变成了新的栖息地,因此为了能够更好地了解癌细胞的转移,采用激光三维加工制备三维模型,可在体外环境模拟癌细胞转移过程。如将不同的原始癌细胞从一个部位放入,研究它们在不同的路径上的繁殖与转移,以及转移细胞的数量及不同癌细胞转移数量的差异。通常所采用的测量癌细胞转移的三维结构如图 4.12 所示。

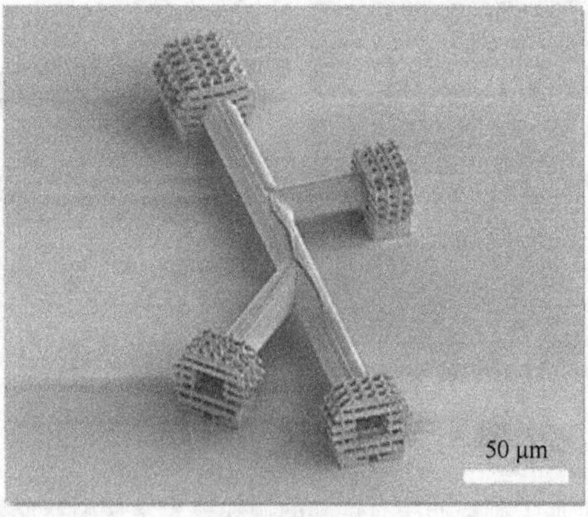

图 4.12　测量癌细胞转移的三维结构

此外,激光三维加工还可用于加工生物培养架,研究体外环境下细胞的运动。图 4.13 是用激光三维加工的细胞培养架,图 4.13(a)所示的培养架可以用来研究细胞的挤压运动,图 4.13(b)所示的培养架可以用来研究单个细胞在无挤压环境下的转移特性。

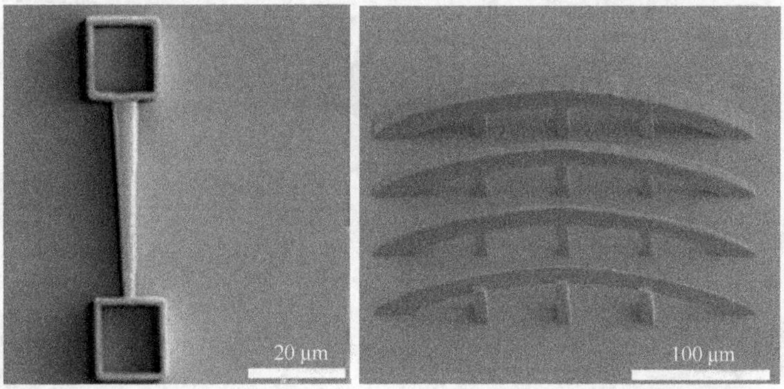

(a)　(b)

图 4.13　三维细胞培养架

(a)研究细胞的挤压运动;(b)研究单个细胞在无挤压环境下的转移特性

4.3.5　集成光路中的应用

利用飞秒激光三维加工系统在多个分立的芯片模块之间精确地直写微米级尺寸的光波导互联线,称为一种三维光子引线键合(photonic wire bonds, PWB)技术,应用于光子混合集成光路领域。图 4.14 给出了一种代表性的应用,采用双光子曝光的方式在粗略定位的光子器件上原位直写自由曲面的聚合物光波导,可以实现片-片互联、光纤-片互联,使平均总插入损耗只有 0.7 dB,标准偏差只有 0.15 dB[34]。InP 激光器(水平腔面发射激光器)的性能远非硅衬底外延锗激光所能取代,而且在硅衬底外延Ⅲ-Ⅴ族半导体只能满足少数几个大众市场产品的前提下,以光子引线键合将激光器模块与硅基光子发射器芯片互联仍是最简单的方法。2018 年,Dietrich 等将光子引线键合技术引入到工业生产线中,可以在使用连续压电驱动器的情况下将制造一条键合引线的速度降低到 30 s 的水平。

飞秒激光三维加工系统在混合集成光路中的另一个重要应用是利用双光子曝光技术在光学器件的表面上原位打印超紧凑的光束整形元件。

在硅光子学彻底解决发光、损耗、温漂和耦合效率等问题前,集成光路仍以分立器件混合集成方案为主导。混合集成光路存在大量的单模芯片-芯片和光纤-芯片界面,从而导致光传播的模式以及方向差异,阻碍获得更低的耦合损耗。为了有效地降低耦合损耗,采用透镜光纤或者分立微透镜,用以降低单模光纤的模场到芯

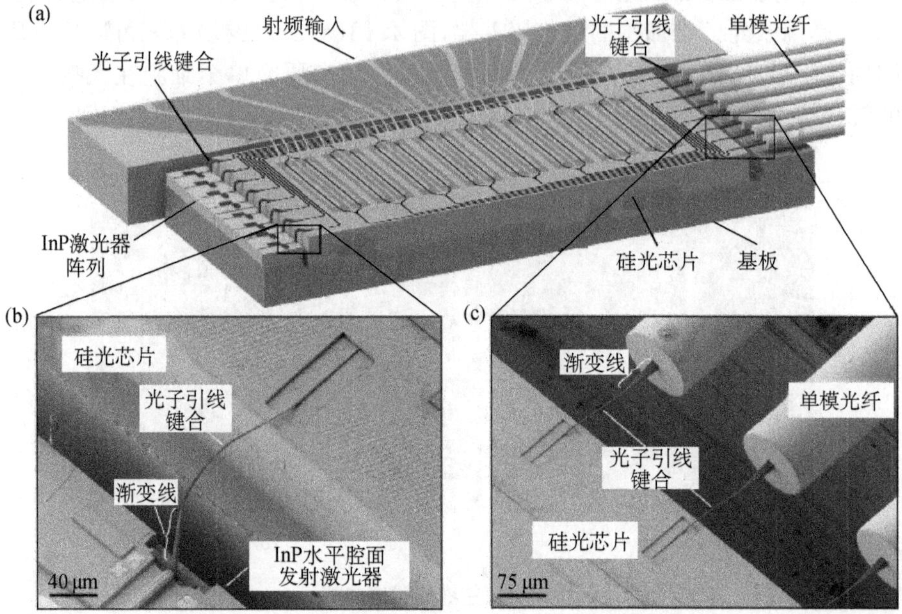

图 4.14 利用双光子曝光技术实现混合多芯片模块

(a)三维光子引线键合实现的混合多芯片模块示意图;(b)水平腔面发射激光器与发射器芯片键合;(c)单模光纤与发射器芯片键合[34]

片端面的模场水平。边缘耦合已经成为将 InP 基水平腔面发射激光器或光放大器耦合到单模光纤的主要手段。图 4.15 显示利用双光子曝光技术在单模光纤的端面上直接制备自由曲面透镜或者反射镜,在 InP 激光器的端面直接写出复杂的光路,以分别耦合来自边缘发射或表面发射激光器的光,甚至为了降低组装过程中的对准误差,直接写出复杂的光路。实现了低于 0.6 dB 的耦合损耗,在边缘发射激光器和单模光纤之间实现了 88%的耦合效率[35]。以飞秒激光三维加工技术制备的自由曲面镜可以同时解决芯片-芯片和光纤-芯片界面的光束形状和传播方向两个问题,为实现多功能的集成光路和进一步提高集成光路性能铺平了道路。

可见,采用飞秒激光加工设备,可以制备各种高度、边长以及截面几何形状的光刻胶聚合物三维微纳米结构。通过结构的功能化处理,可实现三维纳米器件的加工,从而克服以往制备方法复杂、低效、无法自由设计的缺点,具有批量、可重复、可设计、可控加工的优点。目前,与飞秒激光加工相关的研究内容越来越多,除了在光学方面能够制备精细的三维光子晶体,在生物医疗领域提供了新的研究方法和途径,相信在不久的将来,必将在其他纳米材料与器件领域展示出巨大的加工能力。

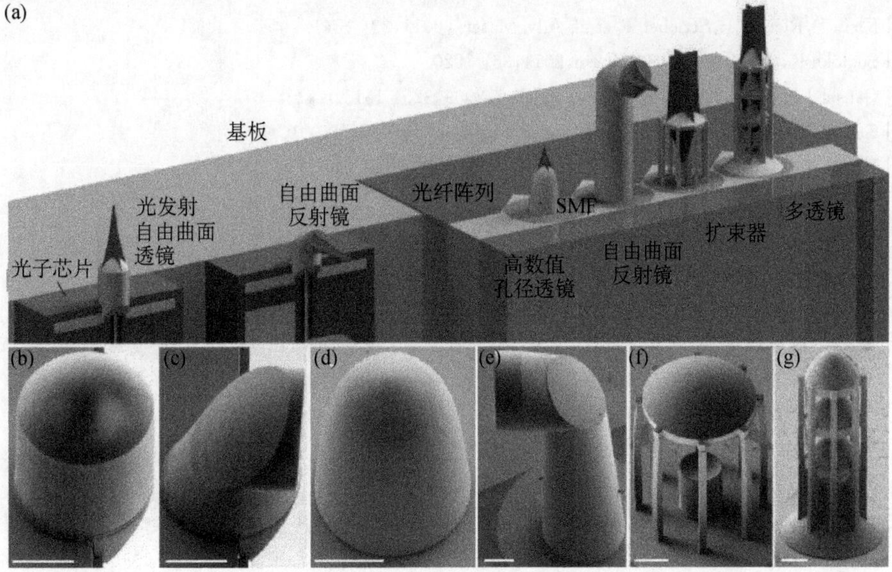

图 4.15　各种自由曲面光束整形元件的设计与实现

(a)含有多种光子芯片的混合集成光路中各种自由曲面光束整形元件的设计;利用双光子曝光技术制备的各种光学元件:(b)自由曲面透镜,(c) 全内反射镜,(d)高数值孔径自由曲面透镜,(e)用于光束偏转的 TIR 镜,(f)扩束器和(g)具有 9 个折射面的多透镜光路[35]

参 考 文 献

[1] Guo G F, Nayyar V, Zhang Z W, et al. Adv. Mater., 2012, 24: 3010.
[2] Zhang J M, Guo C F, Zhang H R, et al. Nanoscale, 2013, 5: 8351.
[3] Zhang H R, Yang F Y, Dong J J, et al. Nature Communications, 2016, 7:13743.
[4] Qin L, Huang Y Q, Xia F, et al. Nano Lett., 2020, 20: 4916.
[5] Kawata S, Sun H B, Tanaka T, et al. Nature, 2001, 412: 697.
[6] Scott T F, Kowalski B A, Sullivan A C, et al. Science, 2009, 324: 913.
[7] Sun Z B, Dong X Z, Nakanishi S, et al. Appl. Phys. A, 2007, 86: 427.
[8] Kato J, Takeyasu N, Adachi Y, et al. Appl. Phys Lett, 2005, 86: 44102.
[9] Sakellari I, Kabouraki E, Farsari M. ACS Nano, 2012, 6: 2302.
[10] Thiel M, Fischer J, von Freymann G, et al. Appl. Phys. Lett., 2010, 97: 221102.
[11] Atwater J H, Spinelli P, Kosten E, et al. Appl. Phys. Lett., 2011, 99: 151113.
[12] Grossmann T, Schleede S, Hauser M, et al. Opt. Express, 2011, 19: 11451.
[13] Thiel M, Fischer H, von Freymann G, et al. Opt. Lett., 2010, 35:166.
[14] Schröder M, Bülters M, von Kopylow C, et al. J. Europ. Opt. Soc. Rap. Public., 2012, 7: 12027.
[15] Staude I, McGuinness C, Frölich A, et al. Opt. Express, 2012, 20: 5607.
[16] Lindenmann N, Balthasar G, Hillerkuss D, et al. Physics. Optics arXiv:1111.0651v1, 2011.

[17] Tottori S, Zhang L. Adv. Mater., 2012, 24: 811.
[18] Klein F, Richter B, Striebel T, et al. Adv. Mater., 2011, 23: 1341.
[19] Sugioka K, Cheng Y. MRS Bulletin, 2011, 36: 1020.
[20] Gansel J K, Thiel M, Rill M S, et al. Science, 2009, 325: 1513.
[21] Gansel J K, Latzel M, Frölich, et al. Appl. Phys. Lett., 2012, 100: 101109.
[22] Bückmann T, Stenger N, Kadic M, et al. Adv. Mater., 2012, 24: 2710.
[23] Kadic M, Bückmann T, Stenger N, et al. Appl. Phys. Lett., 2012, 100: 191901.
[24] Lee W C, Heo Y J, Takeuchi S. Appl. Phys. Lett., 2012, 101: 114108.
[25] Röhrig M, Thiel M, Worgull M, et al. Small, 2012, 19: 2918.
[26] Kaiser W, Garrett G G. Phys. Rev. Lett., 1961, 7: 229.
[27] 董贤子,陈卫强,赵震声. 科学通报, 2008, 53: 2.
[28] 王琛,杨延莲,等. 纳米科技创新方法研究,第十一章. 科学出版社, 2012.
[29] Ansombe N. Nat. Photonics, 2010, 4: 22.
[30] Park I Y, Kim S, Choi J, et al. Nat. Photonics, 2011, 5: 677.
[31] Mu J J, Li J F, Li W X, et al. Microeletron. Eng., 2013.
[32] Staude I, von Freymann G, Essig S, et al. Opt. Express, 2011, 26: 1.
[33] Rill M S, Plet C, Thiel M, et al. Nat. Mater., 2008, 7: 543.
[34] Blaicher M, Billah M R, Kemal J, et al. Light Sci. Appl., 2020, 9: 71.
[35] Dietrich P I, Blaicher M, Reuter I, et al. Nat. Photon., 2018, 12: 241

习 题

1. 简述飞秒激光三维加工的基本原理。

2. 描述飞秒激光三维加工的具体工艺过程。

3. 在激光三维加工实验中,需要根据所加工结构的最小结构选择合适的物镜。现有三种物镜:油浸物镜($NA=1.4$)、空气浸物镜 1($NA=0.75$)和空气浸物镜 2($NA=0.25$)。试论述在目标结构的最小线宽为 0.4 μm 时如何选择所用的物镜。

第 5 章　纳米压印技术

作为微纳加工主流的图形制备技术，光学曝光的分辨率已经从亚微米发展到了纳米尺度，但是随着分辨率的提高，设备的复杂性、加工技术的难度、成品的造价都大幅度提高，严重束缚了其发展。另一方面，作为高精度加工方法的电子束、聚焦离子束和飞秒激光直写技术，由于其可以获得高分辨率而在科研和应用领域都有非常重要的地位。但是，这些逐点扫描的加工方式不能满足工业量产制备的要求，一般只适于科研领域和模板加工方面。鉴于以上的两难困境，一种可以快速、大面积复制、分辨率优于百纳米的低成本图形制备技术——纳米压印技术应运而生。

纳米压印技术最早是 S. Chou 在 1995 年提出的[1]。该技术最初是利用具有纳米图形的模板在机械力的作用下将图案等比例地复制在涂有某种有机高分子材料(通常被称为压印胶)的衬底上，经过固化、脱模实现结构复制。其加工分辨率主要取决于模板本身的分辨率和压印胶的分辨率。早在 S. Chou 第一次提出纳米压印概念的时候，他们就可以实现 25 nm 图形的制备，目前已经可以达到 5 nm，甚至更小的分辨率[2]。

纳米压印技术作为一种微纳加工技术，其最主要的特点是分辨率高、效率高、成本低。这种低成本的大面积图形复制技术为纳米制造提供了新机遇，它可应用于集成电路、生物医学产品、超高密度存储、光学组件、分子电子学、传感器、生物芯片、纳米光学等几乎所有与微纳加工相关的领域[3-9]，而且纳米压印技术已经从实验室走向了工业生产，比如用于数据存储和显示器件的制造。

科学家们也正在努力为科研和工业界建立纳米压印的工艺标准，以使纳米压印行业更好更快地发展。2003 年，纳米压印技术被列入国际半导体技术路线图(International Technology Roadmap for Semiconductors，ITRS)[10]，被认为是 22 nm 节点以下的首选技术，开始受到工业界的广泛关注，并被 *MIT Technology Review* 誉为“可能改变世界的十大未来技术”之一[11]。2009 年开始，该技术被排在 ITRS 蓝图的 16 nm 和 11 nm 节点上[12]。

5.1　纳米压印的基本原理

纳米压印的原理非常简单，只是通过外加机械力，使具有微纳米结构的模板与压印胶紧密贴合,处于黏流态或液态下的压印胶逐渐填充模板上的微纳米结构,然后将压印胶固化,分离模板与压印胶,就等比例地将模板结构图形复制到了压印胶上,最后可以通过刻蚀等图形转移技术将压印胶上的结构转移至衬底上。实质上纳米压印技术就是将传统的模具复型技术直接应用于微纳加工领域。

由纳米压印基本原理和工艺过程可以看出,纳米压印技术可以不需要任何复杂的设备,非常容易实现。它不受光学衍射极限的限制,即便模板上的结构只有几十纳米,甚至几纳米也可以忠实地复制其结构。其工作方式是平面对平面的复制,工作面积大,速度快,时间只用于让压印胶充分填充进入模板的微纳米结构中,然后固化就可以了。

最简单纳米压印设备,通常只包含压力控制系统、温度控制系统(含升温控制和降温控制)、样品及模板托架或腔室。根据不同的压印工艺,一些压印设备还有紫外辐照系统。更为复杂的设备还配置了掩模对准系统及特殊的脱模装置等。

以瑞典 Obducat 公司出品的 Eitre3 型纳米压印机(如图 5.1 所示)为例。该压印设备工作的核心区域示意图如图 5.1(b)所示,主要包括:①加热器,可以控制加热基片和压印胶,温度控制最高达 200 ℃;②基片台,用于放置模板和涂好压印胶的基片;③盖膜,用于保护基片和模板,并与石英窗口形成高压舱室;④石英窗口,用于透过紫外光线并与盖膜形成高压舱室;⑤紫外光源,用于紫外压印;⑥高压舱室,提供压印外力,形成压力匀称的压力舱;⑦垫圈,保护样品、模板和石英窗口,避免其产生直接接触而导致损坏,同时与石英窗口和盖膜形成压力舱室。

(a)

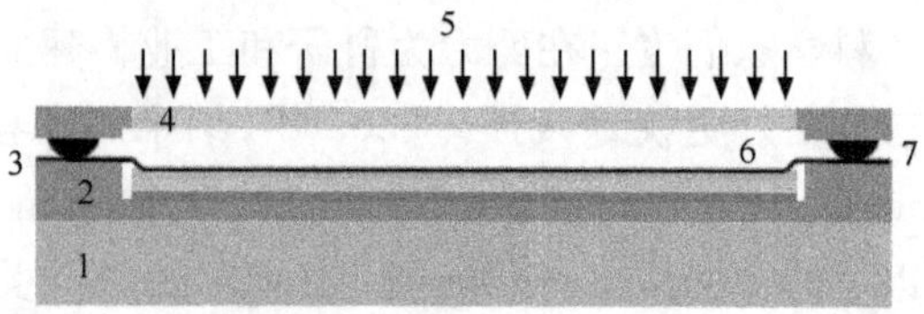

(b)

图 5.1 (a)纳米压印设备;(b)关键部件示意图

1:加热器,2:基片台(模板和涂好压印胶的基片放置在基片台上),3:盖膜,4:石英窗口,5:紫外光源,6:高压舱室,7:垫圈

5.2　纳米压印的基本工艺过程

5.2.1　模板的制备和表面处理

模板的制备在纳米压印技术中是非常关键的一个部分，纳米压印就是将模板的结构复制到压印胶上的过程，所以模板的质量很大程度上决定了纳米压印的质量。没有模板，纳米压印也就无从谈起。

模板的材料最早都是硬质材料，如石英、镍板、Si 衬底等，后来发展出了柔性材料，如 PDMS(聚二甲基硅氧烷)、IPS 等，甚至两类材料的复合模板。不同的模板材料应用在不同的压印方法中，要求各不相同，各有所长。

通常纳米压印模板(这里指母模板，而非复制模板)的制备成本比较高，尤其是大面积、高分辨率的模板。在纳米压印模板的材料选择上，要求耐用度高、性能稳定、有好的抗黏性。另外，由于纳米压印过程中通常需要加一定的温度和压力，还要求模板硬度高、热膨胀系数小，紫外压印模板需要透光性好，对不平整表面进行压印需要选择柔性模板材料。总之，纳米压印模板选择什么样的材料，需要综合考虑其制备方法、成本及后期工艺特点等内容，否则将提高模板制备成本，也不能实现高质量的结构复制。

纳米压印的模板，与紫外光刻的模板类似，最主要的区别在于最小特征尺寸。紫外曝光由于光学衍射极限的限制，模板的最小特征尺寸一般大于500 nm，而纳米压印则没有这样的限制，可以将最小特征尺寸做到百纳米量级，甚至更小达到几个纳米。

常用来制备纳米压印模板(尤其是母模板)的方法是电子束曝光技术。图 5.2 为电子束曝光制备纳米压印模板示意图，主要分为图形制备和图形转移两个过程。

首先，根据所需要的结构设计并生成作图文件，用电子束曝光设备在涂有电子束抗蚀剂的基片上曝光、显影，在抗蚀剂上获得所需的纳米结构图形(详细内容见第 2 章)。

然后，进行图形转移，通常的图形转移有三种方法，分别为直接刻蚀、沉积后再刻蚀和直接电镀。直接刻蚀方法是根据所选择光刻胶和衬底材料，选择合适的刻蚀工艺，刻蚀后去胶，就可以得到模板。这是最简单有效的图形转移工艺，如图 5.2(a)所示。沉积后再刻蚀要求电子束抗蚀剂上获得的图形为底切结构，在其上沉积一层金属(如 Cr)，然后去胶，留下沉积的金属材料作为抗刻蚀层，选择合适的刻蚀工艺，刻蚀后去除金属膜，如图 5.2(b)所示。电镀法是在电子束曝光显影后沉积金属，然后电镀 300～400 μm 厚的金属材料(如镍)，去除衬底和溅射的金属层，获得金属模板，如图 5.2(c)所示。

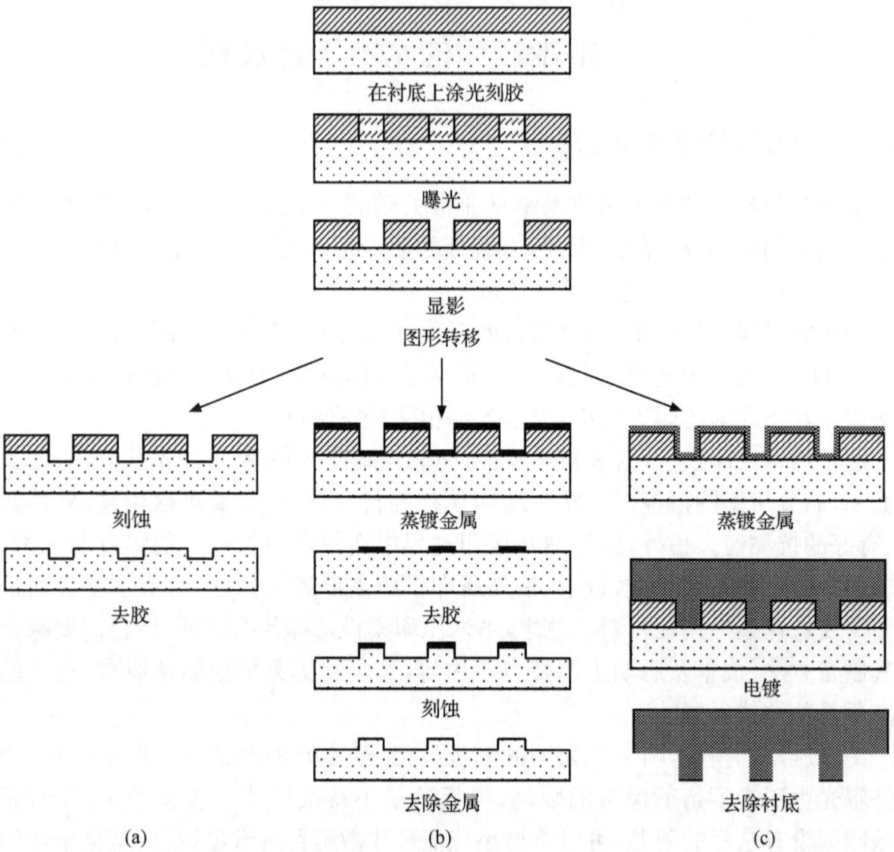

图 5.2　电子束曝光技术制备纳米压印模板示意图

(a)直接刻蚀；(b)沉积再刻蚀；(c)电镀法

需要注意的是，同样的电子束曝光图形，用不同的图形转移方法制备的模板结构是不同的。通过直接刻蚀获得的模板与沉积后再刻蚀或电镀方法获得的模板结构互为反版，所以在电子束曝光图形设计之初就需要将后期的图形转移工艺考虑好后进行设计。

除了最常用的电子束曝光技术，许多其他的微纳加工技术也都可以用来制备纳米压印模板，如聚焦离子束刻蚀技术、LIGA 技术、极紫外光刻等，具体的制备方法参见本书其他章节，就不在此一一讲述。

当然，纳米压印的模板并不仅限于这些微纳米加工技术得到的结构，大自然里的各种结构都可以用来进行纳米压印，比如转印树叶的微结构用于研究摩擦发电[13]。

对于制备好的纳米压印模板，在开始正式应用于压印工作之前，必须进行一些表面处理，以降低压印模板和压印胶之间的黏附性，这一点对于成功脱模并保护和延长模板寿命至关重要。为此，人们做了很多模板表面改性的工作，以降低模板表面能，也就是增加抗黏层。最早被使用在纳米压印工艺中的抗黏层是聚四氟乙烯(polytetrafluoroethylene，PTFE)。现在，自组装单分子层(self-assembled monolayer，SAM)，如含氟的有机硅烷，是较为普遍的制备抗黏层的方法。自组装单分子层方法得到的抗黏层很薄，目前已经能实现1 nm厚抗黏层的制备，对于模板特征结构非常小的压印工作至关重要。但这种很薄的抗黏层使用寿命有限。

5.2.2 压印胶的种类和涂胶方式

1. 压印胶的种类

压印胶通常是高分子聚合物材料，与其他微纳加工技术中所使用的光刻胶(也叫抗蚀剂)类似，最主要的不同在于压印光刻胶在压印过程中受力并发生形变，然后通过某种固化方式使其结构固定。而其他微加工技术中所使用的光刻胶通常不需要受力，或仅受很小的力。压印胶是压印技术中除模板外的另一个关键因素。压印胶的选取通常要考虑以下几个方面：在温度和压力变化下尺寸伸缩足够小，这样才能保证压印后光刻胶上的图形结构与模板上的结构一致；在固化后有足够的机械强度，以便脱模时不会被损坏而导致压印缺陷的出现；为了增加压印效率，要求其在压印温度下黏度低，可以迅速填充模板结构中的缝隙，另外固化速度也要求越快越好；考虑到压印完成后要把压印胶上的图形转移至衬底上，通常还要求压印胶的抗刻蚀性能要好。

针对不同的压印技术，人们研发了不同性能的压印胶，对其不同的成膜特性、黏度、硬度、固化速度、抗刻蚀性能等方面都进行了广泛研究。根据压印胶成型方式不同，纳米压印胶通常分为热压印胶和紫外压印胶。热压印胶主要有热塑性压印胶和热固性压印胶。

热塑性压印胶随着温度的升高，分别显示为玻璃态、高弹态和黏流态。压印温度要求高于压印胶玻璃化转变温度，根据压印胶的黏度不同选择不同的压印压力和压印时间，使压印胶充分填充模板，然后降温至玻璃化转变温度以下脱模。该类压印胶的优点是可选材料种类很多，缺点是压印后不能置于高于玻璃化温度以上的环境，且由于其温度的升降要求导致压印效率较低。而热固性压印胶的压印过程在常温下进行，常温下其黏度低，升温后发生热聚合化学变化而固化，脱模不需要降温。紫外压印胶性能类似于热固性压印胶，但固化方式不同，顾名思义，紫外压印胶的固化方式为紫外光辐照聚合固化。还有一些其他的压印方式中所使用的压印胶，如微接触印刷中所使用的硫醇墨水等，这里不再一一介绍。

2. 涂胶方式

涂胶的方式通常分为旋涂、滴胶、滚涂、喷雾、提拉等方法,其中以旋涂法最为常见。

旋涂是将纳米压印胶均匀地滴在平坦洁净的衬底上,令衬底高速旋转,由于旋转所产生的离心力使压印胶均匀地涂在衬底表面。衬底通常需要进行预处理,以增强衬底和纳米压印胶的黏附性,确保不会在压印后脱模过程中脱离。例如,将待涂胶的衬底分别在丙酮、酒精、去离子水中进行超声清洗,然后在热板上烘烤,以去除衬底上残余的水汽,使压印胶与基片更好地黏附在一起。或用等离子体对其表面进行氧离子轰击,以去除表面油污,并同时增强压印胶与衬底的黏附力。

根据所需压印模板图形结构的宽度和深度选择压印胶的厚度必须适中。压印的深度与模板上结构的深度和聚合物的厚度相关,通常旋涂压印胶的厚度要略高于模板厚度,以确保模板与衬底没有硬接触,保护模板在压印过程中避免损伤。如果太厚,会导致压印后留下很厚的残胶,对后期工艺的影响很大;如果太薄,将使模板与衬底之间毫无保护地直接接触,很容易导致模板损坏。

滴胶通常只在紫外固化纳米压印技术中使用。例如,在步进-闪光压印中,由于该技术是在不同的区域分步进行纳米压印,所以需要对每一个待压印的区域涂胶,所以滴胶是最方便可控的,但是要特别注意滴胶的量,不可过多,也不可过少。滴胶的量过多,会导致其他压印好的区域被破坏;过少则不能在待压印的区域完成相应的压印工作。

5.2.3 压印及脱模

纳米压印工艺原理非常简单,在制备好压印模板并将衬底涂好胶后,将两者相对放置,根据所使用压印胶的性质不同,调整外加机械压力大小、温度和时间等条件,使处于黏流态或液态下的压印胶逐渐填充模板上的微纳米结构。然后将压印胶固化。不同性质的压印胶固化方式也不相同,比如热压印胶可以通过降温的方法进行固化,紫外压印胶则需要通过紫外光辐照相应时间的方式固化。具体的压印方式将在5.3节中详细介绍。

分离模板与压印胶的过程就是脱模过程。该过程主要是通过外力破坏固化后的压印胶与模板之间的黏附力的过程。脱模过程对于纳米压印图形的质量和模具的寿命等方面都起到决定性的影响。该过程中极易破坏压印胶上压印结构的完整性,形成结构缺陷、压印胶与衬底剥离等现象。为使脱模成功,保证聚合物与模板分离并留在衬底上,而不使聚合物黏附在模板上与衬底分离,需要确保聚合物与衬底的附着力大于与模板的附着力。为此,人们进行了大量研究,对于脱模过程中的各种力进行理论和建模分析。

纳米压印过程中使用模板不同，脱模的方式也不同。主要方式有两种：一种是平行脱模(parallel demolding)，该方法主要用于模板和衬底都是硬质材料的情况；另一种是揭开式脱模(peel-off demolding)，主要用于模板和衬底有至少一个为软材料或薄膜的情况。

5.2.4 图形转移

纳米压印的最后一步是图形转移工艺，该步骤通过刻蚀等技术将压印胶上的结构转移至衬底上。由于光刻胶涂覆的厚度、模板图形结构和深度、光刻胶的黏滞性及压印过程所使用的压力等参数的影响，压印后会有不同厚度的残胶，在进行图形转移之前，必须将残胶去除干净，否则将严重影响图形转移效果。

无论是胶的厚度变化、种类变化或是模板结构发生变化，对于纳米压印来说都要进行新工艺的压印残胶厚度检测。检测残胶的厚度可以通过 SEM 进行截面观察直接得到，然后将其去除干净。去除残胶的方法可以选择反应离子或等离子体刻蚀。

纳米压印图形的转移与光学曝光和电子束曝光后的图形转移相同，可以使用化学、物理，或者两者相结合的方法，将掩模上的结构复制到衬底上。

湿法刻蚀技术是利用溶液与压印衬底材料之间的化学反应，来去除没有胶保护区域的方法。湿法刻蚀的底切现象比较严重，不易在刻蚀过程中保持与原有压印结构的一致性，尤其是具有较小特征尺寸的纳米级图形，容易造成比较严重的结构破坏。所以，湿法刻蚀技术在纳米压印图形转移过程中使用相对较少。

干法刻蚀进行图形转移是比较通行的方法，通常有两种方式：一种是将聚合物图形作为模板直接刻蚀；另一种是先沉积金属，然后通过溶脱技术将图形转移至衬底上再刻蚀，具体步骤可参见图 5.2(a)和(b)。直接刻蚀得到的衬底图形结构与模板互为反板结构，沉积后刻蚀得到的衬底图形结构与模板一致。

5.3 纳米压印的分类

纳米压印技术经过十多年的发展，从最初的热压印技术，到紫外固化纳米压印技术再到后来衍生出的软膜复型技术、微接触印刷术、激光辅助直接压印技术等，新的纳米压印技术不断被开发和完善，纳米压印技术在微纳加工领域也占有越来越重要的位置。下面将逐一介绍上述纳米压印技术。

5.3.1 热压印

纳米压印技术最基本的工艺是 Stephen Chou 最初提出的热压印技术[1]。该技术是一种热塑性压印胶工艺，图 5.3 和图 5.4 分别显示了热压印的过程和压印过程中的温度、压力和时间的关系图。

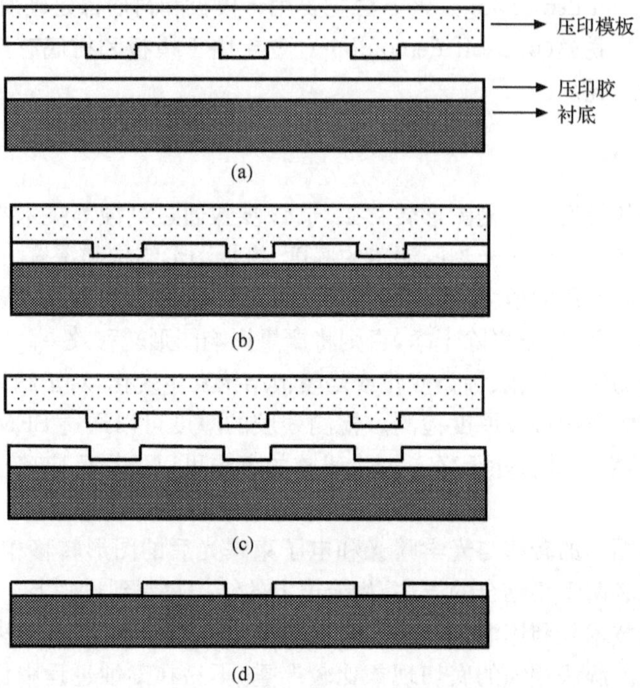

图 5.3 纳米热压印过程示意图

(a) 压印前;(b) 压印;(c) 脱模;(d) 去线胶

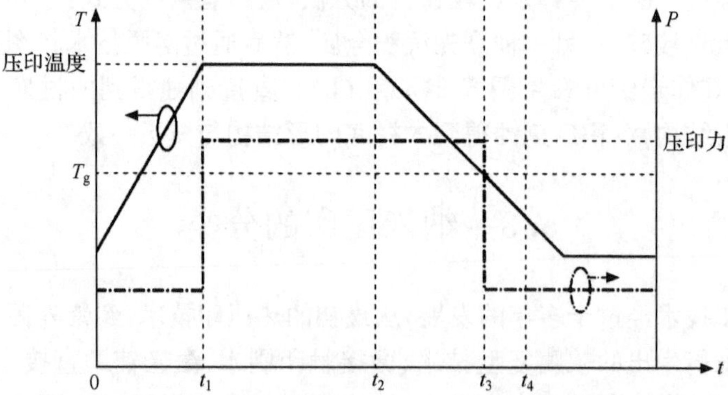

图 5.4 压印过程温度压力变化曲线示意图

首先,在衬底上旋涂适合厚度的纳米压印胶,将压印模板放置于涂胶的衬底上,如图 5.3(a)所示,并对衬底进行加热,使温度高于压印胶玻璃化温度(T_g)50～100℃,见图 5.4 中 t_1 部分;当温度达到压印温度时,保持该温度并施加适当的压力进行压印,如图 5.3(b)所示,稳定一段时间,使光刻胶能够充分填充到模板上的微纳米结构中，见图 5.4 中 t_2 部分；然后保持压力的同时降温至低于压印胶玻璃化转变温度，以使压印胶保持住模板结构的形貌固化，见图 5.4 中 t_3 部分；固化后进行脱模，如图 5.3(c)所示，当压印胶完全固化后，使模板和固化的光刻胶分离，见图 5.4 中 t_4 部分；最后去残胶，压印后的衬底上通常会留有一定的残胶，需要经过刻蚀将残胶去除，以暴露出干净的衬底结构，以便进行进一步的图形转移工作。

5.3.2　紫外固化压印

紫外固化压印(ultraviolet nanoimprint lithography，UV-NIL)方法是 1996 年 Haisma 等提出来的[14]。压印流程与热压印相似，只是压印过程中所使用的光刻胶的性能不同。紫外压印光刻胶不需要高温软化，在较低温度下具有黏度低、流动性好的特征，固化也不是通过降低温度来实现，模板与衬底间不需要加高压力就可以使光刻胶填充整个模板上的微纳米结构间隙，然后通过紫外光辐照使压印胶固化再脱模。所以，紫外压印整体过程与热压印过程类似(参见图 5.3)，只是在压印过程中引入了紫外光辐照部分。由于胶固化需要用紫外光辐照，所以使用的压印模板是透光材料。石英材料由于其良好的透光性和高强度，是紫外固化压印技术中常用的模板材料。但石英材料的压印模板，除了材料本身价格昂贵外，其高精度的模板制备成本也很高。使用其他透明材料替代石英作为压印模板是一种选择外，将压印模板改为非透明材料，而将衬底改为透明材料，然后在压印过程中通过衬底进行反向紫外光固化，也是一种更容易实现的紫外固化压印方法。

紫外固化压印技术的主要优点有：①压印过程中的压力并不像传统热压印中使用的压力那么大，可以起到对模板的保护作用；②不需要大幅度升温降温过程，压印材料是通过紫外光辐照固化的，从而避免升降温度所导致的压印胶和衬底的变形；③模板或衬底为透明材料，可以改善传统热压印中难以解决的对准问题，拓展了纳米压印的可能应用领域。另外，紫外压印技术中虽然使用了紫外光进行曝光，但图形分辨率并不受曝光波长影响，也不需要复杂的光学成像系统，这些优点使其成为纳米压印技术中很重要的一个方法。

5.3.3　步进-闪光压印

紫外压印与热压印都是需要大面积的模板，一次性复制出大面积的结构。前面讲到，大面积高精度的纳米压印模板的制备费用昂贵，如何降低模板制备成本一直是人们很关心的问题。1999 年，Willson 等基于紫外压印技术，开发了一项新的纳米压印技术——步进-闪光压印(step and flash imprint lithography，S-FIL)技术[15,16]。通常纳米压印技术只能复制与模板区域大小一致的结构，步进-闪光纳米压印技术将大面积重复结构进行拆分，用一个很小面积的纳米压印模板，通过多次压印，移动对准拼接，实现大面积纳米结构的复制。

步进-闪光纳米压印技术与紫外固化纳米压印技术原理是一样的。它是将透明的石英模板放置在硅衬底相应位置上,留有小量间隙,在此间隙中滴入低黏度的紫外压印胶,在毛细管力的作用下,胶将快速填充整个间隙;然后压印,排挤多余的压印胶,经过紫外光辐照令压印胶固化,通常该技术选用的压印胶为含硅比例较高的材料,具有较高的抗刻蚀性、胶薄、紫外固化所需计量小;脱模后移动衬底和模板的相对位置,拼接对准。步进闪光纳米压印技术后期更多被用为喷射闪光压印(jet and flash imprint lithography,J-FIL)。主要区别在压印胶和涂胶方式,压印胶为常温液相低黏度胶,以喷涂方式在小区域内涂胶,紫外固化。反复重复至整个区域完成压印,这样就实现了用一个小面积模板在衬底上实现大面积微纳米结构复制的工艺。模板制备的费用大大降低,提高了纳米压印技术的应用范围。该方法已经达到 20 片(12 英寸工艺)/小时的产能,图 5.5 为使用该方法将 26 mm×33 mm 的模板压印在整个晶圆的光学显微镜照片[17],特征尺寸从 2013 年的 10 nm 提高到 2015 年的 5 nm[18]。

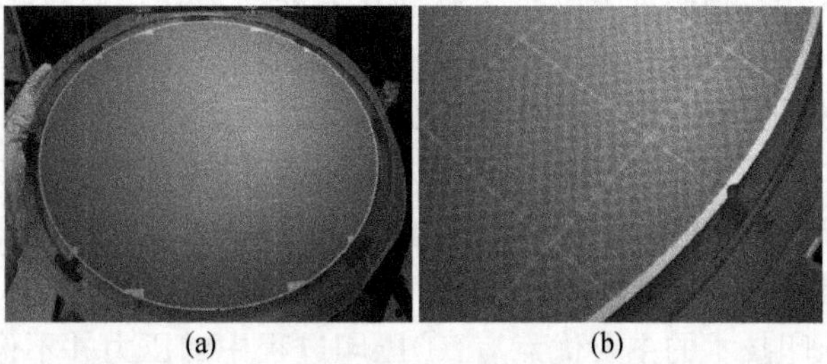

图 5.5 完整压印的 12 英寸晶圆光学显微镜照片(a);部分压印边界的光学显微镜照片(b)[17]

5.3.4 基于模板保护的纳米转压印

无论用哪种压印方法,大面积、高精度的硬模板的价格都是很昂贵的。为了保护昂贵的模板,延长其使用寿命,人们开发了一种软模板转印技术,避免了昂贵的母模板与坚硬材质的衬底直接接触,从而降低了模板的破坏概率,延长了模板使用寿命。

软模板转引技术也就是用压印技术本身将模板的结构复制到一个柔软的材料上,并用带有结构的软材料做模板进行压印的方法。软模板的复型也是一个重要的模板制备方法。

1. PDMS 技术及微接触印刷技术

1998 年,由 Whtiesides 等提出了 PDMS 软模复型技术[19],他们在母模板上浇铸弹性材料，并经过固化、分离得到新的弹性模板。该方法的好处是模板复制的成本低廉，并且操作简单，对母模板没有损伤，可以增加母模板的使用寿命。该方法的操作过程如图 5.6 所示。首先将聚二甲基硅氧烷(PDMS)加入交联剂，搅拌并去除气泡后浇铸在母模板上，然后经过固化、剥离，就可以得到弹性印章。PDMS 的优点很多，它的成本低，经过固化后很稳定，可以多次使用而不出现明显的损坏和变形，不需要复杂的大型仪器就可以制备。此外，它的高弹性可以保证模板与衬底表面接触良好；它的表面能很低，易于脱模，不易造成结构的破坏；它是透光材料，可以用于紫外光固化纳米压印。

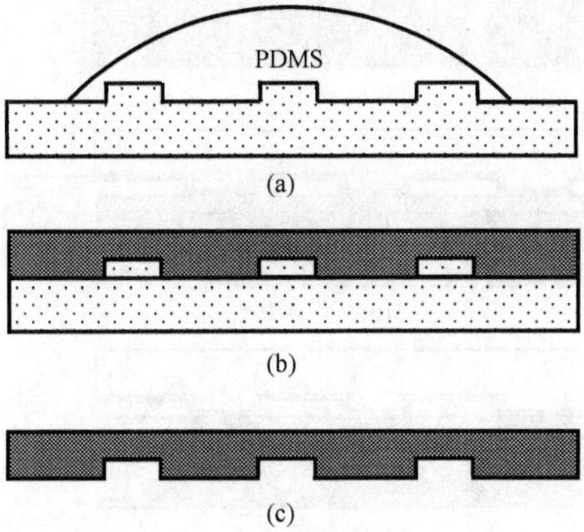

图 5.6　PDMS 模板复制示意图
(a) 在母模板上倾倒 PDMS；(b) 固化；(c) 剥离

PDMS 是一种柔软且稳定的高弹性材料，在施加外力时表面结构会发生形变，不能用于一般意义上的压印，但是，却是微接触印刷技术的良好弹性模板材料。由于其绝缘性良好，具有高的生物兼容性和良好的透光性等特质，还被广泛用于生物传感等器件的制作。

微接触印刷(microcontact printing)技术就是使用 PDMS 材料做模板的一种压印工艺，也叫软光刻技术。与其他纳米压印技术的一个显著不同是没有加压过程，更像传统的印刷技术。微接触印刷的模板采用在硫醇类(alkanethiol)溶剂中进行过表面单分子自组装的 PDMS 材料。这种表面自组装材料被称为墨水(ink)，然后与传统印刷术一样，将其印制到沉积有金属膜的衬底上。模板上突起部分的墨水就会转移到金属薄膜上。留在金属膜上的单分子层墨水是很好的抗蚀剂，在氰化物类腐蚀液中硫醇膜的腐蚀速率仅为金的百万分之一。通过选择不同的自组装单分子层可以实现附着力、亲水性等表面功能改性，也是微接触印刷技术的一类应用。

微接触印刷技术有如下优点：①使用的模板通常是柔性模具 PDMS 材料，可以在不平整表面,或有些许颗粒的表面,或曲面上使模板与衬底接触良好,完成不同形状衬底的印刷;②微接触印刷过程中没有外加压力,只有印刷的过程。

与此类似的还有一些其他的印刷技术,如电微接触印刷(electrical microcontact printing)[20],即在柔性模板上溅射一层金属,如图 5.7(a)所示;然后,在模板和衬底接触时给两者之间加电压,如图 5.7(b)所示;最后使光刻胶上留下图形化的电荷分布,如图 5.7(c)和(d)所示。

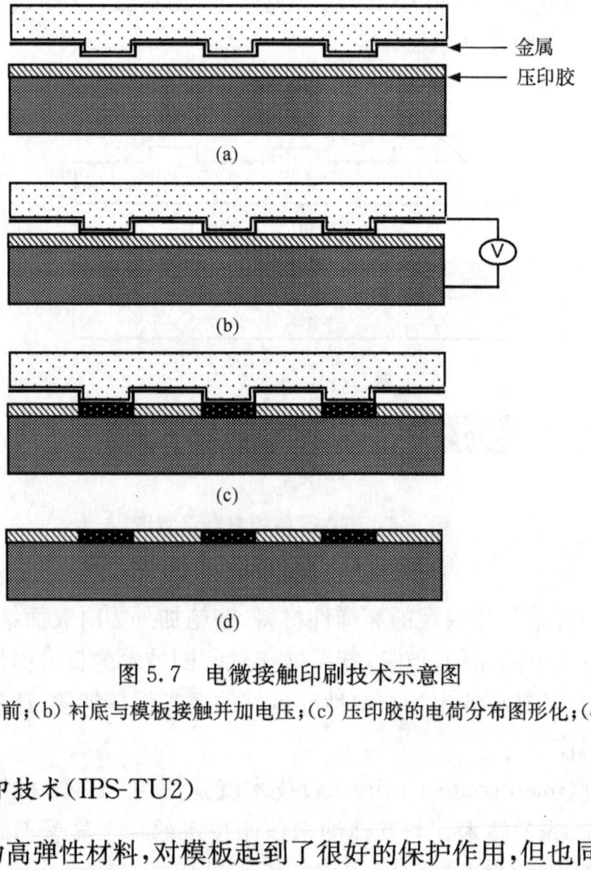

图 5.7　电微接触印刷技术示意图

(a) 压印前;(b) 衬底与模板接触并加电压;(c) 压印胶的电荷分布图形化;(d) 脱模

2. 软膜转印技术(IPS-TU2)

PDMS 作为高弹性材料,对模板起到了很好的保护作用,但也同样因为其高弹性,机械强度不如硬模板,在压力较大的压印过程中 PDMS 会出现结构倒塌,形成压印图案畸变,所以只能用于微接触印刷技术。另外,PDMS 也有压印结构的分辨率不够高、在有机溶剂的作用下会膨胀变形、在固化的过程中会有不同程度的体积收缩等问题。

IPS(intermediate polymer stamp)-TU2 工艺是将常规的压印工作拆分为两部分。首先是 IPS 复形模板,IPS 是厚度约 200 μm 的透明聚合物材料,常温下有足够的强度和韧性,表面覆盖有一层保护膜,使用时按需求可随意裁剪大小,揭开保护膜就可以直接使用，非常方便。如将IPS膜均匀地放置在光栅模板上，需要注意防止模板与IPS薄膜之间产生气泡，而影响压印结果。IPS在120℃以上为高弹态，其材料本身含氟，是良好的抗黏材料，易于脱模。具体的压印温度为160℃，加压40 bar，压印时间1 min。然后通过气冷降温，温度降至90℃时进行脱模。该方法的好处是：软膜复型，减少杂质导致的模板缺陷形成和损伤，可以延长母模板寿命，同时对模板有清洁效果，操作简单，并且分辨率高。

当IPS复制了母模板的结构后，可以将该结构转移至其他材料上。TU2是一种紫外固化压印胶，该工艺中的TU2胶可以用其他紫外压印胶替代。将复制好模板图形的IPS放置在涂好紫外压印胶的衬底上，涂胶的厚度与涂胶台的转速相关，根据模板的结构深度涂相应合适厚度的压印胶，涂胶和衬底的处理方法参见本章5.2.2节。放置IPS膜时同样注意避免IPS薄膜与衬底之间形成气泡。将IPS薄膜与衬底共同放置在基片台上，盖好保护薄膜。TU2紫外压印胶的压印过程为：首先将衬底温度升至65℃，加压至30 bar，稳定1 min；然后保持该温度和压力，进行1 min的紫外辐照，固化压印胶；关闭紫外辐照，并继续保持温度和压力2 min，脱模。

图5.8为IPS-TU2工艺的示意图，首先用热压印的方法将模板上的结构转移到IPS上，如图5.8(a)所示；然后，用紫外光辐照固化的方法将固化了的带有母模板信息的IPS薄膜上的结构转移至衬底的TU2胶上，如图5.8(b)所示。图5.9是用该工艺进行光栅结构纳米压印复制，并用ICP刻蚀后的结构图，光栅高度约100 nm。

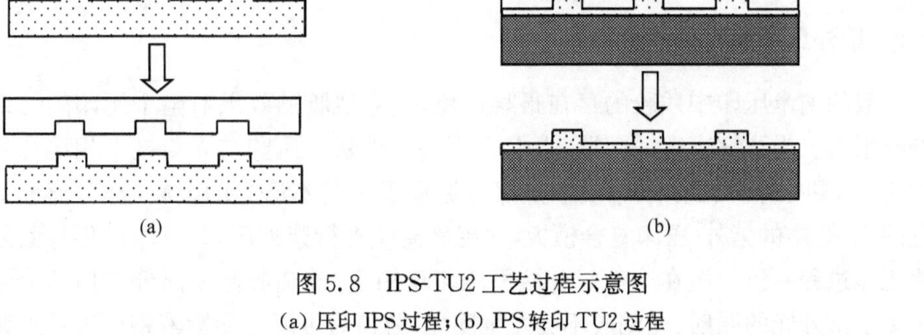

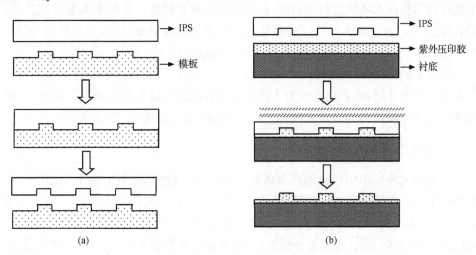

图5.8 IPS-TU2工艺过程示意图

(a) 压印IPS过程；(b) IPS转印TU2过程

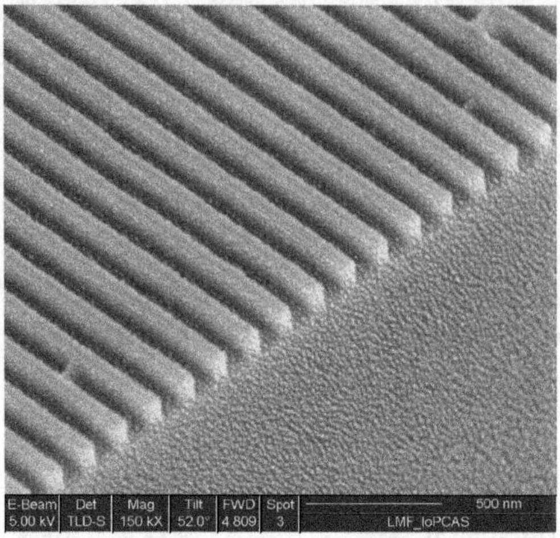

图 5.9　用 IPS-TU2 工艺与 ICP 刻蚀制备的光栅结构

5.3.5　激光辅助直接压印

通常的纳米压印技术，都是先将模板上的结构转移至压印胶上，然后通过脱模、去残胶和图形转移工艺，将结构转移至衬底材料上。为了使工艺步骤更加简化，使压印速度更快，S. Chou 等研发了硅材料上的超快速直接纳米印刷技术。该技术采用准分子激光脉冲将硅衬底表面瞬间加热到熔融状态，同时将具有比衬底熔点高的模板压入熔融的衬底表面，衬底冷却后就在衬底上达到直接复型的目的，然后脱模[21]。该技术不仅可以在硅衬底上时间超快速直接压印，而且可以在 Al、Au、Cu、Ni 等金属上进行图形复制，均得到了很好的结果[22]。

激光辅助直接压印(laser-assisted direct imprint，LADI)方法的最大特点是不需要加入压印介质，不会出现脱模工艺中易出现的压印胶与衬底剥离的现象；不需要其他纳米压印技术的后续刻蚀工艺，一步成形，而且速度快、产量高。

5.3.6　紫外压印和光刻联合技术

一般的纳米压印中残胶的存在很难避免，去除残胶的效果对整个压印的结果影响都很大。为了解决这一问题，人们采用一种将紫外压印与光刻技术相结合的新方法[23]，即在紫外固化压印模板上部分涂覆了一层不透光的金属掩模，模板结构见图 5.10 中的紫外-压印复合模板，并用该掩模进行紫外压印，压印过程与紫外固化压印过程一致。但在这种复合掩模压印作用下，被金属掩模部分遮挡部分由于避免了紫外光的照射，光刻胶不会发生固化，脱模后可以用显影液将该未经过紫外光固化的光刻胶部分去除，没有残胶，省略了常规压印工艺中用反应离子刻蚀去除残胶的步骤。另外非常重要的一点是，该技术中虽然有与紫外曝光类似的模板，但由于其压在压印胶中，并且距离样品通常在 10 nm 的距离，远小于光波长，不会导致该处压印胶的曝光。图 5.10 为该方法工艺过程的示意图。

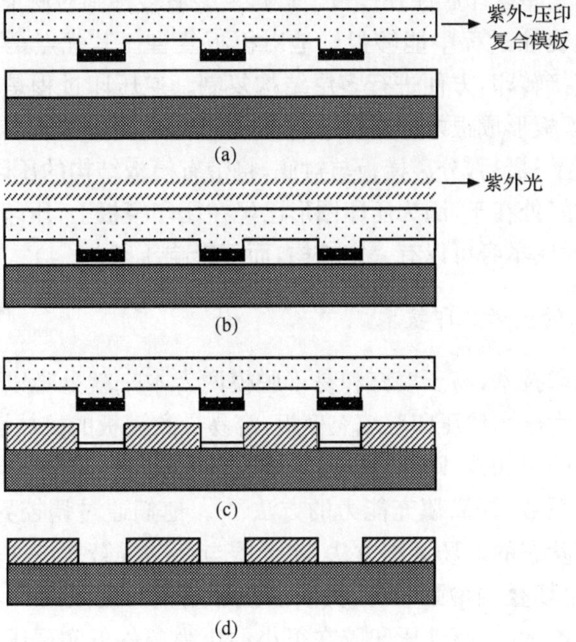

图 5.10 纳米压印和紫外光刻结合技术示意图[23]

(a) 压印前；(b) 紫外固化压印；(c) 脱模；(d) 显影

另外，当模板图形结构复杂时，压印胶的高黏度会使其难以快速均匀地填充至尺寸大小不等的图形结构中，导致图像失真。用紫外压印和光刻联合技术的方法也可以对这种图形尺寸差异大的压印结果进行改善。

5.3.7 其他压印技术

随着纳米压印技术的不断完善，人们对纳米压印技术也有了越来越多的要求，于是许多相关的延展技术应运而生，如多层介质材料工艺、三维纳米成形工艺及滚动纳米压印技术等。

1. 滚动(roll-to-roll)压印技术

在传统的印刷业，滚动式的制作方法由于其具有连续生产能力，产量高、成本低，一直被广泛应用。该方法应用到纳米压印技术中，成功实现小于 100 nm 分辨率的图形转换[24,25]。滚动纳米压印技术是纳米压印技术产业化的最具潜力的方法，

2016 年已经达到在 250 mm 宽的卷材上实现 10 m/min 的产量[26]。

2. 逆压印技术(reverse imprint)

逆压印技术是将压印胶涂在模板上进行复型后转移到衬底上的技术。这项技术要求压印胶在旋涂过程中能够很好地对模板复型。其优点是可以在不同表面(不需要平整)直接转印,方便进行多层结构复制。逆压印过程是将压印介质旋涂于模板表面,与模板形成很好的复型结构;然后将带有复型模板结构的压印胶与模板一同压在衬底上;最后,分离模板与衬底,将带有模板结构的压印胶留在衬底上。这种压印技术的好处在于,因为压印图形已经在压印模板上,压印时只是将其黏附到衬底上,所以衬底本身可以有一定结构,而不影响压印。

3. 电场驱动的纳米压印技术

对于纳米压印技术,易于填充和易于脱模两者本来就是难以同时实现的。因为如果是通过加大压力使压印胶填充模板,容易导致模板的机械性损伤,而通过改善模具与压印胶的浸润性,则导致脱模困难。研究人员基于电润湿效应,提出了降低液固界面张力系数,提高填充能力的方法[27]。他们通过调控界面受限电荷,提出了一种超浸润状态的电场调制方法,将受限电荷的屏蔽效应通过电场极性的瞬态切换,逆转为电场叠加增强效应,突破了接触角饱和的限制[28]。该工艺采用电毛细力和流体介电泳力,驱动压印胶在很小的压力条件下实现压印胶快速完全地填充模板结构,如图 5.11 所示。利用该工艺实现了纳米尺度结构(最小线宽 15 nm)、高深宽比结构(深宽比大于 10)以及跨尺度结构的制造[29]。

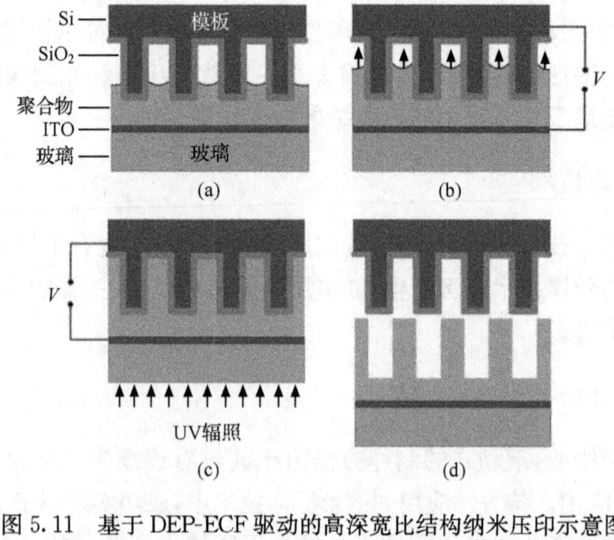

图 5.11　基于 DEP-ECF 驱动的高深宽比结构纳米压印示意图

(a)开始压印;(b)流体介电泳力和电毛细力驱动下填充模板结构;(c)紫外光辐照进行固化;(d)分离模板和衬底

4. 基于三明治结构模板的压印技术

颗粒引起的缺陷是纳米压印技术中的一个重要问题，尤其在刚性模板和衬底间的压印，一方面会导致模板结构的损伤；另一方面，颗粒会导致比其实际尺寸大很多的缺陷产生。人们在纳米压印和软光刻技术的柔性模板基础上，开发了一个柔性的三明治结构的三层模板来控制颗粒引起的缺陷[30,31]。模板中间为 PDMS，夹在 PET（polyethylene terephthalate，聚对苯二甲酸乙二醇酯）和 Epoxysiloxane(一种压印胶)之间。PET 有很好的紫外透光性和机械性能，做整个模板的支撑层，PDMS 由于其高弹特性，可以较好地适应衬底形变，作为缓冲层。Epoxysiloxane 多功能环氧硅烷被用来形成压印层，因为其在固化后透明度高且不易刻蚀。用这种三明治结构作为模板，成功地化解了压印过程中颗粒引起的缺陷，在微米结构阵列的上下表面压印得到了 500 nm 周期的光栅结构，如图 5.12 所示。

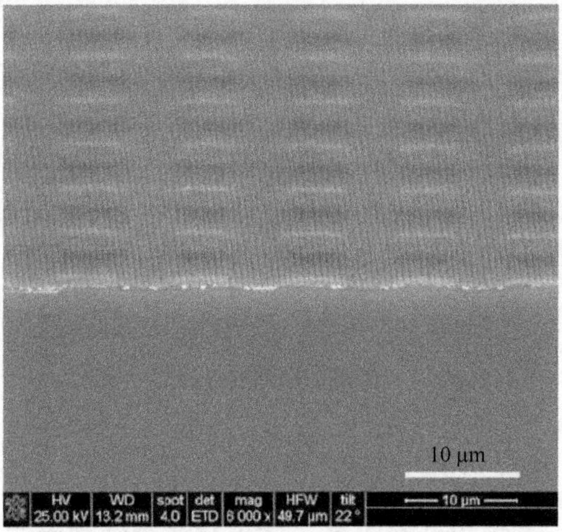

图 5.12　三明治结构的模板压印制备的光栅

5.4　金属纳米锥的压印加工

金属纳米结构在调制表面等离激元方面占据着独特优势。人们利用金属纳米线、纳米颗粒(如金属纳米球、纳米立方、纳米圆盘等)、金属纳米间隙、纳米槽等多种纳米结构对表面等离激元实现了传导、束缚以及耦合等各种调制。在众多的金属纳米结构中，金属纳米锥是一种特殊的纳米结构，尤其纳米锥尖的会聚效应，不仅可以应用到发射电子源上，而且在调制表面等离激元方面有着潜在的应用。由于金属纳米锥的特殊几何形貌,对其可控制备无论是利用化学方法还是利用物理方法都是一个难题。为此,人们发明了一种利用纳米压印技术制备金属纳米锥的方法,它以无掩模等离子体刻蚀制备的硅纳米锥为模板,结合金属沉积和结构翻转,实现金属纳米锥的制备。这种方法的流程如图 5.13 所示,主要步骤包括以下几步。

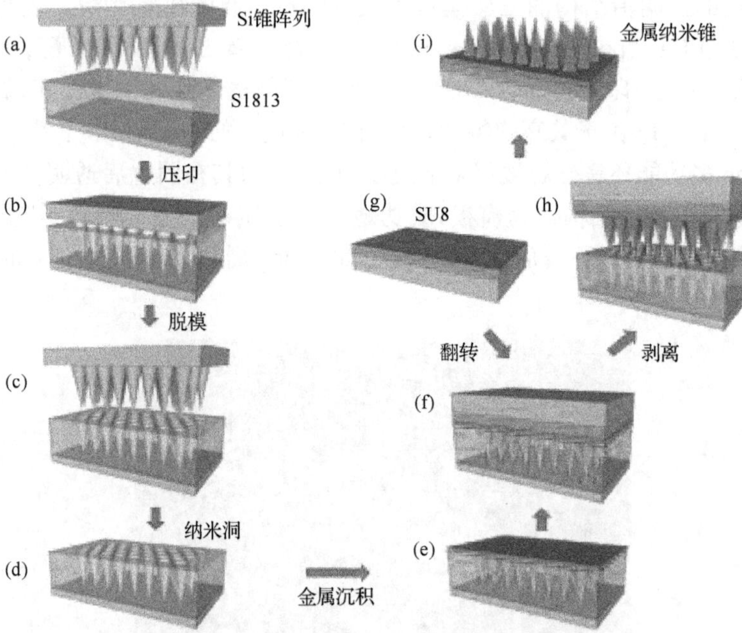

图 5.13　金属纳米锥制备流程示意图

5.4.1　模板制备

纳米压印的模板是采用低温等离子体无掩模刻蚀技术制备的硅纳米锥阵列(详见第 6 章)。通过调节刻蚀参数,可以调整硅纳米锥的高度、密度及长径比等,进而实现金属纳米锥相应的高度、密度和长径比等的调整。根据不同的制备要求,用于纳米压印的光刻胶有多种选择。选用 S1813 作为纳米压印的光刻胶,是因为它具有较低的玻璃化温度,对于后续的金属纳米锥阵列的剥离翻转十分重要。通过旋涂方法,将 S1813 涂到硅片衬底上,并进行烘烤,可以得到一定厚度的 S1813 涂层,如图 5.13(a)所示。

5.4.2　压印

选用合适的压印参数对于获得好的压印效果至关重要。可以选用 60 ℃的压印温度，20 bar 的压印压强，压印 4 min。在如此条件下，在脱模的过程中不会对压印结构造成太大的损害，同时压印模板的图形可以比较完整地转印到光刻胶中，如图 5.13(b)所示。

5.4.3　脱模

为了在压印结果中引入较少的缺陷，就必须实现良好的脱模。可以采取如下措施：第一，旋涂合适厚度的 S1813 光刻胶，使压印模板嵌入光刻胶的深度在一个合适的范围内，控制光刻胶与压印模板的接触面积，这对于实现良好的脱模有着重要作用；第二，压印之前在压印模板表面吸附一层抗黏层，如此光刻胶与压印模板之间的黏附力将会大大地降低，从而实现较好的脱模效果，如图所示，并得到制备金属纳米锥的模具，如图 5.13(c)、(d)所示。

5.4.4　金属蒸镀

利用电子束蒸发系统，将金属蒸镀到纳米锥形孔中。当金属将纳米锥形孔完全填充时，一个完整的金属纳米锥将会形成，并内嵌在光刻胶中。金属蒸发速率的大小将会影响到金属纳米锥的形貌，控制金属蒸发速率对于获得好的金属纳米锥形貌有着重要的作用，如图 5.13(e)所示。

5.4.5　金属纳米锥的剥离翻转

金属纳米结构的剥离翻转方法已有报道[32]。金属纳米结构内嵌在硅纳米结构中，通过环氧树脂等软模板的高黏附力将金属纳米结构的背面与另一衬底黏合，最后通过机械分离的方法将金属纳米结构从硅纳米结构中剥离出来，转移到另一衬底上。但是，这种方法只适合转移二维金属纳米结构图形，可以通过转印模板与金属之间高黏附力将二维的金属纳米结构剥离翻转。对于三维的金属纳米结构，例如金属纳米锥，这种方法将会对金属纳米结构造成严重的损害，因此不适合三维金属纳米结构的剥离翻转，需要另辟新径。因此，快速而又大面积、高质量的剥离翻转金属纳米锥是制备金属纳米锥阵列的工艺过程中需要突破的难点。

金属纳米锥的剥离翻转是利用该工艺制备金属纳米锥的核心步骤。如图 5.13(g)所示，利用旋涂法将 SU8 旋涂到目标基底上(Si 或者石英)，实验中可以选用 SU8 作为金属纳米锥与目标基底的黏合剂，因为 SU8 是负性光刻胶，在紫外曝光后 SU8 分子发生交联反应，并且 SU8 是一种化学放大胶，通过后烘将会使交联密度继续增加，分子量进一步增大，使其玻璃化温度提高。实验证明，SU8 的玻璃化温度经过曝光和后烘等工艺处理后，可以高于 200 ℃[33]，而 S1813 胶的玻璃化温度仅为 48℃。在紫外光下曝光一定时间后，将依然呈液态的 SU8 胶与金属纳米锥的背面黏合，如图 5.13(f)所示。随后，将样品放到 200 ℃热板上烘烤30 min。至此,对 SU8 的曝光和烘烤完成,实现了 SU8 分子之间的交联和分子量增大过程。在 S1813 光刻胶进入黏流态,而 SU8 依然保持玻璃态的温度下进行脱模,如图 5.13(h)所示,从而实现金属纳米锥的剥离翻转。最终得到如图 5.13(i)所示的金属纳米锥阵列结构。该剥离翻转工艺操作简便灵活,可以快速地完成大面积金属纳米锥的剥离翻转。同时,该工艺可以扩展到其他金属纳米结构,尤其是三维金属纳米结构的剥离翻转。图 5.14 是采用硅纳米锥模板在 S1813 胶上压印以及转移的 Ni 纳米锥的照片。

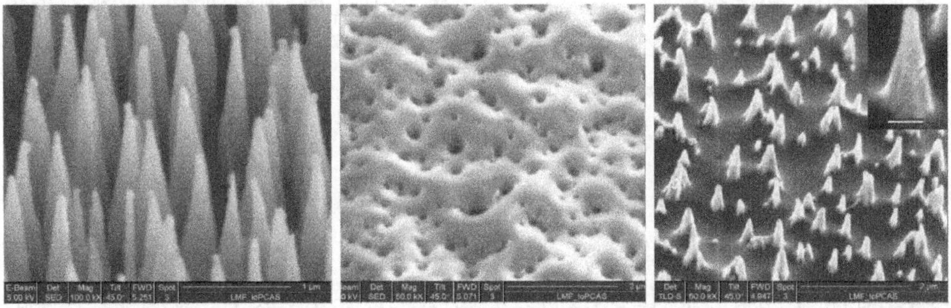

图 5.14　(a)模板;(b)S1813 胶上压印的结果;(c)翻转的 Ni 纳米锥

随着纳米压印技术的不断发展,其在百纳米甚至更小的分辨率上的加工能力不断展现出来,纳米压印技术作为一种微纳加工技术,由于其低成本、高产量和高分辨率,在工业化制造技术方面已经占有一席之地,但要想有更广泛的应用,仍有一些障碍和瓶颈需要克服。

在模板制备方面,如何突破高质量的模板必须由电子束曝光加工技术获得是非常重要的。将一些现在的微纳加工技术有机地结合在一起是一个不错的选择,比如紫外光刻结合电子束侧向沉积技术等方法。

在工艺稳定性方面,由于压印过程模板和衬底是直接接触的,在这个机械接触过程中导致模板的损坏和在脱模过程中引起的压印胶与衬底的分离等,都会影响压印结果的稳定性。如何高效率地获得稳定的、高质量的微纳米结构,也是必须要进一步考虑的问题。

最后,在微纳米器件的制造中,多层工艺在所难免,如何在压印的机械力下保持对准工艺的稳定性也是纳米压印技术走向大规模工业生产必须解决的一个关键问题。

参考文献

[1] Chou S Y,Krauss P R,Renstrom P J. Appl. Phys. Lett.,1995,67:3114.
[2] Austin M D,Ge H X,Wu W,et al. Appl. Phys. Lett.,2004,84:5299.

[3] Montelius L, Heidari B, Graczyk M, et al. Microelectron. Eng. , 2000, 53: 521.
[4] Yang J J, Pickett M D, Li X M, et al. Nat. Nanotechnol. , 2008, 3: 429.
[5] Peroz C, Chauveau V, Barthel E, et al. Adv. Mater. , 2009, 21: 555.
[6] Subramani C, Cengiz N, Saha K, et al. Adv. Mater. , 2011, 23: 3165.
[7] Bublat T, Goll D. Nanotechnology, 2011, 22: 315301.
[8] Li W D, Ding F, Hu J, et al. Opt. Express, 2011, 19: 3925.
[9] Li W D, Hu J, Chou S Y. Opt. Express, 2011, 19: 21098.
[10] International Technology Roadmap for Semiconductors, 2003, Edition, Lithography, http://www. itrs. net/Links/2003ITRS/Litho2003. pdf.
[11] Special Report 2003. Technol. Rev. , 106: 36.
[12] International Technology Roadmap for Semiconductors, 2009, Edition, Lithography, http://www. itrs. net/Links/2009ITRS/2009Chapters_2009Tables/2009_Litho. pdf
[13] Jin S Y, Wang Y X, et al. Adv. Mater. , 2018, 30: 1705840.
[14] Haisma J, Verheijen M, van den Heuvel K, et al. J. Vac. Sci. Technol. B, 1996, 14: 4124.
[15] Colburn M, Johnson S, Stewart M, et al. SPIE, 1999, 3676: 379.
[16] Bailey T, Choi B J, Colburn M, et al. J. Vac. Sci. Technol. B, 2000, 18: 3572.
[17] Khusnatdinov N, Ye Z, Luo K, et al. Proc. SPIE, 2014, 9049: 904910.
[18] Takeishi H, Sreenivasan S V. Proc. SPIE, 2015, 9423: 94230C-1-C-9.
[19] Xia Y N, Whitesides G M. Annu. Rev. Mater. Sci. , 1998, 28: 153.
[20] Jacobs H O, Whitesides G M. Science, 2001, 291: 1763.
[21] Chou S Y. Nature, 2002, 417: 835.
[22] Chou S Y. Nanotechnology, 2010, 21: 045303.
[23] Cheng X, Guo L J. Microelectron. Eng. , 2004, 71: 277.
[24] Tan H, Gilbertson A, Chou S Y. J. Vac. Sci. Technol. B, 1998, 16: 3926.
[25] Ahn S H, Guo L J. Adv. Mater. , 2008, 20: 2044.
[26] Leitgeb M, Nees D, Ruttloff S, et al. ACS Nano, 2016, 10: 4926-4941.
[27] Li X M, Chao J Y, Tian H M, et al. J. Micromech. Microeng. , 2011, 21: 065010.
[28] Li X M, Tian H M, Shao J Y, et al. Adv. Funct. Mater. , 2016, 18: 2994.
[29] Li X M, Tian H M, Shao J Y, et al. Langmuir, 2013, 29: 1351.
[30] Li B, Zhang J Z, Ge H X. Appl. Phys. A, 2013, 110: 123.
[31] Zhang J, Cui B, Ge H X. Microelectron. Eng. , 2011, 88: 2192.
[32] Zhu X L, Zhang Y, Zhang J S, et al. Adv. Mater. , 2010, 22: 4345.
[33] Feng R, Richard J F. J. Micromech. Microeng. , 2003, 13: 80.

习　题

1. 简述纳米压印的优缺点。
2. 简述纳米压印的过程及工艺要素。
3. 列举几种纳米压印技术,并简述其特点。

第6章 刻蚀技术

刻蚀(etching)技术，是指通过化学或物理方法在目标功能材料的表面进行选择性的剥离或去除，从而在目标功能材料表面形成所需的特定结构。

最早的刻蚀技术出现在文化艺术领域，如雕刻艺术其实就是一种广义上的刻蚀技术。而雕版印刷术出现后，刻蚀技术就一直伴随着印刷技术同步发展，为人类文化的进步做出了巨大的贡献。到了公元17世纪，欧洲已经出现了最接近现代刻蚀概念的刻蚀技术。当时的刻画艺术家使用刻针在涂上防腐蚀膜(如松香、沥青等)的金属板上作画后，再通过腐蚀液(如硝酸)将被刻针刮去防腐蚀膜的线条位置下的金属腐蚀掉，除去防腐蚀膜后，最后形成的金属蚀刻板则可以通过油墨印刷构成立体而富有层次变化的版画艺术。20世纪30年代，奥地利人保罗·艾斯勒(Paul Eisler)发明了印刷电路技术：仿照印刷业中的制版方法将电子线路图刻蚀在一层铜箔上，将不需要的铜箔部分刻蚀掉，只留下导通的线路，从而通过铜箔形成的电路将电子元件连接起来。以印刷电路为开端，人类开始进入崭新的电子信息时代，同时刻蚀技术也伴随着印刷电路技术的不断发展迈入了一个全新的领域。

1947年，贝尔实验室的威廉·肖克利(William Shockley)等发明了晶体管，标志着微电子技术的诞生。1958年，杰克·基尔比(Jack Kilby)与罗伯特·诺伊斯(Robert Noyce)分别独立地发明了集成电路。半导体微电子集成电路技术的出现与应用，使人类文明的发展进入了一个日新月异的全新阶段。在这一时期，刻蚀技术作为集成电路技术中的关键工艺，也伴随着微电子半导体技术的飞速发展而不断取得突破。但随着集成电路的规模以及集成度的提高，微电子加工技术的精度也从毫米发展到微米、亚微米甚至纳米尺度，对于刻蚀技术也提出了越来越高的要求。

自20世纪80年代起，光电子技术与纳米技术进入了飞速发展阶段，传统的微电子加工技术手段已经难以满足光电集成器件以及微纳米机电器件的需求。在光电技术与纳米技术高速发展的驱动下，微纳加工技术也不断取得革命性的突破，包括刻蚀技术在内的各种微纳加工技术水平正以难以想象的速度不断提高，同时又进一步地刺激着相对应的微电子、光电子以及微纳米器件研究的飞速发展。

在本章中，我们将对当前应用在微纳加工领域中主要刻蚀技术的基本原理和技术特点进行介绍，同时介绍一些利用相关刻蚀控制方法实现特定微纳米结构的新型刻蚀工艺。

6.1 刻蚀的基本概念

在微电子技术中，刻蚀工艺通常主要是作为微纳图形结构的转移方法，将光刻、压印或电子束曝光得到的微纳图形结构从光刻胶上转移到功能材料表面。需要明确的是，对于一些新的刻蚀技术，如聚焦离子束或激光直接刻蚀以及无掩模刻蚀等，可以直接在功能材料上实现特定的结构而无须采用转移图形。此外，根据实际应用的需要，刻蚀技术还可以用来实现打磨、抛光、粗化、清洗等不同的材料处理方式。

通常情况下，在微纳米器件制备过程中，刻蚀作为主要的图形转移方法是这样实现的：通过逐层去除光刻胶等掩模图形中裸露位置下方的衬底材料，将掩模上的图形转移到材料表面。因此，将掩模图形完整、精确地转移到衬底材料中并具有一定的深度和剖面形状是刻蚀工艺的基本要求。因此，刻蚀工艺的评价主要通过以下参数来进行。

(1) 刻蚀速率(etching rate)是目标材料单位时间内刻蚀的深度。刻蚀速率需要在工作效率和控制精度中达到平衡：速率越快，工作效率越高；速率越慢，则越容易通过调节刻蚀时间控制刻蚀精度。

(2) 选择比(selectivity)也叫抗刻蚀比，是刻蚀过程中掩模与刻蚀衬底材料的刻蚀速率之比。刻蚀选择比要求刻蚀掩模的速率越慢越好，对于特定深度的材料刻蚀，可以通过刻蚀选择比来选择对应厚度的掩模。高抗刻蚀比表明掩模消耗小，有利于进行深刻蚀。

(3) 方向性(directionality)或各向异性度(anisotropy)是掩模图形中暴露位置下方的衬底材料在不同方向上刻蚀速率的比。若刻蚀在各个方向上刻蚀速率相同，则为各向同性刻蚀，若在某一方向上刻蚀速率最大，则为各向异性刻蚀。通常的图形转移都希望刻蚀出图形轮廓陡直的结构，这就要求在垂直掩模方向上刻蚀速率最大，而在平行掩模的方向上不发生刻蚀(速率为0)，即完全各向异性刻蚀。图6.1给出了不同方向性的刻蚀所形成的刻蚀剖面示意图。

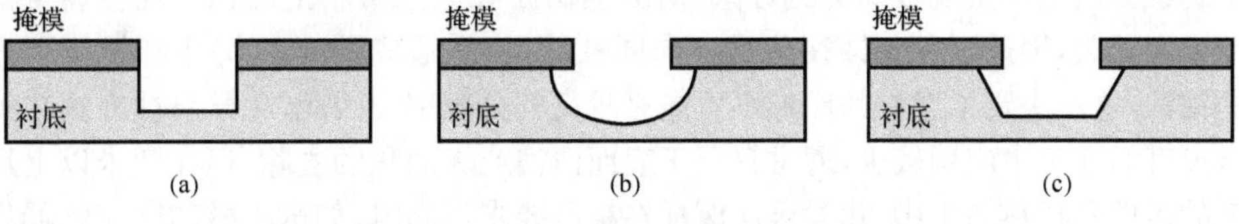

图6.1 不同方向性的刻蚀剖面示意图
(a)完全各向异性；(b)各向同性；(c)部分各向异性

(4) 刻蚀深宽比(aspect ratio)是刻蚀特定图形时图形的特征尺寸与对应能够

刻蚀的最大深度之比,反映出刻蚀保持各向异性刻蚀的能力。随着刻蚀深度的增加,由于化学反应物和生成物局域浓度的变化,或者轰击粒子能量的改变,刻蚀无法无休止地进行,因此每一种刻蚀方法或工艺对于特定尺寸的结构都存在极限的刻蚀深度。

(5) 刻蚀粗糙度(roughness)包括边壁的粗糙度和刻蚀位置底面的粗糙度,能反映出刻蚀的均匀性和稳定性。

刻蚀技术的基本原理是在目标功能材料表面进行化学反应或物理轰击,从而从表面逐层去除特定区域的目标材料。常见的刻蚀方法包括化学湿法腐蚀、等离子体干法刻蚀等。无论哪一种刻蚀方法,都必然包含着对应的化学过程、物理过程或物理化学相结合的过程。在早期的集成电路加工技术中,刻蚀主要以化学腐蚀为主,而离子束刻蚀、等离子体刻蚀等物理刻蚀技术则从 20 世纪 70 年代逐渐发展起来并得到广泛应用[1,2]。由于化学方法通常使用溶液浸泡的方式进行腐蚀,而物理方法则通常是通过电离气体来进行轰击刻蚀,因此,传统上又将化学与物理刻蚀方法分别称为化学湿法腐蚀与物理干法刻蚀。随着新刻蚀技术不断发展,现在在微纳米器件加工中的主流刻蚀技术,如广泛应用的反应离子刻蚀技术[3-6],大都将物理与化学过程结合起来,从而同时具有两者的优点。因此,当前的干法、湿法刻蚀的区分已经失去了早期对应物理或化学刻蚀机制的含义,仅取决于是否使用溶液来进行刻蚀。

6.2 湿法腐蚀技术

化学湿法腐蚀是最早应用于微纳结构制备的图形转移技术,其主要形式是将一个有掩模图形覆盖的功能材料衬底浸入到合适的化学液体中,使其侵蚀衬底的暴露部分并留下被保护的部分。湿法腐蚀的优点是选择性好、重复性好、效率高、设备简单、成本低廉,而缺点是对转移图形的控制性较差,难以应用于纳米结构的加工,产生化学废液等。

由于可以灵活选择对目标材料容易反应而不与掩模反应的化学溶剂、溶液,化学腐蚀方法能够实现极高的刻蚀选择比,但由于在刻蚀材料上的化学反应通常都与方向无关,因此这种刻蚀往往是各向同性的,容易造成图 6.1(b)中在掩模下方的钻蚀,这就决定了腐蚀的图形不可能有较高的分辨率。因此,化学腐蚀方法在纳米尺度的加工中应用较少,通常只用于表面清洗或大面积的去除,但在微米以上尺度的器件和材料加工中,化学湿法腐蚀在精度要求不高时,如微机械和微流体器件制造等领域仍然有着广泛的应用。由于湿法腐蚀可以在材料上实现很深的刻蚀结构,因此也有人将湿法刻蚀技术称为体微加工技术(bulk micromachining)[7]。

此外,虽然绝大部分情形下的化学湿法腐蚀都是各向同性的,但也有例外,某些腐蚀液对特定的单晶材料的不同晶面会有不同的腐蚀速度，可以形成各向异性的腐蚀，从而形成具有特定角度的锥形或楔形剖面。

单晶硅的各向异性腐蚀加工是在微纳加工技术中最常见、应用最广泛的各向异性腐蚀技术。这是由于某些碱类的化学腐蚀液对硅材料进行腐蚀时，对于不同的晶面方向有着较大的腐蚀速率差异。例如，利用氢氧化钾(KOH)对于硅(110)、(100)、(111)晶向的腐蚀速率比达到 400∶200∶1[8]，因此用 KOH 对[100]晶向的硅片进行腐蚀时，能够沿[111]晶向与[100]晶向的夹角形成斜锥状的剖面。但通常 KOH 腐蚀的侧壁表面都比较粗糙，不利于进行纳米尺寸的加工。虽然通过 KOH 与异丙醇(isopropyl alcohol，IPA)混合可以一定程度上降低腐蚀面上的粗糙度[9]，但采用四甲基氢氧化铵(TMAH)或 TMAH 与 KOH 的混合溶液[10,11]能够获得更好的腐蚀效果，其表面光滑度能够比 KOH 腐蚀的表面好数倍，而且 TMAH 自身不含金属离子，可以避免腐蚀过程中的金属离子污染，有利于相关的集成电路制造工艺。同时，TMAH 腐蚀液也具有很好的各向异性腐蚀特性，可以制备具有不同剖面的侧壁光滑的纳米结构，如通过腐蚀[100]晶向的硅片实现图 6.2 所示的斜槽结构，以及通过腐蚀[110]晶向硅片实现图 6.3 所示的沟槽形结构。

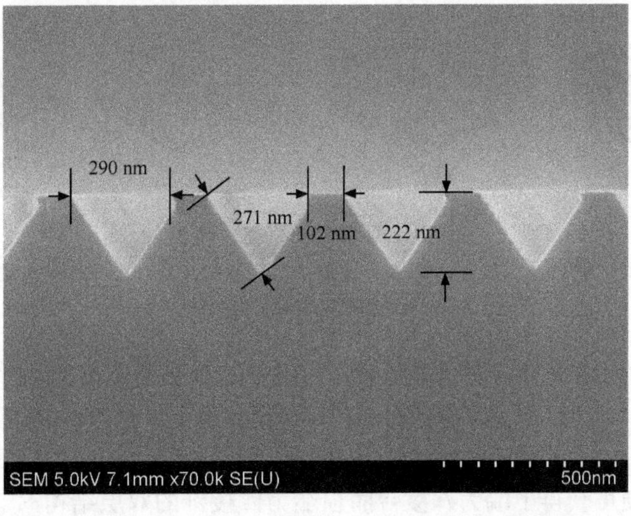

图 6.2　利用 TMAH 溶液腐蚀[100]晶向的硅片所实现的硅斜槽形结构的剖面 SEM 照片

上述沟槽结构的加工均以 SiN_x 光栅图形作为掩模，而在实际操作中，湿法腐蚀实现的微结构构型与掩模图形也有密不可分的关系。图 6.4 给出了一种硅锥结构制备方法的工艺流程图，首先，通过光刻与反应离子刻蚀技术在[100]Si 衬底上制备方形掩模，掩模可以是 SiN_x、SiO_2 等难以被 KOH 或 TMAH 腐蚀的材料。接下来，对 Si 进行腐蚀，对于混合了 IPA 的 KOH 腐蚀液而言，其在〈212〉方向具有最大的横向腐蚀速率，使得 Si 的{212}面被暴露出来，得到了下宽上窄的八棱台结构[12]。随着腐蚀程度增加,棱台变成棱锥结构,而掩模会自动从 Si 上脱落,最后获得 Si 的八棱锥结构。

图 6.3 利用 TMAH 溶液腐蚀[110]晶向的硅片所实现的沟槽形结构的剖面 SEM 照片

图 6.4 制备硅锥的工艺流程

(a)清洁的[100]晶向的 Si;(b)在 Si 上制备方形掩模;(c)腐蚀 Si,得到棱台结构;(d)掩模脱落获得 Si 的八棱锥结构

图 6.5(a)则给出了一种利用湿法腐蚀制备的双层硅锥结构,该结构的腐蚀分为 KOH 腐蚀和 TMAH 腐蚀两步。首先,将预制备了方形 SiN_x 掩模的[100]Si 分别浸泡在温度为 90 ℃、浓度为 20wt%①的 KOH 以及 25wt%的 TMAH 溶液中进行湿法腐蚀,便可获得下端为八棱台而顶端为四棱锥的双层结构[13]。在这一过程中,通过控制 TMAH 与 KOH 腐蚀的时间,还可以对结构每层的高度进行调控。

此外,研究人员还以具有纳米孔阵列的 SiN_x 作为掩模,Si 将掩模下的 Si 腐蚀出倒金字塔结构。在不去除掩模的情况下,该结构就可以作为一个微腔应用在表面增强拉曼散射基底以及生物医学相关的容器中[14],如图 6.5(b)所示。

除了制备硅槽、硅锥等硅基纳米结构之外,还可以利用湿法腐蚀技术对掩模中的

① wt%表示重量百分。

应力进行调控，进而实现纳米间隙结构的加工。如图 6.6(a)所示，研究人员首先在 Si 衬底上沉积 SiN_x，并旋涂光刻胶，利用光刻技术制备出纳米桥图形。在此基础上，通过图形转移，获得 SiN_x 纳米桥结构。以纳米桥结构作为掩模，对 Si 进行湿法腐蚀，由于横向腐蚀效应，纳米桥底部的 Si 会被去除，形成悬空纳米桥结构。由于 SiN_x 薄膜中的应力向桥中心集中，导致了纳米桥断裂成悬空纳米间隙结构。图 6.6(b)给出了利用这种方法制备的纳米间隙阵列及单个小于 10 nm 间隙的 SEM 照片[15]。

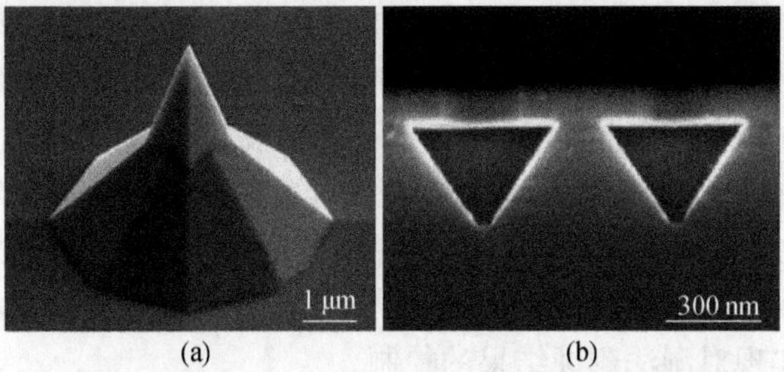

图 6.5 (a)利用 KOH 和 TMAH 两步腐蚀法得到的双层硅锥结构[13]；
(b)利用纳米孔阵列掩模制备的硅倒金字塔结构侧视图[14]

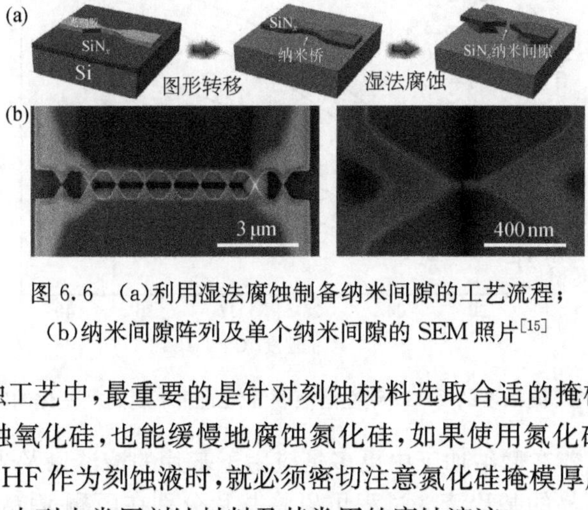

图 6.6 (a)利用湿法腐蚀制备纳米间隙的工艺流程；
(b)纳米间隙阵列及单个纳米间隙的 SEM 照片[15]

在湿法腐蚀工艺中，最重要的是针对刻蚀材料选取合适的掩模和腐蚀液。例如，HF 既能腐蚀氧化硅，也能缓慢地腐蚀氮化硅，如果使用氮化硅作为刻蚀氧化硅的掩模，使用 HF 作为刻蚀液时，就必须密切注意氮化硅掩模厚度以及刻蚀时间的长短。表 6.1 中列出常用刻蚀材料及其常用的腐蚀溶液。

表 6.1 部分材料的常用湿法腐蚀溶液

被刻蚀材料	刻蚀溶液
硅	KOH,EDP,TMAH,HNA
氧化硅	HF,BOE
氮化硅	热 H_3PO_4
铝	PAN
铜	$FeCl_3$
金	NH_4I/I_2

湿法腐蚀的基本过程中，既包括温度决定的速率主控反应(reaction-rate controlled)，还包括反应物或生成物输运分布决定的质量输运受限反应(mass transfer limited)。因此，除了掩模材料与刻蚀溶液的选择之外，湿法腐蚀的速率和被腐蚀图形的最终形状还取决于溶液的浓度、温度以及掩模图形的特征尺寸、腐蚀深度，甚至腐蚀过程中的搅拌程度等多个因素。例如，在利用碱性 CD26 显影液腐蚀铝膜时[16]，腐蚀速率随溶液的浓度与温度的变化如图 6.7 所示，在通常状况下，随着腐蚀液的温度或浓度增加，反应的剧烈程度增强，腐蚀速度往往也随之增大。但对于微纳米结构加工而言，由于实际结构限制而造成腐蚀过程中溶液局域浓度变化往往使得实际的腐蚀速率非常不稳定，除了腐蚀液的温度、浓度之外，腐蚀材料的致密程度、样品的放置方式、是否搅拌乃至搅拌的速度与方向都会对腐蚀过程造成很大的影响。这使精确控制腐蚀剖面变得相当困难。因此，除了通过测量刻蚀速率以及控制时间来控制刻蚀图形深度之外，人们还发展了如电化学停刻、介质停刻[17]等技术来实现对湿法刻蚀结果的控制。

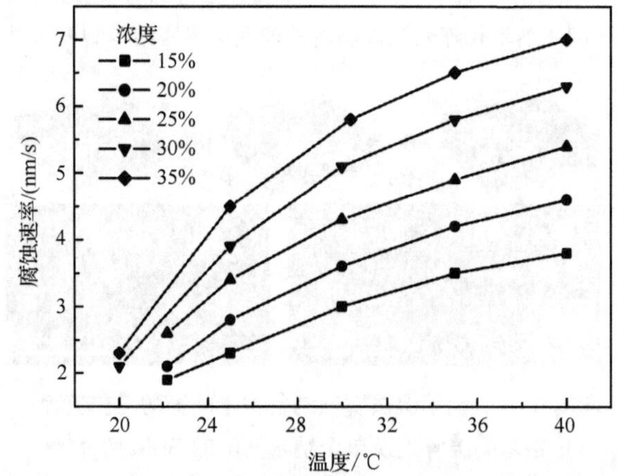

图 6.7 不同浓度的 CD26 碱性溶液腐蚀铝的速率随温度变化的曲线[16]

湿法腐蚀目前在微纳加工中更多是应用于基片的清洗以及光刻胶或牺牲层材料的去除。简易的基片清洗过程可以将基片分别在丙酮-酒精-去离子水溶液中超声清洗后使用干燥氮气吹干即可，但对于洁净程度要求较高的清洗，则需要专门的清洗液以及多个清洗步骤，以硅片的 RCA 清洗为例，需要首先使用稀 HF (HF∶去离子水=1∶10～1∶100)清洗其自然氧化层，再使用 SC1(NH_4OH∶H_2O_2∶去离子水=1∶1∶5)去除硅片表面的颗粒、有机物以及金属杂质，随后继续使用稀 HF 去除在此过程中形成的氧化膜，然后使用 SC2(HCl∶H_2O_2∶去离子水=1∶1∶6)去除硅片表面的原子和离子杂质沾污，最后再使用干燥氮气将硅片吹干。

6.3 干法刻蚀技术

随着刻蚀技术的快速发展，干法刻蚀的概念不断丰富，从早期简单的物理粒子轰击刻蚀延伸到当前所有非湿法的刻蚀技术，如气浴刻蚀、激光刻蚀、反应蒸气刻蚀等。但通常所提到的干法刻蚀在绝大部分情况下都是特指应用最为广泛的离子束刻蚀或反应离子刻蚀。

6.3.1 离子束刻蚀

离子束刻蚀（离子铣，ion milling，IM）是20世纪70年代发展起来的一种物理刻蚀方法，也是最早的物理干法刻蚀[2,18]。这种刻蚀方法是利用惰性气体离子束，令入射离子在低压下（0.1～10 Pa）高速轰击目标材料表面，当传递给材料原子的能量超过其结合能（数个电子伏）时，固体原子被溅射而脱离其晶格位置，从而使目标材料的原子层连续被去除。

离子束刻蚀是一种纯物理刻蚀，可以适用于任何材料，定向运动的入射离子轰击材料表面的作用范围约为 10^{-20} cm^3，作用时间约为 10^{-12} s，因此离子束刻蚀具有很高的分辨率和极好的各向异性。但离子束刻蚀同样存在难以克服的问题：由于纯物理刻蚀对任何材料都能进行刻蚀，这就决定了离子束刻蚀的掩模和衬底不可能有太好的选择比，不可能实现较深的刻蚀；由于入射到目标材料表面的离子能量很高，在溅射的同时还将穿过材料表面进入材料深层变成离子注入，对目标样品带来不可避免的损伤；另外，由于刻蚀的产物是非挥发性的，溅射产物有可能再次沉积到样品的其他位置，形成二次沉积，影响刻蚀效果。

为了克服离子束刻蚀中出现的问题，人们在离子束刻蚀系统中引入了化学反应机制，离子轰击与化学反应结合的反应离子束刻蚀（reactive ion beam etching，RIBE）[19]和化学辅助离子束刻蚀（chemically assisted ion beam etching，CAIBE）[20]。如图6.8(b)所示，RIBE方法改用化学反应气体离子束，根据所刻蚀的材料选择某种气体或混合气体，这种气体或混合气体在自然状态下不一定和材料发生化学反应，但被离子源系统电离抽取形成离子束，轰击到目标材料表面时，则在直接溅射的同时与表面受轰击的原子发生化学反应，形成的刻蚀产物不仅是固体，而且可形成挥发性气体被真空系统抽除。RIBE通常使用的气体主要是氟基或氯基的气体，其电离后形成的卤族基离子具有很高的化学活性，容易形成挥发性的产物。在RIBE过程中，离子定向轰击保证了离子与目标材料原子的化学反应具有很好的方向性，因而使RIBE同样具有较高的各向异性能力；另外还能强化表面所吸附气体分子与表面材料的化学反应，从而成倍地提高了对目标材料的刻蚀速度。因此，RIBE相对于单纯的离子束物理刻蚀而言，利用粒子轰击与化学反应相结合的方式成倍地提高了刻蚀速率,同时大大地提高了刻蚀的选择比,使大深宽比的图形刻蚀成为可能。

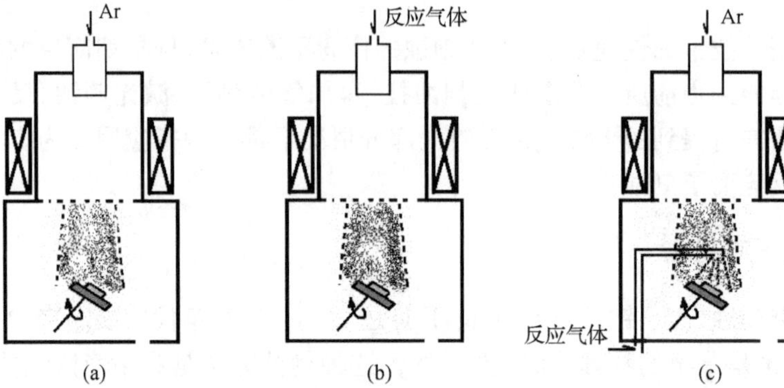

图 6.8　IBE 工作示意图
(a)常规的 IM;(b)RIBE;(c)CAIBE

在 RIBE 的基础上,进一步发展出了化学辅助离子束刻蚀的 CAIBE 技术,如图 6.8(c)所示。CAIBE 系统在保留了惰性气体离子束的同时,将另一路反应气体直接喷向目标材料表面,从而实现惰性气体离子束通量与反应气体通量的分别调节,可以在保证类似 RIBE 刻蚀效果的同时,进一步降低材料的损伤。此外,CAIBE 技术还可以在离子源中加入一种反应气体,再从旁路的气路中使用另一种反应气体,具有更好的灵活性和可控性。

在离子束刻蚀中,刻蚀速率由很多因素决定,如入射离子能量、束流密度、离子入射角度、材料成分及温度、气体与材料化学反应状态及速率、刻蚀生成物、物理与化学功能强度配比、材料种类和电子中和程度等。刻蚀图形的轮廓质量则主要是通过改变离子束入射角来进行调节,离子束刻蚀可以通过改变离子束的入射角度,灵活地将刻蚀图形轮廓刻成陡直或缓坡形状。

在通常的离子束刻蚀工艺中,离子束刻蚀设备的操作人员要考虑的主要问题包括刻蚀速率、刻蚀分辨率、结构的截面轮廓、表面污染和损伤等刻蚀质量因素以及掩模的选取。

离子束刻蚀对某一特定材料的刻蚀速率与离子能量、束流密度、入射方向、温度等诸多因素有关。但是从本质上离子束刻蚀是以离子对材料的物理溅射过程,所以离子束刻蚀速率与离子对被刻蚀材料的溅射产额有着内在的直接关系。溅射产额是指一个入射离子溅射出的材料原子数,除与材料自身的原子序数、晶格常数等性质有关外,还与入射离子能量、溅射阈值和入射角度有关。增加入射角(离子束与法向夹角)时,离子能量在纵深方向上的耗散范围减小,主要贡献于近表面层,用于最外层原子获得向外逃逸的动量。所以,当入射角从 0°开始增加,刻蚀速率也逐渐增加，一般在 30°～60°范围出现刻蚀速率极大值，但是由于溅射产额是入射角的余弦函数($1<x<2$)，随着入射角度的继续增加，则刻蚀速率将减小。图 6.9 给出了利用倾斜样品台的方法改变离子束入射角，来调节铬(Cr)、氮化镓(GaN)和磷化镓(GaP)刻蚀速率的实验结果：当入射角大于 80°时，材料与入射离子表现为弹性散射，刻蚀速率达到极小值。提高束流密度可以提高刻蚀速率，高的离子能量也对提高刻蚀速率有利，但是过高的离子束能量会造成材料损伤，特别是器件的有源层损伤。所以，在实际的应用中，离子束刻蚀一般尽可能增加束流密度来提高刻蚀速率。

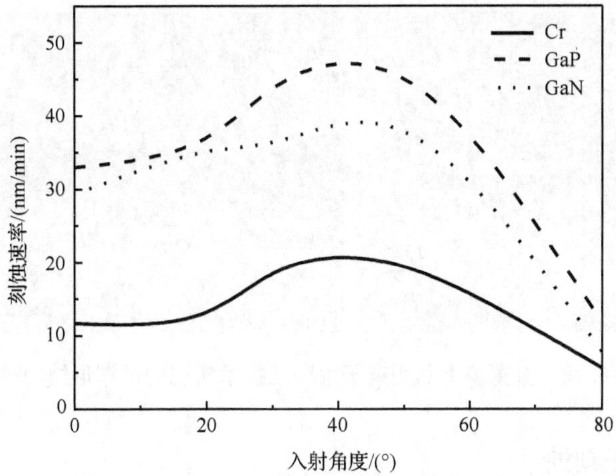

图 6.9　Cr、GaN 和 GaP 等材料在不同入射角下的刻蚀速率

对于离子束刻蚀来说，刻蚀结构的质量最为关键，所以一般情况下需要以牺牲一定的刻蚀速率为代价来保证获得理想的刻蚀质量。当刻蚀所得的结构深度(50 nm 以下)比较小时，离子束刻蚀过程中物理刻蚀溅射出的粒子几乎全部飞出结构外部，这样的情况下会获得较高的分辨率、陡直的轮廓，而且表面没有污染。但是当刻蚀深度大于 50 nm 或者深宽比大于 2 的时候，刻蚀过程中溅射出的粒子会再次沉积在结构和掩模的侧壁，形成二次沉积效应。这时候用适当地倾斜样品台的方法来增加入射角不仅能够提高轮廓的陡直度，而且还能在一定程度上消除二次效应。通过选取合适的入射离子能量、束流密度和入射角刻蚀百纳米厚的金薄膜，可以获得轮廓陡直、边壁干净的高质量金属亚微米孔。另外，对于导电能力差的样品，中和热阴极的加入可以克服带正电荷的离子束在绝缘样品表面的电荷积聚效应，提高半导体和绝缘体材料结构的刻蚀质量。

刻蚀掩模的选择对离子束刻蚀同样意义重大。在所有材料中，碳的刻蚀速率最小，紧随其后的是氧化铝和铝，而金、银、Ⅲ-Ⅴ族化合物的刻蚀速率是铝的刻蚀速率的 10 倍以上。所以可以用碳、氧化铝和铝薄膜作为金、银、Ⅲ-Ⅴ族化合物的刻蚀掩模。

离子束刻蚀技术自诞生后,就一直广泛应用于各类微纳米器件、结构的制备。虽然随着刻蚀技术的进步,如反应离子刻蚀等新的刻蚀技术在很多场合已经逐渐取代了离子束刻蚀的地位,但对于化学性质稳定、难以通过化学反应方式刻蚀的材料(如金属、陶瓷)而言,离子束刻蚀仍然是对这些材料进行微纳米结构刻蚀加工的首选。图 6.10 则给出了一种利用离子束刻蚀技术实现的基于金薄膜的风车形结构,首先利用电子束光刻技术将光刻胶(PMMA)制备成线宽为 60 nm 的风车图形阵列,并利用离子束刻蚀进行图形转移,去胶后便可得到基于金薄膜的风车形结构[21]。

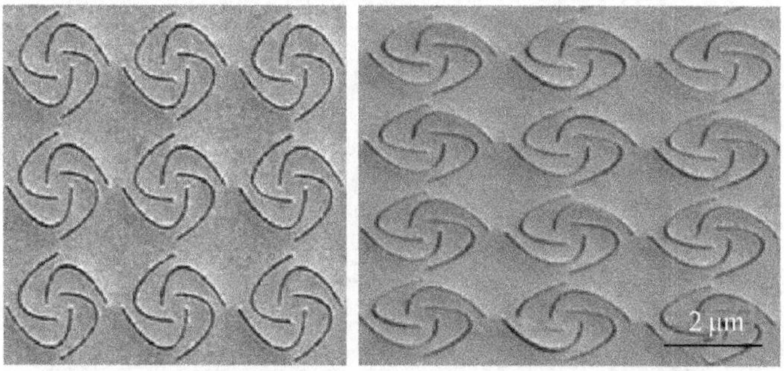

图 6.10 金薄膜上利用离子束刻蚀技术实现的风车形结构[21]

6.3.2 反应离子刻蚀

反应离子刻蚀(reactive ion etching,RIE)[3-6]是当前应用最广泛的刻蚀技术,它很好地结合了物理与化学刻蚀机制,具有其共同的优点,是当前半导体工艺与微纳加工技术中的主流刻蚀技术。与湿法刻蚀与离子束刻蚀相比,反应离子刻蚀具有很多突出的优点:刻蚀速率高,各向异性好,选择比高,大面积均匀性好,可实现高质量的精细线条刻蚀,并能够获得较好的刻蚀剖面质量。

反应离子刻蚀的基本原理是在很低的压强下(0.1～10 Pa),通过反应气体在射频电场作用下辉光放电产生的等离子体,通过等离子体形成的直流自偏压作用,使离子轰击阴极上的目标材料,并实现离子的物理轰击溅射和活性粒子的化学反应,从而完成高精度的图形刻蚀。

反应离子刻蚀系统的基本结构如图 6.11 所示,由接地的金属外壳、射频源端的基板构成的阴极以及反应气体的气路组成。当 RIE 工作时,首先将待刻蚀的基片置于阴极基板上,然后待系统达到一定真空后开始向腔室内通入反应气体;然后开启射频源,令腔室内反应气体中的少量电子加速撞击气体分子,使部分气体分子电离,从而产生更多电子;新产生的电子继续被加速撞击气体分子产生离子和电子,从而形成雪崩效应,使更多气体分子电离;与此同时,随着腔室内离子数量的增加，自由电子也会与离子碰撞复合恢复为气体分子，并放出光子产生辉光；最后，电离与复合达到动态平衡，在腔室空间中形成稳定的等离子体，同时保持稳定的发光状态，这个过程即辉光放电过程。

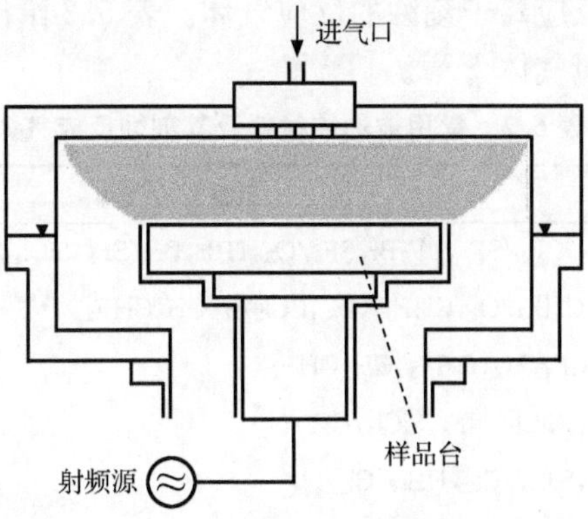

图 6.11 RIE 的基本结构

如图 6.12 所示，辉光放电时，由于腔室内开始时的反应气体本身是电中性的，因此腔室内的电子和正离子数目应该相同，整个等离子体区域应该是等电位区，但由于电子的质量轻，速度快，一部分电子被接地的金属外壳导走，使整个等离子体区域处于一个小的正电势，而另一部分电子则运动到射频源端基板附近，被未接地基板吸附，形成了一个负电势，从基板表面到等离子体区域形成了一个能够对离子进行加速的偏置电压 V_{DC}，使正离子在阴极基板垂直方向上加速，轰击到待刻蚀的材料表面，形成刻蚀。

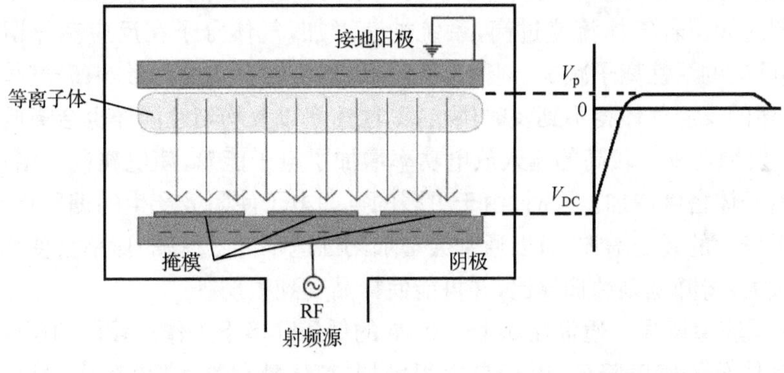

图 6.12 RIE 的放电区的电位分布与刻蚀示意图

反应离子刻蚀过程中，不仅包括离子的物理轰击作用，还可以通过预先选择合适的反应气体使离子、自由基或化学活性气体与待刻蚀材料发生化学反应并生成挥发性的产物，从而达到刻蚀的目的。其中，离子的轰击不仅包括溅射刻蚀，它对刻蚀中的化学反应往往还有显著的增强作用。

通常的反应离子刻蚀中大多以氟基和氯基气体为主，其中，氟基气体常用于硅与硅化物的刻蚀，氯基气体常用于 III-V 材料的刻蚀。此外，氧气、溴化氢、氢气、甲烷等气体也常被用作反应离子刻蚀的反应气体。表 6.2 给出的是常用的被刻蚀材料及其使用的刻蚀反应气体[22,23]。

表 6.2　常用被刻蚀材料及其刻蚀反应气体

被刻蚀材料	刻蚀反应气体
Si	C_4F_8/SF_6, CF_4/SF_6, CF_3Br, SF_6/O_2, HBr, Br_2/SF_6, $SiCl_4/Cl_2$, HBr/O_2, $HBr/Cl_2/O_2$
SiO_2	CF_4/H_2, CHF_3/O_2, CHF_3/CF_4, CCl_2F_2, CH_3CHF_2
Si_3N_4	CF_4/O_2, CF_4/H_2, CHF_3, CH_3CHF_2
GaAs	$SiCl_4/SF_6$, $SiCl_4/NF_3$, $SiCl_4/CF_4$
Al	BCl_3/Cl_2, $SiCl_4/Cl_2$, HBr/Cl_2
W	SF_6, NF_3/Cl_2
InP	CH_4/H_2
ITO	CH_4/H_2
有机材料	O_2, O_2/CF_4, O_2/SF_6

除了反应气体的选择外，反应离子刻蚀中对刻蚀结果有影响的主要因素还包括以下几个。

(1) 气体流速。首先，对于混合气体而言，流速的比例决定了腔室内混合气体的成分组成；其次，在工作压强稳定时，设备的真空抽速将随气体的总流速变化而变化，从而保证工作压强的稳定，此时改变气体流速实际改变的是气体分子在反应室的停留时间。若气体流速过高，系统抽速增加，气体分子在反应室停留时间减小，能够反应的活性离子减少，刻蚀速率降低，均匀性也会受到影响；若气体流速过低，消耗掉的反应气体得不到及时供给，刻蚀速率以及均匀性同样也会降低。

(2) 射频功率。较高的输入放电功率增加了电子能量，使电离概率增加，因而导致等离子体密度增加。同时，由于更多的空间电子使阴极产生的偏压更高，对待刻蚀材料表面的轰击增加，所以通常会增加刻蚀速率，但过高的功率会使离子轰击的能量过大，将降低刻蚀选择比，并可能使样品受到损伤。

(3) 反应室压强。通常在 0.1～10 Pa 的低压环境下工作。较低的压强可以使腔室内气体分子密度降低，电子自由程增加，离子能量增大，电离概率提高，离子间、离子原子间碰撞减少，化学活性分子数目降低，刻蚀方向性更好。同时，挥发性产物能更迅速地离开刻蚀表面，刻蚀速率增加。但气压过低时，辉光放电难以维持，气体分子数过少，同样会造成刻蚀速率降低。因此，反应离子刻蚀通常存在一个最佳工作气压，可获得最高的刻蚀速率，但这个最佳工作气压通常较低，难以直接起辉,因此通常的做法是在一个较高的压强条件下稳定起辉后,再将反应室压强下调至理想条件。

(4) 样品材料的表面温度。高温通常会促进化学反应过程,同时也有利于化学反应生成挥发物离开刻蚀表面,因此某些刻蚀过程必须在较高温度衬底上进行,如 InGaAs 等材料就需要衬底温度达到 150 ℃以上。但对于高质量要求的刻蚀,温度过高往往是有害的,如温度过高将使光刻胶掩模软化变形,且刻蚀的选择比也会大大降低;同时,由于化学反应刻蚀的增强,刻蚀的方向性也会变差。因此,如果衬底没有温度控制,则需要长时间刻蚀的样品材料表面也将会因离子轰击而自然升温,必须要采取间歇工作使其能够自然冷却。

(5) 电极材料及腔体环境。阴极基板除样品位置外也受到离子溅射,因此必须保证非刻蚀位置保持化学惰性,否则等离子体中大量反应活性离子将被阴极刻蚀所消耗,从而极大影响刻蚀速率;另外,阳极与侧壁在离子溅射下产生非挥发性的溅射产物往往会沉积到包括样品在内的其他表面,影响刻蚀样品的进一步刻蚀。由于电极材料的状况不同或者刻蚀的“记忆效应”以及“交叉污染”(前一次刻蚀残留的沉积物被带入下一次的刻蚀环境),同样的刻蚀条件在不同的刻蚀设备或者相同设备不同时间的刻蚀效果未必相同,因此,每一次新的刻蚀前都应该对腔体进行清洗。

(6) 辅助气体。反应离子刻蚀的主要气体是卤族气体化合物,但一些工艺中加入少量的非卤族气体,如惰性气体、氧气或氩气等,能够在不同程度或不同方面改进刻蚀效果[1,24-27],如改善气体均匀性、稳定等离子体放电、形成侧壁保护等。

除了这些主要的影响因素之外,包括电极的材质、形状与大小、反应室的材质与体积、气体进出口位置、真空泵抽速等设备因素以及压力、温度、周边电磁场等环境因素也有可能对刻蚀结果造成影响,只是这些条件或者基本不变,或者在大多数情形下影响较小,因此一般不作考虑。

可见,反应离子刻蚀的刻蚀速率、选择比以及方向性受到多种因素的制约,而且这些因素不是孤立的,而是相互依存、相互影响的。因此,要获得一个理想的刻蚀条件,达到理想的刻蚀效果,需要用大量的工艺实验进行摸索。

6.3.3 电感耦合等离子体反应离子刻蚀

随着微纳米结构与器件研究的不断发展,越来越多的微纳米器件要求高深宽比的精细结构,即在图形特征尺寸不变的条件下,要求刻蚀的深度越来越深,这就对刻蚀工艺提出了三项更高的要求:第一,更好的刻蚀方向性,足够好的各向异性刻蚀才能保证刻蚀工艺按照掩模图形尺寸不断地进行;第二,更高的刻蚀选择比,保证掩模足够耐刻,在对材料进行深刻蚀的同时,还要保证掩模能够经受同样长时间的刻蚀;第三,更快的刻蚀速率,材料的深刻蚀必须在合理的时间内完成,否则将失去实际应用的价值。

传统的反应离子刻蚀技术难以满足这些要求,尤其是要进一步提高刻蚀速率,只能从通过提高等离子体浓度或等离子体能量的方式来实现,这就意味着激发等离子体的射频功率必须提高,但随着射频功率的提高,样品电极的自偏置电压也将随之提高,离子轰击样品的能量增加,物理轰击作用增强,使抗刻蚀比下降,同样会导致深刻蚀难以实现。为了解决这一矛盾,在 20 世纪 90 年代末出现了一种新的刻蚀技术,即电感耦合等离子体反应离子刻蚀(induction coupling plasma-reactive ion etching,ICP-RIE)[28-31]。

1. ICP-RIE 的基本原理与特点

ICP-RIE 的工作腔室结构如图 6.13 所示,它是在传统 RIE 的基础上又增加了一个射频功率源(ICP 源),通过感应线圈将新增的射频功率从外部耦合,进入等离子体的发生腔内,使等离子体的产生与刻蚀区分开来。即利用一个较高的射频功率使自由电子在等离子体产生区域内高速回旋运动,大大增加其电离概率。同时,接通样品台基板的射频源(与 ICP 端射频源区分,通常被称为 RF 源或 RIE 源)则可以独立地输入功率,从而实现对加速自偏置电压的独立控制。表 6.3 为常规 RIE 与 ICP-RIE 的对比,不难看出,ICP-RIE 是一种更优化的 RIE 刻蚀技术,通过分立的射频源分别控制等离子体的激发与刻蚀,以实现高密度、低能量的等离子体,从而同时满足高深宽比刻蚀中高刻蚀速率与高刻蚀选择比的要求,而且还具有低损伤、在低压下仍能保持较高刻蚀速率等优点。

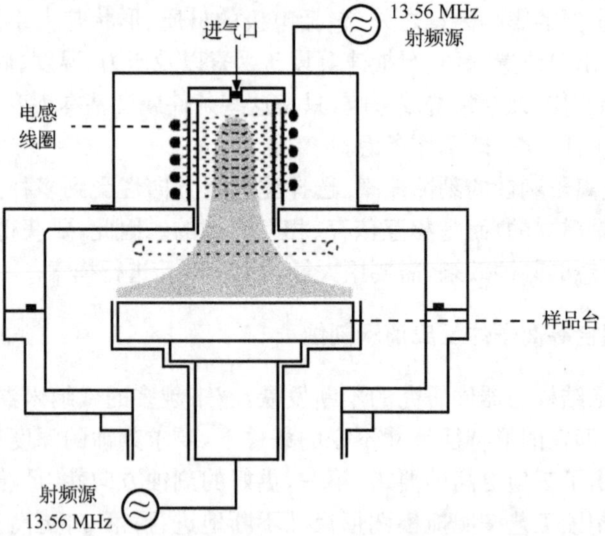

图 6.13 电感耦合等离子体反应离子刻蚀系统示意图

表 6.3 常规 RIE 与 ICP-RIE 的对比

RIE	ICP-RIE
低等离子体密度：$10^9 \sim 10^{10}/cm^3$	高等离子体密度：$>10^{11}/cm^3$
等离子体密度与能量不能独立控制，要产生更多的等离子体则必然伴随更高的轰击能量	等离子体密度由 ICP 功率控制，轰击能量由阴极基板的射频功率控制
低离子能量时，刻蚀速率也随之降低	低离子能量时，可控制等离子体流大小，保持较高的刻蚀速率
压强较低时，刻蚀速率也降低	压强较低时，通过增大离子流的大小保持刻蚀速率不变
直流自偏压较高时，会产生更多刻蚀损伤	通过较低的直流自偏压减小刻蚀损伤

在 ICP-RIE 的刻蚀过程中，影响刻蚀结果的主要工艺因素与 RIE 的工艺影响因素基本相同，只是 ICP-RIE 中增加了一项 ICP 射频功率源的功率参数。但就工艺参数的选择范围而言，由于 ICP-RIE 可以通过增加 ICP 射频功率控制等离子体密度，因此可以在更低的基板射频功率或更小的压强条件下工作，具有更好的可控性，能够实现更高质量的精细微纳米图形的刻蚀。

除 ICP 外，还有一些其他的产生高密度等离子体的方法，如微波电子回旋共振等离子体反应离子刻蚀（electron cyclotron resonance-reactive ion etching，ECR-RIE）[32]。这种技术通过波导将微波功率由系统顶部输入谐振腔体，电子在谐振腔内随微波的谐振而产生共振，并在腔体外磁场的作用下回旋，从而获得较大的回旋共振能量，从而提高电离效率，能够产生与 ICP 相同水平的等离子体密度，与 ICP 具有相同的优点。但 ECR 结构相比 ICP 更复杂，还需要解决微波谐振与样品台基板射频源的匹配问题，在刻蚀效果上也没有独特的优势，因此很快被 ICP 技术取代。

随着 ICP-RIE 技术在微纳加工领域日益广泛地应用，出现了很多相关的辅助技术以提高 RIE 或 ICP-RIE 的刻蚀效果，如样品台采用静电吸盘技术（electrostatic chuck）[33]，抛弃了传统的机械固定模式，通过静电吸附样品以提高刻蚀的均匀性，减少尘埃颗粒；用热交换器和背面氦气冷却技术进行温度控制，以保证整个样品在刻蚀过程中温度均匀，减小温度变化对刻蚀速率和均匀性的影响；增加刻蚀终点检测系统，通过对特定波长的光探测信号的检测确定刻蚀是否结束；等等。

ICP-RIE 技术存在的问题主要有：由于反应离子刻蚀需要合适的反应气体来进行，不是对所有材料都适用；等离子体刻蚀可能会引起材料的损伤，这种损伤有时可以通过退火或湿法处理的方式消除。

2. ICP-RIE 的典型工艺：高深宽比结构的刻蚀

在上面的内容中，我们介绍了 RIE 以及 ICP-RIE 刻蚀技术及其基本原理与功能。但是,在实际应用中,特别是微纳结构或器件的制备中,常常会对刻蚀工艺提出种种新的要求。

高深宽比的微纳结构是刻蚀工艺中常见的难题,这种刻蚀要求良好的方向性、极高的选择比以及较高的刻蚀速率,通常的物理或化学刻蚀很难同时兼顾这三方面的要求。直到 20 世纪 90 年代,RIE-ICP 技术与 Bosch 工艺的出现,成功地解决了这个难题[34,35]。所谓的 Bosch 工艺,就是一种通过在刻蚀过程中引入边壁沉积钝化,通过交替转换刻蚀过程和边壁沉积过程,在利用化学过程获得较高选择比与刻蚀速率的同时,通过保护侧壁保证了刻蚀的各向异性,从而获得高深宽比结构的刻蚀方法。

Bosch 工艺的过程如图 6.14 所示。对于硅而言,通常使用 SF_6 作为刻蚀气体,C_4F_8 作为钝化气体。通过 ICP-RIE 技术,可以利用 SF_6 等离子体对硅实现非常高效的刻蚀,而 C_4F_8 的等离子体能够形成氟化碳类的高分子聚合物,沉积在材料表面的聚合物能够阻止氟离子与硅的反应。刻蚀和钝化交替进行(通常 3～15 s 转换一个周期),在垂直表面方向上由于有离子轰击作用,钝化膜很快被剥离,使各向同性的化学反应离子刻蚀继续发生,但侧壁上的钝化膜则保护着已刻蚀的侧壁不再被钻蚀。通过这种周期性的刻蚀-沉积-刻蚀,保证了刻蚀只沿垂直表面的方向进行,从而可以实现极高深宽比的刻蚀形貌。

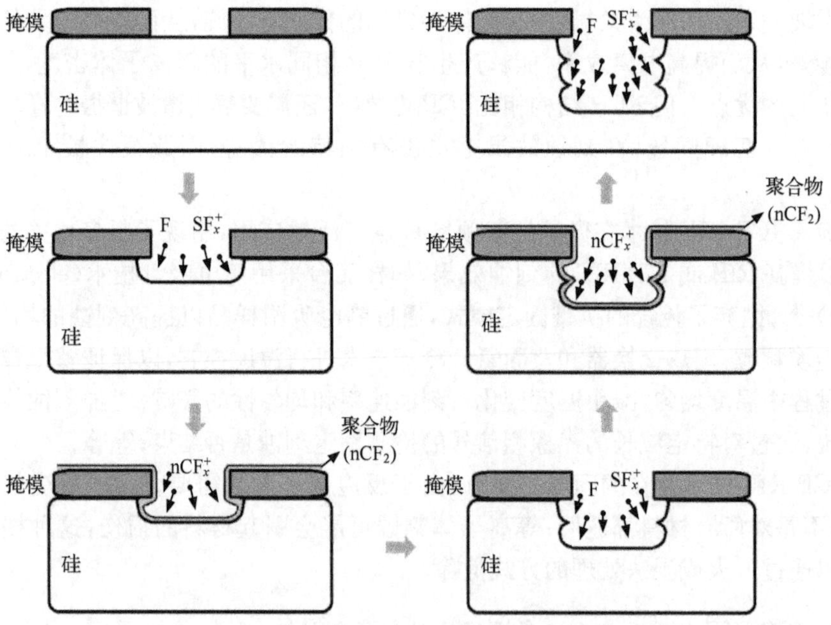

图 6.14　Bosch 工艺的基本过程

虽然 Bosch 工艺能够保证刻蚀在整个过程中保持良好的方向特性，但其中每一步的刻蚀都是各向同性的，因此其刻蚀边壁将呈波纹状，通常会造成高达百纳米以上的表面粗糙度[36]。虽然通过缩短刻蚀与钝化的周期或利用化学湿法抛光腐蚀可以进行一定程度的改善，但却无法完全消除这种波纹效应。

利用低温硅刻蚀技术[37]，则可以避免这种侧壁的"波纹"效应。在这一过程中，使用 SF_6 作为反应气体进行刻蚀，当刻蚀材料表面温度低于 −110 ℃，SF_6 刻蚀 Si 所形成的刻蚀产物 SiF_4 会部分冷凝在样品表面，形成类似 C_4F_8 在 Bosch 工艺中所形成的聚合物钝化层，从而抑制了 SF_6 向侧面的钻蚀。由于这种底部刻蚀与侧壁钝化过程之间没有气体转换过程，因此不会出现上述的"波纹"效应。图 6.15 即为利用低温刻蚀方法实现的硅高深宽比结构，可以看到用这种方法刻蚀出的结构侧壁非常光滑。

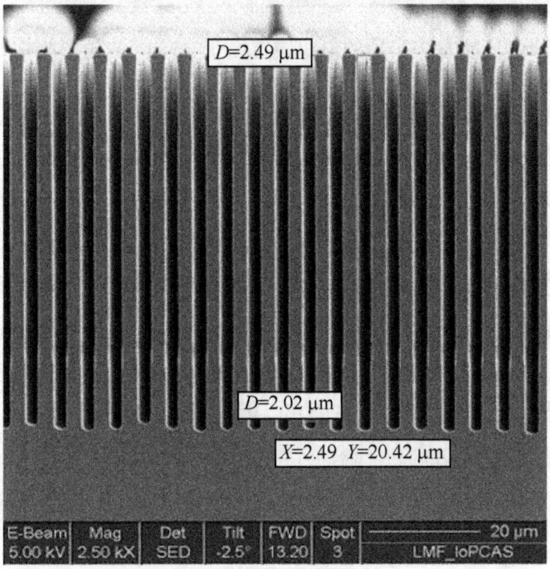

图 6.15 利用低温刻蚀方法实现的硅高深宽比结构

此外，常见的通过保护侧壁实现高深宽比深刻蚀的方法还有利用 HBr 刻蚀硅的纳米结构的刻蚀工艺，由于 HBr 与硅的反应产物 $SiBr_4$ 或 SiH_xBr_{4-x} 可以在刻蚀图形的侧壁上形成钝化膜，从而保证了刻蚀能够具有良好方向性。这种通过直接钝化侧壁实现的高深宽比刻蚀可以使边壁的粗糙度降至 10 nm 以下，因此可以实现纳米精度的结构刻蚀，如图 6.16 所示的纳米栅形结构，其线条宽度达到 20 nm 以下。

3. 掩模对 ICP-RIE 刻蚀的影响

掩模是刻蚀工艺中一项非常重要的控制因素。在通常的刻蚀工艺中，掩模的

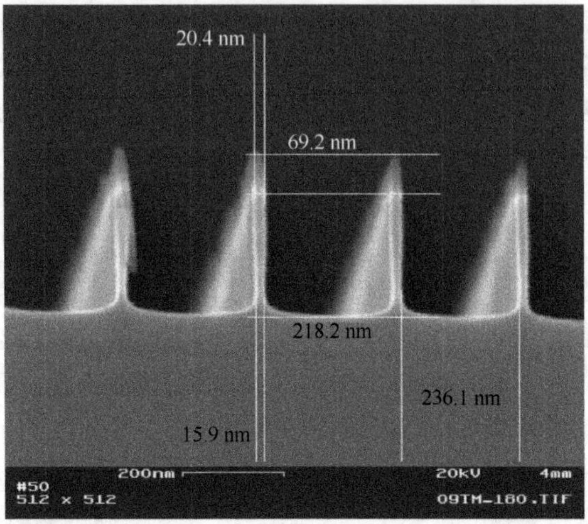

图 6.16 利用 HBr 刻蚀方法实现的最小线宽小于 20 nm 的栅形结构(牛津仪器提供)

基本功能是通过前期的工艺在掩模中形成图形结构,并在刻蚀过程中对材料表面不进行刻蚀的区域提供保护。在刻蚀工艺中,对掩模的要求通常主要有两点:具有良好的抗刻蚀比以及清晰的图形轮廓。其中,掩模中的图形质量通常由前期的图形制备工艺决定,再通过比较被刻蚀材料与掩模材料的刻蚀比来选择合适的掩模材料。在刻蚀工艺中,当光刻胶掩模不能提供理想的刻蚀选择比时,则需要将图形从光刻胶转移到合适的掩模材料上,然后才能继续进行被刻蚀材料的刻蚀。通常情况下,将光刻胶上的图形转移到掩模材料上所采用的方法,往往仍是刻蚀方法。

掩模层的图形结构通常都是平面的,但当需要制备一些特殊的三维立体的微纳结构时,可以通过非均匀的掩模与可控选择比的精确刻蚀结合,实现一些特殊的立体三维结构刻蚀,如图 6.17 所示,对于非均匀的立体掩模,可以通过选择

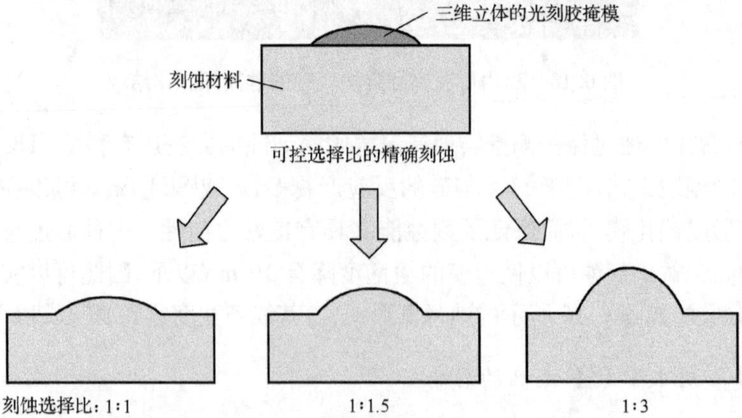

图 6.17 通过刻蚀选择比控制三维结构的刻蚀

不同的刻蚀选择比实现不同的立体刻蚀结构。对于 ICP-RIE，由于其刻蚀选择比和深宽比具有更大的选择余地，因此可以与掩模结合刻蚀出各种不同的三维立体结构。

如利用第 1 章介绍的欠曝光技术，结合高温后烘可以在紫外光刻胶掩模上实现立体的凸球微米结构(如图 6.18 所示)，利用这种立体掩模对硅材料进行选择比为 1∶1 的 ICP-RIE 刻蚀，将凸球结构完整地转移到了硅表面(如图 6.19 所示)。

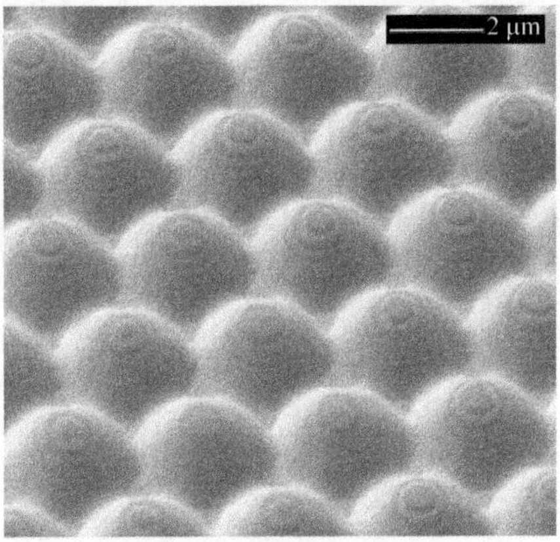

图 6.18　三维微米凸球结构的光刻胶掩模

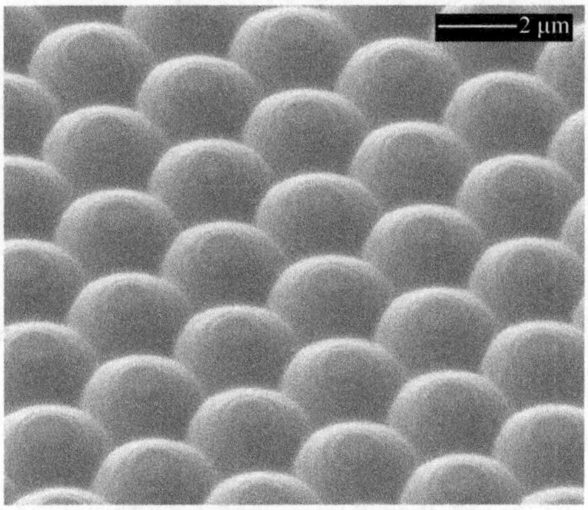

图 6.19　通过 ICP-RIE 刻蚀硅实现的微米凸球结构

利用非均匀掩模来实现的立体刻蚀，能够通过刻蚀的可控性实现掩模图形制备中所不具备的空间分辨率调制。非均匀掩模与刻蚀相结合，在形成三维结构的同时，也为相关图形结构制备的分辨率的提高提供了可能。在第 1 章，我们介绍了基于非涅耳衍射现象的光刻技术，这种曝光的剂量通常非常微弱，仅能在光刻胶表面形成浅坑。但通过高选择比的 ICP 反应离子深刻，如图 6.20 所示，可以将这种非均匀结构放大到三维结构中，形成如图 6.21 所示的具有亚微米分辨率的立体管状结构，在实现三维结构的同时，还极大地提高了所制备曝光图形的分辨能力[37]。

掩模对刻蚀结果的影响除了掩模刻蚀过程中共有的抗刻蚀比以及掩模中图形质量因素之外，对于具体的刻蚀工艺往往还伴随着一些复杂的其他影响，如在 ICP-RIE 刻蚀中的负载与充电效应。如图 6.22 所示的 ICP-RIE 低温刻蚀深硅截面，其中使用的掩模是具有不同线宽图形的二氧化硅掩模，刻蚀结果中明显地存在线条的刻蚀深度随图形线条宽度变化而变化(负载效应，loading effect)的现象，掩模下方严重的侧向刻蚀(充电效应，charging effect)。

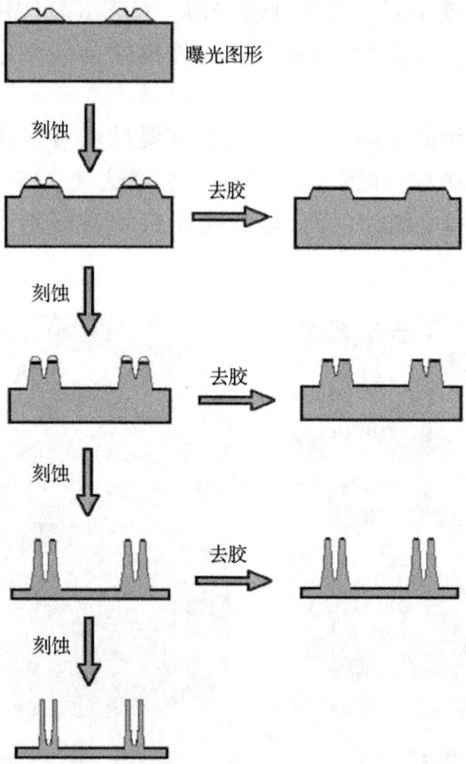

图 6.20　利用高选择比 ICP-RIE 刻蚀泊松亮斑曝光形成非均匀掩模的截面过程示意图

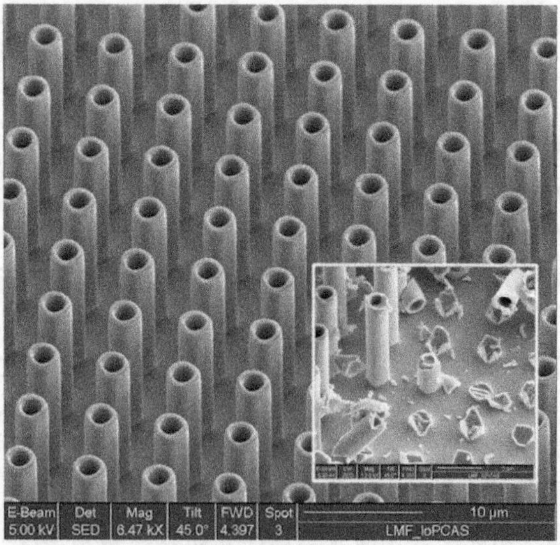

图 6.21　利用泊松亮斑曝光和高选择比刻蚀实现的亚微米分辨率管状结构

插图为故意划断的管状结构，可以看到这种管状结构具有良好的深度，同时其内径也保持着较高的一致性

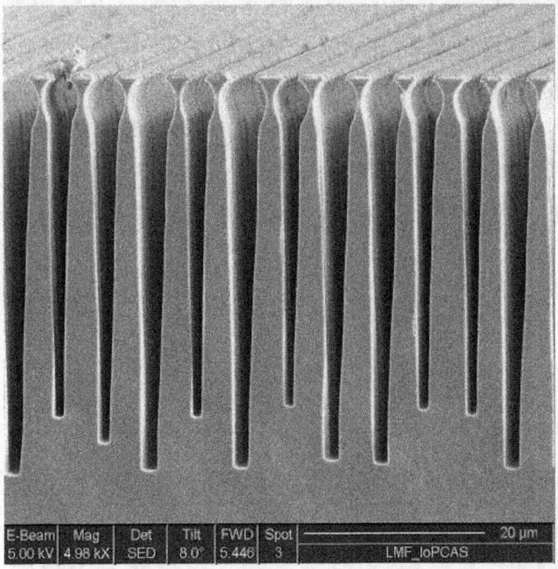

图 6.22 使用 SiO_2 掩模低温刻蚀 Si 工艺中的负载与充电效应

负载效应的根本原因是反应刻蚀中反应物、反应产物的分布及输运受到了掩模中刻蚀图形以及深刻蚀中高深宽比隙缝限制，因此在不同区域的化学反应速度不同，从而在相同的刻蚀工艺中出现不同的刻蚀深度。具体来说，负载效应又分为两种情形：一种情形是由掩模中图形的密度及其裸露面积大小的差异引起反应气体或反应离子在不同区域的消耗差异，导致不同图形区域或不同刻蚀面积的刻蚀速率不同；另一种情形则是在深刻蚀过程中，随着刻蚀深度的增加，对于越精细的图形，刻蚀的有效反应成分与反应产物则越难有效地进入或离开刻蚀结构的底部，导致其刻蚀速度不断变慢，甚至完全停止。对负载效应的改善方法包括：在掩模上设计无用的图形对图形密度进行平衡；通过提高真空抽速或提高气体流速使刻蚀表面的反应产物快速移走；增加惰性气体、提高气体压强以改善刻蚀反应成分的不均匀分布等。但需要注意的是，这些负载效应的解决方案往往会对刻蚀的其他效果（如速率、选择比、方向性等）造成很大的影响，需要针对具体的刻蚀要求做出一定取舍。

充电效应的原因则是由于被刻蚀材料与其顶端的掩模材料（或其底部的截止层材料）的介电特性有较大差异时，在反应离子刻蚀过程中，由于这种介电特性差异，带电离子会在导电性较差的材料表面积聚，形成一个局域电场，从而使后续入射的离子产生偏转，在不同材料界面位置附近形成侧面刻蚀。在长时间的反应离子刻蚀工艺中，对于固定的掩模与被刻蚀材料，充电效应难以直接避免，只能通过调节功率与偏置电压以减弱这种效应。

对于作为图形转移技术的传统刻蚀而言,负载和充电效应都是需要克服的不利影响,特别是在高精度要求的微纳米结构刻蚀过程中,往往是造成工艺不稳定的负面因素。但在某些情形下,充分地考虑刻蚀中的这些客观效应,同样可以实现一些特殊结构的高精度刻蚀。例如,硅锥或锥形截面的硅线条,可以使用二氧化硅掩模,通过调节刻蚀参数放大刻蚀中的充电效应,加强掩模下方的硅刻蚀直至其顶端被刻断,从而形成一致性极高的锥针结构或具有锥形截面的线条(如图 6.23 所示)。

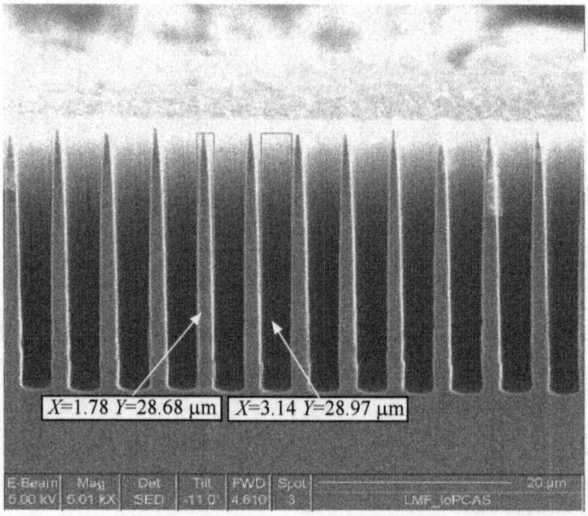

图 6.23　利用充电效应刻蚀出具有锥形截面的硅线条阵列

利用充电效应还可以在一定程度上实现纳米精度的三维刻蚀。如电子束曝光使用的一种负胶 HSQ 能够实现极高精度的纳米图形曝光,这种负胶经电子束曝光和显影后在材料表面形成厚度为数十纳米到百纳米左右的硅氧化物,同样具有类似于二氧化硅的介电特性,在反应离子刻蚀中也同样存在着充电效应。通过选择合适的刻蚀条件,可以在刻蚀过程中利用充电效应对材料的侧壁进行一定程度的刻蚀,形成纳米级的三维立体结构。图 6.24 所示的结构即是利用这种方法,通过对电子束曝光显影所获得的 HSQ 环形掩模进行高精度的纳米刻蚀而实现的三维立体杯形纳米结构。但通常情况下,这种充电效应受到很多复杂因素共同影响,难以得到非常有效的控制。

另外,掩模控制刻蚀方法还包括使用一些特殊的微纳颗粒及其组合来进行刻蚀,如利用聚合物纳米小球(如聚苯乙烯、PS 球)或纳米金刚石等纳米颗粒作为掩模来实现某些特定的结构[38],如图 6.25 所示的利用 PS 纳米球实现的圆柱形结构的刻蚀。

对于类似 PS 纳米球的聚合物掩模,本身也可以通过 O_2 刻蚀改变其大小,从而

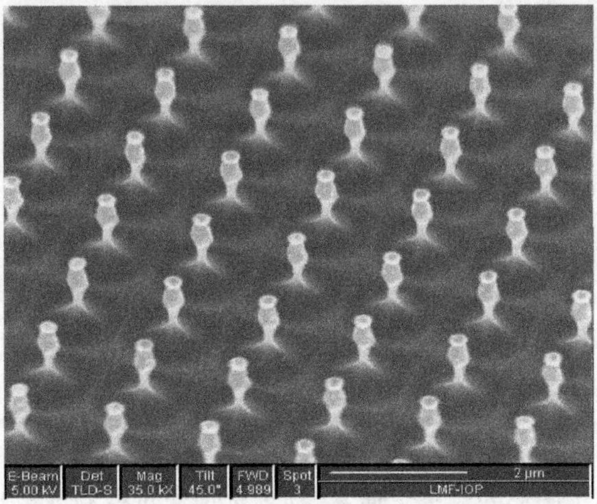

图 6.24 利用 HSQ 掩模刻蚀出立体的杯形纳米结构

(a) (b)

图 6.25 (a)单层 PS 纳米小球作为刻蚀掩模;(b)刻蚀之后,清洗掉纳米小球之前的刻蚀表面形貌

可以通过分别对聚合物掩模和刻蚀材料进行分步刻蚀,控制所刻蚀结构的形貌(如图 6.26 所示)。

4. 控制侧壁刻蚀

对于各向异性的刻蚀工艺,往往可以通过调节刻蚀参数,在一定程度上对刻蚀图形轮廓的侧壁形貌进行控制。如典型的物理刻蚀——离子束刻蚀,本身具备极好的刻蚀方向性,但并不意味着直接利用离子束垂直刻蚀图形表面就能取得较好

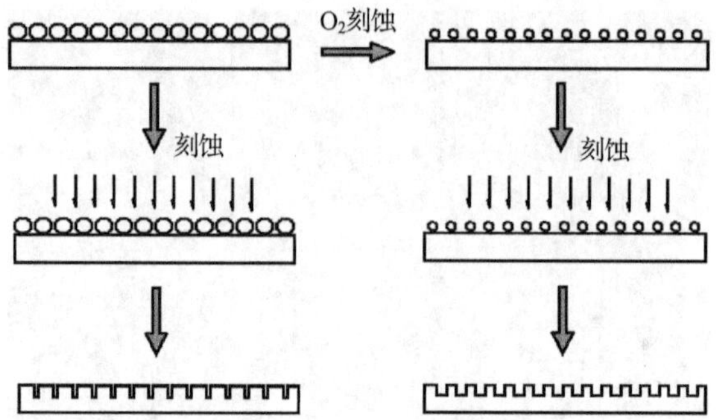

图 6.26　利用分步刻蚀方法调节 PS 纳米球掩模及最终刻蚀剖面形貌示意图

的刻蚀效果:垂直入射的溅射额往往不是最佳条件,且溅射产物可能造成更大的刻蚀污染,反而破坏了图形的轮廓。通常,物理刻蚀通过控制入射角度、旋转样品以及调节入射功率等手段来优化刻蚀图形的侧壁质量。

对于各向同性的化学刻蚀过程,控制刻蚀剖面和侧壁则常常表现为对钻蚀的控制,其基本方法与控制刻蚀深度类似,主要通过控制反应速度和反应物、反应产物浓度及其流动快慢来控制化学反应过程。

对于反应离子刻蚀这种既有物理溅射,又有化学反应的刻蚀过程而言,其刻蚀剖面的控制同时具有上述的两种形式,且实际情形非常复杂,往往需要结合具体工艺及其刻蚀过程来进行分析。

氮化镓(GaN)是一种重要的半导体发光材料,常用于制作蓝光 LED。GaN 的干法刻蚀研究已经相对比较成熟[39-42],常用的刻蚀气体是氯气及氯化物气体(Cl_2、BCl_3、$SiCl_4$等),但通常的刻蚀只要求刻蚀截面光滑,边壁陡直,通常并不需要对刻蚀侧壁有具体的控制要求。但在针对如何提高蓝光 LED 发光效率的研究中,有结果表明:将 LED 中的 GaN 表面制备成锥状结构,能够获得很好的光提取效果。但通常使用的湿法腐蚀只能得到无规则分布的锥形结构,难以精确控制 GaN 材料的形状与尺寸。然而,通过控制 ICP-RIE 刻蚀中侧壁的沿晶向刻蚀,则可以精确地控制 GaN 刻蚀侧壁,得到特定棱柱、棱锥结构。

在蓝宝石衬底上的 n 型 GaN 表面利用光刻显影-沉积剥离方法制备周期圆形阵列的金属掩模,再通过 ICP-RIE 使用 BCl_3 与 Cl_2 作为反应气体对 GaN 进行刻蚀。如图 6.27 所示,通过调节 BCl_3 与 Cl_2 的流量比例,可以实现对 GaN 刻蚀侧壁的控制,使其呈现不同形貌的棱台结构。图中可以清晰地看到,当反应气体中 Cl_2 的成分增加时,对侧壁的刻蚀不仅出现了不同程度的刻蚀方向特性,还呈现出对不同晶面各向异性的刻蚀,最终使 GaN 形成了一种六棱形锥台结构。

这种形成棱锥形结构刻蚀的原理是:通过 MOCVD 外延生长在蓝宝石(0001)面上的 Ga 面(0001)n-GaN,在刻蚀过程中,吸附到 GaN 表面的 Cl 自由基在 Cl^+、

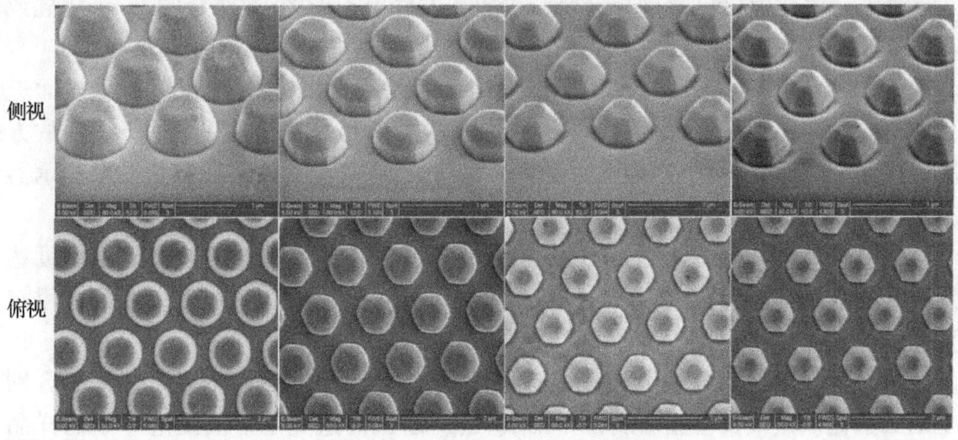

图 6.27 通过调节气体比例控制刻蚀侧壁形貌形成棱状结构

BCl_2^+ 与 Cl_2^+ 等离子体轰击溅射作用下与 GaN 表面发生化学反应,这种化学反应对不同晶面的 GaN 具有不同的刻蚀速率,对(10$\bar{1}$1)面的刻蚀速率最快(如图 6.28 所示)。因此,随着 Cl_2 比例的增加,化学反应(1011)面及其六个等效的晶面在刻蚀中更容易显露出来,形成了六棱锥台形状的结构。

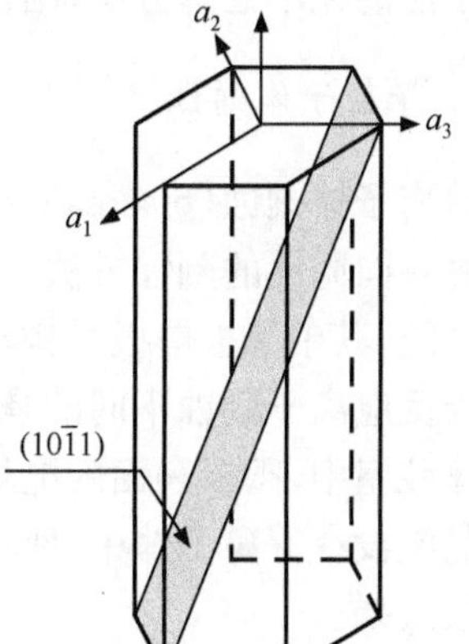

图 6.28 外延生长在(0001)蓝宝石衬底上的 n-GaN 的(10$\bar{1}$1)面

这种利用不同晶向的刻蚀速率各向异性而实现的侧壁形貌控制与单晶硅在不同晶向上的湿法腐蚀有相似之处,但通过干法 ICP-RIE 不仅可以通过调节气体比例、反应室压强等参数控制侧壁的化学反应刻蚀,同时还可以通过调节 ICP 与 RIE 功率控制 n-GaN(0001)面的刻蚀速率。因此,通过 ICP-RIE 实现的侧壁控制具有更好的灵活性与可控性,能够与掩模图形设计相结合,制备出更复杂的微纳精细结构。

6.3.4 其他干法刻蚀

1. 气浴刻蚀

气浴刻蚀又被称为反应气体刻蚀,是通过气态的反应气体直接与刻蚀材料进行反应的刻蚀方法。通常使用的气浴刻蚀方法只有一种,即二氟化氙(XeF_2)对硅的高选择性刻蚀[17,43,44]。

气态二氟化氙可以直接与硅反应生成挥发性 SiF_4产物，而对金属、二氧化硅或其他掩模材料几乎没有侵蚀，具有极高的刻蚀选择比，如对氮化硅为(400～800)：1，对光刻胶、金属、氧化硅的选择比可以上千。因此，利用二氟化氙可以对硅表面进行各向同性的刻蚀，特别是对作为牺牲层的硅去除，是一种非常理想的干法释放方法，有利于悬臂梁以及中空结构的制备。目前，已有气浴刻蚀方法制备投影显示器芯片等方面的报道[17]。

二氟化氙刻蚀硅的速度一般在 1～3 μm/min，刻蚀表面非常粗糙，其粗糙度达到微米量级，通过与其他卤素气体(如 BrF_3和 ClF_3)混合使用可以改善表面的粗糙程度。

由于气浴刻蚀完全是化学反应过程，其特点与湿法腐蚀非常相似，主要的区别是用二氟化氙蒸气代替湿法腐蚀中的腐蚀溶液，同时避免了溶液浸泡导致的样品沾污或光刻胶脱落等缺点。特别是悬空结构的牺牲层去除，如果使用湿法腐蚀，液体的表面张力容易使悬空的微结构黏附到衬底表面，从而导致整个结构的失败。采用干法的化学处理方法，则很好地避免了湿法腐蚀中的缺点。

2. 等离子体刻蚀

等离子体刻蚀(plasma etch)[45,46]与气浴刻蚀类似，也是近乎纯粹的化学刻蚀，是一种各向同性的刻蚀方法。等离子体刻蚀系统包括平板电极结构与筒形反应器刻蚀系统，其中平板电极结构与平行板电极反应离子刻蚀结构相似(如图 6.12 所示)，与反应离子刻蚀不同的是：等离子体刻蚀的刻蚀样品放置在阳极表面，由于等离子体腔室中，阳极表面的电场很弱，离子轰击溅射效应几乎可以忽略不计，通过将样品浸没在等离子体中，使刻蚀样品与化学活性等离子体进行充分反应，从而实现刻蚀效果。

相对于平板电极结构，筒形反应器的等离子体刻蚀系统则更加常见，其结构如图 6.29 所示，在微波或射频源作用下，等离子体在筒形空间中产生，被刻蚀样品放置于等离子体空间中，由于样品表面没有任何电场形成，也就不存在任何离子轰击效应，整个刻蚀过程都是等离子体与刻蚀材料的化学反应过程。带孔的金属屏蔽罩将等离子体与反应室隔开，只有具有较长寿命的自由基能够达到样品表面进行刻蚀，从而避免硅片受到离子轰击的影响，进一步提高化学腐蚀的均匀性。

与气浴刻蚀类似，等离子体刻蚀可以用来钻蚀微结构覆盖下的牺牲层材料，能够避免湿法腐蚀的缺点，较好地实现悬臂梁等中空结构[47,48]。通常使用的等离子体刻蚀在 10～1000 Pa 压强下工作，对光刻胶等材料使用氧气作为工作气体，对硅材料则使用 CF_4作为工作气体。

在等离子体刻蚀技术中，其刻蚀速率主要取决于射频或微波功率、腐蚀气体流量以及样品温度等因素。其中，射频或微波功率越高，刻蚀速率越快，但过高的功

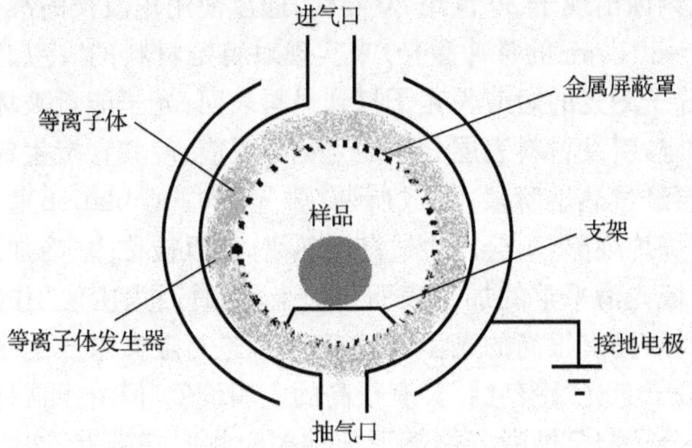

图 6.29 筒形等离子体刻蚀系统

率有可能会造成掩模抗刻蚀性的下降，或者对样品造成损伤；而增大腐蚀气体流量能够增加活性离子浓度，一定程度上能提高刻蚀速率，但过高的流量会导致腔室压力升高，电子自由程缩短，气体离化率降低，导致刻蚀速率下降；样品温度越高，化学反应越剧烈，刻蚀速率越快，但刻蚀的均匀性以及掩模抗刻蚀比都容易受到影响。此外，由于等离子体刻蚀常常一次性处理大批样品，随刻蚀样品数量增加会引起刻蚀速率显著下降(负载效应)，需要稳定的工艺参数或放入弥补样品数量变化的陪片以避免负载效应。

3. 激光刻蚀

激光刻蚀不是传统意义上的刻蚀图形转移技术，采用的是与聚焦离子束技术类似，直接在功能材料表面刻写结构的工作方式。目前的激光刻蚀大致可以分为三类。

第一类为传统的激光热处理加工技术，始于 20 世纪六七十年代，主要采用二氧化碳、一氧化碳激光器与掺钕钇铝石榴石(YAG)固体激光器为主的红外/近红外波段的高功率激光系统，其平均输出的功率可达到千瓦量级，而光能量的输出方式局限在纳秒的时间范围内。其刻蚀原理是通过光子共振线形吸收，使用高能量密度的激光束使目标材料表面局部升温，令其逐步熔化、蒸发去除。这一类激光刻蚀技术已经广泛应用到电子工业和机械制造业，可实现切割、划片、打孔、焊接、淬火、表面处理等多种加工过程，是一种比较成熟的加工技术。但在这一技术中，材料表面所吸收的光束能量不可避免地扩散到周围区域，形成因热熔而造成的加工缺陷，使加工表面和边缘粗糙不平。同时，红外激光自身的波长也决定了这种刻蚀方法很难取得更高的分辨率。因此，这一类激光刻蚀技术无法应用到更高精度的微纳加工工艺中。

第二类激光刻蚀出现于20世纪80年代,通过使用短波长的准分子激光(激光波长范围从157～351 nm的脉冲激光)来实现对特定材料的"冷加工"。所谓冷加工,是指通过准分子激光的短波长光子打到材料表面,光子能量破坏高聚物材料表面分子间的分子键,引发材料表层分子的光化学反应,使其直接生成汽化产物脱离材料表面,而不再经过热熔阶段,形成所谓"激光剥蚀"(ablation)。这种激光剥蚀在加工表面没有烧灼现象,不会产生过高的热量,所以被称为"冷加工"。这种冷加工激光刻蚀具有极光滑平整的加工表面与边缘,同时因为所使用的准分子激光波长都是在紫外区域,具有很高的光学分辨率,可以进行亚微米一纳米尺度的高精度加工。因此,准分子激光"冷刻蚀"具有很高的应用价值,但由于这种加工方式是建立在被刻蚀材料分子与刻蚀激光能够形成共振吸收的基础上,这使其能够加工处理的材料种类和范围受到了严格限制。

第三类激光刻蚀则出现于20世纪90年代初,通过以掺钛蓝宝石(Ti:sapphire)激光器为代表的飞秒激光器实现的"冷加工"刻蚀。这种"冷加工"的原理与准分子激光不同:由于飞秒激光脉冲宽度已经达到飞秒量级,而脉冲峰值功率达到GW或TW量级(10^9～10^{12} W),当飞秒激光脉冲辐照到材料表面上时,具有极高峰值强度和极短持续时间的光脉冲与物质相互作用时,能以极快的速度将能量迅速注入很小的作用区域内,使该区域内的材料还来不及将激光的能量转化为热量扩散到相邻区域,就直接被激光的能量直接从固态变成了等离子体态并爆发式逸出材料表面,不经历任何热熔过程,达到了"冷加工"直接刻蚀的效果。飞秒激光可以实现对任何材料的加工,且无论加工任何材料都能获得干净的切割表面和边缘。此外,由于激光的强度在空间上一般呈高斯分布,如果调节入射激光束使焦斑中心强度刚好满足被刻蚀材料的电离阈值,则刻蚀过程中的能量吸收和作用范围就被仅限于焦点中心位置处的很小一部分体积内而非整个聚焦光斑所辐射的范围,这就意味着飞秒激光刻蚀的分辨率可以进一步提高,可以突破光束衍射极限的限制,实现尺度小于波长的亚微米甚至纳米操作。

激光刻蚀是一种快速、直接的刻蚀技术,不需要事先进行曝光、显影,基本不受材料形状和大小的限制,还可以加工其他刻蚀技术难以加工的材料(如金属、陶瓷等)。其主要限制在于效率较低,刻蚀材料的速率极其有限,特别是激光剥蚀,每次去除的材料都很少,难以进行大面积的刻蚀。

4. 原子层刻蚀

原子层刻蚀(atomic layer etching,ALE)技术起源于20世纪90年代,该技术具有类似于原子层沉积(ALD)的反应过程,可以实现功能材料单原子层精度的刻蚀[49]。

理论上讲,ALE的每个循环可以移除一个原子层的材料。每个循环主要包含四步,可以分为两个半反应(half-reaction)过程。如图6.30所示,第一个半反应过程包括两步:①向刻蚀材料表面通入反应气体 1,反应气体 1 可以与材料表面的原子成键,最终在表面形成一个分子层;②通过气体吹扫,将没有与表面原子结合的气体去除,便可以得到一个位于材料表面的改性层。第二个半反应过程则分为两种情况:第一种情况是通过 Ar 离子轰击实现原子层刻蚀,这种技术称为等离子体增强 ALE[50]。这种情况下,由于材料表层原子改性,使得其更容易被刻蚀,而深层的原子则难以被刻蚀。这一过程需要谨慎选择 Ar 离子刻蚀的能量:当能量过低时,会使得改性层原子刻蚀不完全,导致一个循环内移除的原子数量达不到一个原子层;而能量过高时,则会导致深层原子被刻蚀,使得一个循环内超过一个原子层的材料被刻蚀,类似于常规的 Ar 离子刻蚀技术。第二种情况则是通过化学反应生成气体的方式实现单原子层的刻蚀,这种技术称为热 ALE[51]。其操作方式为向具有改性层的材料中继续通入反应气体 2,该气体会与材料的表面改性层发生反应,形成一种或多种气体,利用吹扫去除这些气体,便实现了材料的原子层刻蚀。

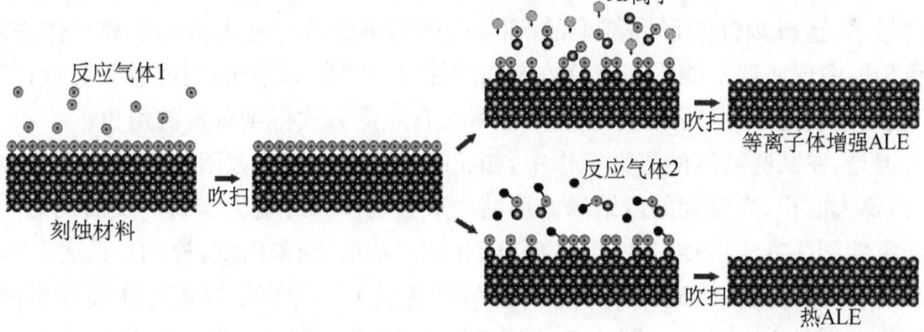

图 6.30 ALE 技术原理图

目前,原子层刻蚀技术已经可以实现金刚石、Si、Cu、InGaAs 等多种金属、半导体以及绝缘材料的刻蚀。随着纳米器件特征尺寸的持续减小,其中许多功能薄膜的厚度已经低至 2~3 nm,能否实现其原子级精度的刻蚀成为相关器件能否成功制造的关键。相比于其他刻蚀技术,虽然 ALE 的刻蚀速度较慢,但是其原子层的精度控制,在未来的集成电路与微纳器件制造中具有重要作用。

6.4 无掩模刻蚀技术

通常的刻蚀在微纳加工技术中主要扮演的是图形转移技术的角色,因此在一般情况下都与掩模密切相关。但在一些特殊情形下的刻蚀,可以不通过预先准备掩模而直接在被刻蚀样品表面通过刻蚀获得特定的结构。这种通过刻蚀直接获得微纳结构的方法又分为两种:一种是通过逐点扫描刻蚀,如聚焦离子束及激光刻蚀技术,从目标材料上逐点或逐层地进行微米或纳米精度的剥离,从而直接获得想要加工的结构;而另一种则是通过刻蚀过程中的条件控制,在待刻蚀表面上形成微掩模或对材料的特定晶向进行刻蚀,从而实现特定微纳锥、柱形结构的刻蚀方法。虽然同为无掩模刻蚀,这两种刻蚀方法却具有截然相反的特点:前者精度极高,但效率很低;而后者的刻蚀精确性、均匀性相对较差,但具有极高的工作效率。关于聚焦离子束和激光刻蚀技术,我们已在前面的章节中有所涉及,本节将主要介绍大面积纳米锥形结构的无掩模刻蚀方法。

6.4.1 硅锥结构的无掩模刻蚀

在硅的低温 ICP-RIE 刻蚀工艺中,除了使用 SF_6 作为刻蚀反应气体之外,在刻蚀气体中混入小比例的氧气进行辅助也很常见。这是因为通过氧自由基与硅表面原子以及氟自由基作用,能够产生在低温下稳定存在的 SiO_xF_y 产物,从而附着在硅表面达到刻蚀侧壁保护的效果,保证深刻蚀的继续进行。但当氧含量过高时,生成的 SiO_xF_y 产物过多,造成刻蚀图形底部上的 SiO_xF_y 产物不能及时被轰击的等离子体去除,导致刻蚀图形底部不能得到充分均匀的刻蚀,形成“杂草”形的刻蚀形貌。这种“杂草”效应可以通过调节刻蚀压强和降低氧气含量等方式得到有效的避免。

但是,在某些特定的研究工作中,如超疏水微纳结构或太阳能电池抗反射表面等,需要大面积、高密度的微纳米锥形结构来实现特殊的超疏水或抗反射功能。利用通常的刻蚀方法很难实现,但从深硅刻蚀中“杂草”现象出发,控制并改善“杂草”的形貌,可以将这种深硅刻蚀中的失败结果变成了一种高效快速的大面积微纳硅锥结构的制备方法[52,53]。图 6.31 即为利用低温 ICP 刻蚀所形成的硅锥结构。

图 6.31 低温 ICP 刻蚀形成的硅锥结构

这种无掩模刻蚀的主要机制为：当刻蚀气体组分中 O_2 比例适中时（即能够顺利形成微掩模，且不至于抑制硅的刻蚀），低温等离子体环境下 F、O 自由基在被刻蚀的硅材料表面形成 SiO_xF_y 产物。这种 SiO_xF_y 产物能够在低温下保持稳定，形成一种纳米颗粒形式的微型掩模，保护其遮挡的硅不被刻蚀。随后，反应等离子体分别对 Si 与 SiO_xF_y 进行刻蚀，同时又在硅表面生成 SiO_xF_y，SiO_xF_y 产物又继续作为抗刻蚀的微掩模，从而形成了一种复杂的竞争刻蚀机制。总体而言，可以把这种机制简单归结为：在刻蚀早期 Si 的裸露面积较大，SiO_xF_y 产物不断在硅表面形成并逐渐增大，在硅表面形成了微掩模结构，随着无微掩模区域的硅的纵向刻蚀不断进行，在等离子体轰击溅射作用下，微掩模逐渐缩小，从而形成类似非均匀掩模的立体刻蚀效果，使逐渐缩小的微掩模下方刻蚀出的硅材料形成锥状结构。

这种利用 ICP-RIE 实现的无掩模刻蚀大面积硅锥的方法，可通过改变压强、功率、气体配比等条件控制其所刻蚀硅锥形貌与密度，具有较好的灵活性和可控制性[53]。如图 6.32 所示，通过增大刻蚀压强，可以使硅锥的密度、高度与长径比逐渐减小。这是因为刻蚀气压的提高能够提高反应等离子体的浓度，同时减小了等离子体的平均自由程，增加了等离子体碰撞的概率，在降低等离子体能量的同时增加了等离子体动量的角度分布，使早期 SiO_xF_y 微掩模形成的速率更快，而纵向上对硅与微掩模的刻蚀更弱，从而形成更大面积的微掩模，因此降低了硅锥分布的密度。由于对硅的刻蚀速率下降，锥的刻蚀高度也被减低，最终，由于硅锥的底面积增加而高度降低，其长径比自然变小。此外，除了微掩模产生的影响之外，在具体的刻蚀过程中，刻蚀硅片的晶向、掺杂类型以及掺杂浓度都会对最终刻蚀出的硅锥形貌产生明显的影响。

无掩模大面积硅锥结构的刻蚀方法具有大面积、高效率、低成本、一致性较好、可控制造等突出的优点，不足则在于其微掩模的构成与分布均依靠随机的化学反应，只能通过改变刻蚀条件改变其统计分布实现粗略控制。

6.4.2 金刚石锥的无掩模刻蚀

金刚石集力学、电学、热学、光学等优异特性于一身，在多个领域已得到广泛应用。随着低维纳米材料制备和物性研究的深入开展，金刚石的低维结构也引起了人们的广泛兴趣。特别是金刚石的负电子亲和势使其成为场发射显示器件的理想材料，而锥形的发射体是人们普遍追求的理想结构。目前，金刚石纳米锥的制备方法有等离子体反应刻蚀法和模板填充法两种[12,13,15,16]。采用这两种方法制备的金刚石纳米锥阵列的优点是纳米锥的形貌一致性好，缺点是难以形成小于 10 nm 的顶端曲率半径，从而难以形成较高的长径比结构。

在离子溅射过程中，普遍认为：当离子的平均能量 ($\bar{E}$) 大于离子溅射的阈值能量(E_{th})（即 $\bar{E}>E_{th}$）时，固体表面原子的溅射才会发生[54]。图 6.33 给出低能离子

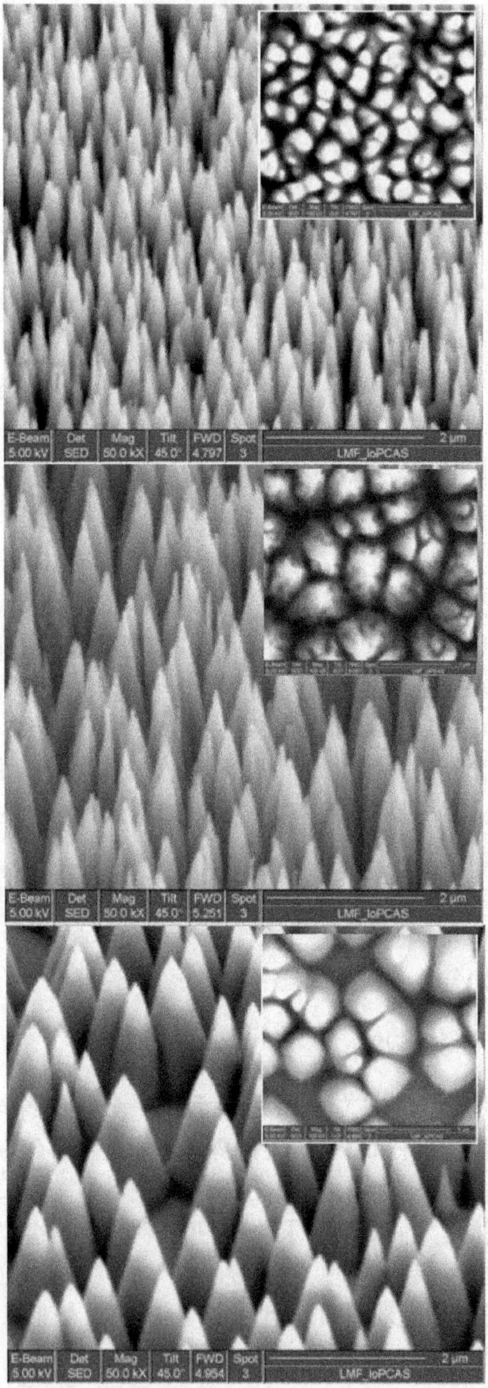

图 6.32　无掩模硅锥刻蚀压强条件逐渐增大时(从上到下刻蚀压强不断增大)
硅锥的形貌及密度变化(插图均为俯视)

与金刚石膜作用过程示意图。对于低能离子溅射来说，原子的出射位置往往并不是离子与固体表面的碰撞位置，离子与固体表面作用时需要经过一个“顺流而下”(downstream)的级联碰撞(cascade collision)过程，原子才从某个位置被溅射出来，如图 6.33(a)所示[55]。对于如图 6.33(b)所示的锥形结构，在低能离子溅射过程中，A(锥尖)、B(锥侧壁)、C(锥底)、D(平面位置)四个位置的出射产额一般满足：$\nu_A<\nu_B<\nu_D<\nu_C$[56]，所以离子对锥底有选择性刻蚀效果；锥角 ϕ 越小，即锥越尖锐，锥顶和锥底的出射产额差别越大，选择性刻蚀效果越明显。

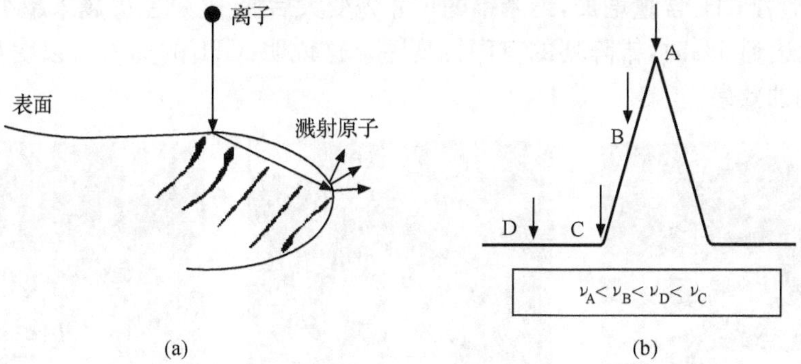

图 6.33 低能离子与金刚石膜的作用过程
(a)级联碰撞溅射机理示意图；(b)选择性刻蚀示意图

人们采用在热灯丝化学气相沉积(HFCVD)系统中利用负偏压形成的等离子体，在甲烷和氢气的混合气体中实现了金刚石纳米锥的无掩模刻蚀[57]。图 6.34(a)给出一个典型的金刚石纳米锥阵列的 SEM 照片，锥的长度约为 5000 nm，密度约为 $2\times10^8\ cm^{-2}$。图 6.34(b)给出单个金刚石纳米锥的 SEM 照片，可以看到锥角约为 27°。

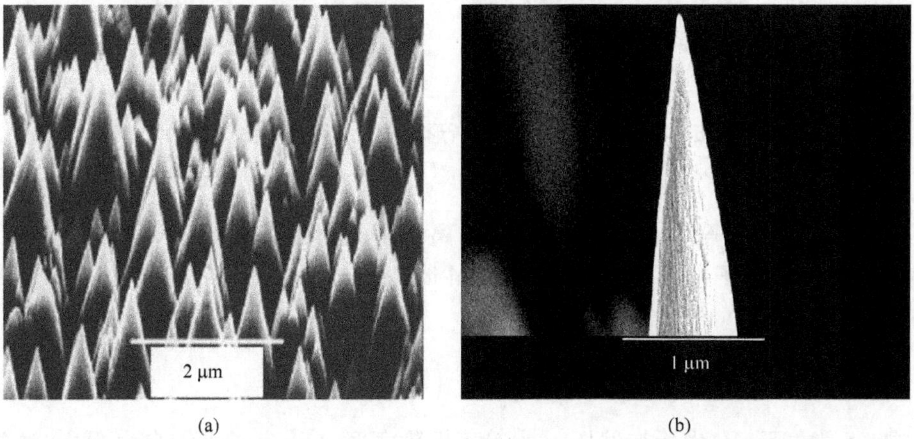

图 6.34 (a)金刚石纳米锥阵列的 SEM 照片；(b)单个纳米锥的 SEM 照片

为了对金刚石纳米锥的形貌进行有效控制，人们研究了纳米锥的形貌(如锥角、锥长、锥密度)对几个重要等离子体刻蚀参数(偏流、气压、气体比例)的依赖关系。图 6.35 给出了在不同气体比例时，所形成纳米锥阵列的 SEM 照片。图 6.35(a)显示的是未刻蚀的金刚石薄膜表面的 SEM 照片。图 6.35(b)显示的是采用 H 等离子体刻蚀的金刚石薄膜表面的 SEM 照片，可以看到只有尺寸在几十纳米的密集小丘形成，难以观察到锥形结构。图 6.35(c)、(d)和(e)显示的是采用 CH_4/H_2 等离子体刻蚀的金刚石薄膜表面的 SEM 照片，气体比例依次为 1/99，2/98 和 5/95。可以看到，随着 CH_4 含量增加，纳米锥的尺寸先变大后变小，锥密度越来越小；而且当 CH_4 含量达到 5%时，锥阵列的有序性变差。这说明：CH_4 的加入可以明显增强等离子体刻蚀效果。

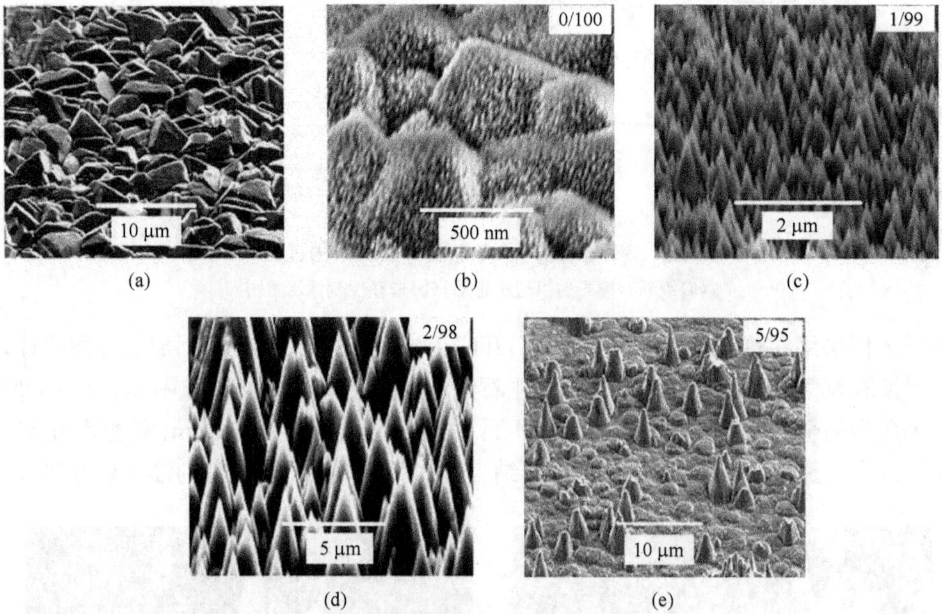

图 6.35 在不同气体比例时，所形成纳米锥阵列的 SEM 照片

(a)未刻蚀的金刚石膜；(b)纯氢刻蚀金刚石膜；(c)CH_4/H_2=1/99；(d)CH_4/H_2=2/98；(e)CH_4/H_2=5/95

对于 CH_4/H_2 等离子体来说，主要的离子种类为：H^+，CH_4^+，CH_3^+，CH_2^+[58]。根据中性粒子-离子电荷交换碰撞(neutral-ion charge exchange collision)模型，离子的平均能量 ($\bar{E}$) 可以表示为[59]

$$\bar{E} = eV_0\left[1-\left(1-\frac{\lambda}{ps}\right)^2\right] \tag{6.1}$$

其中，p 为气压，V_0 为所加偏压，s 为等离极靴宽度，λ 为离子平均自由程。s 通常表示为[60]

$$s=\frac{V_0^{3/4}}{[(9j/4\varepsilon_0)(m/2e)^{1/2}]^{1/2}} \tag{6.2}$$

其中，j 为放电电流密度，ε_0 为真空介电常数，m 为离子质量，e 为电子电量。

λ 通常表示为[33,34]

$$\lambda=1/n_{\mathrm{n}}\sigma \tag{6.3}$$

其中，n_{n} 即中性粒子(主要是气体分子)密度，所以 $n_{\mathrm{n}}=\frac{p}{kT}$，$p$ 为气压，T 为等离子体区绝对温度；σ 为中性粒子-离子碰撞散射截面[61,62]。由于氢气的浓度远大于甲烷，中性粒子主要为 H_2 分子，所以只考虑各种离子与 H_2 分子碰撞时的散射截面[63]：

$$\sigma_{(CH_x^+,H_2)}/\sigma_{(H^+,H_2)}=2(M+m)^2ZAA'/9M^2 \tag{6.4}$$

其中，$\sigma_{(CH_x^+,H_2)}$ 和 $\sigma_{(H^+,H_2)}$ 分别为甲基离子和 H^+ 与 H_2 分子碰撞时的散射截面，M 和 m 分别为离子和 H_2 分子的质量，Z 为离子电荷数，A、A' 分别为离子和 H_2 分子的核电荷数。

把(6.2)式、(6.3)式和(6.4)式代入(6.1)式，发现：离子平均能量 $\bar{E}$ 可以化为宏观等离子体参数 T、p、j 的表达式。在实验温度(1173 K)下，可以算出不同离子的平均能量 $\bar{E}$，其 $\bar{E}\sim s$，$\bar{E}\sim\lambda$ 关系在图 6.36 中给出。这表明：等离极靴宽度 s 越小，离子平均自由程 λ 越大，离子平均能量 $\bar{E}$ 越大；对相同的 s 和 λ 而言，H^+ 的平均能量 $\bar{E}$ 远小于 CH_n^+ ($n\leqslant 4$)的平均能量，而 CH_n^+ ($n\leqslant 4$)的平均能量相近。对离子溅射作用来说，离子能量是决定其溅射效果的关键因素。由于 H^+ 的平均能量 $\bar{E}$ 远小于 CH_n^+ ($n\leqslant 4$)，因此 CH_n^+ ($n\leqslant 4$)的溅射作用是金刚石纳米锥形成的主要原因。

当采用不同比例 CH_4/H_2 进行刻蚀时，等离子体区中 CH_n^+ ($n\leqslant 4$)和 H^+ 的比例是不同的。在其他条件相同时，CH_4 相对含量越高，电离产生的 CH_n^+ ($n\leqslant 4$)相对含量就越高，因而刻蚀效果就相对更强。如图 6.36 所示，随着刻蚀气体中 CH_4 含量的提高，刻蚀效果越来越强，这就是因为刻蚀气氛等离子体中甲基离子 CH_n^+ ($n\leqslant 4$)越来越多所导致的。不过随着 CH_4 含量的升高，不仅等离子体中甲基离子 CH_n^+ ($n\leqslant 4$)的含量越来越多，等离子体中的固态中性粒子(比如游离态的碳颗粒)也越来越多。这些游离态的碳颗粒沉积到金刚石膜基片的表面，并在离子刻蚀过程中起到了局域掩模的作用，导致各处的刻蚀速率不一致现象，从而影响了金刚石纳米锥阵列的有序性。这样随着 CH_4 含量升至 5%，就出现如图 6.35 所示的金刚石纳米锥形貌一致性变差的结果。

在现代微纳加工技术中，刻蚀技术扮演着不可替代的关键角色。与图形制备技术不同，在刻蚀过程中，将直接对材料进行加工，刻蚀的控制精度与准确程度将直接决定所制备微纳米结构的最终质量。随着微纳米结构对于物理、材料、化学以

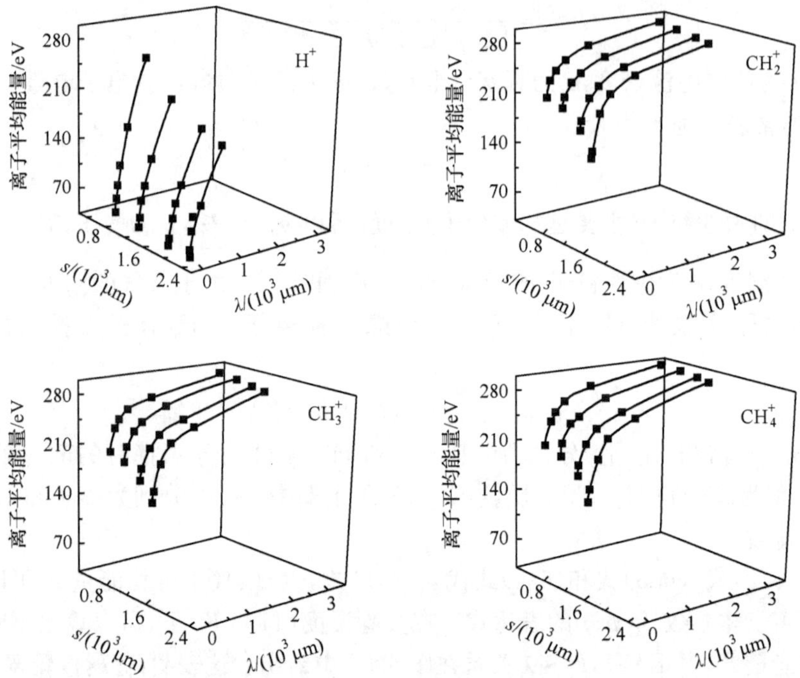

图 6.36　不同离子基团(H^+、CH_2^+、CH_3^+ 及 CH_4^+)的平均能量与平均自由程、等离极靴宽度之间的关系

及生物领域前沿研究的重要意义日益凸显,对于微纳米结构制备的控制精准度要求越来越高,所设计的结构越来越复杂,所采用的材料越来越广泛,因此刻蚀技术也不断地面对着各种挑战。

实际应用的迫切需求促进着技术的快速发展,为了满足当前纳米材料纳米器件研究中的需要,刻蚀技术也正在不断地进步。目前,微纳刻蚀技术的发展主要表现在三个方面:第一,通过对刻蚀设备的改进与研发,使刻蚀工艺的稳定性与精确性得到提高,同时降低工艺成本,提高工作效率;第二,拓展刻蚀的材料类型,探索新的刻蚀机制,如从传统的硅基、Ⅲ-Ⅴ族半导体材料的刻蚀逐渐发展到对金刚石、石墨烯等新材料的刻蚀[64,65];第三,通过新刻蚀工艺的研发实现更复杂结构的刻蚀,如高深宽比结构,甚至三维纳米结构等。当前的刻蚀技术在这三个方向上正不断地取得突破,为促进相关研究的发展提供了有力保障。

参考文献

[1] 崔铮. 微纳米加工技术及其应用. 第二版. 北京:高等教育出版社,2009.
[2] 刘金声. 离子束技术及应用. 北京:国防工业出版社,1995.
[3] Cantagre M, Marchal M. J. Mater. Sci., 1973, 8: 1711.

[4] Zielinski L, Schwartz G C. J. Electrochem. Soc. ,1975,122: C71.
[5] Bondur J A. J. Vac. Sci. Technol. ,1976,3: 1023.
[6] Ephrath L M. J. Electrochem. Soc. ,1997,124: C284.
[7] Kovacs G T A, Maluf N I, Petersen K E. P. IEEE,1998,86: 1536.
[8] Seidel H, Csepregi L, Heuberger A, et al. J. Electrochem. Soc. ,1990,137: 3626.
[9] Zhang Y Y, Zhang J, Luo G, et al. Nanotechnology,2005,16: 422.
[10] Sugimura H, Nakagiri N. Nanotechnology,1995,6: 29.
[11] Biswas K, Kal S. Microelectron. J. ,2006,37: 519.
[12] 黄庆安．硅微机械加工技术．北京:科学出版社，1996.
[13] Wang Y J, Yang Y, Sun Y, et al. RSC Advances, 2017, 7:11578.
[14] Quan B G, Yao Z H, Sun W J, et al. Microelectron. Eng. , 2016, 163:110.
[15] Pan R H, Yang Y, Wang Y J, et al. Nanoscale, 2018, 10:3171.
[16] Xia X X, Yang H F, Wang Z L, et al. Microelectron. Eng. ,2007,84: 1144.
[17] Stephen D S. Microsystem Design. 2nd printing. Amsterdam: Kluwer Academic Publishers, 2004.
[18] Gloersen P G. J. Vac. Sci. Technol. ,1975,12: 28.
[19] Matsuo S, Adachi Y. Jpn. J. Appl. Phys. 1982,21: L4.
[20] Chinn J D, Femandez A, Adesida I, et al. J. Vac. Sci. Technol. A,1983,1: 701.
[21] Chen S S, Liu Z G, Du H F, et al. Nat. Commun. ,2021, 12:1299.
[22] Kern W, Deckert C A. Thin Film Processes. New York: Academic Press, 1978.
[23] Williams K R, Muller R S. J. Microelectromech. S. ,1996,5: 256.
[24] Hu E L, Howard R E. Appl. Phys. Lett. ,1980,37: 1022.
[25] Semura S, Saitoh H, Asakawa K. J. Appl. Phys. ,1984,55: 3131.
[26] Lee H, Oberman D B, Harris J S. Appl. Phys. Lett. ,1995,67: 1754.
[27] Lee J W, Hong J, Pearton S J. Appl. Phys. Lett. ,1996,68: 847.
[28] Diniz J A, Swart J W, Jung K B, et al. Solid State Electron. ,1998,42: 1947.
[29] Matsutani A, Koyama F, Iga K. Jpn. J. Appl. Phys. ,1998,37: 6655.
[30] Maeda T, Lee J W, Shui R J, et al. Appl. Surf. Sci. ,1999,143: 174.
[31] Maeda T, Lee J W, Shui R J, et al. Appl. Surf. Sci. ,1999,143: 183.
[32] Asmussen J. J. Vac. Sci. Technol. A,1989,7: 883.
[33] Lu J, Meng X, SpringThorpe A J, et al. J. Vac. Sci. Technol. A,2004,22: 1058.
[34] Laermer F, Schilp A. 1996 Method for anisotropic plasma etching of substrates US Patent 5498312 (assigned to Bosch GmbH).
[35] Laermer F, Schilp A. 2001 Anisotropic, fluorine-based plasma etching method for silicon US Patent 6303512 (B1 assigned to Bosch GmbH).
[36] Ayon A A, Bayt R L, Breuer K S. Smart Mater. Struct. ,2001,10: 1135.
[37] Tian S B, Xia X X, Sun W N, et al. Nanotechnology,2011,22: 395301.
[38] Kricka L J. Biochip Technology. Amsterdam: Harwood Academic Publishers, 2001.
[39] Yu C C, Chu C F, Tsai J Y, et al. Jpn. J. Appl. Phys. ,2002,41: L910.
[40] Kao C C, Huang H W, Tsai J Y, et al. Mater. Sci. Eng. B,2004,107: 283.
[41] Huang H W, Kao C C, Hsueh T H, et al. Mater. Sci. Eng. B,2004,113: 125.
[42] Chiu C H, Lu T C, Huang H W, et al. Nanotechnology,2007,18: 445201.

[43] Chu P B, Chen J T, et al. 1997, Proc. 1997 Int'l. Conf. Solid-State Sensors and Actuators (TRANSDUCERS'97), (Chicago), 665.
[44] Wang X Q, et al. 1997, Proc. 1997 Int'l. Conf. Solid-State Sensors and Actuators (TRANSDUCERS '97), (Chicago), 1505.
[45] Coburn J W. J. Vac. Sci. Technol., 1979, 16: 391.
[46] Elamrani A, Tadjine R, Moussa F Y. Int. J. Plasma Sci. Eng., 2008: 37182.
[47] Gritz M A, Metzler M, Moser J, et al. J. Vac. Sci. Technol. B, 2003, 21: 332.
[48] Wang L, Cui Z, Hong J S, et al. Microelectron. Eng., 2006, 83: 1418.
[49] Yoder M N. 1988, US Patent. 4,756,794 A.
[50] Faraz T, Roozeboom F, et al. ECS J. Solid State Sci. Technol., 2015, 4: N5023.
[51] Lu W, Lee Y, Gertsch J C, et al. Nano Lett., 2019, 19: 5159.
[52] Dussart R, Mellhaoui X, Tillocher T, et al. J. Phys. D: Appl. Phys., 2005, 38: 3395.
[53] Tian S B, Li L, Sun W J, et al. Sci. Rep., 2012, 2: 511.
[54] Carter G, Vishnyakov V. Phys. Rev. B, 1996, 54: 17647.
[55] Alves M A R, Porto L F, De Faria P H L, et al. Vacuum, 2004, 72: 485.
[56] Sigmund P, Mater J. Science, 1973, 8: 1545.
[57] Wang Q, Li J J, Li Y L, et al. J. Phys. Chem. C, 2007, 111: 7058.
[58] Wang B B, Lee S, Yan H, et al. Appl. Surf. Sci., 2005, 245: 21.
[59] Davis W D, Vanderslice T A. Phys. Rev., 1963, 131: 219.
[60] Suraj K S, Mukherjee S. Surf. Coat. Technol., 2005, 196: 267.
[61] Phelps A V. J. Phys. Chem. Ref. Data, 1991, 20: 557.
[62] SedlaOek M. Electron Physics of Vacuum and Gaseous Devices. New York: Wiley, 1996: 398.
[63] Phelps A V. J. Phys. Chem. Ref. Data, 1990, 19: 653.
[64] Yang R, Zhang L C, Wang Y, et al. Adv. Mater., 2010, 22: 4014.
[65] Shi Z W, Yang R, Zhang L C, et al. Adv. Mater., 2011, 23: 3061.

习 题

1. 离子束刻蚀与反应离子刻蚀有何异同,两者各有什么优缺点?

2. 列举影响反应离子刻蚀(RIE)与电感耦合等离子体反应离子刻蚀(ICP-RIE)效果的主要因素。

3. 简述无掩模刻蚀的原理。不同 CH_4/H_2 比例的反应气体在金刚石无掩模刻蚀过程中对金刚石锥形貌有何影响?

4. 对于硅衬底上厚度分别为 200 nm、100 nm、3 nm 的 $SiO_2/Au/Al_2O_3$ 多层薄膜,掩模是直径为 1 μm 的光刻胶圆盘,应如何选取合适的刻蚀技术将该多层膜加工成微盘结构?

第7章 薄膜技术

薄膜材料在力学、热学、电学、光学、磁学和声学等领域显示出特殊的功能。不同功能的薄膜有着不同的应用领域，例如，硬质薄膜在提高工业生产中运转部件的表面耐磨性方面有重要的应用背景，而当今信息存储技术的迅速发展则有赖于磁性薄膜的研究成果，超导薄膜在电子学领域具有非常诱人的应用前景，从而一直备受人们的关注；同时，近年来兴起的光电薄膜已经成为重要的信息功能材料，并在工业、能源、环境、国防及军事领域有广泛应用和发展，此外单分子薄膜（LB膜）以及金属纳米薄膜都在有机分子器件及表面等离激元器件等前沿科学领域有着重要的应用潜力。可见，薄膜材料已经成为众多学科领域的重要基础，并得到广泛的应用。尤其是纳米薄膜材料更是当今纳米科学技术领域的重要研究内容。

薄膜沉积方法是薄膜科学发展的重要推动力，薄膜的性能在很大程度上取决于制备薄膜的技术，各种薄膜沉积新方法和新技术不断涌现，薄膜的沉积技术已经从单一的真空蒸发沉积方法发展到包括离子沉积、电子束沉积、溅射沉积、化学气相沉积、分子束外延沉积、激光脉冲沉积和原子层沉积等多种各具特色的沉积技术，特别是以等离子体反应方法为代表的新沉积技术的开发，为薄膜制备技术以及相关材料表面工程提供了高效的技术手段，为开发新型功能薄膜和更先进的微纳米器件开辟了许多新的研究方向，并取得了令人瞩目的应用成果。

近年来，随着纳米科学与纳米技术的迅速发展，薄膜沉积技术已经成为微纳加工技术中不可缺少的技术手段，它不仅涉及物理、化学及材料等基础科学，更在很多领域如集成电路、电子元器件、LED器件、信息存储、MEMS、传感器、太阳能电池等方面发挥越来越大的作用。薄膜沉积技术与薄膜材料之所以受到人们的关注，主要归因于薄膜材料的特性和制备方法上的优势，如形态优势（薄膜是二维形态，厚度可以从微米到纳米）、尺度优势（纳米薄膜作为纳米器件的基材）、成分优势（可以形成各种化合物薄膜）、结构优势（可控制晶态与层数）、方法优势（沉积方法多样简便）和检测表征优势（易于过程检测和样品表征）等。目前，薄膜材料与薄膜沉积技术的发展涵盖了几乎所有的前沿学科领域，尤其在微纳结构加工与器件制造中起到非常重要的作用。在微纳加工技术中，无论是光学曝光、电子束曝光、纳米压印，还是其他方法，只是完成了微纳加工过程的一半，另一半则是如何将制备出微纳米图形结构转移到各种功能材料上，这一过程称为图形转移技术，它是微纳加工技术的重要组成部分，而薄膜沉积技术是完成图形转移的重要手段。因此，薄膜沉积已经成为微纳加工技术中最关键的技术之一。

本章将介绍微纳加工与器件制备中常用的、典型的薄膜沉积技术,从薄膜沉积的基本原理以及沉积工艺出发,介绍高质量薄膜沉积的工艺控制,重点介绍薄膜技术在微纳加工和器件制备研究中的应用途径和方法,如常规加工法、辅助加工法和特殊加工法等,还介绍了纳米薄膜的特殊制备方法——表面剥离法,以及超光滑表面金属薄膜的制备方法;讨论采用何种沉积技术更适合微纳加工过程中的某些特殊工艺要求,探讨利用不同薄膜沉积技术解决微加工工艺中的难题,以及如何利用薄膜沉积与微纳加工技术巧妙配合实现各种微纳结构与器件的制备,最后介绍薄膜沉积技术的最新进展。

7.1 薄膜沉积方法

薄膜的制备方法以气相沉积方法为主,包括物理气相沉积(PVD)和化学气相沉积(CVD)两大类。物理气相沉积中主要发生物理过程,利用物质的蒸发或当受到粒子轰击时表面原子产生的溅射进行沉积,在分子、原子尺度上实现从源物质到沉积薄膜的可控物理过程。微加工技术中常用的物理沉积方法主要包括真空蒸发沉积(热蒸发、电子束蒸发)和溅射(磁控溅射、离子束溅射)等,常用来制备金属和半导体薄膜。化学气相沉积中包含了化学反应过程,通常是在高温或活性化的环境中,利用衬底表面上的化学反应制备薄膜。化学气相沉积方法包含类型众多,如热 CVD 方法、等离子体增强 CVD(PECVD)、金属有机化学沉积(MOCVD)、原子层沉积(ALD)以及喷涂热分解、溶胶-凝胶等,其中微加工技术中常用的化学气相沉积包括热 CVD 和 PECVD 制备硅基氧化物和氮化物,而 ALD 则是近几年才发展起来制备高质量、高介电常数氧化物薄膜的化学沉积方法,在制备纳电子器件和生物器件中发挥着重要作用。

下面我们重点介绍微纳加工技术中经常使用的薄膜沉积技术,包括真空蒸发沉积、溅射沉积、PECVD 和 ALD 方法等,主要从薄膜生长的基本原理、沉积原理、设备原理和工艺控制等方面进行介绍。

7.1.1 薄膜生长的基本原理

在理解薄膜的生长原理之前,认识薄膜的特征非常必要。薄膜和体材料一样,其相平衡也由相应条件下的热力学函数决定,因此薄膜生长必然牵涉到相变,此外大多数薄膜由单晶体和多晶体组成,因而晶体表面的对称性、晶体表面原子结构、表面再构和表面吸附以及表面缺陷等方面都对薄膜生长与薄膜质量有非常大的影响,尤其对外延方法生长的薄膜,由于两种材料晶格常数不同引起的错配位应变会导致外延薄膜的缺陷形成,从而影响外延薄膜的性能质量。总的来说,薄膜生长与所有相变一样,包含衬底和生长表面上的成核和长大过程,其中包括表面扩散过程、薄膜成核过程以及薄膜的生长过程。对于不同结构的薄膜生长，如单晶、多晶以及非晶薄膜的生长，或者对于不同成分的薄膜生长，如金属薄膜、半导体薄膜以及氧化物薄膜的生长，薄膜在整个生长过程不尽相同，但是可以肯定的是薄膜成核过程在决定薄膜的最终结晶度和微观结构中起到非常重要的作用，尤其是在纳米薄膜的生长过程中更为突出。

1. 薄膜的生长形式

一般情况下，在清洁的晶体衬底上，薄膜生长的基本形式有三种。第一种是岛状生长形式(Volmer-Weber 模式)，也就是三维的核生长模式，即在衬底上形成许多三维的岛状晶核，晶核长大后形成表面粗糙的多晶膜，真空蒸发沉积的薄膜多属于这种生长形式。第二种是单层生长形式(Frank-Van der Merwe 模式)，也就是二维的核生长模式，即在衬底上形成均匀的二维晶核，经生长合并联结形成单原子层，然后继续一层一层生长，半导体膜的单晶外延生长就是这种生长形式的最好例子。第三种是层岛复合生长形式(Stranski-Krastanov 模式)，处于前两种模式之间，先形成单层膜后再岛状生长，这种从二维生长到三维生长的转变一般发生在二维生长后膜内出现应力的情况。这一生长模式相当普遍，在金属衬底或半导体衬底上沉积金属膜时都会观察到这一生长模式。

实际上，薄膜的成核生长过程相当复杂，它包含一系列热力学和动力学过程，其中具体过程包括：原子沉积到衬底，一部分可能从衬底再蒸发，一部分在衬底和晶核上进行表面扩散及界面处相互扩散，然后成核(包括形成各种不同大小、数量不断增多的亚稳定晶核、临界晶核和稳定晶核)以及生长等过程(如图 7.1 所示)[1]。薄膜成核生长过程是一个随机过程，需要利用热力学、统计物理和动力学的知识来描述这些过程。同时，薄膜成核生长过程也是一个非平衡过程，如果温度足够高、原子的沉积速率足够低，就可以把薄膜成核生长看成平衡过程。在这种情况下，气相中的原子和衬底上的原子通过沉积和再蒸发可以接近平衡，衬底上的大大小小的晶核可以通过聚合和分解而接近平衡。在达到完全平衡时，薄膜则不能生长，但这种接近平衡的过程非常缓慢，并不符合实际的生长情形。在实际生长过

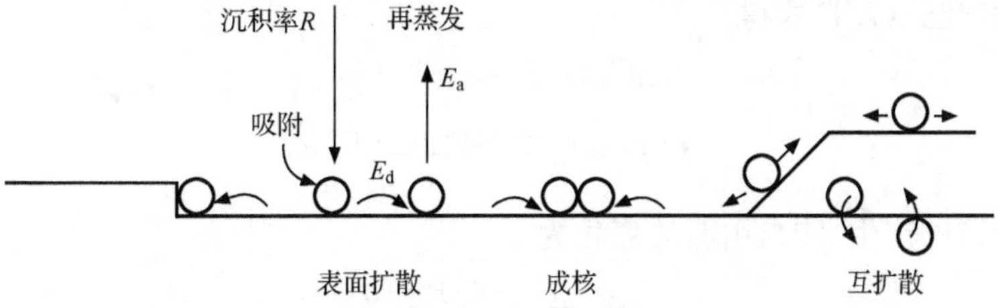

图 7.1 原子沉积到衬底、再蒸发、表面扩散、成核及生长过程[1]

程中，衬底温度总是足够低，原子沉积速率总是足够高，使薄膜以一定的速率生长，因此薄膜成核生长是一个非平衡过程。

2. 薄膜生长的表面能理论

薄膜生长原理有两种主要的理论：一种是成核的毛细模型理论，它是基于热力学理论提出的，适用于较大粒子构成的薄膜生长过程；另一种是原子成核和生长模型理论，它是基于统计物理学或原子理论基础提出来的，适合描述原子数目较少的粒子成核生长过程。这里我们重点介绍一下成核过程中的毛细模型理论，也叫作表面能理论，其中涉及了边界自由能理论和原子群理论[2]。在核形成的初期，气相和凝聚相显著偏离热力学平衡状态，不能用一般的热力学理论处理，但是如果引入表面能，扩展热力学概念，有可能以热力学理论简单处理它。假设这时的过饱和度很大，衬底上的吸附原子通过相互碰撞形成原子群，如图 7.2 所示，且假定原子群具有球幅状，由于形成原子群，其表面能变化为

$$\Delta G_s = \sigma_0 \cdot 2\pi r^2 (1-\cos\theta) + (\sigma_1 - \sigma_2) \cdot \pi r^2 \sin^2\theta \tag{7.1}$$

其中，r 为它的曲率半径，θ 为原子群接触角，σ_0 为真空和原子群界面能，σ_1 为原子群和衬底的界面能，σ_2 为衬底和真空的界面能，$2\pi r^2(1-\cos\theta)$ 表示原子群和真空的边界面积，$\pi r^2\sin^2\theta$ 表示原子群和衬底的边界面积。

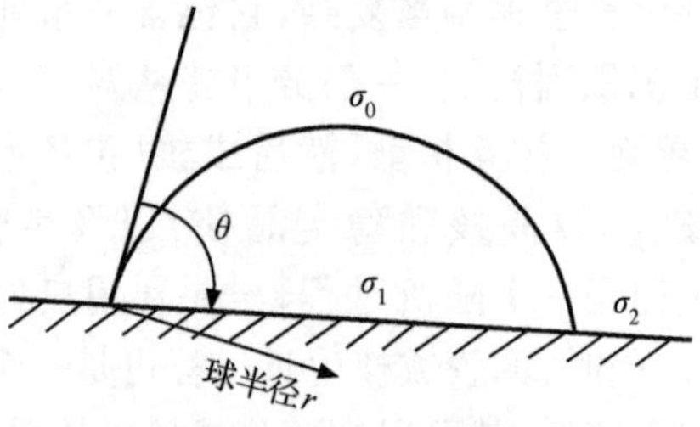

图 7.2　球幅状原子群

由杨氏(Young)公式可知

$$\sigma_2 = \sigma_1 + \sigma_0\cos\theta \tag{7.2}$$

将(7.2)式代到(7.1)式得

$$\Delta G_s = \sigma_0 \cdot 4\pi r^2 f(\theta) \tag{7.3}$$

$$f(\theta) = \frac{2 - 3\cos\theta + \cos^3\theta}{4} \tag{7.4}$$

由于原子群的产生，体自由能的变化为

$$\Delta G_v = g_v \frac{4\pi r^3 f(\theta)}{3} \tag{7.5}$$

其中，g_v 为原子群的单位体积自由能。因此，总自由能变化为

$$\Delta G = \Delta G_{\mathrm{v}} + \Delta G_{\mathrm{s}} = 4\pi f(\theta)\left(\sigma_0 r^2 + \frac{1}{3} g_{\mathrm{v}} r^3\right) \tag{7.6}$$

其中，g_{v}相当于凝聚能，因此它为负值。令最大的 G 用 G_0 表示，这时的 r 用 r_0 表示，由 $\mathrm{d}G/\mathrm{d}r=0$ 求得

$$r_0 = -\frac{2\sigma_0}{g_{\mathrm{r}}} \tag{7.7}$$

$$G_0 = \frac{16\pi f(\theta)\sigma_0^3}{3g_{\mathrm{r}}^2} \tag{7.8}$$

如果原子群的半径大于 r_0，则它可以继续长大；若小于 r_0，则它容易被消灭。具有 r_0半径的原子群为临界核，而比临界核大的称为稳定核。令平衡态的蒸气压为 P_{e}，实际蒸气压为 P，蒸发原子体积为 Ω，温度为 T，则

$$P = P_{\mathrm{e}} \exp\left(-\frac{\Omega g_{\mathrm{r}}}{KT}\right) \tag{7.9}$$

$$g_{\mathrm{v}} = \frac{KT}{\Omega} \ln P/P_{\mathrm{e}} \tag{7.10}$$

其中，P/P_{e}为饱和度，K 为玻尔兹曼常量。当 $\theta=\pi$ 时，$f(\theta)=1$，这时原子群为球状，核的形成与衬底无关，其自身形成核，此为均匀成核，当 $\theta\neq\pi$ 时，衬底与核的形成有关，称为不均匀成核。

如果令具有相同吸附能的吸附位置均匀分布在衬底表面，而且各种大小原子群和单原子处于准平衡状态。由玻尔兹曼公式可知，含有 i_0个原子的临界核密度 n_{i0}为

$$n_{i0} = n_1 \exp\left(-\frac{\Delta G_0}{KT}\right) \tag{7.11}$$

其中，n_1 为吸附单原子的密度。这里假定了 $n_1 \gg \sum\limits_{i=2} n_i$，令 Γ_{i0} 为临界核在单位时间内捕获吸附单原子的数，则核形成速度为

$$I = Z\Gamma_{i0} \cdot n_{i0} \tag{7.12}$$

其中，Γ_{i0} 表示为

$$\Gamma_{i0} = \sigma_{i0} \cdot Dn_1 \tag{7.13}$$

这里 Γ_{i0} 是捕获数(capture number)，D 为表面扩散系数，Z 为 Zeldovich 的非平衡因子，即

$$Z = \left(\frac{\Delta G_0}{2\pi k T_{i0}^2}\right)^{\frac{1}{2}} \tag{7.14}$$

上式表示原子群的密度偏离平衡状态的程度，其值一般在 $10^{-1}\sim10^{-2}$。

上面用表面自由能理论和宏观参量讨论了核的稳定性，但是，在真空蒸镀的情况下，一般来说临界核只包含了几个原子，即过饱和度相当高($P/P_{\mathrm{e}}\approx10^{10}\sim10^{20}$)，此时宏观物理量失去了意义。原子论模型没有使用表面自由能和接触角，

只考虑原子群的原子之间、原子群的原子和衬底原子之间的相互作用能,这种理论又叫作原子群理论。Walton 的原子论模型考虑到由几个原子组成的原子群,用原子群的原子间结合能、原子群的原子和衬底原子之间的结合能代替热力学量,计算了原子群密度、临界温度和核形成速度等。令在单位面积的衬底表面上有 n_0 个吸附位置,而且有 n_i 个由 i 个原子组成的原子群,它和过饱和蒸气压保持平衡,则在平衡条件下 i 个原子的原子群的密度数:

$$n_i = n_0\left(\frac{n_i}{n_0}\right)^i \exp(\varepsilon_i/KT) \tag{7.15}$$

其中,ε_i 是由吸附原子形成 i 个原子的原子群所需要的能量。i 个原子的原子群变成稳定核的温度叫作临界温度,它由以下方法确定。当考虑三个原子的原子群时,Walton 认为它稳定的条件是单个原子和两个原子的原子群(原子对)碰撞而变成三个原子的原子群的概率大于原子对分解成单原子的概率。当衬底温度低时,两原子原子群分解成单原子之前捕获第三个单原子。这时成核速度等于两原子原子群的形成速度。当衬底温度高时,在两原子原子群捕获第三个单原子之前分解成单原子,当衬底温度 $T_s = T_c$ 时,两种概率相同,即

$$n_2\Gamma_2^- = n_2\Gamma_2^+ \tag{7.16}$$

其中,Γ_2^- 表示两原子原子群在单位时间内的分解数,为分解系数;Γ_2^+ 表示两原子原子群在单位时间内捕获单原子的数,叫作捕获系数。这里:

$$\Gamma_2^- = 2/\left[\tau_d \exp\left(\frac{\Delta E_2}{KT}\right)\right] \tag{7.17}$$

$$\Gamma_2^+ = \sigma_2 \cdot Dn_2 \tag{7.18}$$

由 $\Gamma_2^- = \Gamma_2^+$ 关系求得

$$T_c = -\Delta E_2/\left[K\ln\left(\frac{1}{2}\sigma_2 n_1 \alpha_0^2\right)\right] \tag{7.19}$$

当衬底温度 $T_s > T_c$ 时,最小的稳定核为三个原子原子群,而且核形成速度为

$$I_2 = n_2\Gamma_2^+ = J\sigma_2(J\alpha_0^2\tau_0)^2 \exp\left(\frac{3E_a + E_2 - E_d}{KT}\right) \tag{7.20}$$

由 i_0 个原子组成的临界核的形成速度为

$$I_{i0} = J\sigma_{i0}(J\alpha_0^2\tau_0)^{i0} \exp\left[\frac{(i_0+1)E_a + E_{i0} - E_d}{KT}\right] \tag{7.21}$$

其中,E_a 为每个原子的吸附能,E_d 为每个原子的表面扩散能。

以上只考虑了均匀理想的衬底表面,忽略了实际衬底表面存在的各种缺陷和台阶,但是吸附能与吸附位置有关,衬底表面的不完整性对核形成的影响很大,而且这种影响是一个复杂的过程,全面考虑它的影响是相当困难的。

3. 薄膜的形成机制

在了解薄膜成核的毛细作用模型及表面能理论基础上,下面将从气态分子(原

子)在衬底表面的凝聚吸附、成核及薄膜形成几个方面进一步介绍薄膜的形成机制。

凝聚过程(吸附现象):气态原子的凝聚是气态原子与所到达的衬底表面通过一定的相互作用而实现的,这一相互作用即为气态碰击原子被表面原子的偶极矩或四极矩吸引到表面,结果原子在很短时间内失去垂直于表面的速度分量。只要原子的入射能量不太高,则气态原子就会被物理吸附,被吸附的原子可以处于完全的热平衡状态,也可以处于非热平衡状态。由于来自表面和本身动能的热激活,吸附原子可以在表面上移动,即从一个势阱跳跃到另一个势阱。吸附原子在表面具有一定停留或滞留时间,在这段时间里,吸附原子可以和其他吸附原子相互作用形成稳定的原子团或被表面化学吸附。如果原子没有被吸附,它将重新被蒸发或被脱附到气相中。因此,气态物质在衬底表面的凝聚是吸附和脱附过程的平衡结果[3]。

成核初期及薄膜形成:吸附原子通过原子结合形成原子团后,若尺寸太小,该原子团是不稳定的,可能吸附新蒸发到达的原子,也可能离解并被别的大原子团俘获。当原子团中的原子数量足够多时,就形成临界核(成核)。成核后的原子团继续生长,开始了薄膜的初期生长,原子团长大的同时会出现原子团之间的结合。随着原子团的不断生长和原子团间的结合,会出现有些粒子连在一起,形成小片状或无规则的带状连通,外来原子的陆续到达使得薄膜继续生长,当大于 90%的衬底被外来原子覆盖,就称为连续薄膜。

此外,薄膜具有某种结构的主要原因可能是由于入射到衬底表面的原子表面位移的结果,正像前面提过的生长模式那样,薄膜的形成有三种形态,即三维岛状、二维层状以及层状上面三维岛状成核。大多数薄膜是以三维岛状形式生长的,层状生长多是在入射原子和衬底间相互作用很强时容易发生。在三维核生长的情况下,开始形成三维岛状结构的核,然后岛之间合并而联结成网络结构。再继续沉积时网孔被填充,在岛和岛之间以及网孔中形成新的小岛,叫作二次成核。这时的薄膜结构大多数为多晶结构,而且其晶粒取向是随机的。

7.1.2　影响薄膜生长的主要因素

薄膜生长过程中,许多因素会影响薄膜的性能,例如沉积参数(衬底材料、衬底温度、真空度、沉积速率及斜角沉积)、环境污染、动能效应、外场(电场及磁场)等。除了电场与磁场外,下面将简单介绍沉积参数、污染和动能效应等主要因素对薄膜的生长和结构及性能的影响。

第一,衬底材料的原子结构形式(如单晶、多晶或非晶)会影响薄膜的原子结构形式,特别是衬底的晶格常数与生长薄膜材料的晶格常数是否匹配对薄膜的生长有较大影响,而非晶衬底上生长多晶薄膜具有较弱的晶粒取向,衬底的不完善结构与缺陷也会对薄膜材料的成核有明显影响，此外，衬底与材料原子结合力的增强会提高薄膜对衬底的附着力，同时衬底与材料两者膨胀系数的不同会导致在薄膜中产生应力。

第二，衬底加温对衬底表面净化和污染物的解吸附有重要作用。在薄膜生长的过程中，提高衬底温度可以使衬底表面已凝聚原子的迁动性增大，相邻层间的原子扩散随温度的提高而增强，有利于提高形成薄膜的结构均匀性，有可能改变薄膜的晶体结构，从非晶结构向多晶结构转变，或从多晶结构向单晶结构转变。例如，在液氮温度下的玻璃衬底上蒸发沉积 Ag 薄膜是非晶结构，而在室温下沉积较厚的 Ag 薄膜是多晶结构；还有在外延生长单晶薄膜过程中，衬底必须达到一定温度才能实现外延生长。但是，对于蒸发方法沉积薄膜，衬底温度过高时反而会出现大颗晶粒，导致膜层表面粗糙。

第三，薄膜沉积过程中真空度和污染的影响也非常重要。一般情况下，高真空度有利于高质量薄膜的生长，但对于常用的蒸发(外延)沉积方法来说，有些金属(如 Ni 和 Al)在高真空蒸发(外延)和在超高真空中蒸发的结果几乎没有什么差别。但是对 Cu、Ag、Au 来说，在超高真空中与衬底(001)面平行生长单晶膜就非常困难，若要获得良好的外延生长就必须对衬底的表面进行适当修饰。而沉积过程中的污染会影响薄膜结构和性能，不利于高质量薄膜的生长，因而需要尽量减小和避免污染的影响。以蒸发沉积薄膜为例，污染主要来源于衬底表面的污染物、真空系统中的残余气体、蒸发源材料释放的气体以及加热部件释放的污染物等，因此需要在薄膜沉积前进行严格的净化和清理，其方法包括物理清洗(如 Ar 等离子体轰击清洗衬底表面)和化学清洗(利用化学试剂清洗衬底)，而真空系统的超高真空能除去衬底表面的吸附气体。此外，对于大多数污染物(包括吸附气体)，其解吸速率在室温下都是很缓慢的，所以有必要在沉积前将衬底加热到 200～400 ℃，以有效除去污染物。来自蒸发源材料的污染可采用正式沉积前先用挡板挡住衬底进行预蒸发，从而去除蒸发源表面部分放气的影响。

第四，沉积速率对薄膜性能有明显影响。例如，在蒸发沉积过程中，沉积速率会影响薄膜成核时所达到的过饱和度，从而对成核取向有影响，在蒸发沉积薄膜的初始阶段用较高的沉积速率，容易提高成核的过饱和度与成核密度。对于不同类型的金属，蒸发速率的影响程度不同，一般来说，蒸发沉积速率会影响膜层中晶粒的大小与晶粒分布的均匀性以及缺陷等。不同沉积速率获得的薄膜结构不同可能会导致薄膜光学性能的差异，例如，Ag 薄膜的光透过率与薄膜沉积速率有关，当对于相同膜厚而沉积速率较高或较低时，Ag 薄膜光透过率会分别表现出宽峰和无峰的明显差异。而对于外延生长，一般来说，蒸发速率低，外延的临界温度则也较低，如在 NaCl 晶体上蒸发 Au，NaCl 上平行方向蒸发速率较低，就可以在较低温度下实现外延生长。

第五，斜角沉积就是以非直角入射方式进行的沉积。在蒸发沉积过程中，当入射角（衬底表面的法线与蒸发原子入射方向之间的夹角）增加时，原子团聚增加，形成早期的岛状分布，对于入射角达到 80°时，在膜平面是各向同性的，随着岛尺寸的增加，自遮蔽变得很明显，在入射原子方面将出现柱状生长。因此，这种方法获得的不是薄膜结构，而是通过控制沉积速率和入射角度获得倾斜的纳米柱阵列结构。利用这种薄膜斜角沉积方法可制备 Au 和 Ag 等多种金属的纳米柱阵列结构，对于研究金属纳米阵列结构的制备和在纳米光电领域应用十分有益。

第六，薄膜沉积中的动能效应是指在增加原子团聚和择优取向生长方面原子高能量的作用。热蒸发沉积与溅射沉积相比，在等效温度前提下，前者典型的能量峰值要远远小于后者，这也就是溅射沉积的薄膜与衬底的结合力要远高于蒸发沉积的原因。因为高能量的原子更容易促使所形成的薄膜与衬底的结合，从而影响薄膜的原子结构。另一方面，达到衬底的原子动能越大，可使原子在衬底表面的移动增加，从而促进粒子生长速率，加速粒子间结合，有利于薄膜的生长。

因此，无论何种薄膜沉积技术和方法，只有充分考虑到上述各参数影响，优化沉积条件，采用合理的技术路线，尽量避免不利因素，才能制备出高质量薄膜材料。

7.1.3 薄膜的表征方法

在薄膜材料的制备和性能研究中需要对薄膜材料的表面状态进行分析，一些基本参量包括形貌、微结构、成分组成、缺陷分布以及能级结构等，这些参量不仅对于认识和揭示薄膜材料的物理和化学特性至关重要，同时也是评价薄膜质量的标尺，而且对改善薄膜材料制备工艺和提高薄膜材料的性能具有不可缺少的参考价值。各种检测方法和技术已被用来表征薄膜的表面特性。首先，薄膜的形貌表征可以根据需要的尺度进行观察，如宏观尺度可以利用光学显微镜，微观尺度可以采用扫描电子显微镜（SEM），更小的纳米尺度可以采用原子力显微镜（AFM）检测，而原子尺度可以通过透射电子显微镜（TEM）和扫描隧道显微镜（STM）进行观察；其次，薄膜的原子结构可以通过 X 射线衍射（XRD）和低能电子衍射（LEED）测量和分析；薄膜的成分组成情况可以采用 X 射线光电子能谱（XPS）和俄歇电子能谱（AES）等手段分析电子的能量信息，来确定材料的元素组成以及元素键合和相互作用；除了原子结构，薄膜的电子结构也可以通过紫外光电子谱（UPS）和拉曼散射光谱（Raman）来进行分析。此外，薄膜材料还需要根据功能进行厚度、力学、光学及电学等各方面性能的检测和表征；薄膜厚度通常采用台阶仪、光学干涉以及椭偏仪等方法进行测量，力学性能包括内应力、显微硬度、摩擦特性以及结合强度都可以通过专业的纳米压痕仪和摩擦及刮痕测试仪等进行检测，电学特性如电阻率可以通过四探针和霍尔效应测试，而薄膜的简单光学特性如折射率、吸收系数及介电性能可以通过椭偏仪、分光光度仪进行测量。不同功能类型的薄膜，评价标准的侧重点不同,除了最基本的形貌、成分、结构等参量外,对不同性能的薄膜最关心的可能分别是力学、热学、电学、磁学和光学等各方面的性能指标,因此,评价一种薄膜材料时全面考虑其各方面的性能是非常必要的。此外,纳米薄膜还应该考虑到尺寸效应,它会导致纳米薄膜的电学、光学性能以及力学机械性能发生改变,因此在表征纳米薄膜时,应该考虑到尺度和维度的变化带来的影响。

7.1.4 物理气相沉积方法

物理沉积方法大体分为真空蒸发沉积、真空溅射沉积、离子束沉积(ICB)、分子束外延沉积(MBE)以及脉冲激光沉积等方法。在这些物理沉积方法中,微纳加工技术经常使用的物理气相沉积方法包括真空蒸发沉积和溅射沉积两种方法。相对于其他的物理沉积方法,这两种方法原理简单、设备成本低,沉积薄膜材料选择范围大,对衬底材料的要求不高,同时较低的衬底温度和环境温度非常符合微纳加工工艺的要求,因为微加工技术的图形结构都是依靠光刻胶的图形转移而实现的,光刻胶的耐温程度普遍较低,所以这两种物理沉积方法非常适合微加工工艺中的光刻胶图形结构转移技术,从而实现微纳结构的制备,而且在常见的溶脱剥离(lift-off)工艺中扮演非常重要的角色。下面将详细介绍蒸发和溅射沉积两种方法的原理以及在微纳加工技术中应用的优势。

1. 真空蒸发沉积方法

1) 真空蒸发沉积的原理

真空蒸发沉积方法是薄膜制备中最常见和广泛使用的方法,它的优点是原理简单、操作方便、成膜速度快、效率高、适用材料较多,缺点是薄膜与衬底结合相对较差,工艺重复性不甚理想,因而需要严格控制沉积工艺。真空蒸发沉积的基本原理是在真空环境下,给待蒸发物提供足够的热量以获得蒸发必需的蒸气压。在适当的温度下,蒸发粒子在衬底上凝结,形成固态薄膜,实现真空蒸发沉积。真空蒸发过程包括三个步骤:首先,蒸发源材料由凝聚相转变为气相;然后,蒸发粒子由蒸发源运输到衬底表面;最后,蒸发粒子到达衬底后凝结、成核、生长和成膜。通常,单位时间内膜料从单位面积上蒸发出来的材料质量称为蒸发速率,理论上最高蒸发速率V_m为

$$V_m = 4.38 \times 10^{-3} P_T (A_r/T)^{1/2} \tag{7.22}$$

其中,T为蒸发表面热力学温度(K),P_T为温度为T时的材料饱和蒸气压(Pa),A_r为膜料的相对原子质量或相对分子质量,因此沉积速率的单位是kg/(m² · h)。蒸发时的真空度一般保持在10^{-2}~10^{-1} Pa范围,而材料蒸发速率V_m在10^{-4}~10^{-1} kg/(m² · h)量级。蒸发粒子在衬底上的沉积速率取决于蒸发源的几何尺寸、蒸发源相对于衬底的距离以及凝聚系数等因素。蒸发源的发射特性往往应按

照实际情况进行分析。通常衬底可以看成是一个理想的平面，因此蒸发粒子空间分布的计算可以按照等效的点源模型考虑（如图 7.3 所示）。在忽略空间残余气体分子与蒸气分子之间的碰撞损失情况下，单一空间点源对衬底的任一点 A 的膜厚为

$$d=\frac{m}{4\pi\rho}\cdot\frac{h}{(h^2+L^2)^{3/2}} \tag{7.23}$$

其中，d 为任意一点处的膜厚，m 为一个点源蒸发出的总膜料质量；h 为点源中心到衬底的垂直距离，L 为垂直交点 B 与任一点 A 的距离；ρ 为膜材密度。当 $L=0$ 时，A 点处的膜层厚度最大，为 $d_0=m/(4\pi\rho h^2)$。任一点 A 处相对于 B 处的相对膜厚为

$$\frac{d}{d_0}=\frac{1}{[1+(L/h)^2]^{3/2}} \tag{7.24}$$

如果蒸发源为一平行于衬底的小平面蒸发源，则(7.24)式可变化为

$$\frac{d}{d_0}=\frac{1}{[1+(L/h)^2]^2} \tag{7.25}$$

在蒸发过程中，由余弦定理所确定的沉积速率随 $\cos\theta/r^2$ 而变化，r 为蒸发源到接收衬底的直线距离，θ 是径向矢量与垂直于衬底方向的夹角（如图 7.3 所示）。当薄膜沉积在 1.3×10^{-3} Pa 或更高的真空下进行时，蒸发粒子与残余气体分子的碰撞影响可以忽略不计，蒸气粒子会沿着直线进行运动，因此真空蒸发系统应尽量采用超高真空，减少杂质污染。

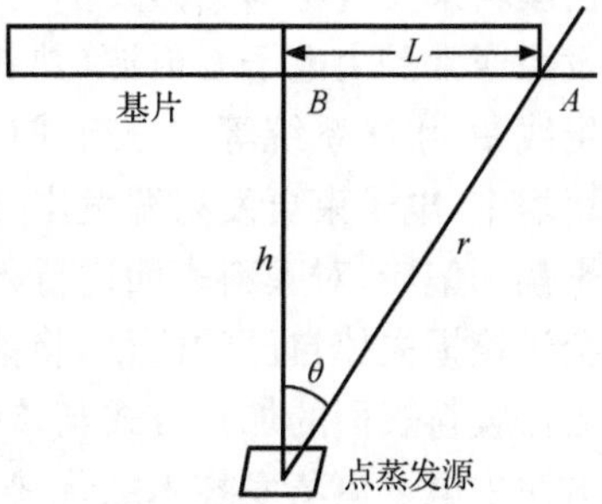

图 7.3　点蒸发源发射

2) 真空蒸发技术

真空蒸发系统一般由真空室、蒸发源（蒸发加热装置）、衬底（衬底加热装置）三部分组成。真空蒸发加热的方法较多，重要的蒸发方法有电阻热蒸发、电子束蒸发、激光熔融蒸发、射频热蒸发等，这里重点介绍微纳加工技术中常采用的电阻式热蒸发和电子束蒸发方法。

(1) 电阻式热蒸发。常用的电阻式热蒸发方法是将待蒸发材料放置在电阻加热装置中，通过电阻给待沉积材料提供蒸发热源使其汽化。这种方法要求起到加热作用的蒸发源材料在蒸发温度下不与蒸发物（膜料）发生化学反应或互溶，具有一定的强度；其次还要求蒸发源材料与膜料易湿润，以保证蒸发状态的稳定性。常用的蒸发源材料是具有高熔点和低蒸气压的金属材料钨、钼和铊，还可以用石墨和氮化硼等材料。蒸发源可以根据蒸发要求和特性制成不同形状，通常有螺旋形、U形、薄板形、舟形和圆锥筐形等。蒸发源材料制成所需形状的蒸发舟后，在实际使用过程中由于长时间不断在真空中加热和降温，蒸发舟会变脆，处理不当会折断，因此蒸发舟是电阻热蒸发过程中的易损件，在使用前先对蒸发舟进行必要的退火

处理以及在使用过程中控制升降温的梯度可以延长蒸发舟的使用寿命。虽然电阻热蒸发具有简单、实用、易操作等鲜明优点,但是它的缺点是非常明显的,如电阻加热方法中膜料与蒸发舟直接接触,在加热和蒸发过程蒸发舟材料与膜料容易互混和发生反应,影响制备薄膜材料纯度;电阻加热还会导致合金或化合物分解,此外,由于不能达到足够的温度,在制备高熔点的介电材料时会受到限制,导致电阻加热的蒸发速率较低。但是,由于电阻蒸发方法具有简单易操作、灵活高效、制备成本低等特点,尤其是具有沉积方向性好和沉积环境温度低的优势,特别适合微加工技术中的溶脱剥离工艺。

(2) 电子束蒸发。电阻热蒸发存在的一些缺点与其电阻加热方式的局限性有关,可以通过更有效的方法加热蒸发源使其具有更高温度和更快的沉积速率,而且避免膜料与蒸发源的直接接触导致的两者的互混合反应,如电子束、激光、电弧等热源都被利用到蒸发沉积中而形成电子束蒸发方法、激光蒸发及电弧蒸发等沉积方法。这里主要介绍采用电子束作为蒸发源的沉积方法。电子束蒸发是用电子束轰击膜料来实现材料的蒸发的一种方法,也是一种较为理想的蒸发途径。电子束蒸发源通常是由电子发射源(热钨丝阴极)、电子加速电源、坩埚(通常为铜坩埚)、磁场线圈、水冷系统等部分组成(如图 7.4 所示)。电子束蒸发沉积过程是膜料放入坩埚中,电子束自发射源发出,通过 5～10 keV 电场的加速,用磁场线圈对电子束聚焦和偏转,对膜料表面进行轰击和加热。当电子束达到待蒸发材料表面时,电子会迅速损失掉自己的能量,将能量传递给膜料使其熔化并蒸发。这种电子束直接轰击膜料表面的加热方式与传统的电阻加热方法形成鲜明对照。在真空蒸发沉积方法中电子束蒸发技术的优势非常明显,首先由于电子束沉积过程中只是局域加热膜料表面的电子束束斑区域,而膜料的其他部分则保持固态不变,同时坩埚是有水冷保护的,这样会避免坩埚与膜料发生反应,保证了制备薄膜的高纯度。通过电子束加热,几乎任何材料都可以被蒸发,而且蒸发速率可控的范围很宽,因而电子束蒸发已经被广泛用于制备各种薄膜材料、金属、氧化物甚至高温超导薄膜。

目前,电子束蒸发沉积设备的设计已经达到相当容易操控的水平,除了良好的真空系统(基础真空好于 10^{-6} Pa)外,系统操作已经实现程序化控制,薄膜沉积速率和膜厚可以通过系统配置的膜厚仪设置并自动调整电子枪的发射束流来完成,确保薄膜的精确沉积。此外,系统还可以同时设置多种靶材,通过坩埚旋转选择不同的材料进行蒸发沉积,当然也可以通过程序设置控制系统自动沉积多层薄膜。下面以 Au 纳米薄膜的沉积过程为例,简述电子束蒸发精确控制沉积 Au 纳米薄膜。图 7.5(a)给出了利用电子束蒸发设备控制沉积的 1～15 nm 不同厚度的 Au 纳米薄膜的扫描电镜(SEM)表面形貌图,为了更好地观察研究 Au 纳米薄膜形成过程,沉积过程采用了极低的沉积速率(0.2～0.5 Å/s)。可以看出不同膜厚对应不同大小的 Au 颗粒分布情况,由于蒸发沉积薄膜原理上的限制,低于 10 nm 的

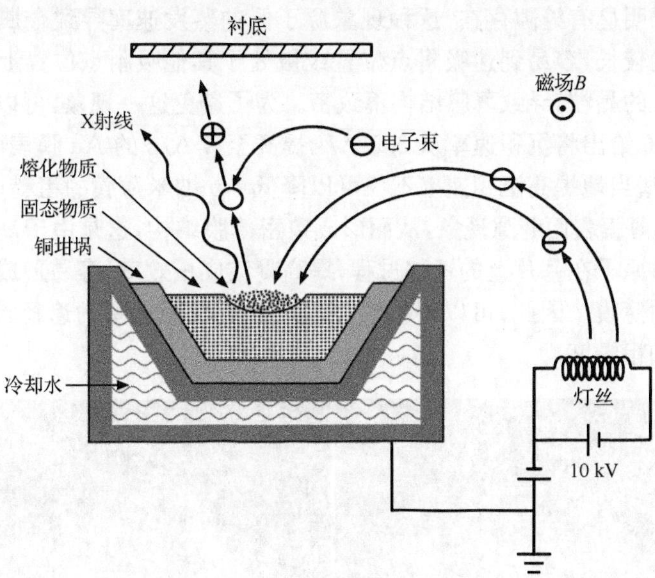

图 7.4　电子束蒸发装置示意图

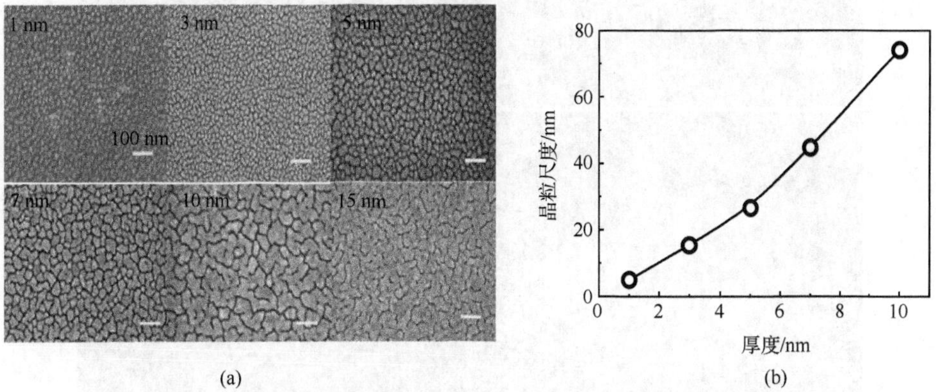

图 7.5　低沉积速率下 Au 纳米薄膜的形貌及颗粒尺寸变化
(a)不同厚度(1～15 nm)Au 膜的 SEM 形貌；(b)Au 膜平均颗粒大小随膜厚的变化

Au 膜并没有真正意义上的连续成膜，1 nm 的薄膜实际上是 5～8 nm 大小离散的 Au 颗粒，颗粒之间的间距在 10～15 nm，而对于 3～10 nm 薄膜，颗粒尺寸不断增加到几十纳米，而其间距基本保持在～10 nm。图 7.5(b)给出了低沉积速率下 Au 纳米颗粒的平均直径随着沉积厚度的变化规律，反映了 Au 纳米颗粒尺寸随膜厚呈近线性的变化趋势，虽然较低的沉积速率可以很好地控制 Au 纳米颗粒大小，而且是获得不同尺寸 Au 纳米颗粒的一种途径，但是沉积厚度直至 15 nm 时，颗粒较大且膜表面仍明显有缝隙存在，这种现象源于低的蒸发速率导致金属原子在基片上迁移时间比较长，容易到达吸附点位置或被处于其他吸附点位置上的小岛所俘获而形成较大的晶粒，导致薄膜结构不致密。为了避免这一现象，可以适当提高沉积速率，图 7.6 给出将沉积速率从 0.5 Å/s 提高至 2 Å/s 的 Au 膜表面形貌 AFM 图，可以看出适当地提高沉积速率不仅可以降低 Au 纳米薄膜的粗糙度，而且可以避免 Au 纳米薄膜表面缝隙现象，从而形成致密薄膜结构，这是由于高速蒸发速率可以加速金属原子在基片上的迁移过程，提高凝结成核效率，容易形成晶粒细小而且结构致密的薄膜。因此，可以根据需要采取改变沉积速率的途径控制 Au 膜的表面颗粒度和粗糙度。

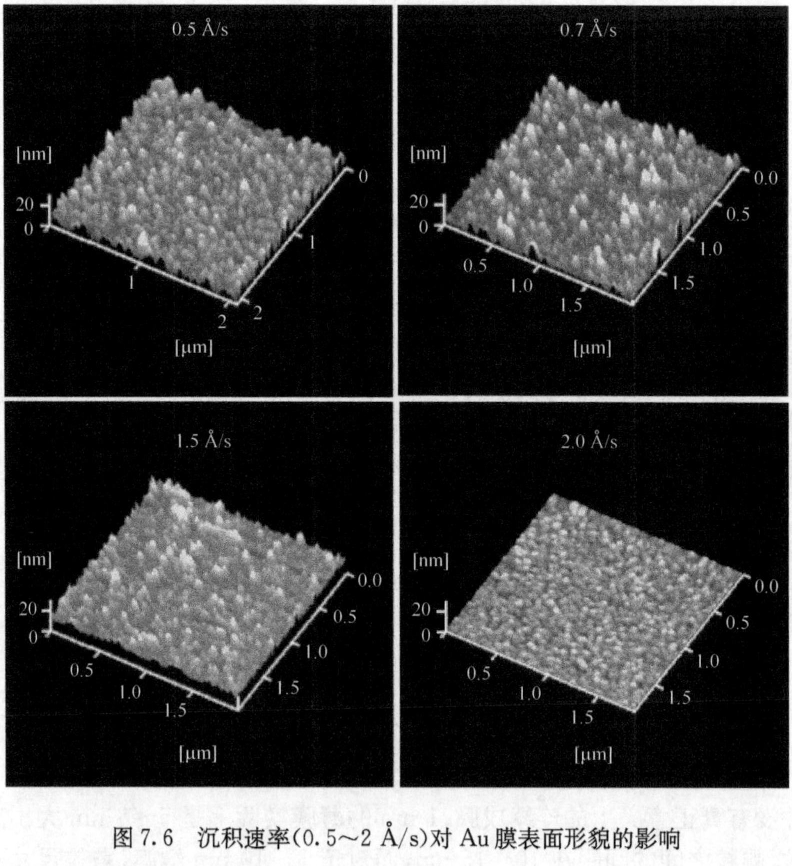

图 7.6　沉积速率(0.5～2 Å/s)对 Au 膜表面形貌的影响

总之，电子束蒸发方法克服了电阻式热蒸发的缺点和局限，在与衬底的结合力、材料纯度及普适性等方面有很大提高，并在沉积的方向性、精确可控性和薄膜沉积速率及薄膜质量方面具有明显优势，同时在样品表面温度和系统腔温方面也容易保持在合理范围，不会影响衬底表面光刻胶图形结构，非常有利于后续的溶脱剥离工艺。

2. 溅射沉积方法

溅射是指具有足够高能量的粒子轰击固体(靶材)表面使其原子发射出来的现象。溅射出来的原子沉积在衬底表面形成薄膜,称为溅射沉积镀膜。通常利用气体放电并使其电离,使正离子在电场的作用下高速轰击阴极靶材,产生的靶材原子飞向衬底表面沉积成薄膜。溅射沉积与真空蒸发沉积相比,其优点主要有:①薄膜与衬底的附着性好,薄膜纯度高且致密性好;②材料适用范围广,几乎所有的固体材料都可以适用,特别是对于熔点高、使用真空蒸发沉积法有困难的材料,可采用溅射沉积;③溅射工艺的可控性和重复性好;④降低溅射气体的气压,可以使溅射沉积形成的粒子尺寸小于真空蒸发沉积法,适用于某些特定要求的薄膜制备。溅射方法的缺点是相对于真空蒸发的沉积速率低,衬底会受到等离子体辐照作用而升温,沉积的方向性不如真空蒸发沉积。

溅射沉积方法按照不同溅射装置可分为二级、三级或四级溅射、直流或射频溅射、磁控溅射、反应溅射、离子束溅射等,其中直流溅射系统较为简单,通常只能用于靶材为良导体(金属和半导体)的溅射,射频溅射则适用于绝缘体、导体、半导体等任何一类靶材的溅射;磁控溅射是通过施加磁场改变电子的运动方向,并束缚和延长电子的运动轨迹,进而提高电子对工作气体的电离效率和溅射沉积率;反应溅射是通过某一种放电气体与溅射出来的靶原子发生化学反应而形成新物质,它的优点是可以制备高纯度的化合物薄膜,缺点是容易出现迟滞、弧光放电和阳极消失等现象造成溅射过程不稳定。离子束溅射沉积是通过离子束直接轰击靶材表面将原子溅射出来并沉积到衬底上的方法,其具有工作压强低、减小气体进入薄膜、溅射粒子输运过程较少受到散射等优点,此外还可以用离子束聚焦、扫描和改变离子束的入射角度,由于靶和衬底与加速极不相干,因此会极大减小由于通常溅射过程中离子碰撞引起的损伤效应,适合外延生长半导体薄膜材料。离子束溅射沉积缺点是在靶材表面的轰击面积太小,沉积速率较低,不适用于沉积厚度均匀的大面积薄膜。

1) 溅射理论模型

溅射沉积方法利用了高电压下气体辉光放电中的异常辉光放电过程来进行溅射沉积,根据引起气体放电的机制不同,可形成不同的溅射沉积方法,如直流溅射、高频溅射、反应溅射和磁控溅射等。目前被广泛认同的溅射理论模型是级联碰撞模型,如图 7.7 所示[4]。在这个模型中,入射离子与靶原子发生碰撞时把能量传递给靶,在准弹性碰撞中通过动量转移导致晶格原子的撞出,形成级联碰撞。当碰撞级联延伸到表面,使表面粒子的能量足以克服结合能时,表面粒子逸出称为溅射粒子。这种理论模型很好地解释了溅射过程,因此成为研究溅射的基础。

级联碰撞过程可以由一维链的刚体球碰撞过程进行模拟计算[4]。图 7.8 给出

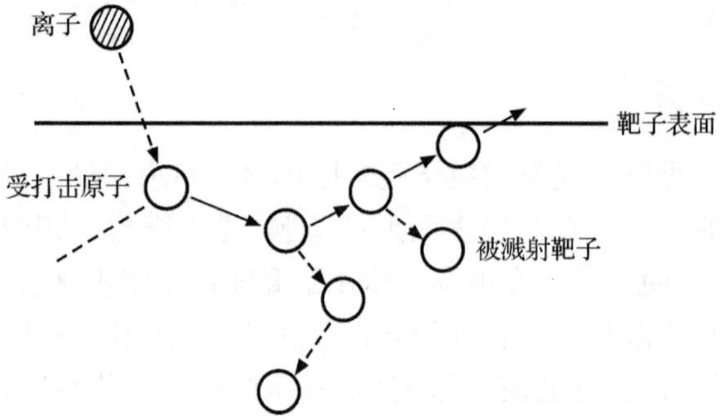

图 7.7 溅射的级联碰撞模型

了刚体球形成的一维链以及其中一个球运动时其他球的运动状态。如果取链的方向为 x 轴,把晶格原子假定为刚体球,球的半径为 r,相邻两晶格原子间距(两球间距)为 l,当第一个受到冲撞的球沿着与 x 轴(晶格线)夹角为 β_1 的方向前进并和第二个球碰撞时,第二个球就会以它的中心轨迹与 x 轴构成的 β_2 的角度弹出,以此类推,第 i 个球弹向 β_i 方向,第 $i+1$ 个球弹向 β_{i+1} 方向。如果取第 i 个球的中心为坐标原点,取 y 轴垂直于 x 轴,那么第 i 个球和第 $i+1$ 个球碰撞时,第 i 个球的中心轨迹方程应为

$$y = x \cdot \tan\beta_i \tag{7.26}$$

以第 $i+1$ 个球的中心为中心,球的直径($2r$)为半径的圆的方程为

$$(x-l)^2 + y^2 = (2r)^2 \tag{7.27}$$

联立以上两式求解并整理后可得

$$\frac{\sin\beta_{i+1}}{\sin\beta_i} = \alpha\cos\beta_i - (1-\alpha^2\sin^2\beta_i)^{\frac{1}{2}} \tag{7.28}$$

其中,$\alpha = l/(2r)$。

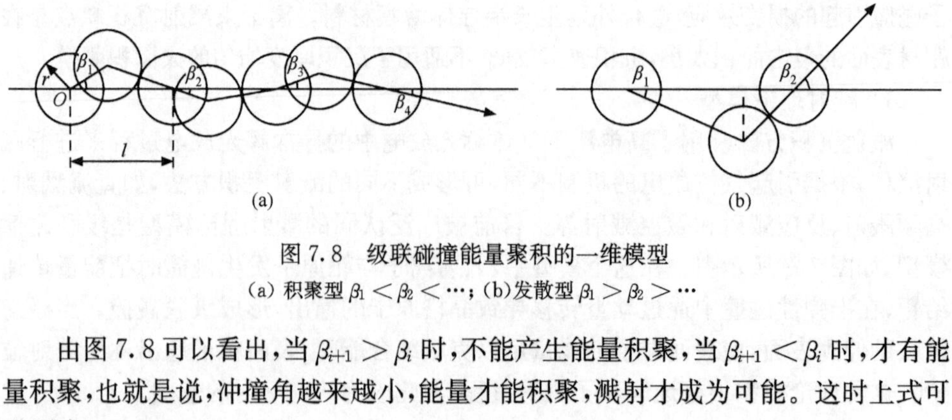

图 7.8 级联碰撞能量聚积的一维模型

(a) 积聚型 $\beta_1 < \beta_2 < \cdots$; (b)发散型 $\beta_1 > \beta_2 > \cdots$

由图 7.8 可以看出,当 $\beta_{i+1} > \beta_i$ 时,不能产生能量积聚,当 $\beta_{i+1} < \beta_i$ 时,才有能量积聚,也就是说,冲撞角越来越小,能量才能积聚,溅射才成为可能。这时上式可以写成

$$\frac{\sin\beta_{i+1}}{\sin\beta_i} < 1 \tag{7.29}$$

即 $\alpha\cos\beta_i - (1-\alpha^2\sin^2\beta_i)^{\frac{1}{2}} < 1$，也就是 $\alpha\cos\beta_i - 1 < (1-\alpha^2\sin^2\beta_i)^{\frac{1}{2}}$。假如 β_i 不太大，而且 α 值比 1 大得多时，上式平方后整理得

$$\cos\beta_i > \frac{\alpha}{2} = \frac{l}{4r} \quad 或 \quad \beta_i < \cos^{-1}\left(\frac{l}{4r}\right) \tag{7.30}$$

由此可知，要产生能量积聚发生溅射，β_i 必须满足上式，即相邻晶格原子间距小于两倍晶格原子的直径时，冲撞角 β_i 会越来越小，也就是说，由于碰撞，晶格原子的运动方向才会逐渐靠拢 x 轴，能量积聚才能成为可能。所以上式又称为聚焦判据。如果晶面的原子堆积得越密，那么在这一晶面内的 α 就越小，满足这一判据的 β_i 的范围就能增大，原子的运动也就越容易沿着一个方向。这一理论说明溅射现象为什么具有方向性，离子的入射方向不同溅射率也就不同的缘故。

此外，溅射原子的能量由正离子的碰撞能量决定，由于被溅射原子是与具有数十电子伏能量的正离子交换动量与能量后飞溅出来的，所以，溅射原子的能量较大，这一能量随正离子的种类、加速电压和靶材物质的不同而不同。对于溅射原子的方向，如果靶面是由粒径小的多晶体组成，则溅射出来的原子方向基本遵循余弦法则，与蒸发沉积方法区别不大，但是当靶材为单晶时，则会产生不均匀的溅射，在原子排列最稠密方向上才最容易发生溅射。

2）磁控溅射技术

这里主要介绍一下微纳加工经常使用的射频磁控溅射沉积薄膜技术，图 7.9 给出装置示意图，气体物料从真空室底部送入，通过机械泵辅助分子泵抽出腔外。在射频磁控溅射技术中，辉光放电是溅射技术的关键，电极每半个周期轮流作为阴极或阳极，气体物料进入辉光区后被分解并电离，放电是通过射频电场耦合到辉光区的电子而维持的。在放电过程中，因为电子被局限在围绕阴极的磁场“跑道上”而不能直接逃逸到阳极上，所以其离化效率大大提高，这对于引入辉光区的反应气体的充分电离是十分有益的。如图 7.10 所示，平面磁控溅射靶的跑道是平行于阴极表面的磁场把电子束缚起来形成的。采用磁场来束缚电子运动这一措施是来源于磁控管。从阴极表面发射出来的电子被阴极暗区加速穿过暗区后，它的运动方向被环形磁场偏转了，偏转的方向遵守洛伦兹力法则，即垂直于电场，也同时垂直于环形磁场的方向。电子被迫沿着跑道运动并返回阴极表面。但当电子到达阴极表面时，阴极电位使其减速并强迫它返回辉光区，如此重复直到电子有可能逃出磁场的束缚为止。在束缚电子形成的每一次轨道运动中，它与很多原子发生碰撞并使其电离。被电离的离子又反过来撞击阴极提供新的电子来维持放电。碰撞最终使电子逃出束缚。

因为磁场的束缚作用使电子在其最终被阳极捕获之前的运动轨迹增长了，所

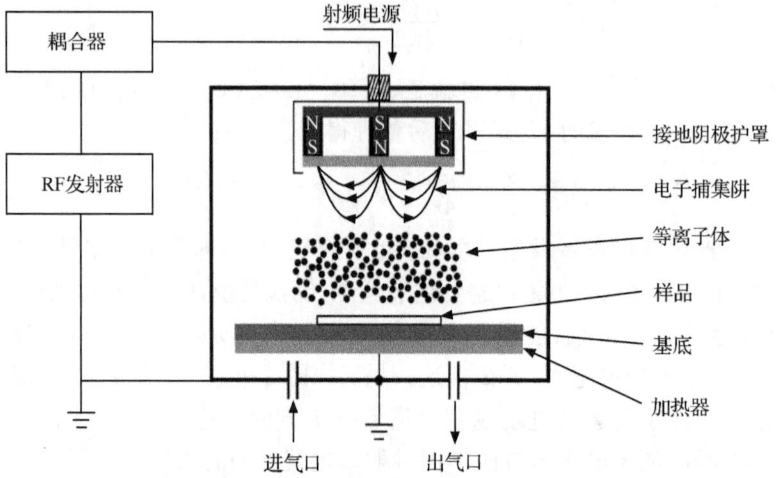

图 7.9　磁控溅射沉积系统剖面示意图

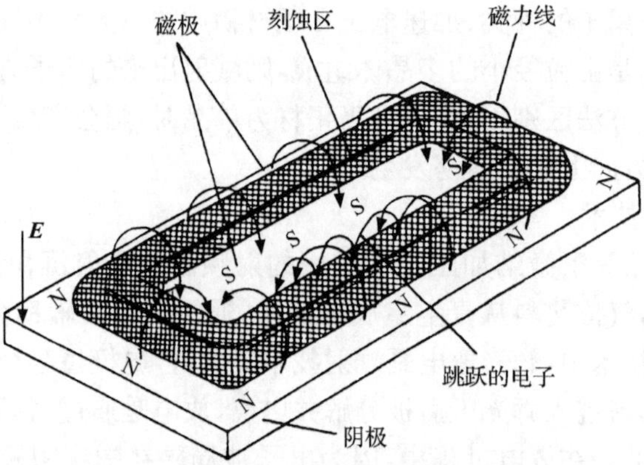

图 7.10　平面磁控溅射靶的跑道示意图

以产生同样数量离子所需要的原子密度降低。对于平面射频磁控溅射来说最佳的工作压强为 0.1～1 Pa。这仅为没有磁场束缚的辉光放电的 1/30～1/10。射频磁控溅射属于高速低温溅射技术,其主要特点在于:工作压强较低有利于高沉积速率,对衬底轰击小且温升低,溅射功率效率高等。磁控溅射装置中通常同时配有直流、射频和多靶溅射,有利于不同靶材和薄膜特性的选择,同时还可以兼用反应溅射沉积,区别在于反应气体的特性上,非反应磁控溅射使用的是惰性气体(Ar 和 Xe),而反应磁控溅射可以使用一些活性气体(如 O_2、N_2 和 CH_2 等)。

在微纳加工技术中,通常利用磁控溅射沉积金属薄膜,这是由于沉积薄膜的致密度、颗粒度、表面粗糙度及与衬底结合力均好于真空蒸发沉积的薄膜,因此,磁控溅射沉积是微纳加工工艺中制备高质量金属微纳米结构的较好选择。但是磁控溅射沉积的方向性不如热蒸发沉积,这是因为溅射沉积速率并不能完全用余弦定律来描述,它还取决于离子能量和靶材的晶体结构,而离子能量的高低影响溅射原子的发射角,同时溅射靶的尺寸要远大于热蒸发系统的蒸发源尺寸,这些因素都使溅射沉积的方向性不如热蒸发沉积。因此,在微纳加工工艺中,溅射沉积的薄膜会覆盖到光刻胶图形结构的侧壁上,给后续的溶胶剥离工艺造成困难。虽然人们为了改善溅射沉积的方向性,采用了增加电极间距和安装准直管的方法,但是靶材的利用率和沉积效率都被降低,而且也不能完全解决沉积方向性问题。因此,对于溶脱剥离工艺中的金属镀膜尽量采用蒸发沉积方法而避免使用溅射方法,图 7.11(a)和(b)分别给出了蒸发和溅射两种方法在光刻胶结构上沉积得到的金属镀膜示意图,溅射沉积方法容易形成侧壁沉积,而采用蒸发工艺避免了这一现象,非常有利于后续的溶脱剥离工艺,提高微纳米结构制备的成功率。当然,如果对于制备的微纳结构中金属薄膜材料的致密度、颗粒度、表面粗糙度和与衬底结合力等参数要求较高,而必须采用溅射沉积的方法,可以先沉积薄膜再利用掩模刻蚀的工艺,即先在衬底上沉积所需要的薄膜,然后利用光刻胶结构作为掩模,再用刻蚀工艺方法制备金属薄膜图形结构。采用这种制备工艺方法一般对金属薄膜的质量要求较高,此时磁控溅射方法沉积高质量金属薄膜的优势就显示出来。此外,当沉积合金薄膜材料时,溅射沉积相对于蒸发沉积的优越性则更加体现出来,这是因为溅射沉积方法制备的合金薄膜能够基本保持原靶材中的材料组分比例,而蒸发沉积方法由于合金靶材中各个不同组分的蒸气压可能不同而造成最后沉积成膜的合金组分可能不同于靶材的合金组分。因此制备高质量合金薄膜材料的微纳结构,则应采用溅射沉积方法结合掩模结构刻蚀途径获得。

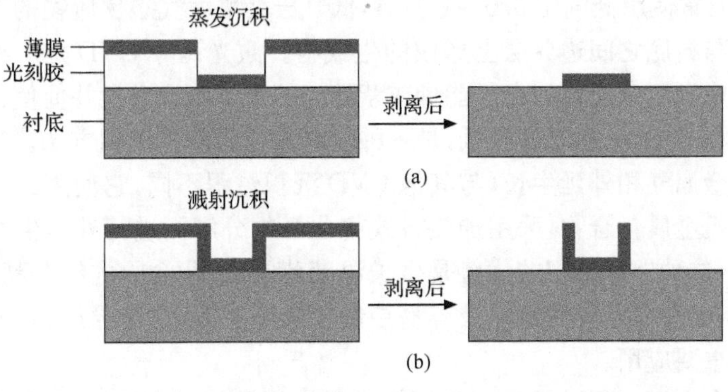

图 7.11　两种沉积方法形成的光刻胶侧壁及形成的图形结构示意图

(a)蒸发;(b)溅射

7.1.5 化学气相沉积方法

化学气相沉积方法(CVD)是利用气体在真空条件和适当的温度下发生化学反应,将反应物沉积在衬底表面从而形成薄膜的方法。与物理气相沉积方法相比,化学气相沉积方法在微纳加工过程中的应用具有一些局限性,因为化学气相沉积是通过反应气体的化学反应而实现的,所以对于反应物和生成物的选择具有一定的局限性,同时化学反应需要在较高的温度下进行,衬底所处的环境温度较高,因而限制了衬底材料的选取。另外,化学气相沉积过程所需的高温反应环境不适合光刻胶图形结构的薄膜沉积,过高环境温度会造成图形结构的变形而导致结构制备的失败,因此,物理气相沉积方法在微纳加工技术的溶脱图形转移工艺中扮演重要的角色,而化学气相沉积只能先在衬底上沉积薄膜,然后用微加工方法形成掩模图形,再用掩模刻蚀的方法实现微纳结构的制备,制备工艺上要复杂许多。

虽然化学气相沉积方法在微纳加工中具有一定的局限性,但是化学气相沉积的优点是不需要昂贵的高真空设备、对衬底的材料和形状的要求不高、可制备大尺寸样品、制备的薄膜种类众多等。化学气相沉积可以控制的参量有气体流量、气体组分、沉积温度、气压、真空度及腔体形状等,其涵盖三个基本过程:反应物的输运过程、化学反应过程和反应副产品的抽出过程。化学气相沉积按主特征综合分类可分为热激发 CVD、低压 CVD、激光诱导 CVD、金属有机化合物 CVD 和等离子体增强 CVD。其中热激发 CVD 的典型方式是热灯丝 CVD(HFCVD),即利用灯丝加热反应物,使反应物受热分解而活化,通常沉积温度很高(灯丝温度可达 2000℃、衬底温度达 1000℃),常用来制备碳基薄膜材料,如金刚石薄膜和类金刚石薄膜等。低压 CVD(LPCVD)是较低气压下只是用少量反应气体,它不同于传统的 CVD,通常使用低气压 0.5~1 Torr,低气压会增大气态反应物的质量通量和在层状气流与衬底之间边界层上形成的生成物。激光诱导 CVD 是一种在化学气相沉积过程中利用激光束的光子能量或紫外光的光子能量激发并促使化学反应发生的薄膜沉积方法,沉积温度较低,是一种较好的低温薄膜沉积方法。MOCVD 也被称为有机金属气相外延生长,与其他 CVD 沉积过程不同,它使用的气态前驱体反应物是有机金属化合物,采用加热方式将化合物分解而进行外延生长半导体化合物的方法,这种外延沉积的优势是生长温度范围宽、化合物的组分精确控制、沉积普适性、均匀性和重复性好以及容易控制掺杂浓度等,在半导体、光电和微波器件等领域有重要应用。

这里重点介绍一下微纳加工常用到的等离子体增强 CVD(PECVD)方法,这种方法是在辉光放电引起的等离子体的作用下进行的化学气相沉积,而且在沉积过程中,等离子体与 CVD 反应同时发生,等离子体的引入大大提高了沉积速率,其优势在于可以在比传统 CVD 低得多的温度下获得上述单质或化合物薄膜材料,同时沉积速率快,成膜质量好。PECVD中等离子体的产生方式有多种,如射频场产生、直流或微波场产生。为了产生等离子体,必须维持一定的气体压力,由于辉光放电等离子体中不仅有高密度的电子(10^9～10^{12} cm^{-3}),而且电子气温度比普通气体温度高出10～100倍,于是反应气体虽然处于环境温度,但却能使进入反应器中的反应气体在辉光放电等离子体中受激、分解、离解和离化,从而大大提高了参与反应物的活性。因此,这些具有高反应活性的中性物质很容易被吸附到较低温度的衬底表面上,发生非平衡的化学反应沉积生成薄膜。PECVD的装置比传统的CVD系统多了一个能产生等离子体的高频源。目前,典型的PECVD设备有立式和卧式反应器两种设计,立式PECVD常用来沉积SiO_2和SiN_x等薄膜,它可以在300～400℃的低温下,以50～200 nm/min的沉积速率进行成膜,而卧式反应器PECVD可以用SiH_4来生长Si外延层,当温度低于650℃,气压小于1.3 Pa,就可以得到均匀的优质硅外延层。图7.12给出了一种立式PECVD装置示意图,主要包括顶电极、加热电极(样品台)、腔体、真空系统和气体流量控制系统等部分,其中顶电极采用射频驱动(MHz和/或kHz),通过高/低频混合技术可以控制薄膜应力。PECVD的沉积速率主要依靠高频功率,而气压、气体流量比和衬底温度也对沉积速率有一定的影响,高沉积速率常用来制备较厚的薄膜,而低沉积速率用来制备高致密度的薄膜,此外,薄膜的折射率也可以通过改变功率和衬底温度进行控制。在微加工技术中常采用PECVD制备SiO_2、SiN_x、SiC等介电薄膜和半导体薄膜,这些薄膜是微加工工艺中经常用来做微纳器件的绝缘层、耗尽层、牺牲层以及掩模层等。因此,PECVD沉积方法是微纳加工工艺中的重要工艺步骤。

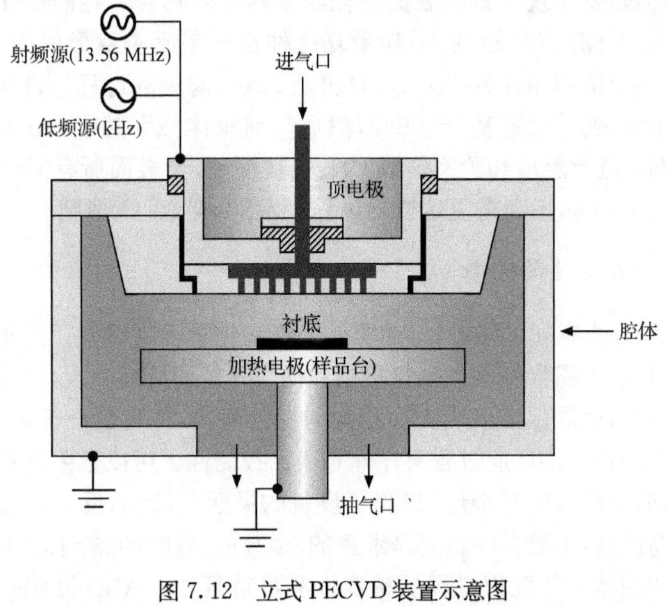

图7.12 立式PECVD装置示意图

7.1.6 原子层沉积方法

原子层沉积(atomic layer deposition,ALD)是一种可以将物质以单原子膜形式一层一层地镀在衬底表面的方法,因此,它是一种真正的“纳米”技术,以精确控制的方式实现几个纳米的超薄薄膜沉积。原子层沉积最初是由芬兰科学家提出的薄膜沉积方法,但是由于这种方法的复杂表面化学过程和极低的沉积速率,在较长的时间里没有得到广泛的重视。直到 20 世纪 90 年代中期,由于微电子和深亚微米芯片技术的发展要求器件和材料的尺寸不断降低,而器件中的深宽比不断增加,这样所使用材料的厚度降低至几个纳米量级,这种对纳米级薄膜的需求使人们重新开始认识原子层沉积方法在纳米技术与器件制造中的重要性,如原子层逐次沉积可以实现沉积层极均匀的厚度和非常优异的一致性,原子层沉积方法的优势就体现出来,而其沉积速率慢的缺点就变得不再重要了。

1. *ALD 沉积原理*

原子层沉积与普通的化学气相沉积(CVD)有相似之处。但在原子层沉积过程中,新一层原子膜的化学反应是直接与之前一层相关联的,这种方式使每次反应只沉积一层原子。原子层沉积是通过将气相前驱体脉冲交替地通入反应器,化学吸附在沉积衬底上并反应形成沉积膜的一种方法。在前驱体脉冲之间需要用惰性气体对原子层沉积反应器进行清洗。由此可知,沉积反应前驱体物质能否在被沉积材料表面化学吸附是实现原子层沉积的关键。任何气相物质在材料表面都可以进行物理吸附,但是要实现在材料表面的化学吸附必须具有一定的活化能。原子层沉积的表面反应具有自限制性,不断重复这种自限制反应就形成所需要的薄膜。图 7.13 给出一个沉积循环的典型 ALD 沉积 Al_2O_3薄膜的过程。首先通过水蒸气在 Si 衬底表面形成一层羟基(—OH),然后与前驱体三甲基铝($Al(CH_3)_3$)TMA 的甲基($-CH_3$)进行反应和置换形成 CH_4气被抽走,当表面所有 OH 被置换后形成单原子层的 Al_2O_3,不断重复这样的过程,最终形成 Al_2O_3薄膜。

2. *ALD 沉积方法的优势*

ALD 沉积方法有如下特点:①前驱体的饱和化学吸附特性。由于前驱体具有饱和化学吸附性,不需要精确的剂量控制和操作人员的持续介入,不需要控制反应物流量的均一性,也能保证生成大面积均匀性的薄膜,特别适合于表面钝化、阻挡层和绝缘层的制备。②反应过程有序性和表面控制性。可以数字化控制有序的反应生长过程,减少设备的复杂性,提高了设备的灵活性,表面反应确保了在任何条件下薄膜的高保型,不管衬底材料是致密的、多孔的、管状的、粉末状的或是其他具有复杂形状的物体。③沉积过程的精确性和可重复性。ALD 沉积一个循环周期

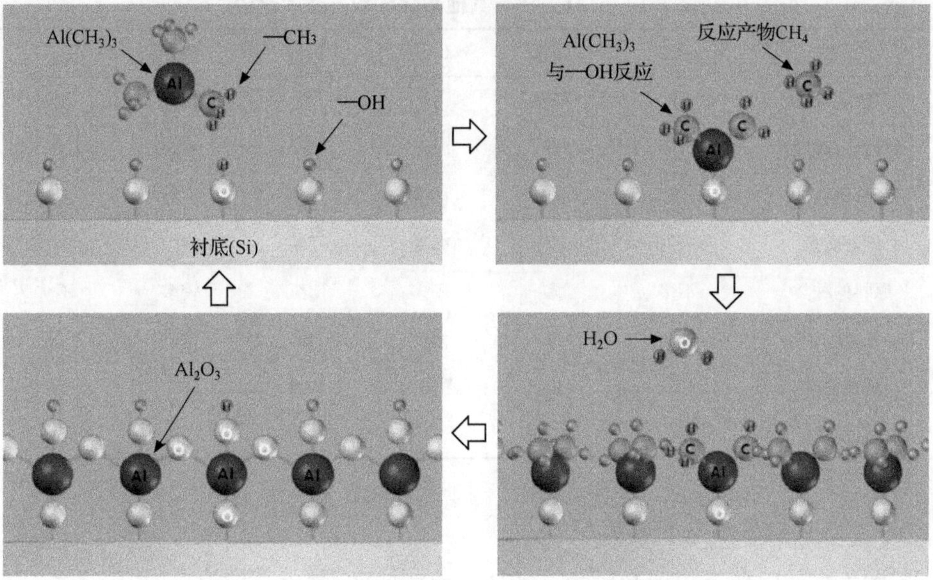

图 7.13 ALD 沉积 Al_2O_3 薄膜过程中一个沉积循环的示意图

的薄膜生长厚度是由工艺决定的，通常是 0.9～1 Å，因此在饱和情况下及同样的工艺条件能够达到很高的重复性，同时可以通过控制反应周期数简单精确地控制薄膜的厚度。④超薄、致密、均匀性及极佳的附着力。由于薄膜每一个循环周期可以控制单个分子层的厚度，因此通过 ALD 沉积的薄膜材料是以最稳定的形式紧密排列，薄膜不仅可以超薄，而且非常致密和均匀。前驱体与衬底材料的化学吸附保证了极佳的附着力。同时，镀膜的完全保形的自然特性进一步提高了附着力。⑤其他优势。薄膜生长可在低温(室温到 400 ℃)下进行，对尘埃相对不敏感，薄膜甚至可在尘埃颗粒下生长，同时可以沉积多组分纳米薄片和混合氧化物，容易进行掺杂和界面修正，可广泛适用于各种形状的衬底。

表 7.1 给出了 ALD 与其他薄膜沉积方法各种参数的详细对比，可以看出 ALD 沉积方法在多方面具有非常明显的优势，其显示出的劣势除了在下表中列出的沉积速率低外，还有因受反应物前驱体种类选择上的限制，可以沉积的薄膜种类有一定局限性，虽然目前商业上可以购买到的前驱体种类日益增多，但是有些薄膜材料仍然不能采用 ALD 方法沉积。此外，尽管 ALD 沉积温度远低于通常的 CVD 方法，但是其最佳的沉积温度在 200 ℃左右，仍略高于微加工中的光刻胶耐受温度，同时由于 ALD 沉积具有薄膜包覆性好的特点，因此与其他化学气相沉积方法一样，不适合溶脱工艺制备微纳结构，但是可以采用先沉积薄膜然后再掩模刻蚀法制备 ALD 薄膜的图案和结构。

表 7.1 ALD方法与其他薄膜沉积方法的比较

方法	ALD	MBE	CVD	溅射	蒸发	PLD
厚度均匀性	好	较好	好	好	较好	较好
薄膜致密度	好	好	好	好	不好	好
台阶覆盖性	好	不好	多变	不好	不好	不好
界面质量	好	好	多变	不好	好	多变
原料的种类	不多	多	不多	多	较多	不多
低温沉积	好	好	多变	好	好	好
沉积速率	低	低	高	较高	高	高
工业适用性	好	较好	好	好	好	不好

3. ALD加工纳米孔洞结构

原子层沉积技术由于其沉积参数的高度可控性(厚度、成分和结构),优异的沉积均匀性和一致性使其在微纳电子、纳米材料和能源环保等领域具有广泛的应用潜力,如新一代CMOS和三维DRAM中的高K薄膜材料、纳米场效应(FET)器件中绝缘层、金属型电池和铁电器件隔离层、纳米生物器件中的保护层、各种光电和光伏器件的增强层以及MEMS器件等。根据该技术的反应原理特征,各类不同的材料都可以沉积出来,包括金属、氧化物、碳(氮、硫、硅)化物、各类半导体材料和超导材料等,表7.2给出了目前可以利用ALD沉积材料种类,可以看出ALD能沉积化合物材料范围很广,但是单质材料如金属材料的沉积还很有限。ALD方法除了在半导体、光电及生物等领域拥有巨大的应用潜力外,在纳米科学的新纳米结构基础研究方面也发挥了重要的作用,如利用ALD沉积薄膜的高覆盖性包覆电极颗粒提高锂电池效率,通过对Ag纳米线及纳米颗粒的Al_2O_3包覆,研究其表面等离激元特性及表面增强拉曼散射特性(如图7.14所示);同时,还可以利用ALD沉积薄膜厚度的精确性应用在纳米尺度纳流道缩孔以及对超高深宽比孔洞侧壁进行覆盖(如图7.15所示);此外,ALD沉积方法不仅可以用来制备高性能石墨烯晶体管的栅极介质层[5],还可以用来进行生物体微纳结构的复制(如蝴蝶的翅膀)并应用在光子晶体上[6],更有趣的发现是利用ALD沉积Al_2O_3薄膜,高包覆性可以有效增强生物体力学特性及机械韧性[7]。因此,随着纳米科学的发展,在不远的将来ALD沉积方法将会被应用到越来越多的领域。当然,ALD方法的发展也面临许多挑战,如沉积速率慢,影响了其在微电子半导体领域的高效应用;另一个挑战来自于ALD沉积需要的前驱体材料,由于原子层沉积原理对化学前驱体材料有严格要求,限制了一些功能材料沉积,例如对多种金属材料和掺杂的氧化物的沉积目前仍然很难实现。虽然面临诸多挑战，ALD 沉积方法仍是薄膜沉积方法中非常独特的一种方法。

表 7.2　ALD 方法可制备的材料

材料类别		ALD 可沉积的材料
Ⅱ-Ⅵ族化合物		ZnS，ZnSe，ZnTe，$ZnS_{1-x}Se_x$，CaS，SrS，BaS，$SrS_{1-x}Se_x$，CdS，CdTe，MnTe，HgTe，$Hg_{1-x}Cd_xTe$，$Cd_{1-x}Mn_xTe$
基于 TFEL 的Ⅱ-Ⅵ族荧光材料		ZnS：M（M=Mn，Tb，Tm），CaS：M（M=Eu，Ce，Tb，Pb），SrS：M（M=Ce，Tb，Pb，Mn，Cu）
Ⅲ-Ⅴ族化合物		GaAs，AlAs，AlP，InP，GaP，InAs，$Al_xGa_{1-x}As$，$Ga_xIn_{1-x}As$，$Ga_xIn_{1-x}P$
氮/碳化物	半导体/介电材料	AlN，GaN，InN，SiN_x
	导体	TiN(C)，TaN(C)，Ta_3N_5，NbN(C)，MoN(C)
氧化物	介电层	Al_2O_3，TiO_2，ZrO_2，HfO_2，Ta_2O_5，Nb_2O_5，Y_2O_3，MgO，CeO_2，SiO_2，La_2O_3，$SrTiO_3$，$BaTiO_3$
	透明导体/半导体	In_2O_3，In_2O_3：Sn，In_2O_3：F，In_2O_3：Zr，SnO_2，SnO_2：Sb，ZnO，ZnO：Al，Ga_2O_3，NiO，CoO_x
	超导材料	$YB_2Cu_3O_{7-x}$
	其他三元材料	$LaCoO_3$，$LaNiO_3$
氟化物		CaF，SrF，ZnF
单质材料		Si，Ge，Cu，Mo，Pt，Ru，Fe，Ni
其他材料		La_2S_3，PbS，In_2S_3，$CuGaS_2$，SiC

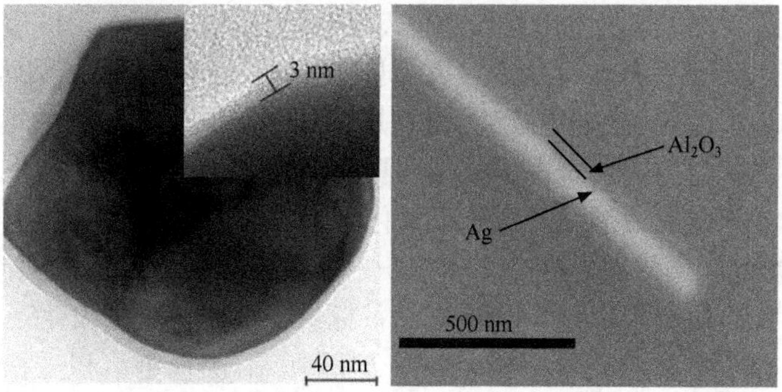

(a)　(b)

图 7.14　ALD 沉积 Al_2O_3 包覆的(a)锂电池电极颗粒和(b)Ag 纳米线

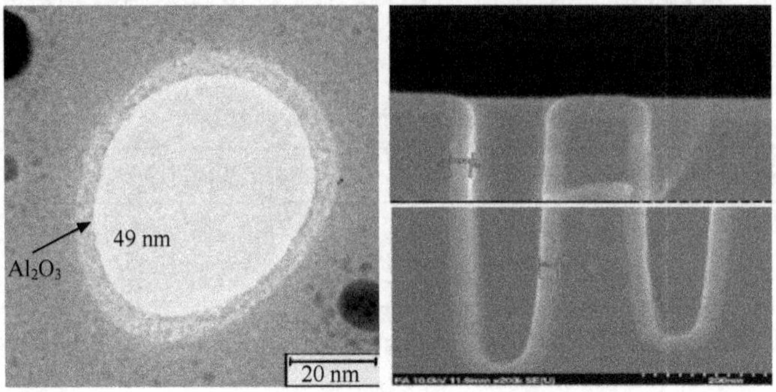

(a)　　(b)

图 7.15　ALD 沉积 Al_2O_3 薄膜

(a)缩小 Si_3N_4 膜纳米孔;(b)高深宽比孔径内侧壁沉积

7.1.7　电化学沉积

电化学沉积(electrochemical deposition,ECD)技术发展至今已有 200 多年的历史。早在 1805 年,意大利科学家 Luigi V. Brugnatelli 便发现了溶液在外加电流作用下,离子在阴极发生沉积的现象。目前,ECD 主要用于金属单质、合金以及半导体材料的电沉积生长。随着研究的不断深入,电化学沉积技术也呈现出了多样化的趋势,细分出了诸如喷射电沉积技术和局域生长电沉积技术等。这种沉积方法的突出优势是可以沉积其他薄膜沉积方法难以实现的厚膜制备,其对于微纳电子器件、微纳机电系统及光子晶体等的制备与研发具有重要价值。

1. *ECD 的原理*

ECD 技术依赖电解液在电场作用下发生化学反应,从而在阴极或阳极上实现材料的逐层生长,是一种增材加工方法。电化学沉积过程既可以在阳极完成,也可以在阴极完成。阳极发生的电化学沉积,是指低价的金属阳离子在外场作用下被氧化为高价阳离子,并在阳极形成氧化薄膜,因此也被称为阳极氧化沉积方法。然而,只有少数的氧化物材料是通过阳极氧化沉积实现的,绝大多数材料的电沉积都是在阴极实现的。阴极发生的电化学沉积一般被称为阴极还原沉积或者电镀,其原理是在外加电场的作用下,电解液中的目标材料离子在阴极发生还原并逐层沉积在阴极上,从而实现电化学沉积。如图 7.16 所示,阴极电沉积过程一般具有三个步骤:①电解液中的金属离子向阴极移动;②离子在阴极还原形成吸附原子并形成微晶核;③微晶核持续在阴极沉积并形成晶层。在电沉积过程中,ECD 薄膜的晶粒尺寸是由微晶核形成与晶体生长的速度共同决定的,一般而言,晶核成型的速度越快,功能材料的晶粒也就越小。而在实际操作中,电沉积形成薄膜的晶粒形状、尺寸及薄膜生长速度等参数与很多因素均有关系，包括电解液成分、沉积电流、沉积电压及电解液温度、pH 等，因此调控和优化这些参数是实现高质量 ECD 薄膜的关键。

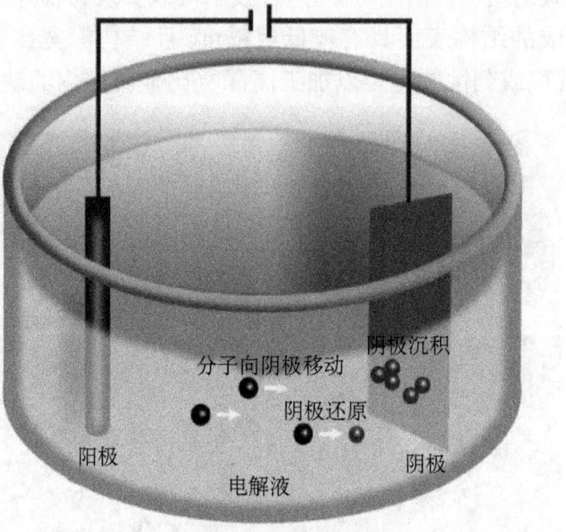

图 7.16 ECD 的原理示意图

2. ECD 技术在微纳结构加工中的应用

目前，ECD 技术已经能够实现金属单质、合金、半导体甚至陶瓷等多种常规途径难以加工的材料的沉积。但是，ECD 技术在导电阴极上沉积材料不仅会在竖直方向生长，也会在水平方向生长，因此 ECD 技术虽然可以大面积地加工薄膜材料，但是无法直接应用在微纳结构的加工中。于是，人们将 ECD 技术与光刻技术和扫描探针技术等微加工工艺结合起来，提出了多种利用基于 ECD 的三维结构加工方法，包括有掩模电沉积(through-mask electroplating)、即模沉积(instant masking plating)、局域电化学沉积技术(localized electrochemical deposition，LECD)、喷射电化学沉积(jet electrochemical deposition，J-ECD)、电化学扫描探针显微镜(electrochemical scanning probe microscopy，EC-SPM)等。

有掩模电沉积为最典型的 ECD 技术在微纳加工应用的方法，这种方法一般包括光刻、ECD、去胶等过程，其中光刻过程定义了电沉积的区域和最终形成的微纳结构。光刻技术可以采用紫外光刻或电子束光刻，甚至还发展了基于 X 射线光源的 LIGA(lithografie, galvanoformung, abformung)技术。有掩模电沉积的加工能力主要受到光刻技术的掩模图形精度与电化学沉积厚度的影响，而电沉积过程需要针对电解液优化出最佳电流密度，从而获得高质量的 ECD 薄膜。图 7.17 给出了基于电子束光刻掩模结合 ECD 加工的具有高深宽比特性的多种 Au 纳米结构,其制备过程主要包括:①利用电子束光刻在具有导电性的衬底上制备光刻胶微纳图形结构;②利用 ECD 在光刻胶结构中填充 Au;③采用溶脱方法去除光刻胶,获得高深宽比 Au 微纳结构。由图可见,这种技术可以实现特征尺寸低于 100 nm 三维结构的加工,形成的结构表面具有较低粗糙度,且结构深宽比能够达到 10∶1,弥补了传统物理沉积或刻蚀技术难以加工高深宽比金属结构的缺点。

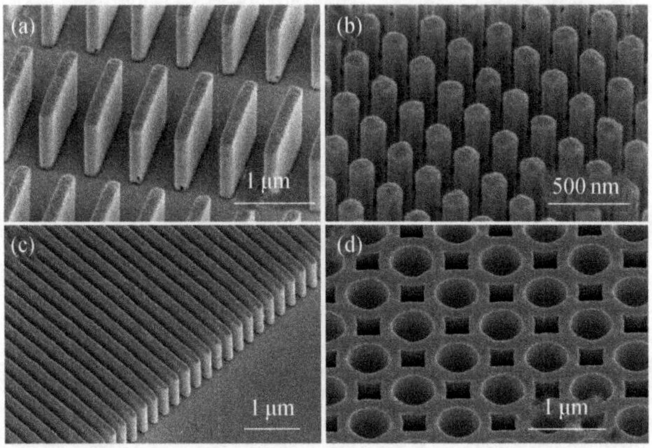

图 7.17 利用有掩模电沉积技术实现了高深宽比 Au 纳米结构阵列

(a)纳米砖阵列结构;(b)纳米柱阵列结构;(c)纳米光栅阵列结构;(d)纳米孔阵列结构

可见,通过利用微纳掩模图形或者在电解液中引入局域电场等方法便可以将 ECD 技术引入三维微纳结构的制备中,制备的结构具有构型丰富、材料多样、加工速度快、特征尺寸可低至纳米级别等特点,因此有掩模的 ECD 加工成为通用加工方法之一。相比之下;J-ECD 技术虽然具有更快的加工速度,但是其只适合加工金属结构,且特征尺度较大,结构表面也较粗糙;EC-SPM 技术将扫描探针显微镜引入 ECD 中,尽管在实现各种三维纳米结构上有优势,但其沉积速度极慢、加工成本高、效率低,因而在实际应用中具有较大的局限性。因此,在利用 ECD 技术实现微纳加工过程中,需要根据目标结构与材料,谨慎地选取合适的 ECD 技术,以在保证结构制备质量的前提下最大限度地提高加工速度并降低加工成本。

7.2 纳米薄膜的表面剥离制备方法

上面介绍的薄膜沉积方法都是利用专门薄膜沉积设备来制备薄膜的传统方法,本节将介绍一种特殊的纳米薄膜制备方法——表面剥离,它是一种利用不同技术手段从体材料表面直接剥离纳米薄膜并转移到目标衬底上的方法,完全不同于传统的自下而上沉积薄膜的方法,特别适合规定形状和特定区域的纳米薄膜制备。

目前，薄膜材料的研究、制备与应用已经进入纳米薄膜阶段，随着纳电子器件的尺寸越来越小，对纳米薄膜制备质量的要求非常高；面对大量纳米量级超薄薄膜制备的需求，除了特殊的薄膜沉积方法外(如分子束外延等)，一些传统沉积方法(真空蒸发及CVD)制备的薄膜材料在质量上满足不了研究其物性和制作高性能器件的要求，因此促使了一些特殊的薄膜制备方法的产生，如直接通过体材料表面的剥离制备纳米薄膜，这种制备方法近年来引起人们极大的关注。

这种材料表面剥离制备方法的最大特点就是保持了体材料的本征特性和结构特征，同时可以根据需要进行尺度剪裁，以满足纳米材料、纳米结构与纳米器件的研究需要，其中比较典型的方法包括化学或机械剥离方法(chemical/mechanical exfoliation)、各向异性刻蚀法(anisotropic etching)、外延剥离法(epitaxial lift-off)、SOI释放法(release from SOI)等[8]。这些方法不同于传统的自下而上沉积方法，而是基于体材料的表面进行剥离而制备纳米薄膜，其在制备二维纳米薄膜片(如单层、单晶薄膜片)、保持体材料纯度和结构完整性(无结构缺陷)、形成光滑薄膜表面以及提高薄膜维度控制上具有很多优势，这些特点都是传统沉积方法难以实现的。虽然它在产量和大面积制备上有一定的局限性，但它是对传统设备沉积薄膜方法非常有益的补充和拓展，非常适合纳米材料本征特性及其高性能纳米结构器件的基础应用研究。我们熟知的石墨烯、单晶硅以及一些重要半导体纳米薄膜都可以利用这种方法制备。此外，纳米薄膜的表面剥离制备方法可以结合其他微加工技术精确控制薄膜的形状、数量和维度，并结合表面/界面特性高效地转移到其他平面或非平面(柔性曲面衬底表面)的指定位置上，这些经过设计的纳米薄膜的结构特征和应力分布将产生独特的电荷和声子输运特性，特别是在研究制备无机半导体纳米薄膜结构及其纳米尺度力学、电子学、热电和光电器件方面有着重要学术和应用价值。下面将分别详细介绍这些纳米薄膜的表面剥离制备方法。

7.2.1 化学或机械剥离方法

对于具有天然层状结构的固体材料来说，化学或机械剥离方法比较适合用来从其体材料表面剥离制备单层或少层的二维薄膜材料，这些材料中包括众所熟知的石墨烯，表面剥离法制备高质量石墨烯以及纳米器件的研究已广泛报道，其中最简单的方式是利用胶带的强黏附力将石墨表面单层或少层石墨机械剥离，再转移到SiO_2衬底上面形成高质量石墨烯[9]。与石墨烯制备方法类似，一些具有类似层状结构的过渡金属硫族化物(transition metal dichalcogenides)如MoS_2、GeS、GeSe、$MoTe_2$等以及过渡金属氧化物(transition metal oxides)如$Sr_2Nb_3O_{10}$等都被陆续报道可以采用这种机械表面剥离方法进行制备。但是，这种机械剥离的制备方法在样品产量上会受到极大的限制，于是化学剥离的方法被采用，从一定程度上克服这一缺点。化学剥离方法主要是利用化学溶液对这些材料表面进行剥离，化学溶液选择的标准是可以改变材料表面的张力,同时使其表面剥离能达到最小,从而达到使表面层剥离的目的。已经报道这类化学溶液种类较多,剥离效果各有特点,但大多耗费时间,而且对周围环境极其敏感,同时对常见溶剂不相容。最近报道的化学剥离方法选择了非常理想的溶剂 N 甲基吡咯烷酮(NMP)和异丙醇(IPA),它们具有对空气和水不敏感,长时间保持非常稳定,同时保证了剥离薄膜的数量和质量,而且剥离出的过渡金属硫族化物纳米片具有非常好的光学和电学性能[10]。可以看出,通过化学或机械剥离制备的单层或少层纳米薄膜,都不是大面积连续薄膜,而是纳米片,面积可能从几百平方纳米至几十个平方微米范围,但是薄膜的质量非常高,可以用来制作高性能且反映材料本征特性的纳米器件。图 7.18(a)显示了 MoS_2的层间结构模型,图 7.18(b)给出机械剥离制备的单层纳米片 TEM 图[11]。目前的研究结果表明,通过块状 MoS_2晶体表面机械剥离的单层 MoS_2纳米薄膜具有直接带隙,而不像其体材料一样具有间接带隙(如图 7.18 所示)[11],非常有利于制备高迁移率和高效开启特性的场效应晶体管,其性能超过石墨烯场效应管。因此,表面剥离方法制备的如 MoS_2一样的超薄纳米薄膜将是下一代纳电子器件的优选材料,其带间隧穿效应可以被用来提高低功率器件的性能。

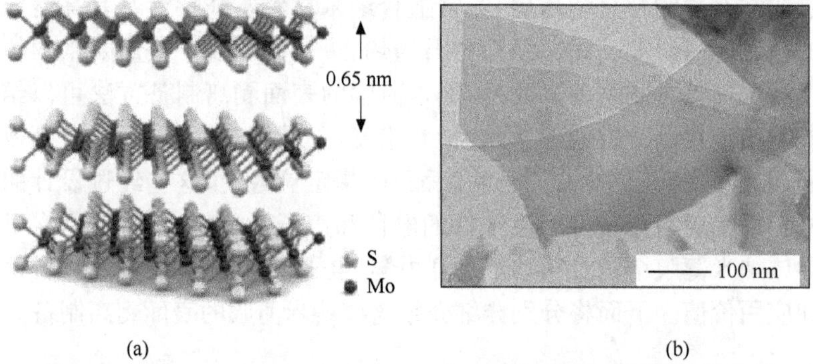

图 7.18 (a)MoS_2的层间结构模型;(b)机械剥离制备的单层纳米片[11]

7.2.2 各向异性刻蚀剥离法

各向异性刻蚀剥离法则是利用各向异性刻蚀过程从体材料表面进行层状剥离的方法,可以控制剥离的纳米薄膜的形状和维度,根据需要转移并集成到器件系统中。图 7.19(a)和(b)分别给出利用各向异性刻蚀方法从单晶硅(111)上剥离~100 nm厚的单晶硅纳米片的工艺过程及制备的硅纳米片截面的 SEM 照片[12],包括:采用 ICP 深刻蚀工艺在 Si(111)制备侧壁垂直的高深宽比沟槽结构,通过调整反应气体流量、功率、气压和刻蚀循环时间等参量,在垂直侧壁上制备出具有规则的波浪状结构;然后利用电子束蒸发按一定倾斜角度进行 Au 膜沉积,在样品的顶层和侧壁波浪状结构的顶部沉积上 Au 作为掩模；再利用 KOH 溶液对硅结构沿着(110)晶向进行各向异性湿法腐蚀，Au 掩模下的硅得以保存；最后除去 Au 掩模层，形成纵向垛积的硅纳米片；然后既可以将这些垛积纳米片通过超声方法释放到液体溶液中而获得单片硅纳米片，也可以通过 PDMS 等高黏附模板整体转移到目标衬底上，同时可以根据需要通过光刻设计转移的纳米薄膜的几何形状和阵列。这种方法的吸引人之处在于制备的硅纳米片不仅保持了单晶硅的特征，同时光刻过程定义其侧面的维度和空间位置，可以通过波浪结构和刻蚀时间控制形成薄膜的厚度，而且易于整体转移和器件制备与集成。

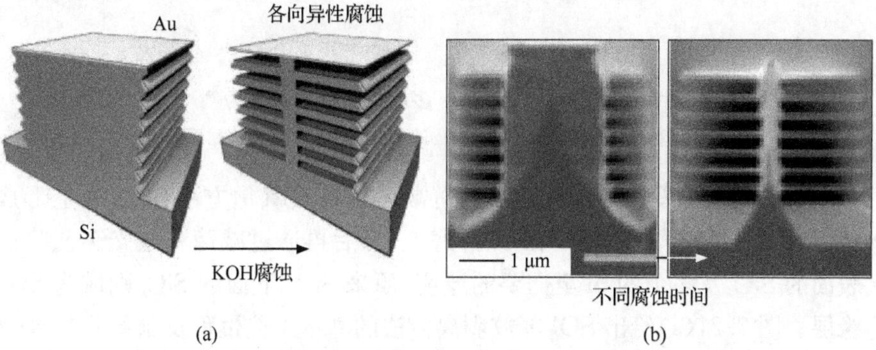

图 7.19 (a)各向异性刻蚀剥离法工艺；(b)不同腐蚀时间制备的 Si 纳米片薄膜的截面 SEM 照片[12]

7.2.3 外延剥离法

外延剥离法是异质外延薄膜之间的刻蚀方法，即通过刻蚀除去外延纳米薄膜下面的牺牲层，从而剥离或释放纳米薄膜。具体过程包括：利用外延沉积方法制备多层薄膜，层与层之间需要沉积很薄的牺牲层，然后通过腐蚀除去中间的牺牲层而剥离出纳米片薄膜。以 GaAs/AlAs 多层垛积的外延纳米薄膜为例，为了获得 GaAs 纳米薄膜，选择 AlAs 作为中间的牺牲层。图 7.20(a)和(b)分别给出了外延剥离法的工艺过程和制备的 GaAs 纳米片薄膜的截面图。利用外延沉积好 GaAs/AlAs 多层垛积结构后，通过垂直刻蚀的方法露出结构四壁，然后利用 HF 酸选择性腐蚀掉 AlAs 牺牲层，从而剥离获得 GaAs 纳米片薄膜[13]。这种方法具有高产高效的特点，可以控制纳米片的厚度、形状、维度和一致性，通过外延生长精确控制纳米薄膜的厚度，避免了厚膜产生的结构错位和缺陷，这对于制备高性能的光电器件至关重要。

7.2.4 SOI 释放法

SOI 释放法制备薄膜片与外延剥离法类似。SOI(silicon on insulator)是绝缘

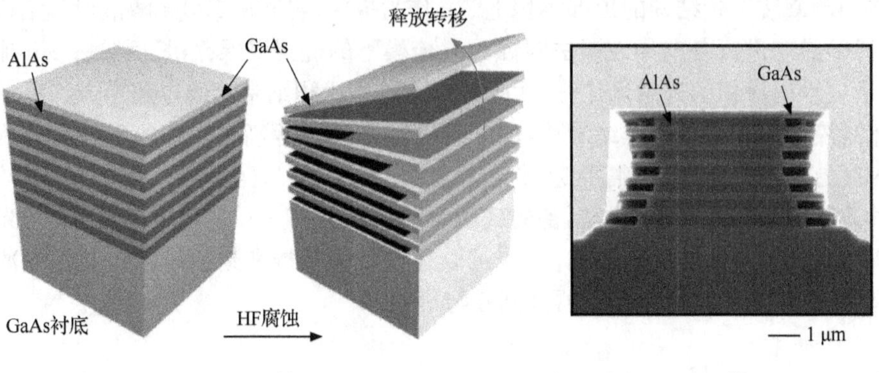

(a) (b)

图 7.20 以 GaAs/AlAs 多层外延纳米薄膜为例

(a)外延剥离法的工艺过程;(b)制备的 GaAs 纳米片薄膜的截面图[13]

体上薄层硅的英文缩写,其中绝缘体层通常是利用热氧化方法在 Si 片上形成的 SiO_2层,SOI 通过键合方法制作在 Si 衬底上,然后再通过减薄和抛光工艺除去 Si 片上表面的 SiO_2及多余的 Si 至需要的厚度,原来 Si 片下面的 SiO_2则成为 SOI 层中绝缘层。图 7.21(a)给出 SOI 释放剥离方法的基本工艺过程及制备的 Si 纳米薄膜 SEM 图,如图所示,通过利用 HF 酸刻蚀除去 Si 薄层下面的 SiO_2层,从而释放顶层 Si 薄膜,最后剥离获得 Si 纳米薄膜。由于商业可以购买到的 SOI 中的 Si 层最薄已经可以做到 20 nm 左右,而氧化层 SiO_2可以减少至 2 nm,同时具有非常高的表面均匀性(0.3 nm)。因此,利用 SOI 剥离制备 Si 纳米片的厚度可以通过 SOI 上面 Si 膜的厚度进行控制,获得 Si 薄膜的厚度选择范围较大。同时,可以根据需要设计图形阵列,通过光刻实现图形制备,利用干法刻蚀露出结构侧壁,再采用 HF 酸腐蚀 SiO_2释放顶层图形化 Si 薄膜,最后,用软模板粘连转移方法将图形化的 Si 纳米薄膜转移到目标衬底上,实现图形化阵列结构集成器件的应用[14],具体工艺步骤如图 7.21(b)所示。除了利用这种方法制备 Si 纳米薄膜外,一些类 SOI 结构如Ⅵ族的 Ge/绝缘体结构(Ge on insulator)也可以采用相似的方法获得纳米薄膜,甚至可以制备 SiGe 等化合物半导体薄膜/绝缘体结构。与前面介绍的各向异性刻蚀法制备 Si 单晶纳米薄膜相比,SOI 释放法工艺简单,可以制备薄膜厚度范围较大,最薄至~20 nm 的硅薄膜;而各向异性刻蚀法需要掩模制作,工艺相对复杂,但可以同时制备形成多层垛积的硅纳米片,因此单次制备百纳米厚度硅单晶纳米薄膜的数量较多。

上面介绍的这些表面剥离技术在制备特殊结构及形状的纳米薄膜方面具有一定的优势,它可以将原来利用传统薄膜沉积、光刻及后续的溶脱工艺直接简化,既可以制备单个纳米薄片,也可以结合光刻和干法刻蚀形成图形阵列结构,再进行整

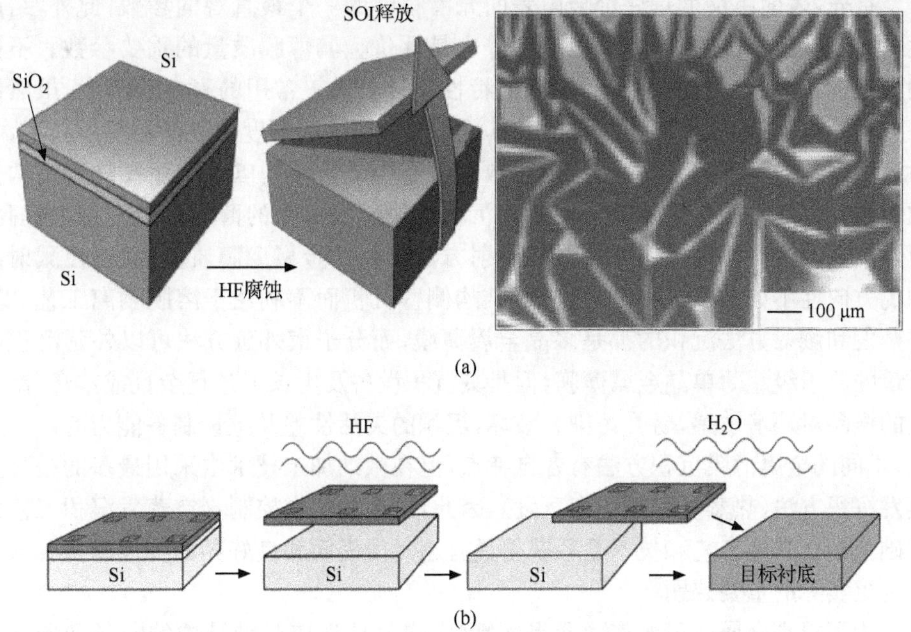

图 7.21　SOI 释放法制备工艺

(a)制备 Si 纳米片薄膜[14]；(b)制备具有图形结构的 Si 纳米薄膜

体剥离和转移，因此具有较大灵活性和可操作性，为研究纳米材料特性、纳米结构与器件性能与系统集成应用提供了更为丰富的思路和技术路线，成为纳米薄膜和纳米结构制备技术中不可忽视的方法。这些新发展的纳米薄膜制备方法极大地拓宽了制备高质量薄膜的途径，但在未来的发展上还应该与传统的薄膜沉积方法进一步融合，并借助多种微纳加工的技术手段，发展和探索出集纳米薄膜沉积与微纳加工各种优势于一体的新方法。

7.3　超光滑金属薄膜的制备

金属薄膜是最常见也是应用最为广泛的薄膜材料，在微纳加工技术中，高质量金属薄膜的制备已经成为非常重要的环节。随着纳米科学和纳米技术的发展，对金属纳米薄膜及其纳米结构的制备提出了更高要求，特别是对具有超光滑表面金属薄膜的制备。超光滑表面的金属能够提高表面等离激元的传播特性，减少光的散射，降低传播损耗，非常有利于表面等离激元光电器件性能的提高，在纳米等离子体光学等前沿领域中具有极其重要的应用。因此，如何利用通常的薄膜沉积设备制备出具有超光滑表面以及良好界面特性的金属纳米薄膜备受人们的关注，也是开展这一领域研究的基础。

首先,表面粗糙度是评价金属表面光滑程度的一个最直观的参数;此外,结晶度、颗粒度、致密度、附着力及内应力等也是评价金属薄膜质量的重要参数。不同的薄膜沉积方法制备的金属薄膜表面特性差异较大。常用的真空热蒸发,虽然制备方法简单、成本低、灵活实用,但是其沉积的金属薄膜颗度及表面粗糙度较大,与衬底的附着力不理想,这些缺点是导致制备超小纳米结构以及大面积阵列结构失败的主要原因之一。虽然电子束蒸发沉积比热蒸发沉积的薄膜质量有很大提高,但是其表面及界面性能仍不及磁控溅射方法沉积的金属薄膜质量,而磁控溅射沉积的方向性不如蒸发沉积,容易造成结构侧壁沉积而不利用于溶脱剥离工艺。真空蒸发和溅射方法沉积的都是多晶金属薄膜,而分子束外延方法可以外延沉积高质量的原子级超薄单晶金属薄膜,但是其沉积设备及生长工艺复杂且成本高,制备出的样品对环境敏感,易受污染和破坏,沉积的灵活性差及批量制备能力有限。可见,不同的金属薄膜沉积方法有各自特点,但在微纳加工技术中采用最多的是真空蒸发沉积方法(热蒸发和电子束蒸发),因此,研究如何在控制真空蒸发沉积工艺的基础上配合其他工艺和技术途径获得具有超光滑表面和良好界面特性的金属薄膜成为更实际的重要课题。

为了提高金属薄膜的表面及界面特性,更好地适应微纳结构的制备和器件性能的提高,人们在真空蒸发沉积过程中采用控制沉积参数,如提高腔体真空度、选择适当沉积温度、降低沉积速率等途径来减小金属颗粒尺寸和降低金属薄膜表面粗糙度这两个关键表面形貌参数,从而提高金属薄膜表面光滑程度。这些措施虽然取得了一定的效果,但是控制程度还是很有限,特别是随着沉积薄膜厚度的增加,这两个表面形貌参数都会增加。因此,人们在除了控制沉积参数的基本技术思路外,还采用了一些行之有效的方法,在常用真空蒸发沉积的基础上制备出超光滑表面的金属薄膜。比较典型的方法有界面化学修饰法、过渡层诱导法、模板剥离翻转法及模板压致形变法等。

7.3.1 化学修饰法

这是一种通过衬底表面的化学修饰诱导金属纳米颗粒均匀分布,从而获得超低表面粗糙度的方法。其原理是利用化学自组装方法在衬底材料表面形成单层有机薄膜,通过这个自组装有机层与金属原子的键合作用形成金属与有机分子的单键,从而诱导沉积到衬底上的金属原子形成非常小的纳米颗粒,并均匀分布。例如,对于电子束蒸发沉积的 Au 纳米薄膜,正常情况很难获得 10 nm 以下的颗粒度,而且均匀性不易控制,如果采用衬底表面的化学修饰法,则可以获得均匀光滑的金属纳米薄膜。图 7.22(a)和(b)分别给出了化学修饰法诱导沉积 Au 膜的表面化学过程与模型以及形成的超光滑 Au 纳米薄膜 SEM 照片[15],其具体过程是:沉积前,先在衬底上自组装一单层有机薄膜 MPTMS(3-mercapto-propyltri-methoxy-silane),形成

S—H 键；然后利用极慢速率 0.02 nm/s 进行沉积，Au 与 SH 反应形成 Au—S 键，从而形成均匀的 Au 纳米颗粒，颗粒尺寸在 5～7 nm，颗粒密度为(1.3～1.5)$\times 10^{12}$ cm^{-2}。在薄膜形成过程中，Au—S 键限制了 Au 原子在表面热运动，抑制了较大尺寸颗粒的形成，单层自组装和形成 Au—S 键合的一致性导致了 Au 纳米颗粒的均匀性，因此，10 nm 以下金属纳米颗粒的均匀分布形成了超光滑金属表面。

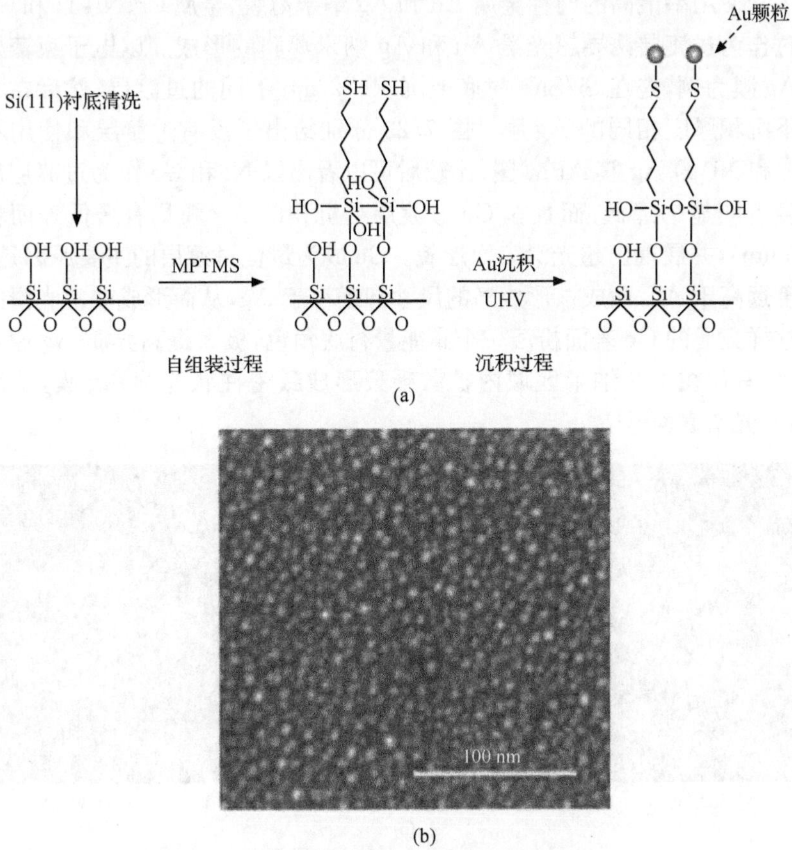

图 7.22　化学修饰法制备超光滑金属纳米薄膜

(a)表面化学修饰过程；(b)制备的 Au 纳米薄膜 SEM 照片[15]

7.3.2　过渡层诱导法

过渡层诱导法是利用一种材料层作为金属的沉积过渡层，实现超小颗粒度和超光滑表面的形貌，这种过渡层通常采用金属材料。对于磁控溅射方法沉积来说，其沉积原理上的优势可以很容易获得光滑表面的金属薄膜，表面粗糙度在～1 nm，而如果采用 Cr、Ti 或 Ni 等常用的金属作为过渡层，对其表面粗糙度影响很小。因此，过渡层并不能进一步提高磁控溅射沉积金属薄膜的表面粗糙度，但可以利用过渡层提高与不同衬底材料的结合力。而对于真空蒸发沉积方法来说,过渡层诱导是十分必要的步骤,可以采用过渡层(1～2 nm 厚度)方法减小金属颗粒的大小并提高金属薄膜与衬底间附着力。甚至在外延沉积过程中,为了获得原子级光滑的表面,也采用表面剂增强金属膜的外延生长,选择的表面剂是从热力学上能降低表面张力的少量物质,它是在动力学上有利于薄膜的逐层生长的元素。对于蒸发沉积使用率最高的两种金属 Au 和 Ag 纳米薄膜,金属 Cr、Ni、Ti 和 Ge 等都被采用过作为过渡层诱导超光滑 Au 和 Ag 纳米薄膜的形成。以电子束蒸发沉积 50 nm Ag 膜为例,先在 Si/SiO_2 衬底上沉积～2 nm 不同的过渡层,然后在相同沉积条件下沉积厚度相同的 Ag 膜。图 7.23 分别给出了没有过渡层和使用不同过渡层(Ge 和 Ni)的 Ag 膜 AFM 图,比较后可以看出以 Ni 和 Ge 作为过渡层后的表面粗糙度有明显的降低,而且在 Ge 过渡层上沉积的 Ag 膜具有最低表面粗糙度(～0.45 nm),并展现出超光滑表面形貌。Ge 成为最佳过渡层的主要原因是 Ge 的成核密度远高于 Ag,而成核形成岛的尺寸却远小于 Ag,从而形成非常光滑的表面形貌。这样光滑的 Ge 表面扮演一个高能量衬底角色,极大提高异质 Ag 原子的成核密度,使其仅在十几纳米区域内扩散凝聚形成致密柱状连续 Ag 膜,从而促成 Ag 膜的超光滑表面[16]。

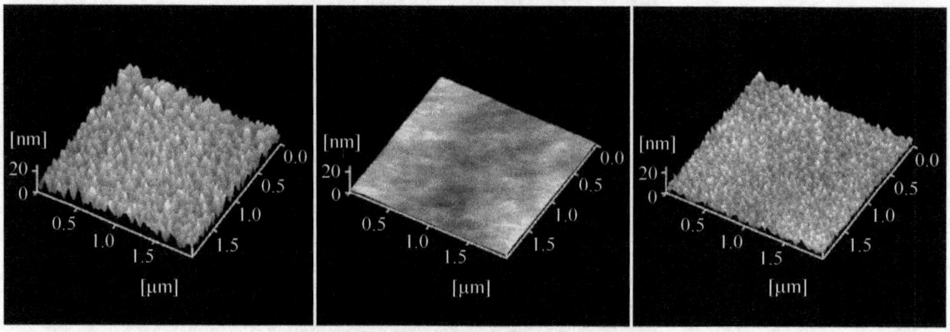

$Ag/SiO_2/Si$ (a)　　$Ag/Ge/SiO_2/Si$ (b)　　$Ag/Ni/SiO_2/Si$ (c)

图 7.23　沉积过渡层前后的 Ag 膜 AFM 表面形貌的比较

(a) Ag 沉积在 SiO_2/Si 衬底上;(b) Ag 沉积在 $Ge/SiO_2/Si$ 衬底上;(c) Ag 沉积在 $Ni/SiO_2/Si$ 衬底上

7.3.3　模板剥离翻转法

当纳米压印技术被提出并在微纳结构的加工中大量使用的同时,一些通过模板剥离法复制和转移金属结构的技术也被大家所关注和采用。典型的模板剥离转移技术用来复制一些已经制备好的微纳结构,经常采用的是在聚合物模板上制备出结构,然后利用金属填充,再利用涂有另一种黏附力很强的环氧树脂的衬底覆盖在金属结构表面,通过压力与金属结构充分接触,然后利用胶的黏附力将金属结构与原来光刻胶脱离，金属结构被黏附在环氧树脂上，从而实现图形结构的复制转移，这就是通常模板剥离的工艺思路。但是由于金属不容易与聚合物界面产生很好的浸润特性，因此这一转移过程很容易产生很粗糙的金属表面。虽然可以采用其他方式来避免金属与聚合物之间不好的浸润特性，例如可以通过刻蚀方法先将聚合物模板上的结构转移到其他浸润性好的衬底上，但是这不仅会增加工艺成本，而且会影响产量和重复性。另一方面，人们已经发现可以通过选择表面极光滑和超平坦的衬底材料，如云母、石英或单晶硅片，在其表面沉积金属薄膜，由于金属与这些材料界面的浸润性好且附着力欠佳，可以通过涂有环氧黏附层的衬底覆盖在金属薄膜表面并粘连在一起，当剥离环氧黏附层时就会因为强黏附性将金属薄膜转移到环氧层上，此时金属表面为转移前与超光滑衬底接触界面，其良好的界面浸润性使原来衬底的超光滑表面转移到金属界面上，因此反转后获得超光滑表面的金属薄膜。以常用抛光单晶硅片为例，它的表面 RMS 粗糙度低于 0.2 nm，在其表面沉积 Ag 膜，然后利用模板黏附剥离翻转后的 Ag 膜表面 RMS 粗糙度低于 1 nm，如果控制好 Ag 膜沉积速率，其表面 RMS 粗糙度甚至可以达 0.25 nm，接近硅表面原始粗糙度。当然，还可以把上面制备超光滑平坦表面的金属薄膜方法拓展到制备具有超光滑的图形结构金属薄膜上。图 7.24(a)为模板剥离翻转法的工艺过程，给出了利用硅表面结构制备具有超光滑表面的金属微纳结构的工艺细节，即先利用光刻结合干法刻蚀技术或聚焦离子束技术(FIB)在硅片上制备需要的结构，然后填充沉积金属层，再沉积厚的环氧树脂层，通过剥离环氧树脂层黏附金属层，实现金属微纳结构的转移。但是剥离后，金属图形结构表面粗糙度要高于平坦的金属薄膜的粗糙度，主要是由于原来结构的表面受到微加工过程(如 FIB 或反应离子刻蚀)的影响，其加工后的结构表面或侧面都会因为刻蚀过程影响其光滑程度，因此需要精心地控制刻蚀过程。这样剥离转移获得金属结构表面粗糙度可达到～2 nm，仍然保持比较光滑的表面。图 7.24(b)分别给出利用上述方法获得的具有光滑表面形貌的金属“牛眼”结构、纳米孔阵列和金字塔形锥状结构阵列[17]。

7.3.4　模板压致形变法

这种方法又称为模板高压法，主要是针对蒸发沉积的软金属薄膜如 Pt、Au、Ag，通过在模板上施加 600 MPa 的高压，压迫 Au 或 Ag 膜表面，使其压致形变形成超光滑表面的方法[18]。如图 7.25(a)所示，在一个气压系统中，气压的变化最大可达 700 MPa，模板可以选择做好结构的 Si 片并黏附在可以用气压垂直推动的底片上，通过气压均匀推动模板 Si 片直至压到衬底硅片上面的 Ag 膜上。随着模板压力从小提升到 600 MPa，Ag 膜表面粗糙度从原来的～13 nm 减少低于～1 nm，从而获得超光滑金属表面。图 7.25(b)给出施加压力前后的 Ag 膜表面形貌图，可以看出施加压力前，Ag 膜表面有明显的颗粒分布，形状不同，尺寸大小相差较大，

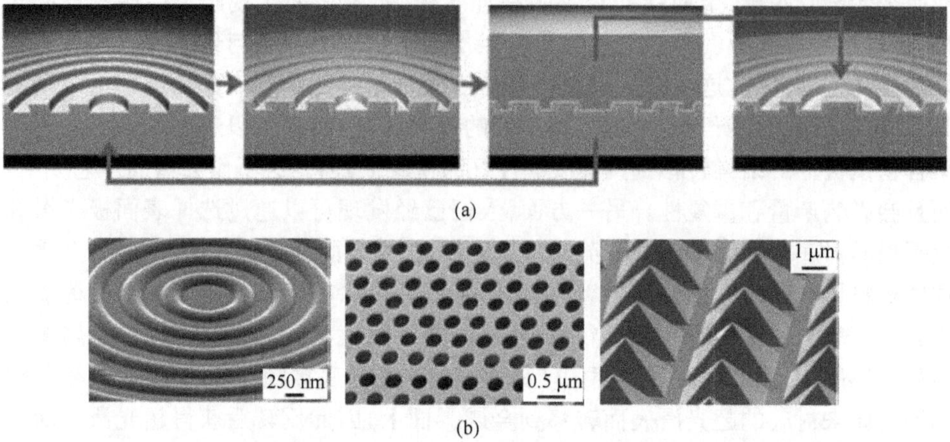

图 7.24 (a)模板剥离翻转法工艺;(b)制备的几种具有超光滑表面的金属微纳结构[17]

有缝隙和空洞,形貌很不均匀。当施加一定的压力后,Ag 膜表面看不到颗粒分布,非常光滑和致密。利用这种方法实际上不仅可以形成光滑的金属表面,而且也可以把模板表面的微纳结构通过压致形变的机制直接转移到 Ag 膜上,从而制备出与模板一样的图形和结构,而不需要通过其他复杂微加工工艺(如光刻、刻蚀、溶脱等)。模板压致形变方法为 Ag 或 Au 等软金属具有超光滑表面的微纳结构的制备提供了一个非常有竞争力的技术途径,它可以大面积均匀制备超光滑表面金属结构阵列。

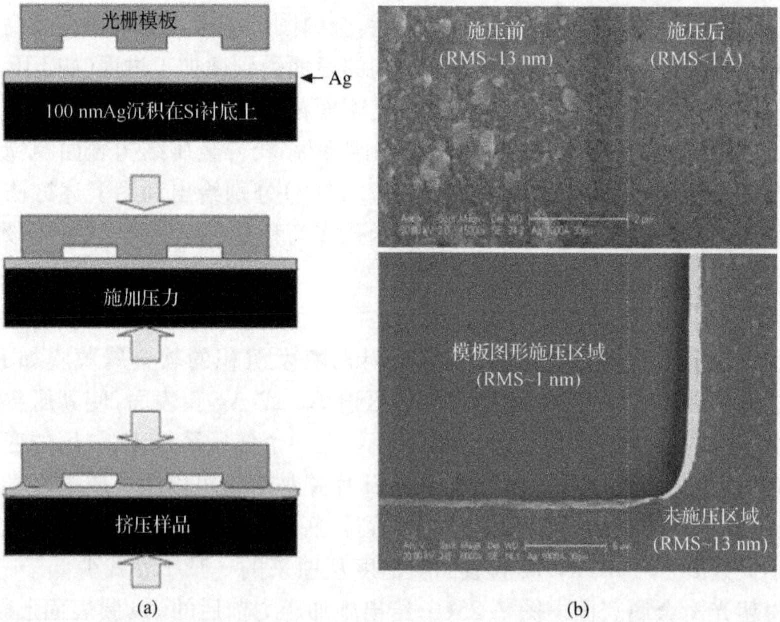

图 7.25 (a)模板压致形变法工艺示意图;(b)Ag 膜高压前后 SEM 形貌及模板施压图形区域与未施压区域的 SEM 形貌对比照片[17]

7.4 薄膜沉积技术制备微纳结构的方法

在微纳米结构加工过程中,巧妙地采用薄膜沉积技术与思路,可以突破传统微纳加工技术和设备的局限性,得到意想不到的效果。本节将薄膜沉积技术在微纳结构加工中的应用作为主要内容,介绍薄膜沉积技术在制备微纳结构与器件中的常见途径和方法,包括常规加工法、辅助加工法、特殊加工法和多步加工法等,通过一些典型微纳加工实例的介绍,说明如何利用薄膜沉积技术结合其他微纳加工手段,直接或间接地实现各种微纳米结构。

7.4.1 常规加工法

常规加工法也叫直接加工法,就是利用薄膜沉积技术结合其他微纳加工手段直接制备加工出各种需要的微纳图形和结构,这种方法直接简单,制备出微纳结构的面积、一致性和精度一方面取决于微纳加工技术,而另一方面,薄膜沉积技术中的沉积方向性、薄膜厚度、粗糙度、颗粒度及致密度也起重要作用。常规加工方法的技术途径有两种:一种是如图 7.26(a)所示的自下而上方法,其关键工艺是溶脱过程;另一种是如图 7.26(b)所示的自上而下方法,其关键工艺是刻蚀过程。

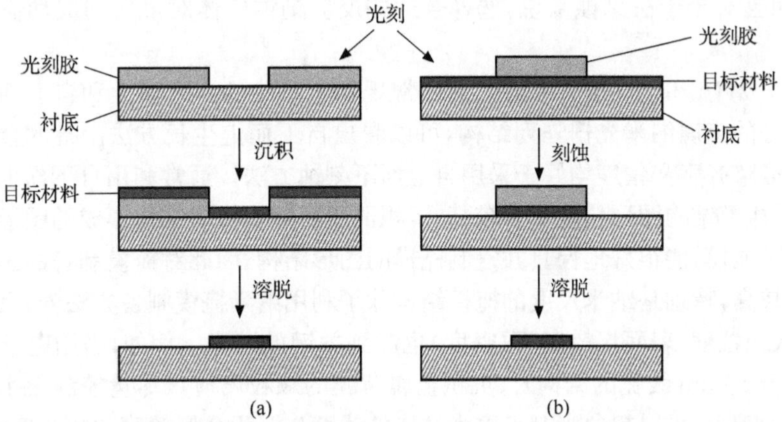

图 7.26 (a)自下而上的溶脱加工方法;(b)自上而下的刻蚀加工方法

自下而上方法的基本工艺步骤是:先利用各种掩模技术(光学或电子束曝光或压印等)制备出各种掩模结构,然后再利用薄膜沉积技术进行薄膜沉积,最后利用溶脱剥离技术将掩模除去,掩模图形就转移到沉积的薄膜上,从而形成了薄膜微纳结构。这种工艺途径的关键是如何将光刻胶等掩模的图形及结构精确保真地转移为薄膜结构,其中主要涉及掩模结构的质量和薄膜沉积的温度、方向性以及最后的溶脱工艺等因素。它要求掩模结构尽量形成侧壁垂直或底切结构,这样非常有利于最后的溶脱工艺;此外,薄膜沉积过程的温度应低于掩模光刻胶的玻璃化温度,从而避免由于温度过高导致的光刻胶等掩模图形的形变对制备微纳结构的影响,这样会制约我们对薄膜材料的选择范围,因为一些薄膜材料需要在高温下制备和合成。另外,还要尽量选择有方向性的沉积方法(如蒸发沉积技术),从而避免和减少对侧壁沉积覆盖,这样才能保证下一步溶脱剥离工艺的成功,沉积的方向性也限制一些高质量沉积方法(如磁控溅射沉积等)在自下而上制备方法中的应用。由此可见,虽然自下而上的制备方法需要注意的因素较多,但是形成的微纳结构完整性好和单元精度较高,是通常普遍采用的方法。

同自下而上的制备途径相比,自上而下的技术途径正好相反,其工艺步骤和方法最显著的优势就是选择薄膜材料的自由度更大一些。自上而下的方法主要步骤为先沉积薄膜材料,再利用掩模技术在薄膜材料上制备需要的图形和结构,然后利用刻蚀技术通过掩模和材料刻蚀速率的不同将掩模图形转移到薄膜材料上,再利用溶脱等技术移去薄膜表面的掩模,最后在薄膜材料表面刻蚀制备出需要的图形和结构。这种自上而下的制备途径虽不需要考虑薄膜沉积方法的限制,材料选择范围较大,但是不同材料的刻蚀速率差异较大,掩模厚度和掩模相对薄膜材料的刻蚀速率比成为此工艺非常重要的因素,因此对刻蚀工艺的控制要求较高,而且对于干法刻蚀来说,选择合适的反应刻蚀气体对最后的成功制备至关重要。

图 7.27(a)和(b)分别给出了利用常规加工法中的自下而上和自上而下两种途径制备的金属纳米光栅阵列结构,可以看出自下而上生长方法制备的金属纳米线条边缘整齐度和精度均好于采用自上而下刻蚀方法。通常利用自下而上的生长途径,对掩模结构图形精度要求较高,沉积薄膜后除去掩模结构形成的图形结构完全依赖于掩模,能很好地保真并复制掩模的图形结构,因此对掩模制备的工艺和方法要求较高,特别是纳米尺度的掩模结构除了利用纳米掩模制备方法外,沉积薄膜的质量(颗粒度、表面粗糙度、致密度)也起到关键的因素。例如,当用电子束曝光制备低于 50 nm 线宽的结构时,沉积金属薄膜的颗粒度应该尽量控制很小才能满足制备的需求,可以想象当制备纳米结构的线宽与沉积金属薄膜的颗粒度相当时,金属薄膜将不能完全覆盖至衬底,溶脱后将会使复制图形断裂和缺陷,导致制备过程的失败。如果利用自上而下刻蚀的方法,则掩模结构成为刻蚀薄膜材料的掩模,在刻蚀过程中掩模结构边缘的微小形变都会反映到刻蚀后的薄膜结构上,而且刻蚀方法不会完整复制原来掩模的图形,在结构边缘、尺度和精度上均有变化,这些变化取决于刻蚀过程的控制。一般情况下刻蚀后的尺寸都大于掩模结构的尺寸,因此在刻蚀前应该预料出这些变化的影响,并在制备掩模结构尺寸时予以考虑。

此外，由于这种自上而下的刻蚀方法不像自下而上生长方法那样对薄膜沉积的方向性有严格的要求，它对薄膜沉积方法没有限制，因此尽量选择高质量的沉积方法，如磁控溅射等薄膜沉积方法，高质量的薄膜可以提高刻蚀方法制备结构的精度。

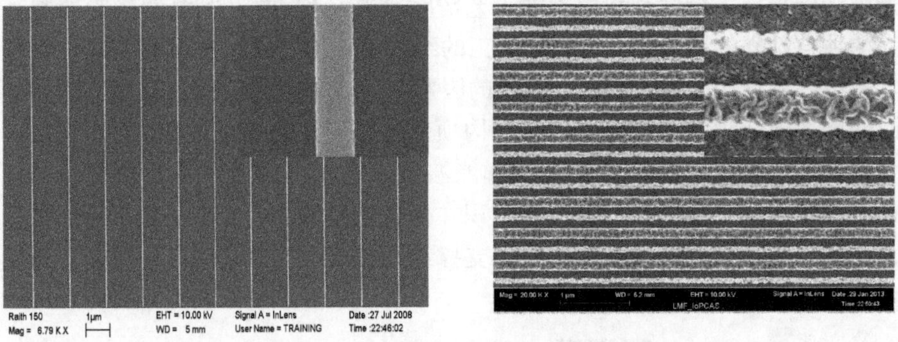

(a)　　(b)

图 7.27　常规法制备金属纳米光栅阵列结构

(a)自下而上沉积方法；(b)自上而下刻蚀方法

从两种技术途径制备的金属微纳结构可以看出，无论是采用常规方法中的哪一种途径，只要工艺过程控制得当都会利用薄膜沉积技术直接制备出高质量的微纳图形结构，这些结构基本上都能满足我们日常的研究工作需要。除了常规的加工方法外，还有一些特殊的方法，不是直接利用薄膜沉积和掩模工艺直接制备出微纳结构，而是间接利用薄膜沉积技术并与已制备的微纳结构相结合，可以制备出用常规直接的方法不可能制备出的结构。这些方法能克服现有设备与工艺的局限性，另一方面可以实现所需要的加工结构尺寸，达到意想不到和事半功倍的效果。这样的途径可以统称为辅助加工方法，也叫间接加工方法，将在下一节重点介绍。

7.4.2　辅助加工法

所谓辅助加工方法也称为间接加工法，就是利用微纳结构的侧壁、狭缝、孔径和曲面等已有结构条件，进行有目的可控的薄膜沉积，间接地制备微纳米结构的方法，如纳米线条、纳米缝隙和纳米墙等，甚至可以制备纳米管及纳米孔等。

1. 侧壁沉积法

又称为侧壁光刻，它是较早被提出的突破光刻分辨率极限的间接加工方法。图 7.28 给出了这种方法的基本思路和加工过程。首先，利用光刻方法制备一些支撑的结构，然后在支撑结构的外表面沉积一层薄膜材料，为了保证结构侧壁能够均匀沉积上薄膜材料,最好采用各向同性的沉积方法,如果是采用具有方向性的沉积方法(如蒸发沉积),可以倾斜样品进行沉积,以确保结构侧壁能够沉积上薄膜材料。接下来的步骤是将沉积在支撑结构顶部的薄膜材料通过刻蚀方法清除,刻蚀过程的方向性也是一个需要注意的重要因素,应控制在垂直方向刻蚀以避免侧壁的薄膜受到损伤。最后是利用刻蚀工艺清除支撑结构,而只保留侧壁的薄膜。留下来的独自站立的薄膜就形成我们加工的细线条结构。可以看出利用这种侧壁沉积实现细线条结构的制备有两个关键的因素:一是结构的侧壁能够起到支撑作用,同时侧壁要保持垂直才能保证除去结构顶部薄膜时不会破坏侧壁沉积的薄膜;二是要保证除去侧壁的支撑结构后,薄膜能够保留下来,这就要求除去侧壁结构的工艺(干法刻蚀或湿法腐蚀)不会损伤沉积在侧壁上的薄膜。此外,通过侧壁沉积方法加工的结构线条宽度不取决于制备支撑结构的光刻分辨率,而是取决于薄膜的厚度。

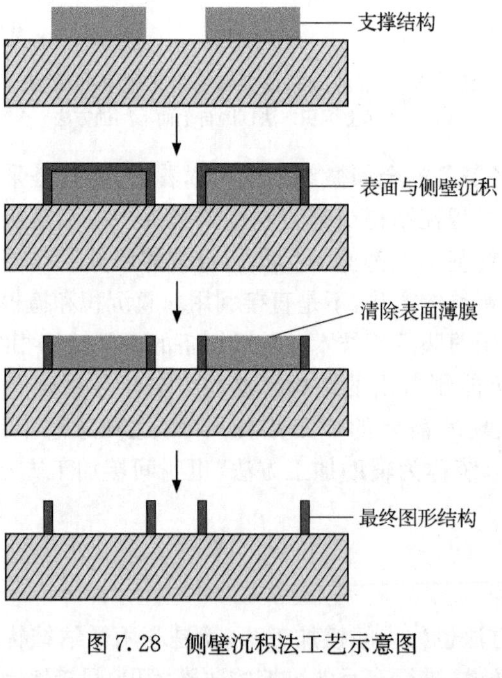

图 7.28　侧壁沉积法工艺示意图

利用侧壁沉积法制备纳米尺度线宽结构的报道很多,其中薄膜材料多是金属材料,如贵金属金(Au)和铂(Pt)等,也有 Si_3N_4 和氧化物等功能薄膜,支撑结构经常采用的材料有光刻胶和硅等。无论是选择哪种支撑材料来实现一种功能薄膜的结构,一个基本原则是薄膜均匀致密、覆盖性强,同时支撑材料容易清除,这也是支撑材料经常选择光刻胶和硅材料的原因。此外,支撑结构的侧壁要求尽可能垂直衬底,而对侧壁的曲面没有要求,它可以是平直的(如光栅结构的侧壁),也可以是弧状曲面(如圆柱结构的侧壁)。这种侧壁沉积方法也可以延伸到多次沉积多层不同材料的薄膜,甚至可以把中间层去除,从而形成复合结构,例如,对于圆柱的支撑结构,可以利用多次不同材料的侧壁沉积,然后清除中间层后形成多层中空的环形结构,如图 7.29 给出了侧壁沉积法制备的 Au 双层中空圆环阵列结构的侧面及俯视 SEM 照片[19]。

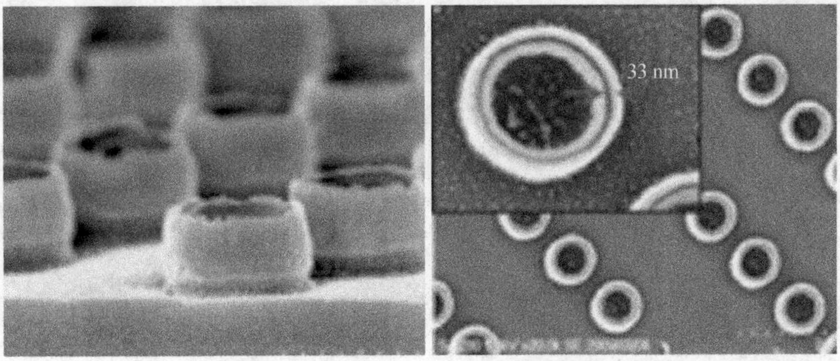

(a)　(b)

图 7.29　侧壁沉积法制备的(a)Au 双层中空圆环阵列结构的侧面及(b)俯视 SEM 及内插的单个环形结构照片[19]

虽然侧壁沉积的一个基本要求是支撑结构的侧壁尽量要垂直衬底,但是对于支撑结构的侧壁不垂直的情况,也可以采取将侧壁的薄膜先保护起来的方法,例如,对于锥形的支撑结构,可以先沉积薄膜,然后利用光刻胶等材料将其掩埋,再通过刻蚀过程只将锥形结构的顶部露出,继续利用刻蚀工艺将顶部薄膜清除,最后除去锥形支撑结构,形成锥状开口中空的薄膜材料结构。此外,还有利用单一方向的侧壁沉积薄膜材料改变原来的垂直柱状结构的力学平衡,导致向侧面倾向,从而达到改变原有结构形貌的目的,如图 7.30 给出利用沉积不同厚度的 Au 膜控制 Si 柱的倾斜角度(7°～52°)[20]。这种方法针对的结构多为较高长径比的柱状阵列结构,通过一侧单方向的材料沉积使原来结构的力学稳定性发生变化而向沉积的同一方向倾斜。如果控制侧壁沉积的方向,就能够控制阵列结构倾斜的方向,从而获得形貌变化一致的阵列结构。

此外,近年来基于侧壁辅助的原子层沉积(ALD)组装加工三维纳米结构的方法也越来越引起人们的关注。这种依靠模板结构侧壁 ALD 组装加工三维纳米结构的方法主要是利用了 ALD 沉积薄膜的共形性、包覆性、精确性及沉积温度不高的优势,在刚性模板(单晶硅或阳极氧化铝)或软模板(光刻胶及其他聚合物材料)结构表面及侧壁上按照原子层厚度精确沉积和调控薄膜,从模板结构侧壁和底部三维方向上沉积组装加工,然后利用刻蚀去除模板,最终形成各种纳米结构。基于牺牲模板的 ALD 组装加工方法,具有极大的灵活性、可控性和拓展性,通过精确调

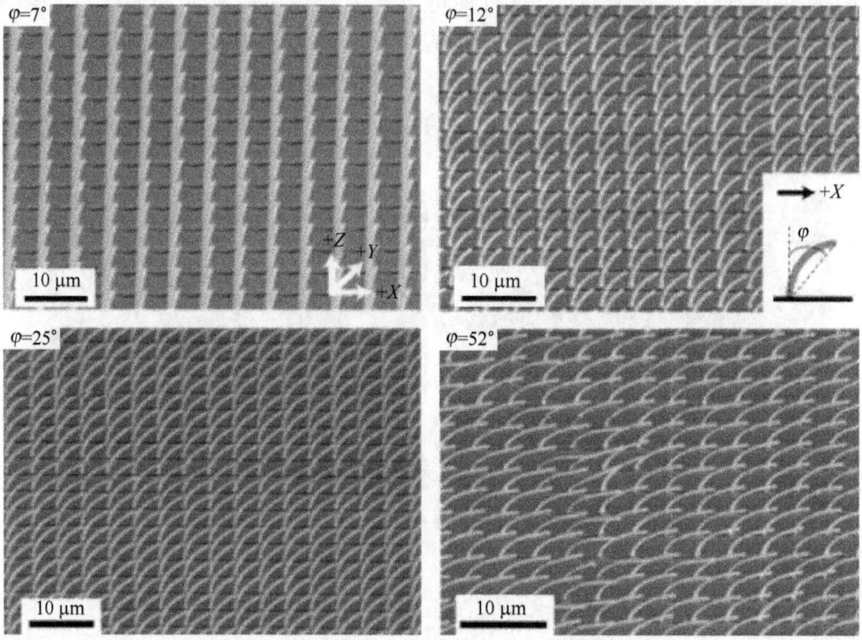

图 7.30 侧壁沉积法调制柱状阵列结构的倾斜方向(7°～52°)的 SEM 照片[20]

控沉积厚度可以任意选择侧壁包覆程度,甚至能全部填充模板结构,因此不仅可以制备中空管状结构,而且可以加工实心的各种纳米结构,实现各种功能器件的构筑。图 7.31 给出利用电子束光刻制备的软模板结构与原子层沉积组装技术相结合,可控加工出各种设计图形的多重纳米结构阵列,包括中空管状、实心柱状以及多重组合的复杂图形结构。ALD 在纳米模板中完成沉积组装后,利用干法刻蚀过程很容易去除覆盖在模板顶部的薄膜及其下面的电子束光刻胶模板材料,从而实现纳米尺度、高长径比、独立的三维纳米结构阵列。这种加工方法展示出极强的三维加工和多维控制能力,为大面积多重三维纳米结构的加工制备提供了一个理想的平台。

2. 缩减沉积法

这是一种利用已有微纳结构的间隙或孔径等作为支撑掩模,通过薄膜沉积,横向缩减间隙或孔的尺寸或在其底部形成微纳结构的方法。与上面谈到的侧壁沉积法相比,相同之处是都依靠已有的微纳结构作为辅助,不同之处是不利用结构侧壁而是利用结构特性形状,形成突破光刻尺寸极限的纳米结构。侧壁沉积通常形成的是窄细的线条结构,而缩减沉积除了获得纳米孔外,常常形成的是窄细的间隙结构,因此二者形成的结构是相反且互补型结构。对于间隙和孔结构的制备方法,通

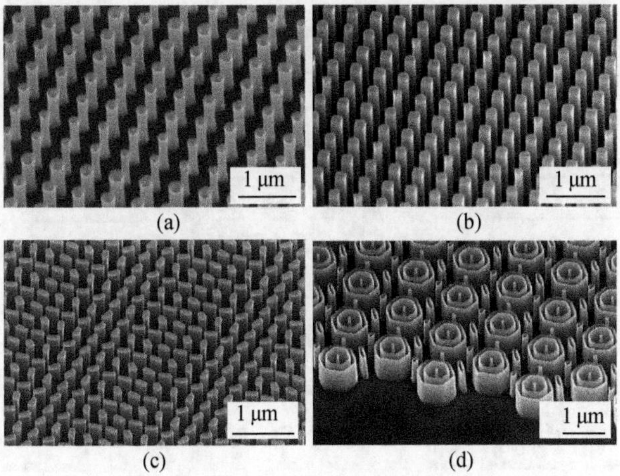

图 7.31 基于软模板侧壁辅助的 ALD 组装加工方法制备(a)纳米管、(b)纳米柱、(c)纳米砖及(d)多重纳米结构阵列的 SEM 照片

常采用直接加工方法,如电子束曝光出线条或圆点结构,再用刻蚀方法制备,或用聚焦离子束直接在薄膜材料上刻蚀出沟槽或孔。但是,这两种方法都会受到电子束或离子束的分辨率限制,而且制备成本高、效率低,影响了其大面积的制备。相比之下,缩减沉积法是在利用传统光刻工艺制备的微纳结构基础上,进一步利用薄膜沉积技术制备纳米尺度的间隙和孔结构,在设备工艺成本、制备效率以及大面积方面具有明显优势。图 7.32 给出了常规缩减沉积法的工艺示意图,它利用传统加工方法制作较宽间隙结构和孔结构,通过薄膜材料沉积在间隙两端或孔四周横向添加材料,以获得缩小的间隙和孔结构,溶脱过程过后最终获得纳米盘、纳米锥、纳米对盘和内嵌纳米盘等多种纳米阵列结构[21]。

利用薄膜沉积进行横向缩减方法中,除了制备好依托的结构外,最重要的就是如何选择合适的薄膜沉积技术。常见的沉积技术如蒸发沉积和溅射沉积都可以用来进行横向尺度的缩减,但是由于沉积方法的精确控制方面的局限,形成极限尺寸和提高缩减精度会受到限制。因此,一些特殊的薄膜沉积方法就会显示出非常大的优势,其中最精确也是最灵活的横向沉积方法是聚焦离子束沉积和聚焦电子束辅助沉积方法,它们可以精确选择沉积点,同时也能精确控制沉积量,比较适合沉积量较小但却要求非常精确的点接触或点间隙结构的情况。此外,原子层沉积(ALD)方法也是一种能够精确控制沉积量的方法,尤其适合缩孔方面。原子层沉积速率不仅可以控制在每循环 0.09~0.1 nm 的平均厚度,而且原子层沉积的包覆性非常好,特别适合深孔结构尺寸的缩小,利用 ALD 沉积厚度的精确控制,可以把纳米孔径缩小至 5 nm 以内。图 7.33 分别给出了利用 ALD 沉积 Al_2O_3 薄膜缩小 FIB 技术刻蚀制备的不同尺度 Si_3N_4 纳米孔的 TEM 照片[22]。从图中可以看出,通

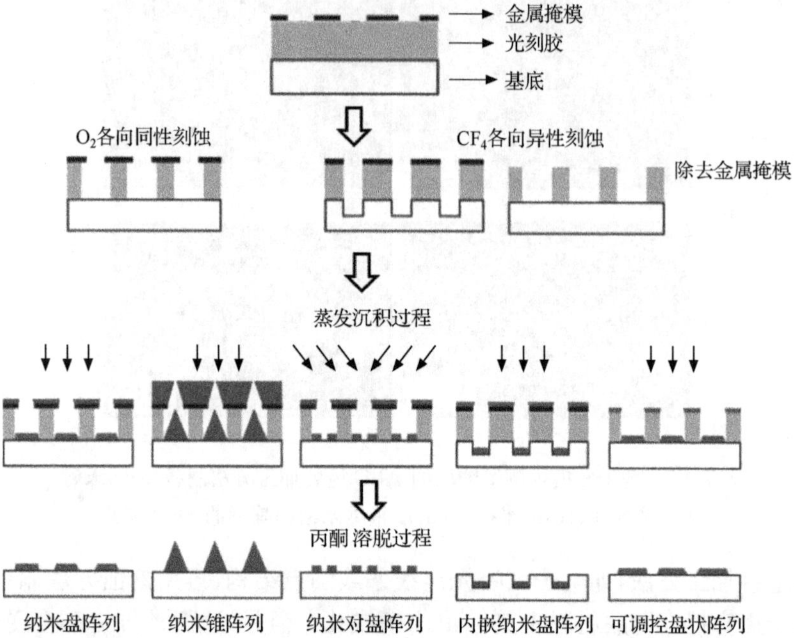

图 7.32 常规缩减沉积法的工艺示意图[21]

过沉积不同厚度的 Al_2O_3分别把百纳米的孔径缩小至～10 nm[如图 7.30(a)和(b)所示],～20 nm 的孔径缩小至 4.8 nm[如图 7.30(c)和(d)所示],～7.8 nm的孔径缩小至～2 nm[如图 7.30(e)和(f)所示]。因此,利用 ALD 沉积缩减法可以制备出超小尺度的纳米孔结构,在纳米生物及生命科学领域有着极其重要的应用价值。

3. 纳米球阵列沉积法

也称作纳米球光刻法,就是以衬底上有序排列的纳米球阵列为掩模,利用球与球之间的间隙进行薄膜沉积,从而形成高密度点阵图形的方法。在这种纳米小球光刻技术中,纳米小球取代了光刻胶和曝光过程,可以通过自组装技术控制小球以单层或双层模式排列,从而获得三角或圆点状的球间隙,再通过沉积技术形成不同密度和间距的点阵图形。通过简单的计算,可以容易根据小球的直径 D 推算出小球间隙形成的点阵图形大小和间距,单层小球掩模形成的点的直径为～$0.23D$,点间距为～$0.58D$,而由双层小球形成的点的直径为～$0.16D$,可见,如果选择合适的小球阵列作为掩模,获得最小的阵列点的直径低于 50 nm。图 7.34(a)给出了典型的单层纳米小球阵列沉积制备的 Au 点阵结构,图 7.34(b)给出利用这种方法沉积制备的多重三角形组合 Au 纳米点阵结构,获得这样相对复杂的纳米结构,需要改变蒸发沉积的方向,同时按一定角度转动衬底样品,使纳米小球间隙在不同角度起

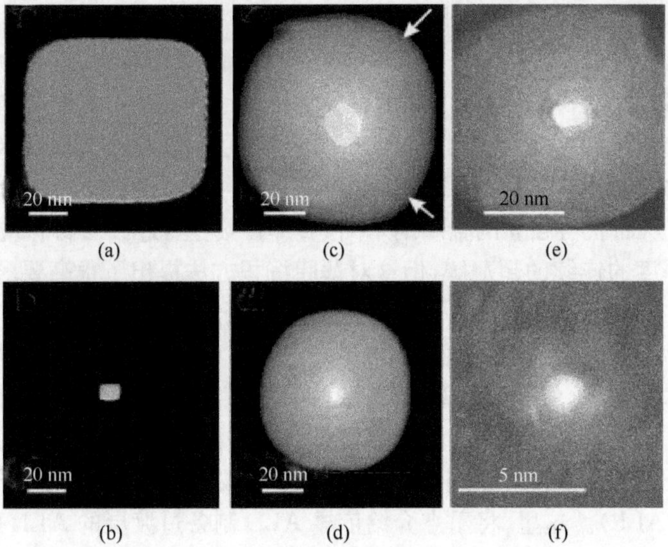

图 7.33 利用 ALD 沉积 Al_2O_3 薄膜缩减纳米孔径尺寸

上面一排(a)、(c)和(e)分别是利用 FIB 刻蚀技术在 Si_3N_4 上面制备的不同尺度的纳米孔的 TEM 照片，下面一排(b)、(d)和(f)分别对应给出通过 ALD 缩减沉积后孔的 TEM 照片，最小孔径可缩至～2 nm[22]

到遮挡掩模的作用，从而获得这种多重组合 Au 纳米点阵结构[23]。利用这种方法可以沉积各种金属与合金，形成最小几十纳米的金属或合金纳米点阵列，并在量子点器件和高密度存储器件以及生物传感与探测器件等方面有重要的应用。

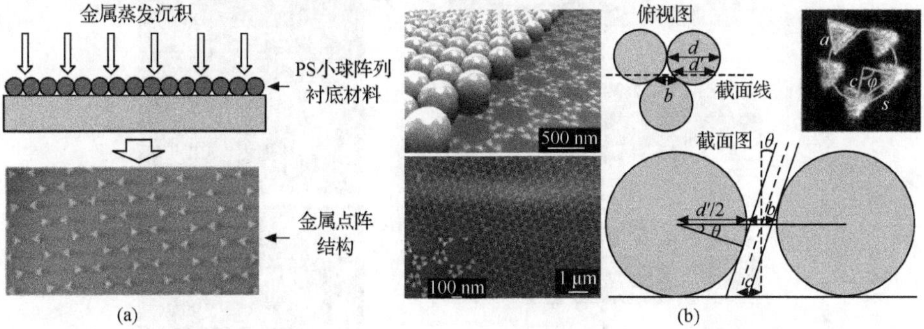

图 7.34 (a)典型纳米球阵列沉积法及制备的金属点阵结构；(b)通过改变蒸发沉积方向和转动样品制备的多重组合 Au 纳米点阵结构，左下图和右上图分别为单元点阵结构及一个单元结构 SEM 照片[23]

4. 过渡层加工方法

在等离激元纳米结构中，金属纳米间隙是一种非常典型的结构类型，尤其是亚

5 nm 金属间隙,由于其具有突出的局域场增强和等离激元耦合效应,使其在光谱增强、生物传感探测及微纳光子学领域有重要广泛的应用潜力,但是由于传统平面加工技术的局限,亚 5 nm 金属间隙的可控加工仍面临挑战。在已报道的各种金属纳米间隙结构的加工方法中,利用亚 5 nm 的过渡层实现超小金属纳米间隙结构是最行之有效的方法。它是先利用过渡层与两侧的金属层形成"三明治"结构,然后去除过渡层,从而获得独立的金属纳米间隙结构。这里,过渡层材料应该是任意具有亚 5 nm 厚度的连续的超薄膜,但这对薄膜沉积方法提出了很高要求,此外,石墨烯、MoS_2 等二维材料以及 DNA、蛋白质等生物分子材料因其具有独特的单层原子结构或组装优势也被用来实现亚 5 nm 的过渡层。在各种报道的过渡层材料中,利用 ALD 技术制备的 Al_2O_3、HfO_2 等薄膜具有厚度在原子层量级精确可控且易于去除的特点,因此非常适合作为过渡层材料加工制备纳米间隙结构,同时这种利用 ALD 沉积的过渡层实现纳米间隙加工的方法也被称为原子层光刻(atomic layer lithography,ALL)。这里,将重点介绍依靠 ALD 制备过渡层的 ALL 加工方法,图 7.35(a)给出了这种方法的典型工艺流程图,如图所示,纳米间隙的宽度完全由过渡层的厚度决定。在加工过程中,构成纳米间隙的过渡层材料可以保留,制备成基于介质材料填充的纳米间隙,如图 7.35(b)所示的圆形纳米间隙结构[24];也可以通过湿法腐蚀技术移除过渡层材料,制备成基于空气的圆形纳米间隙结构,如图 7.35(c)所示[25]。

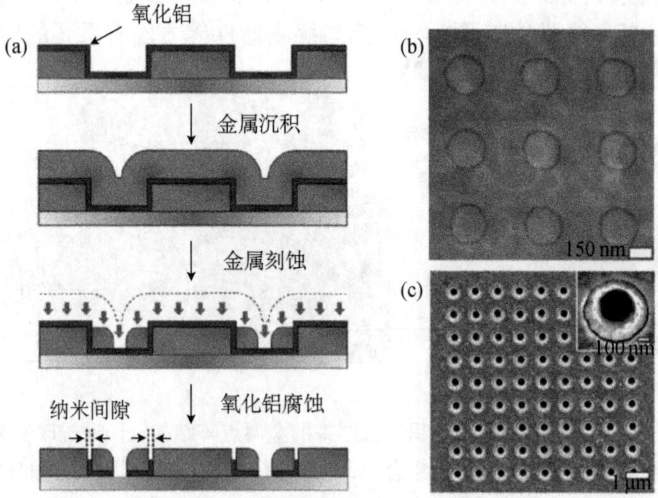

图 7.35 (a)过渡层加工方法制备纳米间隙结构的典型流程图;(b)保留和(c)去除过渡层获得的亚 5 nm 圆形金属间隙结构阵列的 SEM 图[24, 25]

在亚 5nm 金属纳米间隙的制备中,过渡层加工方法相比于传统的光刻技术,并不依赖光刻图形的线宽,而是通过厚度精确可控的过渡层定义纳米间隙的宽度,具有以下优势:①纳米间隙的宽度可以通过过渡层的厚度进行原子级精度的控制;②适合纳米结构的大面积制造,可以实现晶圆尺度的纳米间隙结构加工;③多种图形化工艺均可以应用在过渡层加工中,因此制备的纳米间隙可以具有各种各样的构型,而在多种光电、传感、分子器件中具有广阔的应用前景。

7.4.3 特殊加工法

除了上面介绍的常规加工方法和辅助加工方法外,在利用薄膜沉积技术特点结合其他微纳加工手段,制备特殊图形结构方面还涌现出一些有创意的特殊加工方法。它们在制备工艺上比前面介绍的工艺步骤更为复杂,但是却能得到意想不到的制备效果,这些效果不是用常规加工方法或简单的辅助加工途径能够实现的。

1. 台阶沉积翻转法

图 7.36 给出了台阶沉积翻转法的基本工艺。首先利用电子束曝光或纳米压印技术在旋涂光刻胶的衬底上制备出纳米图形结构,其中电子束曝光制备的纳米结构具有高度均一的台阶[如图 7.36(a)所示][26],而采用纳米压印的方法既可以制备高度均一的台阶,也可以通过模板的图形结构,控制压在光刻胶上图形的深浅不一,从而形成截面上高低不一的台阶结构[如图 7.36(b)所示][27]。接下来,利用薄膜沉积覆盖整个制备出的纳米图形结构,由于需要完全掩埋整个台阶纳米结构,因而薄膜沉积的厚度要大于台阶高度。薄膜沉积完成后,将环氧树脂等高黏附性材料涂在薄膜材料上面,将沉积在台阶纳米结构内的薄膜材料机械剥离出来,这样制备的纳米结构图形就通过模板翻转复制到薄膜材料上,从而制备出表面光滑的薄膜材料纳米结构。原来传统掩模工艺方法加工制备出的金属纳米结构阵列,由于其制备出的金属结构表面是最后的沉积面,金属颗粒度和粗糙度限制了表面光滑程度。而这种方法制备的金属纳米结构表面是翻转过来的金属表面,其表面保持了原始衬底材料(如单晶硅)的表面光滑度。

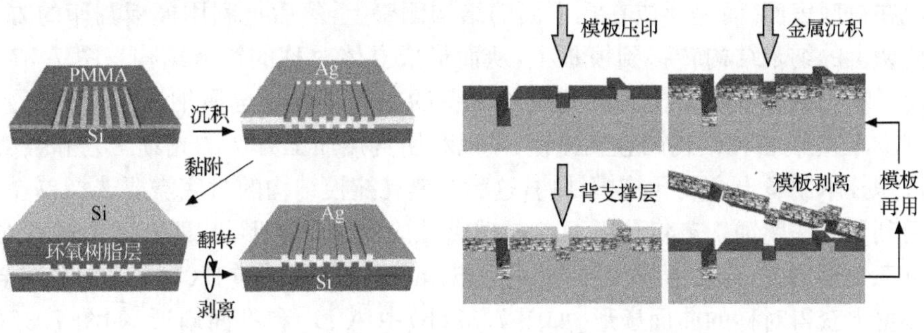

图 7.36 台阶沉积翻转法

(a)高度均匀台阶结构[26];(b)高度不均匀台阶结构[27]

2. 孔径投射沉积法

这里介绍的孔径沉积法与上面辅助沉积法中介绍的缩孔方法不同,最大区别在于缩孔方法的薄膜沉积方向是沿着孔的方向,直接获得的是缩小的孔结构和孔内衬底上的结构。而孔径沉积法的本质是利用了薄膜沉积方向、孔及孔内几何结构三者的关系,调制不同的沉积方向,通过孔的角度遮掩会在孔内壁或衬底产生不同的意想不到的沉积效果,从而获得特殊形状的纳米图形结构。根据孔径及其内部几何结构,孔径沉积法主要有三种类型,各自对应不同沉积效果。第一种是最简单的一种孔径沉积法,其中孔下面结构尺寸与孔保持相同,即圆筒形状,可以利用曝光技术制备纳米孔阵列结构,然后控制倾斜沉积角度就可以通过孔遮挡部分沉积路线,从而实现在圆筒底部对角点的沉积,清除纳米孔掩模后就能制备出纳米对点阵列结构。第二种孔径沉积法中孔径与下面结构尺寸不一致,即开口小而孔径下面的内部结构具有更大的空间,露出的衬底面积大于顶端孔径的尺寸,这种结构可以使薄膜沉积具有更大发挥的空间。图 7.37(a)给出这种孔径沉积的工艺过程[28],首先利用在衬底上旋涂 PMMA,然后利用 PS 纳米球在 PMMA 膜上作为掩模,再沉积覆盖金属薄膜,然后利用 O_2 等离子体刻蚀,先除去 PS 球获得金属孔结构,继续 O_2 等离子体刻蚀过程,可以清除金属孔下面的 PMMA 膜。由于 O_2 等离子体刻蚀 PMMA 是各向同性刻蚀过程,因此可以在金属孔与衬底之间形成类球状的空间,从而获得顶端开口的圆罐状结构。对于这种结构,顶端孔的遮蔽作用更为明显,选择方向性好的蒸发沉积方法,控制好薄膜沉积的倾斜角度后,并在沉积过程中旋转样品,就可以在衬底上形成缺口圆环状纳米结构,最后将 PMMA 清除。可见,除了样品旋转和控制好沉积方向和角度外,孔的大小与形状对最后形成的纳米结构至关重要,如果能够在控制孔形状及下面的几何结构多些设计,会形成更有创意的纳米结构。第三种孔径沉积方法与上两种明显不同,其特点是孔径开口大而下面的空间小,典型的结构为倒金字塔结构,因此,其最后制备的纳米结构不是形成在衬底表面,而是形成在孔下面的结构侧壁上,然后再利用模板翻印的方法,将侧壁上的纳米结构转移到模板上,从而形成立体对称的纳米结构。图 7.37(b)给出了利用倒金字塔结构的孔径沉积制备的三维对称的金属纳米结构的工艺过程[29]。首先制备孔结构的金属掩模,可以利用直接加工方法的光刻工艺和金属薄膜沉积技术制备出金属孔掩模结构,这种金属孔掩模结构的衬底需要选择单晶硅,然后利用湿法腐蚀工艺将孔下面单晶硅腐蚀成倒金字塔形状,即有四个两两对称的倒三角形侧壁,再用蒸发沉积,分别倾斜 45°和 225°或 0°和 180°,将分别在倒金字塔侧壁上获得对称的曲面扇形[如图 7.37(b)中 A 型]和平面扇形[如图 7.37(b)中 B 型]两种薄膜结构,两种结构的相同之处是都具有一个共同纳米尺度顶点。最后利用 PU 等聚氨酯材料模板经过加温处理后覆盖在获得的倒金字塔结构上面,进行结构翻转，在侧壁上对称的扇形纳米结构就被转移到正的金字塔结构的侧壁上，从而形成立体对称的三维扇形金属纳米结构[29]。

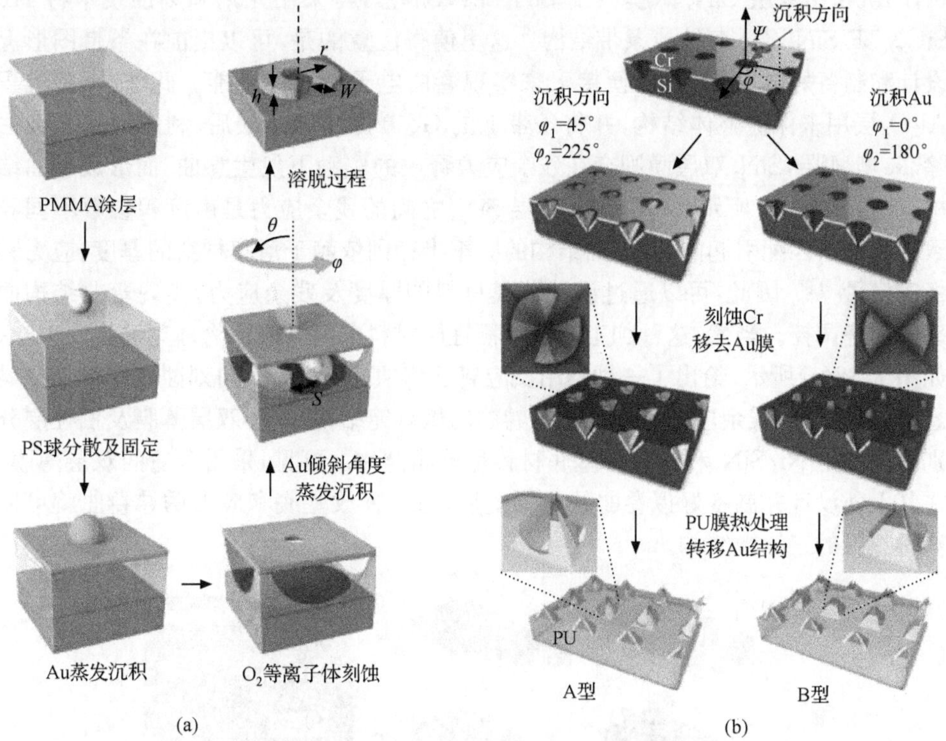

图 7.37 两种典型的孔径倾斜投射沉积法

(a)小孔开口的大容积结构及形成的缺口圆环状金属纳米结构[28]；

(b)大孔开口倒金字塔结构及形成的两种三维对称扇形金属结构[29]

3. 应力诱导加工法

应力诱导加工法是利用应力诱导薄膜材料产生变形，从而实现微米级卷曲或折叠三维结构的加工方法。它的基本原理是应力驱动二维薄膜向三维方向发生形变，其中驱动的应力既可以是薄膜本征的内部应力，也可以是施加在薄膜上的外部应力。在已报道的使薄膜产生应力的方法中，既有双层薄膜制备过程中由于层间应力失配而产生的内部残余应力，也有外场诱导薄膜产生的应力，如机械拉伸、温度场、电磁场、生物力、毛细力以及各种能量束，包括离子束、电子束及光束等，都会诱导薄膜产生应力，从而发生三维形变。这里主要介绍两种典型的应力诱导加工方法，即薄膜内部残余应力释放诱导的卷曲加工方法和基于薄膜下面柔性衬底机械伸缩导致的压缩屈曲加工方法。

残余应力诱导卷曲加工方法的工艺流程如图 7.38(a)所示。首先在 SiO_2基底上沉积 Ge 作为牺牲层,然后利用 PECVD 在牺牲层上分别利用低频(LF)和高频(HF)沉积出双层 SiN_x 薄膜(HF SiN_x/LF SiN_x),再采用光刻和刻蚀技术将 HF SiN_x/LF SiN_x/Ge 刻蚀成条带结构。这里值得注意的是,可以提前在条带图形上设计和制备好电极结构,以便接下来实现卷曲电子器件的功能。此外,还要沉积 Al_2O_3层用来保护整体结构,并将条带上的 Ge 暴露出来。最后,利用湿法腐蚀去除 Ge 牺牲层,SiN_x双层膜则会在残余应力释放的驱动下发生卷曲,而形成卷曲结构,如图 7.38(b)所示[30]。其中,两层 SiN_x之间的残余应力是由沉积参数不同导致的晶格不匹配引起的,而弯曲结构的曲率半径则依赖于薄膜材料的厚度、应力和杨氏模量[31]。因此,可以通过设计薄膜材料的厚度及残余应力,实现弯曲结构曲率的精确调控。当然,这种加工方法中牺牲层材料也可以采用物理刻蚀技术去除,如图 7.38(c)所示,给出了一种利用反应离子刻蚀(RIE)的横向刻蚀效应将悬臂梁悬空,进而释放残余应力实现的三维卷曲的微灯笼结构,其中双层薄膜及牺牲层分别采用的是 Ni/SiN_x和 SiO_2,基底材料是单晶硅片。可见,采用合适的双层薄膜,在其上面设计并制备好拟卷曲的二维图形,通过释放基底和应力诱导卷曲就可以获得想要的三维微结构。

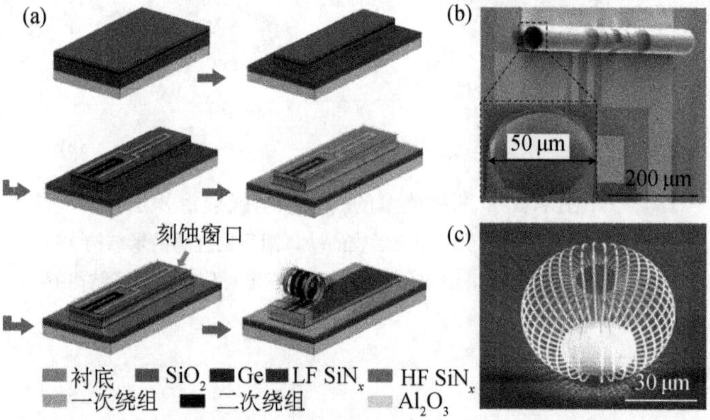

图 7.38 (a)残余应力诱导卷曲加工方法的工艺流程示意图[30];
(b)SiN_x双层薄膜卷曲结构及其孔径的 SEM 图;
(c)Ni/SiN_x双层薄膜卷曲的微灯笼结构 SEM 图

压缩屈曲加工方法则是一种利用衬底收缩实现其上面薄膜三维屈曲形变的加工方法。与残余应力诱导卷曲加工方法相比,该加工方法的应力来自柔性衬底拉伸后释放收缩,因此一般通过柔性衬底来实现加工过程。图 7.39(a)给出了压缩屈曲加工方法的典型制备流程,其颜色深浅区分了衬底结构在伸缩前后的应力分布变化。首先,将柔性衬底沿着某一个方向拉伸一定程度,然后将具有一定图形的纳米条带转移并附着在柔性衬底上，并将若干焊点按照一定的规律把纳米条带固定到衬底上；当衬底拉伸释放时产生收缩，衬底上固定点之间的纳米条带则会在衬底收缩力的作用下向三维方向卷曲，从而形成三维结构。该方法制备的结构是由衬底的拉伸程度、拉伸方向、纳米条带的图形及其固定点的位置共同决定的，值得注意的是，纳米条带是后转移到柔性衬底上，因而两者间的结合力较弱，于是固定点之间的纳米条带会在衬底收缩后迅速、完全脱离衬底而发生卷曲。图 7.39(b)和(c)分别给出压缩屈曲加工制备的两种典型三维卷曲结构。其中，图 7.39(b)为沿着衬底单一方向(x 轴)拉伸释放后收缩形成的线性螺旋卷曲结构，这种卷曲只能沿一个方向被压缩，从而形成螺旋结构、正弦结构等卷曲结构，但形成的结构构型比较受限。图 7.39(c)中，柔性衬底向两个方向(x 轴和 y 轴)拉伸后收缩，纳米条带图形则同时受到两个方向的压缩力的作用，从而可以实现具有更复杂构型的三维卷曲结构[32]。

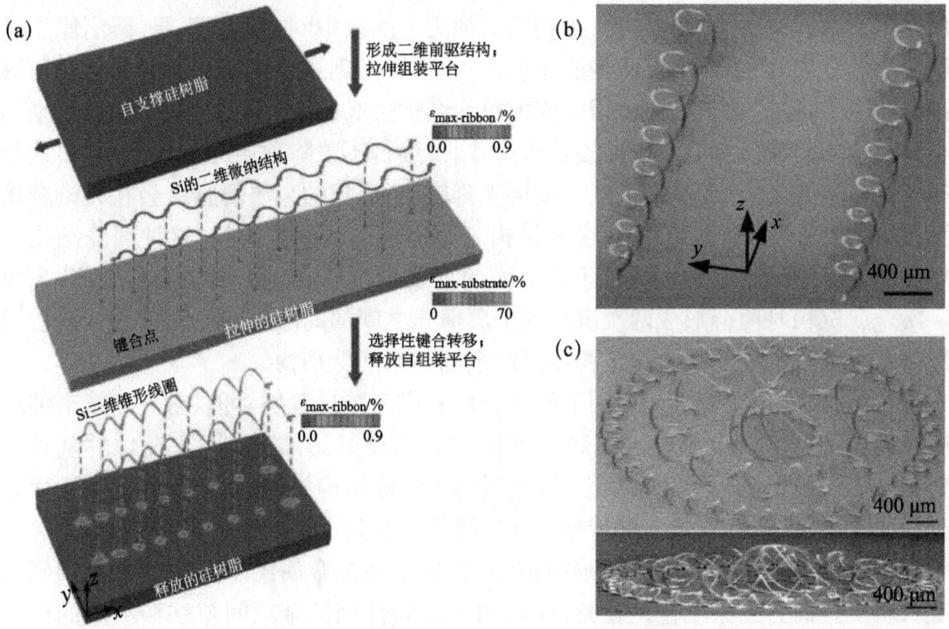

图 7.39 (a)压缩屈曲加工方法的典型制备流程图；(b)和(c)利用不同方向的压缩屈曲加工分别实现的各种三维卷曲结构[32]

上面两种具有代表性的应力诱导加工方法都是通过引入应力和调控应力的方向、大小，并与平面图形结构设计相结合，实现了各种三维微米结构构型的可控加工，具有较大灵活性、较好稳定性和可拓展性，为丰富三维加工方法提供可行的、有应用前景的技术途径。两种加工方式构筑三维结构在类型上有明显区别，残余应力诱导加工是一端开放的卷曲结构,而压缩屈曲加工则是闭合的卷曲结构,这是由于前者只有一个固定端,卷曲的是开放端的悬臂梁结构,而后者有多个固定端,卷曲结构发生在固定点的两端。虽然,这两种方法加工的卷曲结构一般具有微米以上的半径,但是,其在大面积制备、三维形状控制、加工成本控制方面具有一定的优势,对于未来三维集成电学器件以及光子器件的设计有重要的应用价值。

4. 多步沉积法

这种方法主要依靠微纳结构的几何边缘和缝隙,利用多次沉积结合刻蚀工艺,制备出高精度纳米结构。图 7.40 给出了多步沉积法的工艺思路,其中包括四个工艺途径获得不同的纳米结构[33]。工艺 1(a～d)给出这种方法最基础的制备过程:首先,在衬底表面制备三明治结构,即先在衬底上涂一层聚合物过渡层(光刻胶或环氧树脂等高分子聚合物材料),然后进行第一次金属薄膜沉积,最后在金属薄膜上面再涂一层光刻胶。在三明治结构的基础上,先在金属层表面的光刻胶层上利用光刻技术制备出需要的结构,再利用刻蚀工艺除去中间金属薄膜层,露出底层的聚合物过渡层,由于光刻胶结构的掩模作用,顶层光刻胶单元结构下面的金属薄膜被保留下来,但是由于刻蚀过程中掩模单元结构边缘的内嵌刻蚀作用,保留下来的金属结构的边缘尺寸会小于掩模结构尺寸。然后,不清除顶层光刻胶结构,再进行第二次金属薄膜的沉积过程,除去顶层光刻胶,新沉积的金属薄膜就会在光刻胶单元结构的边缘与其下面保留的金属结构之间形成纳米间隙结构,这种间隙结构的形成是由于光刻胶结构边缘大于其下面的金属边缘而产生的掩模遮蔽效应,当再一次金属沉积时便会形成两次沉积的金属薄膜之间的间隙,控制上述工艺过程,可以制备出与光刻胶图形边缘结构相同的金属纳米间隙结构。

此外,由于金属间隙结构的下面还保留着光刻胶过渡层,可以通过继续刻蚀或刻蚀后再进行第三次金属沉积途径灵活获得正反微纳结构,见图 7.40 中工艺 2(e～g)。它是在工艺 1 的基础上,以金属纳米间隙结构为掩模,继续刻蚀到下面光刻胶过渡层直至衬底材料,再清除金属间隙结构及其下面的过渡层,最后在衬底材料上形成具有较深宽深比的凹陷间隙结构,也就是把金属纳米间隙结构复制到衬底材料上。而另一条工艺途径是,先利用各向同性刻蚀金属间隙结构下面的聚合物过渡层至衬底表面,再进行第三次金属沉积,可以通过原来的金属间隙结构加上缝隙沉积的缩小效应,在衬底表面形成比原来金属间隙更小的金属纳米线条结构,这便是图 7.40 中工艺 3(h～j)所示的过程。如果除去上面聚合物过渡层后继续刻蚀,形成的金属纳米结构就会作为金属掩模,在衬底材料表面形成凸起的纳米结构,如图 7.40 中工艺 4(k、l)所示。可见,在已有的光学曝光制备的微结构基础上,反复多次利用薄膜沉积技术结合刻蚀工艺过程,并借助微结构的几何边缘和间隙作为沉积和刻蚀的缩小和遮蔽区域,可以制备出各种纳米尺度的正反结构。由于

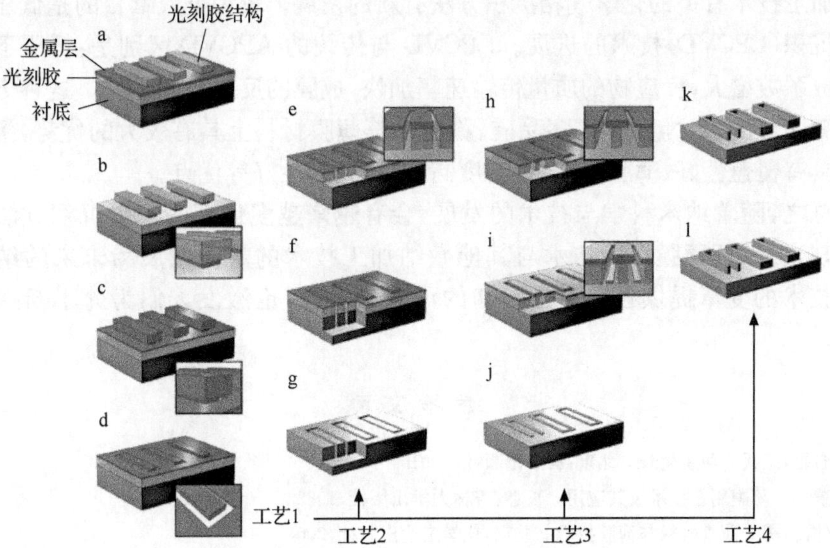

图 7.40　多步沉积法制备各种纳米环形结构[33]，包括工艺 1(a～d)，工艺 2(e～g)，工艺 3(h～j)和工艺 4(k、l)

这种多次沉积加工方法制备的纳米结构依赖于原来微结构的边缘几何形状，因此其在制备纳米环形结构方面具有很大优势，同时又可以灵活调整沉积和刻蚀的顺序制备凸起和凹陷的正反结构，因此是一种非常有特色的纳米结构加工方法。

近年来，随着微纳加工技术的发展，对薄膜沉积的质量提出了更高的要求，发展了多种物理沉积方法相结合的技术，极大地提高了薄膜沉积的质量。例如，离子束辅助沉积(IBED)，它是在原来物理气相沉积的基础上，利用高能粒子轰击薄膜表面，使膜基材料间原子相互扩散和混合，从而在膜基之间形成成分梯度，使膜基界面应力得以降低。同时，由于高能粒子的轰击，对界面处较弱的原子起到反溅射作用，提高了膜基的结合力，从而得到结构致密的薄膜。这种方法可以应用到多种传统的物理沉积方法中，如离子束溅射沉积、磁控溅射沉积，与原来单一沉积方式相比，成膜效率、沉积速率、膜基结合力、致密度等方面性能均有较大改善。此外，另一种得到发展的是等离子体辅助沉积技术(PED)，它对于原有沉积技术的提高和拓展起到重要作用，例如，等离子体辅助电子束蒸发沉积，它把电子束蒸发沉积的特点与等离子体沉积优势相结合，不仅可以通过等离子体(Ar)轰击衬底表面提高电子束蒸发沉积单质薄膜的质量，而且可以通过产生选择气体(N_2或 O_2)的高密度等离子体与蒸发出的气相单质材料相互作用，形成高质量的化合物薄膜。此外，这种等离子体辅助还可以利用离子源及其离子透镜，设计形成离子束，提高离子辅助增强电子束蒸发沉积薄膜的质量。除了物理沉积方法在技术上的改进外，与微纳米加工技术有关的化学气相沉积方法有新的发展。较为令人瞩目的是低压化学气相沉积(LPCVD)技术的进展。LPCVD与传统的APCVD区别是:低压下气体的扩散系数增大,反应物的质量传输速率加快,成膜的反应速率加快。这种方法在沉积高质量的Si_3N_4、SiO_2、多晶硅、氮化物等薄膜材料上具有较大的优势,沉积的薄膜具有覆盖性好、薄膜均匀、致密度高、结构完整性好等优点。

总之,随着纳米科学与技术的发展,会有越来越多创新的薄膜沉积方法与技术涌现出来,而薄膜沉积技术与其他微纳加工技术的共同发展为未来的纳米科学与技术的变革提供各种不可预知的可能性,同时也激发人们为此不断探索和努力。

参考文献

[1] 吴自勤,王兵. 薄膜生长. 北京:科学出版社,2001.

[2] 金曾孙. 薄膜制备技术及其应用. 长春:吉林大学出版社,1988.

[3] 郑伟涛,等. 薄膜材料与薄膜技术. 北京:化学工业出版社,2004.

[4] 王力衡,黄运添,郑海涛. 薄膜技术. 北京:清华大学出版社,1990.

[5] Liao L,Lin Y C,Bao M Q,et al. Nature,2010,467:305-308.

[6] Kolle M,Salgard-Cunhal P M,Scherer Maik R J,et al. Nature Nanotechnology,2010,5:511-515.

[7] Lee S M,Pippel E,Gösele U,et al. Science,2009,324: 488-492.

[8] Rogers J A,Lagally M G,Nuzzo R G. Nature,2011,477:45-53.

[9] Novoselov K S. Proc. Natl. Acad. Sci. USA,2005,102:10451-10453.

[10] Coleman J N,et al. Science,2011,331: 568-571.

[11] Radisavljevic B,Radenovic A,Brivio J,et al. Nature Nanotechnology,2011,6:147-150.

[12] Ko H C,Baca A J,Rogers J A. Nano Lett.,2006,6: 2318-2324.

[13] Yoon O S,Jo S J,Chun I S,et al. Nature,2010,465: 329-333.

[14] Kim S,Wu J,Carlson A,et al. Proc. Natl. Acad. Sci. USA,2010,107: 17095-17100.

[15] Xu X D,Wang Y C,Liu Z F. Journal of Crystal Growth,2005,285: 372-379.

[16] Logeeswaran V J,Nobuhiko P K,Saif Islam M,et al. Nano Lett.,2009,9: 178-182.

[17] Nagpal P,Lindquist N C,Oh S H,et al. Science,2009,325: 594-597.

[18] Logeeswaran V J,Chan M L,Bayam Y,et al. Appl. Phys. A,2007,87:187-192.

[19] Kubo W,Fujikawa S. Nano Lett.,2011,11: 8-15.

[20] Chu K H,Xiao R,Wang E N. Nature Materials,2010,9: 413-417.

[21] Fredriksson H,Alaverdyan Y,Dmitriev A,et al. Adv. Mater.,2007,19: 4297-4302.

[22] Chen P,Mitsui T,Farmer D B,et al. Nano Lett.,2004,4: 1333-1337.

[23] Zhao J,Frank B,Burger S,et al. ACS Nano,2011,5 : 9009-9016.

[24] Chen X S, Park H R, Pelton M, et al. Nat. Commun., 2013, 4: 2361.

[25] Cui A J, Liu Z, Dong H L, et al. Adv. Mater., 2016, 28: 8227-8233.

[26] Zhu X L,Zhang Y,Zhang J S,et al. Adv. Mater.,2010,22 : 4345-4349.

[27] Lindquist N C,Johnson T W,Norris D J,et al. Nano Lett.,2011,11: 3526-3530.

[28] Tang Z,Wei A. ACS Nano,2012,6: 998-1003.

[29] Suh J Y,Huntington M D,Kim C H,et al. Nano Lett. ,2012,12：269-274.
[30] Huang W，Zhou J C，Froeter P J，et al. Nat. Electro.，2018，1：305-313.
[31] Kuo J N，Lee G B，Pan W F，et al. Japanese J. of Appl. Phy.，2005，44：3180-3186.
[32] Xu S，Yan Z，Jang K I，et al. Science，2015，347：6218.
[33] Rosamond M C,Gallant A J,Petty M C,et al. Adv. Mater. ,2011,23:5039-5044.

习题

1. 简述薄膜生长的基本原理及影响薄膜生长的主要因素。

2. 微加工技术中常用哪些薄膜沉积方法以及哪种方法更适合微加工中的剥离工艺,为什么?

3. 化学气相沉积方法、原子层沉积方法以及电化学沉积方法有什么区别？上述三种方法分别适合哪些材料或结构的加工?

4. 利用薄膜技术加工微纳结构的方法有哪些？其中哪些加工方法适合三维微纳结构的加工？加工的结构有何特点?

第 8 章　自组装加工

传统的微纳加工技术,无论光学曝光、电子束曝光以及纳米压印这些图形定义技术还是干法刻蚀技术,主要是基于物理方法在大块的衬底上制作微米乃至纳米级的结构或器件,属于自上而下(top-down)的加工方式。这些技术经历了几十年的发展,特别是在微电子工业需求的驱动下达到了高度复杂的发达程度。但是随着电子器件尺寸的指数形式缩减,自上而下的加工方式正面临着发展的瓶颈,这主要是受物理加工方法限制表现出一定的局限。自上而下加工方式中存在的最突出的矛盾表现在传统的曝光工艺与广泛使用的光刻胶的三个相互依赖的关键性因素:半周期 H(half-pitch)、线边缘粗糙度 L(line edge roughness,LER)以及光刻胶灵敏度 S(sensitivity)即产能之间的折中。这三个因素之间的依赖关系可以通过 $Z=H^3\times L^2\times S$ 表示,在给定曝光工艺和光源的前提下,Z 是恒定的。当图形半周期,即图形的关键尺寸减小,相应地图形的线边缘粗糙度必须减小,光刻胶的灵敏度就应提高。但是光刻胶的灵敏度越高,图形的线边缘粗糙度就越大,从而限制图形关键尺寸的减小。

而与自上而下相对应的一种被称作自下而上(bottom-up)的加工方式,自 20 世纪末开始引起广泛的关注。自下而上的加工方式是以原子、分子作为构建单元经过逐级的组装形成纳米、微米,甚至更大尺寸的结构。正如本章 8.4 节将要介绍的那样,利用嵌段共聚物的微相分离(microphase separation)可以方便地获得线宽小于 20 nm 的周期性纳米图案。

自下而上的加工方式的概念提出始于诺贝尔物理奖得主 Richard Feynman 教授在 1959 年发表的题为"在底部还有很大空间"的讲演。他指出如果按照人类的意志去排列原子将得到具有独特性质的材料。目前利用扫描隧道显微镜可以实现对单个原子或分子的操作,然而在纳米尺度材料和结构的制备过程中更多的是利用自组装——一种依靠分子内部存在的相互作用而自发地形成纳米结构的技术。自组装技术不是通过共价键的形成或断裂形成新的物质,而是依赖构建单元(包括原子、分子和更宏观的颗粒)之间的弱相互作用自发地聚集形成具有特殊性质的聚集体。除了上面提到的嵌段共聚物相分离形成纳米图案,自组装技术还被广泛用于纳米尺度聚集体的制备,包括半导体量子点、纳米线、单分子层和多层膜等纳米结构。2005 年,美国出版的 *Science* 杂志在其纪念创刊 125 周年专刊中列出今后 25 年内科学界应该解答的 25 个重大科学前沿问题,其中"我们能够推动化学自组装走多远?"是唯一与化学相关的问题[1]。作为与化学、物理、生物和信息等多学科交叉的研究领域，自组装解决的是如何构建新型结构的基础性问题，涵盖非常广泛的研究领域和内容，其发展将对包括化学、物理、生物和信息等多个领域产生重大的影响。本章将从自组装的驱动力开始，依据不同的组装类型依次对自组装单层膜、嵌段共聚物自组装、有机半导体自组装和纳米颗粒自组装这四种有代表性的自组装进行介绍，并着重突出自组装技术与自上而下的微纳加工技术相结合的方法。

8.1 自组装的分类与特点

8.1.1 自组装的分类

从传统意义上来说，自组装是指分子在特定的条件下通过非共价键的弱相互作用自发地缔结成热力学稳定有序的具有特殊性能的聚集体的过程，在自组装过程中分子与分子通过分子之间识别作用形成具有新奇的光、电、催化等功能或特殊结构的有序结构，属于超分子化学的范畴。因此，自组装过程是一个热力学过程，分子与其自组装聚集体处于动态的平衡。广义上来说，自组装是指已经存在的构建单元(不仅指原子、分子，还包括纳米、微米以及更大尺度的物质)从无序的状态形成有序的结构或图案的过程。因此，自组装按照构建单元可以分为表面活性剂自组装、大分子自组装、纳米颗粒自组装和微米颗粒自组装。表面活性剂自组装是指具有两亲性的表面活性剂分子在材料表面、胶体聚集体或溶液表/界面形成高度有序排列的自组装过程。大分子自组装则是指包括嵌段共聚物、共轭聚合物、共轭小分子、液晶高分子、蛋白质、DNA和生物高分子膜在内的非常广泛的有机大分子的自组装，大分子通过氢键、π-π相互作用和疏水相互作用进行识别和排列形成更高级别的聚集体。纳米颗粒自组装是指金属纳米颗粒或半导体纳米颗粒等胶体颗粒通过偶极-偶极相互作用、表面张力和疏水作用形成具有超乎寻常的光学、电学、磁学和力学性能的纳米或微米尺度结构的过程。微米颗粒自组装则是由纳米颗粒自组装形成的微米尺度聚集体进一步通过取向作用形成特殊有序结构的二级或多级自组装。

除了上面提到的四种自组装类型，利用自上而下的微纳加工技术与自下而上的自组装相结合的定向自组装(directed self-assembly, DSA)可以对自发的组装过程进行一定的干预与控制，因此以微纳米模板对自组装过程进行限定的定向自组装或可控自组装得到了越来越多的关注。定向自组装可以看作是自组装的延伸，这是因为它利用局域的外部因素的作用在原子、分子层面上影响构建单元自发的聚集过程。具体地讲，定向自组装是一个通过有形的模板或场，以直接的形式影响自组装体系的聚集过程，通常使用的外场包括电场、热场、衬底表面能、压力等。嵌段共聚物的制图外延(graphoepitaxy)自组装是一个很好的定向自组装的例子，制图外延自组装中使用的化学模板是由曝光和自组装单层膜技术结合产生的图案化自组装单分子层薄膜模板，这种图案化自组装单层膜在衬底表面形成亲水和疏水区域，进而诱导嵌段共聚物发生微相分离，使得相分离后的结构保持与表面改性图案一致的结构。局域场诱导的自组装利用外部场来影响自组装纳米结构和成分的取向、形核和生长。例如，以溅射的方法在硅(111)表面产生稀疏的铟原子，将得到铟原子三角形团簇，这种规则形状团簇的形成就是通过衬底局域表面能最小化诱导形成的。以孔状模板或电化学诱导的方法合成纳米管，在纳米管内部实现分子的捕获以及许多催化过程代表了纳米尺度模板内直接自组装的例子。另外，RNA 转录与一系列复杂的过程相关，能产生带状的产物构成特殊的蛋白质序列，可以看作是一种介观的定向自组装。

8.1.2 自组装的特点

自组装技术之所以成为纳米科学与技术中备受关注的焦点，在很大程度上缘于自组装过程本身所具有的特点。第一，自组装过程是一个自发过程，整个过程受构建单元之间存在的弱相互作用力控制，因而避免了不必要的人为干扰。这是自组装的最大特点，因为自组装过程一旦开始就会自动进行直到达到某个热力学平衡，在自组装过程中人的作用是为自组装设计产物和条件并开启自组装过程。第二，自组装过程能够多组分同时进行，过程复杂，但是产物(聚集体)相对单一。这是由于自组装过程中没有共价键的形成和断裂，构建单元受到的各种弱相互作用来自于储存在每个构建单元内部的识别信息。第三，自组装技术可用于从原子到胶体纳米颗粒这样广泛的不同尺度构建单元的组装，也可以用于各类材料(包括无机、金属、有机以及两者或多种物质杂化)的组装。第四，由于自组装过程由各种作用力相互的竞争进而协同作用，使组装聚集体的能量最小化，因而自组装产物的缺陷密度具有降低到最低的趋势，从而能够获得高质量且具有优异性能的材料。

自组装技术可以与自上而下的微纳加工技术相兼容，将自组装技术与现有的微纳加工技术创造性地结合起来，这不仅在很大程度上能提高聚集体的长程有序性，而且还能更有效地对自组装聚集体进行研究和利用。自上而下的微纳加工技术与自下而上的自组装技术的结合继承了这两种技术的优点，由微纳加工技术制备的模板使分子水平的自组装在特定的空间内进行，在很大程度上提高了自组装过程的可控性。定向自组装就是在传统自上而下技术不能完全满足需要，而分子自组装技术又不成熟的情况下应运而生的，主要包括基于自组装单层膜图案化的化学外延法定向自组装、利用毛细作用力驱动的定向自组装以及基于外形匹配、表面张力作用和次序自组装于一体的多级三维定向自组装等。

8.2　自组装的驱动力

在原子、分子甚至胶体颗粒尺度上的自组装过程中，与共价键相比弱很多但比共价键作用更长程的驱动力起着重要的作用。这些作用力在自组装过程中表现为：①驱使构建单元向一起靠拢的吸引力；②构建单元之间相互排斥的斥力；③带有方向性和功能的指向性力。自组装过程中的主要驱动力包括范德瓦耳斯力、静电相互作用、疏水作用力、溶剂化作用力、氢键和 π-π 堆积作用。

8.2.1　范德瓦耳斯力

范德瓦耳斯力是两个原子或分子相互靠近时极化的电子云的静电相互作用，与原子外层自旋相反的未成对电子相互配对形成的共价键不同，这种静电相互作用的作用距离要比共价键大一个数量级，同时作用强度比共价键的键能要小一到两个数量级，是一种典型的分子间相互作用力。范德瓦耳斯力起初是为了修正范德瓦耳斯方程而提出，其吸引力大小与距离的六次方成反比。范德瓦耳斯力来源于分子及原子层面上的偶极或诱导偶极的相互作用，普遍存在于固、液、气形态的任何物质之间。范德瓦耳斯力可分为取向力（固有偶极之间的相互作用）、诱导力（诱导偶极与固有偶极之间的相互作用）和色散力（瞬时偶极之间的相互作用）这三种。图 8.1 分别给出了取向力、诱导力和色散力形成过程以及吸引力、排斥力和总的范德瓦耳斯力与距离的函数关系的示意图。

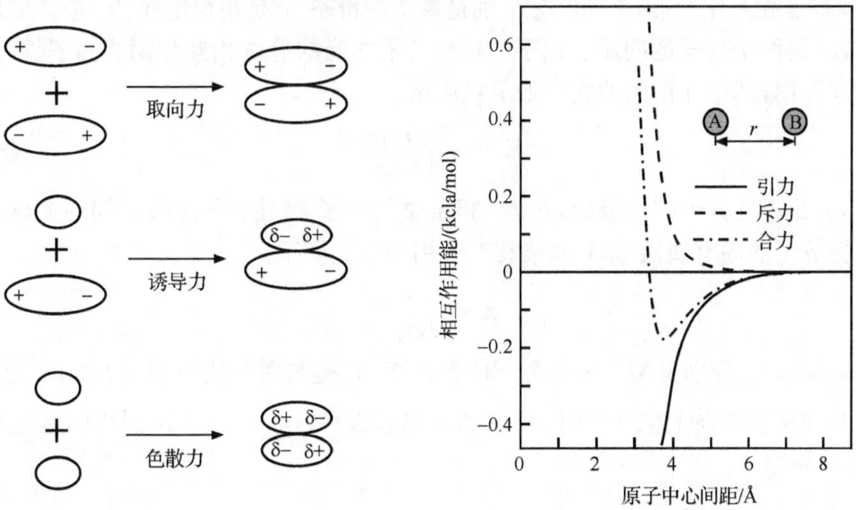

(a)　(b)

图 8.1　(a)三种（取向力、诱导力和色散力）范德瓦耳斯力的示意图；(b)范德瓦耳斯力的排斥力、吸引力和合力与距离的关系

范德瓦耳斯力的大小与分子的分子量或者说与分子的极性成正比。组成和结构相似的物质,相对分子质量越大,范德瓦耳斯力越大,克服分子间引力使物质熔化和汽化就需要更多的能量,表现为物质的熔点、沸点越高。范德瓦耳斯力的大小还与分子之间的距离有很强的依赖关系,如图 8.1(b)所示,吸引力与分子间距的六次方成反比,而排斥力与分子间距的十二次方成反比。所以,对分子来说,范德瓦耳斯力总体表现为吸引力。但是,在某些情况下胶体颗粒的自组装过程中范德瓦耳斯力却起到排斥力的作用。

8.2.2 静电相互作用

静电相互作用是由颗粒或分子所携带的电荷相互作用产生的库仑力,根据电荷的符号可以表现为吸引力或排斥力。原子尺度的自组装过程主要涉及真空或空气中的静电相互作用;而大多数的分子和胶体等介观尺度的自组装过程主要涉及溶液中的静电相互作用。按照带电粒子的属性分类,静电作用可以分为离子-离子相互作用、离子-固有偶极相互作用和固有偶极-固有偶极相互作用这三种。

在自组装过程中,静电相互作用一般发生在溶液中,这里为了简化以最简单的在真空中的表达式来描述这三种力的大小与具体的带电颗粒的关系,当相互作用发生在溶液中,即可用介质的相对介电常数 ε 与真空介电常数 ε_0 相乘。离子-离子相互作用如下式表示:

$$E=\frac{(Z_1e)(Z_2e)}{4\pi\varepsilon_0 x} \tag{8.1}$$

其中,E 是相互作用能,Z_1 和 Z_2 分别是离子的价态,e 是单位电荷,ε_0 是真空介电常数,x 是两个离子的间距。离子与极性分子之间的静电相互作用为离子-固有偶极相互作用,其相互作用的大小如下式所示:

$$E=\frac{(Ze)\mu\cos\theta}{4\pi\varepsilon_0 x^2} \tag{8.2}$$

其中,μ 是极性分子的偶极矩,θ 是偶极的轴与离子-极性分子连线之间的夹角。两个极性分子的固有偶极-固有偶极相互作用如下式所示:

$$E=\frac{C\mu_1\mu_2}{4\pi\varepsilon_0 x^3} \tag{8.3}$$

其中,μ_1 和 μ_2 分别是两个极性分子的偶极矩,C 是与两个偶极相对方向有关的常数。当在所有方向上取平均时,$C=\sqrt{2}$;当偶极平行时,$C=2$;而当偶极反平行时,$C=-2$。

8.2.3 疏水作用力

疏水作用对理解分子自组装乃至更大尺度构建单位的自组装都起着核心作

用。疏水作用主要是一种熵效应。但是根据热力学原理 $\Delta G=\Delta H-T\cdot\Delta S$，从自组装体系的自由能最小化的要求可以看出，疏水作用在受到熵的影响的同时也受焓的影响，熵与焓的贡献随温度和压力的变化而变化。

当一种疏水物质(如链长超过 18 个碳的长链烷烃、具有长链烷基的醇、长链胺以及碳水化合物等)缓慢地溶解于水，水分子四面体的成键位点在溶质-水界面发生瓦解。从能量的角度考虑，溶质分子附近的水分子不是以四面体的成键位点形式存在而是以一种冰晶的形式存在。这种冰晶形式的结构不是熵效应的结果。因为冰晶中水分子的运动(包括平移和重新取向运动)比体相中水分子的运动要慢 1000 倍。图 8.2 所示的过程实际上是熵减少的过程。但是溶解焓会补偿并克服这个熵减小对系统自由能的影响。接下来，当带有两个冰晶水分子的溶质分子团簇相互靠近时，网络状的冰晶结构破裂形成单个水分子，当水分子再次回到体相中，它们又回到最初的水分子形式。因此，紧密排列的溶质分子的熵明显地减小了，但是体系总的熵却是变大了，克服了溶质分子团聚造成的熵减少。这就是为什么疏水物质在水溶液中表现出反常的强相互作用的原因。

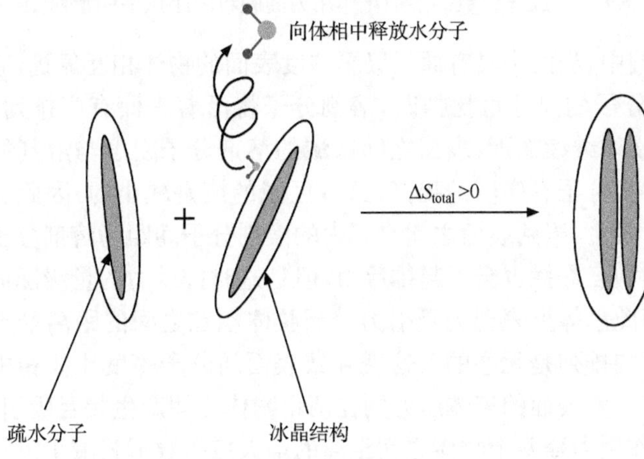

图 8.2 自组装过程中的疏水相互作用的示意图

8.2.4 溶剂化作用力

当两个胶体颗粒表面之间的距离小于几个纳米时，DLVO 计算(一种基于范德瓦耳斯力和双电层排斥力的计算方法)的结果经常与实验观测结果存在很大差异。这种比范德瓦耳斯力和双电层排斥力相对短程的相对作用力产生于胶体颗粒表面附近溶剂分子层，称作溶剂化作用力。在以水作为溶剂的情况下，具体地称为水合作用力。这种力的大小是两个胶体颗粒表面间距的函数，并且是振荡的函数(如图 8.3所示)。

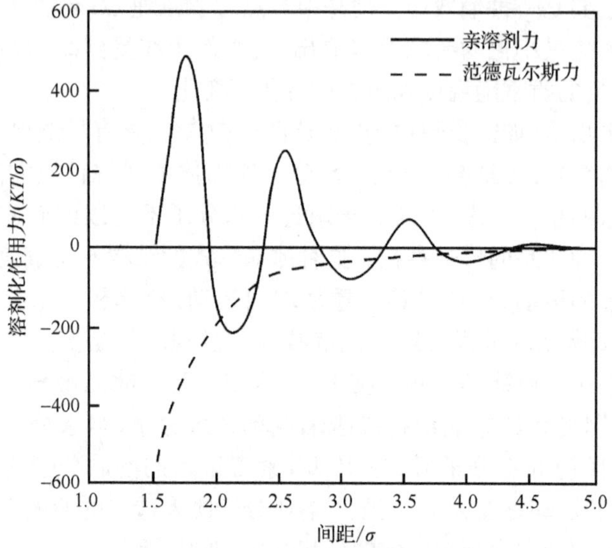

图 8.3 胶体颗粒的溶剂化作用力随颗粒间距振荡的示意图

在某一溶剂中,当两个具有原子级平整度表面的物体相互靠拢,直至两者之间的距离与溶剂分子的尺寸可比拟时,溶剂分子将沿着表面有序排列,如图 8.4 所示。如果两个物体继续靠近,表面之间区域的溶剂分子密度与溶剂的体相密度相比要高,由于溶剂分子有序度的提高,这一区域的熵是减小的,因此这两个表面将受到排斥力的作用。当两表面之间空间内的溶剂分子间距为溶剂分子尺寸的2～3倍,分子之间的相互靠拢也会引起排斥力,但是这时排斥力的量级随间距的增加指数形式减小,因此总体上表现为吸引力。当胶体颗粒之间的距离处于此两种距离之间,溶剂分子的排列是无序的。这就导致表面间分子密度比体相中溶液分子的密度低,物体另一侧表面的流体压力则在两个物体之间产生相互吸引作用力,而且这种相互吸引作用力随两个物体之间距离的增大按指数形式减小。

溶剂化作用力对溶剂分子和胶体颗粒表面这两者的物理性质有很强的依赖。就溶剂而言,影响因素包括溶剂分子的形状、尺寸以及极性;而对于胶体颗粒而言,影响因素包括疏水性、亲水性、表面粗糙度和表面均匀性等。胶体颗粒表面吸附的溶剂分子层,在几个分子层尺度内,是影响溶剂化作用力振荡的主要因素。因此,在要求溶剂分子具有更高的有序度的同时也要求胶体表面具有较高的对称程度。例如,溶剂化作用力曲线上,测量到的线性烷烃和支链烷烃的溶剂化作用力具有明显的区别;而在胶体颗粒表面,几个埃差别的粗糙度就会引起溶剂化作用力振荡曲线变形。

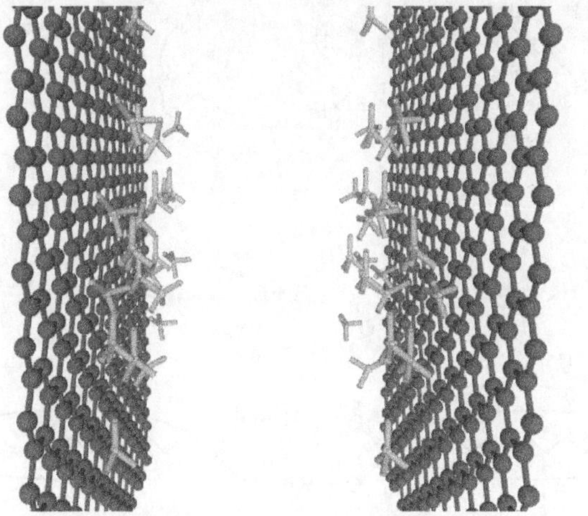

图 8.4　存在于两个原子级平整的平面间的溶剂化作用示意图

8.2.5　氢键

氢键是一种强烈的、具有方向性的分子间相互作用。结构相似的物质，其熔点和沸点一般随分子量的增大而增加，但是当分子晶体中存在氢键时，其熔点就反常地高。氢键是水分子产生各种反常的物理性质的直接原因，例如，液态水变成冰后其介电常数的增强就是氢键存在的结果。但水并不是唯一能形成氢键的分子。当强电负性、带有孤对电子的原子（氧、氮和氟）与氢形成共价键时，它们的强电负性吸引氢原子的电子云，使氢原子失去电子，产生了正电极化。这个带正电的极化的氢原子能与附近的电负性原子发生强相互作用。氢键典型的键长介于两个原子的范德瓦耳斯力作用半径和两个原子的共价键键长之间，这与氢键与共价键和范德瓦耳斯力作用的键能关系相一致。

使氢键具有方向性的原因是其独特的成键位点。尽管范德瓦耳斯力相互作用有时使分子沿偶极矩的轴向排布，但范德瓦耳斯力作用不在具体的位点上发生，意味着分子之间的相互作用的方向是杂乱的。而能形成氢键的分子之间的相互作用都是发生在特定的成键位点处——极化的氢原子与孤对电子之间。图 8.5 给出了四种常见分子间的氢键相互作用的示意图。氢键在分子自组装过程中的独特作用在于氢键能够给自组装聚集体提供稳定性和方向性。

8.2.6　π-π 堆积作用

π-π 堆积作用是一种存在于含有离域 π 键的共轭化合物之间的非共价性相互作用引起的吸引力。平面化芳环(aromatic rings)之间的吸引非成键相互作用称为 π-π 相互作用或 π-堆积，它们的能量大多在 10 kJ/mol 左右，和氢键的键能相比较

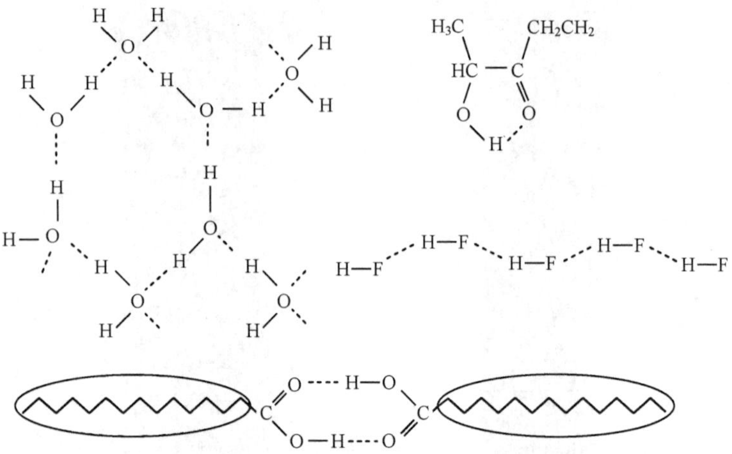

图 8.5　典型的氢键相互作用示意图

弱。大量的理论与实验研究表明 π-π 堆积作用具有方向性,π-π 堆积作用使共轭平面分子倾向于形成四种不同类型的有序结构:平行移位、T 型、平行交错和“人”字形。其中最常见的堆积分为两个平面相互平行的平行移位堆积和两个平面互相垂直的 T 型点对面或边对面堆积。

此外,分子间静电或范德瓦耳斯力相互作用对于稳定满壳层分子的 π-π 相互作用起到很大作用。例如:

(1) 偶极-偶极(静电)相互作用,存在于不同的静态的分子电荷分布之间;

(2) 偶极-诱导偶极相互作用,存在于分子 A 的静态电荷分布与临近的分子 B 的诱导电荷分布之间;

(3) 诱导偶极-诱导偶极色散相互作用,分子 A 波动的电子云产生瞬时偶极矩并且能够极化邻近分子 B,诱导其产生另一个瞬时偶极矩;

(4) 泡利排斥作用,相互作用的分子电子云在非常短的距离上开始重叠,此时泡利排斥作用开始显现;

(5) 疏溶效应(solvophobic effects),在极性溶剂中疏溶效应引起的去溶剂化作用可以使非极性分子聚集体更加稳定;

(6) 电荷转移,电荷转移或者电子的给体与受体效应使体系更加稳定。

在 π-π 堆积过程中,π-σ 吸引力与 π-π 排斥力共同作用达到平衡。在由两个苯分子构成的二聚物(dimer)中,T 型排布比面对面的堆积更加稳定。但是,当取代基或杂原子(heteroatoms)会扰乱苯环上均匀的电荷分布时,吸电子的取代基或杂原子使苯环上的电子密度降低,其结果是降低了 π 电子的排斥作用。所以,当共轭系统扩展或者被带有吸电子基团取代或带有杂原子的杂环芳香烃时,面对面的 π-π 错位堆积比 T 型排列更稳定。图 8.6 给出了面对面 π-π 错位堆积的示意图,一个共轭环上的氢原子处于另一个分子的苯环中心，苯环位移矢量与苯环平面的夹角为20°。

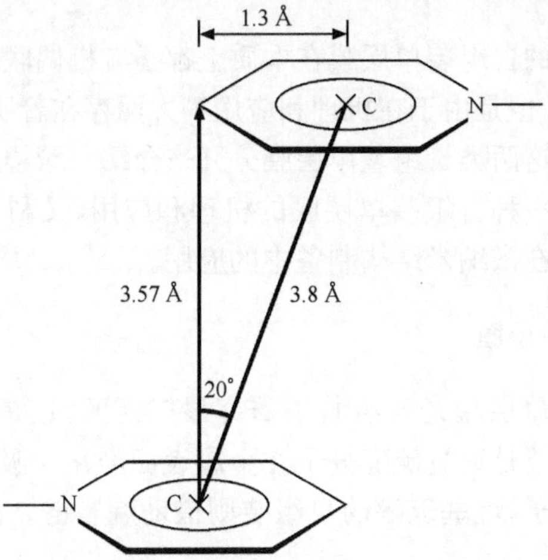

图8.6　常见的面对面 π-π 堆积结构示意图[2]

8.3　分子自组装单层膜

自组装单层膜(self-assembling monolayer，SAM)是指化学吸附在固体表面的吸附物自发地形成的高度有序的二维单分子层结构。SAM是1983年 *New Scientist* 杂志报道发表在美国化学会志(*JACS*)上的关于层层自组装可控制备多层膜的工作时提出的[3]。很多固体表面上都可以形成自组装单层膜，使固体表面的性质发生改变[4]，最常见的两类自组装单层膜是由氧化物表面的硅烷和金表面的硫醇类分子形成的。

能够形成自组装单层膜的有机分子通常由以下三个部分组成：头基(head group)、烷基链(alkyl chain)和尾基(terminal group)。头基上的官能团可以与衬底形成化学键，不同类别的头基只能与特定的衬底形成化学键，例如，硫与金表面、羧酸与银表面或三氯硅烷与亲水处理的硅表面等。烷基链是有机分子的主链，烷基链的差别在于链的(亚甲基)长度，烷基链之间的范德瓦耳斯力作用也随烷基链长度的增加而变大，因此烷基链的长度是影响自组装的主要因素之一。当头基吸附于衬底表面上，烷基链之间的范德瓦耳斯力使有机分子自发地排列成整齐且致密的结构。当烷基链的长度大于11，分子间的排列有序度将随着烷基链碳原子数的增加而增加，但是当碳原子数超过22后，由于烷基链的扰动力大于分子间的范德瓦耳斯力而使自组装单层膜的有序性逐步降低。尾基决定了自组装单层膜的表面性质，如亲疏水性、摩擦性、黏附性等。由于尾基暴露于自组装单层膜外侧，因此可以利用化学或其他方法对自组装单层膜进行二次表面改性。在自组装单层膜中尾基的重要性在于它赋予自组装单层膜广阔的应用潜力，比如用于生物芯片、分子识别和化学传感等。

烷基硫醇和硅烷的自组装单层膜在本质上都是有机偶联剂分子在特定材料表面的化学吸附与排布，但是由于在机理和应用等方面存在着明显的不同，在本节我们将烷基硫醇和硅烷这两类自组装单层膜分开来介绍。希望这样的安排既有利于读者更清楚地理解每一种自组装单层膜的机理和应用，又利于认识每一种自组装单层膜自身的特点和在微纳米结构制备中的应用。

8.3.1 硫醇自组装单层膜

烷基硫醇自组装单层膜是自组装中研究最广泛的，也是最具代表性的系统。硫醇自组装单层膜主要是通过硫醇分子在金属表面经化学吸附形成硫-金键，每两个巯基产生一个氢分子，烷基硫醇的自组装则借助烷基链之间的范德瓦耳斯力等弱相互作用完成。

金属和金属氧化物的裸露表面趋向于吸附外来的有机材料以降低金属或金属氧化物与大气界面处的自由能。表 8.1 给出了各种表面活性剂分子与特定金属或金属氧化物形成自组装单层膜的组合。这些吸附物也可以改变界面性质并对金属或金属氧化物纳米结构的稳定性产生很大的影响。这些有机材料同时也作为防止团聚发生的物理的或静电屏蔽层，降低表面原子的反应活性，或者作为电绝缘层。

表 8.1 各类能在金属、氧化物和半导体上形成自组装单层膜的表面活性剂

配体分子	衬底	衬底形貌		配体分子	衬底	衬底形貌	
		薄膜或体材料	纳米材料			薄膜或体材料	纳米材料
ROH	Fe_xO_y		•		Pd	•	•
	SiH	•			PdAg		•
	Si	•			Pt	•	•
RCOOH	α-Al_2O_3	•			Ru		•
	Fe_xO_y		•		Zn	•	
	Ni		•		ZnSe	•	
	Ti/TiO_2	•			ZnS		•
RCOO-OOCR	Si(111)∶H	•		RSSR′	Ag	•	•
	Si(100)∶H	•			Au	•	•
RNH_2	FeS_2	•			CdS		•
	云母	•			Pd	•	
	YBaCuO	•		RCSSH	Au	•	

续表

配体分子	衬底	衬底形貌	
		薄膜或体材料	纳米材料
	CdSe		•
RC≡N	Ag	•	
	Au	•	
$RN{\equiv}N^+(BF_4^-)$	GaAs	•	
	Pd	•	
	Si(111)：H	•	
RSH	Ag	•	•
	AgS		•
	$Ag_{90}Ni_{10}$	•	
	Au	•	•
	AuAg		•
	AuCu		•
	AuPd		•
	CdTe		•
	CdSe		•
	CdS		•
	Cu	•	•
	FePt		•
	GaAs	•	
	Ge	•	
	Hg	•	
	HgTe		•
	InP	•	
	Ir		•
	Ni	•	
	PbS		•
	CdSe		•
RS_2O_3Na	Au	•	
	Cu	•	
RSeH	Ag	•	
	Au	•	
	CdS		•
	CdSe		•
RSeSeR′	Au	•	
R_3P	Au		•
	FeS_2	•	
	CdS		•
	CdSe		•
	CdTe		•
$R_3P{=}O$	Co		•
	CdS		•
	CdSe		•
	CdTe		•
RPO_4^{2-}	Al_2O_3	•	
	Nb_2O_5	•	
	Ta_2O_3	•	
	TiO_2	•	
$RSiX_3$，X=H,Cl,OC_2H_5	HfO_2	•	
	ITO	•	
	PtO	•	
	TiO_2	•	
	ZrO_2	•	

烷基硫醇自组装单层膜为调制金属、金属氧化物和半导体材料的界面性质提供了一类便捷、灵活并且简单的体系。自组装单层膜属于有机组装体，其形成是由溶液中的组分或者气相中的分子吸附于固体（汞、其他金属或金属合金可以为液体）表面上，同时吸附物自发地组装形成有序结构。这些分子或者配体具有一定的

化学功能或者带有头基,对某些衬底具有一定的亲和性。在很多情况下,头基官能团对衬底具有高的亲和力能够替代衬底表面上其他的外来的有机材料。

8.3.2 有机硅烷自组装单层膜

有机硅烷是指一类由硅原子与至少一个共价键结合的有机取代基作为侧基和至少一个不具有化学稳定性的官能团作为头基形成的硅烷,也称作硅烷偶联剂,包括烷氧基硅烷、氯硅烷和氨基硅烷等(如图 8.7 所示)。有机硅烷的自组装单层膜在各种自组装单层膜体系中占有很重要的地位。这不仅因为有机硅烷通过与硅表面—OH 键发生水解在硅衬底对硅进行表面改性,而且还因为有机硅烷之间还能通过水解反应发生缩聚形成交互的网络,能够提高自组装单层膜的稳定性。图 8.8 以示意图的形式给出了三氯硅烷和三甲氧基硅烷在带羟基的硅或氧化硅表面形成自组装单层膜的过程。

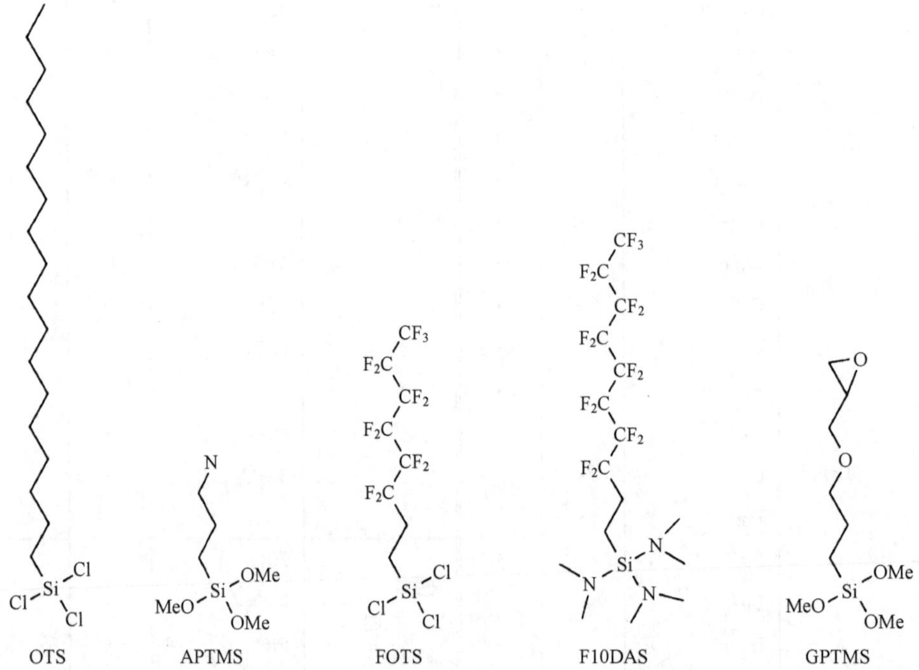

图 8.7 各种硅烷偶联剂,包括烷氧基硅烷、氯硅烷和氨基硅烷

自从 20 世纪 80 年代人们发现有机硅烷在二氧化硅表面形成高度有序的自组装单层膜的开拓性工作以来[4],在二氧化硅表面上的自组装单层膜领域的研究成果就呈指数形式增长。自组装单层膜不仅是表面惰性化的手段,而且可以用于表面图案化和自下而上的纳米加工技术。

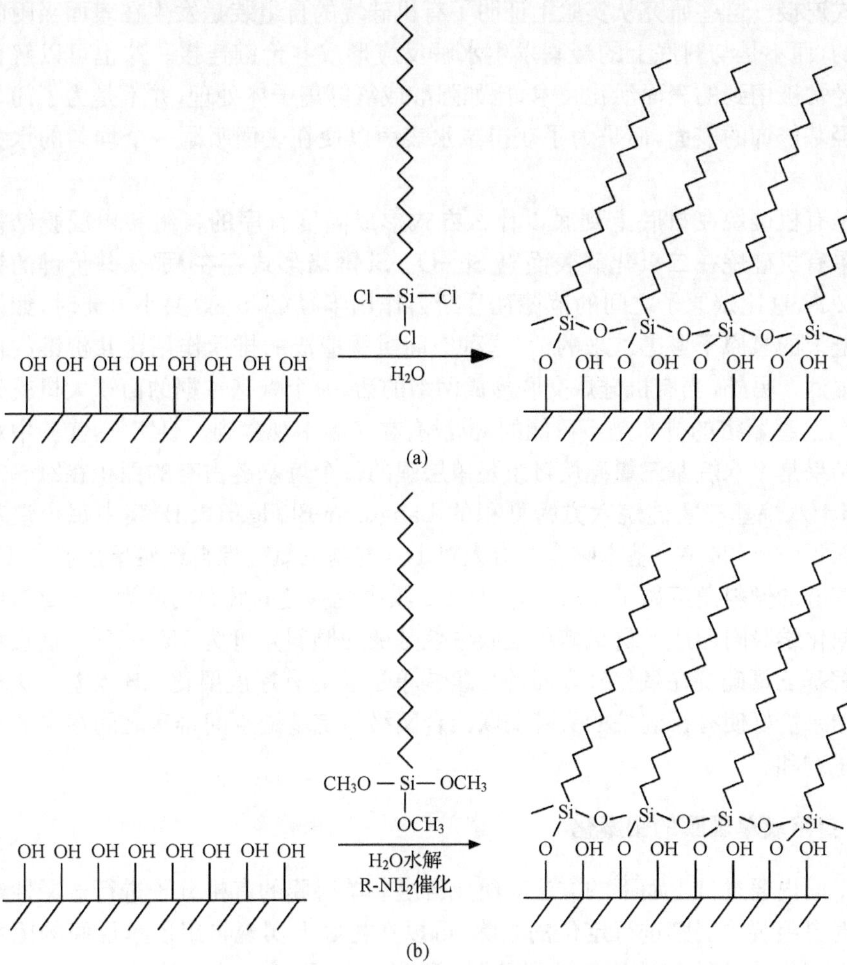

图 8.8　硅衬底上形成自组装单层膜的机理示意图
(a)三氯硅烷；(b)三甲氧基硅烷

在有机硅烷自组装单层膜的形成机制上曾经有过争论。最初关于有机硅烷单层膜的形成机制提出像十八烷基三氯硅烷这样的分子会与表面上吸附的水发生水解反应；进而假设水解后的十八烷基三氯硅烷继续与表面的羟基以及其余的十八烷基三氯硅烷发生聚合反应形成网络状的聚合分子薄膜，网络中的每个十八烷基三氯硅烷分子都与表面以共价键连接。但是这种假设后来被人推翻[5]，认为十八烷基三氯硅烷分子能在不含有羟基的金表面上形成自组装单层膜。十八烷基三氯硅烷自组装发生在金薄膜表面上吸附的水分子薄膜上，有机硅烷的头基之间发生交联反应形成二维网状结构。通过 X 射线反射、傅里叶变换红外光谱的表征发现大多数的有机硅烷分子形成交联聚合网络，只有少数分子与氧化物表面分子以化学键形式连接。这些研究从实验上证明了有机硅烷的自组装是发生在表面吸附的水膜上的,而不是与衬底上的羟基发生水解反应形成共价键连接。这也可以解释实验中经常被用到的表面活化技术,比如强酸或氧等离子体处理,并不是为了简单地得到羟基修饰的表面,而是为了获得亲水表面以便在表面吸附一个均匀的水分子层。

但是有机硅烷在衬底上到底以什么方式形成高度有序的自组装单层膜结构呢？如果有机硅烷在二氧化硅表面以 Si—O—Si 网络形式存在,那么共价键的键长为 3.2 Å,这比碳原子之间的范德瓦耳斯力作用半径(3.5 Å)要小。此时,如果将烷基链上的氢原子考虑进来的话,这种空间重叠造成的排斥作用比共价键的作用还要强烈。另外,当有机硅烷交联形成网络的话,一个烷基占据的面积大概就只有 11 $Å^2$,这种紧密的排布是不可能的,也没有在实验中观察到。事实上,实验中观察到的结果是十八烷基三氯硅烷自组装单层膜的每个烷基链占有的面积在21～25 $Å^2$,这与十八烷基三氯硅烷六方密堆积的 Langmuir-Blodgett(LB)膜中每个烷基链占的面积(20～24 $Å^2$)基本吻合。有人对十八烷基三氯硅烷自组装单层膜与 LB 膜的烷基链的倾斜角度做了比较[6],发现 LB 膜中烷基链的倾斜角度为 8°～10°,而固体表面化学吸附形成的自组装单层膜中烷基链的倾斜角度为 15°～17°。这意味着十八烷基三氯硅烷在氧化硅表面的自组装单层膜的有序度要比 LB 膜差。这种比较的结果恰好使有机硅烷的头基交联聚合网络与烷基链空间排斥之间存在的矛盾得到了调和。

8.3.3　自组装单层膜的图案化

在平面内通过自上而下的方法对组成自组装单层膜的有机分子进行选择性定位或者对自组装单层膜进行定位的去除,可以在衬底上实现自组装单层膜的图案化。依图案化的目的和选用工具的不同,所形成的图案的最小关键尺寸可以在 10 nm到几十微米范围变化。最简单而且被广泛使用的自组装单层膜图案化方法是微接触印刷(microcontact printing,μCP)的技术[7]。随后,紫外曝光、电子束曝光以及 X 射线曝光等技术也应用于自组装单层膜的图案化。

1. 微接触印刷

微接触印刷(microcontact printing,μCP)是软曝光技术(soft lithogrphy)与自组装单层膜结合而出现的微纳米图形制作技术,在本书第 5 章已有介绍。快速地形成高度有序的自组装单层膜的特点是微接触印刷技术取得成功的关键之一。例如,以 2 mmol/L 的十六烷基硫醇的乙醇溶液为墨水的微接触印刷能够在接触 10～20 s 内在金表面快速形成高度有序的自组装单层膜。微接触印刷在衬底表面上形成的自组装单层膜图案具有自我约束的能力,可以防止“墨水”在表面上铺展。

这个特点保障了微接触印刷技术在制作微纳米级图案的高保真性。由于微接触印刷快捷和简便的特点，所以是最常用的自组装单层膜图案化技术。

2. 紫外曝光图形化

以紫外光对烷基硫醇盐自组装单层膜进行辐照，能够在光照的区域引发光氧化反应。氧化产物可以通过极性溶液（水或乙醇）显影去除，因此自组装单层膜在紫外光辐照下起到正胶的作用。结构的最小线宽受曝光板和曝光系统限定，如以汞灯作为光源可以获得 400 nm 的分辨率，而以波长 193 nm 的准分子激光作为光源、辅以移相掩模技术可以获得 100 nm 的线宽。自组装单层膜的灵敏度与传统的光刻胶相比要略差些，例如以光强为 5 mW/cm^2 的汞灯光源紫外光进行曝光需要 15～20 min 的曝光时间，但是有趣的是当利用波长 193 nm 的准分子激光作为光源则曝光时间降低到 1 min[8]。

3. 电子束曝光

由于低能电子束（10～100 eV）能够诱导自组装单层膜中的烷基链发生一系列的化学反应，所以利用电子束能够在自组装单层膜上进行图案化改性。在此过程中一般发生 C—S 和 C—H 键的断裂形成碳-碳双键，邻近分子的交联，分子的断裂以及分子构象的无序化（如图 8.9 所示）。自组装单层膜的厚度一般在 1～3 nm，远远小于一般电子束抗蚀剂的厚度，因此利用自组装单层膜作为电子束曝光的抗蚀剂具有常规电子束抗蚀剂所不具备的优势[9]。因为采用厚度只有 2 nm 左右的自组装单层膜作为电子束抗蚀剂，有利于避免电子束曝光过程中电子束在抗蚀剂中的前散射。由于不必考虑前散射，所以允许使用低能电子束，而低能电子束在薄膜中的能量沉积效率更高，有利于提高其灵敏度。同时，低能电子束能够降低背散射，所以也有利于提高自组装单层膜的对比度。由于组成自组装单层膜的分子直径小于 1 nm，因而能够获得非常高的边缘分辨率，这也是自组装单层膜作为高分辨率电子束抗蚀剂的理想备选材料的一个重要原因。

为了获得小于 10 nm 的结构，通常以聚甲基丙烯酸甲酯（poly(methyl methacrylate)，PMMA）、氢化硅倍半氧烷（hydrogen silsesquioxane，HSQ）或金属卤化物等无机材料作为电子束抗蚀剂，并且采用高达 100 keV 的高能电子束降低前散射，有时还要辅以提高对比度的显影技术。而以自组装单层膜作为电子束抗蚀剂可以简单地通过一般的电子束曝光技术实现小于 10 nm 结构的加工。利用十八烷基硅氧烷（octadecylsiloxane，ODS）自组装单层膜作为电子束抗蚀剂，以 20 keV 的低能电子束实现了硅衬底上 5 nm 直径的纳米点阵的制备[10]。而以联苯硫醇（biphenylthiol，BPT）自组装单层膜作为电子束抗蚀剂，在 2.5 keV 的低能电子束条件下，可以在金薄膜上实现线宽 10 nm 的纳米线的制备[11]。但是由于自组装膜

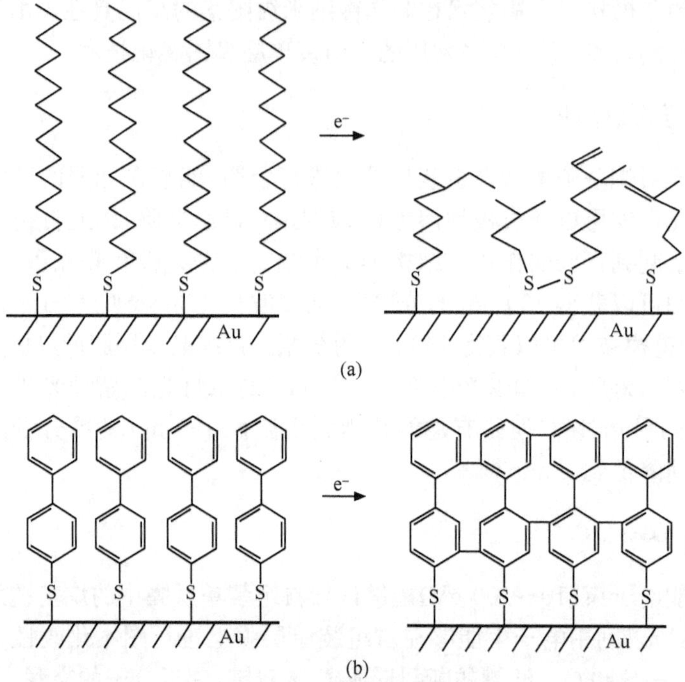

图 8.9　硫醇自组装单层膜在电子束曝光过程中发生交联反应的示意图

(a)烷基链硫醇;(b)芳香烃链硫醇[9]

较薄,无法利用干法刻蚀,而湿法刻蚀又降低了图形的精度,因此离实际应用还有一定距离。

8.3.4　自组装单层膜在微纳加工中的应用

自组装单层膜在纳米科学和技术中应用的重要性体现在如下两点:①它们是一类容易制备的纳米结构材料,广泛用于受纳米尺度的形貌和组分影响强烈的表面和界面现象的研究;②易于与图案化技术结合,可被广泛地用于微纳米结构的制备,用于为研究润湿、腐蚀、附着、磨损、电子传输、表面上晶体的成核和生长以及为生物化学和细胞生物学提供模式化的表面等。

由烷基链长大于 16 的硫醇自组装形成的疏水薄膜可以保护金属不受含水腐蚀液的湿法腐蚀。如果与平面图形化技术相结合,硫醇的自组装单层膜技术抗腐蚀性质可以用于金属微纳米结构的制备,适用的金属包括金、银、铜、钯、铂以及金钯合金等。自组装单层膜的缺陷密度、湿法腐蚀液的选择性以及金属薄膜的形貌会影响金属微纳米结构的最小关键尺寸和质量(包括针孔缺陷密度和线边缘粗糙度)。

表 8.2 给出了与多种金属对应的一系列腐蚀剂。在腐蚀液中添加双亲分子

(如辛醇)或高分子络合剂(如聚乙烯亚胺)可以减少金属表面的凹坑和针孔的数量,控制刻蚀结构边缘的垂直度。添加剂的选择应遵循如下原则:①添加剂分子具有亲脂性,对自组装单层膜的缺陷具有亲和性;②可以插入缺陷或者覆盖缺陷;③不能与金属薄膜或衬底发生自组装;④在腐蚀液中具有较差的溶解性。正确地选择添加剂能够提高以自组装单层膜作为掩模进行湿法刻蚀的对比度和精度[12]。

表 8.2　多种金属与相应的常用腐蚀剂配方

金属	腐蚀剂的化学成分
Au	$K_3Fe(CN)_6$、$K_4Fe(CN)_6$、$Na_2S_2O_3$和 KOH 的混合液
	$Fe(NO_3)_3$与硫脲的混合液
Ag	$K_3Fe(CN)_6$、$K_4Fe(CN)_6$和 $Na_2S_2O_3$的混合液
	$Fe(NO_3)_3$与硫脲的混合液
Cu	$FeCl_3$与 HCl 或 NH_4Cl 的混合液
	H_2O_2与 HCl 的混合液
	KCN、NaOH 和 KCl 的混合液
	间硝基苯磺酸和聚乙烯亚胺的混合液
Pd	$FeCl_3$
	$Fe(NO_3)_3$与硫脲的混合液
Pt	HCl 与 Cl_2混合液
$Au_{60}Pd_{40}$	KI 与 I_2混合液

有机硅烷的自组装单层膜可以用于曝光,依赖暴露于紫外光下的单分子层对紫外辐射的吸收并发生光解(photocleavage)而在表面形成自组装单层膜的微米或纳米结构。与硫醇自组装单层膜作为电子束曝光的抗蚀剂原理一样,有机硅烷的自组装单层膜也可以用电子束曝光技术进行图形定义。有机硅烷自组装单层膜在微纳加工中的应用还包括以下方面:作为光刻胶在衬底的增附层,经常用的是HMDS;含氟有机硅烷作为纳米压印的脱模层。此外,人们借助硫醇自组装单层膜发明了纳米转移印刷(nanotransfer printing,nTP)技术,实现了最小尺寸为几十纳米的复杂三维结构的构建[13],这些应用的具体内容可以见本书第 5 章。

8.4　嵌段共聚物自组装

共聚物是由两种或两种以上不同单体经聚合反应而得到的聚合物,根据不同单体在共聚物分子中的排布可以分为交替共聚物(alternating copolymer)、无规共聚物(random copolymer)、接枝共聚物(graft copolymer)和嵌段共聚物(block copolymer),如图 8.10 所示。嵌段共聚物是共聚物分子中存在两种或两种以上均聚物(homopolymer),并且通过共价键相连接,形成包含两种或多种物理化学性质差别较大的嵌段共聚物。嵌段共聚物的分子合成可以控制体积分数为应用提供了更大的自由度和可发挥空间,因而得到广泛的关注。

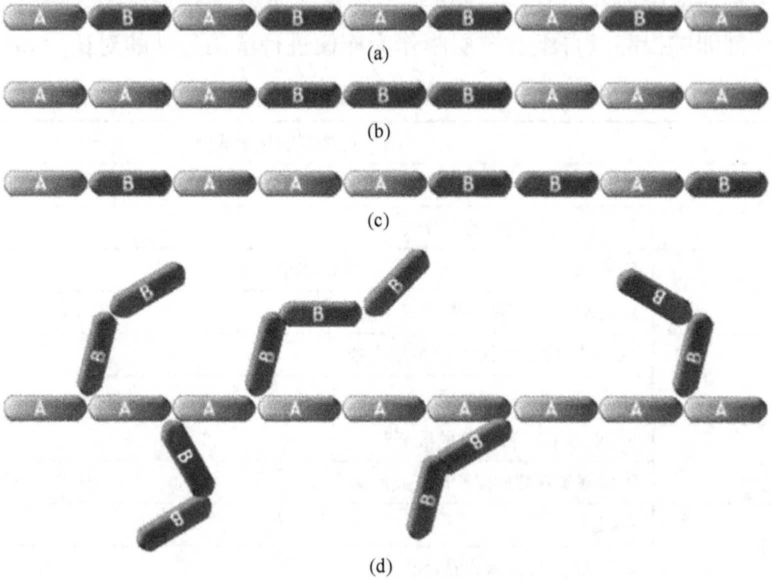

图 8.10 各种共聚物的示意图

(a)交替共聚物;(b)嵌段共聚物;(c)无规共聚物;(d)接枝共聚物

8.4.1 嵌段共聚物

化学家首次认识嵌段共聚物的优异性能始于 1952 年[14]。在随后的几十年内研究者将大量的关注集中于合成新的嵌段共聚物,发现它们的行为,以及表征并解释产生影响形貌的原因及动力学过程。近三十年,广大的科研工作者在嵌段共聚物的合成、动力学、物理性质以及嵌段共聚物薄膜的图案化方面开展了大量的带有前瞻性的基础性研究工作。研究成果中,基于原子转移自由基聚合、可逆加成断裂链转移聚合、开环配位聚合和活性离子聚合等在内的活性自由基聚合(living free radical polymerization)技术为合成具有实际应用价值的嵌段聚合物提供了一条更高效的合成路线。

由于嵌段共聚物的不同嵌段之间化学性质存在的差别,可以自发地发生微相分离,从而自组装形成纳米级的图案。微相分离(microphase separation)的驱动力是体系自由能的降低,即减小互不相容的嵌段之间的相互作用和聚合物链的拉伸作用。嵌段聚合物能够通过微相分离作用自组装成长程有序的周期性结构,这些周期性结构包括球状相(sphere phase)、柱状相(cylinder phase)、层状相(lamella phase)和双螺旋相(double-gyriod phase)等。

嵌段共聚物的微相分离行为受到嵌段共聚物分子内在的因素以及外部因素的共同作用的影响。影响嵌段共聚物的内部因素主要表现为各嵌段之间的相互作用,包括聚合物的分子量、聚合物的结晶度、各嵌段的混合比以及相容性等。与嵌段共聚物分子的内在因素相比,来自环境的外部因素主要是微相分离过程的工艺参数,包括所选用的溶剂、薄膜厚度、成膜方法和后处理工艺等。

在熔化态,各嵌段受存在于不同嵌段之间的排斥作用的驱动分离成有序的结构,这种排斥作用源于各嵌段本身化学性质的差异,但是由于嵌段之间通过共价键相连,因此只能发生微观的相分离。嵌段共聚物相分离的热力学平衡受聚合度 N、各嵌段的体积分数 f 和 Flory-Huggins 相互作用参数 χ 共同作用,可以通过 Flory-Huggins 方程来描述。为了方便讨论,这里以比较常用的二元嵌段共聚物(AAAAAA-BBBBBB)为例来讨论这些参数对体系的自由能的影响。

$$\frac{\Delta G_{\min}}{K_{\mathrm{b}}T}=\frac{1}{N_{\mathrm{A}}}\ln(f_{\mathrm{A}})+\frac{1}{N_{\mathrm{B}}}\ln(f_{\mathrm{B}})+f_{\mathrm{A}}f_{\mathrm{B}}\chi \tag{8.4}$$

(8.4)式的前两项对应于体系的构形熵,可以通过聚合过程来调节,以改变各嵌段的相对链长。在第三项中 χ 是分子化学性质和温度的函数,一般表示为

$$\chi=\frac{a}{T}+b \tag{8.5}$$

其中,a 和 b 是两个特定的嵌段所构成的嵌段共聚物的经验性常数,从(8.5)式可以看出 χ 受温度的控制。热力学平衡的纳米结构一定将 A 和 B 嵌段的接触降到最小,这两个嵌段的分离程度与 χN 成正比。对称性的二元嵌段共聚物在 $\chi N<10$ 时呈无序分布或者跨越其有序-无序临界温度,当体系的温度低于二元嵌段共聚物的有序-无序温度,且嵌段 A 的体积分数 f_{A} 很小时,嵌段 A 形成体心立方晶格排布的球状相。随后逐步增加嵌段 A 的体积分数 f_{A} 直到占总体系的 50%这个过程中,嵌段 A 的结构将依次经历从柱状相向双连续的双螺旋相的过渡,最后形成 A 与 B 的交替层状相的结构。有人利用标准的高斯(Gaussian)高分子模型得出了嵌段高分子构象对称的二元嵌段共聚物的平均场相图(如图 8.11 所示)[15],说明嵌段聚合物微相分离形成的纳米结构可以通过嵌段分子链长、聚合度和退火温度来进行一定程度的调控。

上面讨论的理论对柔-柔(coil-coil)嵌段共聚物这种由双柔性的嵌段构成的嵌段共聚物的热力学平衡的描述很准确,但是用于描述含有刚性棒状嵌段的刚-柔(rod-coil)嵌段聚合物的微相分离的热力学平衡则不是很适用。这里的刚性嵌段是指具有共轭骨架结构的聚合物嵌段,由于共轭聚合物的二维平面结构和分子之间的 π-π 相互作用而表现出刚性。由于共轭聚合物的刚性限制分子的自由扭转,从而造成刚-柔嵌段共聚物的微观相行为受到限制,所以需要额外引入 Maier-

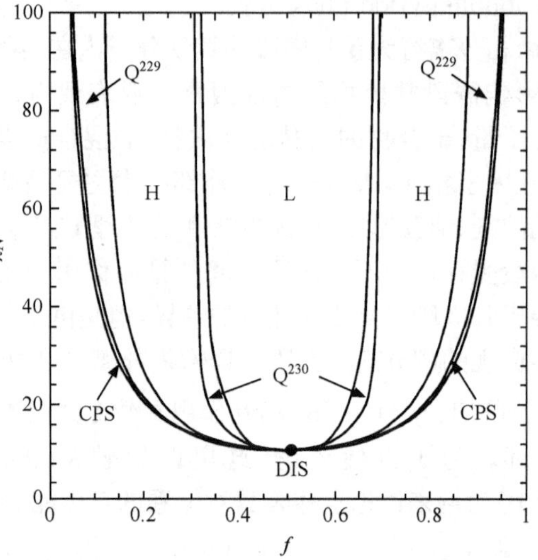

图 8.11　构象对称的二元嵌段共聚物的平均场相图

L 表示层状相，H 表示六方排列的柱状相，Q^{229} 表示体心立方排列的球状相，Q^{230} 表示双螺旋相，CPS 表示密堆积的球状相，DIS 表示无序相[15]

Saupe 相互作用强度(μN)来描述刚性棒状嵌段的有序排列作用，同时引入几何不对称性参数(ν)定义为柔性嵌段的回转半径与刚性嵌段长度的比值来描述刚-柔嵌段聚合物微相分离的热力学平衡行为。刚-柔嵌段聚合物的刚性嵌段使其自组装过程变得十分复杂，因此对刚-柔嵌段聚合物的自组装机理的认识远不如已经被广泛研究的柔-柔嵌段共聚物深入。

近些年对具有更优异光学和电学性能的纳米结构以及功能器件的研究兴趣不断增长，最有效的方法是通过嵌段共聚物自组装获得电子给体和电子受体的功能薄膜。但是由于柔性嵌段的绝缘性，需要用刚性嵌段替代刚-柔嵌段聚合物中的柔性嵌段，即形成具有不同电子亲和性质的刚-刚嵌段聚合物。刚-刚嵌段聚合物是全共轭嵌段共聚物，其合成和自组装行为研究还处于起步阶段。与柔-柔嵌段共聚物和刚-柔嵌段聚合物相比，科学界对于刚-刚嵌段聚合物的微相分离行为的了解还非常有限。三元及以上嵌段共聚物的微相分离的热力学就更复杂了，这里不再详细讨论，有兴趣的读者可以参考这方面的专著[16]和综述文章[17]。

8.4.2　基于嵌段共聚物的纳米结构加工

嵌段共聚物因为是由物理、化学性质反差很大的两种以上嵌段构成的，所以可以表现出不同于其他聚合物以及无规共聚物的性质，可以用作热塑弹性体、共混相溶剂、界面改性剂等，在生物医药、建筑、化工等各个领域有很广泛的应用。从嵌段共聚物的发现开始，一直以来对嵌段共聚物的研究主要集中于嵌段共聚物的合成和相分离的动力学研究，对嵌段共聚物的更深入的研究，始于 20 世纪 90 年代中期人们开始利用嵌段共聚物薄膜获得纳米尺度的有序结构[18,19]。因为嵌段共聚物薄膜经微相分离在表面形成纳米结构和纳米图案的制备中的应用，所以对嵌段共聚物自组装的研究更多地集中在薄膜形态的嵌段共聚物。

以嵌段共聚物进行薄膜旋涂再通过自组装能够在高有序性的二维薄膜上制备规则的纳米结构，而以传统的光学曝光技术很难在这个尺度上进行图案化加工。因此，利用嵌段共聚物微相分离方法替代传统光学曝光进行微纳电子器件的加工已经引起广泛关注。

如本书前几章中关于曝光技术的介绍一样，所有曝光技术都是基于如下的基本原理：对光刻胶的曝光都将引起曝光区域发生化学变化，导致曝光区域物质的溶解度增大或者减小。光学曝光利用紫外光或极紫外光辐照光学掩模板，经显影和定影后获得与掩模板定义图形区域对应的图形，但是图形的特征尺寸受到曝光所采用光波长的限制。电子束曝光具有非常高的分辨率，但是其曝光模式与光学曝光的平行工艺不同，每一个结构都需要单独曝光，因此曝光效率受到限制。干涉曝光(interferometric lithography)利用两束相干光的相互作用直接在光刻胶上产生亚波长尺寸的结构，但其只能形成周期分布的线条或点阵图像。国际半导体技术蓝图中纳米图案化的另外一种技术，纳米压印(nanoimprint)的成本相对低廉，而且纳米压印模板可以重复使用，但是仍需电子束曝光等直写方法制备模板。嵌段共聚物的自组装则为制备纳米级图案提供了一种更为廉价的技术路线。与曝光技术一样，嵌段共聚物的自组装也是利用不同性质的嵌段在溶解度差异或抗刻蚀性能差异来形成图案。

研究人员利用自组装单层膜修饰的方法获得了表面能周期变化的图案化修饰的表面[20]，采用聚苯乙烯和聚乙烯吡啶对烷基和亲水表面的选择性吸附，实现了这两种聚合物的混合物的定向自组装。还有人在(113)晶面的单晶硅上通过热退火处理制备了带有规则的沟槽结构的衬底[21]，随后以掠角蒸发技术沉积获得了具有纳米级尺寸的周期性排布的金图案，得到表面能周期变化的衬底，进一步地利用图案化衬底可以对嵌段共聚物的某一嵌段选择性吸附的能力，实现了对嵌段共聚物微相分离的控制，获得了周期排布的纳米尺度的规则图案。

深入的研究发现，嵌段共聚物薄膜的厚度与嵌段共聚物通过微相分离形成的结构类型有着内在的联系。人们通过实验和动态密度泛函理论模拟，发现在一个膜厚连续变化的体系内可以同时存在带有穿透孔的聚苯乙烯的层状相(见图 8.12 的 PL 区域)、垂直于表面的柱状相(见图 8.12 的 $C_{\perp}$ 区域)和平行于表面的柱状相(见图 8.12 的 $C_{//}$ 区域)[22]。这表明嵌段共聚物的膜厚是微相分离过程中的一个重要的控制因素，在溶剂退火处理过程中一定的溶剂蒸气压下，嵌段共聚物的薄膜根据薄膜厚度与嵌段共聚物分子尺寸的关系经历表面重构形成不同类型的纳米结构。

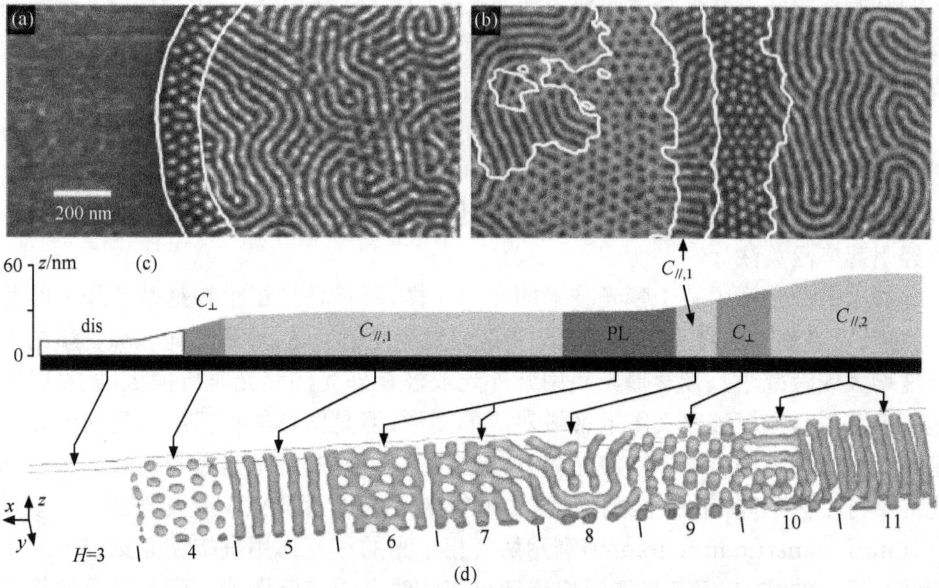

图 8.12 (a)和(b)分别是不同膜厚的薄膜经溶剂退火处理后结构的轻敲模式原子力显微镜的相位图,图中的明、暗区域对应于 PS 和 PB;(c)是与相位图(a)和(b)对应的高度分布图;(d)是对 PS-PB-PS 三元嵌段共聚物薄膜的动态密度泛函理论模拟结果[22]

二元嵌段共聚物聚苯乙烯(polystyrene,PS)-聚异戊二烯(polyisoprene,PI)和聚苯乙烯-聚丁二烯(polybutadiene,PB)是最早被报道作为图案转移的干法刻蚀模板的两种嵌段共聚物。当二元嵌段共聚物 PS-b-PB 和 PS-b-PI 的分子量分别为 36/11 kg/mol和 68/12 kg/mol 时,聚异戊二烯和聚丁二烯嵌段分别在聚苯乙烯基体中分别形成六方排布的柱状相和体心立方排布的球状相[23]。通过旋涂上述嵌段共聚物的甲苯溶液于带有氮化硅薄膜的硅衬底上,得到两种二元嵌段共聚物的薄膜。薄膜的厚度可以由旋涂转速来控制。后经高于上述嵌段共聚物的玻璃化转变温度 125 ℃,经 24 小时退火处理可以得到高度有序的形貌。如果不经任何处理而直接以氟基反应离子刻蚀进行图案转移则不会有任何图案,这是由于聚苯乙烯和聚异戊二烯或聚丁二烯的刻蚀速率几乎没有差别。而当将薄膜暴露于臭氧气氛下,以臭氧选择性地降解并除去聚丁二烯,则可以得到聚苯乙烯的多孔膜。这是由于臭氧主要对聚丁烯的碳碳双键进行攻击,使其发生断裂形成聚丁二烯的片段,从而可以溶解于水中,这种嵌段共聚物的性质表现与光刻胶中的正胶相类似。而对于聚异戊二烯则用四氧化锇来进行处理,这使得聚异戊二烯的双键发生交联。改性后的聚异戊二烯嵌段在四氟化碳和氧气的等离子体刻蚀条件下的刻蚀速率要低于聚苯乙烯嵌段，从而表现出类似负胶的性质。聚苯乙烯与聚甲基丙烯酸甲酯(poly(methyl methacrylate)，PMMA)二元嵌段共聚物(PS-b-PMMA)中的 PMMA 可以经辐照降解而后通过乙酸去除。柱状相的纳米相畴由于具有较高的长径比在纳米图案的制备中较常用，但是值得注意的是，为了获得直径尺寸高度均一的孔状结构，二元嵌段共聚物的薄膜必须足够薄(小于 45 nm)。当需要刻蚀深宽比较大的结构时，还需要将嵌段共聚物自组装形成的图案先转移到介质膜上，然后再对衬底进行深刻蚀。聚二茂铁硅烷(polyferrocenylsilanes)的刻蚀速率比包括聚苯乙烯在内的绝大多数聚合物的刻蚀速率要低很多，所以可以作为刻蚀深宽比高的结构的掩模。

嵌段共聚物的定向自组装在替代传统曝光制作纳米结构时需要解决一系列挑战性的问题。第一，嵌段共聚物的定向自组装技术必须降低图案的缺陷密度，在最大程度上避免自发的自组装本身所具有的随机性和无序性，获得完美的图案。第二，这种技术应该具有更小的线边缘粗糙度，因为线边缘粗糙度在纳米器件工艺中的影响将是不可忽视的重要因素。第三，由于器件集成的要求，嵌段共聚物的定向自组装应该具有形成复杂结构的能力，因此定向自组装制备的嵌段共聚物结构必须满足不同器件的要求。第四，定向自组装应该能在大范围内实现。最后也是最重要的一点，是嵌段共聚物的定向自组装面对在产能和效率方面的挑战。

利用微接触印刷、电子束曝光或紫外曝光结合自组装单层膜技术在衬底上形成化学修饰的图案区域，自组装单层膜对嵌段共聚物的各个嵌段没有选择性的吸附作用。如果衬底对嵌段共聚物的某一嵌段有选择性，被选择性吸附的嵌段将在衬底上形成均匀膜，而另一嵌段在其上形成另一层均匀膜。自组装单层膜修饰的嵌段共聚物定向自组装对嵌段共聚物的各个嵌段呈中性，可以让嵌段共聚物不受衬底影响自发形成相分离。在此过程中嵌段共聚物的膜厚和图案化自组装单层膜的周期是嵌段共聚物定向自组装成功的关键。

只有当层状相嵌段共聚物的周期与衬底表面图案的周期匹配时才能得到取向沿着硅衬底表面的纳米畴。利用极紫外 ($\lambda = 13.4$ nm)干涉曝光系统在低压氧气氛环境中对修饰了正十八烷基三乙氧基硅烷自组装单层膜的衬底进行图案化处理[24]，当图案化的自组装单层膜的图案周期 (L_s) 与层状相嵌段共聚物的周期 (L_0) 相等时，层状相垂直于衬底周期排布，而且与自组装单层膜图案以非常高的精度重合。

定向自组装分为两种途径：化学外延法(chemo-exitaxy)定向自组装[25]和制图外延法(grapho-exitaxy)定向自组装[26]。两者的区别在于预置图案利用的是自组装单层膜化学表面改性的办法限定嵌段共聚物的某一前端的亲和力；而制图外延法利用的是曝光和刻蚀结合形成的物理模板限定嵌段共聚物自组装发生的区域，人们已可以在完全可控的条件下制备各种形状的结构[27-29]。

图 8.13 给出了传统曝光技术与二元嵌段共聚物的化学外延法定向自组装以及二元嵌段共聚物的制图外延法定向自组装这三种技术的示意图。图 8.13(b)所示的化学外延法定向自组装利用图案化的自组装单层膜技术在衬底表面上进行化学修饰,从而直接对嵌段共聚物的自组装给予定向作用。集成电路和存储器阵列的单元结构远比由嵌段共聚物自组装产生的周期性排布的线条和点阵复杂,例如,集成电路中需要密集的线阵列、单根的线条、密集的孔阵列、T 型结和有锐角的折线。嵌段共聚物的自组装对于纳米曝光来说具有很大的吸引力,这主要是由于在嵌段共聚物的自组装过程中存在很大的潜力来提升纳米结构的临界尺寸和线边缘粗糙度[31]。

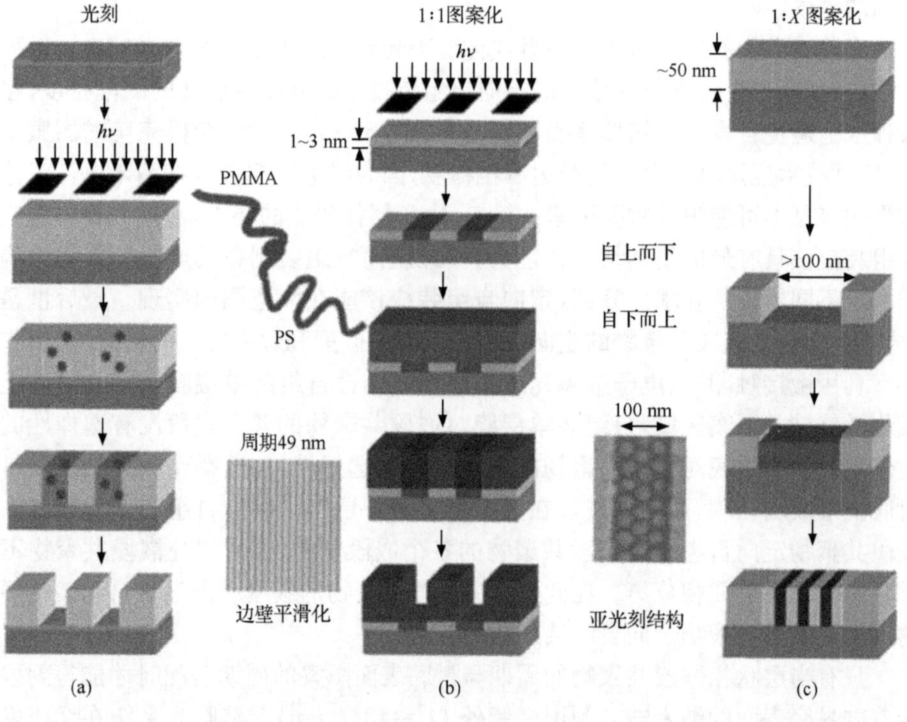

图 8.13 (a)传统紫外光刻的示意图;(b)1∶1 化学外延法定向自组装的示意图;(c)1∶X 制图外延法定向自组装的示意图[30]

定向自组装与现有的曝光技术相结合可以得到如图 8.13(c)所示的亚光刻(sublithography)结构,改善图案质量,降低工艺复杂度。然而,一旦定向自组装考虑向商业化发展,许多与制造相关的技术挑战(包括工艺处理所需时间、产能以及溶剂兼容性等)就必须应对。以批量生产为目的的曝光过程的考虑可以分成工艺相关和材料相关的问题。比如产能、工具设计和工艺控制(均匀性和可靠性)属于工艺相关问题。材料的纯度、工艺过程中所用的各种材料之间的兼容性、毒性以及保质期等属于与材料相关的问题。在某些情况下,例如,利用曝光-刻蚀-曝光-刻蚀线路的双重图形化(double patterning)可以简单地利用现有的材料,所用这一新的工艺仅需考虑工艺相关的问题(工艺控制和产能等)就可以了。有些情况是一些新的材料的引入,包括新的抗反层或光刻胶在制造过程中的引入来替代现有的相应材料,这时保质期等与材料相关的问题就必须考虑。对于定向自组装来说,既涉及新材料的引入,又涉及新工艺问题,所以就需要同时解决与材料相关的问题和与工艺相关的问题。产能和缺陷密度是面向批量生产的定向自组装需要解决的所有问题中最主要的两个问题。有人研究了通过升高热退火处理温度来加速制造过程的可行性[32],并评估了一种新型有机溶剂作为与现有制造业所使用的材料更兼容的溶剂。采用这些方法可以提高 12 英寸硅片上薄膜的厚度均匀性与加工处理能力,实现 120 片每小时的产能[33]。在成功解决了定向自组装工业化道路上必须面临的工艺相关问题、材料相关问题和缺陷密度难题后,要想成为有竞争力的下一代图形化技术,嵌段共聚物定向自组装还需要解决生产设备方面的问题。为此,研究人员开发了一套集成了多个热板和多个匀胶机的 PS-b-PMMA 化学外延法定向自组装模块(track),命名为 Liu-Nealey 流水线,并将其植入现有的工业化半导体生产线,形成了一条 12 英寸自动化生产线。在 2012 年他们报道了这条生产线的搭建、优化过程以及生产能力,在当时已经具有 4 倍的周期倍增能力,获得的最小半周期为 12.5 nm[34]。

鉴于嵌段共聚物定向自组装技术不断成熟,2015 年度的国际半导体技术蓝图将定向自组装作为最具前景的下一代光刻替代技术。但是,还需要面对三个主要问题:①线边缘粗糙度;②缺陷密度;③更小的关键尺寸。

在微相分离完成后,需要选择性地去除一种嵌段,得到纳米图形结构。为实现这一目标,可以采用溶剂以湿法腐蚀的形式选择性地除掉某一嵌段,也可以用氧等离子体或者氩等离子体以干法刻蚀的形式除掉某一嵌段。湿法腐蚀的选择性强,但是在嵌段共聚物膜的厚度大的情况下容易造成图案结构倒塌,从而引起粗糙度的增加。干法刻蚀在离子与自由基的比值较低时会引起表面粗糙度增加,以 PS-b-PMMA 为例,氧等离子体轰击 PMMA 嵌段得到易挥发的 CO 和 CO_2,而留下悬挂键,这些悬挂键易与自由基结合形成交联网络,从而增加粗糙度。同样是利用搭载了 Liu-Nealey 流水线的半导体生产线,人们在 2020 年报道了不同干法刻蚀条件下线边缘粗糙度 LER 和线宽粗糙度 LWR 的变化情况,实验获得与粗粒化分子动力学(CGMD)理论模拟值相一致(如图 8.14 所示)[35]。

嵌段共聚物定向自组装在批量制造中需要达到半导体工业的标准,其中在存储器件的应用需要满足缺陷密度小于 1 cm^{-2} 的要求,而在逻辑器件中的应用则需要满足缺陷密度小于 0.01 cm^{-2} 的要求。搭载了 Liu-Nealey 流水线的半导体生产线已经用于探索降低缺陷关键因素的研究中,优化了图形周期、定向条的宽度、模板形貌、退火条件和化学环境等工艺条件。2019 年研究人员报道了利用这条生产

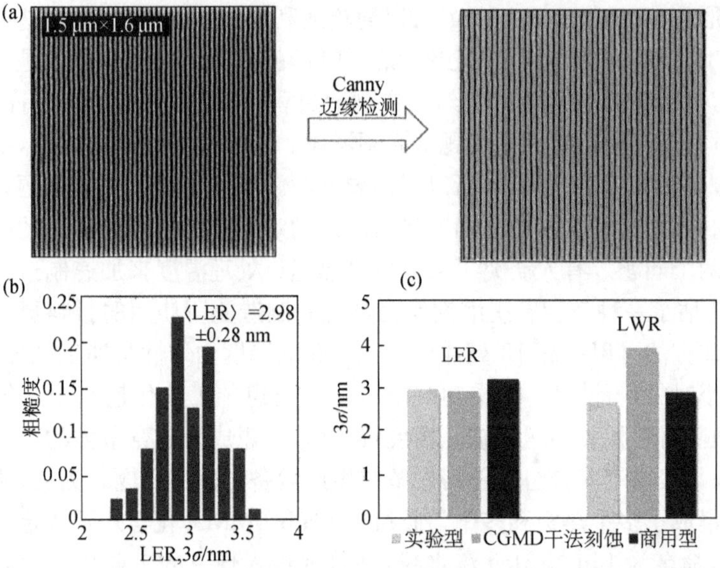

图 8.14　PS-b-PMMA 定向自组装结构干法刻蚀粗糙度结果

(a)PMMA 刻蚀后扫描电镜图和 Canny 边缘检测算法图；(b)图(a)的线边缘粗糙度柱状图；(c)实验、CGMD 干法刻蚀和商用结果的比较[35]

线研究嵌段共聚物定向自组装过程中位错缺陷和桥缺陷湮灭的动力学过程。位错缺陷的湮灭对退火条件敏感且服从幂律(power law)分布，通过调整嵌段共聚物的厚度、退火时间、退火温度可以将位错缺陷密度极大地降低，达到存储器件对于缺陷密度(1 cm^{-2})的要求。桥缺陷可以通过适当增加嵌段共聚物的厚度来消除，并且在后续的干法刻蚀图形转移工艺中使缺陷湮灭(如图 8.15 所示)，由于使用的是 PS-b-PMMA 体系，得到的图形周期是 28 nm[36]。

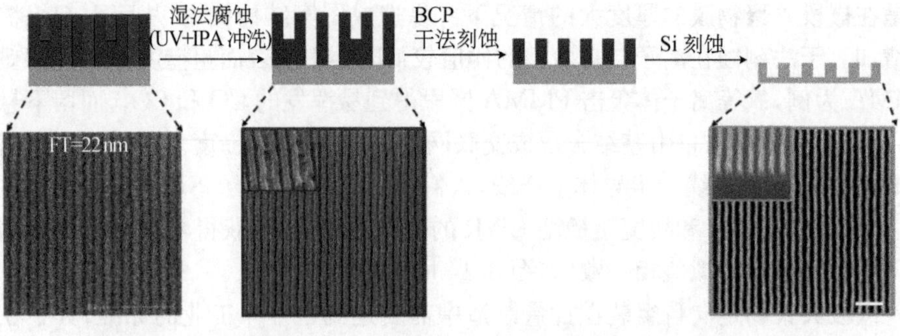

图 8.15　膜厚 22 nm 的 PS-b-PMMA 定向自组装图形转移过程及结果

湿法腐蚀去掉 PMMA，留下桥缺陷的 PS 结构，再通过 BCP 干法刻蚀和进一步的 Si 刻蚀，在图形转移过程中消除桥缺陷。图中标尺 100 nm[36]

虽然 PS-b-PMMA 容易发生自组装而且已经在 12 英寸量产上取得很大的进展，但是 PS-b-PMMA 的 Flory-Huggins 相互作用系数 χ 较小，由(8.4)式可以看出终将引起系统自由能的增加，所以 PS-b-PMMA 不能获得亚 10 nm 的半周期[33,37]。嵌段聚合物的定向自组装来源于系统总自由能的降低，而总的自由能受"界面"和"体相"两个方面的影响。从"体相"角度看，为了降低自由能需要嵌段共聚物具有较大的 Flory-Huggins 相互作用参数 χ，而 χ 值增大常伴随着两个嵌段表面能差异增大，较大的表面能差异会扰乱畴在垂直方向上的有序性。为了获得亚 10 nm 的结构，通过调控嵌段共聚物上下两个界面的性质来获得横贯整个薄膜的具有垂直方向上取向的畴。研究人员在 2017 年利用诱导化学气相沉积在 P2VP-b-PS-b-P2VP(VSV)嵌段共聚物上表面沉积了一层 7 nm 厚的顶层膜，结合嵌段共聚物与基底之间的表面化学修饰图形化技术，他们获得了 9.7 nm 的半周期结构(如图 8.16 所示)[38]。

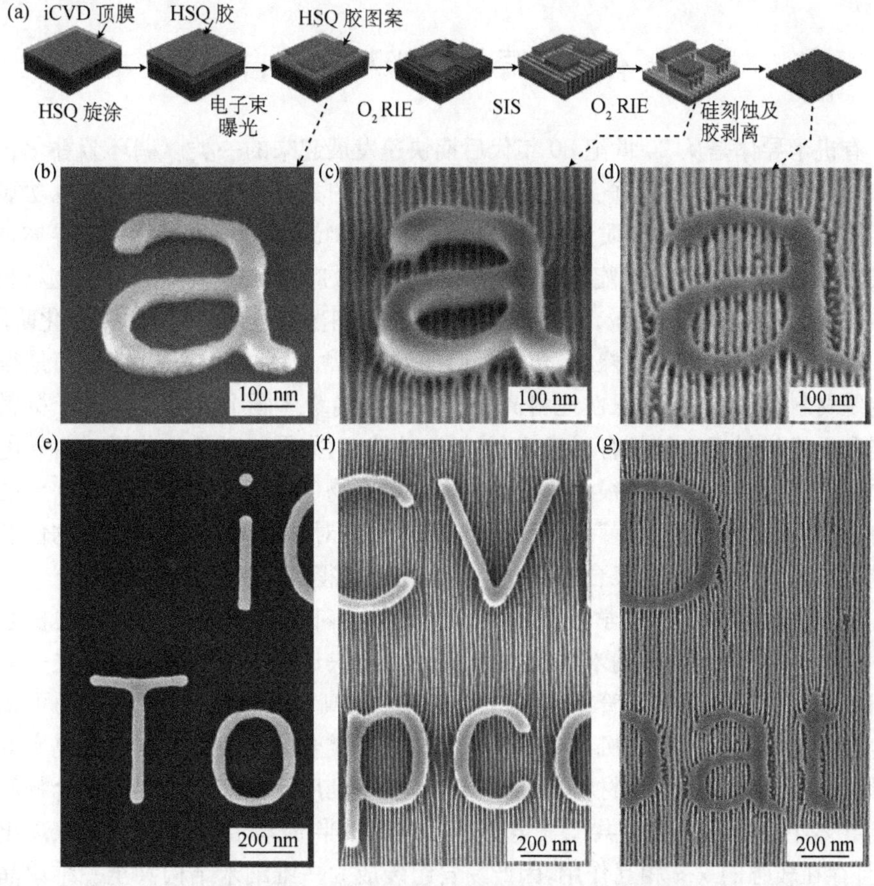

图 8.16　诱导化学气相沉积制备的顶层膜对嵌段共聚物定向自组装获得亚 10 nm 结构的作用

(a) 工艺示意图；(b)～(g)与各阶段相对应的扫描电镜照片[38]

为了进一步提升嵌段共聚物定向自组装技术相对极紫外光刻技术的竞争力，特征尺寸亚 5 nm 的组装体已经成为嵌段共聚物研究领域的新目标。更小的特征尺寸要求嵌段共聚物分子的聚合度 N 要进一步降低，为了使微相分离发生，需要嵌段共聚物具有更高的 Flory-Huggins 相互作用系数 χ。具有高 Flory-Huggins 相互作用系数 χ 的嵌段共聚物，意味着嵌段共聚物的各嵌段不互溶，典型的代表是由无机嵌段和有机嵌段构成的二元嵌段共聚物。而同时具有高 Flory-Huggins 相互作用系数 χ 和低聚合度 N 的嵌段共聚物，其合成更加困难。理论上聚合度 N 降低到一定程度预计可以得到 2 nm 特征尺寸定向自组装，在这一尺寸下分子被看作共低聚物(co-oligomers)，而其性质与低分子量的溶致液晶或热致液晶更接近。此外，人们还以低聚二甲基硅氧烷(ODMS)作为侧链接到液晶分子上获得一种刚-柔液晶分子低聚物，通过对侧链中二甲基硅氧烷数量的调控实现了亚 5 nm 特征尺寸的自组装[39]。基于刚-柔液晶低聚物的定向自组装还在探索中。

8.5 有机半导体纳米材料的自组装

有机半导体是从 20 世纪 80 年代后期快速发展起来的一类以稠环芳香化合物为基本骨架，以共轭 π 电子系统为电子传输通道的具有半导体性质的有机功能材料。有机半导体材料具有质量轻、价格低和柔性等特点，能够弥补无机半导体材料在某些方面的不足，在太阳能电池、发光二极管、场效应晶体管、传感器及生物材料等领域展现出广阔的应用前景。目前，有机半导体材料薄膜器件已经步入实用化阶段。

高分子材料(如塑料、橡胶、合成纤维等)在日常生活中很常见，它们都是很好的绝缘材料，所以人们常识性地将高分子材料与绝缘体画上等号。高分子材料与金属和无机材料相比较具有质量轻、易加工的特点，如果能赋予高分子材料导电的性质将给我们的生活带来很多的便利。导电聚合物(conducting polymers)[40]的发现打破了“聚合物＝绝缘体”的传统观念，随着人们对导电聚合物的合成、物性及应用的系统深入研究，导电聚合物的种类和应用领域得到了极大的扩展。

提高有机半导体的电学性能和加工成型一直都是有机半导体研究的核心问题。有机半导体材料的“纳米化”已经被证明是解决这些问题的有效途径之一。将有机半导体材料制成纳米管或纳米纤维有利于提高分子链的有序性，从而可提高其电学性能；而且，一维有机半导体纳米结构具有类金属性和可调制的导电率等性质，因此，有机半导体纳米材料在纳米器件中已得到广泛的应用。导电聚合物和有机半导体小分子都是具有共轭 π 电子体系的有机半导体，由于共轭骨架表现出刚性，且存在较强的 π-π 相互作用，因此易自组装成为一维纳米结构甚至一维单晶纳米结构。有机半导体分子的自组装包括导电聚合物自组装和半导体性有机小分子的自组装。半导体性的有机小分子 π-π 堆积作用可以自组装成晶体，导电聚合物的自组装可以通过模板、软模板甚至无模板的方法组装成球形、棒状、线形等纳米结构。

8.5.1　导电聚合物自组装

导电聚合物的导电性并非其本身固有的属性，导电聚合物的电导率可以通过掺杂等手段在绝缘体、半导体和导体之间调制。聚乙炔(polyacetylene，PA)、聚吡咯(polypyrrole，PPy)、聚噻吩(polythiophene，PT)、聚苯胺(polyaniline，PANI)和聚苯撑乙烯(poly(phenylene vinylidene)，PPV)及它们的衍生物这些典型的导电聚合物都具有带离域 π 电子的共轭骨架。未经化学掺杂的本征态导电聚合物一般表现出半导体的性质。但是经过化学或电化学氧化或还原，导电聚合物的电导率可以在绝缘体-半导体-金属的范围可逆地转换。与无机半导体相类似的是，当导电聚合物的掺杂剂(对离子)为阴离子时，聚合物链带正电荷表现出 p-型半导体的性质，而当掺杂剂对离子为阳离子时，聚合物链带负电荷，则具有 n-型半导体的性质。导电聚合物作为新型的功能材料已广泛应用于电致发光、太阳能电池、场效应晶体管、传感器和非线性光学等领域。

导电聚合物的共轭骨架在赋予聚合物导电性的同时也为通过 π-π 堆积作用自组装过程制备纳米结构材料带来了优势。在自组装过程中，受分子刚性共轭骨架的 π-π 相互作用，导电聚合物易于获得纤维状形貌。自组装过程除了受到 π-π 相互作用的影响，还受氢键相互作用的影响，这种氢键相互作用来源于含有杂环共轭骨架或含有氮原子的导电聚合物与其他供电子或吸电子基团。另外，表面活性剂在水溶液中形成的纳米尺度的胶束也在导电聚合物分子的自组装过程中起重要的作用。为此，人们提出了一种“无模板”的方法用于制备导电聚合物纳米结构[41]，这里“无模板”是相对于采用阳极氧化铝模板或聚碳酸酯模板制备纳米材料的手段而言的，一般而言就是自组装方法中的微胶束方法。采用通常合成导电聚合物的方法，通过改变掺杂剂和单体的浓度和比例的方法，即可以得到导电聚合物纳米管和纳米纤维。掺杂剂和单体通过自组装形成超分子结构，在导电聚合物纳米结构的形成过程中起到了“类模板”的作用。β-萘磺酸(β-naphthalene sulfonic acid，β-NSA)在聚苯胺纳米管的自组装制备过程中既作为掺杂剂又起到表面活性剂的作用。因为β-萘磺酸的磺酸基(—SO_3H)是亲水基团，萘基(—$C_{10}H_6$)是亲油基团，可以形成胶束。在 β-萘磺酸和苯胺的水溶液体系中，β-萘磺酸是有机酸，苯胺具有碱性，所以它们可以发生酸碱反应形成 NSA-An 盐。当 β-萘磺酸过量时，β-萘磺酸与 NSA-An 形成胶束。β-萘磺酸由于具有典型的表面活性剂的结构，是胶束的主要组成部分，苯胺阳离子部分游离于胶束的外围形成双电层，部分地参与胶束的形成，因为苯胺阳离子同样具有亲水和亲油端。而过量苯胺或者进入胶束内部形成增溶胶束或者形成乳液。当加入氧化剂后,苯胺的聚合反应会在胶束的表面进行,即胶束可以起到反应的模板的作用。聚苯胺主链具有刚性结构,分子间存在较强的 π-π 相互作用,在温度较低、反应速率较慢的情况下,胶束会在一维的方向上生长,最后自组装成为纳米管或者纳米纤维。图 8.17 给出了导电聚苯胺纳米管的自组装过程的示意图。

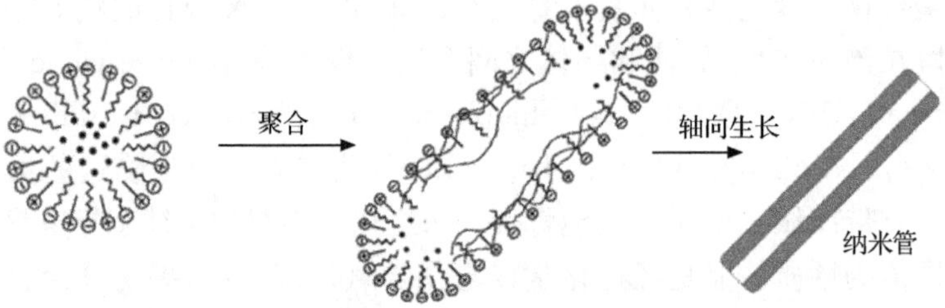

图 8.17 “无模板”自组装制备聚苯胺纳米管的示意图

掺杂剂不仅在“无模板”自组装方法制备导电聚合物纳米结构的过程中对自组装体的结构起限定的作用,而且掺杂剂还可以在导电聚合物的聚合过程中进一步影响聚合体的性质。有人以手性分子作为掺杂剂,以自组装方法制备了具有诱导手性的聚苯胺纳米纤维[42]。在这个自组装过程中非手性的苯胺分子受手性掺杂剂(樟脑磺酸)的诱导作用获得了与掺杂剂一致的手性。分别用 D 型和 L 型的樟脑磺酸成功地诱导合成了右旋和左旋的聚苯胺纳米纤维。其扫描电子显微镜照片如图 8.18 所示。可以看出,左旋和右旋的聚苯胺螺旋纳米纤维的绕向清楚可见。聚苯胺螺旋纳米纤维的形成是与掺杂剂直接相关的。首先,由于苯胺单体的刚性,在氧化时倾向于线形生长,形成聚苯胺的纳米线。而且只要抑制苯胺的过度生长就容易生成线状的聚苯胺;其次,在光学活性的掺杂剂樟脑磺酸的诱导下,分子之间的氢键和静电作用力诱导聚苯胺采取螺旋的方式生长;而且,由于分子间的 π-π 堆积也促进了聚苯胺螺旋纳米纤维的生成。所以,正是由于以上因素的综合效应导致了聚苯胺螺旋纳米纤维的生成。

在溶液中以自组装方法制备的导电聚合物纳米结构是随机杂乱地混在一起的,不利于性质的研究以及器件化的应用。对衬底进行图案化的表面改性可以辅助电化学聚合方法得到位置和质量可控的导电聚合物阵列。电化学聚合方法制备导电聚合物纳米结构的过程中也涉及自组装。这是由于单体在阳极附近氧化形成带正电的自由基,随后这些阳离子自由基之间发生耦合形成二聚体,接下来二聚体或没有脱去质子的二聚体自由基与单体阳离子自由基进一步耦合形成三聚体,最终通过前面这样的氧化、耦合及脱质子的过程实现导电聚合物链的增长。随着导电聚合物链长的不断增加,导电聚合物在溶剂的溶解度逐步降低,当链长达到一定的程度导电聚合物就开始从溶剂中析出,吸附在工作电极上。在电化学聚合过程

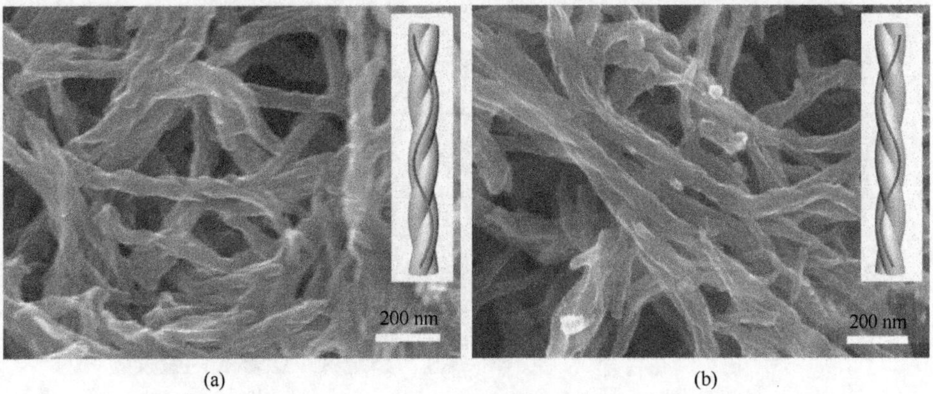

图 8.18　手性诱导自组装形成的聚苯胺螺旋结构的扫描电镜照片
(a)右旋;(b)左旋[42]

中,掺杂剂同时起到表面活性剂的作用,由于掺杂剂亲油基团的疏水作用降低了导电聚合物胶束的表面能,所以导电聚合物可以纳米级尺寸的核稳定存在。导电聚合物的持续析出使得更多的导电聚合物胶束不断沉积在核上,形成一维纳米结构。

电化学聚合方法是获得导电聚合物的方便、可控而且干净的途径。电化学方法(恒电流、恒电位及循环伏安等)、掺杂剂、溶剂以及添加剂对导电聚合物纳米结构的形貌有很大的影响。采用自上而下的微纳加工技术与自下而上的自组装相结合的方法,可以制备与衬底垂直,密度和质量可控的导电聚合物纳米线阵列。如利用电子束曝光的方法在蒸镀了铂的衬底上制备不同直径的纳米孔阵列,用电化学聚合的方法可以在每个孔内得到单根聚吡咯纳米线[43]。图 8.19 给出了制备过程的示意图,以及聚吡咯纳米线的扫描电镜图片。

8.5.2　小分子有机半导体自组装

为了开发具有更高性能的有机半导体器件,各国的研究机构已经开始将有机半导体器件研究推进到小分子有机半导体纳米器件领域。这是因为小分子有机半导体纳米器件不仅在器件密度和集成度提高方面有较大潜力,而且随器件尺寸的缩小,器件性能得到大幅提高,理论计算指出缩小有机场效应晶体管的沟道或栅极尺寸可以提高有机半导体器件的操作速度和输出功率,降低操作电压。另一方面,由于小分子有机半导体纳米结构具有更大的比表面积,载流子的耗散和积聚能在纳米结构的“体相”发生,从而降低场效应晶体管的阈值电压;而且小分子有机半导体纳米结构多以单晶形式存在,单晶结构最大程度地降低晶界和缺陷,使有机半导体器件的载流子迁移率和开关比得到大幅提高。

目前小分子有机半导体纳米器件的制作过程中,通常采用滴加溶液的方式将

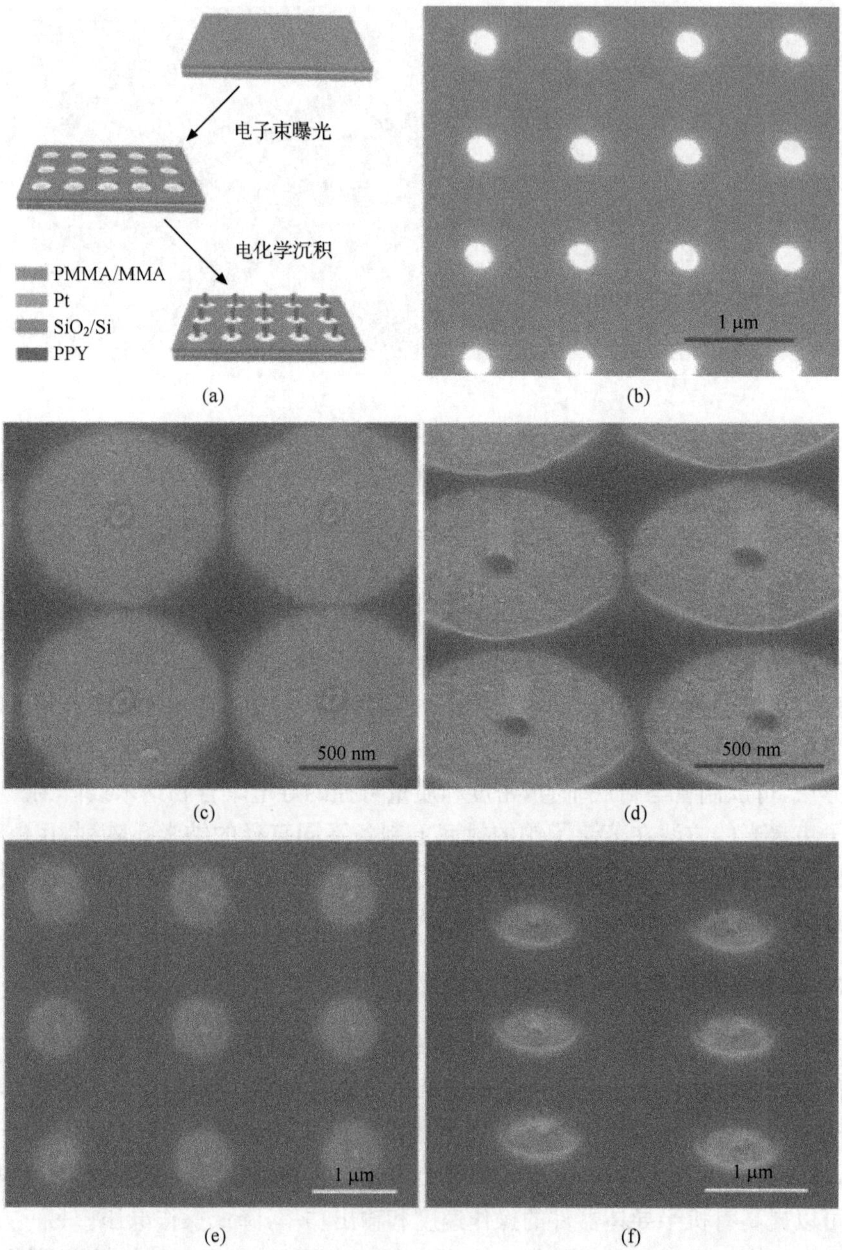

图 8.19 (a)制备过程的工艺流程;(b)纳米孔电极;(c)和(e)分别为聚吡咯纳米线的俯视扫描电镜照片;(d)和(f)分别为聚吡咯纳米线 52°倾转角下的扫描电镜照片[43]

有机半导体纳米结构从溶液转移到衬底上,有机半导体纳米结构在衬底上随机杂乱地分布,无法控制纳米结构的位置和取向。有机半导体纳米结构位置和取向的无序不利于器件尺寸缩小和器件密度提高，还导致器件存在较大的漏电流以及器件间的串扰，使纳米器件的开关比降低。因此，无论从器件制作还是器件性能提高的角度来说，都要求有机半导体纳米结构的位置和取向在最大程度上有序。总的来说，如何解决有机半导体纳米结构在衬底上分布位置和取向的无序和与纳米器件对纳米结构排布有序的要求这两者之间的矛盾，成为有机半导体纳米器件的制作和性能研究方面急需解决的一个挑战性问题。

多晶或非晶小分子有机半导体中晶界的存在以及分子的杂乱排布引起的载流子散射限制了电荷的传输。而单晶形态的小分子有机半导体由于避免了散射中心的存在，能够提高载流子迁移率，这是单晶最基本的优势。共轭小分子通过自组装形成一维纳米结构的过程涉及 π-π 堆积作用与溶剂化作用之间的平衡。一方面，溶质在溶剂中一定的溶解度是独立的分子经由自组装形成纳米结构的必要条件，为了增加溶解度需要在小分子骨架的特定位置上修饰侧链(如长烷基链或枝杈状烷基链)来阻碍共轭骨架之间的 π-π 堆积作用。另一方面，弱化的 π-π 堆积作用防止共轭小分子在一维方向上的有效堆积。一种增强分子堆积的方法是增大刚性共轭骨架的尺寸，例如用三聚体、四聚体或五聚体来代替单个小分子。在有些情况下，扩展的共轭分子骨架倾向于形成分子堆积有序程度不很高的纤维结构。几个共轭小分子形成的超分子平面的弯曲是为了使体系能量最小化，但是这种扭曲在一定程度上减弱了超分子之间的 π-π 堆积作用，因此造成面对面堆积的变形。发射谱红移佐证了由小分子构成的超分子晶体中存在的 π-π 堆积的扭曲。为此，研究人员利用微接触印刷技术对衬底表面进行图案化的选择性亲疏水改性[44]，以蒸发气相传输方法对不同有机分子，如并五苯、红荧烯和 C_{60}，都可以在图案化的区域定位沉积。这种定位沉积的方法就是巧妙地将自组装技术与微纳加工技术结合实现自组装技术在大规模有序纳米结构制备中的尝试。通过统计不同区域面积的图案内并五苯单晶的数目，可以得到并五苯的成核密度，这样就为获得每个区域单个晶体的可能性提供了指导。以类似的方法可以实现对分子晶体的成核位置和成核密度进行控制，但是目前却无法控制单晶的取向。很多晶体是具有各向异性的，特别是作为电学器件，研究不同晶面及不同晶向内[45]的各向异性具有重要意义。

有机单晶为获得对分子相互作用与场效应晶体管迁移率之间关系的深入理解提供独特的模型。然而，利用有机单晶来作为工业化制备器件的应用，还需要在大范围的衬底上制作器件阵列。为此，可以利用微接触印刷在衬底上制作正十八烷基三乙氧基硅烷(octadecyltriethoxysilane，OTS)图案[46]，然后用物理蒸发的方法将有机分子转移到图案内，并得到了位置可控、单个单晶的高质量样品(如图 8.20 所示)。用正十八烷基三乙氧基硅烷修饰区域的粗糙形貌作为选择性生长有机半导体单晶的成核位点。在衬底上沉积纳米晶作为晶种来生长单晶的方法也被用于可控生长有机单晶的尝试，用于制备酞菁类衍生物的有机场效应晶体管。利用某种自组装单分子层作为模板也可以作为液相法选择性制备有机单晶,作为成核位点,或者用于浸润图案化工艺。

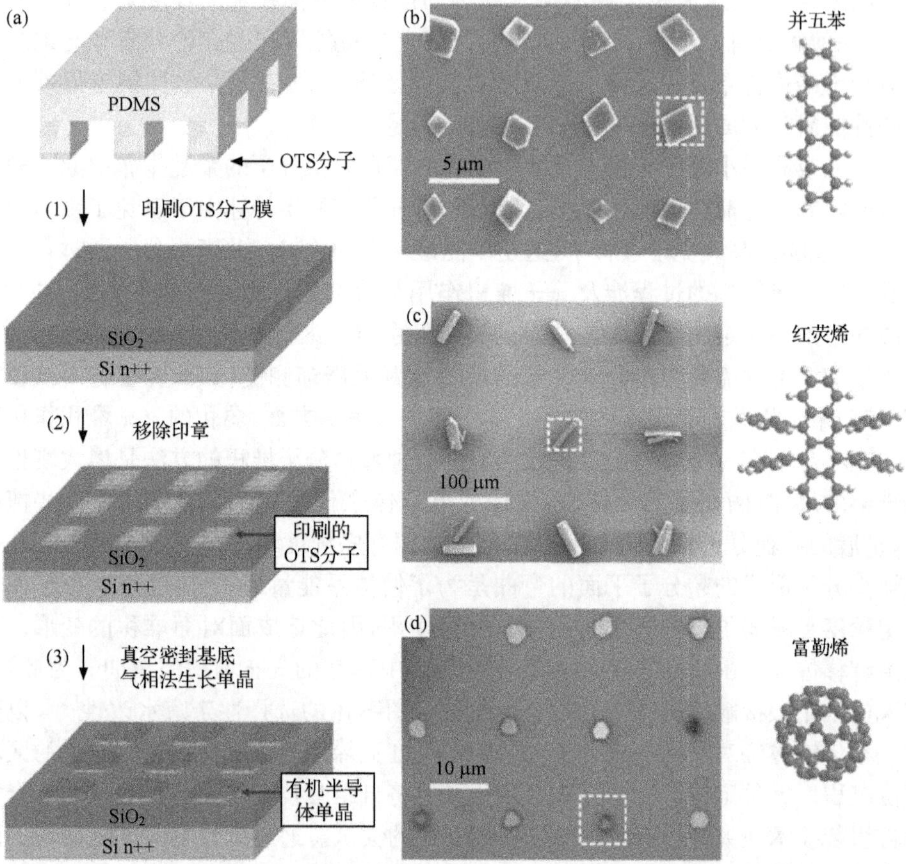

图 8.20　(a)小分子有机半导体在图案化衬底上的可控自组装工艺示意图;(b)、(c)和(d)分别为并五苯、红荧烯和富勒烯分子的自组装结果的扫描电镜照片[46]

8.6　纳米颗粒自组装

还有一类比较重要的自组装是以纳米颗粒为构建单元的纳米颗粒自组装。纳米颗粒的自组装是利用纳米颗粒表面吸附的电荷之间的静电作用、溶剂作用或两者的共同作用使得纳米颗粒自发地排布成有序结构。有机或无机的介质材料小球和贵金属纳米颗粒是最常用的纳米颗粒自组装构建单元。纳米颗粒自组装可以应用于光子晶体、表面增强拉曼谱(surface-enhanced Raman spectroscopy,SERS)乃至制备碳纳米管、氧化锌纳米线等催化剂领域。通过静电作用、表面张力和重力等弱相互作用,让介质材料亚微米或纳米小球自发地排布成具有面心立方多层结构,可以获得人工蛋白石(opal)三维光子晶体。进一步,通过精心控制溶液的浓度和自组装过程的其他参数,能使介质小球按照密堆积的形式在二维平面上获得双层或单层的自组装结构。经过自组装形成的纳米小球,除了可直接作为光子晶体之外,还可以作为刻蚀或沉积镀膜的掩模图形。

纳米颗粒自组装中使用最广泛的小球为聚苯乙烯小球,此外还可以利用有机玻璃(如 PMMA)和二氧化硅等材质的小球。用重力沉降法和气压法[47]可以制备高质量的聚苯乙烯小球自组装三维光子晶体。用厚度为几十微米的光刻胶制作的开口环,作为分隔环将两片载玻片分开形成半闭合的腔体,在上载玻片的远离开口环的开口的位置打孔,作为聚苯乙烯小球悬浊液的注入口。随后从注入口通入氮气,利用氮气的压力可以得到高质量的人工蛋白石光子晶体。

高质量的聚苯乙烯自组装单层和双层膜的制备方法要比上面提到的聚苯乙烯小球的三维自组装复杂,需要控制聚苯乙烯小球悬浊液的浓度和溶液的表面张力。聚苯乙烯小球自组装单层膜的制备方法如下:一定浓度的聚苯乙烯小球的悬浊液直接滴加到石英片上,并倾斜石英片使悬浊液均匀覆盖整个石英片表面,然后缓慢地将石英片浸入水中。这样只留下单层的聚苯乙烯小球在石英片的表面,多余的聚苯乙烯小球就分散到水中,再向水中滴加一滴 2% 的十二烷基磺酸钠(dodecyl sodium sulfate)水溶液,以使多余的聚苯乙烯小球彻底脱离石英衬底并上浮到水面。最后将石英片从没有聚苯乙烯小球漂浮层的区域取出,待干燥后获得高质量的自组装单层聚苯乙烯小球。双层聚苯乙烯小球的自组装可以在单层聚苯乙烯小球的基础上继续进行,只不过第二层的自组装方法不同于第一层。具体方法如下:将一定浓度的聚苯乙烯悬浊液与乙醇按 1∶1 的体积比进行混合,滴加到载玻片上。然后轻轻地将载玻片放到水面上,聚苯乙烯小球就从载玻片表面转移到水的表面,形成一层紧密排布的聚苯乙烯单层。再向水中滴加一滴 2% 的十二烷基磺酸钠水溶液,来调节水表面的张力,以使聚苯乙烯小球更紧密地排布。然后用带有自组装单层聚苯乙烯小球的石英片从水中向上以均匀的速度缓慢向上提拉,利用基片上部溶剂挥发所产生的压力差,将聚苯乙烯小球推向基片并紧密排列成规则结构。相对于旋涂(spin coating)、自然干燥和对流自组装[48],这种改良的提拉法更能保证聚苯乙烯小球自组装单层膜的单层性,并且在最大程度上消除由排列造成的缺陷,结合金属沉积可以应用于纳米球曝光(nanosphere lithography)技术[49]。如人们利用激光干涉曝光方法将自下而上的自组装纳米金颗粒按照一定方式排布(如图 8.21 所示),观察到由于等离激元共振引发的超材料在光学频率产生的电和磁响应[50]。还有人利用电子束曝光技术制作了一定图案的模板,将聚苯乙烯小球精准地放入到模板内,并且研究了模板尺寸对纳米粒子摆布的影响[51](如图 8.22 所示)。此外,人们采用电子束曝光技术在蒸镀了 10 nm 金薄膜的玻璃片上定义了一系列尺寸的圆孔阵列，然后利用两端带有巯基的二巯基分子的 40 nm直径的金纳米颗粒，将 PMMA 胶上的孔可以作为金纳米颗粒自组装的模板，则不同孔径的图案中可以得到数量不同的金纳米颗粒的组装结构[52]（如图 8.23所示）。

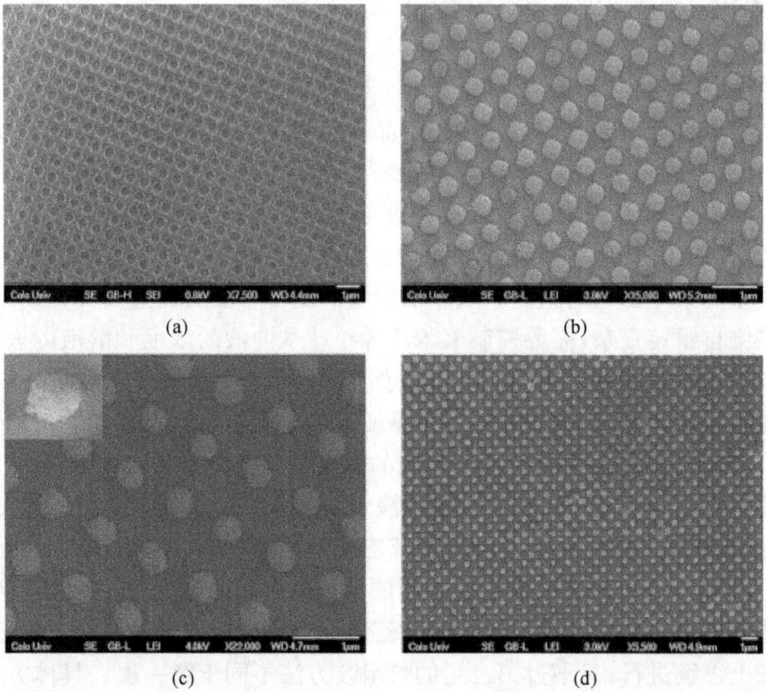

图 8.21 (a)自组装模板的扫描电镜照片；(b)、(c)和(d)分别为不同直径与间距的金纳米团簇阵列(d=420 nm，P=620 nm；d=415 nm，P=835 nm；d=310 nm，P=650 nm)的扫描电镜照片[50]

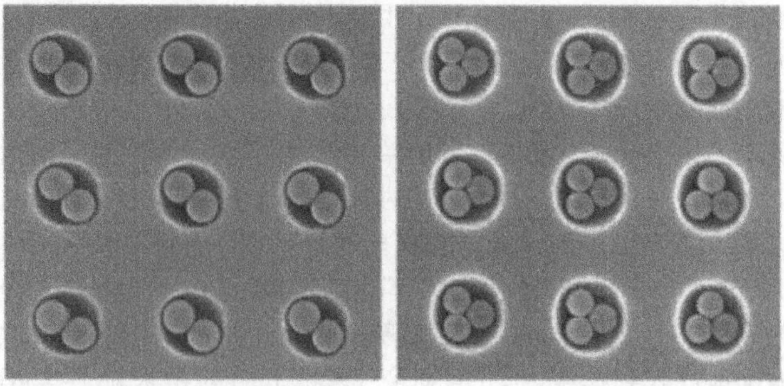

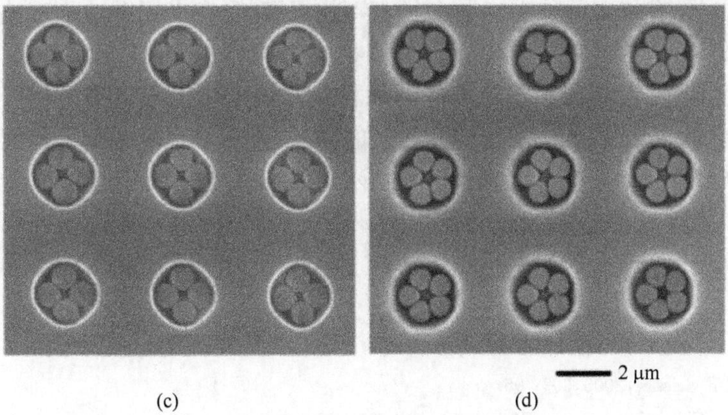

图 8.22　(a)、(b)、(c)和(d)分别为填充 2、3、4 和 5 个聚苯乙烯小球的微米孔阵列的扫描电镜照片[51]

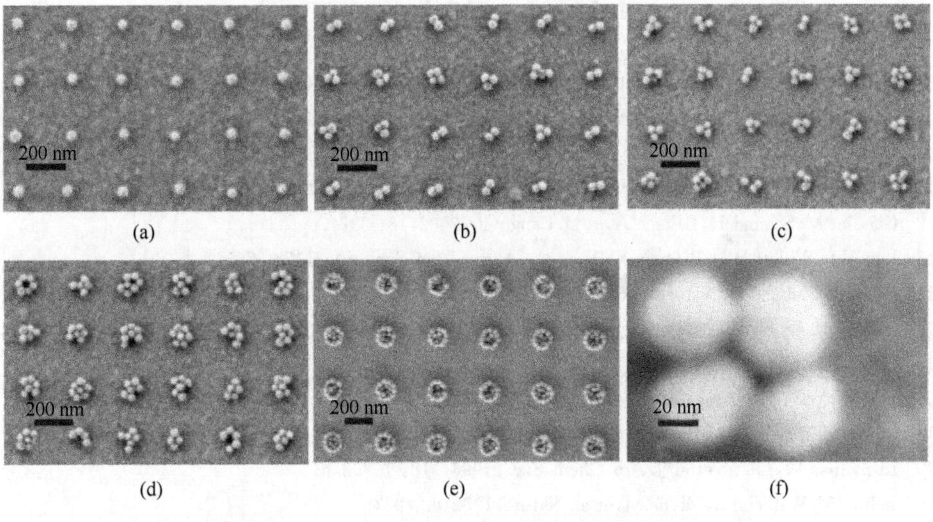

图 8.23　(a)、(b)、(c)、(d)和(e)分别为不同直径的纳米孔模板(50 nm,80 nm,100 nm,130 nm 和 200 nm)中金纳米颗粒定向自组装结果的扫描电镜照片;(f)为放大后单个团簇的扫描电镜照片[52]

自组装技术的目的不是通过共价键的形成来合成新的化合物,而是利用弱相互作用使无序的分子、大分子或胶体颗粒等构建单元自发组织形成具有纳米尺度的材料或结构。为了廓清自组装技术在纳米科学与技术中的作用和定位,在本章的开始用一定的篇幅介绍了自组装的定义和特点,并简单介绍了自组装过程中涉及的主要的驱动力。随后,按照单分子、聚合物到纳米颗粒的顺序分别介绍不同尺度的构建单元的自组装方法,包括以硫醇和硅烷为代表的分子单层膜自组装、嵌段共聚物自组装、有机半导体自组装和纳米颗粒自组装,突出了微纳加工技术与自组装技术的结合,从这两种本来独立发展的技术(自上而下与自下而上)的交叉与融合这一角度,向读者展现一些新奇的纳米材料和纳米结构的制备途径。随着纳米科学研究的深入,自组装技术正向更复杂的体系、更高的有序度和可控度的方向发展,在生物、纳米材料、纳米机电系统和纳米器件等领域与传统微纳加工技术交叉。这种交叉有助于消除自组装过程产生的缺陷,或者辅助组装体进行自我修复来消除这种缺陷。

参考文献

[1] Service R F. Science, 2005, 309: 95.

[2] Janiak C. J. Chem. Soc., Dalton Trans., 2000: 3885.

[3] Netzer L, Sagiv J. J. Am. Soc., 1983, 105: 674.

[4] Sagiv J. J. Am. Chem. Soc., 1980, 102: 92.

[5] Finklea H O, Robinson L R, Blackburn A, et al. Langmuir, 1986, 2: 239.

[6] Kojio J, Takahara A, Omote K, et al. Langmuir, 2000, 16: 3932.

[7] Kumar A, Whitesides G M. Appl. Phys. Lett., 1993, 63: 2002.

[8] Friebel S, Aizenberg J, Abad S, et al. Appl. Phys. Lett., 2000, 77: 2406.

[9] Gillen G, Wight S, Bennett J, et al. Appl. Phys. Lett., 1994, 65: 534.

[10] Lercel M J, Redinbo G F, Pardo F D, et al. J. Vac. Sci. Technol. B, 1994, 12: 3663.

[11] Golzhauser A, Geyer W, Stadler V, et al. J. Vac. Sci. Technol., B, 2000, 18: 3414.

[12] Geissler M, Schmid H, Beitsch A, et al. Langmuir, 2002, 18: 2374.

[13] Loo Y L, Willett R L, Baldwin K W, et al. J. Am. Chem. Soc., 2002, 124: 7654.

[14] Dunn A, Melville H. Nature, 1952, 169: 699.

[15] Matsen M W, Schick M. Phys. Rev. Lett., 1994, 72: 2660.

[16] 江明,艾森博格 A,刘国军,等. 大分子自组装. 北京:科学出版社,2006.

[17] Park C, Yoon J, Thomas E. Ploymer, 2003, 44: 6725.

[18] Morkved T L, Wiltzius P, Jaeger H M, et al. Appl. Phys. Lett., 1994, 64: 422.

[19] Li Z, Zhao W, Liu Y, et al. J. Am. Chem. Soc., 1996, 118: 10892.

[20] Böltau M, Walheim S, Mlynek J, et al. Nature, 1998, 82: 877.

[21] Rockford L, Liu Y, Mansky P, et al. Phys. Rev. Lett., 1999, 82: 2602.

[22] Knoll A, Horvat A, Lyakhova K S, et al. Phys. Rev. Lett., 2002, 89: 035501.

[23] Park M, Harrison C, Chaikin P M, et al. Science, 1997, 276: 1401.

[24] Yang X M, Peters R D, Nealey P F, et al. Macromolecules, 2000, 33: 9575.

[25] Rockford L, Liu Y, Mansky P, et al. Phys. Rev. Lett., 1999, 82: 2602.

[26] Liu C C, Han E, Onses M S, et al. Macromolecules, 2011, 44: 1876.

[27] Kim S O, Solak H H, Stoykovich M P, et al. Nature, 2003, 424: 411.

[28] Stoykovich M P, Muller M, Kim S O, et al. Science, 2005, 308: 1442.

[29] Stoykovich M P, Hang H M, Daoulas K C, et al. ACS Nano, 2007, 1: 168.

[30] Kim S O, Solak H H, Stoykovich M P, et al. Nature, 2003, 424: 411.

[31] Jeong J W, Park W I, Kim M J, et al. Nano Lett., 2011, 11: 4095.

[32] Liu C C, Thode C J, Delgadillo P A R, et al. J. Vac. Sci. Technol. B, 2011, 29: 06F203.
[33] Kang H M, Craig G S W, Han E, et al. Macromolecules, 2012, 45: 159.
[34] Delgadillo P A R, Gronheid R, Thode C J, et al. J. Micro-Nanolith. MEM., 2012, 11: 031302.
[35] Pinge S, Qiu Y F, Monreal V, et al. Phys. Chem. Chem. Phys., 2020, 22: 478.
[36] Li J J, Delgadillo P A R, Suh H S, et al. Proc. of SPIE, 2019, 10960: 109600V.
[37] Muramatsu M, Nishi T, You G, et al. Proc. of SPIE, 2019, 10960: 109600W.
[38] Suh H S, Kim D H, Moni P, et al. Nature Nanotechnology, 2017, 12: 575.
[39] Yang W L, Zhang W, Luo L F, et al. Chem. Commun., 2020, 56: 10341.
[40] Shirakawa H, Louis E J, MacDiarmid A G, et al. J. Chem. Soc. Chem. Comm., 1977: 578.
[41] Huang J, Wan M. J. Polym. Sci., Part A: Polym. Chem., 1999, 37: 1277.
[42] Yan Y, Yu Z, Huang Y W, et al. Adv. Mater., 2007, 19: 3353.
[43] Xia L, Quan B G, Wei Z X. Macromol. Rapid Commun., 2011, 32: 1998.
[44] Briseno A L, Mannsfeld S C B, Ling M M, et al. Nature, 2006, 444: 913.
[45] Sundar V C, Zaumseil J, Podzorov V, et al. Science, 2004, 303: 1644.
[46] Liu S, Becerril H A, LeMieux M C, et al. Adv. Mater., 2009, 21: 1266.
[47] 张琦, 孟庆波, 程丙英, 等. 物理学报, 2004, 53: 58.
[48] Ormonde A D, Kicks E C M, Castillo J, et al. Langmuir, 2004, 20: 6927.
[49] Hulteen J C, Van Duyne R P. J. Vac. Sci. Technol. A, 1995, 13: 1553.
[50] Yin Y, Lu Y, Gates B, et al. J. Am. Chem. Soc., 2001, 123: 8718.
[51] Lee J H, Wu Q, Park W. Opt. Lett., 2009, 34: 443.
[52] Yan B, Thubagere A, Premasiri W R, et al. ACS Nano, 2009, 3: 1190.

习　题

1. 简述自组装加工中所涉及的各种驱动力。

2. 分别给出在硅、GaAs 和云母三种基底上形成疏水性表面改性所需的表面活性剂。

3. 如果需要在石英基底上，以直径 100 nm 的银颗粒规则排列，形成线宽 2 μm 的“IOPCAS”字样，该如何加工？

4. 简述嵌段共聚物定向自组装工艺过程。

第 9 章　微纳加工在电学领域的应用

微纳加工技术在研究纳米材料的电学性质及制作纳米电子器件方面具有不可替代的作用。无论是电极的制作、功能结构的形成，还是器件的加工，都离不开微纳加工。对纳米材料与纳米结构电学性质的研究，最直接的驱动力就是材料与结构在纳米尺度所可能呈现的不同于体材料的特殊物理性质，特别是新奇的量子现象。

我们知道，电子本身是一种带电粒子，根据波粒二象性，可以得到电子的德布罗意波长：

$$\lambda_{\mathrm{d}} = 2\pi \frac{h}{\sqrt{2mE}} \tag{9.1}$$

其中，h 是普朗克常数，m 是电子的有效质量，E 为能量。对半导体而言，λ 的量级为 10～100 nm，正是纳米材料与器件的特征物理长度。因此，导致这一尺度的材料与器件呈现一些独特的物理现象，如随着材料的尺寸从三维(3D)到二维(2D)、一维(1D)和零维(0D)的降低，电子的态密度从连续、准连续能带直至变成完全分立的能级(如图 9.1 所示)。

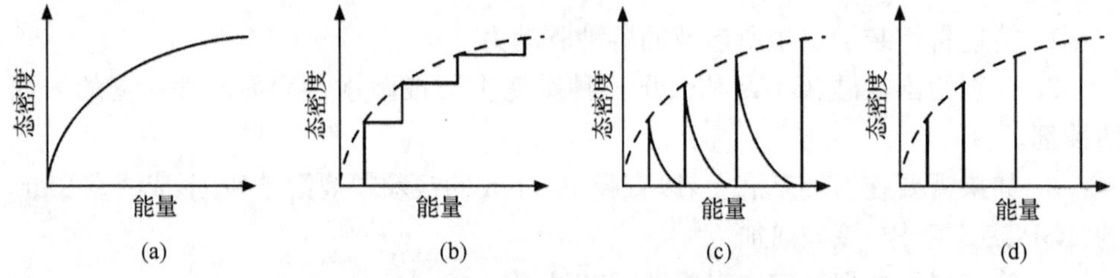

图 9.1　不同维度材料的电子能态密度

(a) 三维；(b) 二维；(c) 一维；(d) 零维

理想情况下，对于 3D 的半导体，电子的波函数为

$$\phi(r) = \mathrm{e}^{ik\cdot r} \tag{9.2}$$

相应的本征能级为

$$E = \frac{\hbar^2 k^2}{2m^*} \tag{9.3}$$

对于 2D 的长度为 a 的量子阱，电子的波函数为

$$\phi(x,y,z) = \mathrm{e}^{\mathrm{i}(k_x x + k_y y)} \sqrt{2/a}\sin(n\pi z/a) \qquad (n = 1,2,3,\cdots) \tag{9.4}$$

相应的本征能级为

$$E=\frac{\hbar^2}{2m^*}(k_x^2+k_y^2)+\frac{\hbar^2}{2m^*}\left(\frac{n^2\pi^2}{a^2}\right) \tag{9.5}$$

对于1D的x,y方向长宽分别为a,b的量子线，电子的波函数为

$$\phi(x,y,z)=\mathrm{e}^{\mathrm{i}k_z z}\frac{2}{\sqrt{ab}}\sin(n\pi x/a)\sin(m\pi y/b)\quad (n,m=1,2,3,\cdots) \tag{9.6}$$

相应的本征能级为

$$E=\frac{\hbar^2 k_z^2}{2m^*}+\frac{\hbar^2\pi^2}{2m^*}\left(\frac{n^2}{a^2}+\frac{m^2}{b^2}\right) \tag{9.7}$$

对于0D的x,y,z方向长宽高分别为a,b,c的量子点，电子的波函数为

$$\phi(x,y,z)=\frac{2^{3/2}}{\sqrt{abc}}\sin(n\pi x/a)\sin(m\pi y/b)\sin(l\pi z/c)\quad (n,m,l=1,2,3,\cdots) \tag{9.8}$$

相应的本征能级为

$$E=\frac{\hbar^2\pi^2}{2m^*}\left(\frac{n^2}{a^2}+\frac{m^2}{b^2}+\frac{l^2}{c^2}\right) \tag{9.9}$$

在上面各种低维结构的本征能级公式中，受限方向出现能级量子化现象，量子化能级间隙与该方向上约束长度的平方成反比，该方向的受限尺寸越小，则该方向量子化能级间隙越大，能量量子化越明显。因此，精确控制受限尺寸对调控材料的电子输运特性至关重要。鉴于目前已有大量的书籍和文献基于上面的基础，对纳米尺度材料所可能呈现的物理、化学、生物等新奇现象进行了理论探讨，本书不再赘述，只重点介绍微纳加工技术在纳米材料与纳米器件研究领域的应用结果。本章介绍微纳加工在电学领域的应用。

9.1 测量电极

纳米材料与纳米器件电学性质的研究离不开金属化。电路的金属化系统包括各器件单元的互连线、接触电极和栅电极等。分立的器件一般都有一些共同的基本结构，即能量的输入端和经器件运作后的功能输出端，而担负这一输入/输出的枢纽是接触电极。当电极和制作器件的材料接触时通常会产生接触电阻，根据接触电阻的特性，可分为肖特基接触和欧姆接触。当器件材料为轻掺杂的半导体时，出现整流特性，即肖特基接触，这种接触不利于大部分器件的正常工作；当器件材料为重掺杂的半导体时，呈现欧姆接触特性，电流从两个方向流过时均不产生额外的电压降，可以为器件和外部电路提供有效的连接手段，是理想的电极接触。如何减小肖特基势垒的影响，获得良好的欧姆接触，对于纳米材料与器件的本征特性研究至关重要。面对众多的纳米材料和纳米结构以及由它们所构建的纳米器件，要

制作一个理想的电极,对于电极的设计、电极材料的选择和电极的加工技术都有严格的要求。

9.1.1 电极的设计

为了减小电极的接触电阻,在电极设计上需要慎重考虑。根据电极连接方式的不同,电极设计可分为两端法、四端法和六端法。

两端法是最早采用的方法[1],但这种方法的测量精度有限,一般只用来测量大的电阻。

四端法是通用的测量低值电阻的标准方法之一,它是通过测量待测电阻两端电压和流经的电流来确定电阻值[2]。四端法克服了触点电阻和引线电阻的影响,适用于各类电阻的测量,尤其是低值电阻的测量。

六端法是一种更加精确的测量电阻方式,它可以给出接触电阻更详细的信息,包括接触前端电阻(contact front resistance)、接触后端电阻(contact end resistance)、接触点下的方块电阻等[3]。

9.1.2 电极材料的选取

肖特基接触的整流特性决定于金属电极的功函数、半导体的能隙,以及半导体的掺杂类型及浓度。在设计纳米器件时需要选择合适的电极材料,以确保不会在需要欧姆接触的地方产生肖特基势垒。针对不同的器件材料,需要选择不同的电极材料。

通常,只要选用那些功函数比 n 型半导体小或者比 p 型半导体大的金属,就可以与半导体形成没有整流作用的接触。但是,还需考虑到金属与半导体的接触势垒高度还受半导体表面态的影响,作为欧姆接触电极的材料要有良好的导电性,并易于焊接,以及同半导体的黏附性强,材料性能稳定、不易氧化等。

1. Ⅳ族器件的电极材料

对于硅基器件,大多采用铝做电极材料,因为铝能与 n 型或 p 型的硅同时形成良好的欧姆接触,在二氧化硅上的黏附性良好。

对于石墨烯器件,因为石墨烯没有带隙,很容易实现欧姆接触,一般常用的电极材料有 Au/Cr、Au/Ti 和 Ni。

对于碳纳米管(CNT)器件,CNT 与金属电极形成接触主要有两种方式:一种是直接将 CNT 分散到已加工好的金属电极上,依靠它们间的范德瓦耳斯力使 CNT 吸附在金属电极表面;另一种则是先将 CNT 分散在绝缘衬底上,然后利用微纳加工技术在 CNT 上进行金属化,制作出压在 CNT 上的电极。通常,CNT 与金属电极间的接触可能存在如接触电阻大等问题,尤其是第一种方式,还存在一致性差、接触的机械强度弱等缺陷，因此，采用有效的后处理方法对接触特性进行改善十分必要。对于第一种接触方式，CNT 与金属的接触点暴露在外部，可进行电子束轰击或焊接处理等来改善接触电阻；对于后一种接触方式，可进行高温退火等处理。如采用高温退火法改善 Ti 电极与单壁碳纳米管（SWCNT）束的接触，在超高真空的环境下，对两端搭接在两个 Ti 电极上的 SWCNT 束进行 970 ℃热处理 20 min。处理后 TEM 观察显示 CNT 与金属 Ti 接触处形成了 TiC 晶体，电学性质测试表明接触电阻降低到原来的 1/5～1/3[4]。半导体性的 SWCNT 与金属电极的接触还与它的直径有关，有研究发现：当直径大于 1.6 nm 时，铑和钯均能与其形成欧姆接触；但当直径小于 1.6 nm 时，无论是铑或钯电极与其之间存在的肖特基势垒都不能忽略。这是因为势垒高度对单壁碳纳米管的直径非常敏感[5]。

SiC 是一种重要的宽带隙半导体材料，有多种晶体结构，对于 SiC 电极接触的研究表明：大多数过渡金属元素都与 n 型 SiC 或 p 型 SiC 形成肖特基垫垒，势垒高度约 1 eV，不易得到良好的欧姆接触，特别是对 p 型 SiC 更难。SiC 欧姆接触的好坏主要依赖于掺杂浓度，同时还须在高温（800～1300℃）下退火。目前对于 n 型或 p 型 SiC 的欧姆接触，最常用的是 Al、Ni 或合金。

2. Ⅲ-Ⅴ族器件的电极材料

Ⅲ-Ⅴ族化合物材料已在制作纳米光电子器件方面有了很大进展。例如，宽禁带的氮化物半导体材料具有高热导率、高迁移率、高击穿电压和耐腐蚀性等特性而备受关注，尤其是 GaN 基蓝光 LED 在半导体照明领域有重要应用。但是 GaN 的功函数很高：n 型 GaN 约 4.2 eV，p 型 GaN 约 7.5 eV。对于 p 型 GaN，高的功函数使之不容易得到高的 p 型载流子浓度，而可供选择的大功函数金属又比较少，具有最大功函数的金属 Pt 也只达到 5.65 eV，因此很难找到一种合适的金属与之形成稳定性和重复性好的欧姆接触。为此，人们考虑采用多层金属与 GaN 形成的低势垒或者用高掺杂层来解决欧姆接触问题，例如选用 Ti/Al 制作 n 型 GaN 的电极，用 Ni/Au 制作 p 型 GaN 的电极，在氧气氛下合金，均能满足对接触电阻的一般要求。

3. Ⅱ-Ⅵ族器件的电极材料

对Ⅱ-Ⅵ族化合物，以 ZnSe 为例，功函数为 6.76 eV，选用 In 电极，功函数为 4.2 eV，可以形成欧姆接触。但对于 p 型 ZnSe，由于很难找到功函数超过 6.76 eV 的金属，所以不易制备良好的欧姆接触。但可以尝试采用多层膜结构，在界面形成 p^{++}层，这样有可能把热电子发射改变为热电子场发射，利用隧道效应实现欧姆接触。但是工艺比较复杂，不易实现。ZnSe 器件常常又加入 Cd、Mg、S 等元素，形成多元化合物。对于多元化合物，形成欧姆接触比较困难，特别是在带隙增大的情况下,更是如此。作为Ⅱ-Ⅵ族的另一化合物 ZnO,禁带宽度相对较小,为 3.37 eV。同时,ZnO 内部存在较多的缺陷,使得表面存在施主能级,所以 ZnO 较易形成欧姆接触,可采用钨和铂制作电极[6]。

4. 宽禁带半导体器件的电极材料

在宽带隙半导体上制造欧姆接触是较为困难的,具有足够低的功函数差以获得低势垒的金属通常不存在,这种情况下,制造欧姆接触的一般技术是在半导体表面建立一个重掺杂表层。另一个通用的技术是加入一个窄带隙的过渡层。

5. 有机半导体器件的电极材料

同无机材料一样,有机材料纳米器件与电极之间也存在不可回避的接触问题。有机场效应晶体管(OFET)的源和漏电极与有机半导体的接触通常被认为是金属-半导体异质结,根据 Mott-Schottky 理论,当金属功函数与 p 型有机半导体的最高占据能级(HOMO)或 n 型有机半导体的最低空置能级(LUMO)比较接近时,这种异质结可被视为欧姆接触,载流子可以有效地注入半导体材料中,接触势垒较小或者可以忽略。如果上述条件不满足,金属与有机半导体的界面将出现能级差,载流子不能有效地注入半导体材料内,这时就会存在较大的接触势垒,即接触电阻。

随着有机半导体材料载流子迁移率的提高,接触电阻成为影响器件性能的主要因素。如对于金电极与并五苯的接触界面,金的功函数为 5.4 eV,而并五苯为 p 型半导体,其 HOMO 为 5.2 eV,由金电极向并五苯注入空穴不存在势垒,它们之间应为欧姆接触。然而实验中发现,金电极与并五苯之间存在很大的接触电阻,原因是二者之间存在偶极势垒,使得并五苯的 HOMO 向下移动了 1.05 eV,因此注入势垒大大增加,产生了接触电阻。此外,在 OFET 中,接触电阻的大小还与有机层和源漏电极的制备顺序、栅压大小等因素有关[7,8]。

9.1.3 电极的加工

纳米材料和纳米结构作为构筑纳米器件的基础,其特性引起了人们广泛的关注。要获知低维纳米材料和结构的物性,特别是针对它们的电学性质,过去通常是对一束或一堆样品进行测量,获得的是它们作为整体的性质,更多反映的是单个纳米材料间的接触特性,往往不能真实地获得这些低维材料和结构的本征物性。现在,微纳加工可以为我们提供切实有效的技术手段来准确地对单个或分立的低维纳米材料与结构进行物性测量,从而获得它们的本征特性,特别是与尺寸相关的纳米效应。

当材料的电阻不是很小时,要表征单个低维纳米材料的电输运性质,可以利用聚焦离子束(FIB)技术方便准确地在低维材料上制作微电极。如利用聚焦离子束辅助沉积制作铂电极,可以实现对单个聚合物微球(如图 9.2 所示)和聚合物纳米管(如图 9.3 所示)电阻的测量[9,10]。采用 FIB 制作低维纳米材料的电极,接触特性是人们所普遍关心的。FIB 制作的电极与聚合物间的接触电阻很小,对于微球,电阻主要取决于球间接触特性。甚至对于某些方法制作的金属纳米线,如用多孔模板电沉积方法制备的白金纳米线,用聚焦离子束沉积的金属电极仍具有低的接触电阻[11]。因此,在研究低维纳米材料电输运特性方面,FIB 微电极制作技术是一种快速灵活和方便的方法。但必须注意到:FIB 的 Ga^+ 离子源会在样品表面引入污染,所形成的金属电极中还包含大量的金属碳化物和非晶碳,电阻率一般比金属要高 1～3 个数量级。

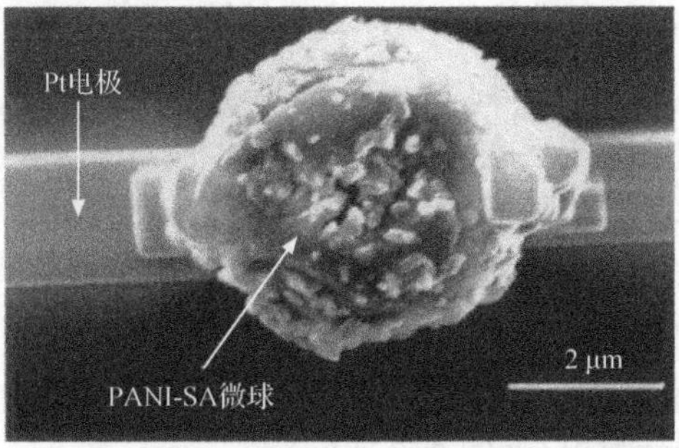

图 9.2 在微球两端用 FIB 沉积的 Pt 电极[9]

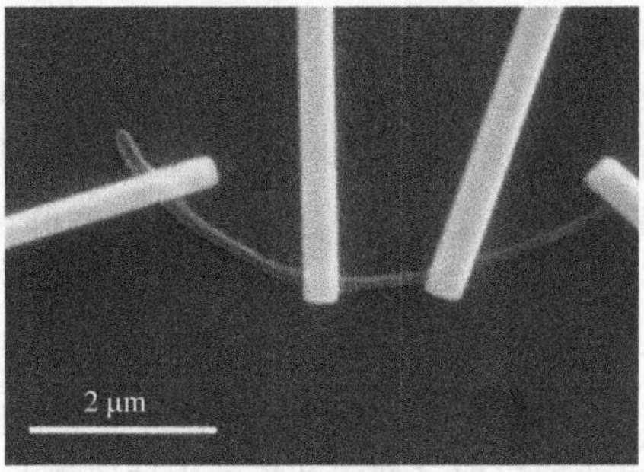

图 9.3 FIB 制作的单根纳米管电极[10]

用电子束曝光(EBL)技术制备的微电极污染少、电极材料的电阻低,适合于具有高、低电导率的各种低维材料。尽管 EBL 加工电极的工艺明显比 FIB 制作电极的工艺复杂,但仍是目前研究者普遍采用的方法。然而要注意消除残胶对接触电阻的影响,同时,考虑到设备的定位精度和成功率,通常要求一维纳米材料要有 2 μm以上的长度。图 9.4 是利用 EBL 技术在 2 μm 的单根 F 掺杂 BN 纳米管上制作的四电极结构,电极宽度和间距都是 200 nm[12]。此外,采用不同的金属材料制作电极,有助于发现纳米材料与器件的新特性。如利用 EBL 两次曝光和两次金属沉积与溶脱技术,可以在分立单壁碳纳米管上制作出两个铁磁和两个非铁磁金属电极(如图 9.5 所示),用来研究其自旋输运特性[13]。

对于一些具有特殊结构的纳米材料,为发现和利用它们的纳米效应,需要采用特殊的纳米加工手段,并结合多种纳米加工技术来制作接触电极。如对于多壁碳纳米管,采用上面介绍的在纳米材料表面制作电极的方法,通常测量的是表面电导,而多壁碳管内部多层管壁对电导的贡献并没有反映出来。为解决这一问题,人们发明了一种在扫描电镜系统内的探针原位测量方法,使测量电极与单根多壁碳纳米管的每层管壁均实现了接触(如图 9.6 所示),极大地提高了多壁碳纳米管的电流承载能力,所测得的外径为 100 nm 的多壁碳纳米管在室温下的饱和电流达

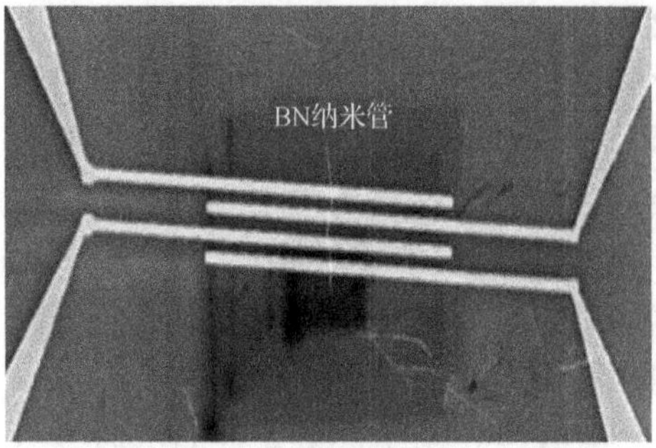

图 9.4 EBL 制作的单根 F 掺杂 BN 纳米管电极[12]

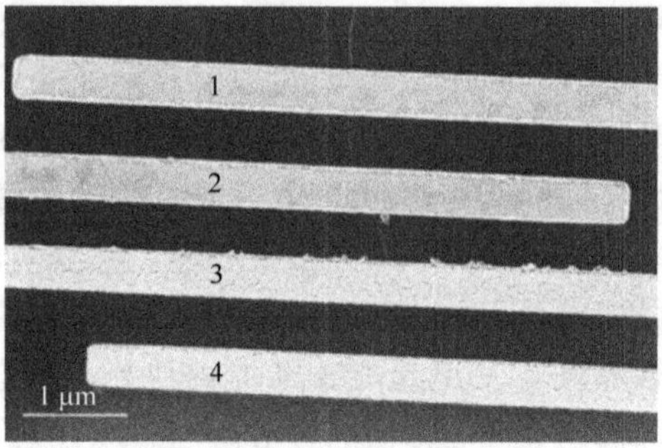

图 9.5 EBL 在一根单壁碳纳米管上制作的铁磁 Co 电极(1 和 2)和非铁磁 Al/Au 电极(3 和 4)[13]

到了 7.27 mA,对应的量子电导为 $490G_0$,且与管的长度无关,表明在多壁碳纳米管中实现了多通道弹道输运。这种测量方法实现了在多壁碳纳米管中所有管壁共同参与的导电,使多壁碳纳米管的饱和电流和量子电导提高了两个数量级以上[14]。但是这种探针与多壁管接触的测试方法与加工器件的平面工艺并不兼容。一种解决的办法是:利用 EBL 在多壁碳纳米管的最外层制作接触电极,然后利用 FIB 在电极与纳米管上刻蚀小孔,接着采用 FIB 沉积技术在孔内生长金属,这样就成功地实现了多壁碳管的内层管壁与电极的接触(如图 9.7 所示)[15]。

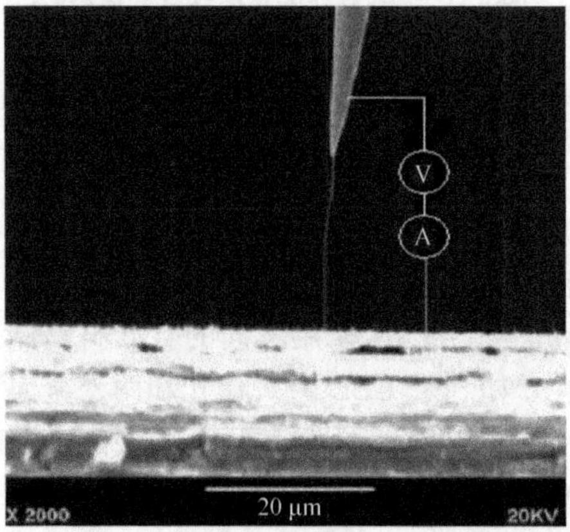

图 9.6 扫描电镜内利用探针实现与多壁碳管内层管壁的接触[14]

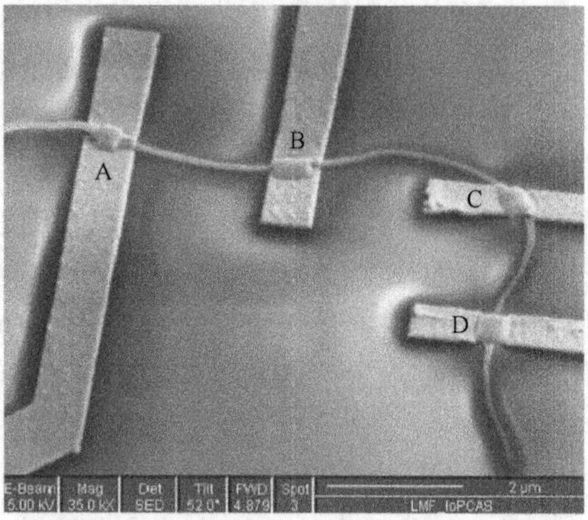

图 9.7 EBL 和 FIB 结合加工与平面上多壁碳管内层管壁接触的电极[15]

在采用微纳加工技术研究纳米材料与器件的特性过程中,微纳加工技术本身也得到不断的改进,发展出许多制作特殊金属纳米电极的方法。我们知道,金属电极间的纳米级缝隙对于研究单分子及纳米晶的电学性质是非常有用的,由于该缝隙一般要求在 1~5 nm,所以传统的 FIB 与 EBL 技术很难实现。为此,人们发展了一种统计对准技术，既在 EBL 系统上利用三次直写、金属镀膜及溶脱工艺，实现了金属电极间纳米级缝隙的加工（如图 9.8 所示），缝隙宽度只有 1 nm。这种方法不但可以实现所需要金属电极的制作，而且电极也可以采用不同的金属材料，用来研究金属间的隧穿特性[16]。此外，小于 5 nm 的结构在集成电路、光子芯片、微纳传感、光电芯片和纳米器件等领域有着巨大的应用需求，这对微纳加工的效率和光刻精度提出了许多新的挑战。近期研究人员利用激光直写设备，基于光与物质的非线性相互作用，采用双激光束交叠，控制能量密度与步长，实现了 1/55 衍极限的超分辨纳米电极阵列加工，纳米间隙的宽度小于 5 nm（如图 9.9 所示）[17]。

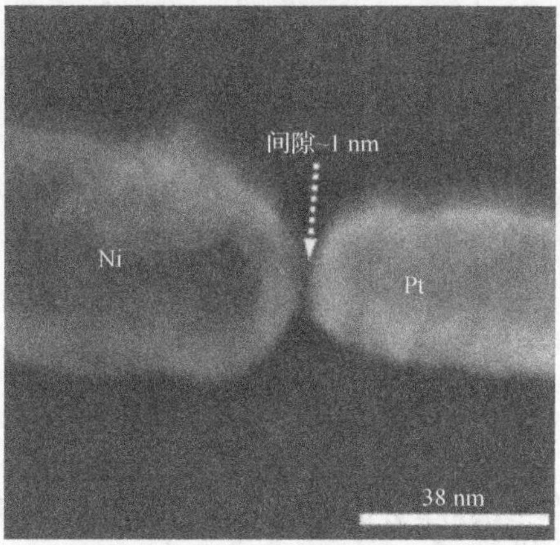

图 9.8　纳米级金属电极的缝隙[16]

图 9.9　金属纳米间隙宽度随不同激光功率的变化[17]

除了采用金属制作电极，非金属导电材料制作的纳米间隙也呈现出独特的研究价值。如采用 EBL 和氧等离子体刻蚀单壁碳纳米管，形成间隔小于 10 nm、两侧由羧酸终止的细缝，可以将分子通过共价键组装到单壁碳纳米管的细缝间（如图 9.10 所示），用于研究单分子的电学性质[18]。此外，还可以用透明导电的石墨烯做器件与电路的互连线，加工在柔性的衬底上，制作柔性 LED 显示器件等[19]。

随着三维集成电路与三维纳米器件的发展，传统的多层布线与打孔互联制作电极的方法已不能满足对三维器件电极方便灵活制备的需求。一般而言，金属导体的电阻可以表示为

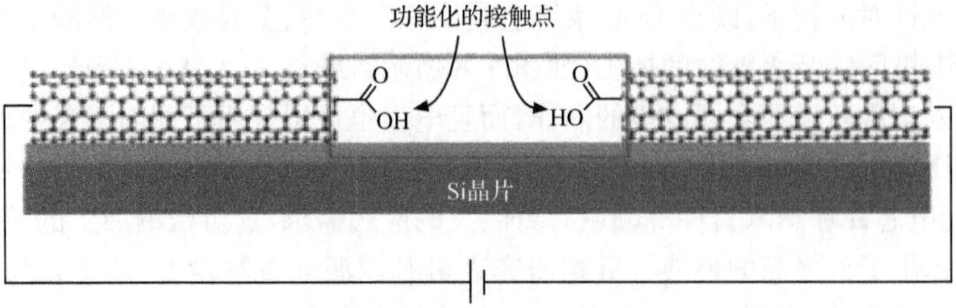

图 9.10 采用 EBL 和氧等离子体在单壁碳纳米管中切割出裂缝[18]

$$R=\rho\frac{L}{Wt} \tag{9.10}$$

其中，ρ、L、W、t 分别是金属导体的电阻率、长度、宽度和厚度。记 $R_S=\frac{\rho}{t}$，并称之为方块电阻。在 MOS 器件结构中，近似地以平板电容代表栅极的情况，则

$$C=\frac{LW\varepsilon_{OX}}{t_{OX}} \tag{9.11}$$

其中，ε_{OX}、t_{OX}分别是氧化层的介电常数和厚度，则

$$RC=\frac{R_S L^2}{t_{OX}}\varepsilon_{OX} \quad \left(RC=\frac{\rho L^2}{tt_{OX}}\varepsilon_{OX}\right) \tag{9.12}$$

可以看出，RC 正比于 $\frac{\rho L^2}{tt_{OX}}$，这里 ρ 为连线材料的电阻率，L 和 t 分别为连线的长度和厚度，t_{OX}为连线下面的绝缘层厚度。可见，在垂直方向上减小 t 和 t_{OX} 都会增大 RC，若 t 和 t_{OX} 为一定值，则 RC 决定于 L，要保持寄生 RC 常数不增加，必须使连线电阻率大为下降。利用三维加工技术制备短的互联电极是解决这一问题的有效方法之一。如将电化学沉积与三维空间精确的压电位移控制技术相结合，可以制备纳米尺度的三维空间金属互连线(如图 9.11 所示)，采用此方法，在大气环境下，三维互连线的形状、尺寸以及材料的种类均可通过参数调节得到精确控制[20]。另一种制备三维电极的方法是采用聚焦离子束辅助沉积技术，在第 3 章已有介绍。此外，还可以利用聚焦离子束辐照诱导应变，实现对电极的三维操控。即通过离子束辐照，使准直的一维金属纳米线发生塑性形变，形成空间三维纳米结构的方法(如图 9.12 所示)。这种方法具有很好的可控性与可设计性，并对金属纳米线的性能没有明显影响，有利于三维纳米器件的电极构建[21]。

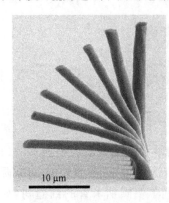

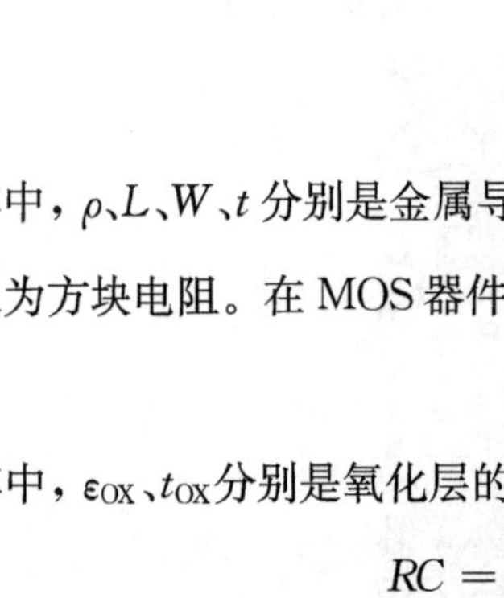

图 9.11 三维 Cu 导线[20]

由于在微纳加工技术推动下纳米器件研究的快速发展，现在制作电极已不是

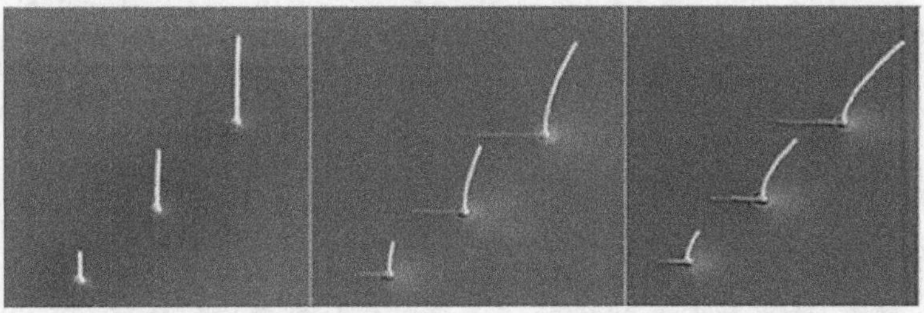

(a)　(b)　(c)

图 9.12　FIB 辐照诱导金属纳米线的三维形变[21]
(a)辐照前;(b)辐照中;(c)辐照后

简单地在纳米材料或结构上用各种方法覆盖一层金属,而是有更苛刻的要求。其中,利用金属外延生长技术制作电极无论从基础还是应用的角度出发,都是形成金属-半导体良好接触的一个理想方法。目前,已有报道通过表面活化剂修饰的手段在半导体上外延生长金属膜作为电极,也有采用导电的金属硅化物作为电极材料。另外,从实用的要求出发,希望电极接触能保持热稳定,即在以后的工艺和实用过程中,电极接触能不受外界环境的影响,这是关系到器件的可靠性和重复性的关键问题。

9.2　量子特性与器件

零维结构的代表是量子点。量子点是在三个空间方向上受到束缚的纳米结构,具有分立的量子化能级。量子点的尺寸与密度决定了其相关的量子特性,而采用自组织方法生长的半导体量子点在尺寸和密度上很难精确控制。解决的办法之一是结合纳米加工技术实现尺寸、密度和生长位置的准确控制。如将 EBL 与金属有机气相外延方法相结合,可以很好地控制量子点的尺寸及密度(如图 9.13 所示),获得高效的光致发光特性[22,23]。除了半导体量子点,在超薄膜上还可以直接加工出量子点,如利用 EBL 及氧气反应离子刻蚀的方法制作的完全由单层石墨构成的量子点器件(如图 9.14 所示),表现出单电子晶体管的性质,具有周期的库仑阻塞峰[24]。

纳米紧缩或点接触结构也可以看作量子点,具有特殊的量子现象。如利用 FIB 在 $NbSe_3$ 上加工的纵向纳米紧缩结构(如图 9.15 所示),在 145 K 和 59 K 下存在波导峰,这与电荷密度波带隙的理论值相一致,可以用链状隧穿来解释[25]。此外,另一种实现链状隧穿的方法是在 EBL 制作的电极上通过自组装直链硫醇包覆的金纳米晶量子点来实现的,实际上是一个多岛单电子器件(如图 9.16 所示)[26]。

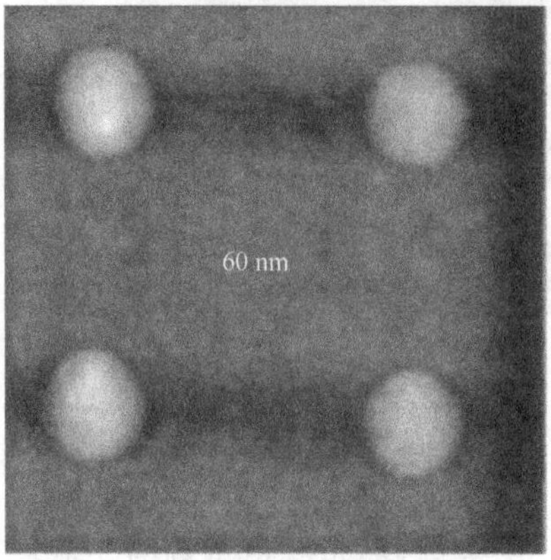

图 9.13 InAs/InP 量子点(60 nm)的 AFM 照片[22]

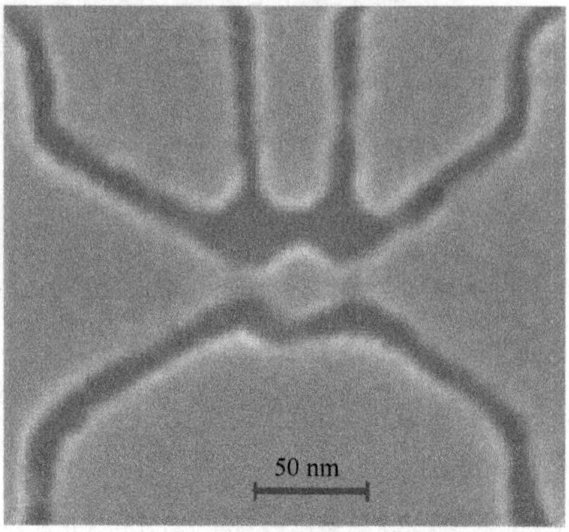

图 9.14 EBL 制作的石墨烯量子点器件[24]

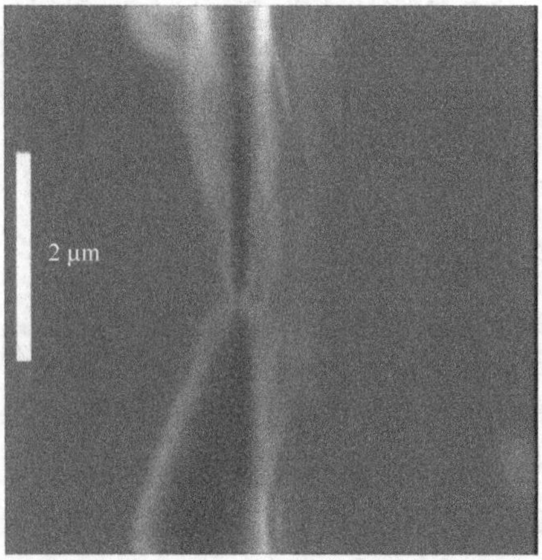

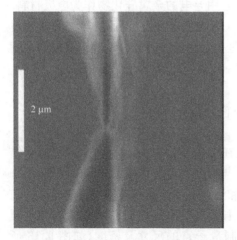

图 9.15 FIB 加工的纳米紧缩结构[25]

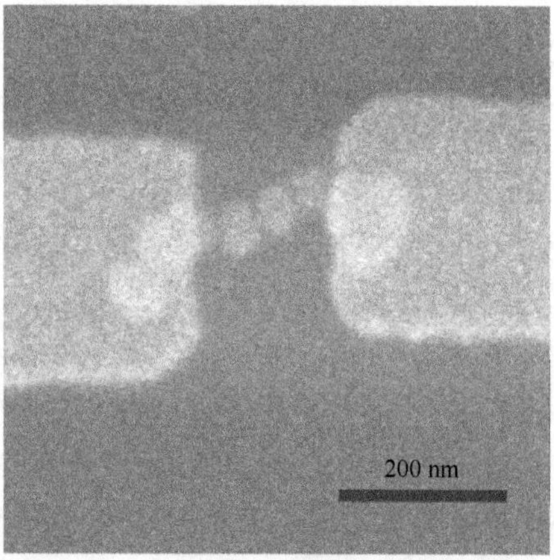

图 9.16 利用 EBL 和自组装直链硫醇包覆的金纳米晶链加工的多岛量子器件[26]

石墨烯是一个理想二维系统，呈现出许多新奇的量子现象。微纳加工技术用于石墨烯的研究，一方面是在石墨烯表面加工测量电极；另一方面是刻蚀出纳米结构(如图 9.14 所示)。虽然理论早已预言了石墨烯特殊的半整数量子霍尔效应，以及由其异常拓扑结构导致的量子波函数非零 Berry 相的存在，但实验上的观察则是利用 EBL 在机械剥离的石墨烯上制备金属电极，通过测量磁场下的电输运性质而完成的(如图 9.17 所示)[27,28]。此外，在单晶碳化硅生长的石墨烯上，也有人利用 EBL 及刻蚀的方法加工出霍尔测量臂结构，发现石墨烯的电子态是量子化的，在 4 K 时其相干长度超过 1 μm[29]。

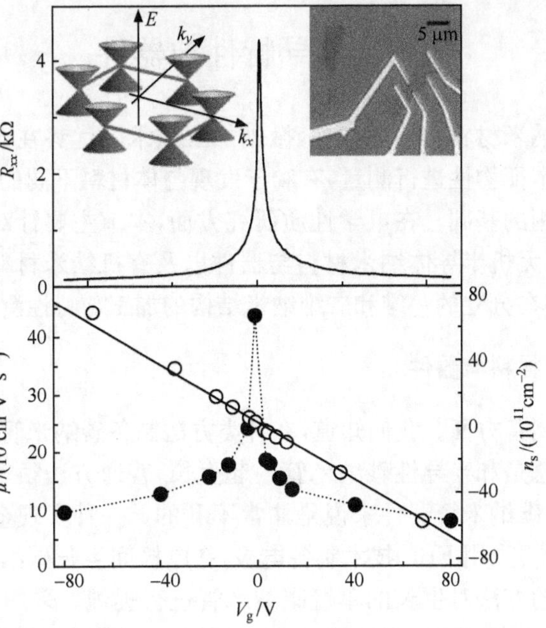

图 9.17　石墨烯的电阻、载流子浓度和迁移率特性(插图为 EBL 加工的石墨烯器件)[27]

金刚石由于其优越的物理性质,其低维材料的物性研究引起人们广泛的关注。L. Gan 等[30]通过场电子发射研究了室温强电场下氢化天然金刚石表面的电子发射和输运特性,发现了隧穿电流量子化行为,证明了氢化金刚石表面二维空穴气的存在。此外,研究人员采用前面介绍的无掩模等离子体刻蚀方法制备出单个的金刚石纳米锥,利用聚焦离子束应变诱导形成金属电极与锥尖的纳米点接触,室温下观察到与点接触量子阱态相关的电流跳变特性,显示出作为室温量子器件的潜力(如图 9.18 所示)[31]。

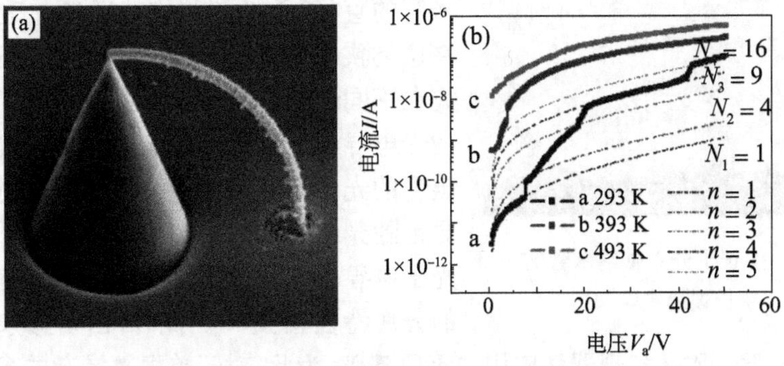

图 9.18　金刚石纳米锥(a)和量子化电导特性(b)[31]

9.3 电导特性与器件

面对众多的纳米材料和纳米结构,微纳加工技术的优势在于对分立的纳米材料和纳米结构的本征物性进行测量,有利于发现与体材料不同的现象,这是实现纳米材料与器件应用的基础。在电学性质研究方面,本节主要针对微纳加工在碳基纳米材料与器件、无机半导体纳米材料与器件以及有机纳米材料与器件中的应用作分别介绍,集中在分立的一维和二维纳米结构的加工与特性测量。

9.3.1 碳基纳米材料与器件

在碳基材料制备方面。我们知道,在各类方法制备碳纳米管的过程中,通常金属性的碳纳米管总是和半导性碳纳米管一起生长,普通方法很难获得纯粹的半导性碳管,这对制备碳纳米管器件来说是非常不利的。一种实现金属性和半导体性碳管分离的方法是:采用 EBL 技术制备电极,在电极间生长碳纳米管,利用甲烷等离子体反应刻蚀的方法对生长的单壁碳纳米管进行提纯。采用这种方法,等离子体刻蚀后留存的碳管表现出 100%的半导体性,其直径范围的分布为 1.3~1.6 nm[32]。同样,对于石墨烯材料,利用 EBL 和等离子体刻蚀制备出的宽度小于 10 nm的石墨烯带,也都呈现半导体性[33]。

在碳基纳米材料特性研究方面。人们利用光学曝光技术和湿法腐蚀的方法制作出用于生长分立碳纳米管的狭长裂缝(如图 9.19 所示);然后利用 450~1550 nm范围的激光入射到分立的单壁碳纳米管上得到瑞利散射谱。这种方法可以清楚地识别任意单壁碳纳米管中的激发态,从而得到单壁碳纳米管的直径、手性等结构特征[34]。利用生长在这类狭缝中的单壁碳纳米管束,还可以研究在不同环境气压和光照强度下的闪光诱导的光电导特性,结果表明当环境气压减小时,碳管的光电导呈对数的增长行为,同时光电导也随光照强度的增加而增加。这种特性与光子诱导的电子空穴对及穿过肖特基势垒时的分离特性相关[35]。此外,由于掺杂改变纳米材料的电学性质是实现器件应用的重要基础,为此,对于单根氮掺杂的多壁碳纳米管,研究人员利用 FIB 技术制作出场效应晶体管,对其在不同温度下的电学性质进行了测量。结果证明氮掺杂的碳纳米管具有 n 型半导体特性,电子输运主要是

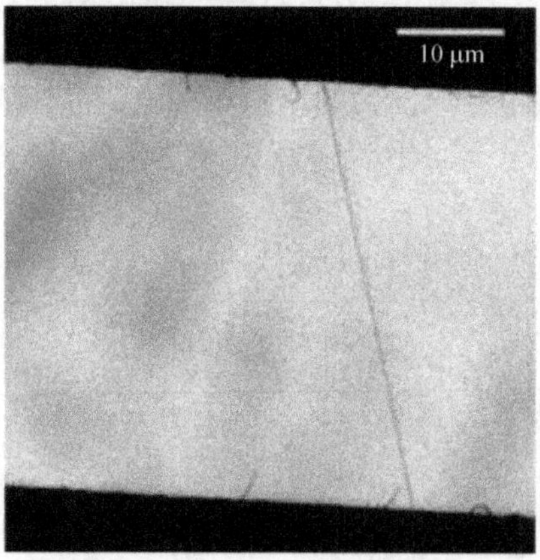

图 9.19 生长了分立碳纳米管的狭长裂缝[34]

通过热激发以及电子隧穿 0.2 eV 的肖特基势垒实现的[36]。

在碳基器件方面。由碳管组合形成的碳纳米管结型器件一直得到人们的关注，希望通过结来调制器件性能。如对于一个 T 型或 Y 型的结型碳管，利用电子束曝光在其上制作出 6 个电极（如图 9.20 所示），则实现了完全由碳纳米管构成的晶体管，即由两根 p 型半导体单壁碳纳米管组成的三端器件。通过两根碳管结的电输运测量，可以观察到一个由背底门电压控制的整流行为。而当没有施加门电压时，*I-V* 特征相对比较对称，整流效应消失。另外，一根碳管还可以作另一根碳管的门电极，起到控制另一根碳管电输运的作用。这一性质可以用来实现仅仅依赖于碳纳米管的晶体管，这是由于两个不同半导体碳管接触处形成了 p-p 型异质结，金属电极和半导体碳管接触处形成了 Schottky 势垒[37]。

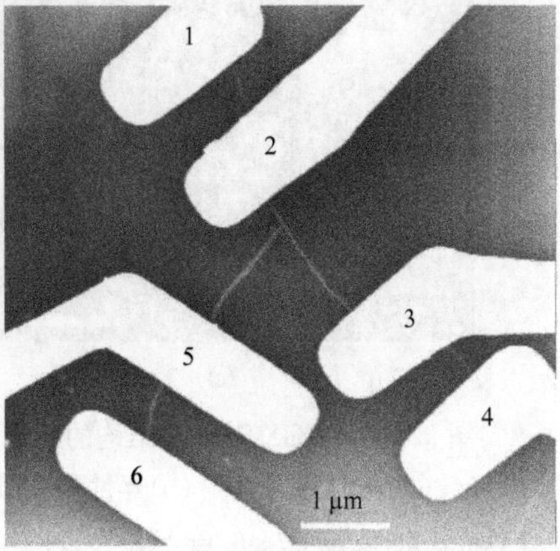

图 9.20　采用电子束曝光制作的含有 6 个电极的三端碳纳米管器件[37]

9.3.2　无机半导体纳米材料与器件

Ge、Si 作为应用最典型的无机半导体材料，用其一维纳米线来构筑器件很早就引起了人们的关注，其中场效应晶体管（FET）研究得最多。但是作为接触电极的金属与这类单组分纳米线之间通常存在肖特基势垒，限制了器件性能的提高。因此，制备异质纳米线结构有望改善接触特性，提高场效应晶体管中的性能。如在制备的具有 14.6 nm 硅内核和 1.7 nm 锗外壳的异质纳米线上，利用 EBL 加工出的场效应晶体管（如图 9.21 所示），其跨导是 3.3 mS/μm，开启电流为 2.1 mA/μm，性能优于 MOSFET 器件[38]。此外，半导体纳米线的性质还与其直径大小有密切关系。研究人员通过四点法测量硅纳米线的电阻率，发现其随直径的减小而增加，产生这种现象的原因是纳米线的中心与周围环境的介电失配而引起的施主电离能的增加，从而导致载流子密度急剧下降，造成施主杂质原子失活[39]。

化合物半导体中，CdS 作为重要的Ⅱ-Ⅵ族半导体材料可以用来制作光电器件。利用 FIB 技术制作的单根 CdS 纳米线器件，由于杂质的影响，在室温下具有高电导和窄禁带的特点，且在较高电场下 *I-V* 呈现非线性[40]。而 ZnO 作为直接宽带隙半导体，也具有优越的光学与电学性质。对于在钼网栅上通过热蒸发 Zn 粉末的化学气相转移与沉积方法生长出的单晶 ZnO 纳米线，研究人员采用 EBL 制作了单根 ZnO 纳米线器件，*I-V* 特性显示了 ZnO 纳米线呈半导体电学特性[41]。此外，还有人采用 ALD 技术生长出高性能的 Al_2O_3 和 HfO_2 栅介质层，研制出双栅

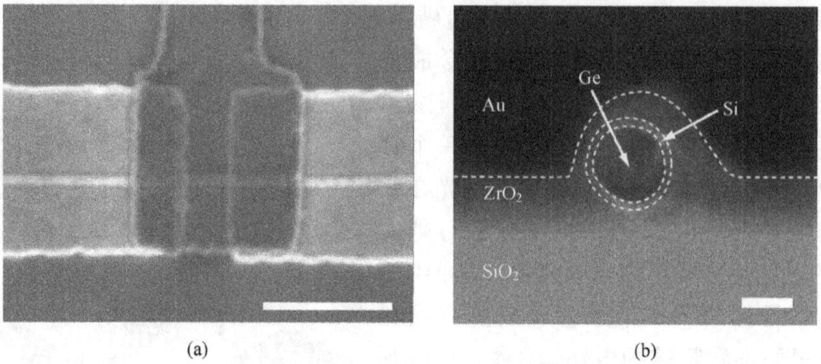

图 9.21　(a)Ge/Si 核壳结构的纳米线场效应晶体管的 SEM 照片(标尺 500 nm)；(b)器件的 TEM 照片(标尺 10 nm)[38]

ZnO 纳米线场效应管,显示的器件输出和转移特性远优于 SiO_2 栅介质器件,而且与 HfO_2 相比,以 Al_2O_3 为介质层的器件具有更小的漏电流,开关比高达 10^4[42]。

9.3.3　有机纳米材料与器件

研究单根导电聚合物纳米管的电输运性质有助于理解导电聚合物本征的导电机制和模型,避免大块或薄膜样品中管与管之间的接触电阻。人们发现,单根导电聚苯胺和聚吡咯纳米管的电输运性质与大块或薄膜样品有较大差别。例如,单根聚苯胺纳米管的电导率较高;低温磁电阻非常小;聚吡咯纳米管的电导率随着管径的减小而增大;单根聚苯胺和聚吡咯纳米管中的库仑相互作用非常强[43]。同时,对于通过 FIB 技术在一根聚吡咯纳米线上制作出多电极(如图 9.22 所示)器件,发现在室温下,即使同一根纳米线内也表现出电导的非一致性[44]。此外,研究人员还利用 STM 针尖,将单根聚合物纳米线逐渐地从 Au 衬底上向上提起(如图 9.23 所示),电导测试表明在拉伸的过程中,电导成指数衰减,并且当一个新的分子单元从衬底上被提起时,电导表现出振荡特性[45]。

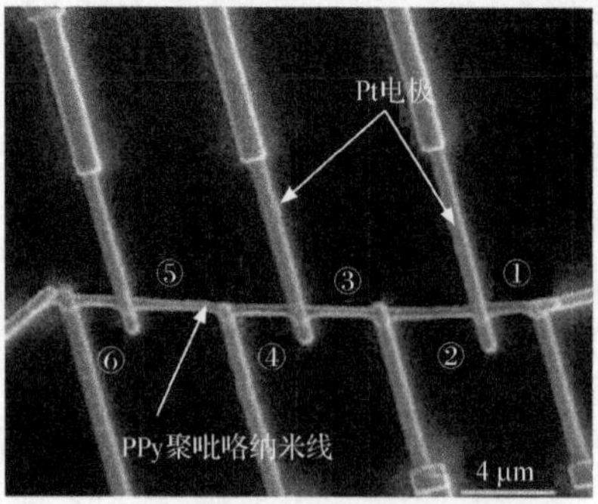

图 9.22　FIB 制作的单根聚吡咯纳米线的多电极结构[44]

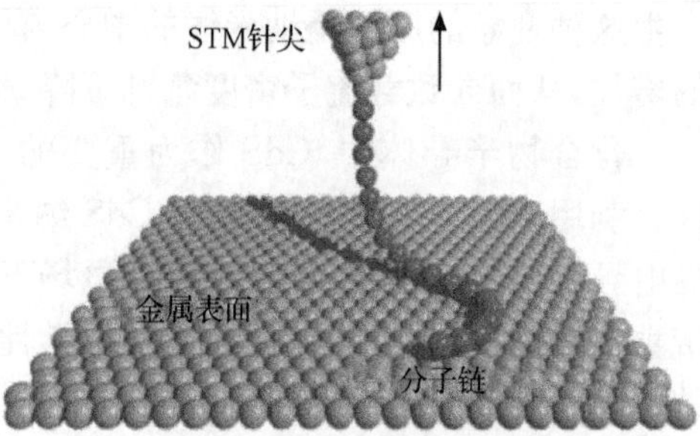

图 9.23　STM 对单根共轭聚合物纳米线的操作[45]

9.3.4　三维垂直环栅晶体管

三维环栅场效应晶体管(FET)具有很强的栅控能力和抗短沟道效应的能力，栅电极能够更有效地控制沟道载流子浓度，抑制漏端电力线向沟道区中的穿透。此外，三维垂直型环栅 FET 具有更高密度集成、更短的沟道等特点，被认为是具有前景的器件结构之一。目前有两大类制作垂直型环栅晶体管的方法：一种是自下而上的生长方法，即先生长纳米线再制备晶体管的方法；另一种是自上而下的刻蚀方法，即通过传统的光刻和刻蚀工艺制备纳米线晶体管。

对于自下而上方法，工艺流程如图 9.24 所示[46]。由于生长的纳米线直径在纳米尺度可控，突破了传统光刻工艺对器件加工尺度的限制，并保证了器件良好的电学特性。

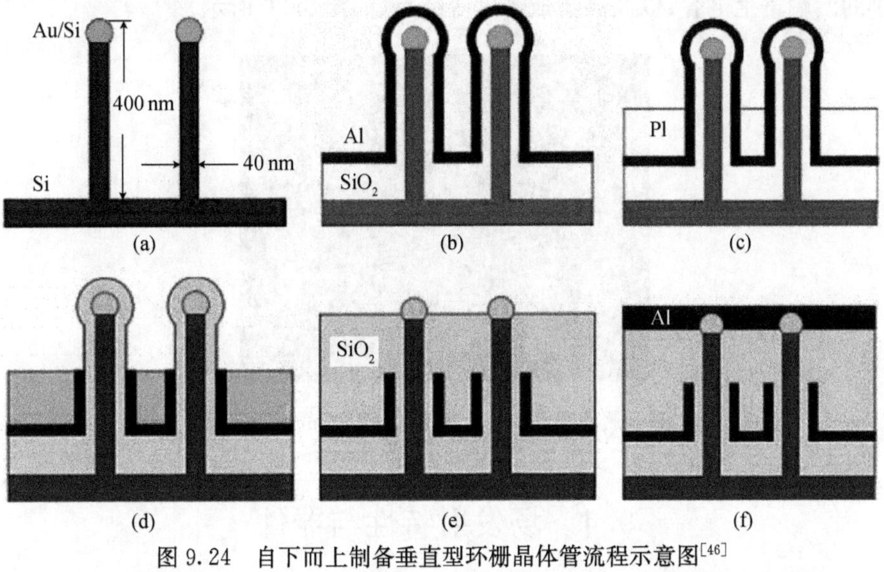

图 9.24　自下而上制备垂直型环栅晶体管流程示意图[46]

(a) Au 作为催化剂诱导纳米线生长；(b)淀积 SiO_2 和 Al 栅；(c)淀积聚酰亚胺，并 RIE 回刻聚酰亚胺；(d)化学腐蚀除去多余的 Al；(e)去除聚酰亚胺后，再淀积 SiO_2 并回刻；(f)淀积 Al，实现 Al 互连

自下而上方法在沟道材料和衬底选择方面具有更大的灵活性，但很难控制纳米线的生长位置，从而不能精确控制晶体管的位置，且纳米线的直径和长度也会有明显的差异，导致晶体管性能的一致性难以保证。对于自上而下方法，人们实现了高密度集成垂直型环栅晶体管阵列[47]，如图 9.25 所示。

但这些垂直型环栅晶体管制备流程较为复杂，尤其是栅、源、漏电极不在同一平面中，需要通过层层旋涂介质层及减薄打孔等工艺实现不同平面间的电极互联。近期，人们发展了一种基于离子束应变加工的三维垂直型环栅晶体管的制备方法。

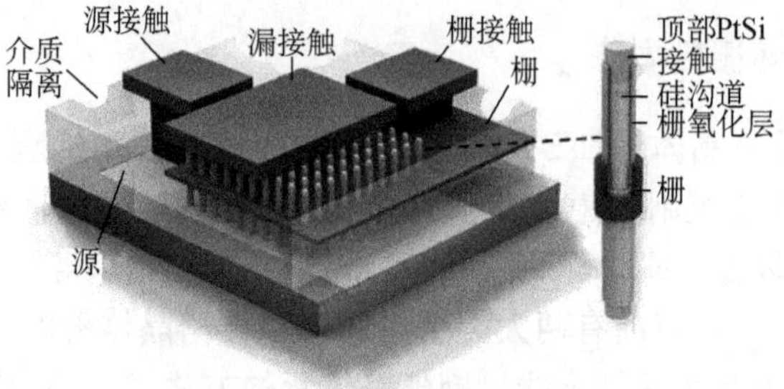

图 9.25 自上而下制备的高密度集成垂直型环栅晶体管阵列[47]

利用前几章提到的 FIB 沉积金属纳米线、辐照实现金属纳米线弯曲等技术,在纳米尺度下实现不同平面间的金属电极准确、高效互联。这一方法减少了器件制备工艺步骤,所制备的器件具有各向同性调控源漏之间的场分布,强的栅极控制能力,更小的漏端寄生电容,以及高集成密度等特点(如图 9.26 所示)[48]。

图 9.26 基于聚焦离子束应变诱导加工技术的三维环栅 FET[48]

9.4 场发射特性与器件

9.4.1 场致电子发射基础

通常固体中的电子由于受到表面势垒的限制而局限在固体内部。为了促使电子从固体中发射出来,可以采用下面两类方法:一种是采用加热、光照或电子束轰击等能量激发的方式,使固体中的电子获得高于表面势垒的动能而逸出,这就是所谓的热电子发射;另一种是采用外加电场,来降低固体表面的势垒高度和势垒宽度,致使固体内部的电子不需要激发就可以穿透表面势垒而逸出,这就是所谓的场致电子发射[49]。

对于金属的场致电子发射原理,人们一般普遍接受 Fowler 和 Nordheim 于 1928 年提出的 FN 理论[50]。该理论建立的基础是外电场作用下金属表面的电子隧穿现象，而且金属表面的势垒源于电荷镜像力和表面电偶极层的作用。其势能分布如图 9.27 中的虚线所示，其中 E_F 为金属的费米能级，Φ_0 为逸出功。

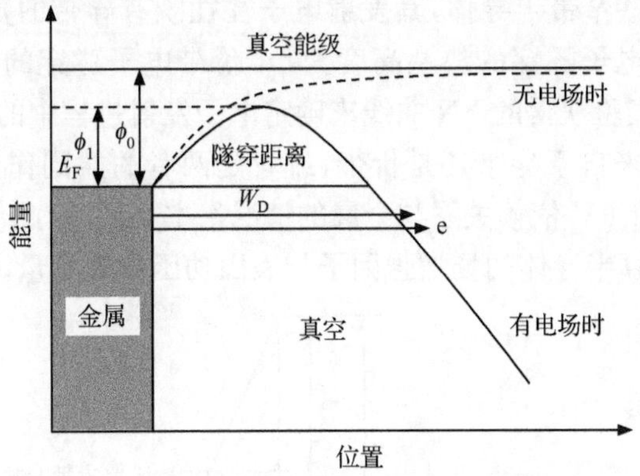

图 9.27　外电场作用下金属表面的势能分布图

当表面存在电场时，固体表面势垒的高度降低至 Φ_1，更重要的是势垒的宽度变窄为 W_D，如图 9.27 中的实线所示。根据量子力学的理论，即使电子的动能小于势垒高度，也有一定的概率逸出。当主要考虑金属表面的镜像力势垒时，通过计算可以得到 FN 理论的简略表达式

$$J = (AE^2/\Phi)\exp(-B\Phi^{3/2}/E) \tag{9.13}$$

其中，J 为发射电流密度，Φ 为逸出功，E 是发射体某一发射点的局域电场，通常是一个未知量。用外加电场 E_0 来计算局域电场时，需要引入场增强因子 β，即

$$E = \beta E_0 \tag{9.14}$$

对于平板型阳极来说，$E_0 = V/d$（V 是外加电压，d 为极间距离）；而实验中的 β 也是一个未知数，在不考虑电场屏蔽的情况下，对于形状规则的针尖发射体，可以近似地用其长径比来估算，即 $\beta = L/R$，其中 L 为针尖的长度，R 为针尖的尖端曲率半径。将(9.14)式代入(9.13)式并对该式取对数，便可得到下式：

$$\ln(J/E_0^2) = (-B\Phi^{3/2}/\beta)(1/E) + C \tag{9.15}$$

(9.15)式表明：在场电子发射时，函数 $\ln(J/E_0^2) \propto 1/E$，与电场、电流均无关，只与材料的表面功函数 Φ 和场增强因子 β 相关；即如果以此为坐标将会得到一条直线，从而可以作为隧穿发射机理的一个判据，来解释金属的场致发射特性。

半导体的场发射和金属的场发射既有相似之处，又有不同之处。对于 n 型宽禁带半导体，其发射电子主要来自于略高于费米能级的导带底的自由电子，如图 9.28 所示，这是和金属的发射情形较为类似；不同的是金属的场发射电子主要来自于费米能级以下，而 n 型半导体的场发射电子主要来自于费米能级以上。同时，由于半导体的载流子浓度较低，因此在场发射过程中的电场穿透深度和表面态

的影响一般不能忽略。对于 p 型宽禁带半导体,其费米能级靠近价带顶,导带电子由于浓度太低对总的发射电流贡献较小,所以其发射电子主要来自于价带顶附近自由电子。对于一些窄带半导体,其发射电子往往既有导带的贡献也有价带的贡献。但是由于导带电子隧穿的势垒高度为 Φ,价带电子隧穿的势垒高度为($E_g+\Phi$),因此可以通过实验获得的 FN 曲线来确定电子发射过程中的势垒高度,进而来判断发射的电子是来自于导带还是价带,或者是两者的共同作用[51]。另一方面,实验证明:半导体的 I-V 依赖关系与金属的情况基本一致,因此仍然可以由实验获得的 FN 曲线来估算半导体的场增强因子与表面功函数等参量。

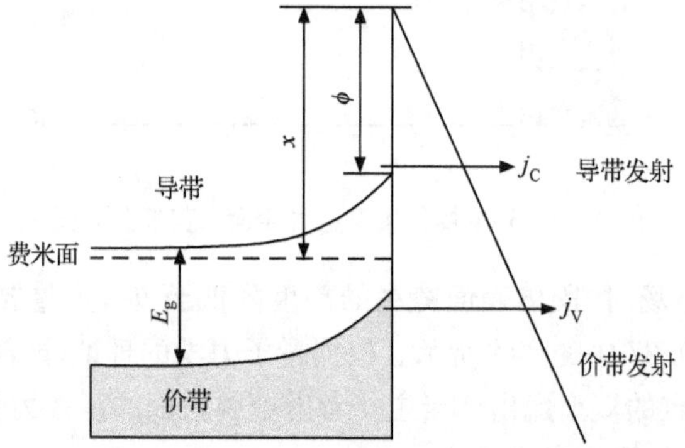

图 9.28 半导体价带和导带电子发射示意图

前面提到,在不考虑电场屏蔽效应的情况下,发射体的场增强因子可以近似地用其长径比来估算,即长径比越高,场增强因子越大,这是纳米管、线材料等一维纳米材料的优势所在。但是在实际的场发射过程中,发射体的场增强因子总会受到电场屏蔽效应的影响,即同一发射体在其他临近发射体存在与否时会表现出不同的场增强因子。因此,在考虑电场屏蔽效应的情况下,发射体的场增强因子通常称为有效场增强因子,记为 β_{eff},它是描述高长径比发射体的电子发射特性的一个重要参量,其本质是外电场在发射体尖端因电力线弯曲而导致的电场增强现象,是由发射体的长径比和所受到的电场屏蔽效应的综合作用的结果;而场增强因子 β 通常是指发射体的长径比,有时也用 α 来表示,它仅仅是描述发射体几何构型的重要参数,不会随有无外电场或电场如何分布而改变。因此,发射体的有效场增强因子与场增强因子不是同一概念,两者的差别主要是由电场屏蔽效应导致的局域电场分布的差异引起的。

电场屏蔽效应是影响高密度阵列发射体的电子发射性能的重要因素,在高密度的纳米管线中普遍存在。所谓的电场屏蔽,是由于阵列发射体的密集排列,电场线不能穿透到阵列发射体的底部,只能在发射体的顶部形成电场分布抽取电子的现象,如图 9.29 所示。此外,发射体顶部局域电场分布还会由于临近发射体的存在而变弱,从而使单个发射体的发射能力大大下降。利用微纳加工技术可以有效控制发射体的生长或排列密度,因而成为研究场屏蔽效应的重要手段。

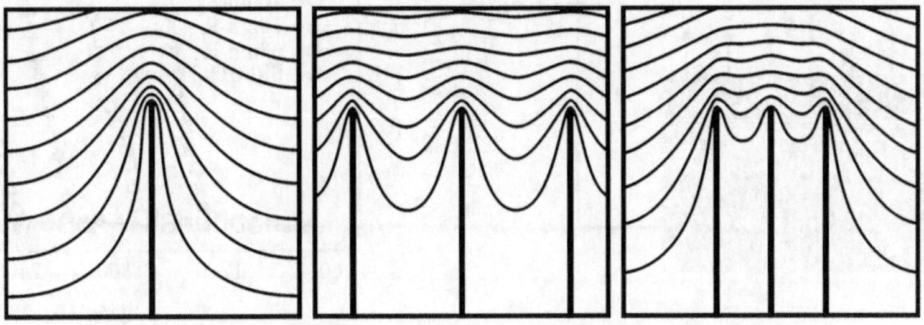

图 9.29　不同密度阵列发射体的电场屏蔽效应示意图

此外,电子亲和势是描述半导体场电子发射性能的重要参量之一。电子亲和势 χ 定义为真空能级(E_{Vac})与半导体导带底能级(E_{C})之差,即 $\chi = E_{\mathrm{Vac}} - E_{\mathrm{C}}$。对于金属材料而言,其电子亲和势 χ 与功函数 Φ 相同;对半导体材料来说,其电子亲和势 χ 与功函数 Φ 不同,对大多数半导体材料而言,电子亲和势 χ 为正,它是导带电子向真空发射必须克服的势垒。但是电子亲和势不仅取决于材料的本身性质,还会因材料表面吸附、台阶、重构等终止情况而发生变化。例如,H 原子饱和的金刚石(111)面[52,53]、氮化铝[54]和氮化硼[55]都是具有负电子亲和势的宽禁带半导体材料,它们的表面势垒很低,非常有利于电子的发射。因此,它们在纳米材料场致电子发射方面受到了很大的重视。

9.4.2　宽带隙纳米材料的场发射

如前所述,金刚石是理想的平面冷阴极材料,其功函数低、具有负电子亲和势以及优异物理化学性能。但金刚石与衬底间的界面势垒使金刚石表面隧穿的电子数目大量减少,阻碍了电子的传输并降低了发射电流密度。因此,怎样改善发射体与衬底间的界面状态,降低发射阈值,提高发射电流密度和稳定性,一直是本领域的研究重点。为此,人们将金属性的 $CoSi_2$ 作为过渡层通过化学气相沉积技术引入到金刚石膜与硅衬底间,形成金刚石/$CoSi_2$/Si 量子阱结构(如图 9.30 所示),使电子在穿过界面双势垒结构时发生共振隧穿,从而降低金刚石表面的电子发射阈值并明显提高了其发射电流密度。这一结构具有稳定性好、发射阈值低和电流密度高等特点,证明了材料表面的电子发射可以通过控制界面处的电子共振隧穿过程来调控[56]。

纳米锥具有特殊的几何形状,是高性能场发射器件的理想结构。但是由于金刚石的化学惰性和高硬度,一般的化学腐蚀或机械研磨方法很难加工出纳米锥结构。为此,研究人员利用 FIB 技术在硅片上首先刻蚀出锥状深孔作为模板,通过热

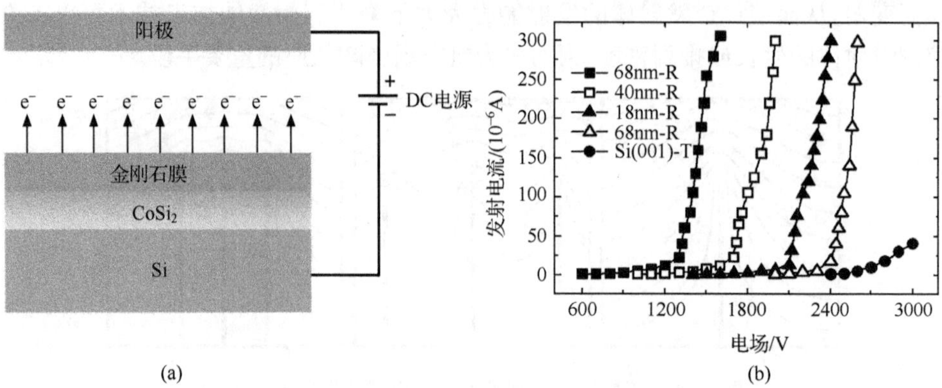

图 9.30 (a)金刚石/$CoSi_2$/Si 量子阱结构的示意图;(b)电子发射特性[56]

丝化学气相沉积的方法生长金刚石,然后进行湿法腐蚀除去硅模板,从而得到长径比可高达 7.5、尖端曲率半径小于 100 nm、密度和几何形状完全可控的金刚石锥阵列(如图 9.31 所示)。利用这一方法控制纳米锥的密度,可以减小甚至完全消除场屏蔽效应,获得明显增强的场发射特性[57-59]。此外,还可以采用无掩模等离子体刻蚀技术对金刚石膜表面进行选择性刻蚀,制作出密度和形状可控的金刚石纳米锥阵列(如图 9.32 所示),并利用双探针 SEM 系统,原位研究单个金刚石纳米锥的场发射特性,结果表明其具有高发射电流密度和高稳定特性,适于制作高性能的点电子源[60]。进一步,在这种纳米锥上也可以生长其他纳米材料,如石墨烯片,形成复合结构(如图 9.33 所示),从而提高场增强因子和发射点密度,获得更优异的场发射性能[61]。

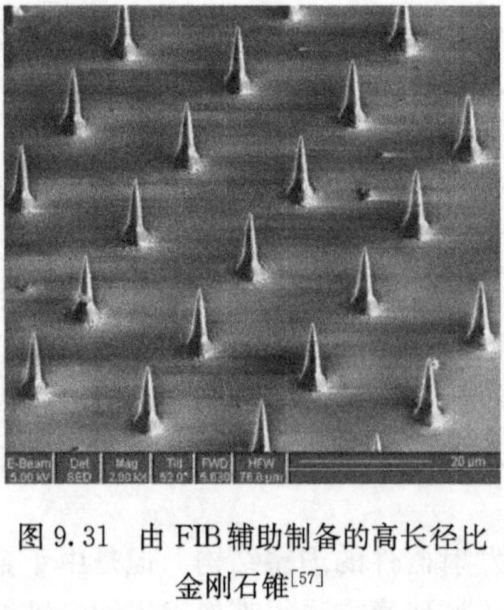

图 9.31 由 FIB 辅助制备的高长径比金刚石锥[57]

图 9.32 无掩模等离子体刻蚀的单个金刚石纳米锥[60]

对于其他宽带隙半导体材料方面，如 AlN 薄膜，也可以采用前述的无掩模等离子体刻蚀方法形成纳米锥，或在硅锥表面生长 AlN 薄膜涂层，都能获得明显高于硅纳米锥的其场发射特性，具有低发射阈值和高发射电流密度的特点[62]。对于 AlN 薄膜，也有人利用聚焦离子束在其上直接刻蚀出具有不同尖端半径的纳米锥，用以研究消除了场屏蔽效应的单个氮化铝纳米锥的场发射特性，这种方法也便于加工出栅极结构的场发射器件[63]。此外，还有关于单晶 B 纳米锥[64]、单根碳化硼纳米线[65]和碳化硼纳米线图形阵列[66]的场发射特性研究报道，均获得了较低的阈值电压和较高的发射电流密度。

图 9.33　纳米锥上生长的花形石墨烯纳米团簇结构[61]

9.5　超导电性与器件

9.5.1　约瑟夫森结

两块超导体中间夹一薄层绝缘材料的组合称超导隧道结或约瑟夫森结，电子能通过两块超导体之间的薄绝缘层发生量子隧道效应。利用超导体的本征隧道谱可以探测材料的物性，因此本征约瑟夫森结提供了一种研究材料电学性质的独特结构。同时，电流偏置的约瑟夫森结也是研究宏观量子现象的理想体系，对实现超导量子比特，并在量子计算和量子信息处理方面具有重要价值。但由于材料的低热导率和高电流密度所导致的自加热效应却严重影响了本征隧道谱的特性，因此，减小自加热效应，获得干净的本征隧道谱就成为重要的研究课题。为此，研究人员利用 EBL 在 BiSrCaCuO 超导体上制作出各种亚微米和纳米尺度的隧道结，并对尺寸导致的自加热效应对隧道谱的影响进行了系统研究。结果表明，随着隧道结尺寸减小到亚微米尺度，自加热效应对隧道谱的影响减弱[67]。此外，通过测量温度相关的开关电流分布，在 BiSrCaCuO 单晶表面的约瑟夫森结中可以观察到宏观量子隧穿现象，且当电流沿晶体 c 轴流经约瑟夫森结时，具有正弦相位关系，这一可控的临界电流特性为设计超导量子比特提供了一个有效的手段[68,69]。在量子计算和量子信息领域，超导器件是一种前景非常好的可以用来实现固态量子比特的工具，例如单量子比特操作、两个量子比特的直接耦合和量子门。但是，复杂纠缠态的操作，例如把一个二级系统耦合到一个量子谐振器，在超导器件上还较难实现。为了探索这一难题的解决，可以利用 EBL 制作一个微型环路和三个约瑟夫森结的结构(如图 9.34 所示),在外加垂直磁场的条件下,用电流的顺时针或逆时针来控制自旋的上下,从而控制磁通量子比特的纠缠态[70]。

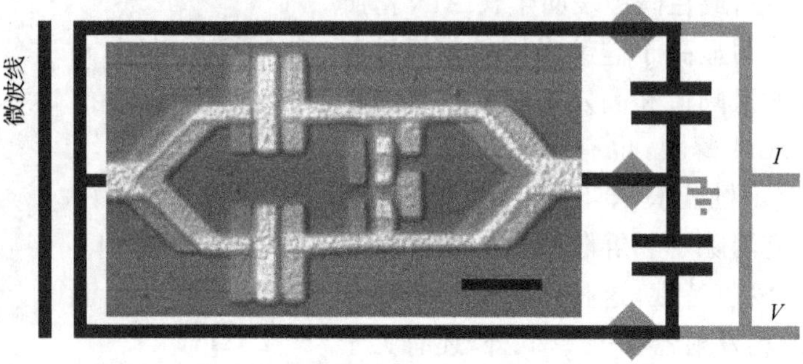

图 9.34 EBL 加工的磁通量子比特结构,由小环路和三个约瑟夫森结构成[70]

近年来国内外在超导量子计算和量子比特的研究领域取得了快速的进展,但在量子退相干机理、器件的扩展与耦合、量子态的快速传递等方面仍有许多亟待解决的问题。为此,研究人员研制出负电感超导量子干涉器(nSQUID),这一新型量子比特的研究,在耦合器件的量子态传输速度上有着明显的优越性。这一器件采用了多层膜微纳制备工艺和电子束双倾角蒸发,以及电子束套刻来制备约瑟夫森结,实现了多达 10 个超导量子比特的量子态纠缠(如图 9.35 所示)[71]。

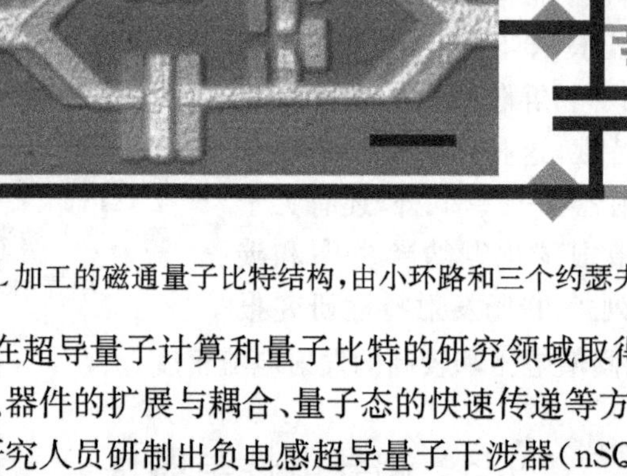

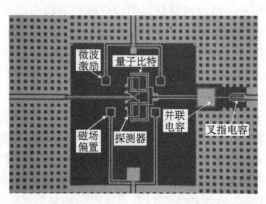

图 9.35 多层膜工艺和电子束套刻制备的超导量子比特显微镜照片[71]

9.5.2 一维超导结构

同样,准一维纳米结构中的超导电性是人们普遍感兴趣的问题,许多新奇的物理现象在这一尺度下被发现,如在磁场下的磁阻振荡行为等。对于 FIB 刻蚀制作的单晶 Pd 纳米带(如图 9.36 所示),电输运特性的测量结果表明:纳米带的超导转变温度和电阻随垂直磁场的变化出现明显的、可重复的振荡,并具有超导电性增强的特点，而在单晶 Pd 薄膜材料中没有观察到上述现象[72]。此外，人们在这种结构中还发现：在温度低于 4 K 时，*V-I* 曲线呈幂指数关系，且幂指数值与测试温度密切相关，这一现象与量子相位分裂模型一致；当温度稍高于 4 K 且电流低于临界电流值时，由于热激发产生的相位分裂，*V-I* 幂指数现象减弱，在低流端表现为欧姆特性。这些结果表明单晶 Pb 不仅为超导尺寸效应的研究提供了新的途径，而且为超导器件在传统硅片上的集成提供了新的契机[73]。另一方面，FIB 除了用于超导结构的刻蚀，其辅助沉积的金属 W 纳米线还具有独特的超导电性。如对于采用低束流 FIB 沉积制备的最小厚度约 10 nm、宽 19 nm 的超导钨纳米线，人们观测到了相位滑移过程[74]。采用此方法，还可以生长出准直的三维钨纳米线结构，并可以加工出超导量子干涉器件的三维纳米探测线圈（如图 9.37 所示），用于检测平行于衬底表面的微弱磁场[75]。

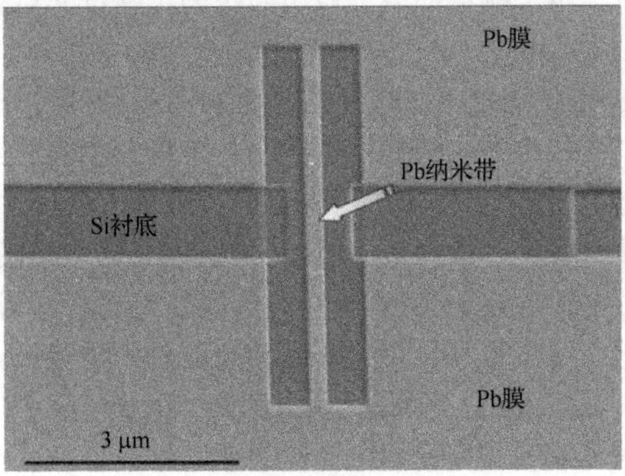

图 9.36　FIB 刻蚀的单晶 Pd 纳米带结构[72]

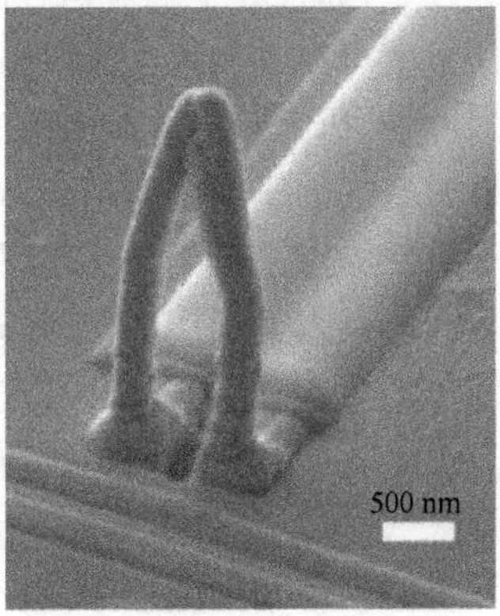

图 9.37　FIB 生长的垂直于表面的钨纳米线超导探测线圈[75]

9.6　传感器与能源器件

传感器是获取信息的主要工具。纳米材料与纳米结构具有高比表面积，在基于表面效应的传感器领域有望实现广泛应用。此外，纳米材料千姿百态的特殊结构，也为新型传感器的研制提供了新颖的构思和方法。以四足 ZnO 纳米材料为例，研究人员通过水的前吸附，研究了其对氧的敏感增强特性，获得了明显缩短的响应时间，表明适当气体的前吸附处理可以明显改进传感器的灵敏度，提高传感器的性能[76]。但这类基于电性能的纳米传感器易受到环境、杂质等因素的影响，产生较大的噪音。在这种情况下，如何区分信号与噪音就成为发展高性能纳米传感器需要解决的关键问题之一。四足 ZnO 独特的纳米结构为解决这一问题提供了

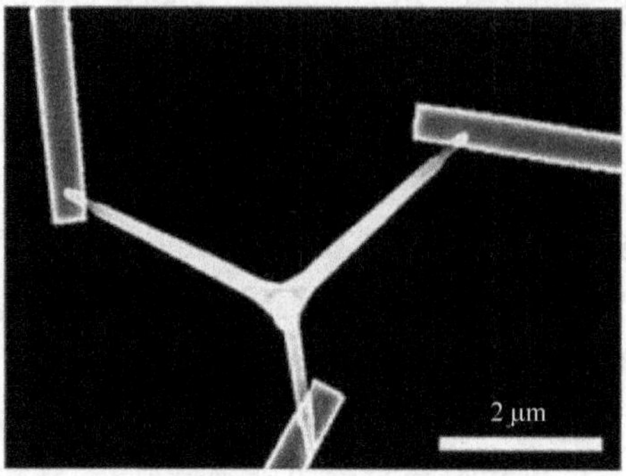

图 9.38 单个四足 ZnO 的传感器结构[77]

便利,通过利用 EBL 技术,人们在单分散的 ZnO 四角结构与衬底相接触的三个端点上沉积金属电极,从而形成一种三端电性能器件(如图 9.38 所示)。和以往基于纳米线/纳米管的两端纳米器件相比,这种多端器件可以对一个外界信号同时测量出两个电压信号响应。这些电压响应曲线之间可以相互比较,即如果每个电压响应曲线都对信号做出了相应的响应,那么可以判断这个信号是真的。反之,如果一个响应信号没有同时在两个响应曲线上做出同步的反映,那么这个信号就可以判断为噪声[77]。

此外,研究较多的纳米敏感材料还包括 SnO_2 和 Ga_2O_3 等。但对单根纳米管线的敏感特性的研究就离不开像 FIB 或 EBL 这样的纳米加工手段。如 β-Ga_2O_3 就是一种重要的宽禁带半导体材料,在光电子器件、气体传感器件方面具有诱人的应用前景。研究人员利用 EBL 和离子束辅助沉积等微加工手段,制作出单根氧化镓纳米线气敏元件,比较了两种方法制作的电极的接触特性,并对其气敏特性进行了研究。结果表明氧化镓纳米线可以和 EBL 制作的 Au/Ti 电极形成良好的欧姆接触,室温大气环境下,其电导在 $1(\Omega \cdot m)^{-1}$ 的数量级,当吸附了 NH_3 或 NO_2 分子后,其电导会强烈地增加或减小,具有很高的灵敏度和快速响应特性[78]。

在纳米能源材料方面,太阳能电池的成本、大小和光电转换率一直是需要解决的问题,将纳米材料或纳米结构引入太阳能电池有可能解决这些问题。为此,人们利用具有多层结构的硅纳米线制作出一种新型的纳米太阳能电池,包括 EBL、化学腐蚀以及金属电极沉积等加工过程(如图 9.39 所示)。通过对单个同轴硅纳米线的 *I-V* 特性以及光电转换特性的研究,发现 p-i-n 型比 p-n 型的同轴硅纳米线具有更好的二极管特性,同时还极大地减少了隧穿和漏电电流的发生,其光电转换效率为 3%～5%[79]。此外,有人还报道了一种利用单根单壁碳纳米管构筑的多端器件,实现了“发电”的功能。首先,通过

图 9.39 p-i-n 型三层共轴硅纳米线的结构(图中标尺为 1.5 μm)[79]

光刻胶旋涂、碳纳米管分散、EBL、金属蒸镀与去胶等过程在直径 1.6 nm 的单壁碳纳米管上制作四个测量电极，并使纳米管悬浮于衬底表面；然后，利用 FIB 在纳米管的两端开口，使水进入到碳纳米管内腔，则纳米管上的电流/电压能够驱动管内的水分子流动，水流动速度与电流的大小呈线性关系，同时，水的流动会在碳管中产生一个电动势。这是由于水分子的定向运动使碳管中载流子产生定向运动，当载流子积累到一定程度后，载流子的定向运动达到平衡，此时就建立起了稳定的电动势[80]。

硅是极具前景的下一代锂离子电池负极材料，其具有理论比容量高、放电电位低、环境友好、含量丰富等优点。但是，硅嵌锂时巨大的体积膨胀和不稳定的固体电解质界面(SEI)膜阻碍了其商业化的应用。硅的纳米化和复合化被用于解决上述问题并取得了良好的效果，如人们利用微纳加工技术制备了不同种类、不同尺寸的硅纳米管阵列，并研究了晶相、晶体取向、内径、壁厚对硅纳米管嵌锂膨胀和断裂行为的影响(如图 9.40 所示)[81]。此外，研究人员还制备了一种三维的直立石墨烯包覆的硅纳米锥复合结构，并对石墨烯包覆层进行了图案化，实现了在一个电极上直接比较包覆区域和未包覆区域，进而论证了直立石墨烯包覆层对硅纳米锥电极 SEI 膜生长和结构稳定性的影响[82]。

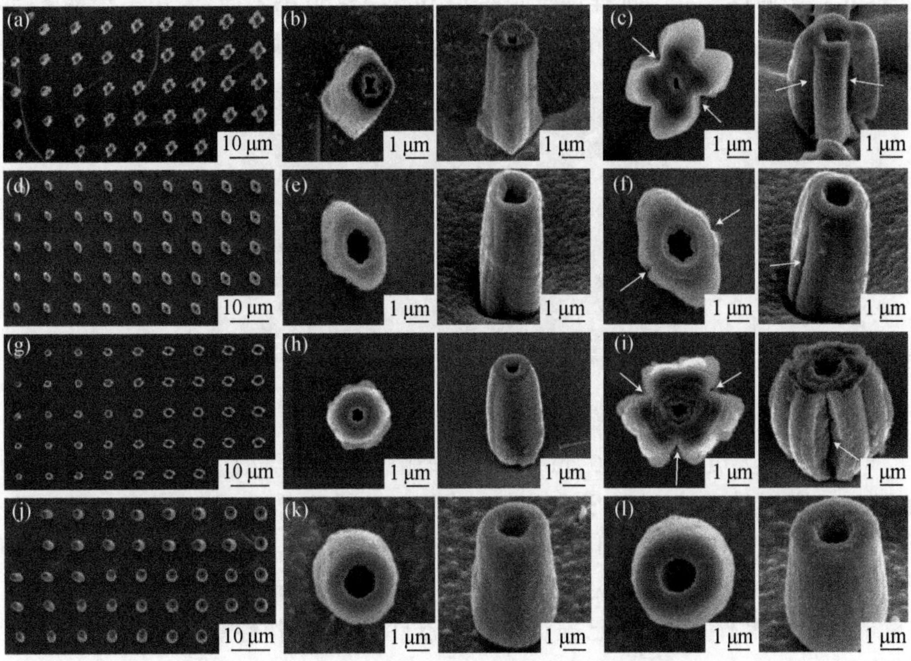

图 9.40　不同晶向的硅纳米管嵌锂后的 SEM 图像

(a)～(c)〈100〉硅；(d)～(f)〈110〉硅；(g)～(i)〈111〉硅；(j)～(l)非晶硅。其中左列为具有不同嵌锂行为的阵列；中间列为具有不同膨胀行为，但未断裂的硅纳米管；右列为具有不同断裂行为的硅纳米管，断裂用箭头标出[81]

9.7 纳米电路

基于未来应用的需求,利用纳米材料和纳米结构构筑纳米电路是纳米科技领域最吸引人的研究方向之一。尽管这方面的研究还很不成熟,没有形成共识,但仍然获得了一些有益的、具有启发性的研究成果。

在纳米线构筑电路方面,碳纳米管和硅纳米线研究得最多。研究人员利用光刻技术,通过低温平面工艺在玻璃衬底上将高性能的纳米线晶体管集成为逻辑反相器和环形振荡器,反相器由两个纳米线薄膜晶体管组成,环形振荡器由三个反相器串联而成。如此制作的环形振荡器的振荡频率高于硅衬底上制作的电路,达10 MHz以上,而相应的延迟时间远小于有机半导体和非晶硅电路,仅为 14 ns[83]。还有人设计了一种基于超高密度纳米线的桥式多路信号分析器(如图 9.41 所示),这种电路系统用来分离两个或更多组合信号,可以对多根纳米线进行选址。这种设计已经在 150 根粗细为 13 nm、周期为 34 nm 的高密度 Si 线上得到了证实[84]。此外,人们还利用电子束光刻技术,将 12 个不同金属组分的电极布置在一个长度为 18 μm 的单壁碳纳米管上,制造出一个名为环形振荡器的低功率逻辑器件[85]。此外,人们还通过气液固选择性一步生长 InAs/GaSb 纳米线,采用单栅堆叠技术加工出场效应晶体管,实现了高开关比,并研制出逻辑电路[86]。

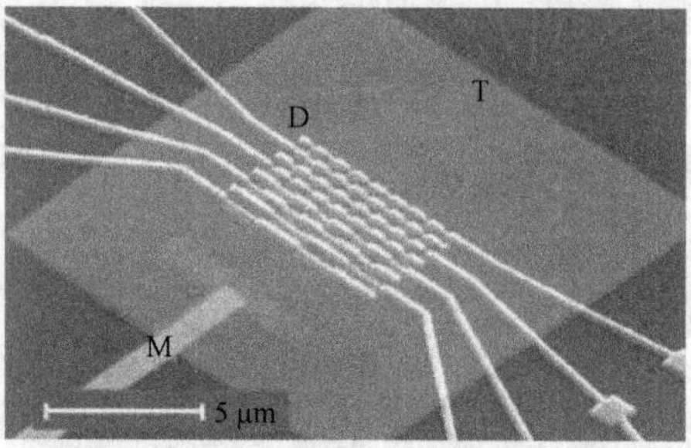

图 9.41 纳米线制作的桥式电路[84]

最近,研究人员制备出 10 nm 栅长的顶栅碳纳米管场效应晶体管和整体长度为 240 nm 的碳纳米管 CMOS 反相器(如图 9.42 所示)[87]。通过对栅长尺寸缩小影响器件性能的研究发现,相比硅基器件,使用石墨烯接触的碳纳米管场效应晶体管表现出更优的性能,具有更快的响应速度、更低的驱动电压、亚阈值摆幅更小。这种器件的性能不仅超过了已报道的碳管器件,而且工作性能超过了硅基 CMOS 器件。

在分子电子电路方面,由于可以通过分子自组装调控器件功能而引起普遍关注。研究人员开发出一种制作大面积分子结合点的简单技术,这种金属-绝缘体-

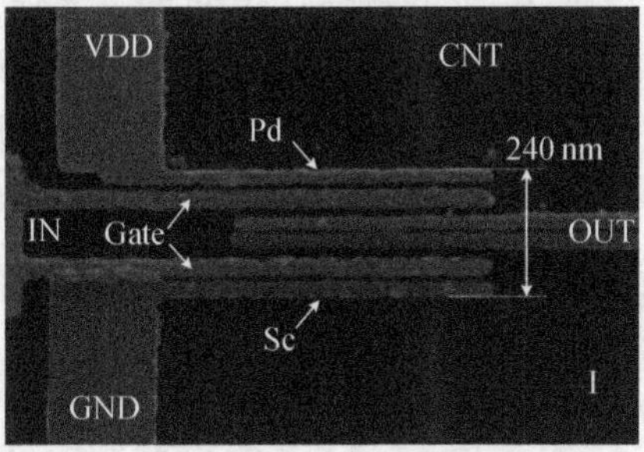

图 9.42 碳纳米管 CMOS 反相器[87]

金属结器件的尺寸达到了 100 μm。首先,大面积分子结合点是通过直链硫醇的自组装形成的单层来实现的,而在单分子层和顶部金属电极之间旋涂的导电聚合物过渡层可以有效地阻止电短路现象的发生;然后,通过光刻在光刻胶上形成圆孔来制作分子结合点,这种方法可以消除寄生电流,又能使制作的结合点不受环境的影响[88]。此外,还有人报道在由四硫亚甲基环戊二烯组成的高分子材料上,利用 EBL 制作了一系列的电极,可以通过电流调制分子团簇的电阻,实现信息的随机存储(如图 9.43 所示)。使用这一结构,已制造出一种 16 kB 的存储器,存储密度达到每平方厘米一千亿比特[89]。

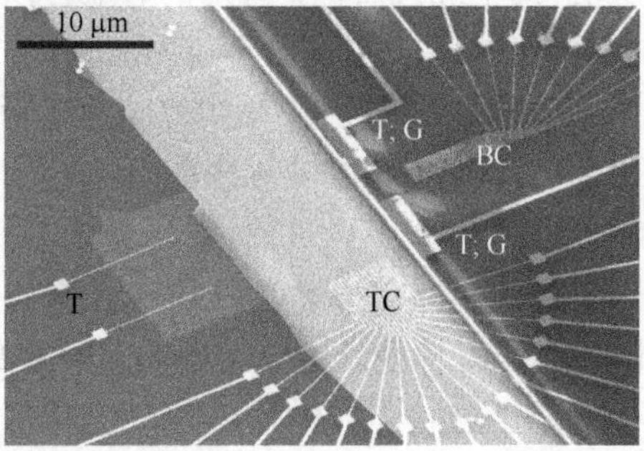

图 9.43 由交叉双层结构作为信息存储单元的高密度存储器[89]

在量子计算方面,主要研究集中在利用纳米结构来操控量子比特。研究人员在化学方法合成的 Ge/Si 异质结构纳米线上,利用 EBL 制作出双量子点电路(如图 9.44 所示),通过调制门电极电压可以控制量子点间的耦合,利用近邻的一个纳米线量子点与之形成电容耦合,就可以读出其电荷状态。这样的双量子点和集成电荷电路可以作为基本结构单元形成一个固态量子比特,不会受到原子核自旋的影响[90]。此外,利用超导的比特来执行量子计算也是一种备受关注的有效方法。为了在量子计算中使用超导电路,人们非常希望能够找到一种利用超导比特对来有效地实现量子逻辑门的方法。为此,有人报道利用 EBL 技术和阴影沉积法制作了一个基于铝膜形成的一对“8”字形磁通比特的量子受控“非”门,并且在 50 mK 的环境温度下对该“非”门的四个逻辑操作进行了检测。结果发现:在磁通比特对的正上方制作的超导量子干涉器件可用于检测转换前后的量子比特的状态,而量子比特的转换是通过调节微波脉冲源的激发频率来实现的[91]。

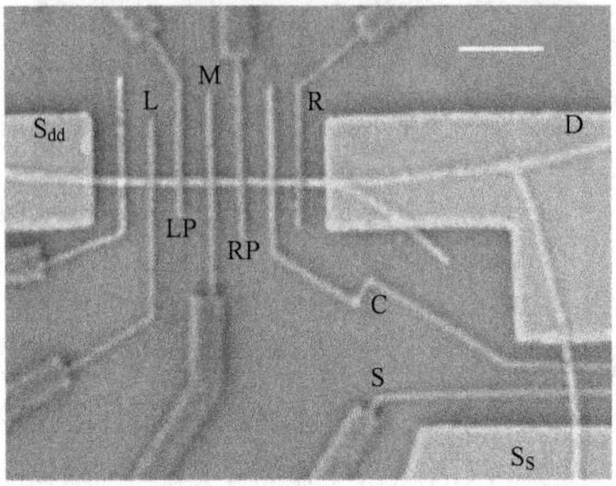

图 9.44 Ge/Si 纳米线双量子点和集成电荷传感器(图中标尺为 500 nm)[90]

在石墨烯电路方面,由于石墨烯理想的二维结构所呈现的高载流子迁移率等优异物理性能,使其在未来高速电子器件以及无线射频器件中具有广泛的应用前景。然而,这一目的的实现,离不开大面积石墨烯的有效合成以及自上而下的二维平面器件结构的可靠纳米加工技术。如人们已利用 EBL 技术制备出晶片规模的石墨烯集成电路(如图 9.45 所示),即将石墨烯场效应晶体管和感应器集成在单片 SiC 衬底上,实现了可达 10 GHz 的宽频带射频混合,并且该石墨烯集成电路在 300～400 K 展现了良好的热稳定性[92]。目前,在石墨烯 RF 器件和电路、数字逻辑器件和电路以及 THz 器件和电路等方面都取得了快速的进展。随着半导体集成电路的进一步微型化,传统半导体技术难以满足人们对更高性能、更低功耗的追求。为此,人们提出了一种基于层状半导体材料,通过三维堆垛,巧妙地电路排布实现了三维集成芯片。这一三维堆垛结构和之前的平面结构相比使得芯片面积减少

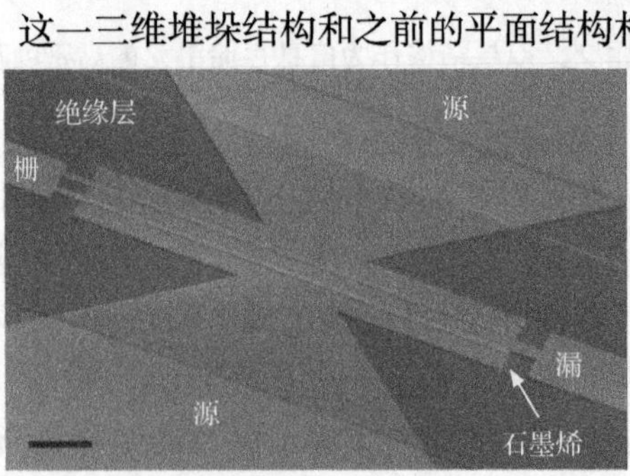

图 9.45 石墨烯四端射频混合器电路结构图(图中标尺为 2 μm)[92]

42%～46%，并可实现高性能的数字电路，如反相器等各种门电路、模拟电路、差分放大器、共源放大器、信号混合器等，特别是在低压、低功耗器件方面应用潜力巨大[93]。

参 考 文 献

[1] Sullivan M V，Eigler J H. J. Electrochem. Soc.，1956，103：218.
[2] Shih K K，Blum J M. Solid State Electron.，1972，15：1177.
[3] Proctor S J，Linholm L W，Mazer J A. IEEE Electron. Dev. Lett.，1982，EDL-3：294；Proctor S J，Linholm L W，Mazer J A. IEEE Trans. Electron. Dev.，1983，ED-30：1535.
[4] Zhang Y，Ichihashi T，Landree E，et al. Science，1999，285：1719.
[5] Kim W，Javey A，Tu R，et al. Appl. Phys. Lett.，2005，87：173101.
[6] Newton M C，Firth S，Warburton P A. Appl. Phys. Lett.，2006，89：072104.
[7] Tessler N，Roichman Y. Appl. Phys. Lett.，2001，79：2987.
[8] Watkins N J，Yan L，Guo Y. Appl. Phys. Lett.，2002，80：4384.
[9] Long Y Z，Chen Z J，Ma Y J，et al. Appl. Phys. Lett.，2004，84：2205.
[10] Long Y Z，Zhang L J，Chen Z J，et al. Phys. Rev. B，2005，71：165412.
[11] De Marzi G，Iacopino D，Quinn A J，et al. J. Appl. Phys.，2004，96：3458.
[12] Tang C C，Bando Y，Huang Y，et al. J. Am. Chem. Soc.，2005，127：6552.
[13] Liu L W，Fang J H，Lu L，et al. Phys. Rev. B，2006，74：245429.
[14] Li H J，Li J J，Gu C Z，et al. Phys. Rev. Lett.，2005，95：086601.
[15] Luo Q，Cui A J，Gu C Z，et al. J. Nanosci. Nanotechnol.，2010，10：1.
[16] Steinmann P，Weaver J M R. Appl. Phys. Lett.，2005，86：063104.
[17]Qin L，Huang Y Q，Xia F，et al. Nano Lett. 2020，20：4916.
[18] Guo X F，Small J P，Klare J E，et al. Science，2006，311：356.
[19] Kim R H，Bae M H，Kim D G，et al. Nano Lett.，2011，11：3881.
[20] Hu J，Yu M F. Science，2010，329：313.
[21] Cui A J，Li W X，Luo Q，et al. Appl. Phys. Lett.，2012，100：143106.
[22] Benoit J M，Gratiet L L，Beaudoin G，et al. Appl. Phys. Lett.，2006，88：041113.
[23] Yagi H，Miura K，Nishimoto Y，et al. Appl. Phys. Lett.，2005，87：223120.
[24] Ponomarenko L A，Schedin F，Katsnelson M I，et al. Science，2008，320：356.
[25] O'Neill K，Slot E，Thorne R E，et al. Phys. Rev. Lett.，2006，96：096402.
[26] Weiss D N，Brokmann X，Calvet L E，et al. Appl. Phys. Lett.，2006，88：143507.
[27] Zhang Y B，Tan Y W，Stormer H L，et al. Nature，2005，438：201.
[28] Novoselov K S，Jiang Z，Zhang Y，et al. Science，2007，315：1379.
[29] Berger C，Song Z M，Li X B，et al. Science，2006，312：1191.
[30]Gan L，Baskin E，Saguy C，et al. Phys. Rev. Lett.，2006，96：196808.
[31]Gu C Z，Wang Qi，Li J J，et al. Chin. Phys. B，2013，22：098107.
[32] Zhang G Y，Qi P F，Wang X R，et al. Science，2006，314：974.
[33] Li X L，Wang X R，Zhang L，et al. Science，2008，319：1229.
[34] Reichart P，Datzmann G，Hauptner A，et al. Science，2004，306：1537.

[35] Liu G T,Liu Z,Zhao Y C,et al. J. Phys. D: Appl. Phys. ,2007,40: 6898.
[36] Xiao K,Liu Y Q,Hu P A,et al. J. Am. Chem. Soc. ,2005,127: 8614.
[37] Liu L W,Fang J H,Lu L,et al. Phys. Rev. B,2005,71: 155424.
[38] Xiang J,Lu W,Hu Y J,et al. Nature,2006,441: 489.
[39] Björk M T,Schmid H,Knoch J,et al. Nat. Nanotechnol. ,2009,4: 103.
[40] Li H Q,Hang Z H,Qin Y Q,et al. Appl. Phys. Lett. ,2005,86: 121108.
[41] Zou W Y,Sun L F,Xie S S,et al. Phys. Rev. B,2009,80: 113412.
[42] Yao Z N,Sun W J,Li W X,et al. Microelectron. Eng. ,2012,98: 343.
[43] Long Y Z,Zhang L J,Chen Z J,et al. Phys. Rev. B,2005,71: 165412.
[44] Shen J Y,Chen Z J,Wang N L,et al. Appl. Phys. Lett. ,2006,88: 253106.
[45] Lafferentz L,Ample F,Yu H,et al. Science,2009,323: 1193.
[46] Schmidt V, Riel H, Senz S, et al. Small, 2006, 2: 85.
[47] Lar R G, Han X L. Nanoscale, 2013, 5: 2437.
[48] 郝婷婷．聚焦离子束/电子束技术在三维纳米器件加工中的应用．北京:中国科学院物理研究所,2018.
[49] 薛增泉,吴全德．电子发射和电子能谱．北京:北京大学出版社,1993.
[50] Fowler R H,Nordheim L. Proc. R. Soc. Lond. A,1928,119: 173.
[51] Ding M,Kim H,Akinwande A I. Appl. Phys. Lett. ,1999,75: 823.
[52] Himpsel F J,Knapp J A,VanVenchten J A,et al. Phys. Rev. B,1979,20: 624.
[53] Kim Y H,Zhang S B,Yu Y,et al. Phys. Rev. B,2006,74: 075329.
[54] Benjamin M C,Wang C,Davis R F,et al. Appl. Phys. Lett. ,1994,64: 3288.
[55] Powers M J,Benjimin M C,Porter L M,et al. Appl. Phys. Lett. ,1995,67: 3912.
[56] Gu C Z,Jiang X,Lu W G,et al. Sci. Rep. ,2012,2: 746.
[57] Wang Z L,Gu C Z,Li J J,et al. Microelectron. Eng. ,2005,78-79: 353.
[58] Wang Z L,Wang Q,Li H J,et al. Sci. Technol. Adv. Mater. ,2005,6: 799.
[59] Wang Z L,Luo Q,Li J J,et al. Diam. Relat. Mater. ,2006,15: 631.
[60] Wang Q,Wang Z L,Li J J,et al. Appl. Phys. Lett. ,2006,89: 063105.
[61] Li L,Sun W N,Tian S B,et al. Nanoscale,2012,4: 6383.
[62] Shi C Y,Wang Q,Yue S L,et al. Solid State Phenom. ,2007,121-123: 797.
[63] Li Y L,Shi C Y,Li J J,et al. Appl. Surf. Sci. ,2008,254: 4840.
[64] Wang X J,Tian J F,Yang T Z,et al. Adv. Mater. ,2007,19: 4480.
[65] Tian J F,Bao L H,Wang X J,et al. Chin. Phys. Lett. ,2008,25: 3463.
[66] Huang Y,Liu F,Luo Q,et al. Nano Research,2012,5: 896.
[67] Zhu X B,Wei Y F,Zhao S P,et al. Phys. Rev. B,2006,73: 224501.
[68] Cui D J,Yu H F,Peng Z H,et al. Supercond. Sci. Technol. ,2008,21: 125019.
[69] Li S X,Qiu W,Han S Y,et al. Phys. Rev. Lett. ,2007,99: 037002.
[70] Chiorescu I,Bertet P,Semba K,et al. Nature,2004,431: 159.
[71] 赵士平,刘玉玺,郑东宁,等．物理学报,2018,67:228101.
[72] Wang J,Ma X C,Lu L,et al. Appl. Phys. Lett. ,2008,92: 233119.
[73] Wang J,Ma X C,Qi Y,et al. J. Appl. Phys. ,2009,106: 034301.
[74] Li W X,Fenton J C,Gu C Z,et al. Microelectronic Engineering,2011,88:2636.
[75] Romans E J,Osley E J,Young L,et al. Appl. Phys. Lett. ,2010,97: 222506.

[76] Zheng K H, Zhao Y C, Deng K, et al. Appl. Phys. Lett., 2008, 92: 213116.
[77] Zhang Z X, Sun L F, Zhao Y C, et al. Nano Lett., 2008, 8: 652.
[78] Huang Y, Yue S L, Wang Z L, et al. J. Phys. Chem. B, 2006, 110: 796.
[79] Tian B Z, Zheng X L, Kempa T J, et al. Nature, 2007, 449: 885.
[80] Zhao Y C, Sun L F, Gu C Z, et al. Advanced Materials, 2008, 20: 1772
[81] Wang C, Wen J C, Luo F, et al. J. Mater. Chem. A, 2019, 7: 15113.
[82] Wang C, Luo F, Lu H, et al. Nanoscale, 2017, 9: 17241.
[83] Friedman R S, McAlpine M C, Ricketts D S, et al. Nature, 2005, 434: 1085.
[84] Beckman R, Johnston-Halperin E, Luo Y, et al. Science, 2005, 310: 465.
[85] Chen Z H, Appenzeller J, Lin Y M, et al. Science, 2006, 311: 1735.
[86] Svensson J, Dey A W, Jacobsson D. Nano Lett., 2015, 15: 7898.
[87] Qiu C G, Zhang Z Y, Xiao M M. Science, 2017, 355: 271.
[88] Akkerman H B, Blom P W M, de Leeuw D M, et al. Nature, 2006, 441: 69.
[89] Green J E, Choi J W, Boukai A, et al. Nature, 2007, 445: 414.
[90] Hu Y J, Churchill H O H, Reilly D J, et al. Nat. Nanotechnol., 2007, 2: 622.
[91] Plantenberg J H, de Groot P C, Harmans C J P M, et al. Nature, 2007, 447: 836.
[92] Lin Y M, Valdes-Garcia A, Han S J, et al. Science, 2011, 332: 1294.
[93] Sachid A B, Tosun M, Desai S B. Adv. Mater., 2015, 28: 2547.

习　题

1. 解释纳米尺度的材料与结构所呈现的特异电学性质的物理原因。
2. 垂直环栅晶体管的优点是什么？

第 10 章　微纳加工在光学领域的应用

光学是一门古老的物理学科，在古代的中国、希腊和阿拉伯都已经有了光学知识的记载。早期的光学只研究跟眼睛和视见相关的事物，而在现代物理学中，光学则是研究从微波、红外线、可见光、紫外线直到 X 射线的宽广波段范围内的，关于电磁辐射的产生、传播、测试以及与物质相互作用的科学。

随着时代的发展，精密加工在光学中的应用不再单纯地局限于镜头的打磨、光学薄膜的沉积和俯仰位移台的控制。随着微纳加工技术的快速发展，人类对各种光学材料的加工精度已经进入了小于光波长的尺度，在如此小的结构中，许多传统的光学概念已经不再适用，在新的微纳光学系统中，光的产生、传播与探测都被赋予了新的内容，现代光学研究已迈入了以表面等离激元、超材料、光子晶体等研究为标志的崭新时代，人类操纵和控制光子的梦想正在逐渐成为可能。本章介绍微纳加工技术在光学领域的应用，主要涉及利用加工的纳米结构激发表面等离激元、调制短波长的高频电磁波传播特性，以及在新型光子器件加工等方面所呈现出的独特优势。

10.1　表面等离激元

10.1.1　表面等离激元的激发与传播

表面等离激元(surface plasmon，SP)是一种局域在金属表面的自由电子与光子相互作用所形成的激发态倏逝波。在此相互作用下，金属表面的自由电子在与其具有共同振动频率的电磁波辐照下产生集体振荡，从而产生具有特殊性质的表面等离激元。

以半无限大的金属和介质组成的界面为例，沿表面传播的表面等离激元的色散关系为

$$k_{\mathrm{spp}} = \beta = k_0\sqrt{\frac{\varepsilon_1\varepsilon_2}{\varepsilon_1+\varepsilon_2}} \tag{10.1}$$

其中，k_0表示电磁波在真空中传播的波矢，$\beta=k_{\mathrm{spp}}$称作传播常数，即表面等离激元的波矢。ε_1与ε_2分别表示介质与金属的介电常数[1]。在通常的情况下，表面等离激元的动量大于入射光的动量。由于两者之间动量的不匹配，表面等离激元不能被激发，只有采用特殊的手段，对入射光波矢进行补偿，才能将其激发，如图 10.1

所示。通常的波矢补偿手段为利用光子隧穿效应的衰减全反射法以及衍射补偿法:对于衰减全反射法，是通过利用棱镜，当入射光以大于全反射角的角度入射到金属/介质界面时，随着透镜介质折射率的增加而增加入射光波矢，利用透镜的高折射率可以进行光波矢补偿;而对于衍射补偿法[2]，则是通过在导体表面制备衍射光栅，入射电磁波受到表面衍射光栅的调制，当衍射光的光波矢和表面等离激元的波矢相匹配时，金属表面等离激元将会被激发，入射的电磁波将会与表面等离激元耦合。

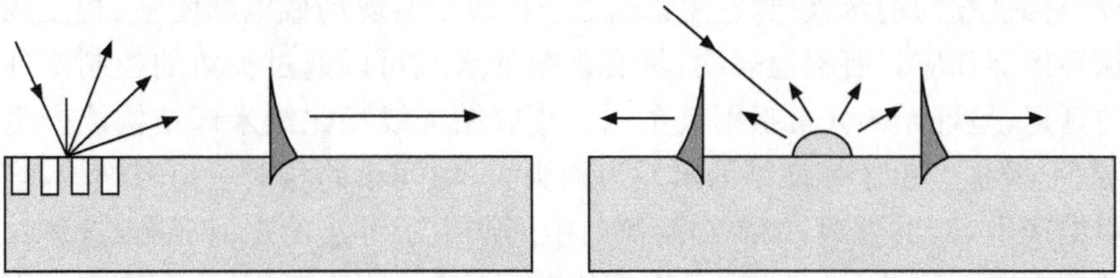

图 10.1　采用衍射方法补偿波矢以此激发金属表面等离激元的示意图

对于实际金属，其表面并不是绝对的平面，都存在一定的起伏。当入射光照射到金属表面时，这些起伏就相当于一个个等效的散射中心。入射光受到散射中心的散射调制，光波矢会发生改变。因此，当入射光辐照实际金属表面时，一定会有部分的表面等离激元被激发，只是这种激发效率较低[3]。但如果在金属表面采用纳米加工技术制作金属纳米结构，则可以明显增强对表面等离激元的束缚和耦合。

由于金属的介电常数通常是实部为负的一个复数，根据(10.1)式，k_{spp} 也是一个复数。表面等离激元的复数波矢说明它是一种束缚在介质/金属界面上的电磁波，能量随着传输距离的增加而急剧减小，是一种非辐射波。由于只有满足波矢动量匹配的光子才能在金属/介质界面激发等离激元，因此等离激元对光子具有高选择性的散射与吸收特性;另外，作为一种非辐射波，可以将电磁场束缚在界面周围，从而提高界面处的电磁场强度;此外，通过波导结构，可以使表面等离激元在一定距离沿着波导传播，这种特性可以将集成光路中光子的传播转换为表面等离激元的传播，将目前光学器件的尺寸大大地缩小。

20 世纪 90 年代，利用衰减全反射法为主的等离激元探测技术已经实现了成熟的商业应用。但随着微纳加工技术的进步，在越来越多的研究中，人们不断将表面微纳米结构与表面等离激元相结合，利用其高选择性的散射与吸收、局域场增强，甚至远程的传播或聚焦等特殊的功能，在传感、探测、成像、激光、光开关、光逻辑计算等多个领域不断得到应用并展示出特别与独到的优势。目前，随着微纳加工技术的发展，表面等离激元的相关研究已经逐渐广泛和深入，已经形成了一门新兴的学科——等离激元光子学(plasmonics)，在生物、化学、能源、信息等领域展现出了巨大的应用前景。

近年来,人们研制出纳米棒、纳米蝴蝶结、纳米间隙、开口谐振环等一系列等离激元结构。为了能在三维空间上调控等离激元,人们也提出了形式多样的三维悬空结构、折叠结构以及卷曲结构等。纳米棒结构由于具有长、短两个轴,所以其消光谱呈现两个共振吸收峰,并且吸收峰可以通过改变结构的形状进行分别调控。在此基础上,为了更灵活地调整纳米棒结构的 SP 共振,人们还设计了一系列的复合结构。通过不同方式的纳米棒组合,形成较强的 SP 共振,从而在一个较小的区域内形成高强度的电磁场增强效应,该区域通常被称为“热点”。经过形状设计的纳米棒结构被称为纳米天线,它可以通过 SP 共振实现局域电场增强、相位调控以及偏振转换等效应。有报道表明:具有折角的天线可以通过折角的控制实现不同的相位延迟,呈现光的异常折射现象[4]。蝴蝶结天线相比纳米棒结构能产生更强的局域 SP 共振。由于蝴蝶结的单元为两头大、中间小的相对三角形结构,当光激发蝴蝶结产生 SP 共振时,蝴蝶结两侧与中间产生了等量的电荷分布,这意味着蝴蝶结两侧由于面积较大,产生了低密度的电荷分布,而蝴蝶结的中间则由于面积较小,产生了高密度的电荷分布,并导致了蝴蝶结的中间具有更强的 SP 局域效应,使得单分子荧光的探测成为了可能。此外,劈裂谐振环(SRR)结构在与光相互作用时,可以被等效为 LC 谐振电路。通过调整谐振环的尺寸、开口以及形状,可以实现各种新奇的光学特性,包括异常折射、电磁隐身等,因而 SRR 结构被广泛应用在超材料研究之中。金属/绝缘层/金属(MIM)结构中的介质层具有较强的光局域效应,并且随着介质层厚度的减小,介质层中的光局域能力相应增强。纳米间隙作为一种 MIM 结构,在外场激发下产生等离激元共振,可以实现较强的 SP 共振,而且,纳米间隙中的 SP 共振强度会随着纳米间隙宽度的减小而增大。此外,由于三维纳米结构能够在多维空间上调控表面等离激元,也可以显著提高相关器件的性能。

10.1.2 表面增强拉曼散射

通过各种纳米结构对表面等离激元进行强束缚及耦合,可以使表面等离激元局域化(localized surface plasmon,LSP),这种局域化的等离激元可以极大地增强局域的电场场强,从而可以极大地提高拉曼光谱测试的分辨率。这种增强效应包括入射光的增强 G_0 和拉曼散射光的增强 G' 两部分:

$$G = G_0 G' \approx \left| \frac{E'(\omega_0)}{E(\omega_0)} \right|^2 \cdot \left| \frac{E'(\omega_R)}{E(\omega_R)} \right|^2 \tag{10.2}$$

其中,ω_0 与 ω_R 分别表示入射光与拉曼散射光的频率,由于两者非常接近,不难看出分子拉曼信号的强度正比于电场强度的四次方。因此,界面处的电磁场强度的增强将会极大地提高分子拉曼信号的强度,通常可以达到 $10^5 \sim 10^8$,在特定情况下,甚至可以达到 10^{12}。因此,如何调控表面等离激元,使其在金属界面处束缚及耦合，从而增强界面处的电磁场强度，是表面拉曼增强领域的研究重点。到目前为止，人们已采用了多种金属纳米结构，如金属纳米颗粒（纳米球及非球状纳米颗粒）[5-14]、纳米光栅[15,16]、纳米圆环[17,18]等，实现对表面等离激元的束缚和耦合。

金属纳米颗粒是调控表面等离激元的束缚与耦合，实现拉曼信号增强的重要结构之一。由于其纳米几何尺寸的限制，金属中的电子不可能像在无限大金属平面中一样可以自由运动和传播。纳米颗粒的边界对电子有很强的散射，从而对入射光波矢进行补偿，因此，在合适波长的光直接辐照下，金属纳米颗粒内部的电子就可以产生集体振荡，这种局域的电子集体振荡即为局域表面等离激元共振。局域的等离激元将电磁场束缚在金属纳米颗粒周围，从而使该区域内的电磁场得到极大的增强。人们通过计算发现，单个 Au 纳米球有大约 2.7 倍的最大电磁场增强，而以 Au 作为纳米球外壳所获得的纳米球可以达到 6.1 倍的最大电磁场增强，如果将外壳粗糙化，则可以进一步地增强电磁场强度，由此而获得的拉曼增强也会逐步增大[5]。

人们从理论和实验中不断地尝试寻找使拉曼增强最大的金属纳米结构[6-12]。相对于金属纳米球，由于在金属纳米椭球中等离激元的激发发生红移，其表面拉曼增强效应更强[6]。人们通过数值模拟发现，Au 纳米棒比 Au 纳米球和 Au 纳米球外壳有更强的电磁场增强，这意味着 Au 纳米棒有更强的拉曼增强效应[7]。由于金属纳米颗粒的尖端或高曲率的边界会将金属中的自由电子局域在该区域内，因此在外界电磁场的激发下，尖端或高曲率边界的周围会有很强的电磁场分布[8,9]，如在 Au 星形纳米结构的周围，最强可以有超过 200 倍的电磁场增强。

另一种增强电磁场强度、提高拉曼信号的重要途径是通过将金属纳米结构组合成双体或多体，利用相邻金属纳米结构实现局域表面等离激元的耦合。如通过分散 Au 纳米球悬浮液而获得 Au 纳米球的双体和三体团簇，这些 Au 纳米球中的局域表面等离激元彼此将会发生耦合，从而使 Au 纳米球之间的电磁场强度得到极大的增强，这对于提高拉曼信号强度有重要作用[13]。而把 Au 纳米球通过自组装构成规则阵列，通过计算所得到相邻的 Au 纳米球外壳之间的电磁场增强最多可以达到近 20 倍，由此获得了很强的分子拉曼信号[14]。

除了金属纳米颗粒外，利用其他多种金属纳米结构同样实现了对表面等离激元的束缚和耦合，从而增强电磁场强度，获得很好的拉曼增强效果。如通过不断的沉积金属来缩小金属光栅之间的间距，当光栅间距小于 10 nm 时，相邻光栅的表面等离激元将会发生很强的耦合[15,16]；或者通过调节上下两层金属纳米结构之间的距离，实现了两层金属圆环之间等离激元的耦合[17]；又或利用相似的方法，改变上下两层金属纳米结构之间介质层的厚度，从而实现金属纳米结构中等离激元的耦合，并通过调节介质层的厚度来改变上下层间耦合的强度[18]。目前，加工这种耦合等离激元的金属纳米结构还存在一定难度，因为采用 EBL 或 FIB 技术制备水平方向间距为几纳米的结构比较困难,但垂直方向上通过隔离层的可控沉积制备间距为纳米级的结构却容易一些。如采用 PMMA 替代传统的 SiO_2 作为中间层,通过金属蒸发与 EBL 工艺,制备出 Ag 双金属光栅结构(如图 10.2 所示),其中间层厚比以往的中间层厚缩小了 1/3 多,可以获得比传统结构大三个数量级的 SERS 增强因子[19]。

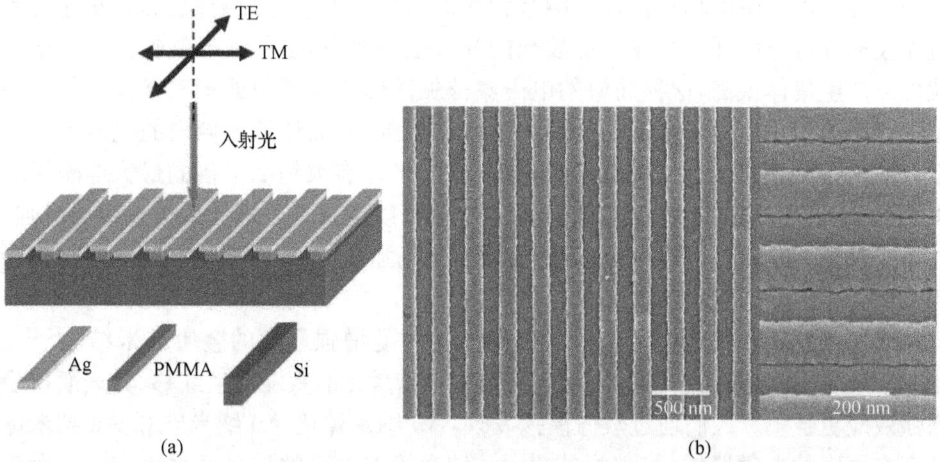

图 10.2 (a)Ag 双层金属耦合光栅结构示意图;(b)Ag 双层金属耦合光栅的 SEM 照片[19]

利用纳米结构紧缩处由于局域应力过大发生断裂的现象,人们提出了一种自支撑金属纳米间隙对阵列的制备方法,并将该结构作为表面增强拉曼散射(SERS)衬底,用于蛋白质分子的无标记检测。根据理论计算与数值模拟,应力状态下的 SiN_x 纳米桥断裂形成的间隙宽度与 SiN_x 力学性质及初始纳米桥尺寸相关。借助低压化学气相沉积、电子束曝光等加工技术,研究人员制备了大面积的 SiN_x 纳米桥阵列以获得相应的 SiN_x 纳米间隙对。结合湿法腐蚀与金属沉积过程,成功制备了亚 10 nm 间隙宽度的自支撑金属纳米间隙对阵列(如图 10.3 所示)[20]。通过制备不同间隙宽度的金属纳米间隙对,并将其作为 SERS 衬底,研究了它们对 Rhodamine 6G(R6G)分子拉曼信号的增强作用,用于细胞色素 C 分子的无标记检测,得到了丰富的分子结构信息。

此外,在三维 SERS 衬底方面,人们设计并制备了一种在三维硅锥上的直立石墨烯/Ag 颗粒复合结构[21],结合超快瞬态吸收光谱技术,直接证明了石墨烯对复合纳米结构中有效电子传输效率的增强作用。该结构对 R6G 分子的拉曼检测具有超高灵敏度,探测浓度达到 10^{-13} mol/L,并可实现可寻址的超高灵敏度检测。基于这一复合结构,人们还将其应用到 PATP、4NBT 小分子的催化反应实验中(如图 10.4 所示)[22]。由于吸附在石墨烯和 Ag 纳米颗粒表面的氧可以被激发三重态，因而石墨烯和 Ag 纳米颗粒的电子可以有效地转移给氧，促进了催化反应过程，反应极限浓度可达 10^{-11} mol/L，明显超过单独使用金属颗粒发生催化反应的极限浓度。

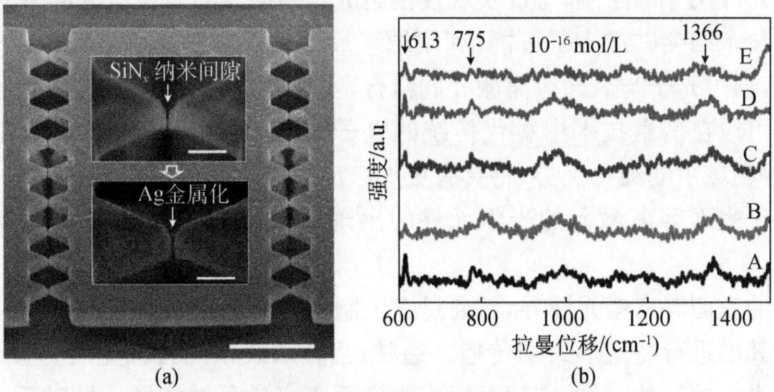

图 10.3　(a)亚 10 nm 宽度的金属纳米间隙 SEM 图；(b)R6G 分子不同宽度的纳米间隙对上的 SERS 光谱[20]

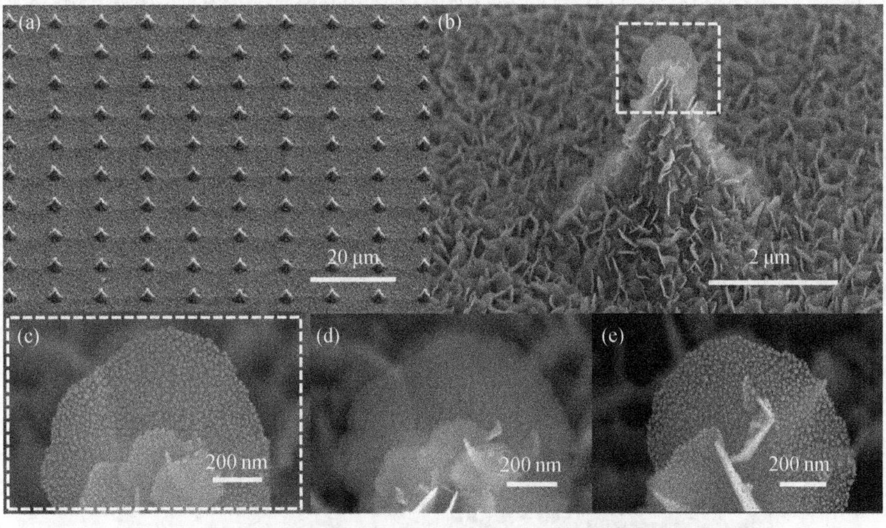

图 10.4　硅金字塔结构上的复合结构的 SEM 图

(a)硅金字塔阵列上的直立石墨烯/Ag 纳米颗粒复合结构；(b)单个硅金字塔上的复合结构；(c)硅金字塔尖端石墨烯片；(d)沉积金属颗粒前的直立石墨烯片，与(c)为同一片；(e)为(c)中石墨烯片的另一侧[22]

10.1.3　表面等离激元波导

在研究表面等离激元的激发与场增强效应的同时，如何控制表面等离激元在金属/介质界面的传播也是研究者们最关心的问题之一。使用速度更快,负载更多信息的光子信号取代电子信号是光电信息技术的一大发展趋势,但与元件越来越精细,集成规模越来越大,集成密度越来越高的电子线路技术相比,光子线路仍然受到光学元件尺寸的限制,难以实现规模集成。表面等离激元研究的进展,使光子集成线路技术的突破成为了可能:利用纳米尺度的等离激元调制器件取代传统的光学元件,通过光子与表面等离激元的耦合,实现可集成的"光子线路"。这种光子线路不仅可以在信息技术中替代传统的电子线路,而且由于光学技术在探测、成像、传感等领域中的独特优势,将具有更加广泛的应用前景。正是表面等离激元波导以及基于表面等离激元的光学元件的出现,使这种"光子线路"的实现成为了可能。

所谓的表面等离激元波导,即通过人工制备的特定微纳米结构,使表面等离激元能够在其中进行特定形式的传播。通常,当金属线条的特征宽度为微米量级而厚度是几十个纳米的时候,它就可以作为表面等离激元的波导。如对于 ITO 玻璃上沉积的厚度为 55 nm 的金膜,利用 FIB 在条状金膜上刻出微米尺度的表面等离激元的波导(如图 10.5 所示),用声子散射隧穿显微镜对这些微米结构周围进行近场表征[23]。结果表明,这种由有限长度周期排列的狭缝组成的微光栅能够反射沿着波导方向传播的表面等离激元,反射的效率依赖于狭缝的数目、光栅的周期以及入射波长。随后,人们又证实了可利用具有沟道表面等离激元极化模式(CPPs)的金属 V 形沟槽作为表面等离激元波导,并通过 FIB 技术制备出利用这种波导模式形成的 Y 形分束干涉器(如图 10.6 所示),使超高密度的光子元件成为了可能[24]。此外,有的等离激元波导是利用银纳米线与 SU-8 介质波导集成的"分光"器件,可以使光子从介质波导中沿金属纳米线"分出",形成新的输出通道,这为大规模的光路集成提供了选择[25]。

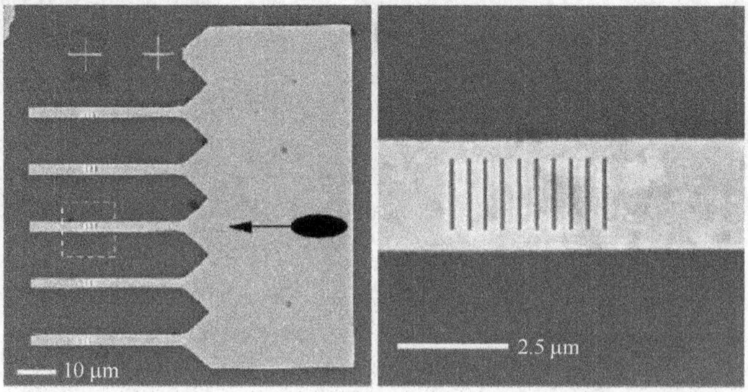

(a) (b)

图 10.5 表面等离激元耦合波导的微栅结构[23]

(a)整体结构 SEM 照片;(b)金属条的高倍 SEM 照片

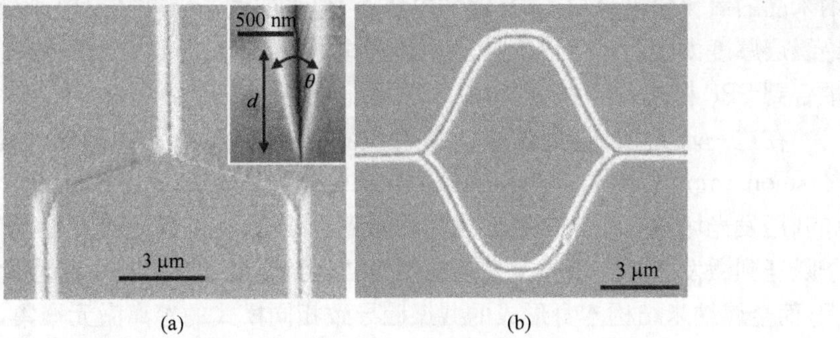

图 10.6　(a)Y 形分束器;(b)马赫-曾德尔干涉器[24]

此外,还可以通过金属纳米线波导的网络结构来实现基本的逻辑运算功能[26,27],即通过纳米线组装形成具有输入输出端的网络结构,通过控制入射光的偏振与相位,控制被不同入射光(即输入端)激发的等离激元在波导中形成干涉,从而改变输出端耦合发射出的光信号。利用这种波导网络结构以及表面等离激元在其中的传导与发射可调的特点,人们已经实现了"或""非""或非"等逻辑门功能。

10.1.4　表面等离激元光路元件

除了波导,等离激元"光源"也已实现。人们利用紫外曝光、化学腐蚀、原子层沉积以及 LPCVD 等方法,在能与 CMOS 后端工艺兼容的条件下研制出一种硅基表面等离激元源(如图 10.7 所示)[28]。在该器件中,光学厚度的金包裹着包含硅

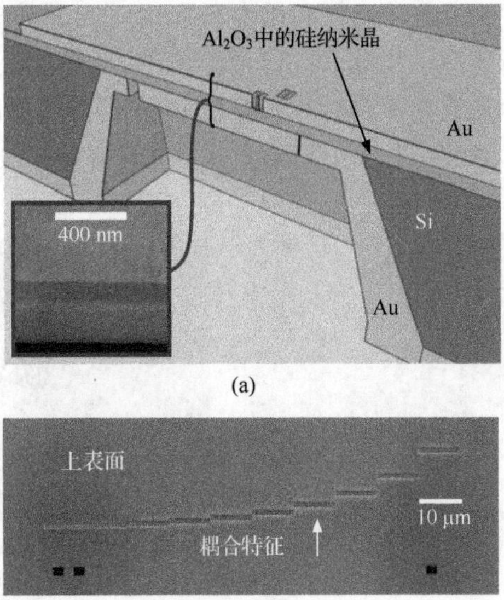

图 10.7　(a)硅纳米晶 SPP 源器件结构示意图;(b)顶层结构的扫描电镜照片[28]

纳米晶的氧化铝绝缘层，在足够的电压下，包裹的量子点被隧穿电子激发。但由于绝缘层厚度太小而不足以支持光学传播模式，因此量子点辐射只能直接通过近场耦合到 SPP 模式，从而形成一种 SPP 源。

在这一研究领域，更加引人关注的是表面等离激元的受激光辐射(surface plasmon amplitication by stimulated emission of radiation, SPASER)机制[29,30]。如利用发光增益介质与金属形成的纳米复合结构，在外界光激发下，使增益介质分子跃迁到激发态并不断将激发态的能量转移到金属纳米结构中来激发表面等离激元，而金属纳米结构本身形成的共振腔导致相同模式的等离激元聚集，再以光子的形式发射出来形成激光。利用这一机制，人们已采用掺入染料分子的金属金/二氧化硅纳米结构实现了 531 nm 波长的 SPASER 现象[31]；随后又在纳米薄膜波导上的硫化镉纳米线上观察到了发射波长为 489 nm 的 SPASER 现象[32]。此外，利用 SPASER 原理，人们还设计并实现了迄今为止世界上最小的半导体激光器。通过分子束外延方法生长直径约 50 nm 的氮化铟镓掺杂氮化镓异质纳米棒，放置在通过低温外延生长、室温退火而获得的超光滑金属银膜上，并利用原子级的二氧化硅作为绝缘层，在银与半导体纳米柱之间形成了一个表面等离激元谐振腔，通过超光滑的银膜和作为增益介质的 InGaN 极大地降低了等离激元共振的损耗，从而激发出波长在 510 nm 的激光[33]。

除了表面等离激元光源之外，通常的表面等离激元光学组件还包括由金属结构组成的波导、透镜、分束器等，而这些金属结构不可避免地会导致散射的增加。因此，人们利用 EBL 技术制备出了由非均匀介质所构成的新型伦伯及伊顿透镜[34]。这种表面等离激元光学元件利用介质厚度对表面等离激元有效折射率的影响，通过特定梯度折射率的设计，可以有效地控制表面等离激元在金属表面的传播，从而实现特定的聚焦或偏转(如图 10.8 所示)。这表明可以通过单独调制金属表面的介质材料分布来实现对表面等离激元传播的有效控制，从而为更复杂的等离激元器件的实现提供了可能。

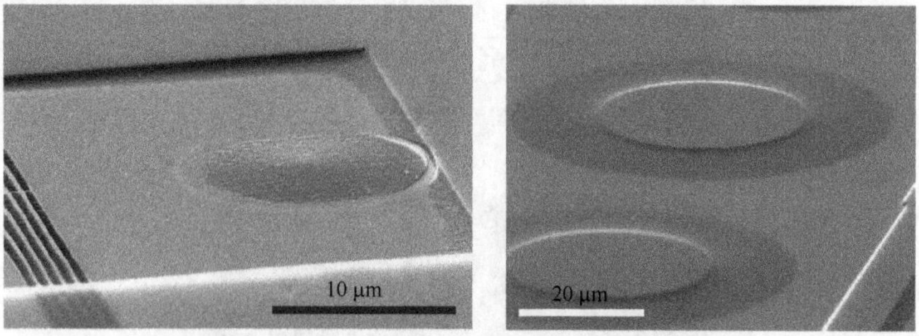

(a)　　(b)

图 10.8　EBL 灰度曝光实现的 PMMA 透镜[34]

(a)伦伯透镜；(b)伊顿透镜

由于表面等离激元的传播依赖于衬底以及周围介质的性质,通过调制衬底/介质不仅可以实现对表面等离激元传导的调制,还可以通过控制传导的通断,实现基于表面等离激元的光开关。如利用银纳米沟槽耦合激发的表面等离激元,通过在金属表面覆盖一层 CdSe 量子点,由于量子点对特定波长与偏振入射光所激发的表面等离激元有强烈的吸收作用,因此可以通过不同的偏振模式以及入射波长,控制表面等离激元传播距离以及表面等离激元传导的通断,形成一种表面等离激元的光开关器件[35]。

10.1.5　表面等离激元增透

1998 年,Ebbesen 等提出了不透明金属中亚波长孔洞中的光学异常透射现象,即在周期性结构的不透明金属狭缝中,透射光的强度远大于经典的衍射理论值[36],基于这一现象的器件可以广泛应用于亚波长光学器件、光电器件以及生物传感领域。研究表明,这一增强效应起源于对表面等离激元激励与耦合作用,同时,周期性结构中的结构参数,如晶格常数、金属膜厚度、孔的尺寸与形状及衬底介电常数等都能够影响到透射光的性质。为此,人们利用 FIB 在厚度为 120 nm 的金膜上加工出不同对称性的亚波长金属孔阵列(如图 10.9 所示)[37],对其光增透特性进行研究,发现具有六次旋转对称轴和中心反演对称的高对称结构对光具有高达 41%的透过率,是低对称性结构透过率的 6 倍。这表明对称性对亚波长金属结构的增透性有很大的影响,具有高对称性的结构能够获得更高的增透因子。此外,通过对比亚波长准晶金属孔阵列和无序金属孔阵列的增透特性,人们还发现准晶金属孔阵列对入射的电磁波有高达 20%的透过率,但在无序结构中未发现增强透过现象,这也证明了结构的长程有序(周期性)在增强透过过程中起到了非常重要的作用[38]。

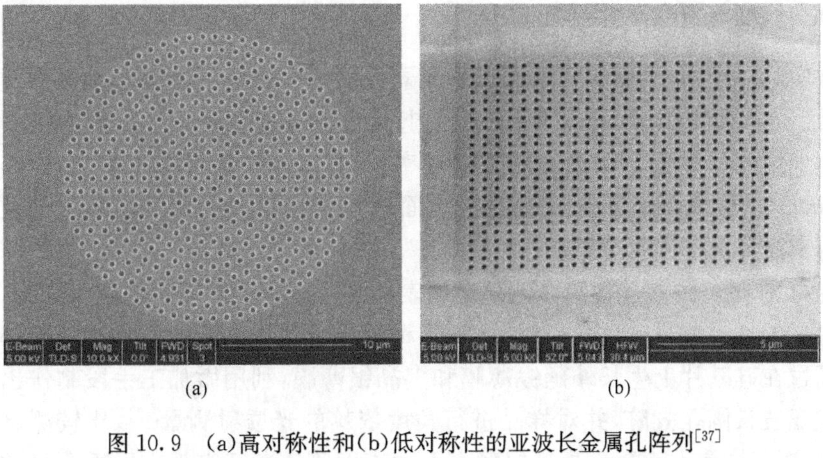

(a)　(b)

图 10.9　(a)高对称性和(b)低对称性的亚波长金属孔阵列[37]

单元结构直接影响着所激发等离激元的局域化程度,因此其形状的变化也将引起增透效应的变化。研究人员利用 EBL 及反应离子刻蚀技术在厚度为 120 nm 的金膜上加工了不同线宽及不同周期的 H 型金属阵列结构,并对其在近红外波段的光透过特性进行研究。发现:对于宽度为 120 nm、周期为 1.1 μm 的 H 型阵列,在波长为 1.6 μm 附近有高达 16.3%的增强透过,而且与以往的圆孔阵列不同,随着 H 型结构线宽的变化透过峰的位置发生变化,得到了 H 型的金属结构阵列与其形状各向异性相一致的极化效应,证明了局域表面等离激元对增强透过的贡献[39]。另一方面,还可以利用更复杂的单元结构对这种电磁波增透效应进行调制,如利用 EBL 及反应离子刻蚀技术在金膜上加工的两级交叉偶极(cross-dipole)分形槽阵列(线宽为 120 nm,周期为 1.5 μm,如图 10.10 所示),对其在红外波段的光透过性进行研究后发现,由于该结构的自相似性导致了在近红外及中红外波段具有双共振波长的增强透过峰[40]。

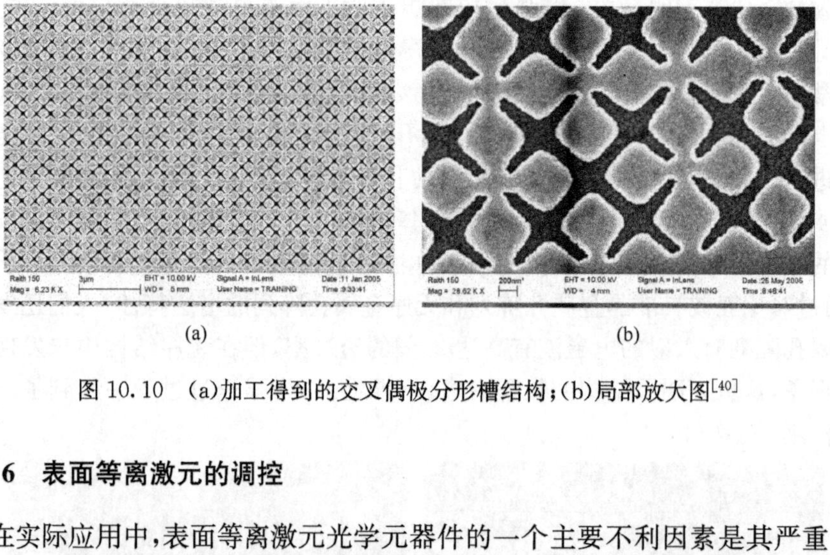

(a)　　(b)

图 10.10　(a)加工得到的交叉偶极分形槽结构;(b)局部放大图[40]

10.1.6　表面等离激元的调控

在实际应用中,表面等离激元光学元器件的一个主要不利因素是其严重的传播耗散。在可见光波段,金属薄膜表面的起伏对表面等离激元会造成极大散射,从而严重地制约了表面等离激元的传播效率。为此,人们通过模板剥离(template-stripping)工艺,成功地制备出大面积、表面超光滑的多种金属图案,极大地提高了表面等离激元的传播长度[41]。

在可见-近红外表面等离激元随金属表面起伏发生的损耗容易被人理解,对于波长更长的红外波段,过去一直被认为这种远小于波长的起伏影响可能较小。研究者通过在硅基片上生长外延银薄膜和多晶银薄膜,利用微加工手段制作出相同的二维亚波长圆孔方阵,并对样品进行角度依赖的光透射测量[42],比较测试结果后发现,对于空气/银界面,外延银薄膜上的表面等离激元表现出了更明显的共振行为，而多晶银薄膜上表面等离激元的共振特征相当之弱，这源于这两种薄膜的硅/银界面具有迥异的粗糙度，从实验与理论上证实了表面粗糙度在红外波段对 SPPs 的传播同样具有重要的影响。

但绝对光滑、完美导电的金属表面同样存在问题，由于无法激发出电子的局域共振，原则上不能产生等离激元。尽管如此，通过材料表面的图形化，即使在完美导电金属表面也会存在的局域化电磁模——伪表面等离激元(SSPs)。SSPs 的透射谱具有显著的线型且非对称，称为法诺共振。法诺共振谱的非对称性因子可通过许多激发手段来调制，如采用非对称性的纳米结构图形、改变介质层以及光的入射角等。通过紫外曝光与反应离子刻蚀技术相结合，人们在 Au/Ti 膜上制备了双嵌套的孔洞阵列混合结构，实现了通过人工结构连续调制这种 SSPs 的法诺共振谱的非对称性因子的目的，其正负性可变且数值与孔洞尺寸的线性相关[43]。

在前面介绍的金属纳米级狭缝间隙结构中存在着由于等离激元所导致的显著场增强效应，不仅可以应用于表面拉曼增强光谱，还可以应用到非线性光学、纳光子学等多个领域。但直接在这种纳米级的间隙结构中对场进行直接测量往往是非常具有挑战性的工作，直到人们利用 EBL 和电迁移法制备出最小达到 0.44 Å 的纳米狭缝，将光学电磁响应转换为隧穿电导，实现了光学整流功能。在此基础上，通过电测量方法对纳米狭缝的光电特性进行表征，发现在狭缝位置实现了超过 1 000 倍的场增强效应[44]。这个方法还可以应用到纳米隙缝结构的非相干光学相互作用、量子效应以及动态检查等研究领域。

值得一提的是，在各种 SPPs 纳米结构中，前面提及的纳米锥及其复合体是一种特殊的结构，有着广泛的潜在应用[45-48]。人们通过计算发现，当金属纳米锥的锥角小于一定数值时，SPPs 将会向锥尖方向传导。当 SPPs 逐渐逼近锥尖时，其传导速度将会降低，并在接近锥尖时，其传导速度将为零，即 SPPs 将会在锥尖附近聚焦，这将会使电磁场在锥尖附近会聚而形成很强的电磁场强度[45]。电磁场在锥尖附近会聚会将电磁场束缚在几十纳米的尺度范围内，这对于提高扫描近场光学显微镜的分辨率有着重要的意义[48]。与此同时，锥尖附近电磁场强度的增强将可以用于化学及生物分子的探测，例如用于表面拉曼及荧光增强(SEF)或针尖拉曼及荧光增强[49-51]。另外，增强的电磁场将会产生光学的非线性效应，如二次谐振等[52,53]。因此，纳米锥作为一种三维纳米结构，在与光的相互作用过程中，其维度效应可发挥重要作用。

此外，研究人员利用超精细谐振环实现了多频谱等离激元诱导透明，并成功地在每个透明窗口处获得了超过 4 ps 的群延迟[54]。在这种结构中(如图 10.11 所示)，具有相近本征频率和较窄共振响应的超精细劈裂谐振环为等离激元诱导透明提供不同的亚稳态能级，其与封闭的谐振环耦合产生多频谱等离激元诱导透明。该结构中等离激元诱导透明窗口对超精细劈裂谐振环的位置具有敏感的依赖性，因此可以通过改变劈裂谐振环的位置实现了对多频谱等离激元诱导透明窗口频率的精确控制。

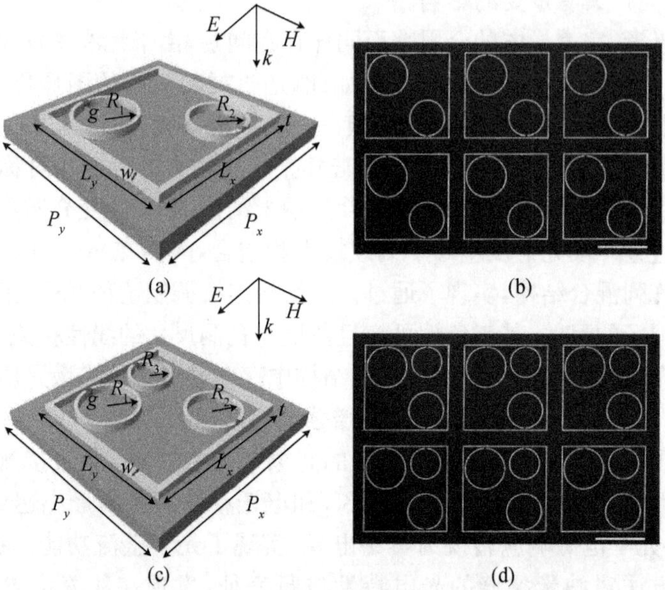

图 10.11　由三个和四个谐振环构成的超精细结构示意图((a)、(c))和扫描电子显微图像((b)、(d))图中标尺为 20 μm[54]

10.2　超　材　料

10.2.1　超材料及其原理

光学领域的一项重要研究内容便是光与介质材料间的相互作用。一方面表现在光的入射使得介质本身发生变化,如光电效应、光致发光等;另一方面还体现在介质对在其中传播的电磁波产生的调制作用,如谐波产生、倍频放大等。虽然自然界中能够对光的传播产生调制功能的介质很多,但毕竟种类有限,不可能完全满足人类以各种不同的需要控制各种各样电磁波的要求,因而极大地限制着人类对电磁波的利用。尽管如此,如果能够充分地认识并正确地利用客观的物理规律,人类同样可以发挥自己独有的主观能动性,创造出自然界中本不存在的新材料,使其具有超常的电磁特性并得以应用。超材料(metamaterials)就是一种基于表面有序微纳米结构的人工材料,它具备自然界材料中所不具备的崭新而特殊的电磁传播特性,如负折射效应、高频磁响应、完美透镜效应、逆多普勒效应、逆斯涅尔效应和反常的切连科夫辐射等,还可以通过人工亚波长单元结构的组合、外场的介入以及与材料本征特性的结合等手段,对电磁波传播实现可控调制,因而极大地拓展了人类对电磁波的利用空间。超材料的出现与发展,标志着人类对电磁波的认识和控制已经上升到了一个全新的高度,超材料技术的应用将给人类科技进步产生重大影响。因此,超材料的相关研究几乎自诞生之日起便成为物理和材料研究领域的前沿焦点。例如,负折射超材料的研究在 2003 年被 *Science* 杂志列为当年的"十大科学进展";2006 年年底,由于英美两国科学家在微波频率利用梯度超材料成功实现了"隐身斗篷"的功能,再次被 *Science* 杂志列入当年的"十大科学进展";2008 年,由于美国科学家在可见光频段的超材料上取得突破,被美国 *Time*、英国 *Materials Today* 杂志评选为 2008 年度的"十大科技进展";2010 年年底,超材料被 *Science* 杂志列入"过去十年科学研究中的十大卓见"。

超材料的基本原理是基于人工的亚波长结构实现对复合介质材料宏观电磁参数的控制,从而使其具备各种特殊的电磁响应特性以及电磁传播功能。在经典电动力学中,介电常数 ε 和磁导率 μ 是描述均匀媒质中电磁波性质的最基本的两个物理量[55,56]。通常电介质的介电常数 ε 和磁导率 μ 都是非负的常数。显然,这里的"均匀媒质"是理论上的,自然界中的材料都是由大量的分子原子组成,除了真空之外,没有任何物质是绝对均匀的。具体考虑一束光通过某一介质的情形,光在材料中的传播归根到底都是因为材料自身的原子电子谐振系统对外加电磁场的响应,但由于光波的波长远大于组成介质的原子尺寸大小,原子本身的细节信息在描述光与介质相互作用时并不重要,因此可以在宏观的角度将原本非均匀离散体系作为均匀连续的系统,其对于光的响应就可以用宏观的介电常数 ε 和磁导率 μ 来描述。超材料正是基于这种理念提出的[57],由具有特殊电磁响应的人造谐振结构所组成的超材料,只是将原子、电子谐振系统用人造的共振结构单元所代替。由于单元的共振结构尺寸在亚波长尺度,满足长波极限条件,根据有效介质理论(effective medium theory,EMT)[58-60],同样可以用两个宏观等效的参量,把复合介质作为均匀介质进行描述:有效介电常数 $\varepsilon_{\mathrm{eff}}$ 和有效磁导率 μ_{eff}。当然,人造结构单元可能会比分子原子的尺寸要大很多,但可以远小于电磁波波长,因此电磁波在材料中的传播行为由谐振单元对电磁场的响应所决定,而不需要考虑组成谐振单元的分子原子,这使其组合材料成为了一种全新的电磁传播介质。

其中,对于有效介电常数 $\varepsilon_{\mathrm{eff}}$,可以利用局域化的等离激元,使特定的金属结构在远低于体材料等离激元频率的波段范围内实现特定的介电常数[61],利用这种结构,可以将金属体系的等离激元振荡频率改写为

$$\omega_{\mathrm{p}} = \frac{n_{\mathrm{eff}} e^2}{\varepsilon_0 m_{\mathrm{eff}}} \tag{10.3}$$

其中,n_{eff} 为整个复合结构的电子有效密度,m_{eff} 则为其电子有效质量。结果表明:通过调节金属的表面覆盖率以及金属线条的形状或结构,可以改变电子有效密度

与电子有效质量,从而使金属体系的等离激元振荡频率改变。因此,就可以通过调整等离激元振荡频率 ω_p 的两个变量:电子有效密度 n_{eff} 与电子有效质量 m_{eff},从而改变 ω_p,实现在特定的频率下对 ε 的调制。

对于有效磁导率 μ_{eff},通常则是通过引入 LC 振荡回路结构单元,如开口环形谐振器(spilt ring resonators,SRRs),通过外加电磁场作用下所产生的感应电流与退极化电场共同作用形成本征频率为 ω_0 的 LC 振荡,那么,可以将系统有效磁导率为零的地方定义为"磁等离子体频率"ω_{mp},则有效磁导率:

$$\mu_{eff} = 1 - \frac{F\omega_{mp}^2}{\omega^2 - \omega_0^2 + i\omega\gamma} \tag{10.4}$$

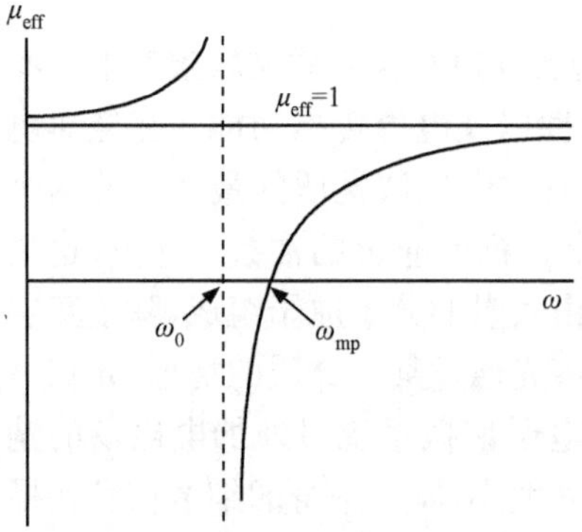

图 10.12 环形共振结构中共振频率 ω_0 附近的有效介电常数 μ_{eff}[62]

其中,F 为结构的表面覆盖率,γ 表示损耗。μ_{eff}随频率的变化规律如图 10.12 所示,显然,在 ω_0 附近可以获得不同的 μ_{eff},特别是在 ω_0 和 ω_{mp}之间的频率范围,开口圆筒电容器阵列系统可以获得负的有效磁导率[62]。如何利用各种不同结构在特定频率或频段(特别是高频)获得特定的有效磁导率(特别是负磁导率),是超材料中最重要的研究内容。目前,研究人员已经利用多种结构的超材料在不同频段都实现了磁响应[63-66],研究表明,实现超材料磁响应的关键,是超材料单元在入射电磁波作用下 LC 振荡回路的形成。特别是在高频波段,只有纳米尺度的超材料单元才能实现磁响应,这决定了相关研究的发展不可能脱离精确的纳米加工技术。

10.2.2 微波波段超材料

在微波频段,超材料所需的亚波长单元结构大都在毫米量级,因此可以精确地利用集成印刷技术直接制备,如利用负折射性质制造的高指向性天线、聚焦微波波束、电磁波隐身材料等,可用于军事学、气象学、海洋学、医学等各种领域。最早的超材料是 2000 年在微波频段被提出的"左手材料"[67],如图 10.13 所示。这种新材料由基板上的微波亚波长尺寸的金属结构阵列组成,采用此结构首次证实了负折射等不可思议的电磁传播特性。此外,研究人员还通过紫外曝光与沉积技术分别在石英和 FR-4 衬底上制作出金属铜左手材料,也同样验证了负折射现象的存在,并证实了负折射率和左手传播频率随介电环境的变化而改变[68]。

理论表明,如果使超材料的介电常数与磁导率张量随空间位置变化实现特定

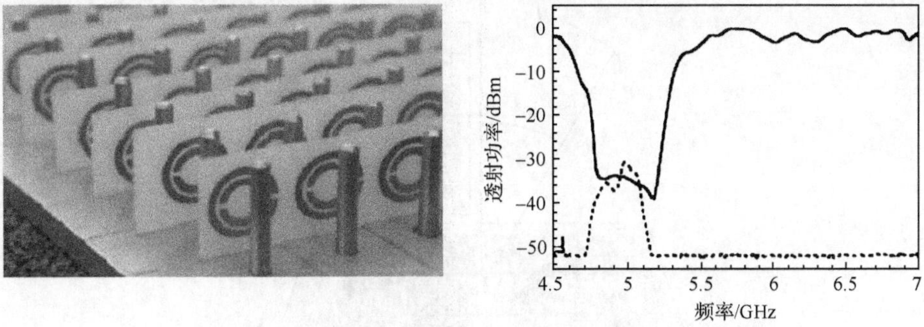

(a)　　(b)

图 10.13　(a)微波波段左手材料;(b)“双负”传播特性[67]

的连续分布,则可以完美地控制电磁波在超材料中的传播,实现引人瞩目的“隐身”功能[69]。基于此理论,人们利用简单的印刷技术,制备了一系列的开口铜环谐振器(SRRs)阵列,并将其组装成在 8.5 GHz 微波波段具有屏蔽效果的人工超材料,利用离散分布的、具有空间位置变化的特定介电常数与磁导率,证实了理论预言,成功地在该波段上实现了屏蔽隐身功能[70]。

10.2.3　太拉赫兹与红外波段超材料

由于中远红外波段特别是太拉赫兹(THz)波段的电磁波在传感、探测等方面的巨大应用潜力,在该波段的人工超材料研究具有重要意义。在这一频段,超材料的亚波长单元结构和特征尺寸都已经进入微米量级,因此必须采用曝光等微加工技术才有可能实现。

由于天然材料在太拉赫兹及更高频率上难以产生磁响应,因此,磁响应的产生与调制成为了高频超材料研究的一大重点。最早的太拉赫兹超材料出现在 2004 年[71],通过紫外曝光和电子束蒸镀实现的特征线宽达到微米尺度的金属铜 SRR 单元组合成平面阵列,在一个有倾角的偏振入射情形下(如图 10.14 所示),通过改变单元结构各几何参数的尺寸,在 0.8～1.4 THz 的范围内实现了不同的磁响应。

随后的研究表明,这种磁响应不仅可以在斜入射情形下通过磁场分量激发,在垂直入射情形下平行于开口环方向的电场分量也可以产生磁响应[72,73],而且这种磁响应模式对于周边介电环境非常敏感,非常有利于传感或探测方面的应用[74]。如对于高阻硅衬底上制备的一组金 SRRs 阵列,利用 Teflon 模具,分别将 50 nm 厚的双蒸馏水、酒精和三氯甲烷滴到器件表面,并利用太拉赫兹时域光谱仪(THz-TDS)测量其透射性质。结果表明,器件表面的液体层明显改变了 SRRs 器件的电磁响应,随着填充液体层介电常数的增大,其响应频率发生明显的红移(如图 10.15 所示)。SRRs 器件可以增强上述液体在太拉赫兹频段的透射,甚至包括

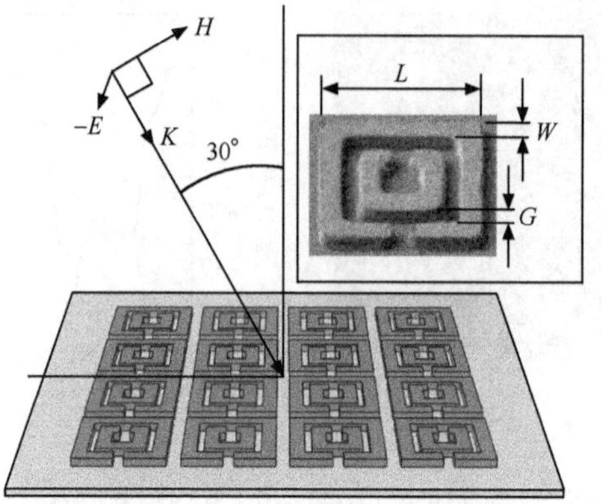

图 10.14 太拉赫兹波段超材料:样品与测试示意图[71]

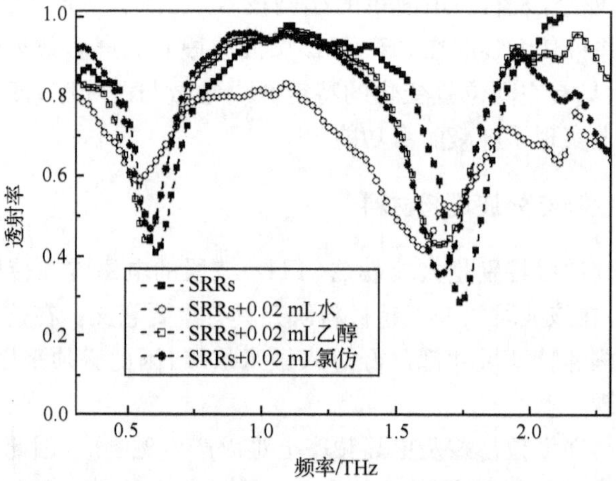

图 10.15 填充不同液体后 SRRs 传感器件在太拉赫兹频段的透射谱[75]

在太拉赫兹频段有着强烈吸收的水在内[75]。这说明:SRRs 器件的电磁响应对极薄的表面填充液层仍具有很高的敏感性,在相关的传感、监控和对在太拉赫兹频段具有吸收的复合材料的介电常数分析方面有着巨大的应用前景。

对于尺度已经进入微米量级的超材料,对其结构中金属线条精度的要求也越来越高,普通的曝光溶脱工艺很难保证高质量太拉赫兹及红外超材料的制备。解决这一问题的方法之一是,通过采用紫外曝光系统和双层胶显影方法(如 S1813/LOR 双层胶),形成有利于后续溶脱的底切剖面(如图 10.16 所示),从而制备出高质量的太拉赫兹人工超材料[76]。此外,还有人利用双光子激发银离子发生光还原反应来制备更小的金属银人工超材料结构,如在石英衬底表面制备出长 10 μm、宽 1.5 μm 的银线条结构,两两成对的线条间距为 4 μm,周期为 15 μm 的金属银红外超材料(如图10.17所示),该结构在18 THz处存在着磁致磁响应效应[77]。

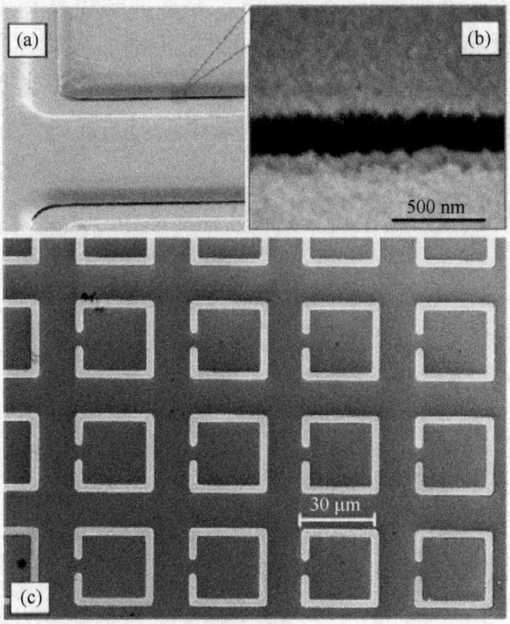

图10.16 利用双层胶曝光显影控制实现底切结构辅助剥离[76]

(a)、(b)金属沉积后侧视图;(c)THz SRR超材料

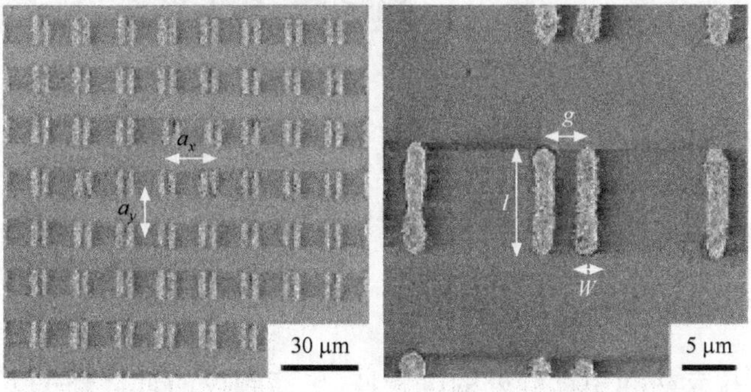

图10.17 光还原反应方法制备的金属银超材料[77]

(a)低倍SEM照片;(b)高倍SEM照片

另外,值得注意的是,超材料的各种损耗与其工作频段密切相关。对于工作在可见光和近红外波段的金属超材料,其欧姆损耗非常严重,想要实现高品质因子谐振需要同时抑制辐射损耗和欧姆损耗。而在微波和太拉赫兹频段范围内大多数贵金属具有极高的导电性,可视为完美导体,由其构筑的超材料在太拉赫兹波段的欧

姆损耗一般都很低,辐射损耗占主导地位。因此,在太拉赫兹频段实现高品质因子谐振的关键在于最大限度地减少辐射损耗。为了抑制超材料中的辐射损耗,从而获得高品质因子谐振响应,人们通过在超材料结构中引入对称破缺,从而激发具有极低辐射损耗的束缚模或者 Fano 共振模,获得高品质因子谐振响应。例如,研究人员制备了一种由镜像对称破缺双劈裂谐振环阵列组成的太拉赫兹超材料,实现了多个超高品质因子谐振响应(如图 10.18 所示)[78]。在镜像对称排布的劈裂谐振环阵列中,与劈裂谐振开口垂直的外场只能激发结构的偶极子谐振。通过打破镜像排列劈裂谐振环的对称性,在透射谱中观察到两个超高品质因子谐振,其中一个是束缚谐振模,另一个是八极子谐振模。束缚谐振模的品质因子与超材料的非对称参数有线性依赖关系,而八极子谐振模的品质因子与超材料的非对称参数呈指数依赖关系。在特定的对称破缺参数条件下,八极子谐振模的品质因子可以超过 100,比传统超材料高出一个数量级。

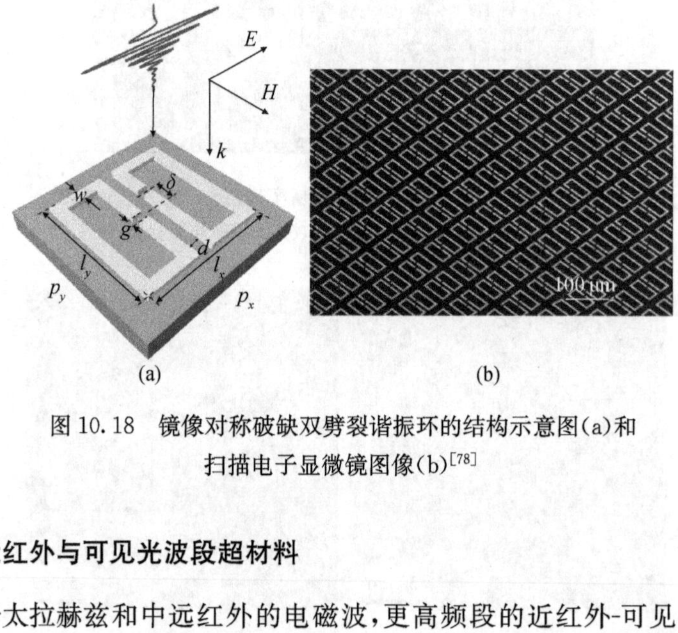

图 10.18　镜像对称破缺双劈裂谐振环的结构示意图(a)和扫描电子显微镜图像(b)[78]

10.2.4　近红外与可见光波段超材料

相对于太拉赫兹和中远红外的电磁波,更高频段的近红外-可见光的波长更短,已经进入了几个微米到几百纳米的范围。因此,近红外-可见光频段的超材料,其单元尺寸已经进入百纳米量级,单元结构中的最小特征尺寸达到几十纳米甚至十几纳米,这对材料的加工精度提出了更高的要求。平面的太拉赫兹超材料出现后,就有研究者利用 EBL 和金属薄膜蒸镀技术实现了平面的开口环阵列结构(如图 10.19 所示),在近红外频段 100 THz 频率附近实现了高频的磁响应[79]。随后,又有研究者通过电子束曝光和电子束蒸法方法制备了成对金纳米柱(如图 10.20 所示),在可见光频段实现了负的磁导率[80]。

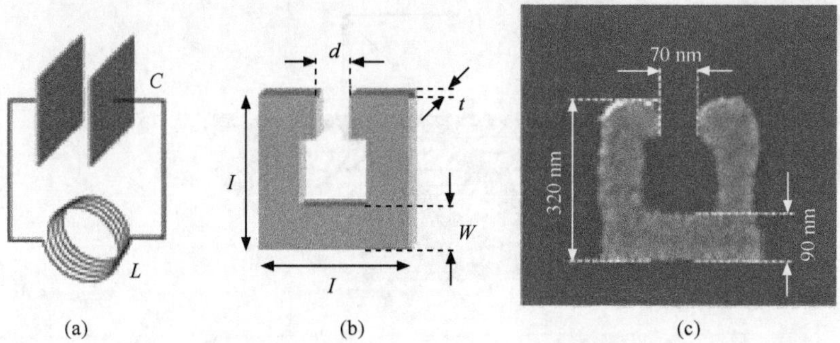

图 10.19　(a)SRR 开口环形谐振器的原理示意图;(b)开口环形谐振器的结构示意图;(c)单元开口环形谐振器的 SEM 照片[79]

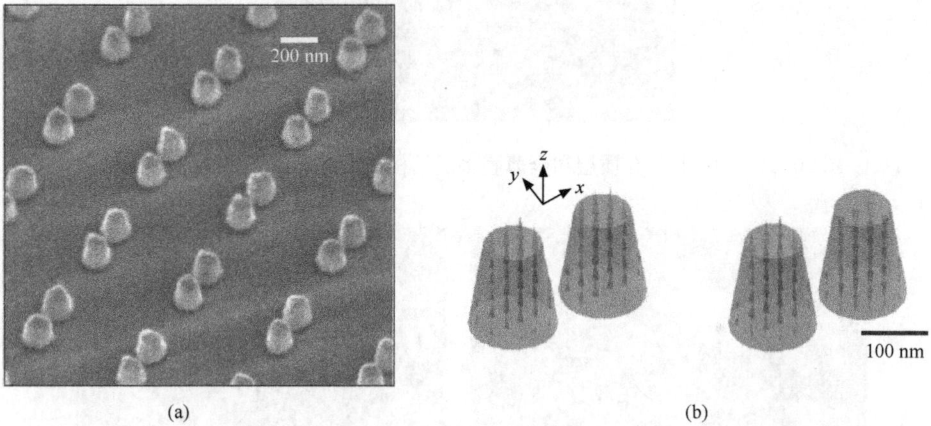

图 10.20　(a)在可见光频段具有负磁导率的成对金纳米柱阵列;(b)电磁响应模式[80]

在实现负的磁导率之后,人们又开始将目光投向了高频的左手材料。如有人采用紫外光源相干曝光和反应离子刻蚀技术制作出周期性百纳米直径的圆孔阵列,通过引入介质层分隔的一对金属层和贯穿于多层薄膜的孔阵列(如图 10.21 所示),最后成功地在 2 μm 波长的近红外频段实现了负折射[81]。随后,人们又在这种双层孔状结构基础上,分别利用 EBL 和多层蒸镀技术[82]或者多层沉积和 FIB 刻蚀技术(如图 10.22 所示)[83]实现了在可见光区域具有负折射特性的多层网状超材料。

除了渔网状的超材料结构,还有研究者通过阳极氧化铝电镀方法制备了金属银柱体阵列结构,再利用 FIB 在其上端银金属层上刻出一条隙缝,令不同波长的激光以不同的偏振方向及入射角从隙缝入射,测量在不同透射情形下底端的电磁波强度分布,同样证实了这种结构能在特定偏振下产生负折射效应[84]。

还有一类互补型的超材料结构,即其图形与常规金属线条组成的图形互补,是

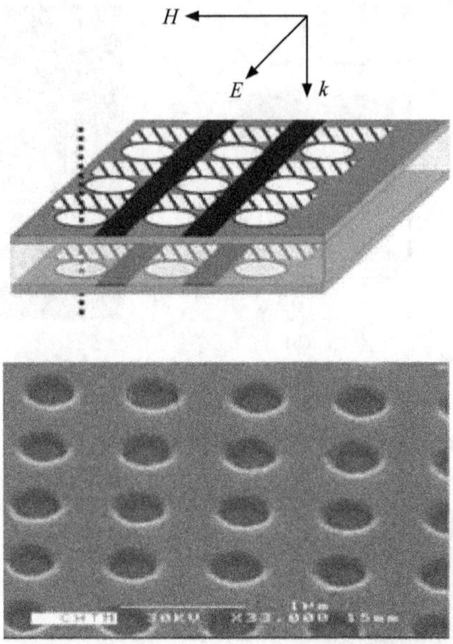

图 10.21 由 Al_2O_3 介质层和金薄膜多层结构组成的近红外波段超材料[81]

(a) (b)

图 10.22 由 21 层 Ag/MgF_2 网状结构组成的可见光波段超材料[83]

(a)结构示意图;(b)网状结构的 SEM 照片

一种由金属膜上的孔隙结构组成超材料图形。这种互补型的超材料同样具有独特的电磁调制功能。我们知道,近红外-可见光超材料普遍存在制备效率较低、大面积一致性难以保证等问题,而对于互补型的近红外-可见光超材料,则可以通过剥离法实现高质量的高效制备。如人们利用 EBL 曝光和刻蚀工艺在硅模板上制备纳米尺寸的互补型超材料单元阵列,之后,在表面用蒸发法沉积一层金属,然后用表面涂有 SU-8 胶的衬底黏附在硅模板表面。通过优化前烘、曝光和后烘工艺以及模板图形刻蚀深度，金属结构能够大面积完美地剥离并黏附在 SU-8 表面。通过这一技术所制备的最小的中空金属结构的特征线宽能够达到 30 nm 以下（如图 10.23 所示）[85]。这种互补型的近红外-可见光超材料结构同样展示出了极好的可调控的光学与传感特性[86]，并由于结构位于连续的金属膜中，同样可以作为电极结构，具有外场调控的潜力。

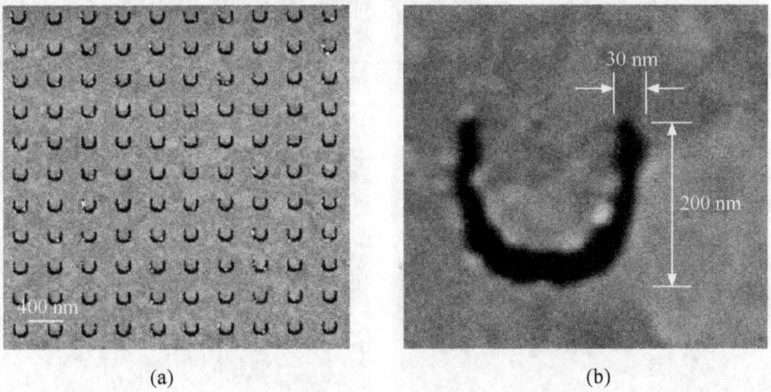

图 10.23　(a)模板剥离法的工艺获得的大面积互补型开口环形超材料结构；(b)单元结构[85]

10.2.5　组合结构及三维立体超材料

在早期的微波超材料研究中，由于微波的亚波长尺寸较大，制备比较简单，容易将所制备的超材料单元直接进行组合而形成具有各种功能的超材料(如前文中的微波隐身材料)。当超材料研究进入太拉赫兹以及更高的红外和可见频段之后，由于尺寸和制备技术的限制，超材料结构大都被加工在平面内，难以实现复杂的电磁调制功能。目前，已有一些研究人员在 THz 频段利用不同结构的组合人工超材料来实现各种特殊的应用。如利用紫外曝光和溶脱工艺制备的六角形超材料结构，可以由不同结构的人工超材料单元紧密排布而形成具有各种特定电磁响应的组合超材料，利用这种组合结构能够实现对维生素 H 特征光谱的响应[87]。

在这种平面组合结构的基础上，新功能的超材料组合结构不断涌现，如在太拉赫兹频段人们实现了全方位近完美吸收平面超材料结构。这一结构由平面金属层、介质隔离层以及不同形状的金开口线圈组合而成(如图 10.24 所示)，且层间无须精确地对准，从而大大降低了工艺难度。这种结构具有非极化、高吸收率及较宽的光入射角等优点，在波长 2.9 μm 处，吸收峰值高达 96%[88]。

在高频的红外、可见光频段，超材料所需要的亚波长单元结构尺寸已经达到了亚微米甚至纳米量级，难以形成有效的大面积组合结构，因此电磁调制功能比较单一，通常只能在狭小的波长范围内对特定偏振入射的电磁波进行调制，因此很难实

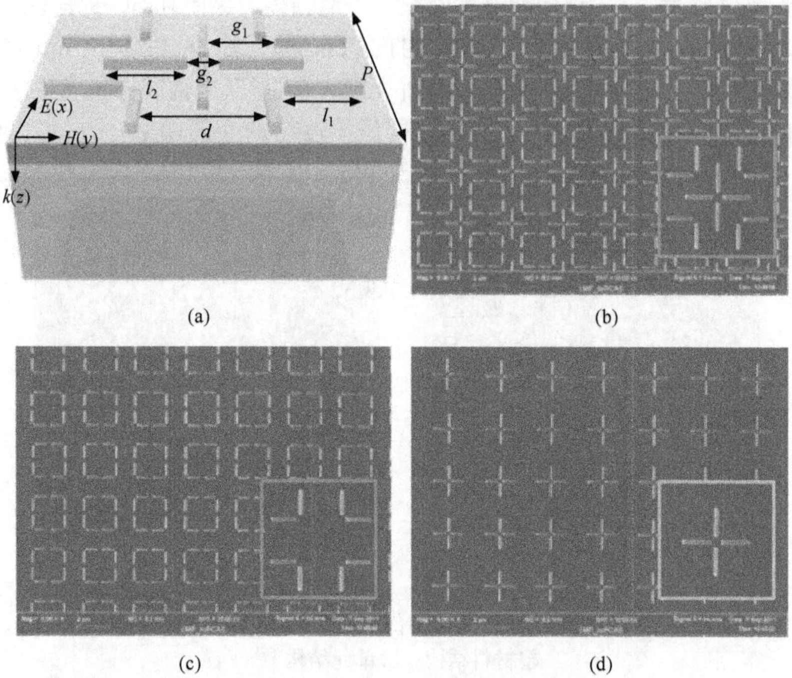

图 10.24　高吸收率的超材料结构

(a)示意图;(b)双层;(c)外层;(d)内层结构的 SEM 照片[88]

现如主动调控、成像乃至隐身等复合调制功能。三维超材料具有二维超材料所不具备的许多特点。对于 SRR 来说,平面 SRR 磁响应的激发是利用垂直于两臂方向的电场分量,而不是利用穿过 SRR 的磁场分量,这使得只有电场能够与 SRR 发生耦合。从等效的观点看,电场的耦合能够得到等效介电常数的极大调节,而等效磁导率的值依然接近于 1;但如果 SRR 不再局限于平面内,使得磁场分量可以穿过 SRR,那么磁场可以直接与 SRR 发生耦合并获得负的等效磁导率。由于电场耦合磁响应产生等效磁导率调节的效率比较低,平面单环 SRR 结构很难应用在一些需要人工磁性的方面,如负折射率材料以及隐身材料等。这促使人们寻求工艺上的改进与创新,来制备三维超材料结构。

如何实现并利用三维超材料在高频电磁波段实现复合调制功能,已逐渐成为人们关心的问题。目前,超材料的平面单个人工结构的尺寸已经接近了现有的纳米加工极限,传统微纳加工工艺已经很难胜任三维超材料的加工,更不用说实际应用所需的大面积制造,这已经成为了高频超材料研究的最大瓶颈。正如 N. I. Zheludev 在 *Science* 上发表的 *The Road Ahead for Metamaterials* 一文所指出[89]:如果超材料制造技术跟不上发展的要求,超材料研究和应用将很难得到进一步的发展。为此,人们不断探索超材料的三维加工方法,最直接的就是从平面纳米工艺发展而来的多层技术。如直接利用 EBL 技术，多层依次对准、曝光、沉积，实现多层 SRR 近红外超材料结构(如图 10.25 所示)[90]。上文中提及的 EBL 和多层蒸镀技术[82]或者多层沉积和 FIB 刻蚀技术实现多层网状超材料的方法也属于这种三维加工方法的应用[83]。

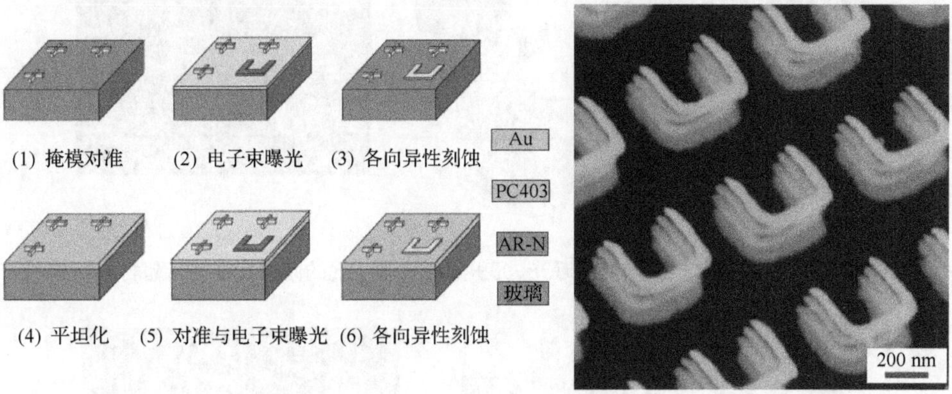

图 10.25　利用 EBL 技术，多层依次对准、曝光、沉积实现的四层 SRR 近红外超材料结构[90]

但是，从平面工艺出发的三维结构加工，一方面要求非常高的控制精度，另一方面则是相对平面结构更低的制备效率。因此，人们开始将一些新的制备技术和纳米加工工艺结合到高频超材料的研究中。如利用转移印刷技术同样可以制备多层渔网状负折射率材料。在这种制备方法中，首先利用 EBL 和 ICP-RIE 的 Bosch 刻蚀工艺实现网状图形硅模板；随后使用电子束蒸发技术在图形化模板上交替生长金属与介质多层结构，最后通过剥离方法将其转移到目标衬底上。通过这种方法制备的负折射超材料同样在近红外频段直观地显示出了负折射率现象[91]。这一技术为大面积制备 3D 负折射率材料提供了一种廉价而又易于实现的方法，而且还可以在任意衬底上实现。

一些特殊的制备方法的利用，也有利于实现某些特定结构的三维超材料。如之前介绍的利用阳极氧化铝模板制备的银纳米线阵列所构成的可见光负折射超材料[84]；利用衬底部分溶解、调制曝光、沉积溶脱技术实现的倾斜三维纳米超材料结构(如图 10.26 所示)[92]；利用纳米小球掩模和侧向刻蚀技术依层加工制备出的多层弧形超材料(如图 10.27 所示)等[93]。这些工艺设计都非常的巧妙，制备的精度也很高，但通常只能适用于某些特定的结构制备，受到种种特定情形的限制，很难推广应用到其他三维纳米结构，而且还存在工艺过程和最终样品形貌难以控制等问题。

与侧向腐蚀和侧向刻蚀类似的还有掩模投影沉积技术。利用这一技术，可以在立方格子的各个表面制备金属纳米结构，来实现红外和可见光波段三维超材料

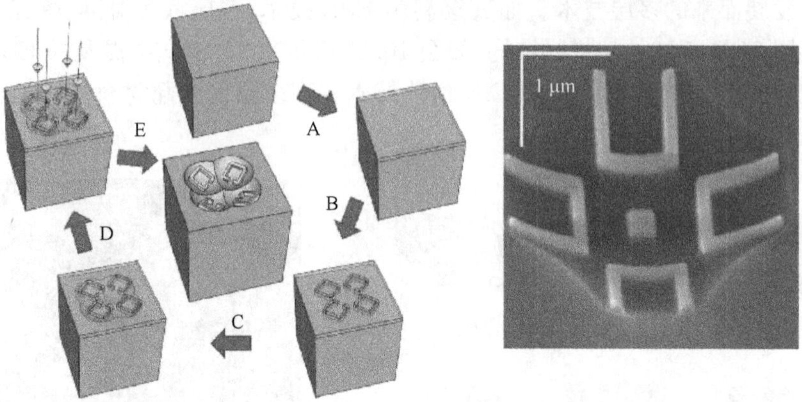

图 10.26 利用衬底部分溶解、调制曝光、沉积溶脱技术实现的倾斜三维纳米超材料结构[92]

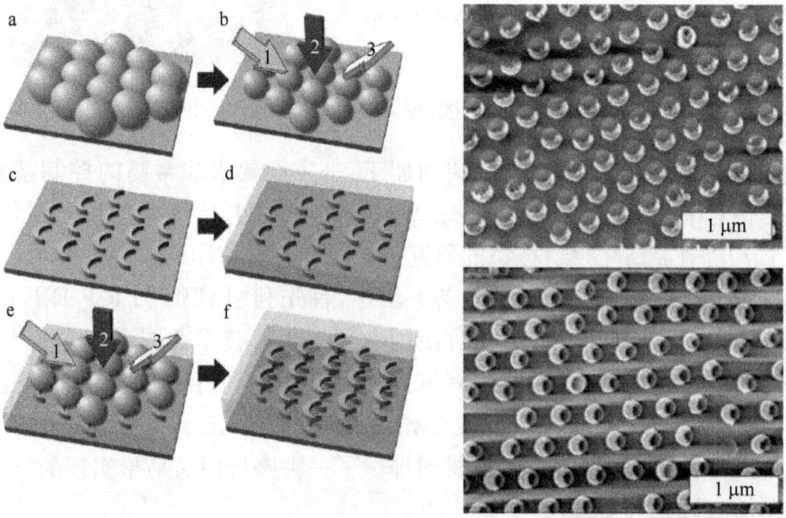

图 10.27 利用纳米小球掩模和侧向刻蚀技术依层加工制备多层弧形超材料的流程示意图(左),及超材料的 SEM 照片(右)[93]

的制备(如图 10.28 所示)。利用这一技术所制备的立体超材料样品,人们在高频域通过竖直 SRR 结构的磁耦合来实现对磁导率的调制[94]。该方法具有较好的普适性,不但可以精确地实现空间超材料单元的三维分布,还可以通过结构的变化组合拓展超材料的电磁调制性能。

三维激光直写和电镀技术结合是一种具有较好普适性的三维超材料加工方法。这种方法利用双光子聚合三维激光直写,在正胶上加工出三维纳米结构的空洞,然后利用电镀工艺在空洞中填充金属,最后去胶得到三维金属结构。这种利用飞秒激光双光子曝光技术实现的三维超材料加工方法简单直接,能够有效实现各

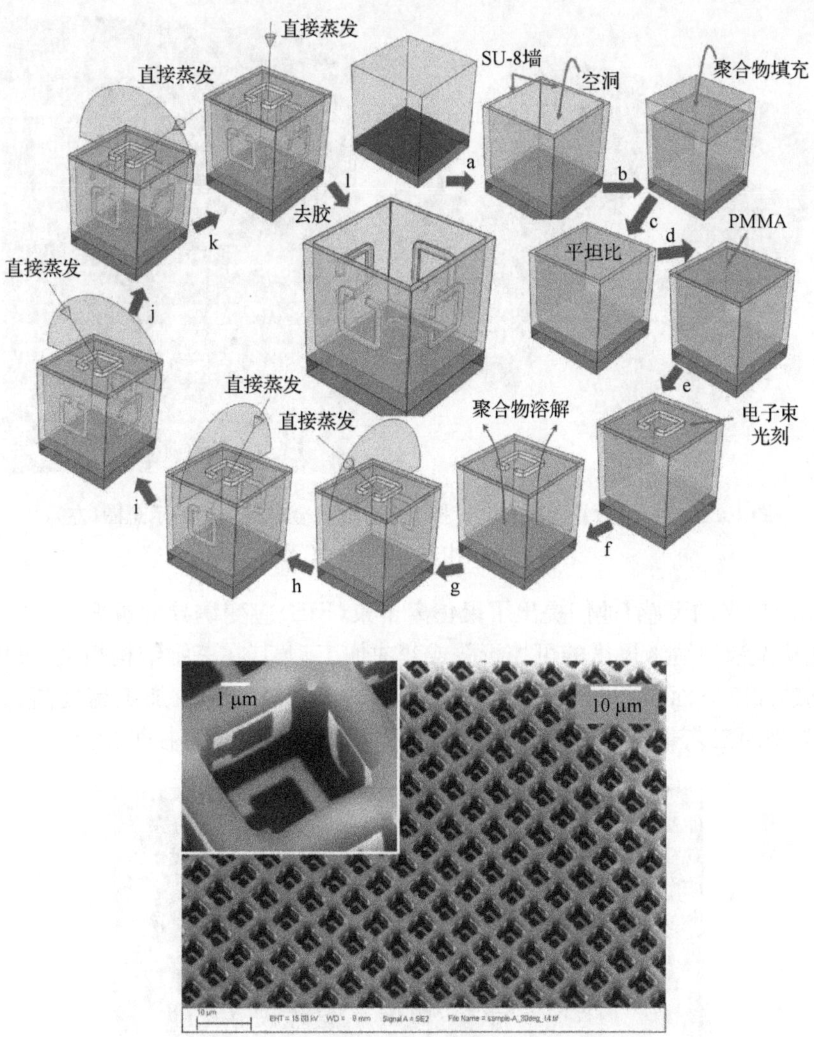

图 10.28　采用薄膜投影沉积技术制备超材料谐振器的流程示意图(上)，
超材料的 SEM 照片(下)[94]

种形状的三维立体结构，对中远红外三维超材料的研究能够起到良好的支撑作用。如利用此方法制备的金螺旋形的超材料结构(如图 10.29 所示)[95]，通过测试左旋和右旋圆偏振光的透过特性，发现这种超材料结构可以作为很好的宽谱圆偏振选择器，其工作波段覆盖 3.5 μm 到 7.5 μm 的宽波长范围，可用于诸多光学集成应用领域。

为了能够获得微纳尺寸的三维超材料，实现红外波段的电磁调控，研究人员发展了一种基于离子束应变诱导的三维纳米结构加工方法(如图 10.30 所示)[96]，在构筑三维超材料和实现光场调控特性方面具有独特功效。基于宏观传统折纸工艺

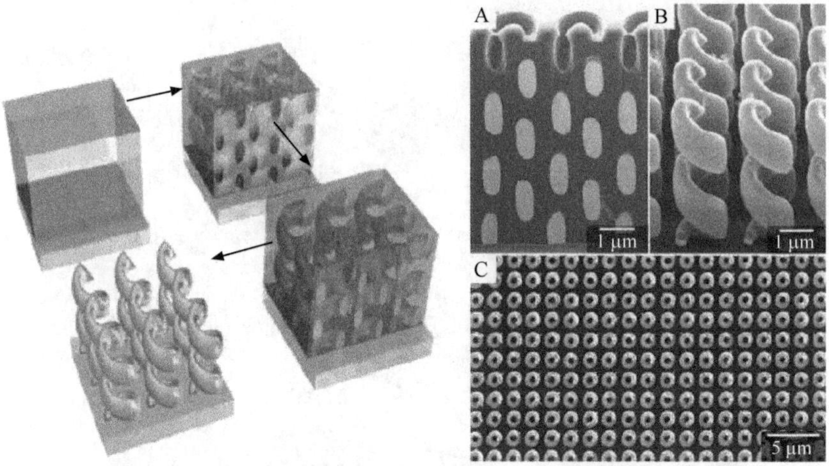

图 10.29 三维激光直写和电镀技术结合制备金螺旋结构的示意图(左),所制备结构 SEM 照片(右)[95]

(origami)带来的灵感,他们提出了聚焦离子束(FIB)应变诱导的折叠加工方法,可以实现从微米到纳米尺度的可控折叠或弯曲加工,尤其在三维结构精度、尺度和空间取向的加工方面展示出明显的优势。这种方法灵活直接、加工精度高、简单实用,并与平面工艺兼容,具有结构自由度高及三维构型动态可控等特点。

图 10.30 离子束应变诱导加工的三维纳米结构[96]

利用这种加工方法制备的三维超材料,人们研究了其环磁响应特性。环磁极矩(toroidal moment)是一种由圆环体上沿经线流动的电流或者首尾相接的磁偶极矩产生的电磁激励,由于强度较弱,它往往被电极矩和磁极矩所掩盖,难以被直接观测。特别是光与物质相互作用产生的动态环磁极矩,具有非凡的电磁能量局域能力与辐射抑制能力,因此高品质因子的环磁极矩在等离激元激光、传感、旋光、负折射率等领域具有重要应用价值。但是,在高频波段,由于受到材料结构与空间调制能力的限制,实现具有实用价值的环磁极矩共振超材料还面临诸多困难。研究人员将这种折叠式三维结构的材料从金属纳米线和纳米薄膜扩展到金属/介质复合结构，以透明 SiN_x 薄膜为骨架，利用聚焦离子束应变诱导折叠加工工艺，将微米尺寸的金属开口谐振环结构在三维空间以不同的开口方向和空间位置进行组合，获得具有高构型自由度的三维光学超材料（如图 10.31 所示）[97]。在垂直方向入射光的激发下，金属谐振环产生 LC 共振，不同开口方向谐振环的共振模式发生耦合，导致磁偶极矩沿环形首尾相接，形成环磁偶极共振。该环磁共振位于中红外波段，且品质因子高达 20.78。通过分析环磁偶极矩的辐射能量谱，观察到在共振频率处环偶极子辐射功率强度取得最大值，证明了环磁偶极共振的存在。进一步，他们设计并制备了一种由亚波长连通双劈裂谐振环和方形孔洞组成的阵列构成的三维折叠超材料，实现了表面等离激元诱导的多个高品质因子环磁偶极谐振。这种超材料能诱导亚波长局域的涡旋磁场，具有非凡的辐射损耗抑制能力和光场束缚能力，能够显著增强光与物质的相互作用和能量转换[98]。

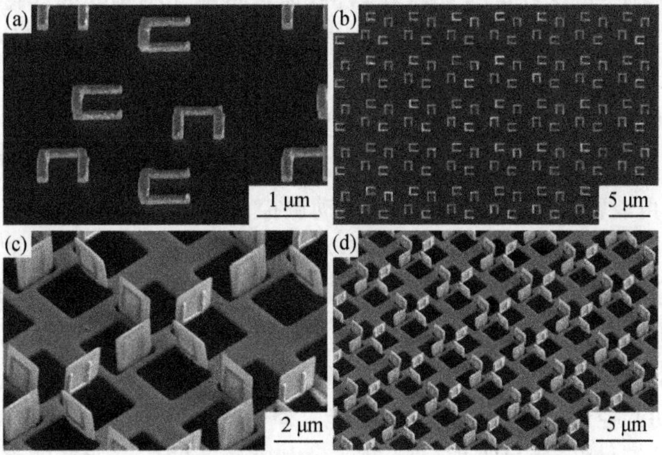

图 10.31　(a)、(b) 平面 SRR 结构；(c)、(d) 三维环磁超材料[97]

10.2.6　主动、手性等特殊超材料

实现超材料主动调控最为直接的思路是将被动超材料与功能材料或者现有的功能器件集成在一起。其中，功能材料指借助外部的电、热、光、机械力等手段性质可以发生改变的材料；而功能器件则包括异质结、高迁移率晶体管、微机械系统(MEMS)等，通过电压或者加热等手段可以改变这些器件中的载流子浓度或结构的几何形状。结合各种功能材料以及功能器件的性质特点及适用波段，目前，借助外部激励实现性质可调或者可重构的超材料在开关调制器、传感器件、高分辨彩色成像、变焦透镜等领域实现了应用，并且覆盖了从太拉赫兹到可见光的波段范围。

相比而言，将功能材料与超材料结合的思路在实验上更容易实现，而且由于不同材料之间性能存在很大的差别,结合材料自身的优势,超材料的主动调控将更具独特性和灵活性。如基于半导体材料的主动调控超材料借助电和光的激励手段可以产生多种不同的调制效果。但传统半导体中载流子浓度的改变对材料太拉赫兹波段的介电常数影响比较大,从而使其大多应用于太拉赫兹波段超材料的主动调控中,而ITO等新型半导体材料的引入,可以将主动调控的波段从太拉赫兹扩展至近中红外,形成了多手段、宽波段、超快调制的特点。

通过施加外场或改变对称性等方法来调制电磁传播特性同样是超材料研究中的一项重要内容,具有重要的科学意义与应用前景。如在太拉赫兹频段,人们通过紫外曝光技术实现了开口环形谐振器结构,在不同的泵浦光激发下,由于激发光改变了衬底半导体材料的导电特性,使超材料对太拉赫兹的电磁调制特性产生了明显的开关效应[99]。此外,人们在研究中还发现,不仅外加泵浦光可以对超材料进行调制,利用外加电场同样可以实现类似的功能。如利用紫外曝光技术,在砷化镓半导体衬底上制备的太拉赫兹超材料器件,通过将单元结构阵列连接成为一个电极,可以实现两个电极与半导体衬底的特定接触,同样可以通过控制外加电压的大小,实现对超材料电磁传播特性的调制[100]。

与半导体材料类似,石墨烯的介电常数也可以在载流子浓度的变化下实现动态调控,特别是在中远红外及太拉赫兹波段,受到载流子带内跃迁的影响,介电常数变化明显,可以很好地实现超材料的主动调控。

除此之外,自然界中还存在一些材料,其分子结构或者取向在外界作用下会发生变化,从而直接改变材料的光学性质,液晶材料便是其中一种。特别是分子取向的差异导致了液晶在与电磁波相互作用时受电磁波偏振的影响显著。此外,一些液晶材料的不同相之间可以通过高温、电磁场等外界作用实现转换,这使得基于液晶材料的主动调控超材料的实现成为可能。研究人员在超材料结构中直接引入增益介质或液晶等材料,通过添加材料对外加电磁场的响应来改变超材料的电磁传播特性。如在渔网结构超材料中,嵌入液晶材料,则超材料的非线性透过响应就可以被入射光的功率以及施加在样品上的电压所调控。图 10.32 为利用多层沉积与FIB刻蚀技术所实现的渔网状结构,双层金属结构的中间层为 MgF_2,空隙中填充向列型液晶,利用ITO玻璃和金属结构作为电极在液晶上施加电场,结果表明这种超材料结构的电磁响应可以很好地被外界电压控制,这为通过电信号调制非线性光信号响应提供了新的途径[101]。此外,添加增益介质同样可以提供类似的外场调控途径,而且不但有利于实现主动控制,还有利于弥补超材料中由于电磁振荡所带来的能量损失。有人在利用EBL及镀膜剥离工艺实现的具有负折射率的渔网结构中,采用湿法腐蚀方法对中间的介质层进行腐蚀并将增益介质填充在渔网结构的内部,发现该人工超材料的品质因子通过泵浦调制得到大大提高,同时在一定的波长范围内使光吸收为负[102]。

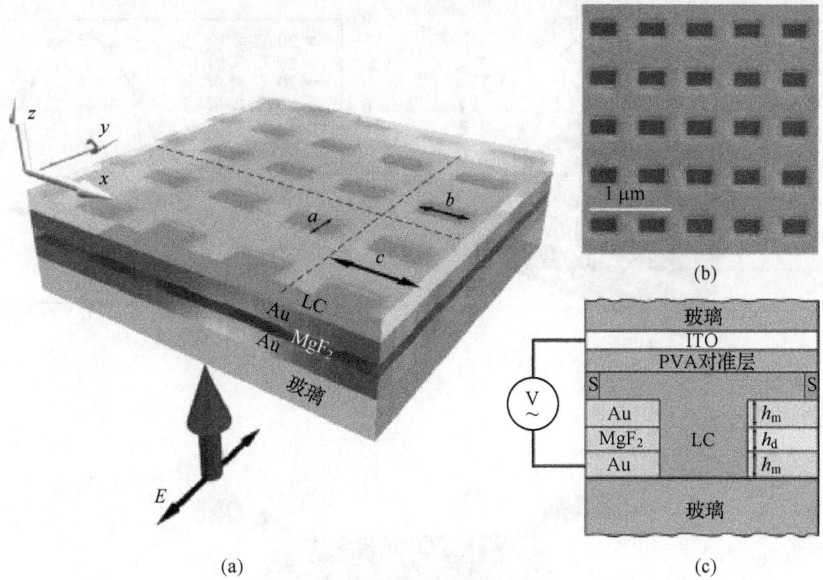

图 10.32　(a)填充液晶的渔网状超材料结构;(b)超材料结构的 SEM 照片;(c)测量示意图[101]

近来,相变材料也越来越多地应用于超材料的主动调控之中。与液晶材料相比,相变材料的相变所需时间短得多,通常在纳秒数量级,很好地弥补了液晶在调制速度方面的不足。此外,相变材料在功能上可以实现超材料性能的可存储和可擦除,满足了在一些情况下对器件非易失性的要求,使得主动调控的性能得到进一步完善。超材料主动调控中常用的相变材料包括 VO_2 和 $Ge_2Sb_2Te_5$(GST),它们都属于热相变材料,即在加热条件下材料中的原子排布会发生变化,从而实现相变。例如,人们利用 VO_2 在相变前后折射率差异大的特点,不仅能够改变超表面的光学响应频率和强度,还可以有效地调节等离激元超表面的结构色显示、消光比及光的偏振态(如图 10.33 所示)[103,104]等,产生多种具有不同应用功能的器件。基于相变材料 GST,研究人员设计了一种谐振波长可调谐的 MDM 构型近红外吸收器,吸收效率高达 96%,而且通过 GST 的相变实现了超过 85%的调制深度(如图 10.34 所示)[105]。

超材料的响应除了可以通过改变基底的电学或者光学性质实现调谐外,还可以通过基底结构的形变或者改变结构的周期达到主动调控的目的。例如,将超材料结构与 MEMS 结合,利用 MEMS 受温度或电场作用可发生形变的特点,可以达到调控超材料响应振幅的效果[106]。

对于一些在对称性上有特殊设计的亚波长结构,由于非对称的光传播特性与对光学异构敏感的表面等离激元的激发相关,因此对不同偏振或不同方向的入射光有着不同的电磁响应特性。最典型的即为手性超材料,在这种纳米结构人工超

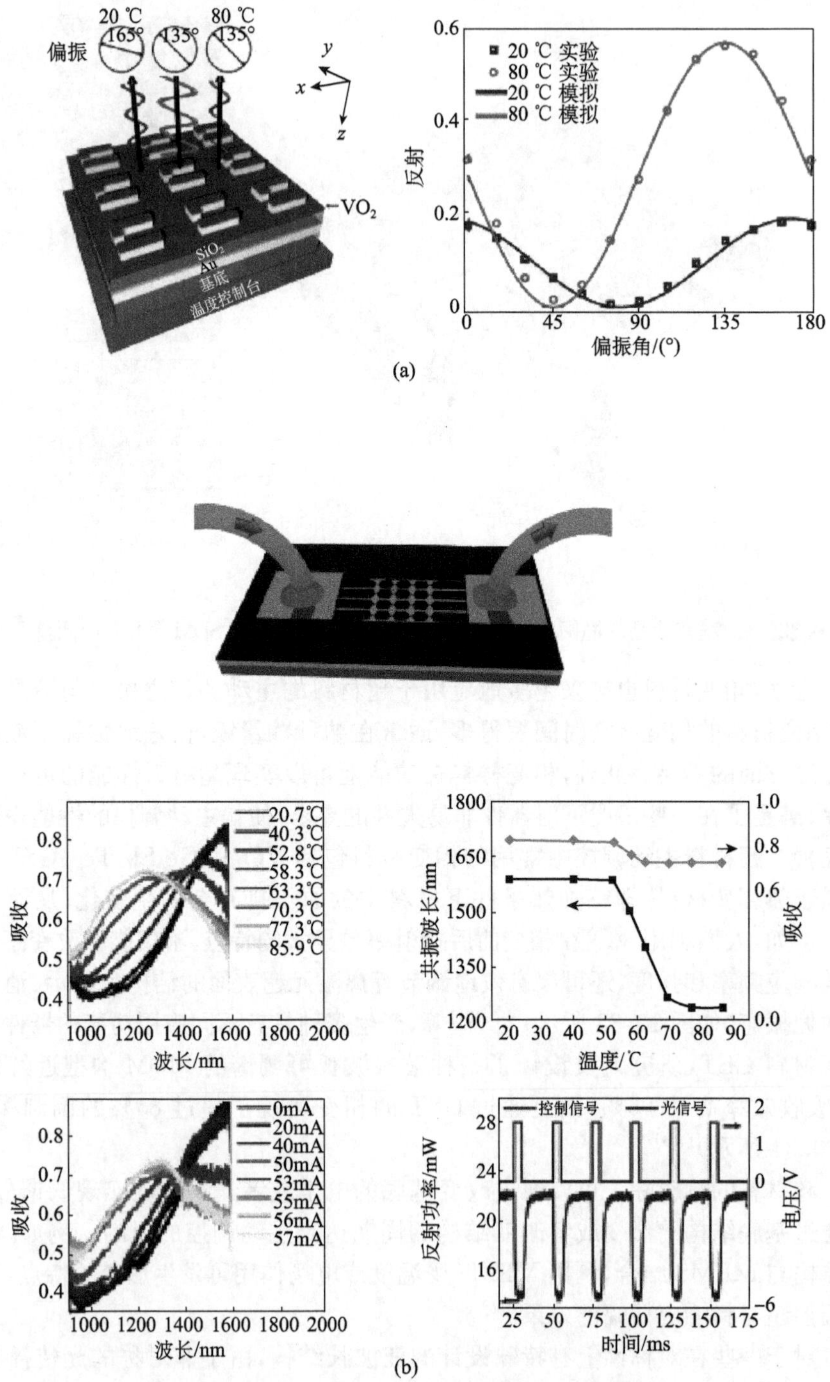

图 10.33　基于相变材料 VO_2 的主动调控超材料

(a)中红外可调偏振器[103]；(b)热学及电学可调的近红外可调超材料[104]

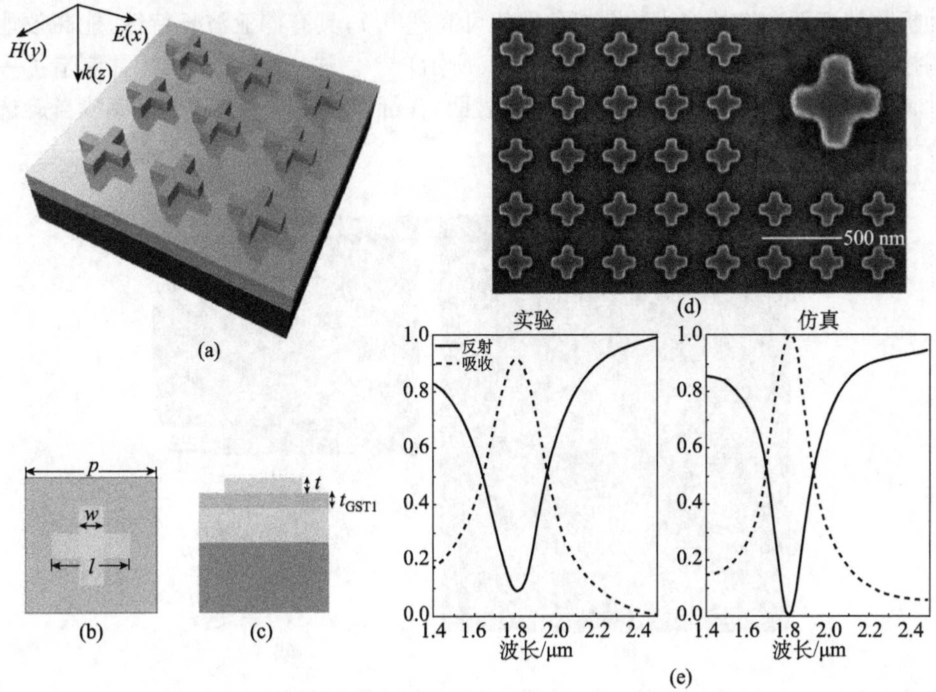

图 10.34　基于 GST 的可调吸收器结构(a)、(b)、(c)，SEM 图(d)，反射率和吸收率的仿真与实验对比曲线(e)[105]

材料中，从前后两个方向上射入的圆偏振光具有完全不同的传播特性，即可以利用纳米结构人工超材料实现非对称的光传播。上面介绍的螺旋形圆偏振调制器件就是这样的一种特殊超材料[100]。还有人利用 EBL 方法制备出双周期的铝纳米线组成的人工超材料，同样对于不同手性对称特性的电磁波传播具有截然不同的响应与传播特性[107]。

手性超材料是不具备空间镜面对称性的人工材料结构。手性超材料具有强手性光学响应，相反自旋态的圆偏振光与手性超材料的相互作用差异显著，使得其在光学偏振态调制和自旋光学中起着重要的作用。然而，平面手性超材料的光学响应通常很弱，实现外在手性需要将入射光倾斜一定角度，而手性的强度受到入射角的限制。相比之下，三维手性超材料的手性光学响应强度明显强于平面超材料，甚至比自然手性材料高出几个数量级。研究人员利用三维折叠加工方法构筑手性超材料实现自旋光分辨与选择性传输。他们利用电子束光刻在氮化硅薄膜上制备了反镜像对称排布的金属劈裂谐振环，然后利用聚焦离子束应变诱导加工技术，将劈裂谐振环沿着一定的空间角度进行折叠，从而获得具有高构型自由度的折叠超表面。这种具有深亚波长厚度的折叠超表面能够使得一种自旋态的光高效率通过该器件，而另一种自旋态的光则被反射或吸收。结果表明，随着折叠角度的优化，这种折叠超表面在红外波段的圆二色性值可高达 0.7，具有深亚波长特性，能高效地调控不同自旋光的传播行为(如图 10.35 所示)[108]。进一步，他们设计并制造了一种具有显著内禀三维手性的折叠η形超表面，在红外波段同时实现了多频段自旋选择性传输复用(如图 10.36 所示)[109]。

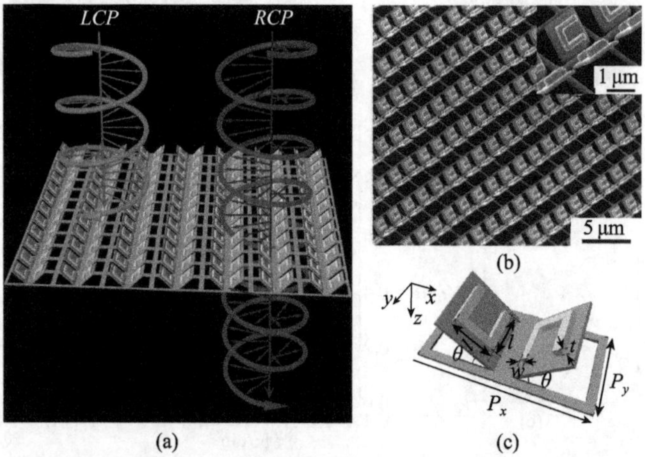

图 10.35　实现自旋光分辨与选择性传输的三维手性超材料[108]

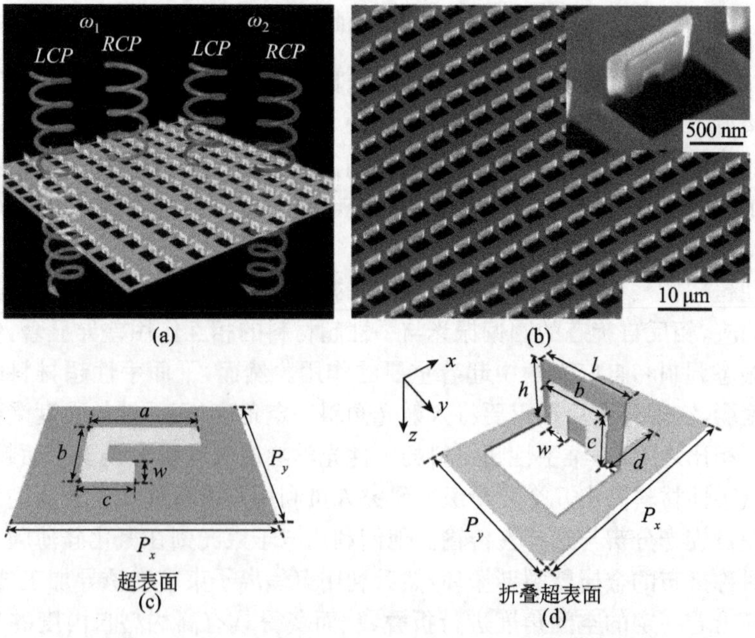

图 10.36　实现多频段自旋选择性传输的三维手性超材料[109]

10.3 光子晶体

光子晶体(photonic crystal,PC)是由不同折射率的介质周期排列组合而成的人工微纳结构,因其"光子带隙"特性而日益引起人们的兴趣,它建立起了凝聚态物理与光学间联系的桥梁,成为物理学领域研究的热点。光子晶体的概念是从半导体材料推演而来的,高低折射率的材料交替排列形成周期性结构,由于电磁波在其中的传播受到布拉格散射影响,因而产生类似于半导体中禁带的"光子带隙"。由于光子带隙的存在,频率落在光子带隙中的电磁波不能在光子晶体中传播。显然,通过改变光子晶体的周期或者组合材料的介电常数,就可以调制光子晶体对不同频率的光波所产生的能带效应。光子晶体和半导体在基本模型和研究思路上有许多相似之处,原则上人们可以通过设计和制造光子晶体及其器件,达到控制光子运动的目的。光子晶体具有重要的应用前景,如用于制作反射镜、天线、光开光、光放大、光波导、微腔、无阈值激光、光通信等方面,与传统的光器件相比有着极大的优越性。

从布拉格条件不难得出,光子晶体的晶格常数须与预期光子带隙的光波波长相当。因此,要得到光子带隙在红外或可见光波段的光子晶体,其晶格常数应该在微米甚至亚微米量级;同时,为了满足特定的周期性条件,对光子晶体单元结构的精准性以及大面积周期结构的均匀性和一致性提出更高的要求。显然,这些要求决定了光子晶体的研究与微纳加工技术的密切联系。

光子晶体的研究从 19 世纪末就已经出现,在长达百年的时间里,主要集中在一维光子晶体,即排列规则的多层半导体材料(例如布拉格反射镜)。直到 20 世纪八九十年代,人们开始利用已有的半导体加工技术来制造二维光子晶体,从此时起,光子晶体的研究才正式迈入了飞速发展的轨道。伴随着微纳加工技术的不断成熟与进步,光子晶体的研究也进入了新的时代。

目前,二维光子晶体最常用的制备方法主要以 FIB 刻蚀、EBL 以及各种刻蚀技术为主。如人们利用 FIB 和湿法腐蚀的方法在 SOI 衬底上制作出如图 10.37 所示的空气桥式二维光子晶体[110]。这种加工方法方便灵活,易于按照所需尺寸和图形制作 PC 器件。还有人利用 EBL 及 ICP 刻蚀技术在 Si(100)上成功制作出圆柱状蜂窝形的光子晶体(如图 10.38 所示),在波长 1.5 μm 的近红外频段处测得了完全的光子带隙[111]。

通过控制光子晶体的结构与缺陷,光子晶体能够具有非常出色的光传播以及谐振特性。研究人员采用干涉曝光与刻蚀方法制备出高质量的"高超音速"光子晶体,可以用来控制高频光子的发射和传播[112];此外,还有人利用 FIB 刻蚀的方法在硅基底上实现了包含 InAs 量子点的三孔缺陷光子晶体结构,通过耦合于光子晶

图 10.37　FIB 制备的部分空气桥式平板波导的 SEM 照片[110]

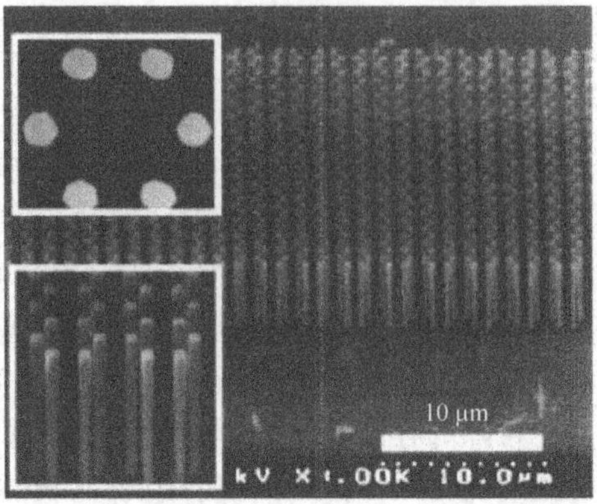

图 10.38　利用 EBL 与 ICP-RIE 制备的近红外波段六方排布圆柱状蜂窝形光子晶体[111]

体纳米谐振腔的单量子点,实现了对两种模式的单光子的相位及振幅的良好调制[113]。

光子晶体不仅可以利用光子禁带与晶体的缺陷构成非常高效的波导系统,还可以通过光子晶体共振腔的形式形成波导。如采用 FIB 技术制备的空气桥型硅基光子晶体共振腔波导,对其近场光学特性研究发现:在光子晶体共振腔波导中,光是以一种更为有趣的局部共振模式在腔与腔中跳跃式传播[114]。

慢光在集成光电路中的光弛豫、时域光信号处理以及非线性光学放大中具有潜在的应用,吸引了广大研究者的极大研究兴趣。为获得慢光,二维光子晶体波导由于具有较宽的带宽并与现有系统集成工艺兼容而备受关注。研究者利用 EBL 与刻蚀技术制作了光子晶体结构,通过 AFM 找到光子晶体上的量子点准确位置,并且通过对强耦合系统中光子激发测量直接证实了光子阻塞效应[115]。

目前,由于二维光子晶体的制备技术与当前主流的平面微纳加工技术兼容,因此相关的研究已经逐渐成熟并不断转换到实际应用中。但对于具有更广泛应用前景而受关注的三维光子晶体,则由于制备技术的瓶颈还没有出现突破性的进展。目前,一些研究者已经开始尝试制备三维光子晶体,如有人利用光电化学方法和 FIB 技术相结合,用 FIB 在已经制备的光子晶体结构的多孔硅上刻蚀出另外一个维度的光子晶体结构,成功地加工出一种具有六方格子正交结构的三维光子晶体(如图 10.39 所示)[116]。随着激光三维直写等新型立体微纳加工技术的快速发展,三维光子晶体研究取得突破的契机已经开始展现。

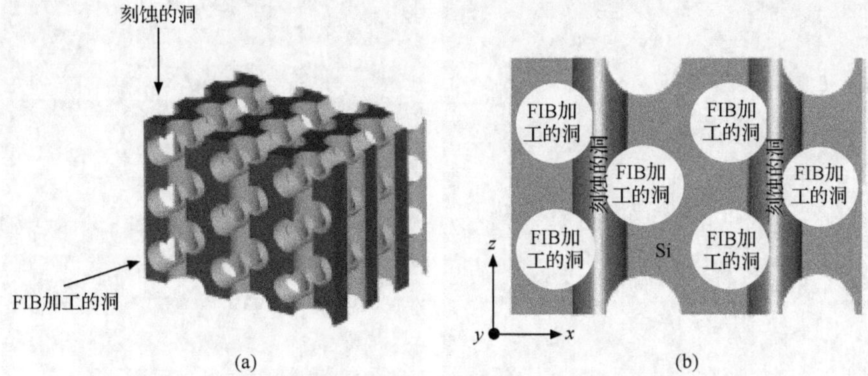

图 10.39　两套六方格子正交结构的光子晶体[116]

(a)三维立体图;(b)截面平面图

10.4　发光器件及其他

半导体器件的研发与微纳加工技术从来都是紧密联系的,因此,半导体光电器件自诞生之日起就与微纳加工技术结下了不解之缘。如固态激光与发光器件的制造、微显示与大屏幕显示器件的制造、图像传感器的制造、光传输与调制器件的制造等,都与微纳加工技术有着密切的关联[117]。同样,在更为基础的纳米材料与器件的光学特性研究领域,同样离不开微纳加工技术的支持。

10.4.1　荧光特性

荧光光谱分析是材料光学特性研究中的一项重要内容,当材料的加工精度达到亚微米-纳米量级之后,材料的表面微纳米结构同样会影响到材料的荧光特性。如对非晶硅、多孔硅、硅/二氧化硅等硅基发光材料,因其与现代半导体工艺的兼容性而一直受到广泛的重视,因此人们做出了大量的工作研究尺寸效应对其发光特性与机制的影响。如对于采用传统制备多孔硅的阳极氧化方法在 n 型硅上制备的多孔硅,利用氢等离子体刻蚀在其表面形成硅纳米锥阵列,研究其荧光特性后发现,相对于刻蚀前其荧光强度明显提高[118]。此外,还有研究者采用 EBL 制备了 Ag 纳米点阵并在其上覆盖了一层荧光物质,发现 Ag 纳米点阵的存在极大提高了荧光物质的荧光效率(如图 10.40 所示),其增强机制与纳米颗粒等离激元极化子之间的共振耦合相关[119]。

10.4.2　激光器及微纳谐振腔

在传统的固态激光器制备过程中,所采用的微纳加工技术与集成微电子加工

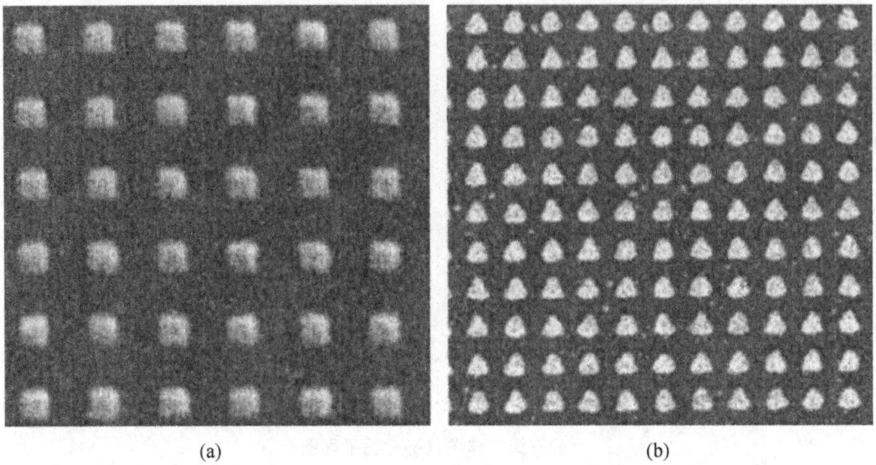

图 10.40 130 nm 的(a)正方形和(b)三角形 Ag 纳米点阵[119]

技术基本相似，仅仅是材料的区别。随着微纳加工技术水平的提高以及人们在新材料、新结构上研究的不断深入，各种通过微纳结构实现的新型激光器不断被提出。如通过“空穴保留覆盖生长”方法，利用低压金属有机物气相外延和 EBL 技术制备出的包含着光子晶体结构的氮化镓蓝紫外面发射激光器，这种激光器在物理研究和信息技术领域有着重要的应用价值[120]。又如，利用三角阴影蒸发工艺制备的金属铝纳米结构实现的微波激射器(发射微波的激光器)(如图 10.41 所示)，这种新型的微波激射器是利用具有单电子隧道效应产生的粒子数反转机制的单个约瑟夫森结电荷量子位来实现的，与现有微波激射器的机制完全不同[121]。

微纳加工技术对于微纳米激光器件而言最重要的意义是在于各种微纳谐振腔或共振器的实现，这些共振器不但可以应用到激光光源，还可以在诸如调制器、全光开关甚至生物传感器等技术中得到了应用。除了之前介绍的表面等离激元以及光子晶体谐振器之外，还有许多构思或制备方法巧妙的微纳谐振腔或共振器结构。如采用光学曝光和湿法腐蚀技术，利用分子束外延生长的含有砷化铟量子点的多层砷化铟镓/砷化镓材料的应力释放自卷机制所制备出的含量子点半导体微管结构。通过探测该结构中砷化铟量子点的光致发光谱并研究其光学模，证明了这种光学模在该微管结构中能够起到光学环形共振器的作用[122]。另外，还有研究者使用 EBL 和 RIE 技术以及聚合物外延转移方法在蓝宝石衬底上制作了一种环形孔洞结构的环形谐振器(如图 10.42 所示)，这是一种能够用于光通信和生物传感系统的多功能密集型环形布拉格振荡器[123]。

此外，人们利用 EBL 技术在 SOI 衬底上加工出最小间距 260 nm 的环型共振器和波导结构(如图 10.43 所示)，这种环形谐振器与波导耦合形成了一种对光的

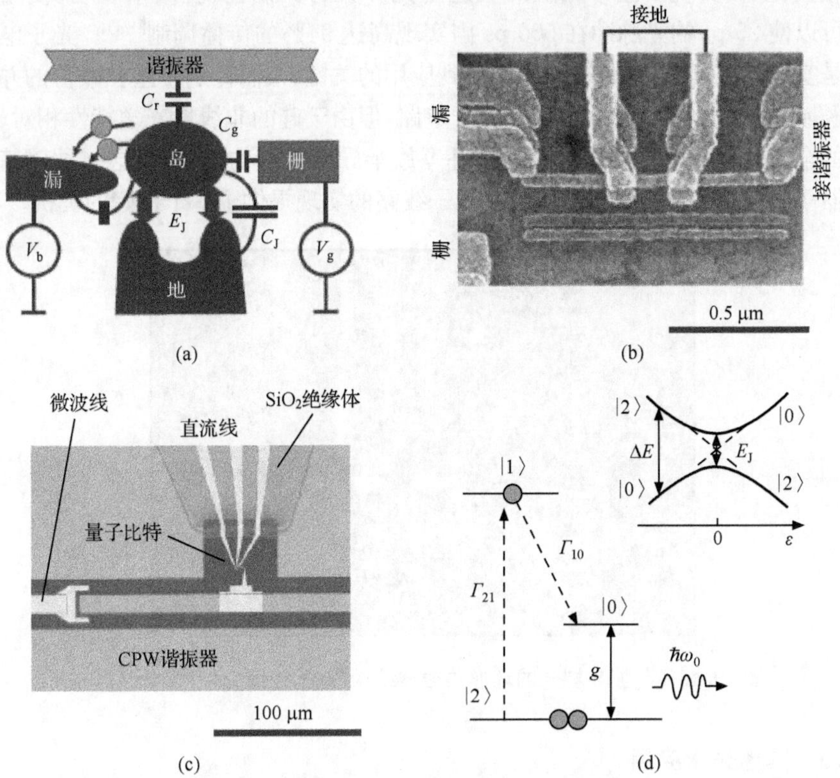

图 10.41　基于单"人工原子"的微波激射器[121]

(a)结构示意图；(b)结构的 SEM 照片；(c)器件的光学显微镜照片；(d)激射机理

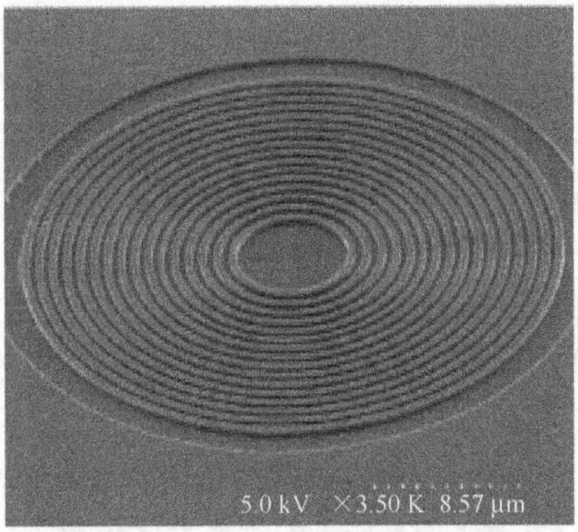

图 10.42　产生激光振荡的环形谐振器结构[123]

限制结构,从而实现了硅衬底上的快速全光开关与调制,实验结果表明:使用这一结构可以使 25 pJ 的光脉冲在 500 ps 内实现高达 94%的传播调制[124]。光子电路的制作是实现集成光学,并在通信领域得到应用的关键,人们特别希望在廉价的并在微电子领域应用广泛的硅芯片上实现光子电路,但由于硅的非线性光学特性相对较差,之前的全光开关与调制器基本都是在Ⅲ-Ⅴ族半导体化合物上实现,这一种硅基环形谐振器-波导耦合结构的实现,为硅基光子线路的实现提供了一个良好的契机。

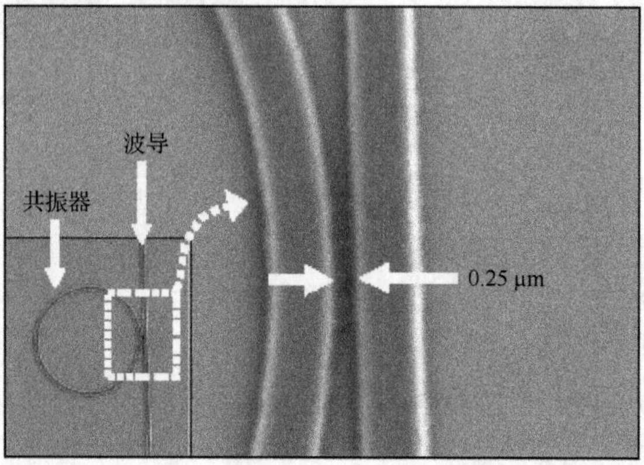

图 10.43　与波导耦合的环形共振器结构(左下插图为整体结构)[124]

10.4.3　其他光学应用

除了之前已介绍的内容,微纳加工技术在光学领域中仍有许多重要的应用尚未提及,如增强发光器件发光效率、特殊性能的发光器件、微纳光学天线、光存储技术等。在本节中,我们将以一些代表性工作为例来简单介绍微纳加工技术在这些领域中的应用。

(1) 在 LED 发光器件中,器件所发出的光绝大部分都被限制在了高折射率层中,因此其发光效率很低,往往被限制在 20%以下。许多研究人员利用波长尺度的周期光栅来增强其发光的外量子效率,但这种效率增强仅仅出现在部分满足 Bragg 衍射条件的波长范围。有人提出利用准周期的皱褶结构,可以对于宽频谱分布以及自由方向都能够增强,且不引起光谱频移及定向发光等效应,并利用压印获得了这种褶皱图形结构。实现结果表明,这种结构使 OLED 在全发光频域都有着近两倍以上的增强[125]。

表面粗化(surface roughening)是一种简单而有效地提高 LED 光提取效率的方法。对于平面结构 GaN 基 LED,光子的逃逸立体角很小(约 23.6°),从量子阱发出的光子在 LED 表面经全反射而被吸收转化为热,光子被损耗在 LED 芯片内部,当表面粗化之后,大于表面逃逸角的光子在 LED 芯片表面也能被发射出去或者发生散射而改变运行轨迹，经多重反射而增加了逸出概率，从而达到提高光提取效率的效果。有研究表明，对 LED 芯片发光增强效果最明显的表面粗化结构是三维形貌的六棱锥、凹球、凸球以及金字塔结构（如图 10.44 所示），如六角锥结构对应的光提取效率达 67.36%，是传统 LED 的 3 倍以上[126]。此外，研究人员还开发了一种基于紫外曝光设备的欠曝光方法来制备三维周期性凹球结构，LED 芯片的光出射效率增强 200%。这种结构增大了出射光的随机性并削弱了 Fabry-Perot 效应，大大提高了光子从 LED 内部发射到外部自由空间的概率，从而提高了 LED 的发光效率。在此基础上，人们还研究了微米凹球与纳米锥的复合结构并用于 LED 发光增强，发光效率增强 220%[127]。

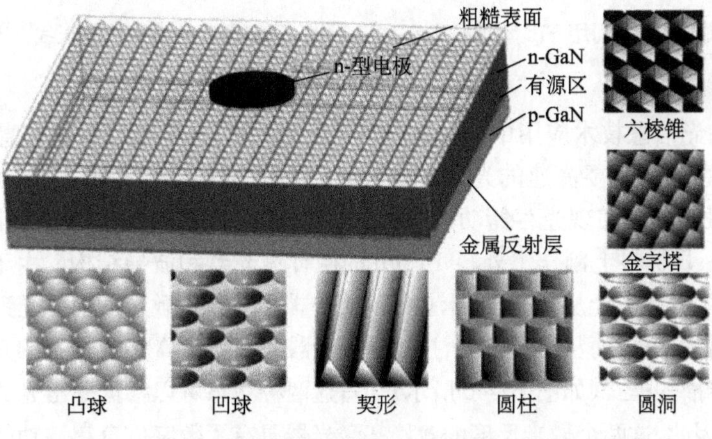

图 10.44　三维形貌的六棱锥、凹球、凸球以及金字塔等结构[126]

(2) 涡流(optical vortex)光束的光子具有轨道角动量(OAM)，这一独特的特性使其在光学显微镜、显微操作、真空通信和量子信息等诸多领域具有潜在的应用。之前用于产生涡流光束的技术包括在真空中将光束通过计算机生成的全息图、螺旋相位板、非均匀双折射元件、亚波长光栅和纳米天线等，需要大量的光学元件。有研究者通过精确的设计，在硅衬底上制备了一种微米尺寸的光子波导轨道角动量器件，利用这一器件能发射矢量涡流光，且可以精确地设计并量子化其 OAM，还可以通过制备多个性能一致的发射器件同时发射多束涡流光束[128]。

(3) 拉伸的长尖、小孔以及小颗粒所实现的纳米天线具有局域场增强效应，因此，一些研究者根据这一特点来解决光量子信息技术中的一个核心问题，即控制以及优化单量子发射器的发射特性。他们用 FIB 刻蚀技术在原子力显微镜的 Si_3N_4 尖顶上刻蚀得到一个蝴蝶结状的天线（如图 10.45 所示），并研究了一个单量子点与这种天线之间的相互作用，发现当天线扫过量子点时，在激发态寿命降低的同时，使光致发光得到了增强。这一结果表明：单量子发射器的弛豫通道可以通过一个高效的辐射状纳米天线耦合得到控制[129]。

图 10.45 利用 FIB 刻蚀技术在 AFM 针尖顶端得到的纳米光学天线[129]
(a)俯视图;(b)侧视图

(4) 在光信息技术应用中,通信速度的进一步提高,需要对数字信息进行高速的光学处理,这就需要高速的光学存储器来进行数据缓冲。人们提出利用微米尺度的平面激光器来实现光存储功能,通过接触式紫外曝光和反应离子刻蚀方法,在InP/InGaAsP 材料上制作了外径 16 μm 的微环激光器和波导结构。由于两个微环激光器之间的耦合,光从 A 激光器注入 B 激光器可以将 B 激光器中的光锁定成顺时针方向传播的模式,而从 B 激光器注入 A 激光器的光则将 A 激光器中的光锁定成逆时针方向传播的模式(如图 10.46 所示)[130],这两种状态可以根据输出光的能量不同区分开来,因此,这两个微米尺度的双稳态激光器具有了数字信息存储功能。这种光存储器对光学集成技术领域有着非常重要的促进意义与应用价值。

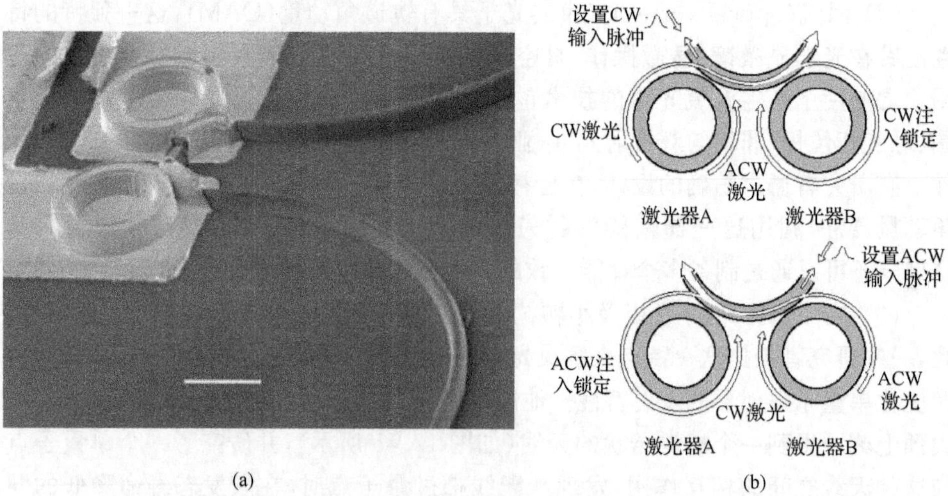

图 10.46 (a)基于耦合微环激光器的光学存储器;(b)工作原理图[130]

参考文献

[1] Maier S A. Plasmonics: Fundamentals and Applications. Berlin: Springer, 2007: 25-30.
[2] Zayats A V, Smolyaninov I I. J. Opt. A: Pure Appl. Opt., 2003, 5: S16.
[3] Salomon L, Bassou G, Aourag H, et al. Phys. Rev. B, 2002, 65: 125409.
[4] Ni X, Emani N K, Kildishev A V, et al. Science, 2012, 335: 427.
[5] Talley C E, Jackson J B, Oubre C, et al. Nano Lett., 2005, 5: 1569.
[6] Hao E, Schatz G C J. Chem. Phys., 2004, 120: 357.
[7] Jain P K, Lee K S, El-Sayed I H, et al. J. Phys. Chem. B, 2006, 110: 7238.
[8] Hao F, Nehl C L, Hafner J H, et al. Nano Lett., 2007, 7: 729.
[9] Hrelescu C, Sau T K, Rogach A L, et al. Appl. Phys. Lett., 2009, 94: 153113.
[10] Li M, Zhang Z S, Zhang X, et al. Opt. Express, 2008, 16: 14288.
[11] Kottmann J P, Martin O J F. Opt. Express, 2000, 6: 213.
[12] Myroshnychenko V, Rodrlguez-Fernandez J, Pastoriza-Santos I, et al. Chem. Soc. Rev., 2008, 37: 1792.
[13] Chen G, Wang Y, Yang M X, et al. J. Am. Chem. Soc., 2010, 132: 3644.
[14] Le F, Brandl D W, Urzhumov Y A, et al. ACS Nano, 2008, 2: 707.
[15] Deng X G, Braun G B, Liu S, et al. Nano Lett., 2010, 10: 1780.
[16] Vasa P, Pomraenke R, Schwieger S, et al. Phys. Rev. Lett., 2008, 101: 116801.
[17] Hou Y M, Xu J, Wang P W, et al. Appl. Phys. Lett., 2010, 96: 203107.
[18] Ye J, Shioi M, Lodewijks K, et al. Appl. Phys. Lett., 2010, 97: 163106.
[19] Hou Y M, Xu J, Li W X, et al. Phys. Chem. Phys., 2011, 13: 10946.
[20] Pan R H, Yang Y, Wang Y J, et al. Nanoscale, 2018, 10: 3171.
[21] Zhao J, Sun M T, Liu Z, et al. Scientific Reports, 2016, 5: 16019.
[22] Wang Y J, Chen H L, Sun M T, et al. Carbon, 2017, 122: 98e105.
[23] Weeber J C, Lacroute Y, Dereux A. Phys. Rev. B, 2004, 70: 235406.
[24] Bozhevolnyi S I, Volkov V S, Devaux E, et al. Nature, 2006, 440: 508.
[25] Pyayt A L, Wiley B, Xia Y N, et al. Nat. Nanotechnology, 2008, 3: 660.
[26] Wei H, Li Z P, Tian X R, et al. Nano Lett., 2011, 11: 471.
[27] Wei H, Wang Z X, Tian X R, et al. Nat. Commun., 2011, 2: 387.
[28] Walters R J, van Loon R V A, Brunets I, et al. Nat. Mater., 2010, 9: 21.
[29] Bergman D J, Stockman M I. Phys. Rev. Lett., 2003, 90: 027402.
[30] Stockman M I. Nat. Photonics, 2008, 2: 327.
[31] Noginov M A, Zhu G, Belgrave A M, et al. Nature, 2009, 460: 1110.
[32] Oulton R F, Sorger V J, Zentgraf T, et al. Nature, 2009, 461: 629.
[33] Lu Y J, Kim J, Chen H Y, et al. Science, 2012, 337: 450.
[34] Zentgraf T, Liu Y M, Mikkelsen M H, et al. Nat. Nanotechnol., 2011, 23: 151.
[35] Pacifici D, Lezec H J, Atwater H A. Nat. Photonics, 2007, 1: 402.
[36] Ebbesen T W, Lezec H J, Ghaemi H F, et al. Nature, 2008, 391: 667.
[37] Sun M, Tian J, Han S Z, et al. J. Appl. Phys., 2006, 100: 024320.
[38] Sun M, Tian J, Li Z Y, et al. Chinese Phys. Lett., 2006, 23: 486.
[39] Sun M, Liu R J, Li Z Y, et al. Phys. Lett. A, 2007, 365: 510.

[40] Sun M,Liu R J,Li Z Y,et al. Phys. Rev. B,2006,74: 193404.
[41] Nagpal P,Lindquist N C,Oh S H,et al. Science,2009,325: 594.
[42] Li B H,Sanders C E,McIlhargey J,et al. Nano Lett. ,2012,12: 6187.
[43] Cheng F,Liu H F,Li B H,et al. Appl. Phys. Lett. ,2012,100: 131110.
[44] Ward D R,Hüser F,Pauly F,et al. Nat. Nanotechnol. ,2010,5: 732.
[45] Stochman M I. Phys. Rev. Lett. ,2004,93: 137404.
[46] Babadjanyan A J,Margaryan N L,Nerkararyan K V. J. Appl. Phy. ,2000 ,87: 3785.
[47] Issa N A,Guckenberger R. Plasmonics,2007,2: 31.
[48] Neacsu C C,Berweger S,Olmon R L,et al. Nano Lett. ,2010,10: 592.
[49] Hartschuh A,Pedrosa H N,Novotny L,et al. Science,2003,301: 1354.
[50] Pettinger B,Ren B,Picardi G,et al. Phys. Rev. Lett. 2004,92: 096101.
[51] Ichimaru T,Hayazawa N,Hashimoto M,et al. Phys. Rev. Lett. ,2004,92: 220801.
[52] Kontio J M,Husu H,Simonen J,et al. Opt. Lett. ,2009,34: 1979.
[53] Bouhelier A,Beversluis M,Hartschuh A,et al. Phys. Rev. Lett. ,2003,90: 013903.
[54] Yang S Y, Xia X X, Liu Z, et al. J. Phys. : Condens. Matter. , 2016, 28: 445002.
[55] 张克潜,李德杰. 微波与光电子学中的电磁理论. 北京:电子工业出版社,2001.
[56] 李正中. 固体理论. 第二版. 北京:高等教育出版社,2003.
[57] Pendry J B. Contemp. Phys. ,2004,45: 191.
[58] Maxwell-Garnett J C. Phil. Trans. Roy. Soc. A,1904,203: 385.
[59] Bruggeman D A G. Ann. Phys. ,1935,24: 636.
[60] Koschny T,Kafesaki M,Economou E N,et al. Phys. Rev. Lett. ,2004,93: 107402.
[61] Pendry J B,Holden A J,Robbins D J,et al. J. Phys. : Condens. Matter. ,1998,10: 4785.
[62] Pendry J B,Holden A J,Robbins D J,et al. IEEE T. Microw. Theory,1999,47: 2075.
[63] Shamonina E,Kalinin V A,Ringhofer K H,et al. J. Appl. Phys. ,2002,92: 6252.
[64] Huangfu J T,Ran L X,Chen H S,et al. Appl. Phys. Lett. ,2004,84: 1537.
[65] Ran L X,Huangfu J T,Chen H S,et al. Phys. Rev. B,2004,70: 073102.
[66] Chen H S,Ran L X,Huangfu J T,et al. Phys. Rev. E,2004,70: 057605.
[67] Smith D R,Kroll N. Phys. Rev. Lett. ,2000,85: 2933.
[68] Quan B G,Li C,Sui Q,et al. Chin. Phys. Lett. ,2005,22: 1243.
[69] Pendry J B,Schurig D,Smith D R. Science,2006,312: 1780.
[70] Schurig D,Mock J J,Justice B J,et al. Science,2006,314: 977.
[71] Yen T J,Padilla W J,Fang N,et al. Science,2004,303: 1494.
[72] Quan B G,Xu X L,Yang H F,et al. Appl. Phys. Lett. ,2006,89: 041101.
[73] Xu X L,Quan B G,Gu C Z,et al. J. Opt. Soc. Am. B,2006,23: 1174.
[74] Xia X X,Sun Y M,Yang H F,et al. J. Appl. Phys. ,2008,104: 033505.
[75] Sun Y M,Xia X X,Feng H,et al. Appl. Phys. Lett. ,2008,92: 221101.
[76] Xia X X,Yang H F,Sun Y M,et al. Microelectron. Eng. ,2008,85: 1433.
[77] Ishikawa A,Tanaka T,Kawata S. Appl. Phys. Lett. ,2007,91: 113118.
[78] Yang S Y, Liu Z, Xia X X,et al. Phys. Rev. B, 2016, 93: 235407.
[79] Linden S,Enkrich C,Wegener M,et al. Science,2004,306: 1351.
[80] Grigorenko A N,Geim A K,Gleeson H F,et al. Nature,2005,438: 335.

[81] Zhang S,Fan W J,Panoiu N C,et al. Phys. Rev. Lett. ,2005,95: 137404.
[82] Dolling G,Enkrich C,Wegener M,et al. Science,2006,312: 892.
[83] Valentine J,Zhang S,Zentgraf T,et al. Nature,2008,455: 376.
[84] Yao J,Liu Z W,Liu Y M,et al. Science,2008,321: 930.
[85] Liu Z,Xia X X,Yang H F,et al. Microelectron. Eng. ,2012,98: 363.
[86] Liu Z,Xia X X,Sun Y M,et al. Nanotechnology,2012,23: 275503.
[87] Bingham C M,Tao H,Liu X L,et al. Opt. Express,2008,16: 18565.
[88] Chen S Q,Cheng H,Yang H F,et al. Appl. Phys. Lett. ,2011,99: 253104.
[89] Zheludev N I. Science,2010,328: 582.
[90] Liu N,Guo H C,Fu L W,et al. Nat. Mater. ,2008,7: 31.
[91] Chanda D,Shigeta K,Gupta S,et al. Nat. Nanotechnol. ,2011,6: 402.
[92] Burckel D B,Wendt J R,Eyck G A T,et al. Adv. Mater. ,2010,22: 3171.
[93] Retsch M,Tamm M,Bocchio N,et al. Small,2009,18: 2105.
[94] Burckel D B,Wendt J R,Eyck G A T,et al. Adv. Mater. ,2010,22: 5053.
[95] Gansel J K,Thiel M,Rill M S,et al. Science,2009,325: 1513.
[96] Liu Z, Cui A J, Li J J, et al. Adv. Mater. 2019, 31: 1802211.
[97] Liu Z, Du S, Cui A J, et al. Adv. Mater. 2017, 29: 1606298.
[98] Yang S Y, Liu Z, Jin L. ACS Photonics,2017, 4:2650.
[99] Padilla W J,Taylor A J,Highstrete C,et al. Phys. Rev. Lett. ,2006,96: 107401.
[100] Chen H T,Padilla W J,Zide J M O,et al. Nature,2006,444: 597.
[101] Minovich A,Famell J,Neshev D N,et al. Appl. Phys. Lett. ,2012,100: 121113.
[102] Xiao S M,Drachev V P,Kildishev A V,et al. Nature,2010,466: 735.
[103] Jia Z Y, Shu F Z, Gao Y J, et al. Phys. Rev. Appl. 2018, 9: 034009.
[104] Zhu Z, Evans P G, Haglund R F, et al. Nano Lett. 2017, 17: 4881.
[105] Li C, Zhu W, Liu Z, et al. Appl. Phys. Lett. 2018, 113: 2311013.
[106] Shih K, Pitchappa P, Manjappa M, et al. Appl. Phys. Lett. 2017, 110: 161108.
[107] Schwanecke A S,Fedotov V A,Khardikov V V,et al. Nano Lett. ,2008,8: 2940.
[108] Yang S Y, Liu Z, Hu S, et al. Nano Lett. , 2019, 19: 3432.
[109] Yang S Y, Liu Z, Yang H F, et al. Adv. Optical Mater. ,2020, 8: 1901448.
[110] 金爱子,田洁,韩守振,等. 物理学报,2005,54: 1218.
[111] Ye J Y,Matsuo S,Mizeikis V,et al. J. Appl. Phys. ,2004,96: 6934.
[112] Gorishnyy T,Ullal C K,Maldovan M,et al. Phys. Rev. Lett. ,2005,94: 115501.
[113] Tao H H,Ren C,Feng S,et al. J. Vac. Sci. Technol. B,2007,25: 1609.
[114] Tao H H,Ren C,Liu Y Z,et al. Opt. Express,2010,18: 23994.
[115] Hennessy K,Badolato A,Winger M,et al. Nature,2007,445: 896.
[116] Schilling J,White J,Scherer A,et al. Appl. Phys. Lett. ,2005,86: 011101.
[117] 崔铮. 微纳米加工技术及其应用. 第二版. 北京:高等教育出版社,2009.
[118] Wang Q,Gu C Z,Li J J,et al. J. Appl. Phys. ,2005,97: 093501.
[119] Corrigan T D,Guo S-H,Szmacinski H,et al. Appl. Phys. Lett. ,2006,88: 101112.
[120] Matsubara H,Yoshimoto S,Saito H,et al. Science,2008,319: 445.
[121] Astafiev O,Inomata K,Niskanen A O,et al. Nature,2007,449: 588.

[122] Kipp T,Welsch H,Strelow Ch,et al. Phys. Rev. Lett.,2006,96: 077403.
[123] Green W M J,Scheuer J,DeRose G,et al. Appl. Phys. Lett.,2004,85: 3669.
[124] Almeida V R,Barrios C A,Panepucci R R,et al. Science,2004,431: 1081.
[125] Koo W H,Jeong S M,Araoka F,et al. Nat. Photonics,2010,4: 222.
[126] 郑清洪,刘宝林,张宝平,等. 电子器件,2008,31:1077.
[127] Yin H X, Zhu C R, Shen Y. Appl. Phys. Lett., 2014, 104: 061113.
[128] Cai X L,Wang J W,Strain M J,et al. Science,2012,338: 363.
[129] Farahani J N,Pohl D W,Eisler H J,et al. Phys. Rev. Lett.,2005,95: 017402.
[130] Hill M T,Dorren H J S,de Vries T,et al. Nature,2004,432: 206.

习　　题

1. 什么是超材料?
2. 超材料是如何实现特异光学性质的?
3. 三维超材料的优点是什么?

第 11 章　微纳加工在磁学领域的应用

纳米尺度材料的磁性，特别是磁性薄膜的研究已有很久的历史。对于磁性纳米颗粒，由于合成与测量相对容易，也有大量关于磁性不同于体材料的报道，突出表现在：超顺磁性，以及矫顽力、居里温度和磁化率等参数与颗粒尺寸的强烈依赖关系。在纳米磁学领域，与微纳加工技术密切相关的是一维磁性纳米结构，涉及一门新兴的学科——自旋电子学。

自旋电子学是从研究纳米结构中的巨磁阻(GMR)效应开始发展起来的。随着纳米结构中隧道磁电阻(TMR)和弹道磁电阻(BMR)等效应的发现，更多的科学工作者在该领域投入了大量的兴趣和努力，使自旋电子学实现了突飞猛进的发展。随着微纳加工技术的进步，尤其是电子束曝光(EBL)等技术在平面工艺中的出现，人们可以得到尺度在纳米量级的器件结构。在纳米尺度，材料表现出了很多与自旋相关的新现象，从而加速了自旋电子学的发展。在发现自旋极化电流诱导的磁矩翻转效应之后，很多文献报道了在没有外加磁场的环境下，直接观察到畴壁对电流的散射产生磁电阻的结果[1-4]。由于这种效应潜在的新机制以及在构建新型纳米器件方面的应用前景，人们投入了大量的精力对其进行了深入的研究[5-8]。

其中，最具吸引力的研究方向之一是制作电流驱动的磁存储器件或磁逻辑器件。由于畴壁对电流散射的 R-I(电阻-电流)特性与 GMR 器件的 R-H(电阻-磁场)特性相似，因此可实现非挥发存储。基于 GMR 效应的磁存储器件的读写需要外加磁场来控制，而这种基于电流诱导磁矩翻转的器件可以直接采用电流读写，很容易实现对器件与电路的控制，能大大简化电路结构。另外，这种效应发生在纳米尺度上，更易实现大规模集成，提高存储密度或电路集成密度。虽然现在的研究距离实现应用的目标尚有一段距离，但随着微纳加工技术的发展，实现对单个磁畴的控制成为可能，因而单个磁畴对自旋极化电流散射的研究越来越受到人们的关注。通过研究电流对单个磁畴的影响，可以理解电流与畴壁相互作用的物理本质，并且研究纳米结构中通过畴壁实现的磁矩翻转，为实现最终的应用奠定基础。本章我们将介绍微纳加工技术在纳米尺度磁结构与器件研究中的应用。

11.1　磁畴与畴壁

11.1.1　单畴特性

铁磁材料样品由许多完全磁化的区域构成，这些区域称为磁畴。磁畴壁是相

邻磁畴的分界,具有复杂的电子状态。促使铁磁体的自发磁化分割成为磁畴的根本原因是自发磁化所产生的静磁能 E_s:

$$E_s = \frac{\mu_0}{2}\int H^2 d\tau \tag{11.1}$$

其中,μ_0 是真空磁导率,H 为磁场强度,$\int d\tau$ 是空间积分。如果磁场分布在整个铁磁体附近的空间内,会有较高的静磁能,分割成多个磁畴会使磁场的能量不断降低,自发磁化将趋向于分割成为磁矩方向不同的磁畴,以降低静磁能,而且分割越细,静磁能越低。但是,由于磁畴之间的畴壁破坏了两边磁矩的平行排列,使交换能增加,所以畴壁本身具有一定的能量。磁畴的分割意味着在铁磁体中引入更多的畴壁,使畴壁能增加。由于这个缘故,磁畴的分割并不会无限地进行下去。现在认为畴壁有两类:Bloch 壁和 Néel 壁,如图 11.1 所示[9]。Bloch 壁中磁矩方向的旋转是在平面之外发生的,Néel 壁中磁矩方向的旋转是发生在平面内的,畴壁类型与薄膜的厚度有很大的关系。

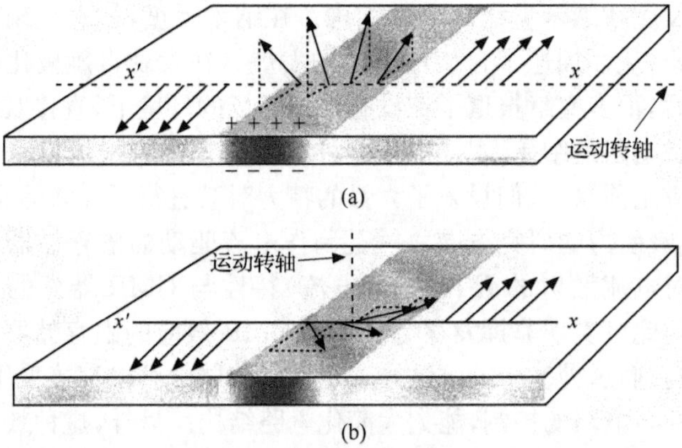

图 11.1 磁畴壁结构示意图

(a)Bloch 壁;(b)Néel 壁[9]

由于畴壁两侧磁子的磁化方向不同,当电子通过畴壁的时候会受到费米面附近不同磁化方向电子的散射,而当外加磁场使畴壁两侧的磁化方向一致时,这种散射将会减小,从而产生畴壁磁电阻(DWMR)。1999 年,García 等[10]利用两个镍金属线在末端形成纳米级针尖,通过施加外力使两个针尖形成纳米点接触,在室温下得到了高达 280%畴壁磁电阻(如图 11.2 所示),这是有关畴壁磁电阻的令人关注的结果。但是这种点接触结构的宽度并不是确定的,并且不能排除接触界面的影响。微纳加工技术可以直接制作出精确的纳米量级点接触结构,有利于人们进行相关的研究。图 11.3 给出了利用 EBL 制作的宽度为 15 nm 的镍点接触结构,通过改变外加磁场观察到了与畴壁有关的电阻变化,约为 0.3 Ω。这是由于点接触位置的磁结构类似 Néel 壁，增大外加磁场，会使电阻发生变化[11]。

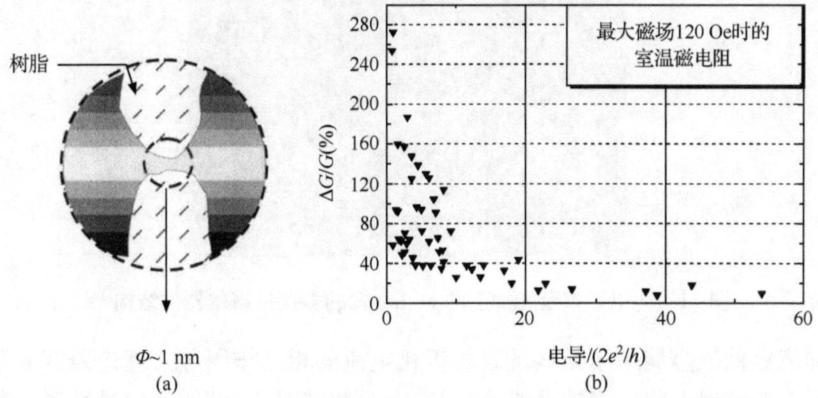

图 11.2　(a)两个镍金属线末端的纳米级针尖形成点接触结构；
(b)镍纳米点接触的磁电阻随电导的变化[10]

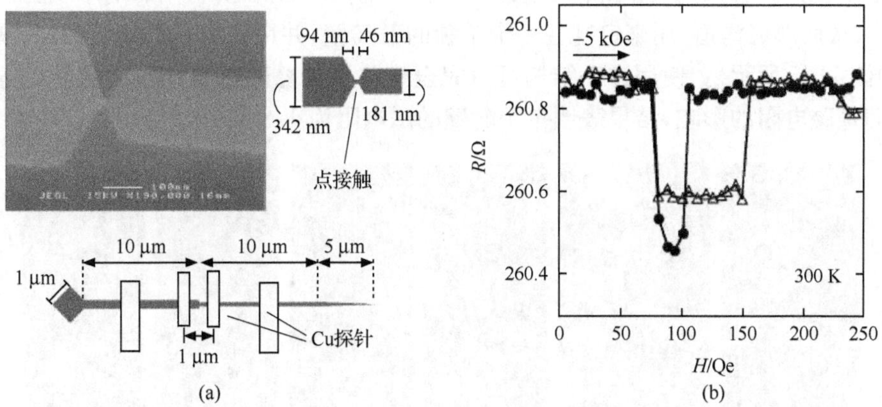

图 11.3　(a)EBL 制作的宽度为 15 nm 的点接触纳米结构；(b)点接触电阻随磁场发生变化[11]

磁畴和畴壁在材料的磁学特性研究中起着核心作用，理解和控制磁畴对自旋电子学的应用来说是非常重要的。为此，研究人员利用铁磁半导体研究畴壁[12]，即采用 EBL 在单晶(Ga,Mn)As 外延层上制备了多探针器件(如图 11.4 所示)，由于(Ga,Mn)As 薄膜中存在的平面霍尔效应，因此能够直观、实时观察单一磁畴壁在多探针器件中的传播。通过在每个器件中施加稳定的脉冲磁场来俘获并定位单个畴壁，可实现高分辨率的沿着单个畴壁的磁致电阻测量，并观察到畴壁的负本征电阻，电阻的大小受到通道宽度的调制。

畴壁影响磁性材料电阻的方式是非常复杂的。人们尝试采用多种机制来进行解释，如各向异性磁电阻(AMR)或者洛伦兹力磁电阻(Lurentz force MR)，以及磁

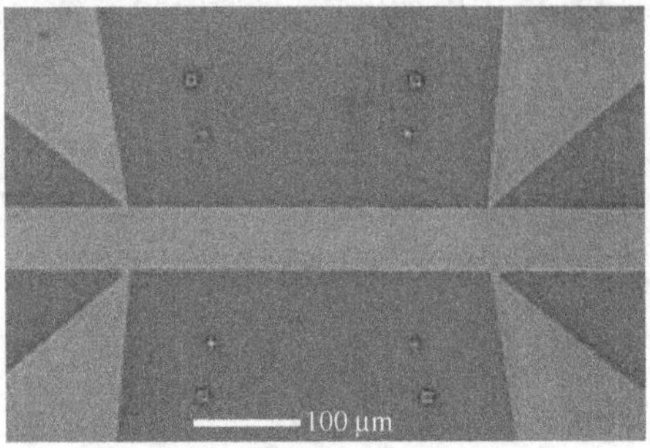

图 11.4　电子束曝光加工的 60 μm 宽的多探针霍尔器件结构[12]

畴壁和流经铁磁金属纳米结构的自旋极化电流的相互作用等。理论研究表明在多数情况下畴壁对电阻的影响非常小,只有在少数情况下,例如各向异性磁材料中畴壁的厚度达到几个纳米时,这种影响才大到可以被观测到,而且畴壁的厚度越薄这种影响会越明显。另外,与单畴状态相比,畴壁的出现增加了电子散射,从而导致了电阻变大。有人利用聚焦离子束(FIB)在$(Co/Pt)_7$多层膜制作的纳米线上注入Ga^+,从而形成沟道,用来钉扎住一个单独的磁畴壁,并用磁力显微镜(MFM)观察(如图 11.5 所示)。使用这一结构可以完全排除洛伦兹磁电阻和各向异性磁电阻对畴壁磁电阻的影响,结果表明单个畴壁的磁电阻为 1.8%[13]。

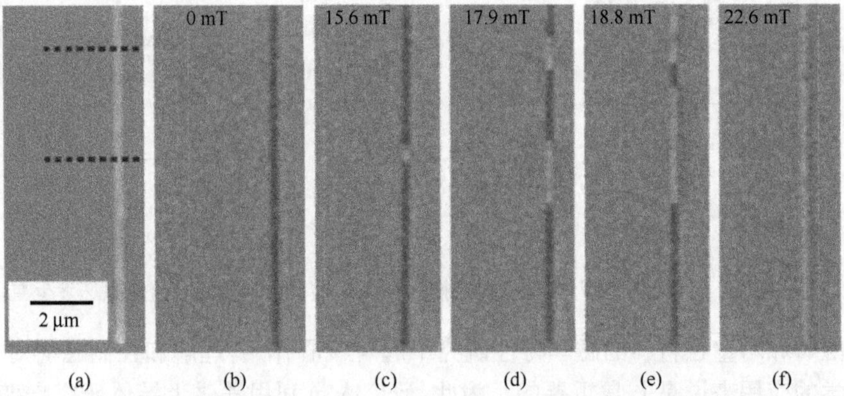

图 11.5　(a)在 Ga 离子注入的沟道处形成畴壁的 MFM 照片;
(b)～(f)畴壁在不同磁场作用下移动的 MFM 照片[13]

传统的磁畴检测技术如粉纹图法、磁光克尔效应、洛伦兹显微术以及带有自旋极化分析的扫描电子显微镜技术(SEMPA)等,通常存在制样复杂、配备的光学显微镜分辨率低以及需要高真空环境等局限性。在原子力显微镜基础上发展起来的磁力显微镜克服了上述技术的缺陷,因灵活方便的操作和不需要特别的制样技术,而广泛应用到各种磁性材料的磁结构研究中。例如，研究人员利用磁力显微镜来表征金属磁性点接触结构中畴壁的分布情况，发现在点接触结构中，自发磁化的点接触结构中心位置没有钉扎畴壁，而在点接触结构对角位置的两侧钉扎有两个畴壁(如图 11.6 所示)，外加磁场会增大结构的退磁能，因此撤去磁场后，会有新的畴壁出现，引入畴壁能来降低退磁能，达到能量新的平衡[14]。

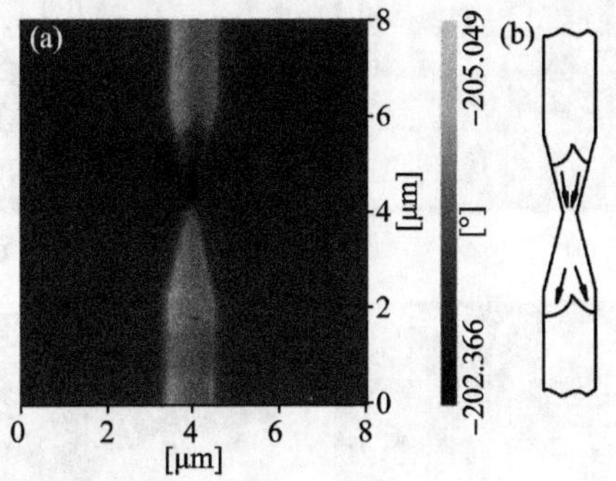

图 11.6　(a)坡莫合金点接触结构的磁力显微镜图；(b)磁畴分布示意图[14]

前面我们所说的大都是对铁磁材料磁畴方面的研究，在反铁磁材料方面，对于 EBL 制作出的纳米间隙结构，人们用透射电镜(TEM)研究了 Fe_3O_4 中的单个反铁磁反相边界和单个磁畴的输运特性(如图 11.7 所示)[15]。结果发现，和单个铁磁畴相比，单个反铁磁反相边界具有更高的电阻率、更大的磁致电阻效应和更高的饱和磁场。另外，单个反铁磁反相边界的磁致电阻曲线的形状不随温度发生变化，而单个铁磁畴的磁致电阻曲线的形状却依赖于温度。这些现象是由于反相边界使活化能增加，并且破坏了单个磁畴的电荷长程序的结果。

11.1.2　畴壁动力学

1996 年，Slonczewski[16] 和 Berger[17] 在理论上分别独立地提出一种纳米尺度下新的自旋相关效应——电流感应的磁化翻转效应，即对磁性材料纳米结构，在不需要外加磁场的条件下，只通过注入自旋极化电流，就可以使纳米结构中的磁矩方向改变，甚至发生翻转，从而实现自旋注入。该效应一经提出就引起研究人员的极大兴趣，开展了大量的理论和实验研究。有人验证了这种自旋极化电流实现磁化翻转的效应[18]，在 4.2 K 时通过 Ag 的点接触纳米结构将电流密度为 10^8 A/cm^2 的自旋极化电流注入 Co(1.5 nm)/Cu(2.0 nm) 多层膜中，观察到了磁电阻的变化。还有人报道了赝自旋阀纳米结构中电流感应的磁化翻转效应[19]，在如图 11.8(a) 设计的器件结构[Co(6 nm)/Cu (2.5 nm)/Co(15 nm)]中，当电流从自由层(Co 1)流向钉扎层(Co 2)时，自旋极化电子(磁化方向和钉扎层相同)从钉扎层(Co 2)流向自由层(Co 1)；当自旋极化电流大到一定程度时，将使自由层的磁化方向翻转，

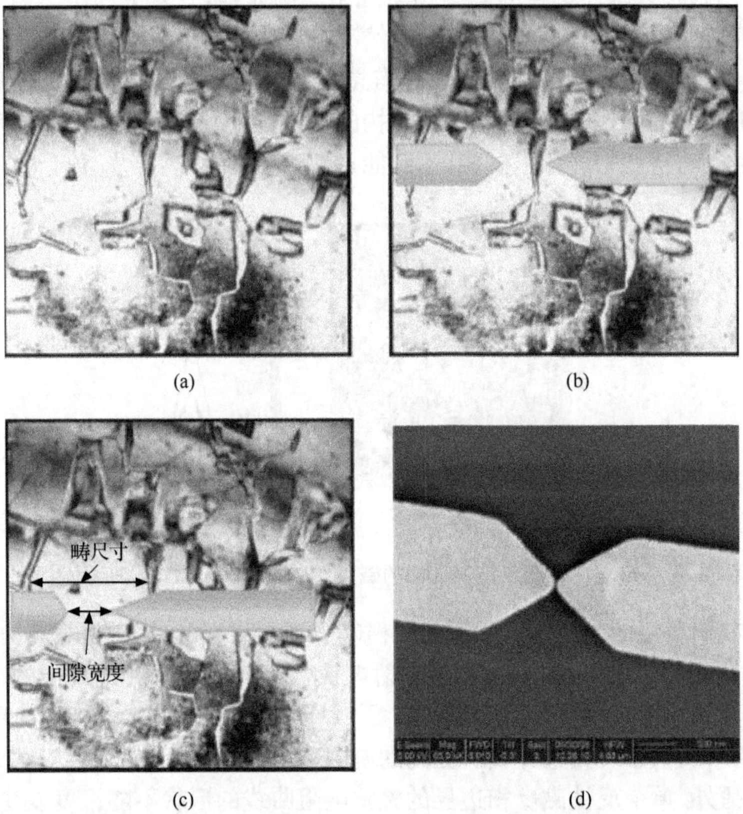

图 11.7 反铁磁材料 Fe_3O_4 的 TEM 照片

(a)单个反铁磁反相边界;(b)单个磁畴;(c)纳米间隙示意图;(d)纳米间隙的 SEM 图像[15]

达到和钉扎层一致,器件电阻因此发生变化;通过扫描电流研究器件的 *I-V* 特性[如图 11.8(b)所示],可以观察到赝自旋阀结构电阻的跳变,以及类似于 GMR 效应中的回线。GMR 效应是通过外加磁场改变铁磁层的磁结构,从而改变流过铁磁层的电流,而这种自旋极化电流造成的磁化翻转是通过电流改变铁磁层的磁纳米结构实现的。

图 11.8(a)所示的电流方向垂直于铁磁薄膜,实现磁化翻转是通过向器件中注入自旋极化电流。随着微加工技术的发展,另一种实现磁化翻转的方式越来越引起研究者的兴趣,就是利用自旋极化电流通过自旋器件中的纳米紧缩结构引起畴壁运动,来改变器件中的磁结构,实现自旋注入。这种方式由于与目前的微电子技术兼容,因此成为研究热点。早在 1984 年, Berger 在理论上就预言了这种电流引起畴壁运动的效应[20],随后他们利用法拉第效应显微镜研究了 28～42 nm 厚的 $Ni_{87}Fe_{13}$ 薄膜,结果表明畴壁沿着与电流方向相反的方向运动[21]。此后,有人利用

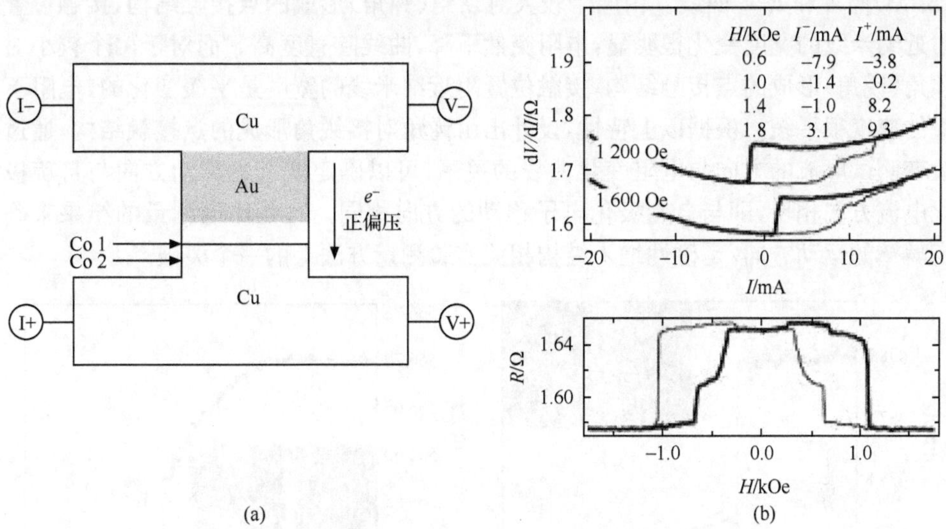

图 11.8　(a)赝自旋阀多层膜的基本结构示意图；
(b)赝自旋阀结构的电阻与外加磁场的关系[19]

MFM 在 20 μm 宽的坡莫合金线中观察到了畴壁的运动(如图 11.9 所示)[22]，发现当电流密度超过 2.5×10^{11} A/m^{2}时，磁畴壁将会在脉冲电流的作用下移动，距离达到微米量级。而且畴壁的移动方向与电流的方向相反，就是说畴壁移动的方向与电子的移动方向相同。

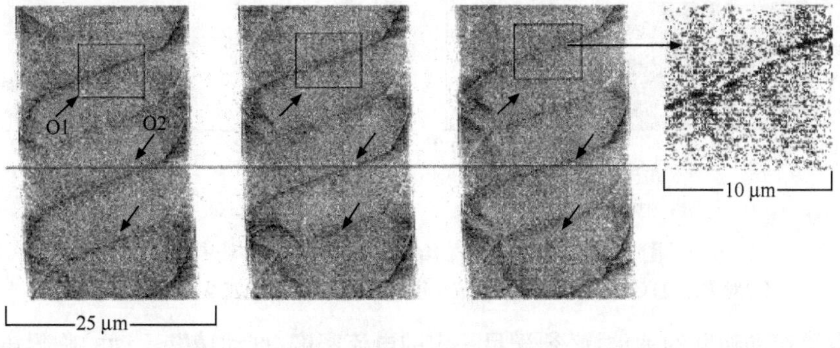

图 11.9　不同时刻畴壁位置的磁力显微镜照片[22]

上面观察到的磁畴移动都是在微米尺度范围，对于纳米点接触结构，其尺度要远小于 MFM 的分辨率，因此很难采用 MFM 直接观察畴壁的运动状态。人们在研究中发现，点接触的对顶角由小变大时，电测量得到的 *R*-*V* 曲线的形状将发生变化。正是基于此特征，研究人员采用 EBL 制作了不同对顶角的因瓦合金点接触结构，研究电阻变化的过程。图 11.10 给出了几种不同形状点接触的扫描电镜

(SEM)照片和 R-V 曲线。由两个较大对顶角(钝角)形成的点接触结构,接触位置附近纳米线的宽度变化很明显,电阻突然下降,曲线陡直度高。而对于两个较小对顶角(锐角)形成的点接触结构,接触位置附近纳米线的宽度是平缓变化的,电阻下降的速度很平缓。根据以上特性,设计出由钝角对接锐角形成的点接触结构,通过改变测试电流的方向与电阻变化曲线的关系,可以确定畴壁的移动方向与自旋极化电流方向相反,即与自旋极化电子移动的方向相同。这是用电测量的结果来确定畴壁的运动方向,是磁性纳米结构相关实验测量方法上的一个突破[23]。

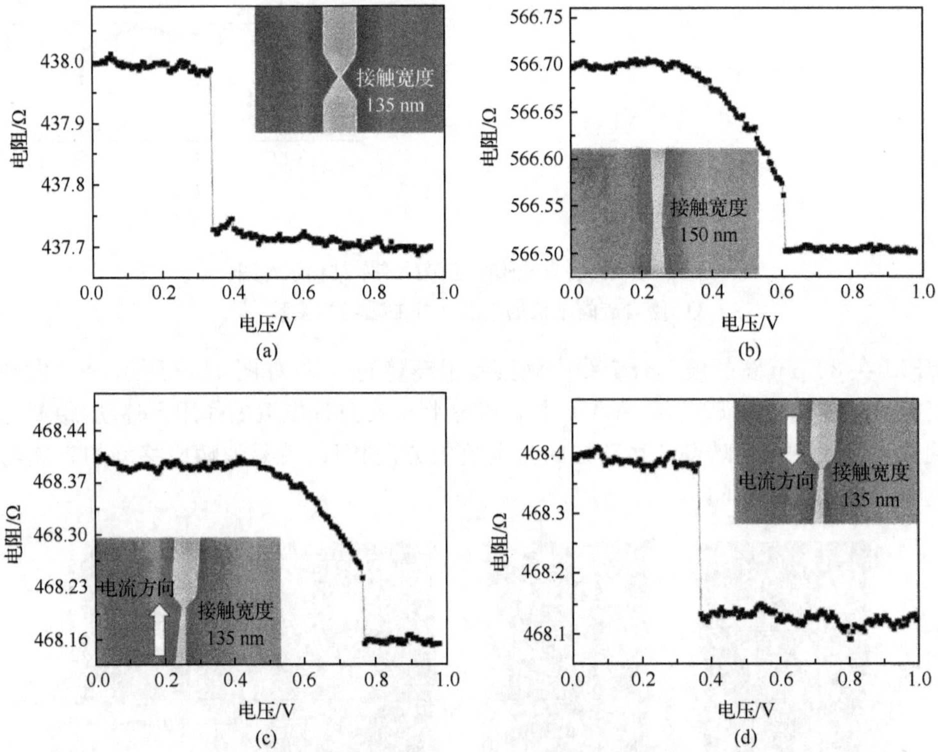

图 11.10　不同形状的纳米点接触 R-V 曲线[23]

(a)对称钝角;(b)对称锐角;(c)电流从锐角流向钝角;(d)电流从钝角流向锐角

电流推动畴壁的运动,必须满足一定的电流密度,推动畴壁运动的临界电流密度的量级约为 10^7 A/cm^2。当然,该临界电流密度与采用的材料及电流注入方式等因素相关。研究人员采用 EBL 技术,制备出不同矫顽力铁磁金属(NiFe 合金、Ni、Fe)的点接触结构,在室温无磁场条件下,研究了不同矫顽力的纳米点接触结构中电子的输运特性,结果表明随着铁磁金属矫顽力的增加,推动畴壁运动的临界电流密度增加[24]。此外,人们还利用 EBL 及溶脱工艺制作出坡莫合金的纳米线及电极,研究了纳秒级脉冲电流对坡莫合金中畴壁的推动作用(如图 11.11 所示),结果发现：纳秒级的脉冲电流相对于直流电流来说，其推动畴壁运动的临界电流大大降低，且畴壁推动的概率随着脉冲长度的变化而周期性地振荡[25,26]。基于纳米结构中的各向异性磁阻效应，人们还研究了在磁场作用下，点接触结构中畴壁的运动特性，以及温度和电流产生的热效应对畴壁退钉扎过程的影响。结果表明：小的电流密度（10^9 A/m^2）产生的自旋转移力矩较小，对畴壁的影响可以忽略；但热效应对畴壁的退钉扎过程起到了很大的作用，因此在研究畴壁运动的过程中，系统中的热是不可被忽略的[27]。

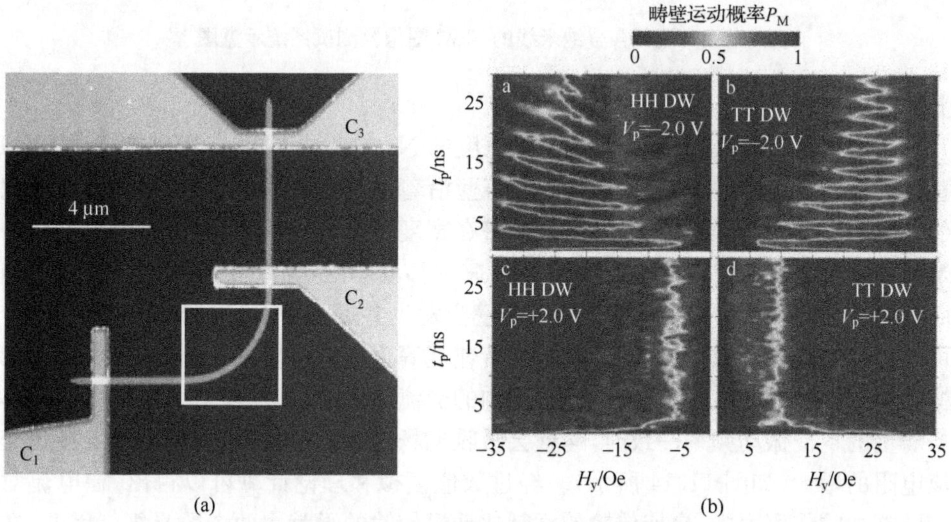

图 11.11　(a)EBL 及溶脱工艺制作的坡莫合金纳米线及测试电极的 AFM 图片；(b)畴壁运动概率与外加磁场及脉冲长度的关系[25]

理解铁磁材料中的畴壁动力学是实现控制畴壁运动，并在磁性电路领域得到应用的关键，人们特别希望在实验上得到畴壁的运动速率、畴壁与电流之间的关系等信息。为此，研究人员在高阻硅衬底上，利用 EBL 制作出坡莫合金纳米线（如图 11.12 所示），采用超快电脉冲配合高分辨的 MFM，直接观察到磁畴壁的连续传播过程，并测量到了磁畴壁的运动速率等物理信息[28]。

电流可以推动畴壁的运动，那么畴壁与电流之间是如何进行相互作用的呢？当具有很高密度的电流流经畴壁的时候，会同时有几种效应存在，其中起主要作用的是电流本身产生的磁场和电子的自旋动量传输，即自旋扭矩效应。关于自旋扭矩效应中畴壁在自旋极化电流作用下的动力学机制有很多的讨论。基本上可以总结为两种可能的机制，即动量传输和自旋传输。动量传输是指电子被畴壁反射比较强，所导致的电子与畴壁的动量交换不可忽略，从而使畴壁受到一个力的作用；自旋传输是指自旋极化电流与畴壁间的自旋角动量交换起主导作用，电子与畴壁之间主要进行自旋角动量的交换。关于这两种机制的讨论多数都是理论上，实验

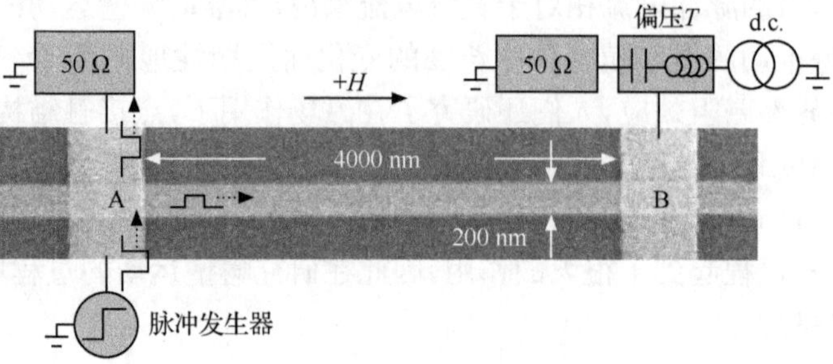

图 11.12　坡莫合金纳米线的 SEM 图像及测试系统示意图[28]

上的证据则较少。

人们利用 EBL 制作了一系列不同宽度的 $Ni_{80}Fe_{20}$ 纳米线，采用自旋极化 SEM 直接观察到了在脉冲电流作用下磁畴畴壁沿着纳米线的移动及畴壁形状的变化(如图 11.13 所示)。使用这一结构，畴壁在宽度 500 nm、厚度 10 nm 的 $Ni_{80}Fe_{20}$ 纳米线中沿着电流方向以平均 0.3 m/s 的速率移动，并且速率随着脉冲个数的增加而衰减[29]。此外，在交变电流作用下畴壁会发生共振现象，通过研究畴壁的共振，可以得到畴壁的有效质量、畴壁磁矩翻转速度等很多物理信息。例如，在点接触结构的两端施加交变电场，观测点接触结构的交流电阻，人们发现当交变电场的频率与畴壁的本征振动频率一致时，畴壁会吸收电场能量引起共振，从而引起点接触交流电阻的增大(如图 11.14 所示)。经过数值模拟和理论计算可以得出：在电流对畴壁施加的作用力中，自旋传输的贡献比动量传输的贡献小两个数量级。因此，在纳米点接触结构中，自旋极化电流使畴壁运动，电子的动量传输占主导地位。此外，还有人在热氧化的硅片上，利用 EBL 技术制作了一个由 $Ni_{81}Fe_{19}$ 纳米线构成的

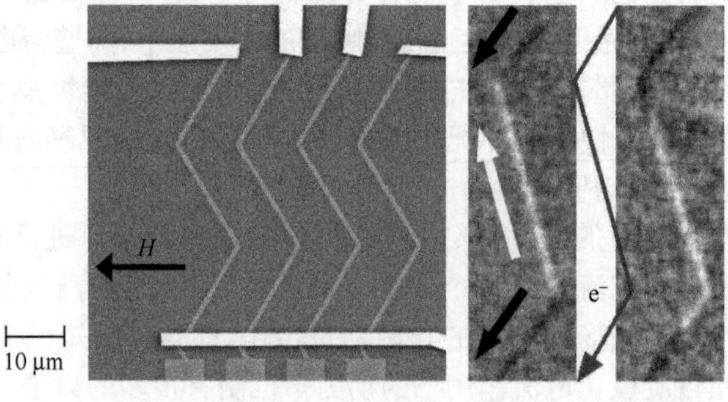

图 11.13　(a) $Ni_{80}Fe_{20}$ 纳米线测量结构的 SEM 照片；
(b)、(c)通脉冲电流过程中及之后畴壁位置的移动情况[29]

半圆环结构及两个测量电极(如图 11.15 所示),然后使用高频交流电直接观察到了铁磁纳米线中单个畴壁的动力学特征,从而准确测定了一个畴壁的有限质量为 6.6×10^{-23} kg,而且一个畴壁要产生 1 μm 的位移只需 10^9 A/m^2 大的电流密度来诱导[30]。

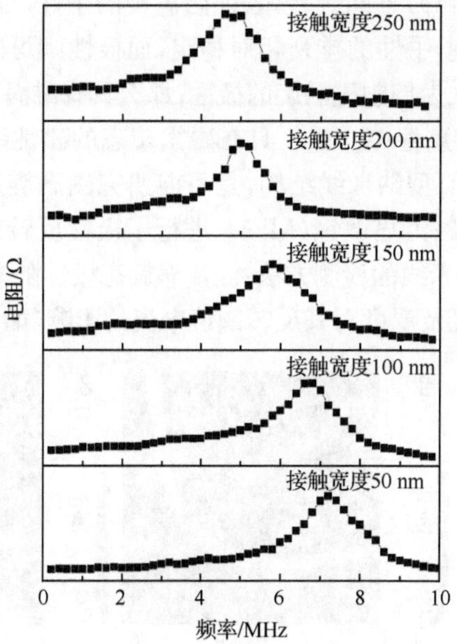

图 11.14　因瓦合金不同宽度纳米点接触的交流电阻曲线

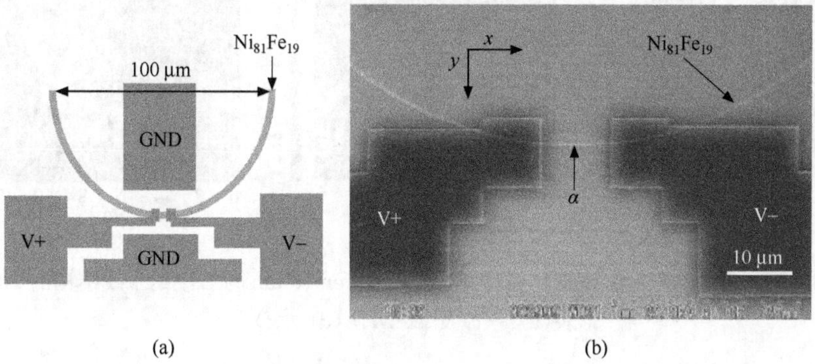

图 11.15　(a)用于测量单磁畴壁的半圆环结构示意图;(b)半圆环结构的 SEM 照片[30]

目前关于自旋极化电流引起畴壁运动的研究,理论领先于实验。而通过微纳加工技术实现的纳米结构帮助我们得到了单个畴壁,能够更清晰地反映自旋极化电流引起畴壁移动的相关物理信息,这为实验研究提供很多新的思路。

近年来,一种新型的纳米磁结构——涡旋态,引起了研究者们的广泛关注。由于这一结构中交换耦合相互作用和磁偶极相互作用的竞争,形成一种稳定非均匀磁矩分布状态。涡旋态是由面内呈圆形旋转的磁矩和涡旋核组成。涡旋核区域磁矩方向沿垂直膜面向上或向下,其磁矩指向用于表征磁涡旋极性,涡旋核外围区域的磁矩在膜面内沿逆时针(或顺时针)方向旋转,表征磁涡旋的手性。涡旋态的手性与极性相互独立,并没有相互影响,手性的排列相对稳定,而极性则可以通过磁场或电流进行反转。因此,如果能够人为控制磁涡旋的极性,那么具有磁涡旋态的磁性纳米结构可能成为一个理想的磁信息存储介质。具有磁涡旋态的磁性纳米结构有圆盘形和纳米线结构[31,32],特别是L型纳米线结构,是目前研究磁涡旋态的主要纳米结构。磁涡旋态的检测主要利用磁力显微镜(MFM)进行了极性反转前后的表征,最近,人们研究了一种基于L型纳米线的检测方法:测量涡旋态极性随电流反转的特性,并研究了纳米线宽度、曲率半径及温度对其反转阈值电流的影响(如图11.16所示)[27]。

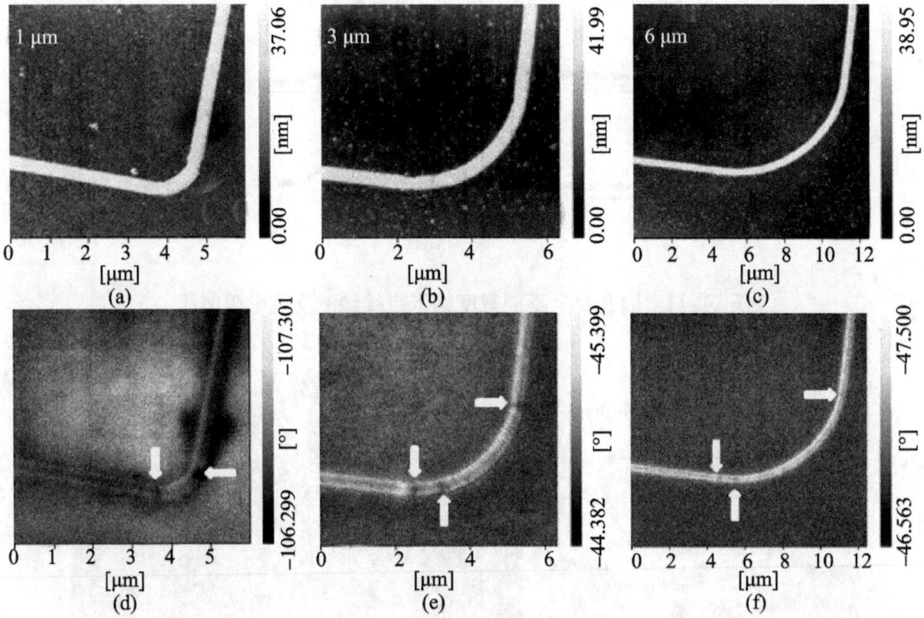

图11.16 宽为200 nm,曲率半径分别为1 μm、3 μm、6 μm的L型纳米线结构的AFM形貌(a)～(c)及MFM图(d)～(f)[27]

11.2 磁存储与磁逻辑电路

信息技术及其产业的兴起与蓬勃发展给人类社会带来巨大的变革,被称为"第三次工业革命"。用磁性材料制作的存储器件是现今信息器件与电路的最基本单元。随着纳米技术的发展，磁性材料纳米器件所表现的优异特性可以使我们得到更快的信息处理速度和更高的信息存储密度，导致自旋电子学的加速发展。自旋电子学的目的就是用电子的不同自旋作为信息的载体，是在以电荷为信息载体的基础上增加了一个维度用来处理信息，这对整个信息产业的发展具有深远的意义。

自旋电子器件不仅在信息存储方面占有优势，而且在逻辑信号处理方面也具有诱人的应用前景。现今，自旋逻辑器件有两个发展方向：一是磁性半导体自旋逻辑器件，另一个是磁性金属自旋逻辑器件。半导体材料中的载流子浓度比较低，难以得到很高的电流密度，多数情况要求在较低的温度工作，而且需要利用磁光克尔(magneto-optical Kerr)显微镜或磁力显微镜作为探测工具。2003 年 Koch 等提出一种利用多层金属薄膜组成的磁隧道结(MTJ)来实现逻辑操作的器件模型[33]，如图 11.17 所示。薄膜中的磁化方向表示逻辑符号，通过磁隧道结上面的多层薄膜

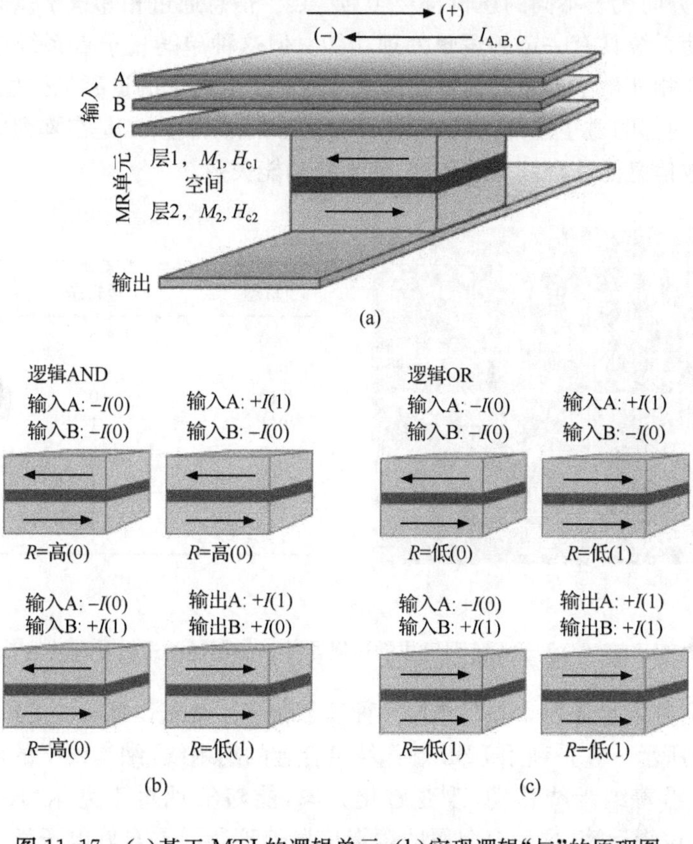

图 11.17　(a)基于 MTJ 的逻辑单元；(b)实现逻辑“与”的原理图；(c)实现逻辑“或”的原理图[33]

控制下面薄膜的磁化状态,实现逻辑“与”和逻辑“或”的功能。但是要实现这种器件要求材料的磁电阻非常高,因而至今仍无法在实验上很好地实现。2004 年 Ohno 等利用铁磁半导体材料制作的微纳结构,在脉冲电场作用下电阻显示出周期振荡的特性,可以用来制作开关装置,只是必须在 83 K 的环境温度中工作[34]。由于半导体自旋器件要求复杂的工作条件,从而限制了其进一步的研究和应用,而用磁性金属制作的全金属自旋逻辑器件所显现出来的优异性质越来越被关注。首先,由于金属的电阻比半导体小几个数量级,能大幅度地减小电路本身的能量损耗,更有利于电信号的传输,并且有很高的集成度;其次,磁性金属器件大部分都可以在室温下工作,具有广泛的应用前景。

为此,人们设计并制作出一种由量子点阵列组成的体系[35],具有一定的逻辑运算功能,如图 11.18 所示。它是利用 EBL 技术在坡莫合金上制作出一系列椭圆形的量子点结构,每个量子点上只有一个磁畴,即一个量子点具有一个磁化方向,不同的磁化方向代表不同的逻辑符号“0”或“1”。信息通过相邻量子点间磁化感应向前传递,使系统具有一定的逻辑处理功能。但这种单畴量子点系统存在两个主要问题:一是相邻量子点之间的静磁场通常比量子点内部的退磁场强度小,这样会造成量子点内部的磁矩混乱,无法保证逻辑信号的准确性;二是在阵列中一旦出现缺陷,会造成信息无法继续向前传递,使系统功能失效。

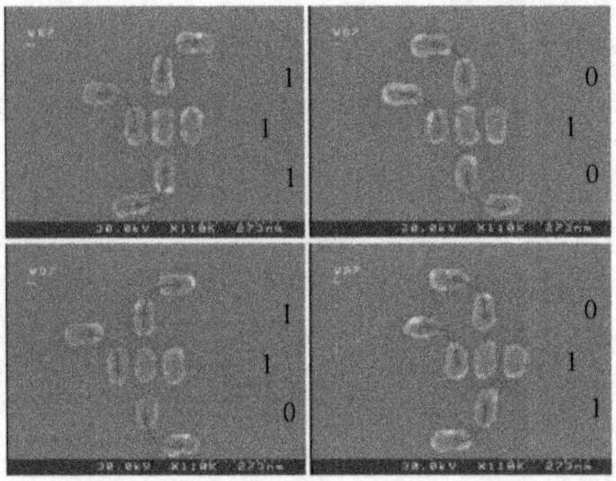

(a)

输入磁铁逻辑态	中心磁铁逻辑态	输出磁铁逻辑态
000	0	1
001	0	1
010	0	1
011	1	0
100	0	1
101	1	0
110	1	0
111	1	0

(b)

图 11.18　(a)量子点阵列组成的逻辑器件;(b)器件的逻辑处理功能[35]

此外,研究人员还设计并制作出一种基于畴壁运动磁化翻转的逻辑器件[36,37],如图 11.19 所示。它是利用 EBL 制作坡莫合金的纳米线,纳米线中的畴壁在外加磁场驱动下沿着纳米线移动,改变磁化方向,能够实现对于克尔(Kerr)磁信号(MOKE)的逻辑运算,这种全金属的逻辑信息处理器件是自旋电子学向应用方向发展的一个新思路。但是这种结构需要用磁力显微镜的磁场作为驱动信号,并且用磁光克尔显微镜来探测信号。

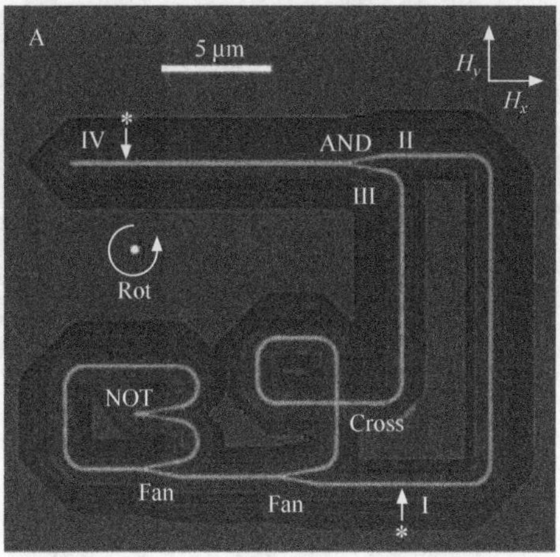

图 11.19　基于畴壁运动的纳米逻辑器件[36]

以上分析可以看出，这些自旋逻辑器件有电驱动磁检测，或者磁驱动电检测，或者磁驱动光检测，都不能直接得到应用。而自旋极化电流诱导磁化翻转这一效应，打开了磁场与电场之间的联系通道。不用外加磁场就能实现磁化翻转，可以避免磁场对于信号的额外影响，增强信息的可靠性。另外现今的信息技术都是建立在处理电信号的基础上，所以发展这种电流驱动的磁逻辑器件对自旋电子学在信息领域的应用具有重要意义。

为了使自旋电子器件与现今的 CMOS 电路相兼容，就必须实现自旋信号与电信号之间的相互转换。由于电流可以在无外加磁场的条件下控制纳米点接触的电阻，这种效应正是一座连通两个领域的桥梁。为此，人们采用 EBL 工艺制备了因瓦(Invar)合金纳米点接触结构，发现当纳米点接触的宽度小于 300 nm 时，磁畴可以在纳米点接触处钉扎并可通过极化电流使其位移，从而引起纳米点接触的电阻变化，即形成畴壁磁电阻(DWMR)，如图 11.20 所示。在这一结构中，DWMR 随着接触宽度的增加而降低，但临界电流密度为一常数。另外，还可以将具有不同宽度的多个纳米点接触结构串行起来，可通过增加极化电流依次使磁畴移动。然而对于具有相同宽度的多个点接触的串行结构，磁畴则是同时被推走的，因而可获得较大的 DWMR[38]。

利用上述现象，可以设计并制作出基于畴壁运动引起点接触电阻变化的磁逻辑门电路。通过铁磁金属因瓦合金纳米点接触结构的设计和加工，人们在研究了电流驱动畴壁与纳米点接触电阻关系的基础上，设计并制作出基于畴壁运动的“非”“与非”“或非”等多种逻辑电路。图 11.21 给出了利用因瓦合金制作的各种磁逻辑门电路的 SEM 图。其中图 11.21(a)和(b)为“非”门电路及测试结果，输出信号一直随输入信号变化，实现稳定可靠的逻辑“非”操作。这种逻辑电路在室温条

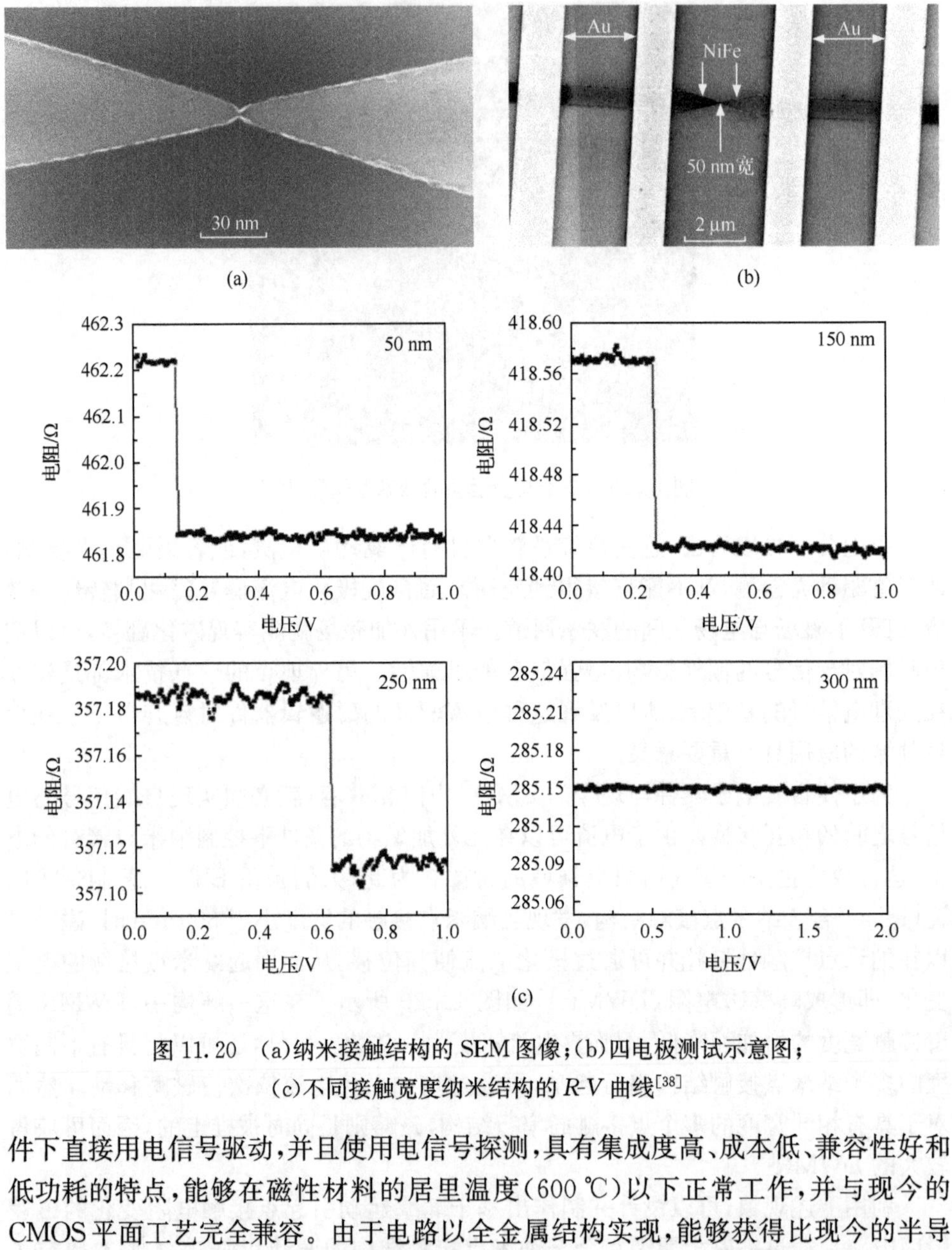

图 11.20　(a)纳米接触结构的 SEM 图像;(b)四电极测试示意图;(c)不同接触宽度纳米结构的 R-V 曲线[38]

件下直接用电信号驱动,并且使用电信号探测,具有集成度高、成本低、兼容性好和低功耗的特点,能够在磁性材料的居里温度(600 ℃)以下正常工作,并与现今的 CMOS 平面工艺完全兼容。由于电路以全金属结构实现,能够获得比现今的半导体电路更高的载流子密度和更细的线宽[23]。此外,有研究人员还利用纳秒长的自旋极化脉冲电流,成功实现了畴壁的连续产生、移动和探测,提出了利用自旋矩移动封闭空间磁畴来实现磁移位寄存器的概念,这为利用电流控制畴壁实现逻辑电路提供了可能[39]。

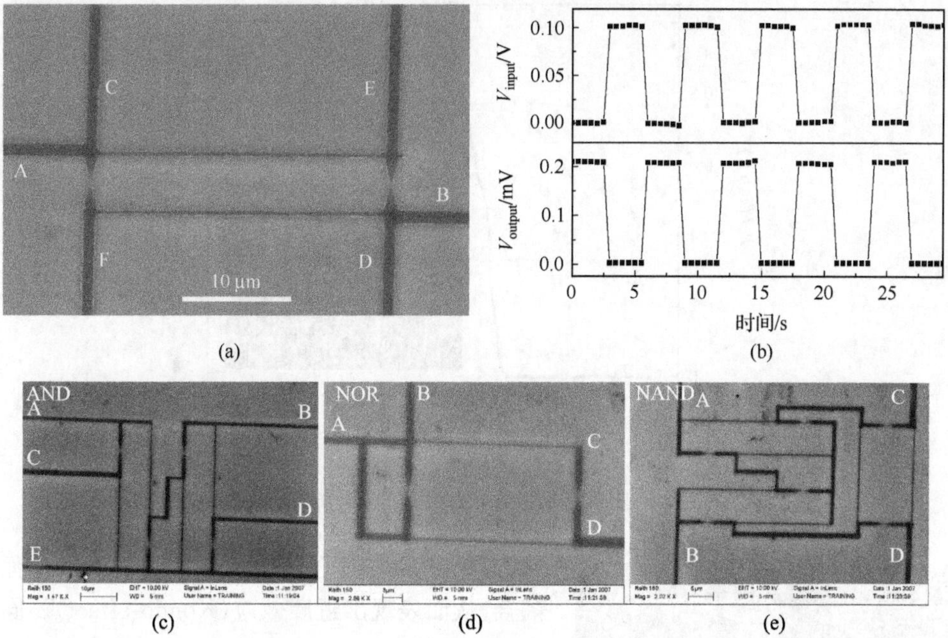

图 11.21　(a)全金属逻辑"非"门电路的 SEM 照片;(b)输入与输出特性;(c)逻辑与门电路(输入端 1:AE,输入端 2:BE,输出端:CD);(d)逻辑或非门电路(输入端 1:AD,输入端 2:BD,输出端:CD);(e)逻辑与非门电路(输入端 1:AD,输入端 2:BD,输出端:CD)[23]

11.3　其他磁性纳米结构和器件

利用微纳加工技术手段,人们很容易实现磁性纳米结构和器件的制备。因此,一些新颖的结果也纷纷呈现。如利用 FIB 化学气相沉积,在单一的 Co 与 Ni 纳米线上制备超导钨电极(如图 11.22 所示),磁学特性测试表明这些单晶纳米线具有铁磁特性,低温电学特性测试表明,长度为 600 nm 的 Co 与 Ni 铁磁纳米线具有零电阻超导特性,显示出显著的长程超导近邻效应(proximity effect)。对更长一些的纳米线的电学特性测量显示,纳米线具有不完全超导特性,并且在超导纳米电极的临界转变温度附近具有一电阻峰值,其阻值的变化量具有超导自旋三重态特性[40]。

量子点局域自旋与电子的耦合可以为我们理解相关的物理特性提供基本的模型,人们已研究了量子点与普通金属及超导体的耦合,但由于很难获得较高的量子点与磁性材料的耦合,所以对于量子点与磁性材料的近藤效应还较少报道。为此,人们利用 EBL 及电迁移方法制作出纳米级缝隙的 Ni 电极结构(如图 11.23所示),并将 C_{60}分子嵌入该缝隙,通过对 C_{60}分子与相接触的铁磁 Ni 电极的隧穿特性测

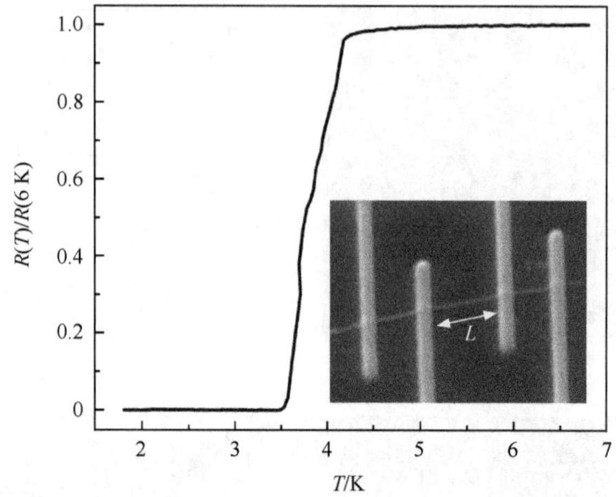

图 11.22　FIB 生长的钨超导纳米电极和 Co 纳米线的超电导性[40]

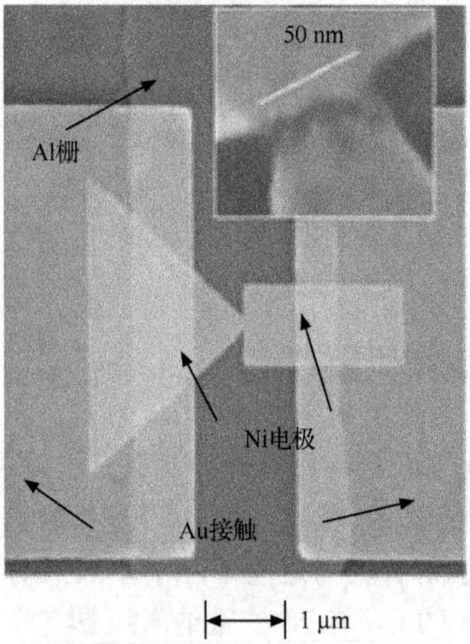

图 11.23　纳米级 Ni 缝隙电极结构的 SEM 照片(右上角插图为 Ni 缝隙的局部放大图)[41]

量,证明了 C_{60} 分子可以与 Ni 铁磁电极产生强耦合,从而表现出近藤效应(Kondo effect)。同时,因为近藤效应的影响,在该体系中还发现了非常大的负磁阻特性[41]。

我们知道,磁场可以控制等离激元的传播,从而使有源等离子体器件成为可能。但利用磁场控制可见光波段贵金属基的等离激元需要很大的磁场,从而限制了该器件的实际应用。研究人员采用金属-铁磁三层膜结构(Au/Co/Au),利用 FIB 技术在上面制作了槽形结构,并用等离子体微干涉显微镜研究了外磁场对产生的等离激元传播的控制,由于铁磁层的存在,在很弱的磁场下就可以实现等离激元传播的控制,并且该方法可以实现电磁场在金属中分布的测量,其测量的分辨率可以达到纳米量级[42]。

在相对低的磁场下获得高的磁电阻一直是人们感兴趣的研究目标,特别是对氧化物的非本征磁电阻的研究,对实现高密度信息存储具有重要的应用价值。通过结合 FIB 刻蚀和离子注入技术,人们发展了一种简单有效的在氧化物薄膜上获得高磁电阻的方法,在 230 K 和 5 T 磁场下磁电阻为 60%,70 K 达到的最大值为 95%[43]。在有机纳米材料方面,导电聚合物由于具有特殊的电学性质而引起人们的广泛关注，研究人员利用自组装方法合成出聚吡咯纳米管，采用 FIB 辅助沉积制作纳米电极，研究了单根导电聚合物纳米管的电导和磁阻特性，观察到随温度与磁场改变的正负磁阻变化的新奇物性[44]。

当纳米超导体的尺寸与其物理特征尺寸相比拟时，其超导特性，包括超导相界、磁阻以及与磁场相关的临界电流等均与其拓扑结构密切相关。研究人员利用紫外曝光与干法刻蚀技术，在 Nb/SiO_2/Si 上制备了具有反点阵矩形阵列的超导纳米结构(如图 11.24 所示)。输运特性测试观察到磁电阻振荡经历了一系列的模式变化：集体振荡、间隙磁通格子引起的振荡及环状边缘超导态的 Little-Parks 振荡，它们之间的转变磁场受到温度和几何结构的影响，这表明当磁场渗透到纳米结构的超导体中，超导有序参数可以得到极大的调制并改变结构中的振荡模式[45]。

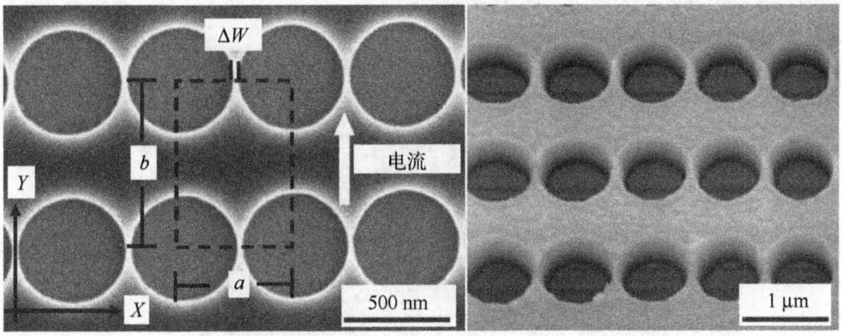

(a)　(b)

图 11.24　反点阵矩形阵列结构的 SEM(a)和 AFM 照片(b)[45]

磁性隧道结是含有绝缘体或半导体非磁层的磁性多层膜。它在横跨绝缘层的电场作用下，其隧道电流和隧道电阻依赖于两个铁磁层磁化强度的相对取向。当此相对取向在外磁场的作用下发生改变时，可观测到磁电阻在高阻态和低阻态间的转换。这种由磁隧道结构成的器件多用于硬盘的读取磁头和磁性的随机存储器。以往的隧道磁阻器件都是由两种磁性金属组成的，而且实验上大都是由铁磁金属来控制磁阻信号。研究人员通过高真空射频溅射制备出 NiFe/IrMn/MgO/Pt 多层膜堆栈结构，利用反铁磁材料控制信号，得到了一种对低场敏感，可通过自旋轨道耦合感应的各向异性磁输运器件。该器件利用 50 mT 左右的外加磁场将 NiFe 薄膜中的铁磁矩反转，同时通过交换弹簧效应(exchange spring effect)，在反铁磁薄膜 IrMn 中感应出反铁磁矩的转动，获得了超过 100%的类自旋阀的磁阻信号[46]。此外，人们还利用 EBL 结合 FIB 制作了一个纳米磁隧道结，在外加一定磁场的情况下，对隧道结施加一个小的射频交变电流，当频率与自旋-转矩效应产生的自旋振荡发生共振时，可以在器件两端产生直流电压。这一行为与传统半导体二极管有显著差别，它可能成为在通讯电路中制作纳米级射频探测器的基础[47]。

如何有效地观测自旋翻转的长度也是自旋电子学中的一个非常重要的基本问题。采用紫外曝光和反应离子刻蚀,人们发展出一种利用纳米尺度的自旋电子器件有效观测自旋翻转长度可达微米量级的新方法。通过比较用同种材料和相同工艺制备出的高单势垒和双势垒隧道结的隧穿磁电阻来有效获取自旋翻转的信息,发现在 4.2 K 温度下,位于双势垒隧道结两个双势垒层中间的厚度小于 1 nm 的超薄 Cu 层中,电子自旋翻转的长度可达到 1～2 μm,这个自旋翻转的长度比 Cu 层本身厚度要大千倍以上[48]。但在一般的结构中,电流都是注入在磁性薄膜面内的,这种方式的转化效率很低。为了提高转化效率,人们设计了一种 MgO 基三明治结构的磁性隧道结(如图 11.25 所示),通过电流的垂直注入,控制磁性隧道结中平面电极中的磁畴壁运动,这证实了面间的自旋扭矩对畴壁运动的主要作用,可以利用低电流密度获得了较大的隧道磁阻信号[49]。

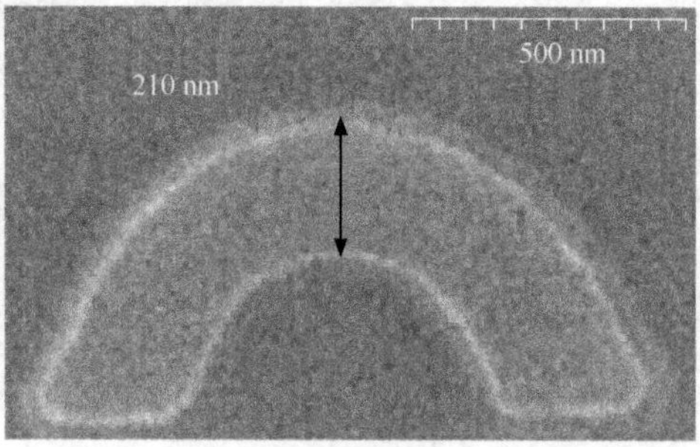

图 11.25 隧道结的 SEM 照片[49]

参考文献

[1] Levenson M D. Phys. Today,1993,7: 28.
[2] Chiba D,Sato Y,Kita T,et al. Phys. Rev. Lett. ,2004,93: 216602.
[3] Huai Y,Albert F,Nguyen P,et al. Appl. Rev. Lett. ,2004,84:3118.
[4] Labaye Y,Berger L,Coey J M D. J. Appl. Phys. ,2002,91: 5341.
[5] Lepadatu S,Xu Y B. Phys. Rev. Lett. ,2004,92: 127201.
[6] Viret M,Vanhaverbeke A,Ott F,et al. Phys. Rev. B,2005,72: 140403.
[7] Vanhaverbeke A,Viret M. Phys. Rev. B,2007,75: 024411.
[8] Lepadatu S,Xu Y B,Ahmad E. J. Appl. Phys. ,2005,97:10C711.
[9] Viret M,Berger S,Gabureac M,et al. Phys. Rev. B,2002,66: 220401.
[10] García N,Muñoz M,Zhao Y W,et al. Phys. Rev. Lett. ,1999,82: 2923.
[11] Miyake K. J. Appl. Phys. ,2005,97: 014309.
[12] Tang H X,Masmanidis S,Kawakami R K,et al. Nature,2004,431: 52.
[13] Hassel C,Brands M,Lo F Y,et al. Phys. Rev. Lett. ,2006,97: 226805.
[14]Yao Z N, Yang H F, Li J J, et al. J. Magn. Magn. Mater., 2013, 342: 1.
[15] Wu H C,Abid M,Chun B S,et al. Nano Lett. ,2010,10: 1132.

[16] Slonczewski J C. J. Magn. Mater. ,1996,159：1.
[17] Berger L. Phys. Rev. B,1996,54：9353.
[18] Tsoi M,Jansen A G M,Bass J. Phys. Rev. Lett. ,1998,80：4281.
[19] Katine J A,Albert F J,Buuhrman R A. Phys. Rev. Lett. ,2000,84：3149.
[20] Berger L. J. Appl. Phys. ,1984,57：1266.
[21] Freitas P P,Berger L. J. Appl. Phys. ,1985,57:1266.
[22] Gan L,Chung S H,Aschenbach K H,et al. IEEE Trans. Magn. ,2000,36：3047.
[23] Xu P,Xia K,Gu C Z,et al. Nat. Nanotechnol. ,2008,3：97.
[24] Xu P,Xia K,Yang H F,et al. Nanotechnology,2007,18：295403.
[25] Thomas L,Hayashi M,Jiang X,et al. Nature,2006,443：197.
[26] 姚宗妮. 磁性金属纳米结构中畴壁的钉扎与动力学研究. 北京:中国科学院物理研究所,2013.
[27] Thomas L,Hayashi M,Jiang X,et al. Science,2007,315：1553.
[28] Hayashi M,Thomas L,Rettner C,et al. Nat. Phys. ,2007,3：21.
[29] Kläui M, Jubert P O, Allenspach R, et al. Phys. Rev. Lett. , 2005, 95：026601.
[30] Saitoh E,Miyajima H,Yamaoka T,et al. Nature,2004,432：203.
[31] Ding A, Will I, Lu C. IEEE Trans. Magn. , 2012, 48：2304.
[32] Lepadatu S, Mihai A P, Claydon J S, et al. J. Phys. Condens. Matter, 2012, 24:024210.
[33] Ney A,Pampuch C,Koch R,et al. Nature,2003,425：485.
[34] Yamanouchi M,Chiba D,Matsukura F,et al. Nature,2004,428：539.
[35] Imre A,Csaba G,Ji L,et al. Science,2006,311：205.
[36] Allwood D A,Xiong G,Faulkner C C,et al. Science,2005,309:1688.
[37] Allwood D A,Xiong G,Cooke M D,et al. Science,2002,296：2003.
[38] Gu C Z,Xu P,Yang H F,et al. Microelectron. Eng. ,2010,87：1603.
[39] Hayashi M,Thomas L,Moriya R,et al. Science,2008,320：209.
[40] Wang J,Singh M,Tian M L,et al. Nat. Phys. ,2010,6：389.
[41] Pasupathy A N,Bialczak R C,Martinek J,et al. Science,2004,306：86.
[42] Temnov V V,Armelles G,Woggon U,et al. Nat. Photonics,2010,4：107.
[43] Zhang M J,Li J,Peng Z H,et al. J. Appl. Phys. ,2006,99：116102.
[44] Long Y Z,Chen Z J,Shen J Y,et al. Nanotechnology,2006,17：5903.
[45] Zhang W J,He S K,Liu H F,et al. EPL,2012,99：37006.
[46] Park B G,Wunderlich J,Marti X,et al. Nat. Mater. ,2011,10：347.
[47] Tulapurkar A A,Suzuki Y,Fukushima A,et al. Nature,2005,438：339.
[48] Zeng Z M,Feng J F,Wang Y,et al. Phys. Rev. Lett. ,2006,97：106605.
[49] Chanthbouala A,Matsumoto R,Grollier J,et al. Nat. Phys. ,2011,7：626.

习　题

如何利用微纳加工技术研究纳米尺度磁畴壁动力学并设计磁存储和磁逻辑器件?

第12章　微纳加工在其他领域的应用

除了上面介绍的电、光和磁学领域的应用，微纳加工技术在物理学的其他领域和与物理学相关的交叉学科领域也具有非常广泛的应用。

12.1　纳机电系统中的应用

微机电系统(micro electro-mechanical system, MEMS)是指可批量制作的，集微型机构、微型传感器、微型执行器以及信号处理和控制电路，直至接口、通信和电源等于一体的微型器件或系统，具有体积小、重量轻、功耗低、耐用性好、价格低廉和性能稳定等优点。微机电系统进一步向小型化方向发展，离不开纳米加工技术，当其特征尺寸达到纳米尺度，即为纳机电系统(nano electro-mechanical system, NEMS)。此时，一些新的效应如尺度效应、表面效应等凸显出来，因此NEMS的工作原理及特性可能与MEMS有根本性的不同。下面重点介绍与微纳加工联系密切的采用碳基和半导体纳米材料与结构的NEMS。

12.1.1　碳基纳机电系统

碳纳米管具有质量小、体积模量大、机械和电学性能可调控的特点，在纳机电系统的应用中能够赋予其极高的频率和品质因子。如图12.1中的纳机电开关，就是由一根悬浮的多壁碳纳米管和一对自排列电极构成的。这种基于单根碳纳米管的纳机电系统的制作需要利用EBL、金属薄膜沉积等多种工艺。电测量显示通过门电压改变影响悬浮碳纳米管和自排列电极之间的静电力可以实现很好的开关特性，开启电压约为3.6 V[1]。而利用EBL方法还可以制作出单壁碳纳米管的纳机电器件，如图12.2所示。在这一器件中，通过调节背栅电压驱动支撑于单壁碳纳米管上的金属转子偏转，从而使纳米管产生扭转应变，同时测量其电输运性质的变化[2]。在这里，单壁碳纳米管对扭转应变呈现两种类型的机电响应，对于金属性的和部分半导体性的纳米管，扭转应变会产生或增大带隙，对于其余半导体性纳米管，扭转应变使得带隙减小。此外，将碳纳米管生长在具有沟槽及金属电极接触的结构上，可以形成双端固定的悬臂梁结构(如图12.3所示)。由于碳纳米管的两端与Pt均为肖特基接触，电子被限制在碳纳米管悬空部分并形成量子点。利用天线周期性射频激发碳纳米管运动，人们发现单电子电荷的涨落可对碳纳米管的谐振频率进行调制[3]。近年来，研究人员一直尝试制作更加小型化的机电器件，其尺度的最终极限可能是一个原子厚度，而石墨烯就是这样一种理想的材料。为此，有人利用 EBL、化学气相沉积和湿法腐蚀技术制作出 SiO_2 沟槽，并将单层和多层石墨烯分别置于沟槽上实现了石墨谐振器(如图 12.4 所示)[4]。

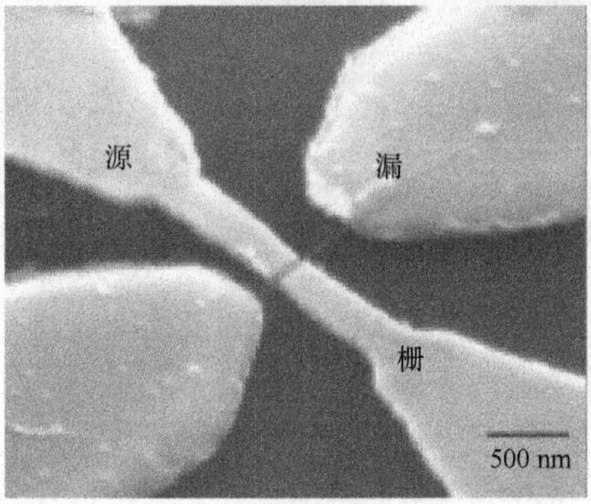

图 12.1　具有三极结构的纳机电开关[1]

图 12.2　单壁碳纳米管扭转纳机电系统[2]

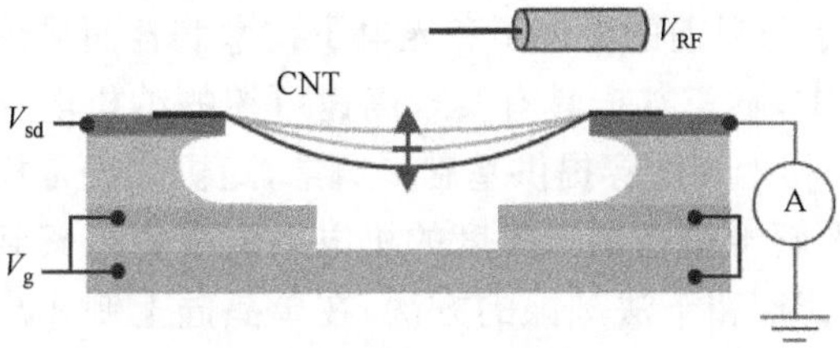

图 12.3　量子点纳米管谐振器[3]

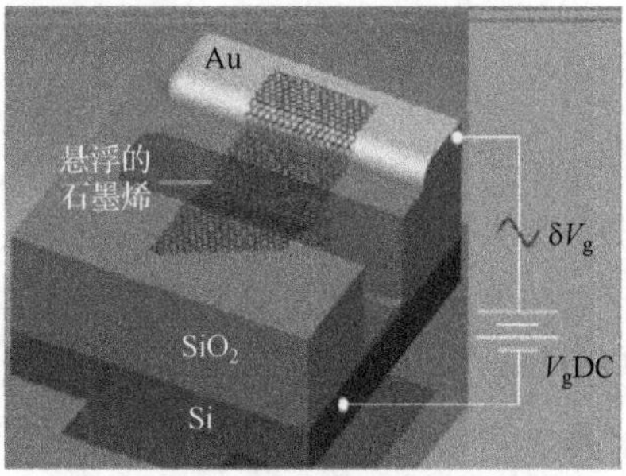

图 12.4　SiO_2 沟槽上的石墨谐振器[4]

此外，还有人通过多种微纳加工技术，用单根多壁碳纳米管作为转轴，制作出纳机电旋转执行器，根据所施加的静电力和转子的旋转角度可以计算出多壁碳纳米管的剪切模量[5]；用多壁碳纳米管作为扭力弹簧，制作出悬浮的纳米力学器件，通过原子力显微镜的针尖触压连接在纳米管上的“小桨”使之扭转，根据所施加的力和扭转的角度可以计算出碳纳米管的剪切模量[6]。

利用具有优异物理性质的金刚石研制高性能 MEMS 器件的工作越来越引起人们的关注，因此快速、高精度的金刚石微纳米结构加工技术成为研究的热点。研究人员基于反应离子刻蚀方法，采用 Al/SiO_2 作为掩模，刻蚀单晶金刚石，实现了 30 μm/h 的刻蚀速率，刻蚀选择比达 1∶50，刻蚀的侧壁角度范围在 82°～93°，表面粗糙度均方根小于 200 nm(如图 12.5 所示)[7]。

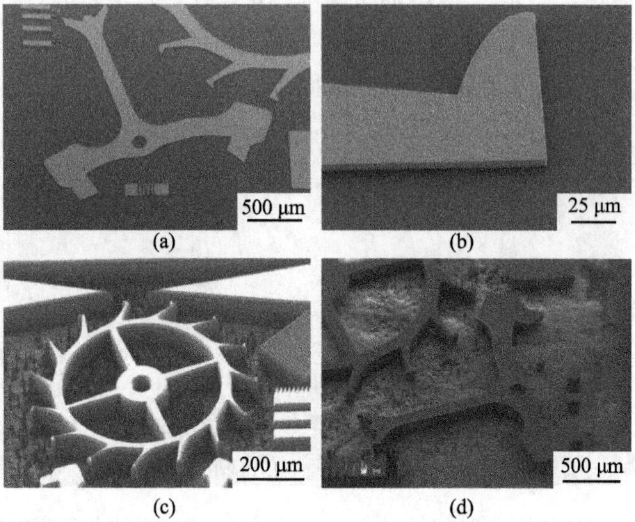

图 12.5　刻蚀制备的金刚石 MEMS结构[7]

12.1.2　半导体基纳机电系统

基于半导体材料的纳机电系统由于与目前的微电子和光电子技术兼容而呈现出吸引人的应用前景。在纳机电系统中,随机共振具有实现高速可控的纳机电存储器单元的功能,并可为探索宏观量子相干和隧穿提供基础。通常,随机共振是指噪声导致响应信号产生的相干放大,人们希望在纳米尺度的机电系统中能观察到随机共振现象。为此,研究人员利用 EBL 和干法刻蚀的方法,在单晶硅上制作出两端固定的纳米机械横梁(如图 12.6 所示),它在射频电源的驱动下产生横向振荡,调制信号的引入使得横梁在双稳态间可控地转换,加入噪声后观察到了信号强度明显放大[8]。此外,耦合纳机电系统谐振器能够极大地改进目前基于谐振器的纳机电系统器件的性能[9],有人采用 EBL 和湿法腐蚀技术,在单晶硅上制备出了一个 20×20 的耦合平板型纳机电谐振器阵列(如图 12.7 所示),并通过点激光器和干涉动量探测装置研究了谐振器阵列的集体模式,发现缺陷引起的局域化对弹性波传播有限制作用。

除了硅材料,其他半导体材料的纳米结构也在纳机电系统中发挥了重要作用。如将 GaAs 悬臂梁嵌入到二极管中构成的纳机电系统(如图 12.8 所示),对其压电特性进行测量的结果显示,可以通过改变压电器件损耗层的宽度来控制压电效率,也可以通过电压诱导来控制共振频率,这种结构可以有效地提高材料的电学和机械特性[10]。我们知道,具有高温下稳定工作能力的逻辑电路能解决目前电子器件中昂贵的热沉与热控制问题,具有广泛的应用与迫切的需求。传统的金属氧化物

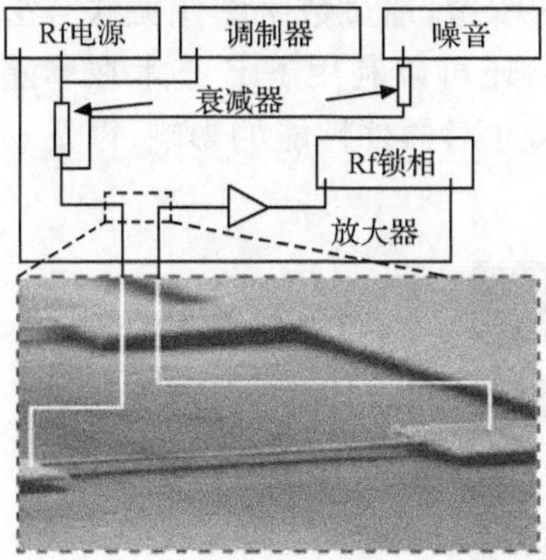

图 12.6　双稳态纳米机械振荡器的结构及测试电路[8]

图 12.7　耦合纳机电谐振器[9]

半导体器件中，在高温下热激发的本征载流子数目会超过掺杂的载流子数，造成严重的 p-n 结以及热电离漏电，致使器件失效。为此，人们使用具有高温稳定性的宽带隙 SiC 材料，制备出可在 500℃高温工作的纳机电系统（如图 12.9 所示）。采用互补型金属氧化物半导体（complementary metal-oxide-semiconductor，CMOS）器件结构，实现了全机械反相器[11]。测试表明，反相器工作电压为±6 V，工作频率为 500 kHz，在 25℃与 500℃的温度下，可分别进行大于 21 亿次与 2 亿次的可靠的开关运算，截止态时的漏电低于 10 fA，具有比目前的高温器件大为缩小的器件面积、工作电压与静态功耗。

图 12.8　悬臂梁结构的压电纳机电系统[10]

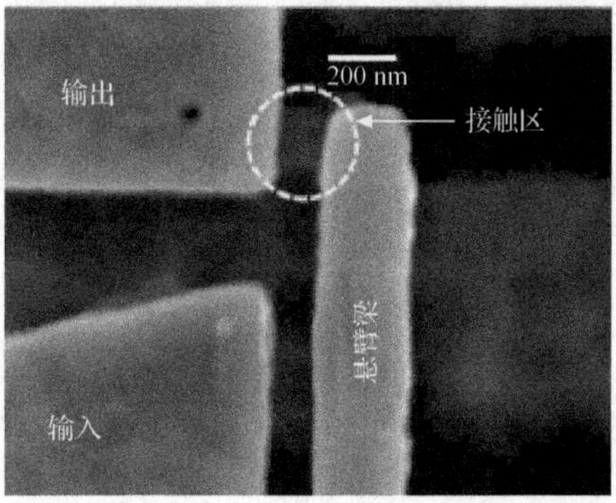

图 12.9　SiC 反相器结构[11]

随着器件与电路的小型化，微纳结构和微纳器件的力学行为引起了研究者的兴趣。要理解这些结构与器件的力学行为，必须发展具有纳米灵敏度和分辨率的形变测量技术。为此，人们发展了一种微标记识别方法用于测量微纳结构的形变，即利用 FIB 在微/纳机电系统的悬臂梁上刻蚀纳米标记阵列（如图 12.10 所示），在电子显微镜中观察器件运动过程中微纳标记阵列的图像,通过数字图像关联方法可获得微纳结构和微纳器件的形变信息[12]。此外,还可以利用 FIB 技术在非晶 SiC 悬臂梁上制备 Moire 光栅阵列,用于研究光栅尺寸对器件性能的影响,以及器件在不同测试温度下的性能稳定性[13]。

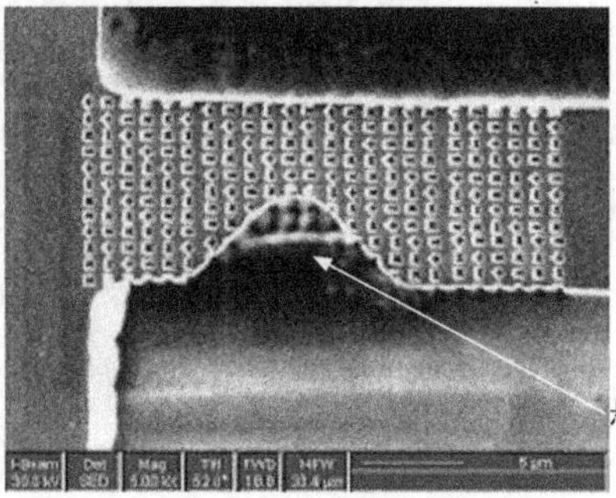

图 12.10 利用 FIB 在悬臂梁端部制作的纳米标记阵列[12]

12.2 纳米生物中的应用

纳米生物学是从纳米尺度研究生物分子的精细结构及与功能的联系,并以对生物分子的操纵和改性为目的。在纳米生物研究方面,利用微纳加工技术制作的生物大分子和 DNA 探测器,对在生物活性环境下研究样品的空间结构、动态变化、生化特性等生物学特性发挥了重要作用。由于不需要对生物样品进行化学修饰、表面吸附、标定物插入等有可能影响样品环境的前期处理,这一技术具有多方面的优越性。

利用微纳加工技术中自上而下的方法制作生物芯片在生物学中具有革命性的意义,这种器件不仅可以对单个 DNA 进行逐个的检测和分离,而且还很有希望实现单分子量级的排列。目前,虽然许多自上而下的方法制作的生物器件可以将 DNA 分子限制在 5～200 nm 的范围内,但是所形成的这些限制被认为会改变 DNA 分子的静态力学和布朗动力学特性。为解决这一难题,研究人员将纳米压印与 EBL 技术结合,在熔融石英衬底上制作出了不同宽度(30～400 nm)的纳米通道(如图 12.11 所示),然后采用石英-石英键合的方法实现通道密封,进而对在密封通道中受限的单个 DNA 分子的静力学与动力学特性进行研究[14]。

应用于 DNA 测序中的高通量技术为人类基因组以及个体或者群体基因序列变化提供了非常有用的信息,但高昂的检测成本成为了该技术应用的巨大阻碍。利用微纳加工技术制作的纳米孔来检测 DNA 序列,能使检测成本得到控制。为此,人们利用 FIB 技术结合离子轰击修饰制备出直径 1 nm 的纳米孔,并用于 DNA 的检测[15]。结果证实了在利用纳米孔检测 DNA 序列中使用周期性变化电场的可行性。此外，在 DNA 单链分子的检测和操纵中，纳流体沟道的加工也受到人们极大的关注，有人利用纳米压印制备出纳米沟槽（如图 12.12 所示），然后采用超快激光脉冲，通过自我限制的热氧化过程熔融沟道，将尺寸缩小至 9 nm[16]，结果证实单链的生物大分子能够在这种沟道阵列中得到完全伸展。另一方面，纳米孔在处理和分析单分子级别的二元聚合物方面也具有直接而独特的优点，如对于 FIB 和氩离子轰击技术制备出的孔径小于 2 nm 的纳米孔，可以利用高频电信号测量来研究不同长度和不同序列的 DNA 双螺旋结构[17]。可见，纳米孔结构在生物物理研究及生物器件应用方面前景广阔，但如何稳定地加工出孔径一致的纳米孔一直是人们关心的问题。在利用 FIB 加工纳米孔的研究中，人们对刻蚀条件（如离子束束流与剂量、支撑膜的厚度等）对纳米孔洞的尺寸与形貌的作用规律进行了大量的实验工作，并结合其他纳米加工方法，已成功制备实现了直径可控的纳米孔阵列[18]，为制备纳米生物探测器提供了实验基础。

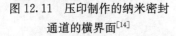

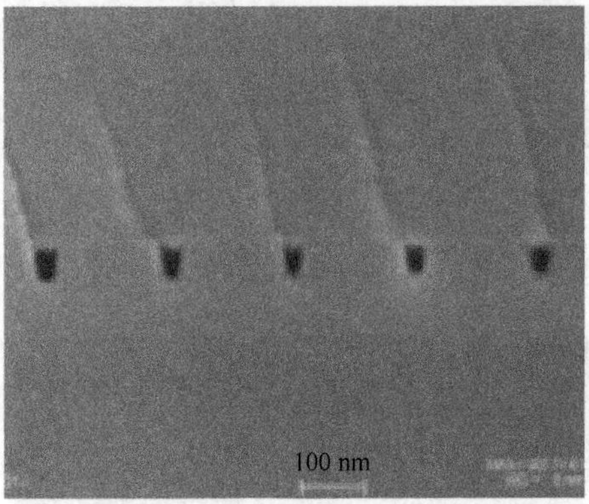

图 12.11　压印制作的纳米密封通道的横界面[14]

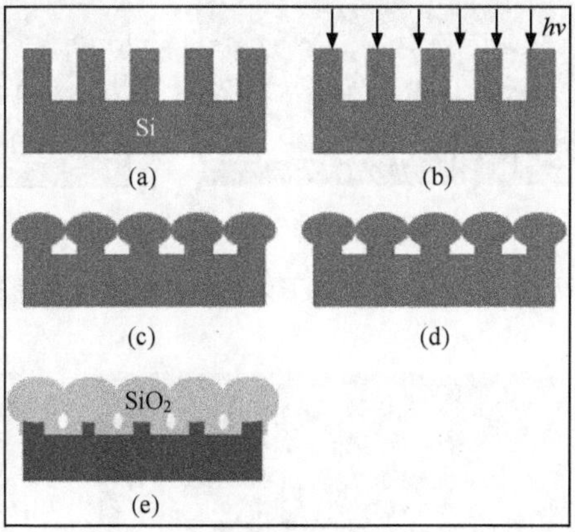

图 12.12　利用纳米压印制备的纳米沟槽[16]

微纳加工制作的微纳流体通道在生物物理和生物化学研究领域是一个重要的工具。同封闭的通道相比，一个开放的微纳流体通道具有明显的优势，有利于获得更丰富的生物分子信息。为此，研究人员利用 FIB 技术，在氮化硅绝缘衬底上制作出开放的纳米通道（如图 12.13 所示），采用原子力显微镜非接触测量方法[19]，研究了 DNA 溶液在微流通道中的形态。发现在 DNA 溶液表面下 15 nm 深度的位置，出现一个均匀的纳米沟，这一现象与靠近溶液表面的近邻 DNA 分子的展开相关。另一方面，微纳流体通道还可与光镊结合来操控生物分子。我们知道，光镊对于数微米至百纳米尺寸的微观物质是一种非常有用的操作工具。但是由于衍射极限的限制，对于百纳米以下的微观物质很难进行光操纵。利用 EBL 制备的一系列 80～120 nm 宽的亚波长尺寸的狭缝波导（如图 12.14 所示），能够成功地对100 nm以下的纳米颗粒以及生物 DNA 分子实现光操纵[20]。利用这一器件可以自如地“抓住”或“释放”在狭缝相应位置的纳米颗粒。同样,微纳流体通道尺寸的调控也是人们一直关注的问题,有人使用纳米压印聚二甲基硅氧烷的方法制备出可以方便调节纳米通道截面尺寸的纳流体系统,用于调节筛分和诱捕纳米颗粒,动态操作单分子 DNA 结构,并可原位捕捉活性纳米聚合物结构[21,22]。此外,研究人员还通过微纳加工方法制作出金属纳米间隙结构,利用核苷酸分子穿过间距大约为 1 nm 的两块 Au 电极间隙时相互耦合所产生的隧穿电流来检测核苷酸的通过,并通过隧穿电流峰值的统计高斯分布的差异来判断不同的碱基,从而识别单个核苷酸(如图 12.15 所示)[23]。

(a)

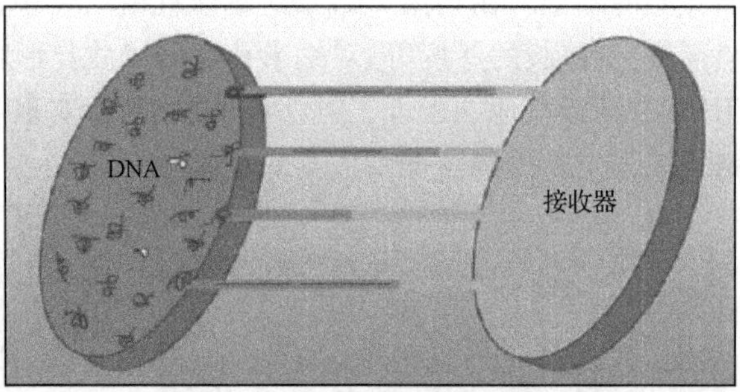

(b)

图 12.13 (a)聚焦离子束制作的纳米流体通道;(b)DNA 分子沿纳米通道传输的示意图[19]

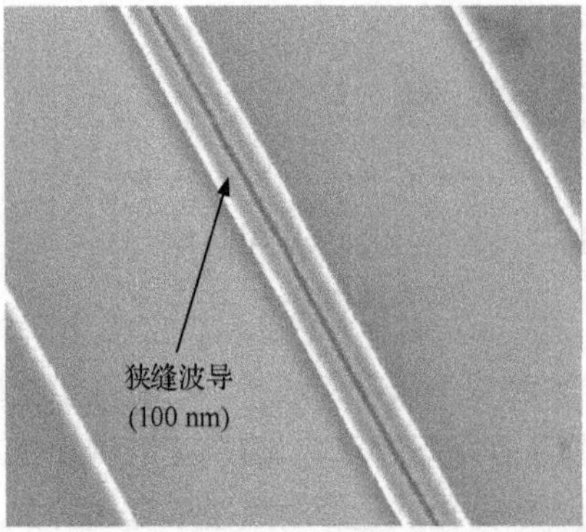

图 12.14 亚波长狭缝波导[20]

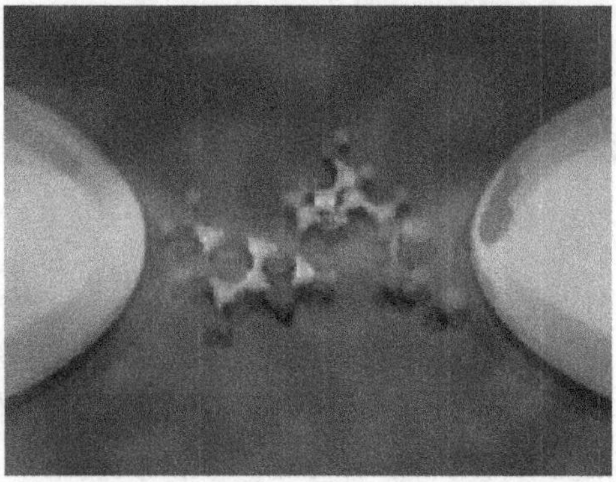

图 12.15 纳米间隙检测单核苷酸分子示意图[23]

纳米管结构也可以用来作为纳流体通道。直径在纳米量级的碳纳米管,由于其拥有原子级的光滑内表面成为研究分子输运和纳流体的独特系统。人们很早就对多壁碳纳米管的分子传输特性进行了研究,但由于其竹节结构及纳米管内催化剂颗粒的阻挡,很难定量地分析单根纳米管内物质的输运特性。而单壁和双壁碳纳米管则不存在这个问题。因此,有人将 EBL、化学气相沉积及刻蚀的方法相结合,制备出了能够进行物质输运测量的以双壁碳纳米管为主的系统，利用该系统对多种气体及水在其中的输运特性进行研究，发现该系统对气体的传输速度比努森模型预测的值高一个数量级，水的传输速率则比分子动力学模拟结果高三个数量级[24]。

生物体由微米尺度的细胞组成。尺寸相当的微纳结构与器件，且与正常生理环境相近的三维结构，非常适合研究细胞水平上的相互作用。因此，利用微加工技术进行生物研究可望在促进创新诊疗方法领域获得突破性进展。近年来，研究表明细胞不仅仅受生化信号的影响，也会受到物理性能如细胞外环境的机械强度、几何形状的影响，这些因素会影响细胞的分裂、功能及细胞组织的完整性。其中，激光直写技术在制备模拟细胞生长环境的三维微纳米结构方面具有独特的优势。例如研究人员为了实现靶向细胞传递，利用三维激光直写技术制备了细胞培养架，结合共聚焦显微镜拍摄了细胞黏附在架上进行迁徙的形态。该结构的组成材料不会对细胞的黏附、迁徙、繁殖有不良影响，而且可以根据不同的细胞进行定制(如图 12.16 所示)[25]。此外，研究人员还利用飞秒激光直写技术加工高精度的三维细胞培养架，血管模型、桥结构、三脚架等(如图 12.17 和图 12.18 所示)[26]，并研究了这些结构的生物兼容性。

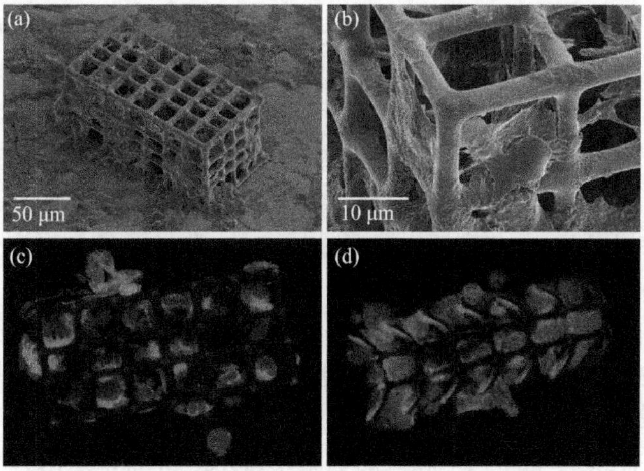

图 12.16　三维细胞培养架及细胞培养形态图[25]

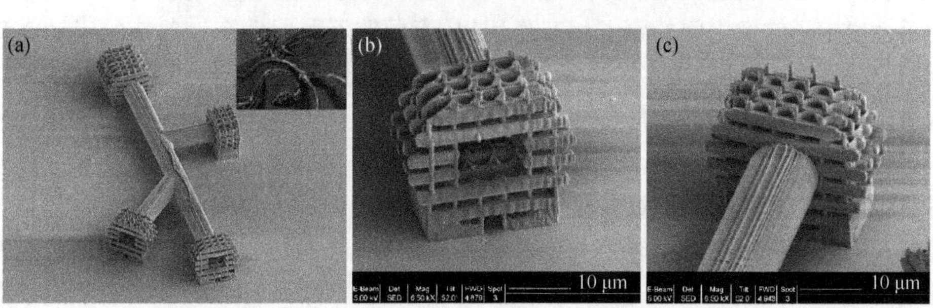

图 12.17　飞秒激光加工的血管模型整体与细节 SEM 图[26]

图 12.18 飞秒激光加工的各种生物微结构

(a)用于细胞转移的桥结构;(b)研究细胞的挤压运动的三维细胞培养架;(c)培养细胞的三脚架[26]

12.3 热学中的应用

材料的热学参数,如热导率和热扩散系数等都是与材料的导热载体——声子或电子相关的。而声子或电子的平均自由程一般均在纳米量级。当材料的尺寸接近这一尺度,其热学性质表现出为人们所关注的特异性。同样,对纳米材料和纳米器件热学性质的研究离不开微纳加工技术。如理论和实验均证明单壁碳纳米管具有优异的电、热输运特性,在集成电路和扫描探针显微镜等领域应用潜力巨大。但关于单根纳米管热导率的测量由于受到加工与测量技术的限制而面临挑战。为此,研究人员利用 EBL 加工和四点法测量技术[27],测量了分立的单根单壁碳纳米管的热导率,证实了其热导率在室温下随长度增加而增大的理论预言。即当纳米管的长度大于声子的平均自由程时,热输运表现为耗尽的过程。此外,还有人利用 EBL 等加工技术在多壁碳纳米管的两端制作电极,并在纳米管中部制作了一个金属片,通过电击穿去除裸露部分的多壁碳纳米管的外表几层管壁,经过湿法腐蚀使纳米管悬浮后,在纳米管中通入较大的电流,从而使得中部外层的一小段纳米管连同金属片一起沿着碳纳米管方向运动(如图 12.19 所示)。由于内层与外层纳米管的手性决定了它们之间的原子相互作用,从而导致不同器件产生独特的运动类型(旋转或平移),运动的根本原因是热梯度产生的声子流驱动了外层纳米管,这一结构对理解碳纳米管的热传输特性非常有益[28]。

目前商用的热电材料 Bi_2Te_3 及其合金等,由于制造困难和成本高昂等原因使得它很难用于大规模的能量转化。硅材料可以实现低成本、高产量的加工,但是体硅材料的热电性能很差。研究人员利用水溶液无电极腐蚀方法制备了表面粗糙的硅纳米线阵列(如图 12.20 所示),通过微纳加工手段操纵固定单根硅纳米线于测试器件中,表征了单根硅纳米线的热电性能,结果表明粗糙的硅纳米线呈现了增强

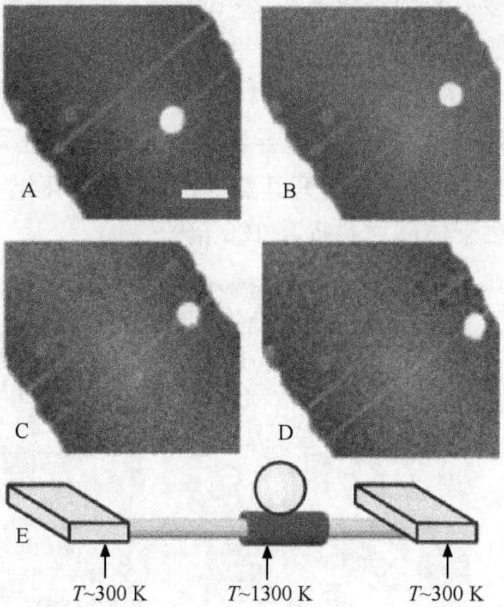

图 12.19　(a)在热梯度驱动下金属片沿着碳纳米管运动的照片;(b)示意图[28]

的热电性能,这是由于硅材料制作成纳米结构后声子散射加剧,从而大大降低了热导率,但对其塞贝克系数和电导率影响不大[29]。同样,实现材料的热导和电导独立控制,在热电材料的能量应用和集成电路降温方面至关重要。原则上,由于传导热量和电流所对应的声子和电子的特征尺寸不同,可以对半导体纳米结构的热导率 κ 和电导率 σ 分别加以优化。鉴于此,人们在半导体薄膜上制备了纳米网状结构(如图 12.21 所示),通过改变声子的能带结构来独立调控 κ。这里,首先利用超

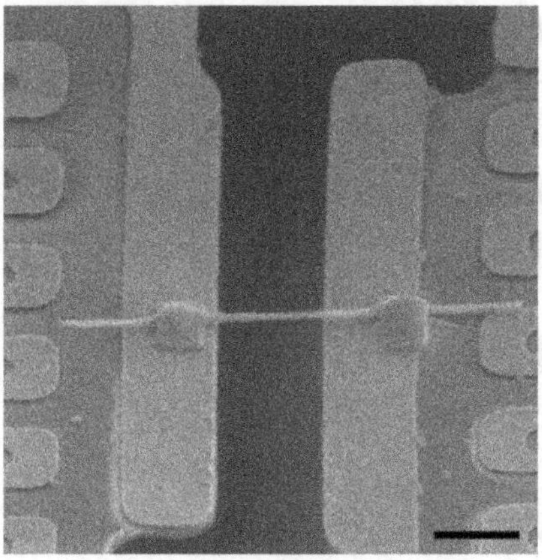

图 12.20　单根硅纳米线的热导率测试结构[29]

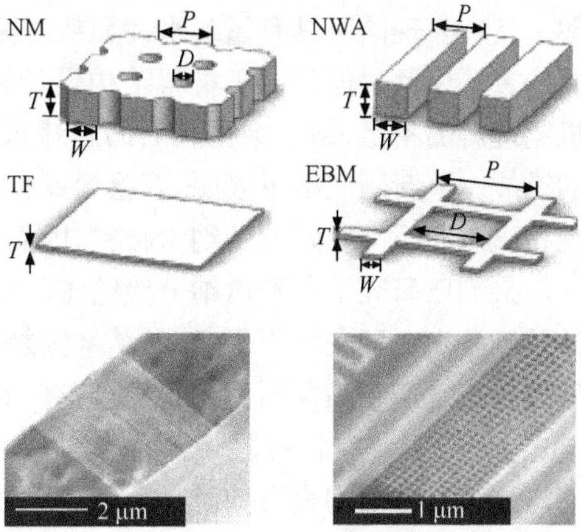

图 12.21　纳米网状结构[30]

晶格纳米线图形转移工艺制备线宽在 20 nm 左右的线条和网状半导体薄膜结构，再通过平面工艺制备 Pt 量热计和测试平台。这种结构的周期可与声子平均自由程相比拟，甚至更小。尽管纳米网状结构表面积较大，但与纳米线条相比表现出更低的热导，而且保留了块体材料的电导特性[30]。此外，还可以通过精确控制的硅纳米线阵列(如图 12.22 所示)，研究其热电性能，如变化纳米线的宽度和掺杂浓度可将其热电性能相对于体硅材料提高 100 倍[31]。

图 12.22 硅纳米线阵列的热电性能测试结构[31]

12.4 纳米仿生中的应用

自然界中许多生物的器官是由微纳米结构组成的，如蝴蝶的翅膀、鸟类的羽毛、壁虎的爪等，这种特殊的结构往往赋予了生物体特殊的功能，仿制这种生物体的结构具有广阔的工业和日常生活领域应用的潜力，因而引起人们极大的研究兴趣。其中实现同时具有超疏水性和超高黏附性的仿生纳米结构表面是目前这一领域的重要课题。但是由于材料结构设计和制备方面的限制，以及对纳米尺度浸润机制理解的不足，纳米结构表面的超疏水且超高黏附性方面的仿生研究面临巨大的挑战。最新研究结果表明，石墨烯具有非常独特的浸润特性，有可能成为同时实现超疏水和超高黏附性的纳米材料，因而备受关注。

人们已研究了各种微纳分级结构的仿生及表面浸润特性[32]，并在此基础上设计并制备出一种花状石墨烯/硅纳米锥复合结构(如图 12.23 所示)，成功实现了其表面超疏水兼超高黏附力的特性，具有 164° 接触角和 254 μN 的极高黏附力(对于 5 μL 的水滴)。花状石墨烯表面的疏水性和纳米边缘处的亲水性共存的结构特点使得这种复合结构表面同时具有超疏水和高黏附特性。这种具有超疏水高黏附的花状石墨烯/硅纳米锥复合结构具有制备方法简单、低成本、工业兼容等优点，其中硅纳米锥是通过低温无掩模等离子体刻蚀方法大面积获得的，而花状少层石墨烯则是通过热丝化学气相沉积方法可控制备的。这种花状石墨烯/硅纳米锥复合纳米结构材料表面与自然界中壁虎爪的微观结构十分相似，并展现出超黏附的奇异特性，在工程黏附、微液滴操控等方面具有非常广阔的应用前景。此外，这种复合表面的浸润特性与自然界中的玫瑰花表面的浸润特性也十分相似，足以满足在微纳尺度范围内生物化学芯片上固定微液滴样品且不受周围污染的需求。

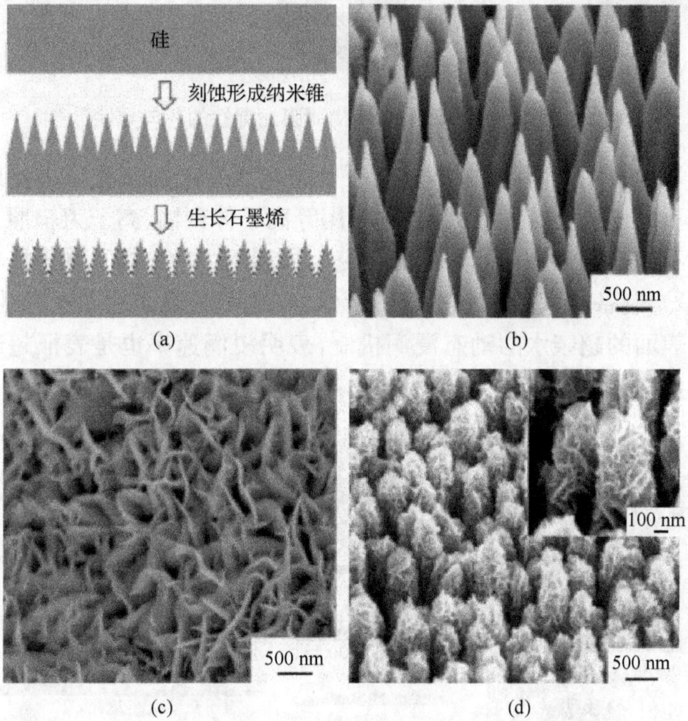

图 12.23　(a)硅锥上花形石墨烯纳米团簇分层结构的制备工艺路线；(b)硅锥；(c)石墨烯纳米团簇(高倍)；(d)硅锥上的石墨烯纳米团簇(低倍)[32]

单向润湿现象在自清洁表面、微流体器件、医学等领域具有潜在的应用。目前，人们通过两种途径获得单向润湿效果。一种是空间梯度途径，如温度、表面化学势、表面形貌空间梯度分布等；另外一种是不对称的微凸体棘轮结构。然而，液滴在具有空间梯度分布的表面上滚动过程中，由于自由能不断消耗使得其移动距离受到很大限制。另外，在具有微米尺度的棘轮结构表面，液滴的振荡和变形使其黏附力很小。为了有效减少液滴在移动过程中的振荡和变形，增加其黏附力，人们利用掠入射沉积方法制备出一种具纳米尺度的棘轮结构薄膜(如图 12.24 所示)，将薄膜表面上液滴的黏附力提高到 80 μN/5 μL，并具有良好的单向流动特性[33]。

金刚石是由碳元素组成，对生物体有良好的兼容性，可以应用到在医学、生物传感、生物探测等多个领域。通常这些应用要求金刚石表面具有良好的亲水特性。但是，大多数人工合成的金刚石表面呈现出弱亲水或弱疏水特性，并不利于其在生

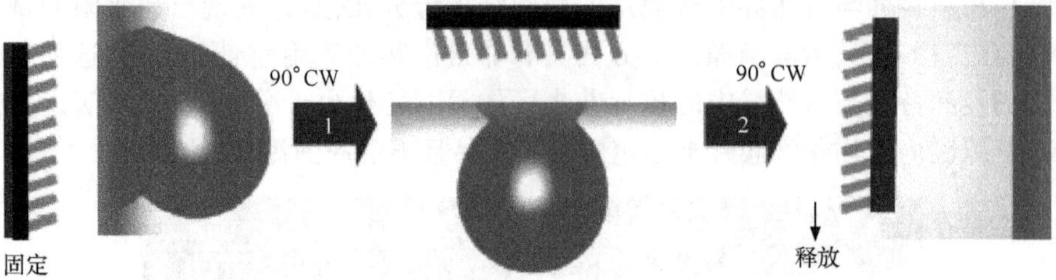

图 12.24　不同表面纳米结构薄膜润湿性的各向异性[33]

物和医学领域的应用。因此,提高金刚石表面亲水性能的研究显得格外重要。为了改变金刚石表面浸润特性,人们通常采用等离子体刻蚀、离子束辐照等多种方法来提高金刚石表面的亲水性能。例如研究人员利用一种等离子体无掩模刻蚀新方法(见第 6 章),制备出大面积金刚石纳米锥,实现了其表面超亲水特性,并建立了纳米锥仿生表面的超亲水的动态浸润机制,表明浸润速率也是表征超亲水特性的一个重要参数(如图 12.25 所示)[34]。

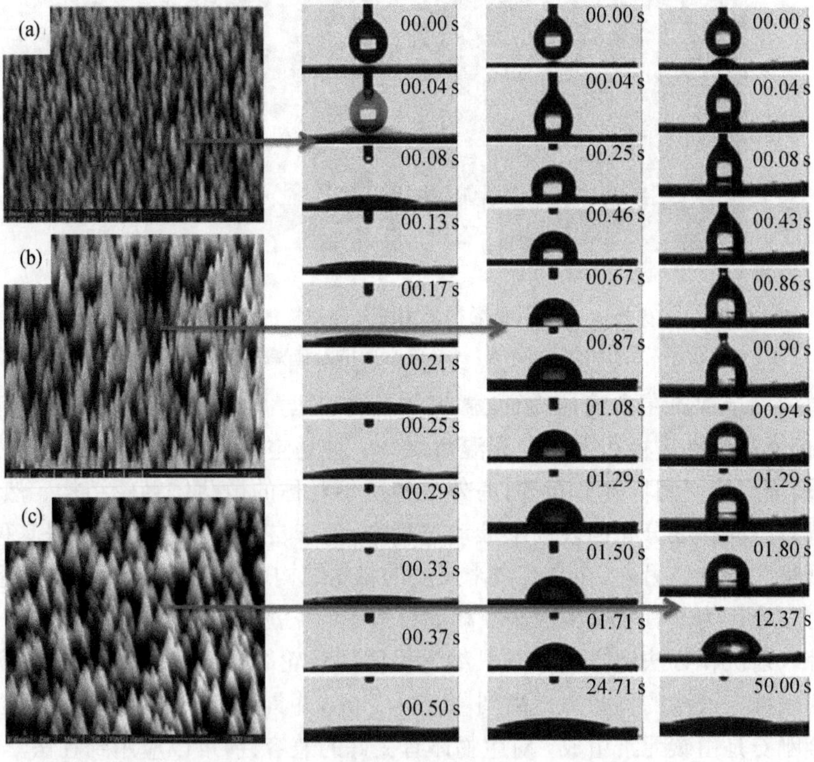

图 12.25　(a)、(b)和(c)为具有不同形貌的金刚石纳米锥的 SEM 照片

箭头所指为在相应表面上从水滴接触到完全铺展的整个时间序列中的水滴形态变化[34]

12.5　扫描探针技术中的应用

扫描探针技术本身就是一种纳米加工方法，同时在纳米材料与纳米结构的表征与物性测量方面发挥着重要作用。如何获得具有高长径比、良好机械和化学稳定性以及顶部尺寸在纳米量级的探针，一直是探针技术研究及应用方面所迫切需要解决的问题。为此，研究人员采用电子束诱导化学气相沉积方法在 AFM 悬臂上制备了位置可控的单根碳纳米锥作为探针(如图 12.26 所示)。实验表明，这种纳米锥原子力显微镜探针相对于传统的硅尖探针，有更高的扫描精确度、更好的机械稳定性及可重复性[35]。

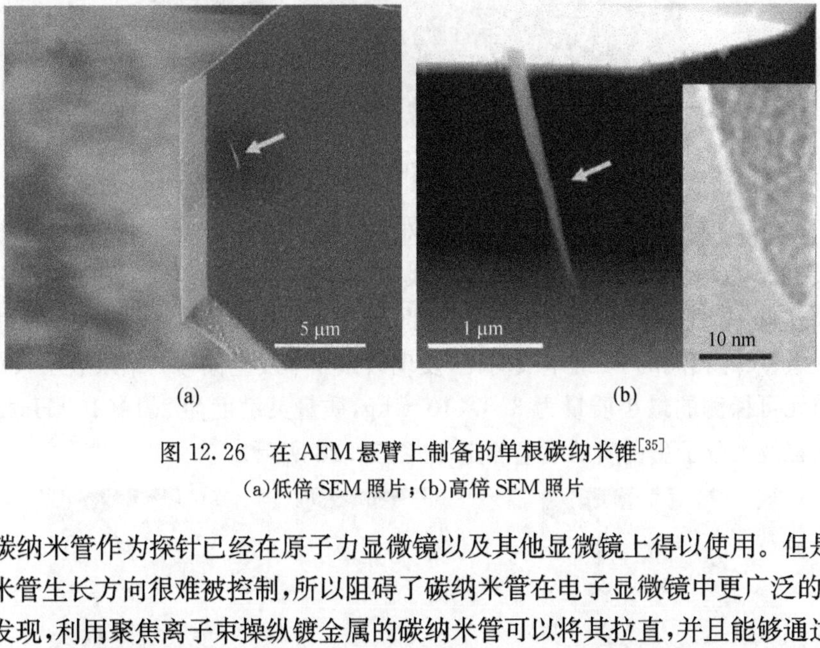

图 12.26　在 AFM 悬臂上制备的单根碳纳米锥[35]

(a)低倍 SEM 照片；(b)高倍 SEM 照片

碳纳米管作为探针已经在原子力显微镜以及其他显微镜上得以使用。但是由于碳纳米管生长方向很难被控制，所以阻碍了碳纳米管在电子显微镜中更广泛的应用。研究发现，利用聚焦离子束操纵镀金属的碳纳米管可以将其拉直，并且能够通过改变离子束的角度精确控制镀金属的碳纳米管的偏转方向(如图 12.27 所示)。这种镀金属的碳纳米管应用到扫描探针显微镜中，可以得到高分辨率的图像[36]。此外，纳米结构中的原子或分子排列与宏观物质存在很大的差别，这种差别主要来自于表面能的作用。施加在纳米结构上的机械力可以使原子或分子内部发生相互作用，从而使原子或分子排列发生变化。有人利用扫描隧道显微镜针尖接触拉伸银纳米线，改变银原子的位置，形成了具有方形截面的直径不足 1 nm 的银纳米管[37]。

同时，采用 FIB 沉积金属纳米线作为探针或电极的力学性能也引起了人们关注。研究人员利用电致振动法测量了 FIB 沉积的自支撑 Pt 纳米线的杨氏模量，最大杨氏模量值为$(4.7\pm0.2)\times10^2$ GPa，且其随着直径的增加而减小至固定值 160

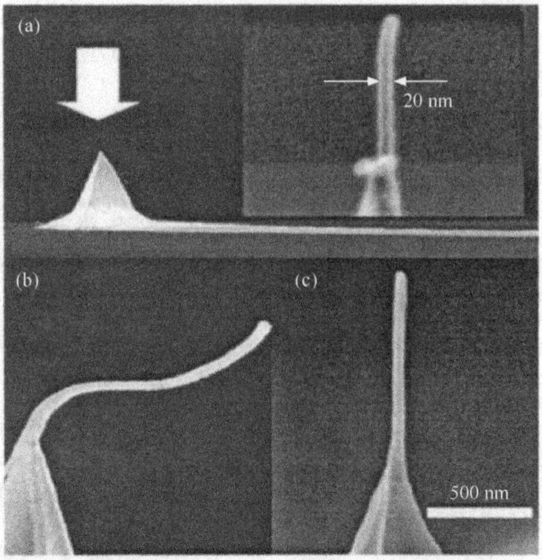

图 12.27　(a)～(c)聚焦离子束将弯曲的镀金属的碳纳米管拉直过程[36]

GPa。这种杨氏模量的变化是由纳米线的表面效应所导致的,可变的纳米线杨氏模量也可为三维纳米电极引线的加工提供了一定的参考。此外,基于 Pt 纳米线电致振动现象,人们还对 Pt 纳米线尖端上的附加质量进行了探测和分析,通过与无附加质量、尺寸相同的 Pt 纳米线对比,发现共振频率发生偏移。结果表明,Pt 纳米共振单元可探测的最小质量为 3.8×10^{-20} kg,质量灵敏度为 2.1×10^{21} Hz/kg,适用于病毒及大分子蛋白质的质量测定(如图 12.28 所示)[38]。

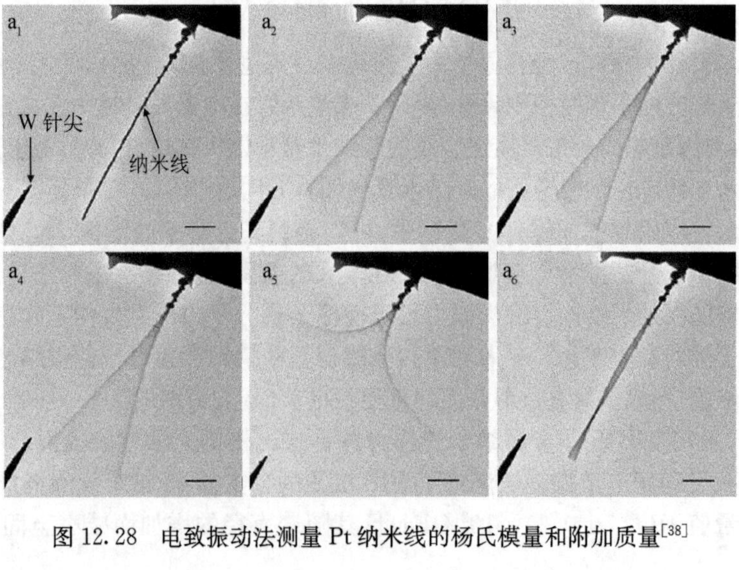

图 12.28　电致振动法测量 Pt 纳米线的杨氏模量和附加质量[38]

为了利用扫描探针进行纳米加工，人们发展了扫描探针光刻（scanning probe lithography, SPL）技术，具有成本低且分辨率高的特点。但要想提高效率而又不失其高分辨率却很有挑战。为此，一种可以商业化生产的扫描探针光刻方法被发明出来[39]，即将采用微纳加工制作的 Si 针尖阵列结构安装在一种弹性聚合物衬底上（如图 12.29 所示），解决了扫描探针显微镜系统悬臂梁量产难和软压时分辨率低的问题。该技术可以在几厘米范围内制备出分辨率优于 50 nm 的任意图形。

(a)　(b)

图 12.29　(a)由硬针尖和软弹簧构成的扫描探针光刻技术示意图；(b)Si 针尖纳米图形阵列[39]

综上所述，微纳加工技术在纳米材料与器件的电学、光学、磁学等研究方面发挥了不可替代的作用。纳米材料与器件在上述领域的应用是基于纳米材料和纳米结构的特殊纳米效应，微纳加工作为一种技术手段，如何将这种效应呈现出来，是今后研究的重点，包括发展原子尺度分辨率的、一致性和可靠性好、具有大面积、快速、低成本加工能力的新方法。尤其是将“自下而上”和“自上而下”相结合的新方法，更应当引起人们的高度关注。

作为制作具有特异功能的微纳结构和器件的微纳加工技术，它在纳米材料与纳米器件研究领域应用广泛，本书只对其主要的应用领域做了简略的介绍，难免挂一漏万。随着微纳加工技术自身的不断发展和进步，并且更多地应用于多学科领域，必将拓展我们对微观物质世界的认知范围，提升我们对新现象、新规律的理解，促进纳米科学与技术的发展。

参 考 文 献

[1] Cha S N, Jang J E, Choi Y, et al. Appl. Phys. Lett, 2005, 86: 083105.
[2] Hall A R, Falvo M R, Superfine R, et al. Nat. Nanotechnol., 2007, 2: 413.
[3] Steele G A, Hüttel A K, Witkamp B, et al. Science, 2009, 325: 1103.
[4] Bunch J S, van der Zande A M, Verbridge S S, et al. Science, 2007, 315: 490.
[5] Fennimore A M, Yuzvinsky T D, Han W Q, et al. Nature, 2003, 424: 408.
[6] Williams P A, Papadakis S J, Patel A M, et al. Appl. Phys. Lett., 2005, 82: 805.
[7] Toros A, Kiss M, Graziosi T, et al. Microsyst. Nanoeng., 2018, 4: 12.

[8] Badzey R L,Mohanty P. Nature,2005,437:995.
[9] Zalalutdinov M K,Baldwin J W,Marcus M H,et al. Appl. Phys. Lett.,2006,88:143504.
[10] Masmanidis S C,Karabalin R B,Vlaminck I D,et al. Science,2007,317:780.
[11]Lee T H,Bhunia S,Mehregany M. Science,2010,329:1316.
[12] Liu Z W,Xie H M,Fang D N,et al. Microelectron. Reliab.,2007,47:2226.
[13] Li Y J,Xie H M,Guo B Q,et al. J. Micromech. Microeng.,2010,20:055037.
[14] Reisner W,Morton K J,Riehn R,et al. Phys. Rev. Lett.,2005,94:196101.
[15] Sigalov G,Comer J,Timp G,et al. Nano Lett.,2008,8:56.
[16] Xia Q F,Morton K J,Austin R H,et al. Nano Lett.,2008,8:3830.
[17] McNally B,Wanunu M,Meller A. Nano Lett.,2008,8:3418.
[18] Yao Z N,Wang K G,Jin A Z,et al. J. Nanosci. Nanotechnol.,10:7300.
[19] Wang K G,Wang L,Li J,et al. Micron,2008,39:481.
[20] Yang A H J,Moore S D,Schmidt B S,et al. Nature,2009,457:71.
[21] Huh D,Mills K L,Zhu X Y,et al. Nat. Mater.,2007,6:424.
[22] Mossman K D,Campi G,Groves J T,et al. Science,2005,310:1191.
[23] Tsutsui M,Taniguchi M,Yokota K,et al. Nat. Nanotechnol.,2010,5:286.
[24] Holt J K,Park H G,Wang Y M,et al. Science,2006,312:1034.
[25] Kim S, Qiu F, Kim M. Adv. Mater., 2013, 25:5863.
[26] 牟佳佳.飞秒激光加工的三维微纳结构及其应用.北京:中国科学院物理研究所,2014.
[27] Wang Z L,Tang D W,Li X B,et al. Appl. Phys. Lett.,2007,91:123119.
[28] Barreiro A,Rurali R,Hernández E R,et al. Science,2008,320:775.
[29] Hochbaum A I,Chen R K,Delgado R D,et al. Nature,2008,451:163.
[30] Yu J K,Mitrovic S,Tham D,et al. Nat. Nanotrrryuechnol.,2010,5:718.
[31] Boukai A I,Bunimovich Y,Tahir-Kheli J,et al. Nature,2008,451:168.
[32] Tian S B,Li L,Sun W N,et al. Sci. Rep.,2012,2:511.
[33] Malvadkar N A,Hancock M J,Sekeroglu K,et al. Nat. Mater.,2010,9:1023.
[34] Tian S B, Sun W J, Hu Z S, et al. Langmuir, 2014, 30:12647.
[35] Chen I C,Chen L H,Ye X R,et al. Appl. Phys. Lett.,2006,88:153102.
[36] Deng Z F,Yenilmez E,Reilein A,et al. Appl. Rev. Lett.,2006,88:023119.
[37] Lagos M J,Sato F,Bettini J,et al. Nat. Nanotechnol.,2009,4:149.
[38] Hao T T, Shen T H, Li W X. Appl. Phys. Lett., 2017, 110:143102.
[39] Shim W,Braunschweig A B,Liao X,et al. Nature,2011,469:516.

习　题

根据本书所学知识和专业背景,自拟一个微纳加工设计并概述关键工艺步骤。

索 引

其他